數位邏輯設計與晶片實務(VHDL)

劉紹漢　編著

全華圖書股份有限公司　印行

國家圖書館出版品預行編目資料

數位邏輯設計與晶片實務(VHDL) / 劉紹漢編著. --
初版. -- 新北市 : 全華圖書, 2013.06
面； 公分
ISBN 978-957-21-9050-0(平裝附光碟片)

1.積體電路 2.晶片 3.VHDL(電腦硬體敘述語言)

448.62 102010678

數位邏輯設計與晶片實務(VHDL)

(附範例程式光碟)

作者 / 劉紹漢

執行編輯 / 洪明芬

發行人 / 陳本源

出版者 / 全華圖書股份有限公司

郵政帳號 / 0100836-1 號

印刷者 / 宏懋打字印刷股份有限公司

圖書編號 / 06226007

初版一刷 / 2013 年 6 月

定價 / 新台幣 580 元

ISBN / 978-957-21-9050-0

全華圖書 / www.chwa.com.tw

全華網路書店 Open Tech / www.opentech.com.tw

若您對書籍內容、排版印刷有任何問題，歡迎來信指導 book@chwa.com.tw

臺北總公司(北區營業處)
地址：23671 新北市土城區忠義路 21 號
電話：(02) 2262-5666
傳真：(02) 6637-3695、6637-3696

南區營業處
地址：80769 高雄市三民區應安街 12 號
電話：(07) 381-1377
傳真：(07) 862-5562

中區營業處
地址：40256 臺中市南區樹義一巷 26 號
電話：(04) 2261-8485
傳真：(04) 3600-9806

Preface

序

隨著時代的進步，消費大眾對電子產品的要求日益嚴苛，譬如：功能要強、速度要快、耗電量要小、體積要輕巧、更新速度要快…等，導致產品的研發週期大於產品的生命週期，這些趨勢上的改變，使得在產品技術研發上捨去傳統的設計方式，採用以電子自動設計 EDA 為輔助工具的硬體描述語言(如 VHDL、verilog …等)，以祈達到 Time to Market。本書的目的是提供初學者對於 VHDL 語言特性的了解，進而利用它們設計出各種電子消費產品的控制電路…等，我們將整個 VHDL 硬體描述語言依其特性與前後順序總共分成六個章節，前面五個章節主要在介紹系統與指令敘述的特性與用法，第六個章節則以實際控制電路的規劃設計為主，每個章節主要內容分別為：

第一章　介紹整個數位邏輯電路設計的發展歷史，從早期的 SSI→MSI→LSI→VLSI→ULSI，從傳統的邏輯閘階層→PLD→FPGA 晶片設計的概念與原理；FPGA 晶片內部的結構與規劃方式；硬體描述語言的晶片設計流程、程式結構以及程式內部每個單元所代表的意義；系統的保留字與使用者識別字的限制…等。

第二章　首先介紹系統所提供 "標準套件" 與 "標準邏輯套件" 的套件內容，使讀者了解系統提供那些資料物件與資料型態，以及使用者如何定義屬於自己的資料型態；接著討論 VHDL 語言所提供的各種運算…等；最後介紹當我們在設計電路時常看到和使用的一些符號。

第三章　介紹資料流敘述與各種組合電路的設計，其間我們討論了具有共時性的資料流敘述 "<="、"when…else…"、"with…select…when…"，並以實際的電路設計範例，說明它們的特性與用法…等。

第四章　介紹行為模式敘述與各種序向電路的設計，期間我們討論了具有順序性的行為模式敘述 "process"、"if…then…"、"case…is…when"，並以實際的電路設計範例，說明它們的特性與用法…等；最後我們設計了一些早期時常使用的 SN74XXX 系列晶片。

第五章　首先介紹階層式、模組化及參數化電路設計，並以實際電路設計的範例，使讀者熟悉 "元件 component"、"參數化元件"、"參數化重覆元件" 的特性與使用方法；再來討論函數和程序的設計方式，並以實際範例來陳述兩者的特性與使用方法；最後我們以實際範例去實現 moore 與 mealy 狀態機器的控制電路。

第六章之一　首先設計一組十六個 LED 的顯示電路 (如果您手上有任何控制板則不用)，用以它們為顯示裝置，設計六種常用的控制電路，包括除頻電路；標準 1HZ 的頻率產生器；有規則、沒有規則變化且旋轉移位速度、方向可以自動改變的廣告燈、霹靂燈…等驅動電路。

第六章之二　首先設計一組六位數掃描式七段顯示電路 (如果您手上有任何控制板則不用)，再以它們為顯示裝置，設計七個常用的控制電路，包括一個、二個、六個顯示的上算、下算計數顯示掃描電路；精準 24 小時時鐘顯示電路；計數多工顯示電路；下算計數並控制 LED 閃爍電路；廣告燈旋轉移位方向速度顯示電路、唯讀記憶體位址、內容顯示電路…等驅動電路。

第六章之三　首先設計一組八位元指撥開關電位控制電路 (如果您手上有任何控制板則不用)，再以它們為高、低電位產生器設計五個常用的控制電路，包括以指撥開關的位控制廣告燈旋轉移位的速度與方向；計數器的上算與下算；計數器開始的計數值；將指撥開關的電位向右邊移入暫存器內，並顯示在 LED 上…等驅動電路。

第六章之四　首先設計一個 8×8 的彩色 LED 點矩陣顯示電路 (如果您手上有任何控制板則不用)，再以它們為顯示裝置，設計五個常用的控制電路，包括顯示一個紅色字型；16 個黃色字型；14 個由下往上移位的黃色字型；走路速度可以改變的小綠人；多樣變化的動態畫面…等驅動電路。

第六章之五　首先設計一個 4×4 的鍵盤硬體電路 (如果您手上有任何控制板則不用)，再以它們為輸入裝置，設計五個常用的控制電路，包括將我們所鍵入的按鍵鍵碼以一個，六個的方式顯示在七段顯示器上；顯示在彩色 LED 點矩陣上；設定 LED 的顯示數量；設定八種廣告燈的顯示方式…等驅動電路。

為了提升學習效果，我們在前面五個章節後面都有 "自我練習與評量" 供讀者練習，同時也提供單數題解答供大家參考。

書本後面附上所有內文範例與練習題的原始程式 (source progrom)，如果讀者想要在系統內 (Xilinx 或 Altera) 進行電路的合成、模擬、電路實現，甚至載入到晶片內部時，可以直接將它們加入 (ADD) 或拷貝即可，不需重新 key in 非常方便，當然這些程式都是經過我們實際合成與模擬 (前面五章)，甚至載入晶片實際控制電路 (第六章)，其可信度不用懷疑。

劉紹漢　謹識

編輯部序

「系統編輯」是我們的編輯方針，我們所提供給您的，絕不只是一本書，而是關於這門學問的所有知識，它們由淺入深，循序漸進。

本書主要是提供初學者對於 VHDL 語言的特性了解，進而利用它們設計出各種電子消費產品的控制電路等，讓初學者對程式語言有足夠的了解。本書將整個硬體描述語言依其特性與前後順序編寫成六個章節：第一章：介紹整個數位邏輯電路設計的發展過程，第二章：說明 VHDL 語言的程式結構，並介紹"標準套件"與"標準邏輯套件"的內容，第三章：敘述資料流敘述與各種組合電路的設計，第四章：介紹行為模式敘述與各種序向電路的設計，第五章：介紹階層式、模組化及參數化電路設計，第六章：為各種控制電路設計的電路與實例。本書適用於科大電子、電機及資工系「數位邏輯設計」、「數位邏輯設計實習」課程使用。

同時，為了使您能有系統且循序漸進研習相關方面的叢書，我們以流程圖方式，列出各有關圖書的閱讀順序，以減少您研習此門學問的摸索時間，並能對這門學問有完整的知識。若您在這方面有任何問題，歡迎來函連繫，我們將竭誠為您服務。

相關叢書介紹

書號：0526302
書名：數位邏輯設計(第三版)
編著：黃慶璋
20K/384 頁/360 元

書號：06173017
書名：乙級數位電子技能檢定術科秘笈(使用 MAX+Plus II)(2013 最新版)(附範例及軟體光碟)
編著：劉國棋
菊 8/248 頁/350 元

書號：05579017
書名：Verilog FPGA 晶片設計(附範例光碟片)(修訂版)
編著：林灶生
16K/424 頁/650 元

書號：06202007
書名：數位邏輯設計－使用 Verilog(附範例程式光碟)
編著：劉紹漢
16K/496 頁/550 元

書號：06170007
書名：Verilog 硬體描述語言實務(第二版)(附範例光碟)
編著：鄭光欽
16K/320 頁/320 元

書號：06167027
書名：乙級數位電子術科攻略(使用 AHDL)(第三版)(附範例及軟體光碟)
編著：林榮松
菊 8/216 頁/280 元

書號：05727047
書名：系統晶片設計－使用 quartus II(第五版)(附系統範例光碟)
編著：廖裕評、陸瑞強
16K/696 頁/720 元

◎上列書價若有變動，請以最新定價為準。

流程圖

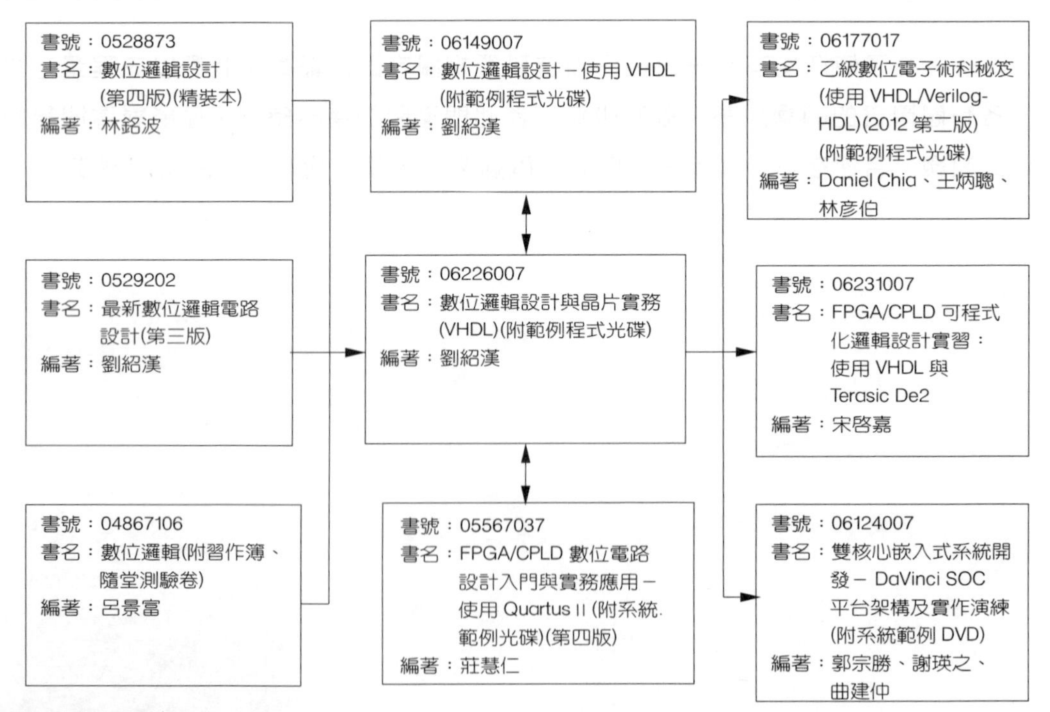

Contents

Contents

數位邏輯電路的沿革、實現與硬體描述語言 HDL

1-1 數位邏輯電路設計的沿革

因應快速變遷的市場需求，數位產品的功能除了日益複雜多元之外，其研發週期也必須大幅縮短 (甚至比產品的生命週期還要短) 以確保其競爭力，因此以往單純以人工的電路設計方式已經無法滿足市場的需求，目前於數位家電、消費性產品的控制電路大都透過可程式化邏輯裝置 PLD (Programmable Logical Device)、可現場規劃的邏輯閘陣列晶片 FPGA (Field Programmable Gate Array)，系統晶片 SOC (System On Chip)……等，並以電腦為輔助工具 (CAD) 進行規劃完成。綜觀數位邏輯電路設計的發展過程，我們可以將它們區分成下面幾個階段。

1. 小型積體電路 (SSI 即 Small Scale Integrated Circuit)。
2. 中型積體電路 (MSI 即 Medium Scale Integrated Circuit)。
3. 大型積體電路 (LSI 即 Large Scale Integrated Circuit)。

4. 超大型積體電路 (VLSI 即 Very Large Scale Integrated Circuit)。
5. 極大型積體電路 (ULSI 即 Ultra Large Scale Integrated Circuit)。

小型積體電路 SSI

數位邏輯電路設計的最早期，我們利用電晶體、二極體、電阻……等各種電子元件，設計成各種基本邏輯閘 (如 NOT、AND、OR、NAND、NOR、XOR、EX-NOR……等) 的小型積體電路，之後再將它們設計成各種常用的邏輯 IC (如加法器、解碼器、多工器、解多工器、計數器、移位暫存器……等)，其設計流程請參閱下面範例。

範例

設計一個 2 對 4 高態動作的解碼器 (SSI)。

1. 描述：

輸入端 AB = "00" 時，輸出端 Y0 = 1，其餘皆為 0。

輸入端 AB = "01" 時，輸出端 Y1 = 1，其餘皆為 0。

輸入端 AB = "10" 時，輸出端 Y2 = 1，其餘皆為 0。

輸入端 AB = "11" 時，輸出端 Y3 = 1，其餘皆為 0。

2. 方塊圖：

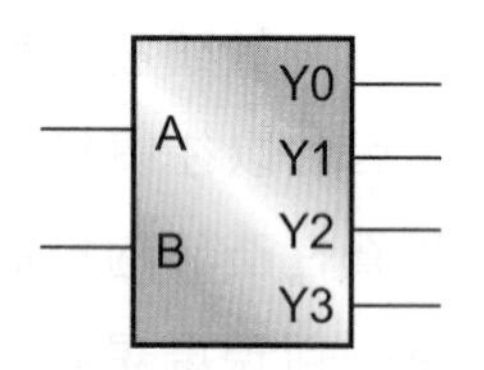

3. 真值表：

A	B	Y0	Y1	Y2	Y3
0	0	1	0	0	0
0	1	0	1	0	0
1	0	0	0	1	0
1	1	0	0	0	1

4. 卡諾圖化簡 (此處不需要)：

$Y0 = \overline{A}\,\overline{B}$　$Y1 = \overline{A}B$

$Y2 = A\overline{B}$　$Y3 = AB$

5. 電路：

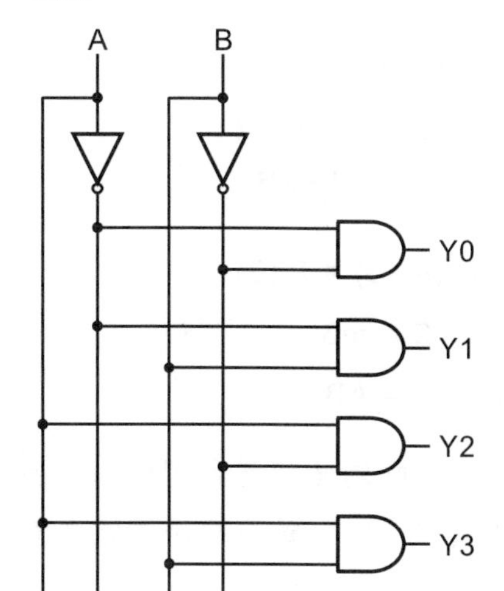

中型積體電路 MSI

從上面的範例可以發現到，利用 SSI 元件來實現數位邏輯電路時，它的缺點為：

1. 設計過程較為繁雜。
2. 電路的組成，體積龐大、耗電量高、穩定度低、成本高、速度慢……等。

由於一個解碼器的每一個輸出皆為其輸入所對應的最小項 (minterm)，因此我們只要在一個解碼器的輸出端再加入一個多輸入 OR 閘即可實現我們所需要的任何組合控制電路，其設計原理即如下面範例所示。

範例
利用一個 2 對 4 高態動作解碼器，設計一個半加器電路 (MSI)。

1. 由前面的範例得知，2 對 4 高態動作解碼器的特徵為：

$Y0 = \overline{A}\,\overline{B}$ (m0)　$Y1 = \overline{A}B$ (m1)

$Y2 = A\overline{B}$ (m2)　$Y3 = AB$ (m3)

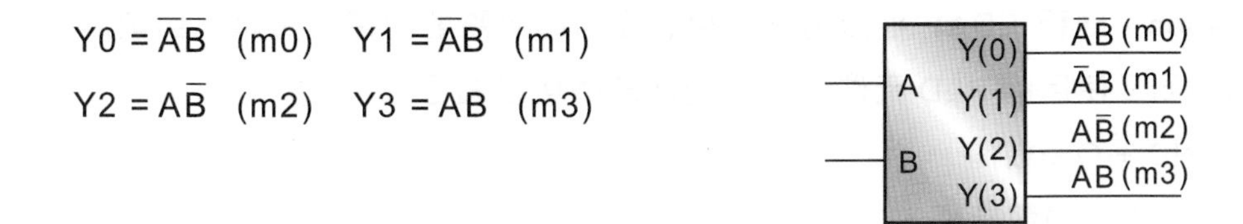

2. 半加器的布林代數為：

$$S(A, B) = \Sigma(1, 2)$$
$$S = m1 + m2$$
$$= \overline{A}B + A\overline{B}$$

$$C(A, B) = \Sigma(3)$$
$$C = m3$$
$$= AB$$

3. 合併上面兩個敘述我們可以得到如下的等效電路 (詳細的設計原理請參閱本人所著作 "最新數位邏輯電路設計" 的書籍，本書的重點並非在此，故不做詳細的敘述)：

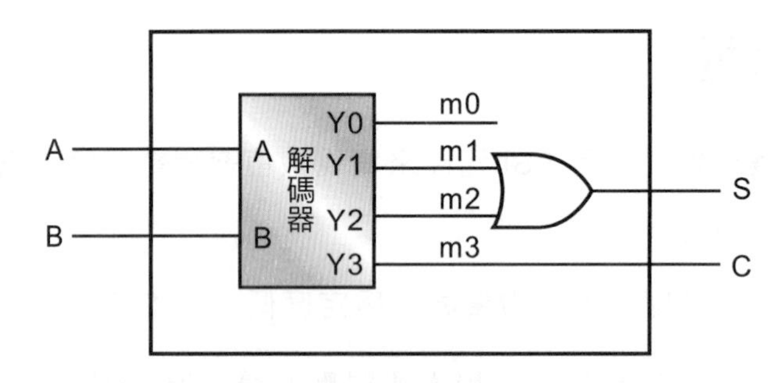

半加器電路

大型 LSI、超大型 VLSI、極大型 ULSI 積體電路

於上面的範例我們得到一個很重要的結論，如果一個元件其輸出端擁有輸入端所對應的全部 minterm 時，只要再加入一個多輸入的 OR 閘，即可將它規劃成任何一種組合控制電路，如果我們在 OR 閘的後面再加入正反器時，就可以實現各種序向電路，居於這種理念，可程式化邏輯裝置 (Programmable Logic Device) 元件 (簡稱 PLD) 即應運而生，硬體工程師拿到這些元件時，可以透過電子設計自動化 (Electronic Design Automation，簡稱 EDA) 平台將它們規劃成自己所需要的控制電路，目前於市面上我們時常看到及使用的 PLD 元件，依其內部結構可以區分成：

1. AND + OR 結構。
2. FPGA 記憶體結構。

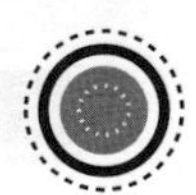

AND + OR 結構

AND + OR 結構就是我們前面介紹的解碼器再加 OR 閘，這種 PLD 產品從早期的 PROM、PLA、PAL、GAL 到 PEEL，於結構上皆大同小異，只是在特性上隨著科技的進步，其燒錄方式、燒錄次數、動作速度、電路的複雜度……等皆獲得長足的進步，底下為一個將小型 AND＋OR 結構的元件規劃成半加器的方塊圖與內部結構。

方塊圖：

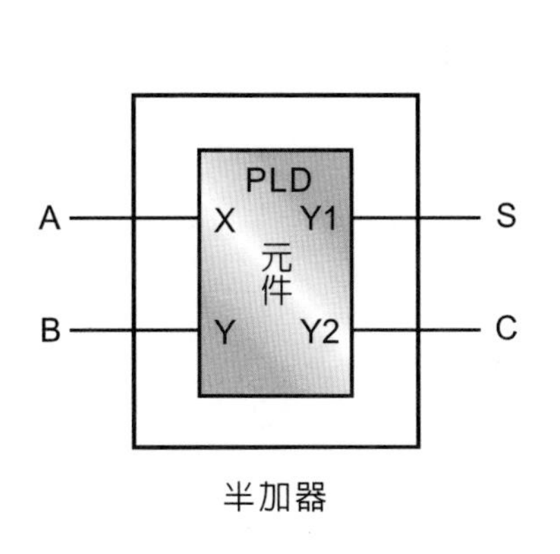

內部結構：

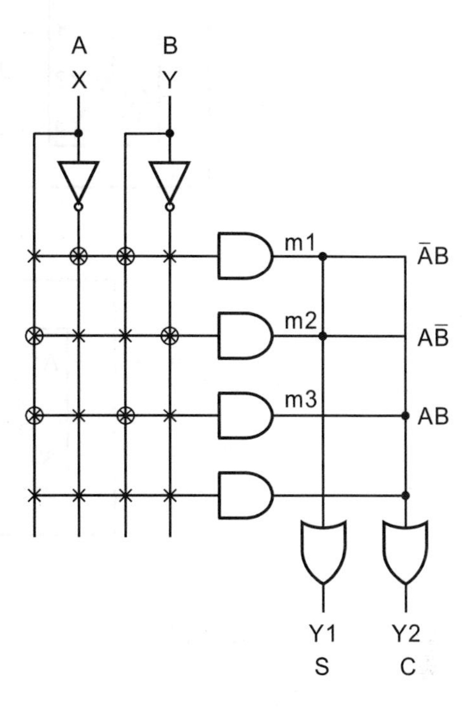

其中：

⊗：代表保留　　　　$S = \bar{A}B + A\bar{B}$ (m1 + m2)

×：代表燒斷　　　　C = AB (m3)

因應控制電路日趨複雜，PLD 元件內部電路也就愈做愈大，從初期簡單的 PLD (Simple PLD，簡稱 SPLD) 到後期複雜的 PLD (Complex PLD，簡稱 CPLD，其內部擁有很多數量的 SPLD 元件)，不管如何它們的基本結構都是 AND + OR。

FPGA 記憶體結構

從前面所討論的內容可以發現到，只要電路所有輸入與輸出的對應關係符合半加器的要求，不管其內部電路的結構是由普通的邏輯閘或由 AND + OR 所組成，我們都可以將它當成半加器電路，除了上述兩種設計方式之外，我們也可以利用底下的方式來實現一個半加器：

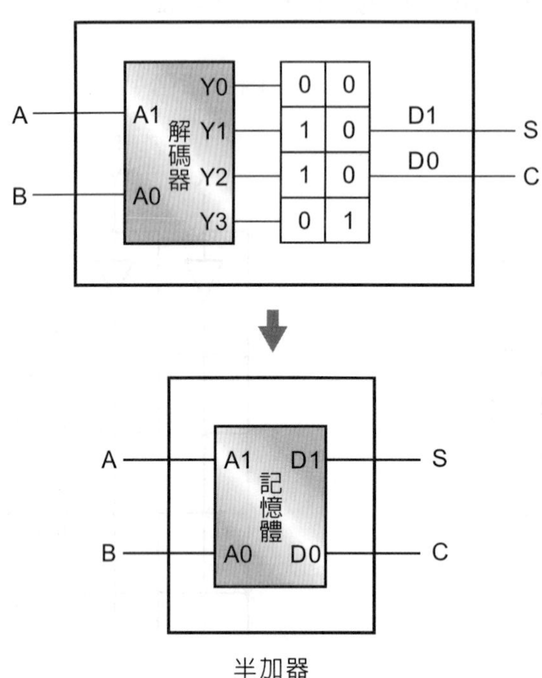

半加器

上圖前面為一個 4×2 的記憶體元件，其中：

1. A，B 為位址線 ($2^2 = 4$)。
2. S，C 為資料線。
3. 記憶體內部前面為解碼電路。
4. 記憶體內部後面為兩個位元的資料儲存區。
5. 儲存區內部分別儲存著半加器的真值表內容。

如果我們只觀察其輸入 A、B 與輸出 S、C 的對應電位，它就是一個半加器，換句話說只要我們有能力把所要設計電路的真值表寫入記憶體內部，再利用查表 (Look Up Table) 方式將其輸入 (記憶體的位址線) 與輸出 (記憶體的儲存內容) 的對應關係讀出來，如此記憶體也可以拿來設計我們所需要的任何組合邏輯電路，當然只要在記憶體後面再加入正反器 (Flip Flop) 時，它們就可以用來實現設計師所需要的任何序向電

路了，由於記憶體的結構比前面我們所敘述的 AND + OR 結構簡單很多，因此在需要功能很強大的電子產品時一定會用到這種結構，利用此原理所設計出來的元件就是衆所皆知的現場可規劃邏輯陣列 (Field Programmable Gate Array 簡稱 FPGA)，工程師們在 FPGA 內部配置了相當數量的可程式化邏輯元件 (帶有正反器的記憶體)，這些元件我們簡稱為 CLB (Configurable Logic Block)，於 IC 內這些 CLB 是經由可程式化的垂直通道 (Vertical Channel) 及水平通道 (Horizontal Channel) 的連線所包圍，其架構即如下圖所示 (陣列型結構)：

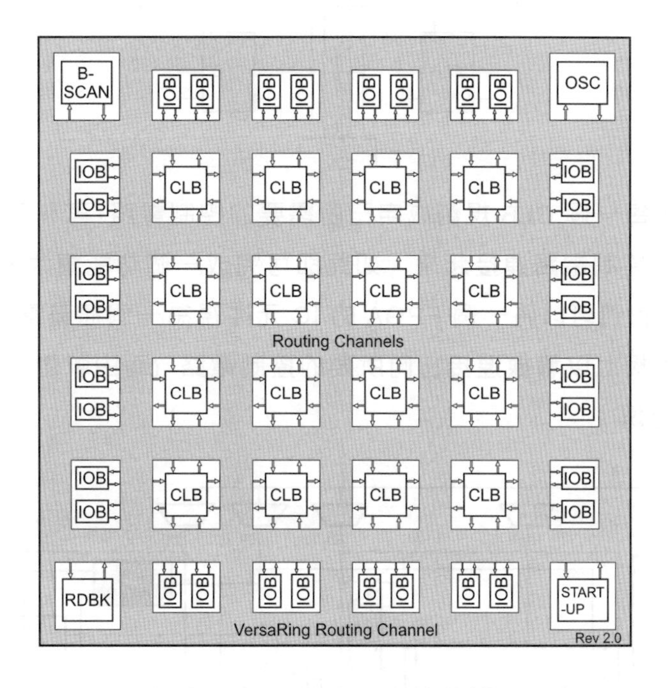

基本 FPGA 的內部方塊結構圖

於上圖中廠商將為數不少的 CLB (數量由 IC 的編號及規模決定) 以陣列型結構 (如 Xilinx、Quick Logic 公司的產品) 或列向量型結構 (將 CLB 模組緊密的排成一列，而列與列中間為繞線通道，如 Actel 公司的產品) 排列，並在其四周製造了無數的輸入／輸出緩衝器 (Input Output Buffer 簡稱為 IOB)，以便和外部控制電路連接，介於每個 CLB 中間的連線皆為可以規劃的接線，以便我們規劃連接，而其詳細的接線狀況即如下圖所示：

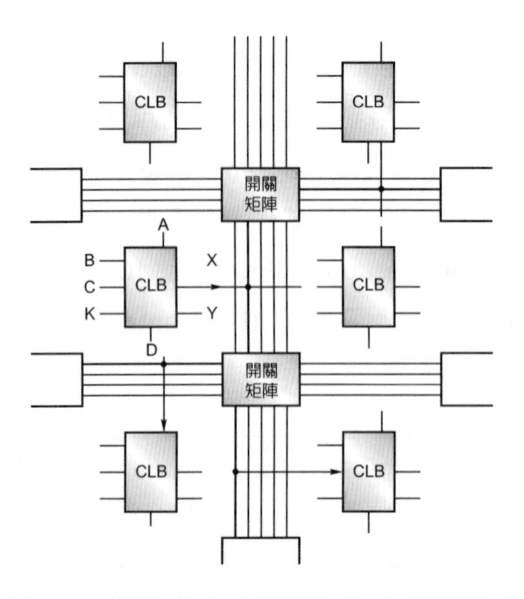

硬體設計師可以將每一個 CLB 規劃成自己所需要的控制電路，再利用每個 CLB 的水平及垂直接線將每個控制電路連接起來，如此即可完成一個功能龐大的數位控制電路。居於上面的描述，我們可以將一個 FPGA 的 IC 元件視為一個插滿電子元件的麵包板，設計師可以在麵包板上以導線連接它們所要的控制電路 (藉由軟體完成)，下圖為每個 CLB 的內部結構方塊：

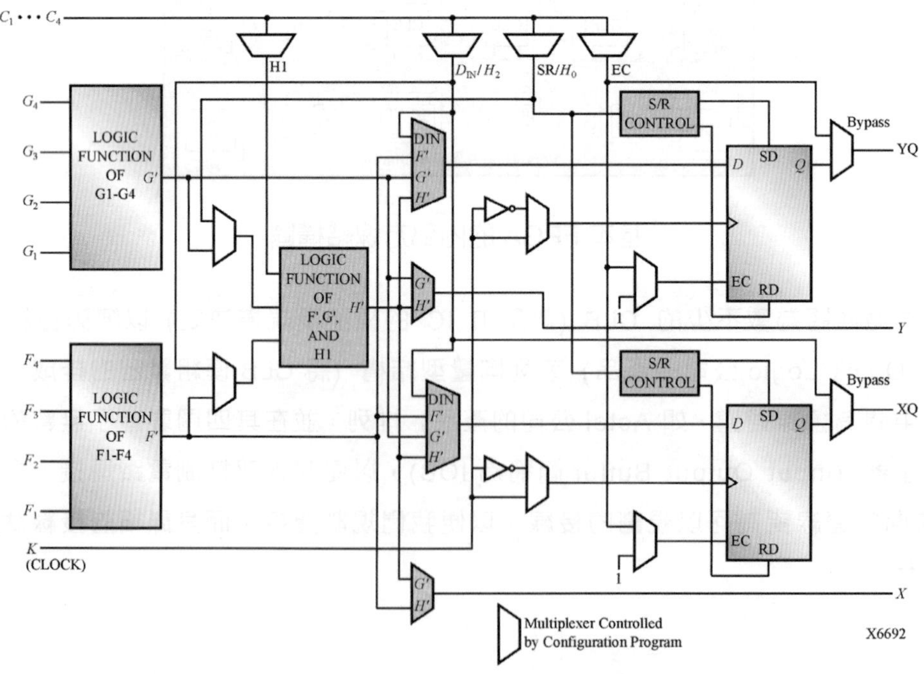

FPGA 內部每個 CLB 的方塊圖

於上面的方塊圖中，最左邊有兩個 $2^4 \times 1$ 的記憶體 F、G，我們可以利用建表的方式將它們規劃成兩組 4 個輸入、1 個輸出的組合邏輯電路，當然我們也可以將它們與後面一組 $2^3 \times 1$ 的記憶體 H 合併使用，成為一組 5 個輸入、1 個輸出的組合電路，其電路方塊如下圖 (輸入數量的擴展) 所示：

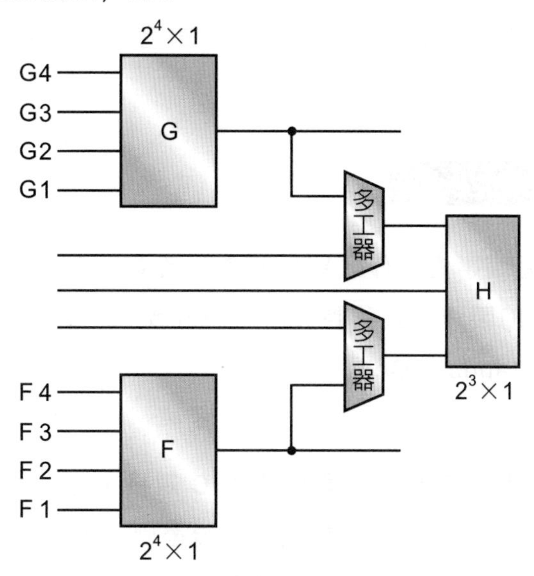

輸入數量的擴展

最後，我們在每個記憶體後面加入一個可以預置 PRESET 或清除 RESET 的 D 型正反器，如此一來即可完成任何動作的序向電路。

隨著晶片製程的快速精進，在一片矽晶圓上可以容納的電晶體數量及運作速度不斷的上升 (幾乎是每兩年提升一倍)，因此不管是 PLD 或 FPGA 的 IC 已經從 LSI、VLSI 進入到 ULSI 的領域，這就是為什麼系統晶片 SOC (**S**ystem **O**n a **C**hip) 能快速崛起的重要因素。

1-2 數位邏輯控制電路的實現方式

當我們使用 VLSI 或 ULSI 元件來實現數位邏輯控制系統時，基本上可以分成下面三大類：

1. 全訂製 IC
2. 半訂製 IC
3. 現場規劃 IC

全訂製 Full Customize IC

全訂製 IC 之設計是完全以顧客所要求的功能去設計，由於大部分的電路模組及邏輯閘元件都是以人工方式調校設計出來，因此它們需要的設計時間很長，但電路的性能較佳 (如晶片面積較小、速度較快……等)，這種設計方式並不適合功能必須快速更新的電子產品。

半訂製 Semi Customize IC

半訂製 IC 之設計是由廠商事先製作大部分的電路結構，只留下電路連接線以便往後顧客自行燒錄，依連接線的製作方式我們又將它們分成：

1. 標準雛型電路 Standard Cells。
2. 邏輯閘陣列 Gate Array。

雖然上述兩種皆可以依使用者自己的需求確定 IC 規格，但其最後的雛型 IC 還是要由 IC 製程工廠完成，所以在控制系統設計完成之後還必須等上 2～3 個月的時間才可以拿到雛型 IC，並做最後的測試與修改，因此它也不適合功能必須不斷更新，具有較短生命週期的電子產品。

現場規劃 IC

現場規劃 IC，顧名思義它就是一種可以讓我們透過廠商所提供的晶片與電子設計自動化平台 (EDA)，將它規劃成任何一種數位邏輯控制電路，此類 IC 就如同前面我們所討論的：

1. PLD (AND + OR 結構)
2. FPGA (記憶體結構)

當我們拿到上述兩種 IC 時即可藉由硬體 IC 廠商所提供的軟體 (如 Xilinx 公司的 ISE 系統，Altera 公司的 MAX PLUS II 與 QUARTUS II 系統……等)，以電腦為輔助工具將它們規劃成自己所要的數位邏輯控制電路，如此可以縮短電子產品的雛型系統製作時間，進而達到 "快速雛型化" (Fast Prototyping) 的目的，居於這種優勢，在現今電子消費產品更新速度極快的環境中，上述兩種元件備受大家的喜愛與歡迎，當然如果為

了控制電路的執行速度，或晶片面積的節省，我們也可以將其雛型電路改成全訂製 (Full Customize) IC 電路的方式，進而大量的生產以達到降低成本的目的。

1-3 晶片規劃方式

一般而言由廠商所提供，用來規劃晶片 IC 的 EDA 平台都會提供多種以上的規劃方式，於市面上最常見到的有：

1. 電路圖 (Schematics) 設計方式。
2. 有限狀態機器 (Finite State Machine) 設計方式。
3. 訊號波形 (Waveform) 輸入方式。
4. 硬體描述語言 HDL 設計方式。

電路圖設計方式

電路圖設計方式為最早且最直接的設計方式，硬體設計師只要透過系統所提供的繪圖軟體及電子元件資料庫，將所需要的邏輯控制圖繪出來即可 (系統的軟體會將其轉換成實際的硬體電路)，電路圖設計方式的缺點為設計進度緩慢、維修困難且不適合使用在大型的硬體電路上，因為在我們要得到控制的電路圖之前，必須透過前面所提過繁雜的設計步驟來取得，因此以這種方式設計出來的控制電路除了進度慢之外，它也比較適合小型的控制電路。

有限狀態機器 FSM

使用有限狀態機器 FSM (Finite State Machine) 的設計方式較為單純，我們只要將所要設計電路的工作狀態圖繪入系統即可，系統會將此狀態圖轉換成邏輯控制圖，再將其發展成實際的控制電路，通常使用 FSM 設計的步驟為：

1. 找出所要設計電路的狀態圖 (state graphic)。
2. 將找出的狀態圖繪入系統。
3. 轉換成實際控制電路。

當然我們也可以利用硬體描述語言 HDL 直接設計完成，其詳細的敘述請參閱後面範例說明。

訊號波形輸入方式

訊號波形輸入方式是將輸入的波形及希望得到的輸出波形在系統內繪出來，系統會依據輸入及輸出的波形關係合成出所需要的邏輯函數或布林代數，並將其發展成實際的電路，當我們於系統中繪入下面的輸入及輸出波形時，系統就會將其合成為一個 OR Gate。

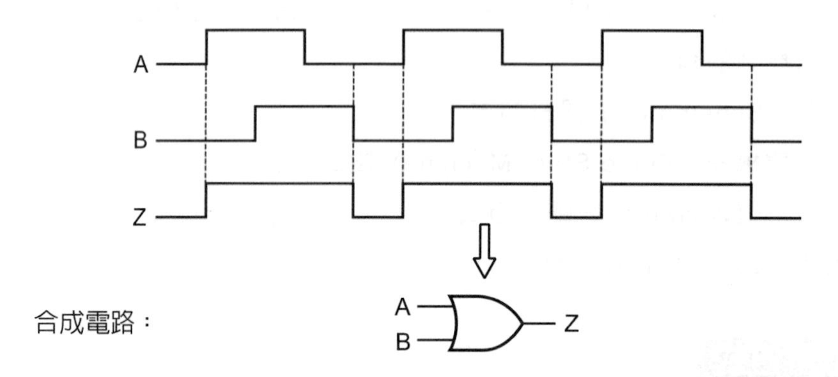

於上述中我們可以體會到，此種輸入方式只能適合於某一小型的控制電路，對於較複雜的控制電路則有可能無法合成出來。

硬體描述語言 HDL

硬體描述語言 HDL 是一種以指令敘述方式來描述電路的工作行為，並進一步將其轉換成實際硬體控制電路的高階語言，硬體工程師可以利用此種語言的特性，很快速的將所需要的硬體控制電路設計出來。目前於市面上我們常看到的硬體描述語言有 VHDL 與 Verilog 兩種，本書的討論以 VHDL 語言為主。

1-4 什麼是 VHDL

於 IC 設計領域中我們時常看到 VHDL 語言，其英文的全名為 Very High Speed Integrated Circuit Hardware Description Language，此種語言原先是由美國國防部 DOD (Department of Defence) 所支持的研究計劃，其目的是希望能夠將電子電路設計的意涵以文件方式保存起來，後來經過 IBM、Texas Instrument 及 Intermetrics 三家公司的不斷發展，終於在 1987 年獲得 IEEE (Institute of Electrical And Electronics

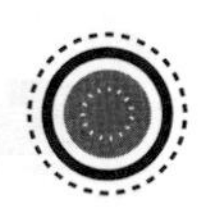

Engineering) 認證為工業標準，此即所謂的 IEEE Std 1076-1987，之後又在 1993 年將 IEEE 1076 的標準加以修改，規範出 IEEE 1164 (此種標準往後於程式中時常可以看到)。通常一套完整的晶片設計系統，其內部皆包含有電路描述 (Description)、電路合成 (Synthesis)、電路模擬 (Simulation) (分成功能模擬 (Function Simulation) 及時間模擬 (Timing Simulation) 兩種)、電路實現 (Implementation) 和載入與燒錄等五大部分，設計師們可以利用這些部門以及它們所提供的語言、程式館 library……等，把自己所需要的數位邏輯控制電路在極短的時間內發展出來，尤其我們可以利用此種語言所具有的結構化及模組化特性，將一個很複雜而龐大的電路以分工方式來完成，其發展速度之快更是超越一般人的想像。

1-5 晶片設計流程

當我們使用硬體描述語言進行電路的設計時，它的基本流程即如下面所示：

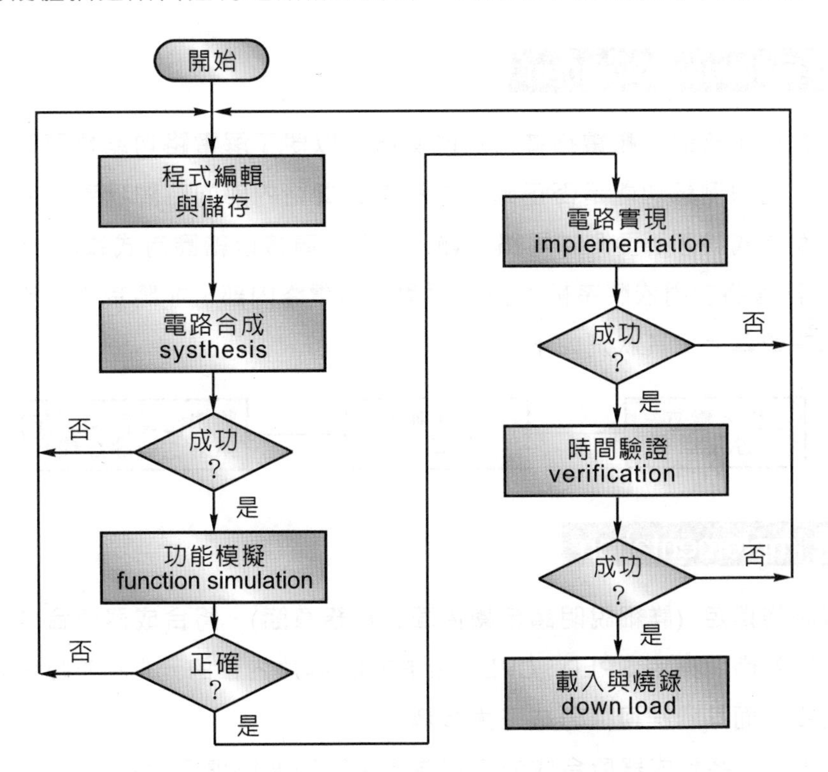

程式編輯與儲存 edit and save

將所設計的硬體描述語言程式進行編輯、修改後再加以儲存，以便產生來源程式 (source program)，由於是用 VHDL 語言所撰寫，因此系統通常會在檔案名稱後面自動加入 ".vhd" 的附加檔名，譬如檔名為 test 時，它的檔案名稱為 test.vhd。

電路合成 synthesis

將設計師所設計完成的 VHDL 來源程式轉換成由邏輯閘、正反器……等各種邏輯元件所組成的邏輯電路 (即 RTL 電路圖)，並將它們作最佳化 (optimize) 的處理，以期得到最簡化的電路，當合成器在進行電路的合成工作時，首先必須對 VHDL 來源程式作語法檢查 (syntax check)，如果發現錯誤則會發出錯誤訊息以方便設計師回到編輯器修改，如果語法正確則進一步進行電路的合成工作，並產生合成後的報告 (synthesis report) 與邏輯電路圖……等檔案。

功能模擬 function simulation

將合成器所合成出來的邏輯電路進行功能測試，以便了解電路功能是否符合我們的要求。注意！此處只測試功能是否正確，並不考慮電路內部的時間延遲，而其測試流程通常是以檔案方式儲存所要測試電路的輸入電位 (直接以繪圖方式或以 VHDL 語言來描述)，模擬器會將它們依順序輸入到所要測試的電路內部，並將其輸出結果建立檔案或直接顯示在螢幕上，其狀況如下：

電路實現 implementation

配合晶片接腳的指定 (詳細說明請參閱後面的實務章節)，將合成器所合成出來的邏輯電路圖轉換成我們所指定 SPLD、CPLD 或 FPGA 晶片內部的元件，並將它們連接成完整的控制電路，而其過程可以分成三大步驟：

1. translate：將合成器所合成的相關邏輯電路圖進行轉換與合併。
2. map：將 translate 所產生的檔案轉換成實際對應到我們所指定 SPLD、CPLD 或 FPGA 晶片的內部元件。

3. place and route：將 map 所產生檔案內部的元件放置到我們所指定的晶片上，並進行繞線 (連線) 以便得到一個完整的控制電路。

時間驗證 verification

對已經完成控制電路進行時間驗證，以確保電路動作能夠滿足我們所預期的時脈要求，必竟電路的放置地點、接腳位置的指定、繞線的長短……等都與電路的延遲時間有關。

載入與燒錄

將功能符合要求且時間驗證完畢的電路直接載入到我們所指定的 SPLD、CPLD 或 FPGA 晶片內進行燒錄，一旦燒錄完成我們就可以得到一顆立即可以使用的雛型 IC。

1-6 VHDL 語言的程式結構

正如前面所討論，當我們在設計一個硬體控制電路時，事先我們會將其控制電路的方塊圖繪出，並定出它們的輸入及輸出接腳 (相當於 VHDL 程式的單體 entity)，緊接著再依其輸入及輸出的對應關係進行電路的設計 (相當於 VHDL 程式的架構 architecture 部分)。硬體描述語言 VHDL 的程式結構也是如此，底下我們就舉一個結構最為簡單的 VHDL 程式範例來說明：

```
 1: --------------------------
 2: --  Two inputs or gate   --
 3: --  Filename : OR_GATE   --
 4: --------------------------
 5:
 6: library IEEE;
 7: use IEEE.STD_LOGIC_1164.ALL;
 8: use IEEE.STD_LOGIC_ARITH.ALL;
 9: use IEEE.STD_LOGIC_UNSIGNED.ALL;
10:
11: entity OR_GATE is
12:     Port   (A : in   STD_LOGIC;
13:             B : in   STD_LOGIC;
14:             F : out STD_LOGIC);
15: end OR_GATE;
```

註解 (第 1～5 行)

所使用的套件程式庫 (第 6～10 行)

電路方塊圖 (第 11～15 行)

```
16:
17:  architecture Combinatorial of OR_GATE is
18:
19:  begin
20:    F <= A or B;
21:  end Combinatorial;
```

電路規劃

上面為一個我們用來實現或閘 (OR gate) 的 VHDL 程式，整個程式總共分成 4 個部門，而其每個部門所代表的意義分別為：

1. 行號 1～4 為註解欄 Comment (其目的在說明程式的功能以及儲存在硬碟的檔案名稱，以方便我們閱讀)，因此它們都可以省略。
2. 行號 6～9 用來宣告本程式所需要的套件程式庫，以及我們真正使用到的套件內容。
3. 行號 11～15 用來宣告本電路的控制方塊圖，以及它們對外部的輸入及輸出接腳，其中：
   (1) A 為輸入端接腳。
   (2) B 為輸入端接腳。
   (3) F 為輸出端接腳。
4. 行號 17～21 用來描述我們所要規劃的硬體電路，其中行號 20 就是用來告訴合成器，輸出端 F 的訊號永遠為輸入端 A 與 B 作 OR 運算後所得到的結果，其所代表的硬體意義為：

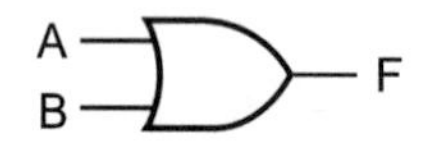

上述的程式結構中每一個部分皆十分重要，因此底下我們就將每一個部門提出來討論。

註解欄 Comment

就像普通的語言一樣，註解欄的目的在於提高程式的可讀性 (Readable)，以方便將來程式的維護，因為它只是用來提醒人類目前的程式到底在做什麼，或者目前應該注意什麼，實際上此欄未必要存在。於 VHDL 語言中註解欄必須以 "——" 為開頭直到該行結束，而且每一行的開頭都必須要有，它可以出現在程式的任何一個地方 (未必是程式的開頭)。於上述的範例程式中，註解欄的內容為：

```
1:  ---------------------------
2:  --  Two inputs or gate    --
3:  --  Filename : OR_GATE    --
4:  ---------------------------
```

它是用來告訴程式的維護者或閱讀者：

1. 此程式的目的在規劃一個具有兩個輸入的 or gate。
2. 此程式儲存在硬碟內的檔案名稱為 OR_GATE。

套件程式庫 library

當我們在設計一個數位邏輯控制電路時，往往會用到系統所定義的常數 (constant)、元件 (component)、函數 (function)、程序 (procedure)、物件……等，因此系統會事先將一些特性與屬性相類似的定義，分門別類的包裝在各自的檔案內 (我們稱之為套件 package)，並以不同檔案名稱儲存在某一特定的目錄之下 (系統的目錄名稱通常為 "IEEE")，一旦將來需要使用它們時，只要事先以保留字 "library" 宣告目錄名稱 (如 library IEEE)，接著再以保留字 use 後面加入目錄名稱以及目前所要使用的套件名稱與指定項目即可，如果我們需要使用整個套件的內容時，則以保留字 ".all" 代替指定項目，而其宣告語法如下：

```
library <套件程式庫目錄名稱>;
use <套件程式庫目錄名稱>.<套件名稱>.all;
```

於上面的敘述中：

1. 首先以保留字 library 宣告，底下程式所要使用到套件所儲存套件程式庫的目錄名稱。
2. 再以保留字 use 宣告目前所要使用的套件目錄及套件名稱和項目，如果需要使用整個套件的內容時，則以 "all" 來代替指定項目 (此處就是如此)。

於上述的 VHDL 範例程式中，行號 6～9 為系統所提供套件程式庫的宣告方式，其狀況如下：

```
6:  library IEEE;
7:  use IEEE.STD_LOGIC_1164.ALL;
8:  use IEEE.STD_LOGIC_ARITH.ALL;
9:  use IEEE.STD_LOGIC_UNSIGNED.ALL;
```

它所代表的意義為：

1. 行號 6 宣告底下程式會用到目錄為 IEEE 的套件程式庫。
2. 行號 7～9 宣告底下程式會用到套件程式庫目錄 IEEE 底下三個套件的全部內容。

通常晶片設計的軟體系統都會將系統所建立的各種套件 (package) 檔案儲存在名稱為 IEEE 的目錄內，如果我們以樹狀的檔案結構來表示時，其狀況如下：

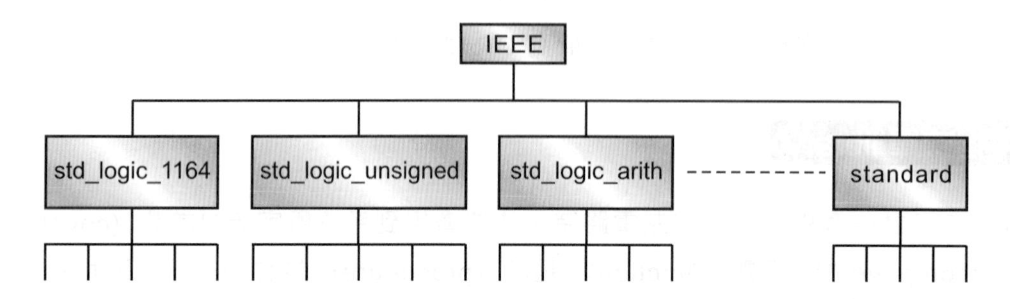

於上面的檔案結構中我們發現到，系統在套件程式庫目錄 "IEEE" 的底下，依資料的特性與屬性分門別類建立出很多的套件 (package)，當設計師需要使用時，可以依前面所敘述的語法去叫用它們，雖然每個套件內都包含了很多項目，設計師可以選擇性的去叫用它們，由於叫用項目的多少並不會增加程式所要設計硬體電路的複雜度，為了能充分使用系統所提供的資源，於指定項目部分我們不妨皆以 ".all" 來宣告。為了讓讀者能充分的了解上述套件的內容與用途，我們選擇性的將 std_logic_1164 與 standard 兩個套件內容列印在附錄 A 內，從它們的內文可以發現到，系統在裡面定義了數位邏輯電路的各種電位、基本邏輯運算函數、正反器的正負緣觸發電位……等，如果您是初學者，到目前為止只要知道套件程式庫的宣告方式即可，至於使用者必須知道的套件內容，後面我們還會討論。

單體 entity

單體 (entity) 為設計程式時必須具備的一個部分，它就像我們所要設計硬體電路的方塊圖，也就是一個硬體電路的外部包裝 (對外接線)，它的基本語法如下：

```
entity 單體名稱 is
    port (port 名稱：工作模式   資料型態；
          port 名稱：工作模式   資料型態；
            ⋮
          port 名稱：工作模式   資料型態)；
end 單體名稱；
```

上述由 "entity 單體名稱 is" 與 "end 單體名稱" 所包圍起來的敘述就是一個完整的單體結構，其中：

1. 接在保留字 entity 與 end 後面的單體名稱必須一致，同時它們也必須與檔案名稱一致，設計師可以依目前所要設計電路的功能自行命名。
2. 接在保留字 port 後面，由括號所包圍的敘述為用來宣告目前所要設計電路方塊圖對外的輸入與輸出接腳。

如果我們以硬體結構去看它，於上述的 VHDL 範例程式中：

```
11:  entity OR_GATE is
12:        Port  (A : in   STD_LOGIC;
13:               B : in   STD_LOGIC;
14:               F : out STD_LOGIC);
15:  end OR_GATE;
```

所代表的電路意義為：

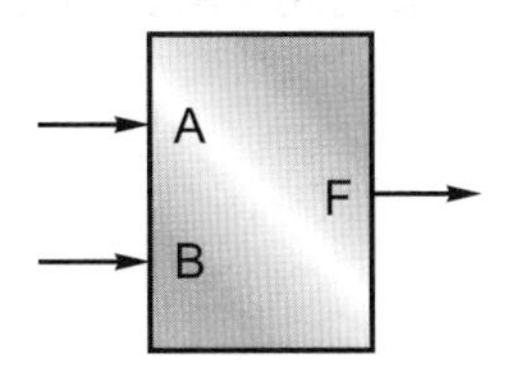

其中 A，B，F 皆為方塊圖的接腳名稱，A，B 為輸入接腳 (in)，F 為輸出接腳 (out)，這些接腳的資料型態都為 STD_LOGIC (參閱後面的敘述)。

於 VHDL 語言中，所要設計電路方塊圖的每一隻對外接腳之工作模式可以區分為下面五大類 (最後一類於電路上很少使用，因此我們不討論)：

- 輸入 in
- 輸出 out
- 輸入輸出 inout
- 緩衝器 buffer
- 連結 linkage

輸入 in

代表所宣告接腳的工作模式為輸入 (in)，也就是說此接腳只接受單體以外的電路訊號來觸發與驅動，於 VHDL 語言中，如果我們沒有宣告接腳的工作模式時，其機定值 (default) 為輸入。

輸出 out

代表所宣告接腳的工作模式為輸出 (out)，也就是說此接腳只能輸出訊號去驅動單體外部的電路，注意！它不可以回授到單體內部來 (因為它只是單純的輸出接腳)，如果設計師一定要將訊號回授到單體內部電路時，我們可以 "使用定義為內部訊號 (signal) 或變數 (variable) 的方式" 解決 (參閱後面的敘述)。

輸入輸出 inout

代表所宣告接腳的工作模式為雙向 (inout)，也就是說此接腳的訊號可以驅動單體以外的電路，同時它也可以回授到單體內部使用，當接腳被宣告成 inout 時，它同時具有 in，out，buffer 的工作模式。

緩衝器 buffer

代表所宣告接腳的工作模式為一種可以回授到單體內部的輸出模式，乍聽之下其工作模式很像前面所討論的 inout 模式，但經仔細研究後它們之間還是有下列的差別：

1. buffer 模式的訊號不能有多重驅動。
2. buffer 模式的訊號只能回授到單體內部或其它同為 buffer 的單體，它不可以接到其它單體電路的輸出 out 或雙向 inout 的接腳上。

架構 architecture

架構 (architecture) 部分就是用來供設計師描述硬體電路的地方，我們可以在此區域利用 VHDL 語言所提供的資料流 (data flow)、行為模式 (behavior) 或結構 (structure) 等敘述來實現所要設計的數位邏輯控制電路，而其基本語法如下：

```
architecture 架構名稱 of 單體名稱 is
        宣告項目 (訊號宣告……)；
        宣告項目 (訊號宣告……)；
        宣告項目 (元件宣告……)；
            ⋮
begin
            ⋮
        電路主體敘述；
            ⋮
        電路主體敘述；
end 架構名稱；
```

於上面的敘述中：

1. 保留字 architecture 與 end 後面的架構名稱必須一致。
2. 保留字 of 後面的單體名稱必須與前面的單體名稱一致。
3. 保留字 architecture 與 begin 中間的宣告項目可以有，也可以沒有，我們可以依本架構內所需要用到的訊號 (signal)、元件 (component)、常數 (constant)……等逐一的在此宣告 (參閱後面的程式)。
4. 保留字 begin 與 end 中間的電路主體敘述區，提供我們以 VHDL 語言的資料流 (data flow)、行為模式 (behavior) 或結構 (structure) 等敘述進行邏輯電路的描述。
5. 於程式的結構中，一個單體 (entity) 的敘述底下可以同時擁有數個不同的架構 (architecture)，因此每一個架構都必須要有屬於自己特性且隸屬於上述單體的名稱，譬如要實現一個同樣功能的硬體電路，我們可以透過不同的架構方式來描述，因此它就會在一個同樣單體名稱之下擁有不同的架構，往後我們可以視狀況選擇其中一個架構來合成出我們所要的硬體。

於前面 VHDL 的範例程式中，關於架構 (architecture) 部分的敘述為：

```
17:  architecture Combinatorial of OR_GATE is
18:
19:  begin
20:    F <= A or B;
21:  end Combinatorial;
```

1. 第 17 行告訴我們此電路是在單體 OR_GATE 內的一個名稱為 Combinatorial 的架構。
2. 由 begin 與 end 這兩個保留字所圍起來的部分為電路的敘述區，其內部只有 "F <= A or B;" 的敘述，意思是所要合成的電路特性為一個輸出端 F 的訊號永遠等於兩個輸入訊號 A 與 B 作 or 運算的結果，因此 VHDL 語言的合成器會將它合成出一個具有兩個輸入的 OR gate，亦即：

1-7 一個完整的 VHDL 程式

VHDL 的程式可以區分成好幾個部分，有些部分是否存在則視實際狀況，有些部分則一定要存在，一個完整 VHDL 程式的結構即如下面所示：

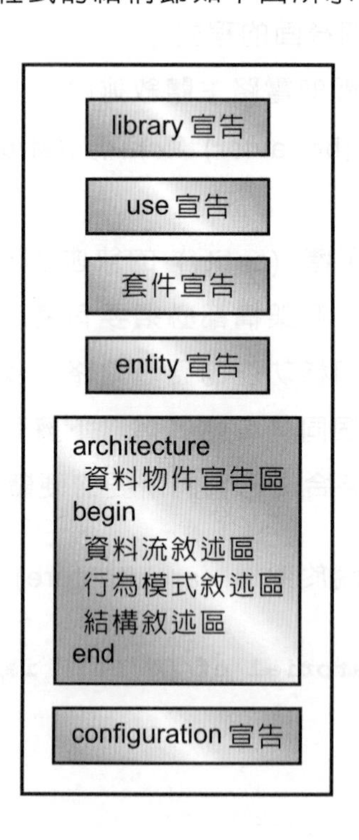

1. library 宣告：宣告程式內所需要用到的套件程式庫目錄。
2. use 宣告：宣告程式內所需要用到的套件名稱 (通常為系統所提供)。

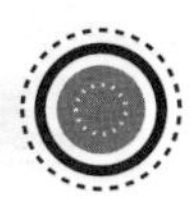

3. 套件宣告：宣告程式內所需要用到的套件名稱，與第 2 點不同之處在於此處的套件並非系統所提供，而是由自己或工作伙伴所提供 (通常儲存在目前的工作目錄 work 底下)。
4. entity 宣告：宣告所要設計電路的方塊圖與它和外界溝通的輸入輸出接線。
5. architecture：用來描述所要設計數位邏輯電路的區域。
6. 資料物件宣告區：宣告於本架構內所需要用到的所有資料物件，如訊號 (signal)、常數 (constant)、元件 (component)……等。
7. begin…end：所要設計數位邏輯電路的描述區域，設計師可以使用 VHDL 語言所提供的資料流 (data flow)、行為模式 (behavior)、結構 (structure)……等敘述來描述。
8. configuration 宣告：組態宣告，正如前面所討論的，在一個單體 (entity) 內可以擁有數個不同架構 (architecture)，設計師可以利用組態 (configuration) 敘述來選擇採用那一個架構來實現實際的控制電路。

1-8 識別字與保留字

在 VHDL 語言中不論是單體 (entity)、架構 (architecture) 或是程式中所使用的資料物件 (object)、元件 (component)、函數 (function)、程序 (procedure)……等都有自己的名稱，這些由設計師所命名的名稱我們稱之為識別字 (identifier)，反之凡是由系統所使用的名稱 (如資料流、行為模式、結構描述……等指令敘述) 我們稱它為保留字 (reversed word)，由於保留字 (又稱為關鍵字) 系統已經使用過，因此設計師所命名的識別字絕對不可以跟它們完全相同，於 VHDL 語言中一個識別字的命名必須要有下面幾點的限制：

1. 只能是英文 (A～Z)、數字 (0～9) 與底線 (_)。
2. 第一個字必須為英文。
3. 最後一個字不可以為底線。
4. 不可以連續兩個底線。
5. 不可以為保留字，但保留字可以是名稱的一部分。
6. 選用有意義的名稱 (提高可讀性)。
7. 英文大小寫皆相同。

在 VHDL 語言內，我們常見到的保留字以英文字母由 A～Z 排列，依次如下：

ABS	ACCESS	AFTER	ALIAS
ALL	AND	ARCHITECTURE	ARRAY
ASSERT	ATTRIBUTE	BEGIN	BLOCK
BODY	BUFFER	BUS	CASE
COMPONENT	CONFIGURATION	CONSTANT	DISCONNECT
DOWNTO	ELSE	ELSIF	END
ENTITY	EXIT	FILE	FOR
FUNCTION	GENERATE	GENERIC	GROUP
GUARDED	IF	IMPURE	IN
INERTIAL	INOUT	IS	LABEL
LIBRARY	LINKAGE	LITERAL	LOOP
MAP	MOD	NAND	NEW
NEXT	NOR	NOT	NULL
OF	ON	OPEN	OR
OTHERS	OUT	PACKAGE	PORT
POSTPONED	PROCEDURE	PROCESS	PURE
RANGE	RECORD	REGISTER	REJECT
REM	REPORT	RETURN	ROL
ROR	SELECT	SEVERITY	SIGNAL
SHARED	SLA	SLL	SRA
SRL	SUBTYPE	THEN	TO
TRANSPORT	TYPE	UNAFFECTED	UNITS
UNTIL	USE	VARIABLE	WAIT
WHEN	WHILE	WITH	XNOR
XOR			

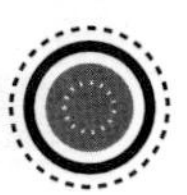

第一章　自我練習與評量

1-1　數位邏輯電路的發展過程為何？

1-2　晶片規劃可經由那四種方式完成？

1-3　用來規劃電路的可程式化邏輯裝置(PLD)，依內部結構可分成那兩大類？

1-4　目前最常用的兩種硬體描述語言是什麼？

1-5　晶片設計的流程為何？

1-6　何謂電路合成？

1-7　何謂功能模擬？

1-8　何謂電路圖設計方式？

1-9　VHDL 註解欄位的目的與符號為何？

1-10　何謂套件程式庫？

1-11　VHDL 語言的單體 (entity) 代表何種意義？

1-12　VHDL 語言的架構 (architecture) 代表何種意義？

1-13　何謂保留字 (reversed word)？

1-14　何謂識別字 (identifier)？

1-15　於 VHDL 語言中識別字有何限制？

1-16　一個完整的 VHDL 程式為何？

1-17　以單體 (entity) 的語法宣告如下，其代表意義為何？

```
entity test is
    port (X : in  std_logic;
          Y : in  std_logic;
          S : in  std_logic;
          Z : out std_logic);
end test;
```

1-18　某一電路的方塊圖如下：

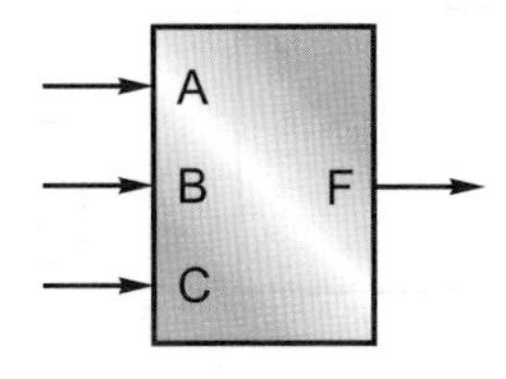

請以 VHDL 語言中，單體 (entity) 的語法進行宣告。

第一章 自我練習與評量解答

1-1 數位邏輯電路設計的發展過程可以分成下面五個階段：

1. 小型積體電路 SSI。
2. 中型積體電路 MSI。
3. 大型積體電路 LSI。
4. 超大型積體電路 VLSI。
5. 極大型積體電路 ULSI。

1-3 用來規劃電路的可程式化邏輯裝置 (PLD)，依內部結構可以分成下面兩大類：

1. AND＋OR 結構。
2. FPGA 記憶體結構。

1-5 晶片設計的流程如下：

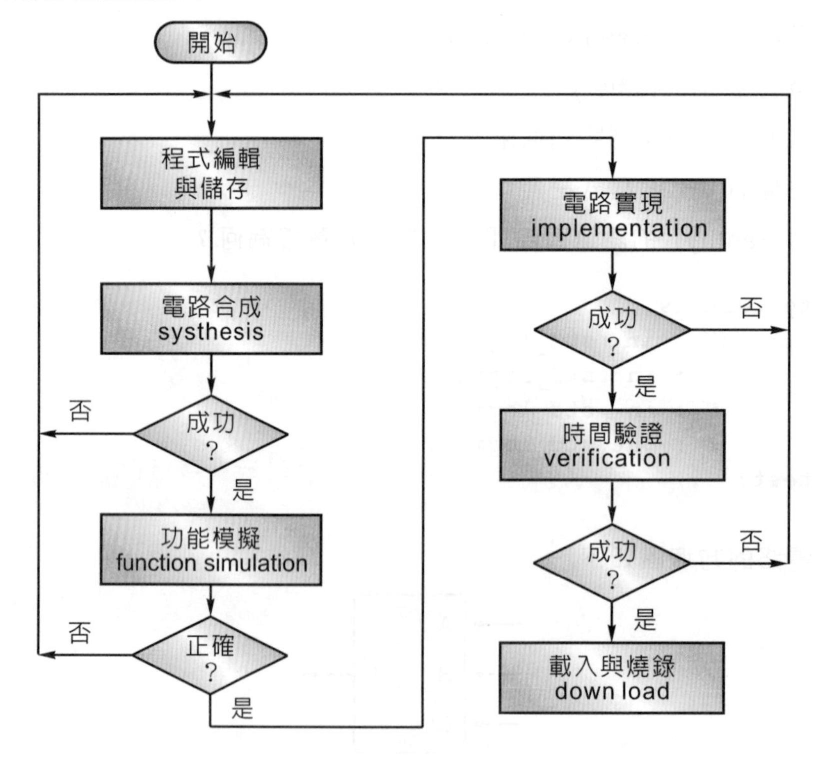

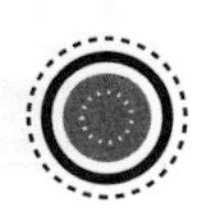

1-7　所謂的功能模擬就是將合成器所合成出來的邏輯控制電路進行功能測試，以便了解電路的功能是否符合我們的要求（注意！此處並不考慮電路內部的延遲時間），而其測試流程是以檔案方式儲存所要測試電路的輸入電位，模擬器會依順序將它們加入邏輯控制電路，並將其輸出結果建立檔案儲存或顯示在螢幕上供設計師判別，其狀況如下：

1-9　VHDL 註解欄位 (comment field) 的目的為增加程式的可讀性 (Readable)，以方便將來程式的維護與發展，它所代表的符號為 "——"，也就是註解欄位必須以 "——" 為開頭直到該行結束。

1-11　於 VHDL 語言的單體 (entity) 部門是用來宣告目前所要設計控制電路的方塊圖，其中包含控制電路對外的輸入與輸出接腳，以及控制電路的名稱。

1-13　所謂保留字 (reversed word) 就是系統所定義或使用的名稱，由於這些名稱系統已經使用過，因此設計師於程式設計時就必須避開它們，以免造成混淆。

1-15　於 VHDL 語言中，識別字 (identifier) 必須受到下面幾點的限制：

1. 只能是英文、數字與底線。
2. 第一個字必須為英文。
3. 最後一個字不可以為底線。
4. 不可以連續兩個底線。
5. 不可以為保留字，但保留字可以是名稱的一部分。
6. 英文大小寫皆相同。
7. 最好選用有意義的名稱 (提高可讀性)。

1-17　它所代表的意義為所要設計電路的方塊圖，其狀況如下：

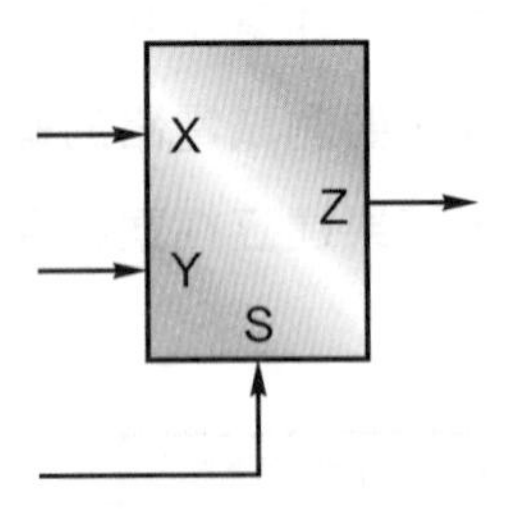

資料物件與資料型態

2-1 標準套件與資料型態

與一般的電腦語言相同，程式內使用的每一筆資料都有屬於它們自己的資料型態，在 VHDL 語言內也是如此，當我們在程式內描述所要設計的硬體電路時，每一個資料物件 (data object) 也都具有屬於它們自己的資料型態 (data type)，這些基本的資料型態都被定義在系統內部檔案名稱為 "STANDARD" 的套件 (package) 內 (詳細內容請參閱後面附錄 A)，這些資料型態經我們整理後大約可以區分成下面十大類型：

1. 布林 BOOLEAN
2. 位元 BIT
3. 字元 CHARACTER
4. 整數 INTEGER
5. 實數 REAL
6. 時間 TIME

7. 自然數 NATURAL
8. 正數 POSITIVE
9. 字串 STRING
10 位元向量 BIT_VECTOR

從附錄 A 的內容可以發現到，要定義一種資料型態皆以 "type" 為開頭，型態上又以下面四大類型為主軸：

- 列舉 ENUMERATE
- 陣列 ARRAY
- 記錄 RECORD
- 物理量 PHYSICAL

在沒有正式討論它們之前，我們先來介紹於套件 (package) 內，時常用來定義資料型態的兩個敘述。

定義資料型態 type

於硬體描述語言中我們皆以 type 敘述來定義一種新的資料型態，其基本語法為：

```
type 名稱 is 定義內容;
```

範例
說明下面 type 敘述： type BYTE is (0 to 7) of bit;

定義 BYTE 為一個用來儲存 8 bit 的資料型態，其狀況如下：

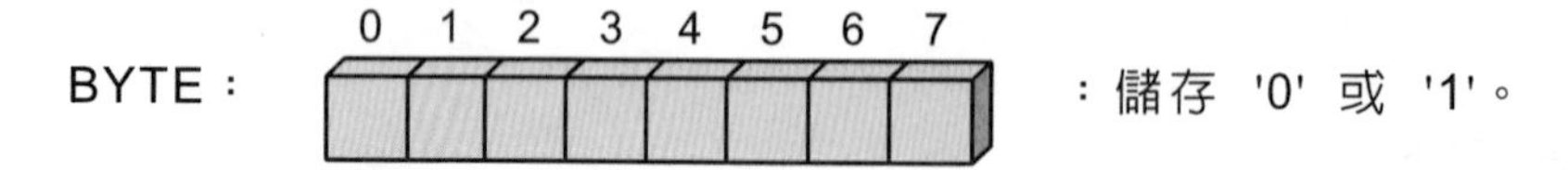

詳細內容請參閱後面的敘述。

定義子資料型態 subtype

用來定義一個比原先定義資料型態範圍還小的資料型態，其基本語法為：

```
subtype 名稱 is 定義內容;
```

範例

說明下面 subtype 敘述：

```
type INTEGER is range -32767 to 32767;
subtype data is INTEGER range 0 to INTEGER'RIGHT
```

以 type 定義 INTEGER 的內容為 -32767～+32767，再以 subtype 定義 data 的內容為 0～32767 (INTEGER 的右邊值)，詳細內容請參閱後面的敘述。

底下我們就來談談上述這四種資料型態的基本語法與特性。

列舉 ENUMERATE

與 C 語言相似，列舉式資料型態就是一種集合式的宣告，也就是我們將一些具有某種意義的名稱列舉出來，並將它們定義成一個集合，其目的為提高程式的閱讀性，它的宣告方式如下：

```
type 名稱 is (列舉元素);
```

1. type，is：列舉的保留字。
2. 名稱：所列舉資料型態的名稱 (符合識別字的規則即可)。
3. (列舉元素)：所列舉的資料元素。

範例一

說明下面的列舉敘述：

```
type state is (S0, S1, S2, S3, S4, S5, S6);
variable present_state : state;
        present_state := S0;
```

1. 定義 state 為 S0，S1，S2，S3，S4，S5，S6，7 種狀態元素的集合。
2. 宣告變數 present_state 的資料型態為 state。
3. 設定 present_state 目前的狀態為 S0。

範例二

說明下面的列舉敘述：

```
type color is (red, green, yellow, blue, white);
variable present_color : color;

        present_color := red;
```

1. 定義 color 為 red，green，yellow，blue，white，5 個元素的集合。
2. 宣告變數 present_color 的資料型態為 color。
3. 設定 present_color 目前的顏色為 red。

陣列 ARRAY

陣列是由一群相同資料型態的元素所組成的集合，如果我們以陣列方式宣告資料物件的資料型態時，其內部所有的資料型態必須一致，與一般的高階語言相同，我們可以利用指標 (index) 來存取陣列的內部元素，它的宣告方式如下：

```
type 名稱 is array (範圍) of 資料型態;
```

1. type，is，array，of：陣列的保留字。
2. 名稱：所宣告的陣列名稱 (符合識別字的規則即可)。
3. (範圍)：所要宣告陣列的範圍。
4. 資料型態：陣列內部元素的資料型態。

範例一

說明下面的陣列敘述：

```
type RAM is array (0 to 3) of bit;
signal pattern : RAM;
signal data : bit;

        data <= pattern (0);
```

1. 定義 RAM 的資料型態為用來儲存 bit (0 或 1) 的資料，其狀況如下：

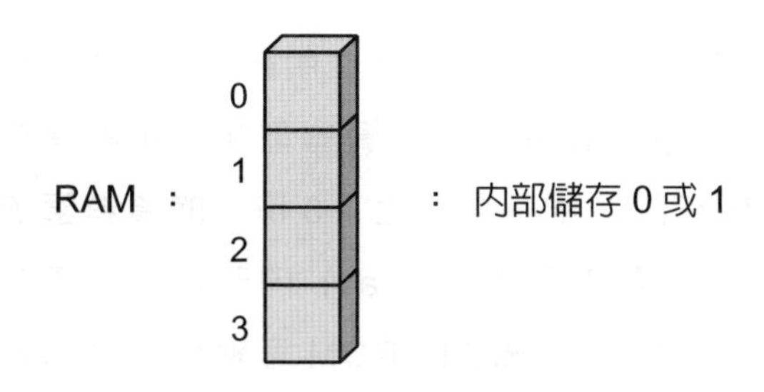

2. 宣告訊號 pattern 的資料型態與 RAM 相同。
3. 宣告訊號 data 的資料型態為 bit。
4. 將儲存在陣列 pattern (0) 的內部資料讀回 data。

範例二

說明下面的陣列敘述：

```
type ROM is array (0 to 7) of bit_vector (7 downto 0);
signal ROM_CONTENT : ROM :=
        (x"00", x"11", x"22", x"33",
         x"44", x"55", x"66", x"77");
```

1. 定義 ROM 的資料型態為 8×8 Byte 的儲存元件。
2. 宣告訊號 ROM_CONTENT 的資料型態與 ROM 相同，並設定它的內容，其狀況如下：

記錄 RECORD

記錄是由一群不同資料物件與資料型態的元件所組成的集合，它與前面我們所討論的陣列 (array) 都屬於合成 (composite) 的資料型態，也就是在同一個時間點上它們可以擁有很多的值 (譬如在同一個時間點上，8 bits 的資料匯流排上就可以同時擁有 8 種電位)，兩者最大的不同點為陣列 (array) 內部每個元素的資料型態都相同，因此它比較適合硬體匯流排、記憶體 RAM、ROM 等線性的資料結構，而記錄 (record) 內部不但可以擁有不同的資料物件，同時也可以擁有不同的資料型態，於架構上它與 C 語言內的 struct 十分相似 (不同之處為 record 用於硬體電路的描述)，它的宣告語法如下：

```
type 名稱 is record
       物件 1 宣告;
       物件 2 宣告;
            ⋮
end record;
```

範例一

說明下面的記錄敘述：

```
type operator is (ADD, SUB, MUL, DIV);
type instruction is record;
        op_code : operator;
        source : real;
        destination : real;
end record;
variable INST1, INST2 : instruction;
    INST1.op_code := MUL;
    INST1.source := 3.0;
    INST1.destination := 12.5;
    INST2 (SUB, 43.0, 52.8);
```

1. 宣告 operator 為元素 ADD，SUB，MUL，DIV 的集合。
2. 宣告 instruction 為一個記錄，它的物件包括：
   資料型態為 operator 的 op_code。
   資料型態為實數 (real) 的 source。
   資料型態為實數 (real) 的 destination。
3. 宣告變數 INST1、INST2 的資料型態與記錄 instruction 相同。
4. 分別設定變數 INST1 的內容：
   INST1.op_code 的內容為 MUL。
   INST1.source 的內容為 3.0。
   INST1.destination 的內容為 12.5。
5. 一次設定變數 INST2 的內容：
   INST2.op_code 的內容為 SUB。
   INST2.source 的內容為 43.0。
   INST2.destination 的內容為 52.8。

物理量 PHYSICAL

物理量資料型態是用來定義時間、距離、重量、電壓……等物理特性的參數，其宣告語法如下：

```
type 名稱 is range 開始 to|downto 結束
  units
      基本單位名稱;
      擴展單位名稱 1 = 數個基本單位名稱;
      擴展單位名稱 2 = 數個擴展單位名稱 1;
      擴展單位名稱 3 = 數個擴展單位名稱 2;
              ⋮
  end units;
```

範例一

說明下面物理量的敘述：

```
type voltage is range 0 to 1E9
   units
       PV;
       μV   = 1000 PV;
       mV   = 1000 μV;
       V    = 1000 mV;
       kV   = 1000 V;
       MV   = 1000 kV;
   end units；
variable present_voltage : voltage;
         present_voltage := 25V;
```

1. 定義電壓 voltage 的範圍在 $0 \sim 1 \times 10^9$
2. 定義：

   基本電壓單位為 PV。

   1 μV = 1000 PV。

   1 mV = 1000 μV。

   1 V = 1000 mV。

   1 kV = 1000 V。

   1 MV = 1000 kV。
3. 宣告變數 present_voltage 的資料型態與 voltage 相同。
4. 設定 present_voltage 目前的內容為 25V。

討論完上述四大類型的資料型態之後，接著我們再來談談 "STANDARD" 套件內所定義十大類型資料型態的特性。

布林 BOOLEAN

```
type BOOLEAN is (FALSE, TRUE);
```

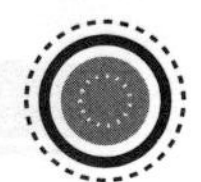

以列舉方式定義布林 (BOOLEAN) 的內容為 FALSE 與 TRUE 兩種狀況，其中：

FALSE　：'0' 代表假。

TRUE　：'1' 代表真。

與一般的高階語言相同，當我們宣告某個資料物件的資料型態為布林時，其結果只有真 (TRUE) 與假 (FALSE) 兩種，設計師可以利用選擇敘述 if，配合關係運算 (如>，<，=，/=…等) 與邏輯運算 (如 not，and，or…等)，以便達到選擇所要完成的電路。

位元 BIT

```
type BIT is ('0', '1');
```

以列舉方式定義位元 (BIT) 的內容為 '0' 或 '1' 兩種狀況，它是數位邏輯電路內最基本的兩種電位。

字元 CHARACTER

以列舉方式定義字元 (CHARACTER) 的內容為：

```
type CHARACTER is (
 NUL,    SOH,    STX,    ETX,    EOT,    ENQ,    ACK,    BEL,
 BS ,    HT ,    LF ,    VT ,    FF ,    CR ,    SO ,    SI ,
 DLE,    DC1,    DC2,    DC3,    DC4,    NAK,    SYN,    ETB,
 CAN,    EM ,    SUB,    ESC,    FSP,    GSP,    RSP,    USP

 ' ',    '!',    '"',    '#',    '$',    '%',    '&',    ''',
 '(',    ')',    '*',    '+',    ',',    '-',    '.',    '/',
 '0',    '1',    '2',    '3',    '4',    '5',    '6',    '7',
 '8',    '9',    ':',    ';',    '<',    '=',    '>',    '?',

 '@',    'A',    'B',    'C',    'D',    'E',    'F',    'G',
 'H',    'I',    'J',    'K',    'L',    'M',    'N',    'O',
 'P',    'Q',    'R',    'S',    'T',    'U',    'V',    'W',
 'X',    'Y',    'Z',    '[',    '\',    ']',    '^',    '_',

 '`',    'a',    'b',    'c',    'd',    'e',    'f',    'g',
 'h',    'i',    'j',    'k',    'l',    'm',    'n',    'o',
 'p',    'q',    'r',    's',    't',    'u',    'v',    'w',
 'x',    'y',    'z',    '{',    '|',    '}',    '~',    DEL,
```

```
C128,   C129,   C130,   C131,   C132,   C133,   C134,   C135,
C136,   C137,   C138,   C139,   C140,   C141,   C142,   C143,
C144,   C145,   C146,   C147,   C148,   C149,   C150,   C151,
C152,   C153,   C154,   C155,   C156,   C157,   C158,   C159,
'?,     '?,     '?,     '?,     '?,     '?,     '?,     '?,
'?,     '?,     '?,     '?,     '?,     '?,     '?,     '?,
'?,     '?,     '?,     '?,     '?,     '?,     '?,     '?,
'?,     '?,     '?,     '?,     '?,     '?,     '?,     '?,
'?,     '?,     '?,     '?,     '?,     '?,     '?,     '?,
'?,     '?,     '?,     '?,     '?,     '?,     '?,     '?,
'?,     '',     '?,     '?,     '?,     '?,     '?,     '?,
'',     '?,     '?,     '?,     '?,     '?,     '?,     '?,
'?,     '?,     '?,     '?,     '?,     '?,     '?,     '?,
'?,     '?,     '?,     '?,     '?,     '?,     '?,     '?,
'?,     '?,     '?,     '?,     '?,     '?,     '?,     '?,
'?,     '?,     '?,     '?,     '?,     '?,     '?,     ' ' );
```

它是由 8 BIT 所構成，因此總共有 256 種數碼，系統只定義前面 128 種，它們包括 (與 ASCII 相同)：

1. 控制碼。
2. 數字 '0' ～ '9'。
3. 英文大寫 'A' ～ 'Z'。
4. 英文小寫 'a' ～ 'z'。
5. 各種符號。

整數 INTEGER

```
type INTEGER is range -2147483647 to 2147483647;
```

以 type 定義整數 (INTEGER) 的範圍在 −2147483647～2147483647 中間，它是以 32 bits 帶符號的整數方式來表示，其狀況如下：

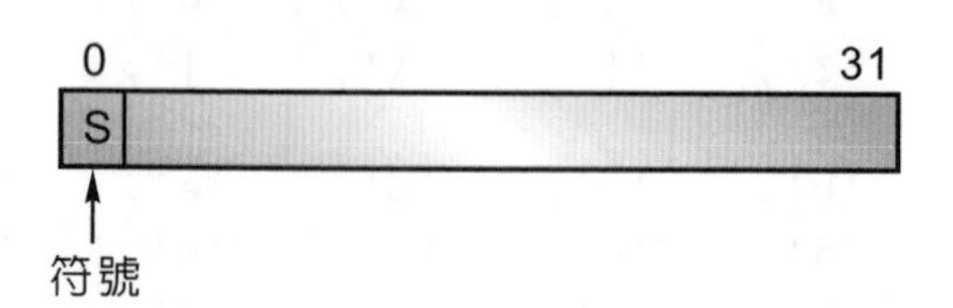

因此它所能表達的範圍為 $-(2^{31}-1)\sim+(2^{31}-1)$，注意！由於系統的機定值 (default) 是以 32 bits 來表達，如果我們所需要的整數值不需太大時，可以在宣告時加以限縮，譬如當我們所需要的整數範圍只有 0～15 時，其宣告方式如下：

```
signal index : integer range 0 to 15;
```

此時系統會以 4 bits 來表達；如果我們的宣告方式為：

```
signal index : integer;
```

則系統會以 32 bits 來表達。

實數 REAL

```
type REAL is range -1.7014111e+308 to 1.7014111e+308;
```

以 type 定義實數 (REAL) 的範圍在 −1.7014111e+308～1.7014111e+308 中間，它是以 64 bits 浮點數的方式來表示，其狀況如下：

時間 TIME

```
-- predefined type TIME:
  type TIME is range -2147483647 to 2147483647
-- this declaration is for the convenience of the parser. Internally
-- the parser treats it as if the range were:
-- range -9223372036854775807 to 9223372036854775807
  units
    fs;              -- femtosecond
    ps    = 1000 fs; -- picosecond
    ns    = 1000 ps; -- nanosecond
    us    = 1000 ns; -- microsecond
    ms    = 1000 us; -- millisecond
    sec   = 1000 ms; -- second
    min   = 60 sec;  -- minute
    hr    = 60 min;  -- hour
  end units;
```

以記錄 (RECORD) 方式定義時間 (TIME) 的參數範圍為 −2147483647 ～ 2147483647 中間，並以 fs 為基本單位，供我們往後當硬體完成時，訊號經過電路產生時間延遲時使用。

自然數 NATURAL

```
subtype NATURAL is INTEGER range 0 to INTEGER'HIGH;
```

以 subtype 定義自然數 (NATURAL) 的範圍為 0～2147483647 之間。

正數 POSITIVE

```
subtype POSITIVE is INTEGER range 1 to INTEGER'HIGH;
```

以 subtype 定義正數 (POSITIVE) 的範圍為 1～2147483647 之間。

字串 STRING

```
type STRING is array (POSITIVE range <>) of CHARACTER;
```

以陣列方式定義字串 (STRING) 為字元資料的集合，而其字元數量從 1 開始，長度沒有限制。

位元向量 BIT_VECTOR

```
type BIT_VECTOR is array (NATURAL range <>) of BIT;
```

以陣列方式定義位元向量 (BIT_VECTOR) 為位元 BIT 資料的集合，而其位元數量從 0 開始，長度沒有限制。設定位元數量時可以使用由小到大 (小 to 大) 或由大到小 (大 downto 小) 兩種方式，譬如 8 位元資料匯流排 data_bus 的宣告方式為：

```
signal data_bus : bit_vector (0 to 7);
signal data_bus : bit_vector (7 downto 0);
```

兩種宣告所代表的意義分別為：

data_bus： 0 1 2 3 4 5 6 7

data_bus： 7 6 5 4 3 2 1 0

2-2 標準邏輯套件 std_logic_1164

於實際的數位邏輯控制電路中，依電子電路的特性，它們的電位絕對不會只有 '0' 與 '1' (位元)，因此在系統內又依 IEEE 的標準，在 std_logic_1164 套件檔案內定義了一套標準邏輯電位 (詳細內容請參閱後面附錄 A)，這些內容的功能我們可以將它們歸納如下：

1. 定義各種標準的邏輯電位。
2. 定義各種基本的邏輯運算。
3. 定義各種控制電位資料型態的互換。
4. 定義正反器的正、負緣觸發訊號。

標準邏輯電位的定義

```
PACKAGE std_logic_1164 IS
--logic state system (unresolved)
  TYPE std_ulogic IS ('U',  -- Uninitialized
                      'X',  -- Forcing  Unknown
                      '0',  -- Forcing  0
                      '1',  -- Forcing  1
                      'Z',  -- High Impedance
                      'W',  -- Weak  Unknown
                      'L',  -- Weak   0
                      'H',  -- Weak   1
                      '-'   -- Don't care
                     );
```

以列舉方式定義 std_logic 的內容，其中 (它們皆為大寫字元)：

'U' ：初值未定。 'X' ：不確定電位。
'0' ：0 電位。 '1' ：1 電位。
'Z' ：高阻抗。 'W'：不確定的較弱電位。
'L' ：較弱低電位。 'H' ：較弱高電位。
'—' ：隨意電位。

有經驗的硬體工程師一定會發現到，於實際的數位控制電路內，常見到的電位只有 '0'，'1'，'Z' 三種，上述的九種電位中怎麼會出現不確定電位 (unknown)，想看看如果我們在一個 and 閘的輸入端加入一個高阻抗的控制電位時，它的輸出電位不就會出現不確定電位了嗎，至於較弱電位只是在反映，因為元件內部阻值 *R* 太大所產生的弱勢電位而已。

於實際的控制電路中，當兩個輸出電位同時驅動一個輸入電路時，如果這兩個輸出電位的準位強度不同時就會產生衝突，因此系統以 subtype 方式配合函數 resolved 定義出另外一種工業標準邏輯的資料型態 "std_logic"，並以 type 方式定義 "std_logic_vector"，於實際的數位控制電路的規劃上，我們皆以此為主，其詳細狀況請參閱後面附錄 A 的內容。

各種基本邏輯運算的定義

```
FUNCTION "and"  ( l, r : std_logic_vector  ) RETURN std_logic_vector;
FUNCTION "and"  ( l, r : std_ulogic_vector ) RETURN std_ulogic_vector;

FUNCTION "nand"  ( l, r : std_logic_vector  ) RETURN std_logic_vector;
FUNCTION "nand"  ( l, r : std_ulogic_vector ) RETURN std_ulogic_vector;

FUNCTION "or"   ( l, r : std_logic_vector  ) RETURN std_logic_vector;
FUNCTION "or"   ( l, r : std_ulogic_vector ) RETURN std_ulogic_vector;

FUNCTION "nor"  ( l, r  : std_logic_vector ) RETURN std_logic_vector;
FUNCTION "nor"  ( l, r  : std_ulogic_vector) RETURN std_ulogic_vector;
```

```
FUNCTION "xor"   ( l, r  : std_logic_vector  ) RETURN std_logic_vector;
FUNCTION "xor"   ( l, r  : std_ulogic_vector) RETURN std_ulogic_vector;

FUNCTION "xnor"  ( l, r  : std_logic_vector  ) RETURN std_logic_vector;
FUNCTION "xnor"  ( l, r  : std_ulogic_vector) RETURN std_ulogic_vector;

FUNCTION "not"   ( l     : std_logic_vector  ) RETURN std_logic_vector;
FUNCTION "not"   ( l     : std_ulogic_vector) RETURN std_ulogic_vector;
```

於上表中可以發現，系統提供標準電位 std_ulogic_vector 與 std_logic_vector (經過 resloved 函數處理) 的各種邏輯運算，它們包括 and、nand、or、nor、xor、xnor、not 等運算，這些運算可以使用在電位運算，也可以使用在布林 (真 TRUE、假 FALSE) 運算，其狀況如下：

電位 bit、std_logic 運算 (輸入電位為 A 與 B)：

A	B	and	or	xor	nand	nor	xnor	not A
0	0	0	0	0	1	1	1	1
0	1	0	1	1	1	0	0	1
1	0	0	1	1	1	0	0	0
1	1	1	1	0	0	0	1	0

布林真 TRUE、假 FALSE 運算 (輸入事件為 A 與 B)：

A	B	and	or	xor	nand	nor	xnor	not A
F	F	F	F	F	T	T	T	T
F	T	F	T	T	T	F	F	T
T	F	F	T	T	T	F	F	F
T	T	T	T	F	F	F	T	F

(T：TRUE 真，F：FALSE 假)

當系統在定義上述的邏輯運算時，它是以建立真值表，並以函數查詢這些真值表方式來實現上述的邏輯運算，詳細狀況請參閱後面附錄 A 的內容。

上述這些邏輯運算的優先順序 not 最高，其餘皆相等 (同時出現時，它們的運算順序為由左邊向右邊依次執行)。

正反器的正、負緣觸發電位定義

```
-------------------------------------------------------------------
-- edge detection
-------------------------------------------------------------------
FUNCTION rising_edge  (SIGNAL s : std_ulogic) RETURN BOOLEAN;
FUNCTION falling_edge (SIGNAL s : std_ulogic) RETURN BOOLEAN;
-------------------------------------------------------------------
--edge detection
-------------------------------------------------------------------
FUNCTION rising_edge  (SIGNAL s : std_ulogic) RETURN BOOLEAN IS
BEGIN
  RETURN (s'EVENT AND (To_X01(s) = '1') AND
                 (To_X01(s'LAST_VALUE) = '0'));
END;
FUNCTION falling_edge (SIGNAL s : std_ulogic) RETURN BOOLEAN IS
BEGIN
  RETURN (s'EVENT AND (To_X01(s) = '0') AND
                (To_X01(s'LAST_VALUE) = '1'));
END;
```

以函數方式定義各種正反器的正、負緣觸發訊號，其中：

rising_edge：正緣觸發。

falling_edge：負緣觸發。

由其函數的敘述中我們也可以將其觸發訊號寫成 (如果時序訊號為 CK)：

CK'event and CK = '1'：正緣觸發。

CK'event and CK = '0'：負緣觸發。

2-3 資料物件的種類

於 VHDL 語言中，資料物件依其特性可以分成下面四大類：

常數 constant。

訊號 signal。

變數 variable。

檔案 file。

常數 constant

與一般的高階語言相同，為了增加程式的可讀性與維護性，我們都會在程式內定義一些常數 (如 C 語言的 #define，verilog 的 parameter 敘述)，所謂的常數就是內容為固定值，不會隨著時間而改變，於 VHDL 語言內定義常數的基本語法如下：

```
constant 名稱1 [,名稱2]…… :資料型態 := 常數值;
```

1. constant：為常數的保留字。
2. 名稱：所定義常數物件的名稱 (符合識別字的規則即可)。
3. 資料型態：常數物件所屬的資料型態。
4. :=：用來設定常數內容的符號。
5. 常數值：所要設定常數的內容。

範例一

說明下面有關常數的敘述：

constant LENGTH : integer := 8;

宣告一個名稱為 LENGTH 的常數物件，其資料型態為整數，並將其內容設定成 8。

範例二

說明下面有關常數的敘述：

constant DATA : bit_vector (7 downto 0) := "10001001";

宣告一個名稱為 DATA 的常數物件，其資料型態為 bit_vector，長度為 8 (7～0)，並將其內容設定為 "10001001"，其狀況如下：

	7	6	5	4	3	2	1	0
DATA：	1	0	0	0	1	0	0	1

範例三

說明下面有關常數的敘述：

constant REG : std_logic_vector (0 to 3) := "0101";

宣告一個名稱為 REG 的常數物件，其資料型態為 std_logic_vector，長度為 4 (0～3)，並將其內容設定成 "0101"，其狀況如下：

	0	1	2	3
REG：	0	1	0	1

訊號 signal

設計師所描述硬體電路的內部接線，我們都可以將它們定義成訊號 (signal)，其狀況如下：

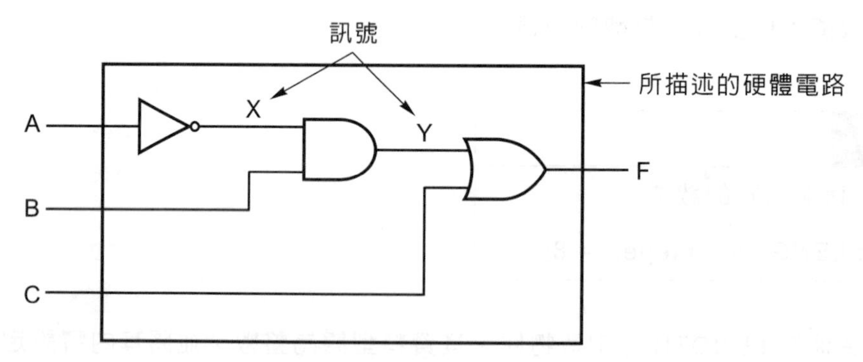

在上面的硬體電路中 X，Y 為電路內部的接線，於特性上它可以當成前一級的輸出，也可以當成下一級的輸入，其宣告語法如下：

```
signal 名稱1 [,名稱2]…… : 資料型態 [:= 設定值];
```

1. signal：為訊號的保留字。
2. 名稱：所定義訊號物件的名稱 (符合識別字的規則即可)。
3. 資料型態：訊號物件所屬的資料型態。
4. 設定值：訊號內容的預設值 (只供給功能模擬時使用)。

從它們的宣告語法中可以看出，由於訊號 (signal) 兼具輸入與輸出的角色，因此不需宣告它的方向，除此之外它的語法與硬體電路外部接腳 port (必須宣告方向) 的宣告方式完全相同，至於其詳細內容的討論與組合和序向電路的特性有關，後面我們再來說明。

範例一

說明下面有關訊號的敘述：

```
signal INDEX : integer range 0 to 31;
```

宣告一個名稱為 INDEX 的訊號物件，它的資料型態為整數，範圍在 0～31 中間 (佔 5bit)。

範例二

說明下面有關訊號的敘述：

```
signal REG : std_logic_vector (0 to 3) := “0101”;
```

宣告一個名稱為 REG 的訊號物件，它的資料型態為 std_logic_vector 且佔用 4 個位元，並設定其初值為 "0101"，注意！以 ":=" 所設定的初值只是提供系統作功能模擬時使用，當系統在做硬體合成時，它是不具任何意義的，於實際的數位電路中，這些電位我們還是要藉由 power on 時的 preset 或 reset 來產生。

範例三

說明下面有關訊號的敘述：

```
signal LED, DOT : bit_vector (7 downto 0);
```

宣告二個訊號的物件，它們的名稱分別為 LED 與 DOT，資料型態皆為 bit_vector，長度為 8，其狀況如下：

LED： 7 6 5 4 3 2 1 0 ：儲存 0 或 1

DOT： 7 6 5 4 3 2 1 0 ：儲存 0 或 1

變數 variable

與一般高階語言相同，在硬體描述語言 VHDL 的資料物件內也提供變數 (variable) 供我們使用，其宣告語法如下：

```
variable 名稱1 [,名稱2]…… : 資料型態 [:= 設定值];
```

1. variable：為變數的保留字。
2. 名稱：所定義變數物件的名稱 (符合識別字的規則即可)。
3. 資料型態：變數物件所屬的資料型態。
4. 設定值：變數內容的預設值 (只供給功能模擬時使用)。

從上面的敘述可以發現到，變數 (variable) 的宣告方式與訊號 (signal) 幾乎完全相同，它也可以同時充當輸入與輸出的角色，而兩者不同之處因為涉及組合與序向電路的特性，後面我們會有詳細的敘述。

範例一

說明下面有關變數的敘述：

variable COUNTER : integer range 0 to 255;

宣告一個名稱為 COUNTER 的變數物件，它的資料型態為整數，範圍為 0～255 中間 (佔 8bit)。

範例二

說明下面有關變數的敘述：

variable RESULT, CONCLUSION : boolean;

宣告二個變數物件，名稱分別為 RESULT 與 CONCLUSION，它們的資料型態皆為布林 (boolean)。

檔案 file

當我們以 VHDL 語言規劃並合成出硬體電路後，在還沒有實現 (Implement) 對應到所選用的晶片電路之前，都必需進行功能測試 (function test)，設計師可以利用 VHDL 語言在測試平台 (test bench) 撰寫一個測試程式的檔案，以便產生所要測試的輸入訊號，同時循序的載入到電路的輸入接腳，並將電路輸出端所產生的輸出訊號，依順序的寫入檔案內，藉以達到偵錯 (debug) 的目的，本書的內容是針對 VHDL 語言的初學者，有關檔案 (file) 內容的敘述並非十分迫切，我們將它留在進階書籍內再來敘述。

2-4 VHDL 的各種運算

與一般的高階語言相同，硬體描述語言 VHDL 也會擁有各種運算的能力，限於硬體結構的複雜度，它所提供的運算方式會比一般的語言少一些 (因為這些運算都可以經由合成器合成出硬體控制電路)，到目前為止我們只討論了 not、and、or、nand、nor、xor、xnor 等邏輯運算，緊接著我們再來討論其它的算術運算，這些運算大都定義在系統內部的 std_logic_arith、std_logic_unsigned、std_logic_signed……等套件檔案內，它們的內容十分相似，最大的差別為所運算的資料型態不同，限於篇幅我們只將部分的內容提出來討論。

符號與算術運算

於系統內部，整個套件檔案是以函數方式 (其定義及呼叫格式後面章節會有詳細介紹) 去實現各種算術運算，而其符號與算術運算包括：

+：取正號，如 +data。

−：取負號，如 −data。

ABS：取絕對值，如 ABS data。

+：相加，如 data1 + data2。

−：相減，如 data1 − data2。

*：相乘，如 data1 * data2。

限於篇幅，上面相關的運算我們只列印各種資料型態相乘 "*" 的部分供讀者參考：

```
function "*"(L: UNSIGNED; R: UNSIGNED) return UNSIGNED;
function "*"(L: SIGNED;   R: SIGNED)   return SIGNED;
function "*"(L: SIGNED;   R: UNSIGNED) return SIGNED;
function "*"(L: UNSIGNED; R: SIGNED)   return SIGNED;
function "*"(L: UNSIGNED; R: UNSIGNED) return STD_LOGIC_VECTOR;
function "*"(L: SIGNED;   R: SIGNED)   return STD_LOGIC_VECTOR;
function "*"(L: SIGNED;   R: UNSIGNED) return STD_LOGIC_VECTOR;
function "*"(L: UNSIGNED; R: SIGNED)   return STD_LOGIC_VECTOR;
```

當兩筆資料相乘時，積的位元數必須是被乘數與乘數位元數的和再加 1；當兩筆資料進行相加時，系統並不會處理進位 (carry) 問題，也就是說如果兩筆 8 位元的資料相加時，其輸出也是 8 位元，如果產生進位時，我們必須以串接 (concatenation) "&" 的方式來處理 (後面會有實際範例)，上述運算的優先順序依次為取正號 "+"、取負號 "−"、取絕對值 "ABS"；相乘 "*"；相加 "+"、相減 "−"。

關係運算

與算術運算相同，系統也是以函數方式去實現各種關係運算，它們包括：

>：大於，如 data1 > data2。

<：小於，如 data1 < data2。

=：等於，如 data1 = data2。

/=：不相等，如 data1 /= data2。

>=：大於等於，如 data1 >= data2。

<=：小於等於，如 data1 <= data2。

與算術運算相同，我們只列印各種資料型態比較相等 "=" 的部分供讀者參考：

```
function "="(L: UNSIGNED; R: UNSIGNED)  return BOOLEAN;
function "="(L: SIGNED;   R: SIGNED  )  return BOOLEAN;
function "="(L: UNSIGNED; R: SIGNED  )  return BOOLEAN;
function "="(L: SIGNED;   R: UNSIGNED)  return BOOLEAN;
function "="(L: UNSIGNED; R: INTEGER )  return BOOLEAN;
function "="(L: INTEGER;  R: UNSIGNED)  return BOOLEAN;
function "="(L: SIGNED;   R: INTEGER )  return BOOLEAN;
function "="(L: INTEGER;  R: SIGNED  )  return BOOLEAN;
```

當兩筆資料在進行比較時，它們的資料型態必須一致，經過上述函數比較後的結果，其資料型態為布林 (BOOLEAN)，也就是只有真 (TRUE) 或假 (FALSE) 兩種，設計師可以配合前面的邏輯運算與後面我們所要介紹的 if……等條件判斷式，如此即可合成出較複雜的硬體電路。上述六種關係運算的優先順序皆相同 (同時出現時則由左邊向右邊)。

運算子的優先順序

綜合前面硬體描述語言 VHDL 所提供的各種運算中，它們之間的優先順序與一般的高階語言相同，依序為算術運算、關係運算，最後為邏輯運算 (not 除外)，其狀況如下：

1. 括號 (　)。
2. 取正號 +、取負號 -、取絕對值 ABS、not。
3. 相乘 *。
4. 相加 +、相減 -。
5. 大於 >、小於 <、等於 =、不相等 /=、大於等於 >=、小於等於 <=。
6. and、or、nand、nor、xor、xnor。

於上述的運算中，優先順序依次為 1～6，同一個編號代表優先順序相同，為了避免不必要的錯誤發生，我們可以善用 "(　)"，把自己認為應該先做的運算括起來 (因為括號的優先順序最高)。

2-5 常見的符號

於硬體描述語言 VHDL 中，除了上述的運算子之外，我們在程式中也時常會用到一些符號，譬如訊號設定符號 "<="、變數或初始值設定符號 ":="、物件串接符號 "&"……等，底下我們就來介紹它們的特性與用法。

訊號設定 <=

前面我們討論過，於控制電路內部的所有接線都可以稱之為訊號 (signal)，而這些接線內部的訊號流向我們可以用符號 "<=" 來指定，當我們使用訊號設定符號時，必須注意的是在符號 "<=" 兩邊的物件資料型態與資料長度 (位元數量) 必須一致；所宣告向量 (vector) 大小的順序也要留意。

範例一

說明下面有關訊號設定的電路意義：

```
signal A : bit_vector (3 downto 0);
singal B : bit_vector (3 downto 0);

        A <= B;
```

它所代表的電路意義為：

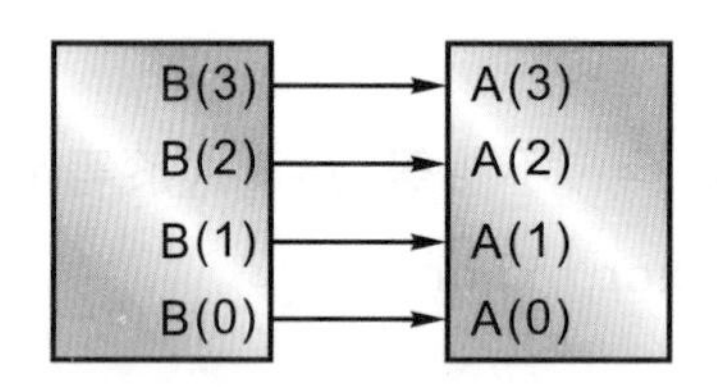

範例二

說明下面有關訊號設定的電路意義：

```
signal X : std_logic_vector (3 downto 0);
signal Y : std_logic_vector (0 to 3);

        X <= Y;
```

它所代表的電路意義為：

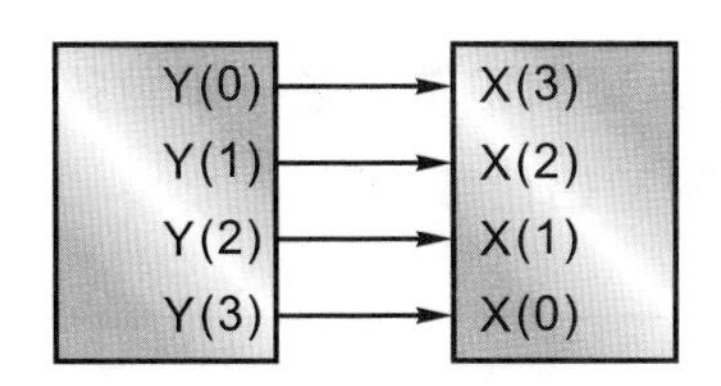

範例三

說明下面有關訊號設定的電路意義：

```
signal A : bit_vector (0 to 1);
signal F : bit;

        F <= A(0) and A(1);
```

它所代表的電路意義為 (一個大型電路內部的一部分)：

A(0)
A(1)
F

範例四

說明下面有關訊號設定的電路意義：

```
signal A, B, F : bit;

     F <= (A and B) or (not A and B);
```

它所代表的電路意義為 (一個大型電路內部的一部分)：

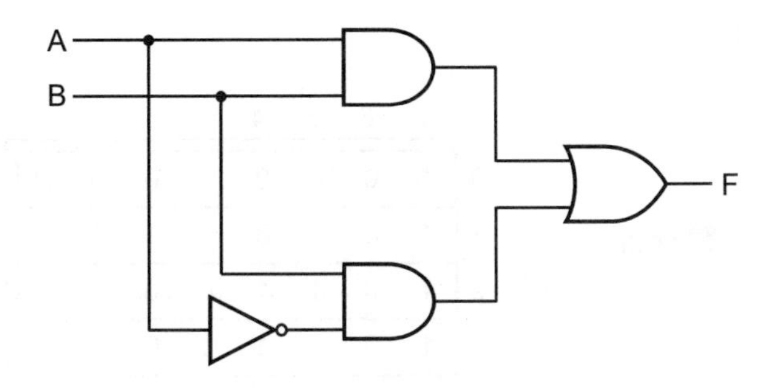

變數或初值內容設定 :=

於 VHDL 程式中，當設計師宣告某個物件之後 (如變數、常數、訊號……等)，我們即可使用符號 ":=" 去設定它們的初始值或內容。

範例一

說明下面有關常數設定的意義：

```
constant number_of_byte : integer := 4;
constant number_of_bit    : integer := 8 * number_of_byte;
```

1. 宣告整數常數 number_of_byte，並設定其內容為 4。
2. 宣告整數常數 number_of_bit，並設定其內容為 32。

範例二

說明下面有關變數設定的意義：

```
variable INDEX : integer range 0 to 63;
        INDEX := INDEX + 1;
```

1. 宣告整數變數 INDEX 的範圍在 0～63 中間 (佔 6 位元)。
2. 將整數變數 INDEX 的內容加 1。

範例三

說明下面有關常數設定的電路意義：

```
type MEMORY is array (0 to 3) of std_logic_vector (7 downto 0);
constant sound : MEMORY := (x"88", x"AF", x"B3", x"98");
```

它所代表的電路意義為：

記憶體 sound：

	7	6	5	4	3	2	1	0
0	1	0	0	0	1	0	0	0
1	1	0	1	0	1	1	1	1
2	1	0	1	1	0	0	1	1
3	1	0	0	1	1	0	0	0

物件連接 &

所謂物件連接 (concatenation) 就是把兩組資料型態相同的物件相互連接在一起，我們也可以將它們叫做串接，於 VHDL 語言中它的符號為 "&"，其目的是方便我們做物件合併串接的工作，譬如將兩組資料型態為 bit、bit_vector 的物件串接成 bit_vector；或者將兩組資料型態為 std_logic、std_logic_vector 的物件串接成 std_logic_vector；甚至是字元與字串的串接……等。

範例一

說明下面有關物件串接的電路意義：

```
signal A : bit_vector (0 to 3);
signal B : bit_vector (1 downto 0);
signal F : bit_vector (7 downto 0);

        F <= "10" & A & B;
```

它所代表的電路意義為：

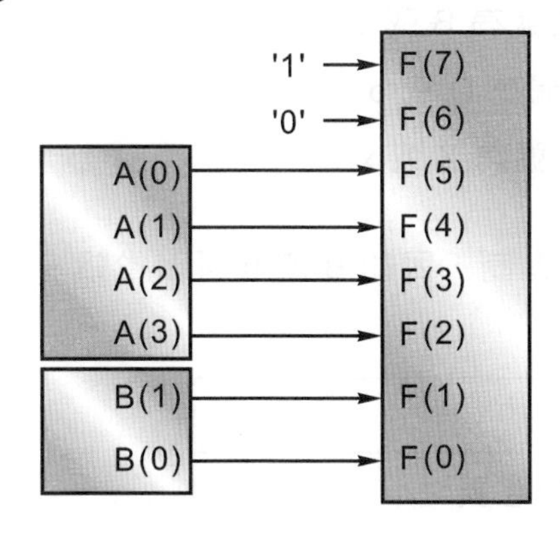

範例二

說明下面有關物件串接的電路意義：

```
signal X : std_logic_vector (0 to 3);
signal Y : std_logic;
signal F : std_logic_vector (7 downto 0);

        F <= '1' & X & "ZZ" & Y;
```

它所代表的電路意義為：

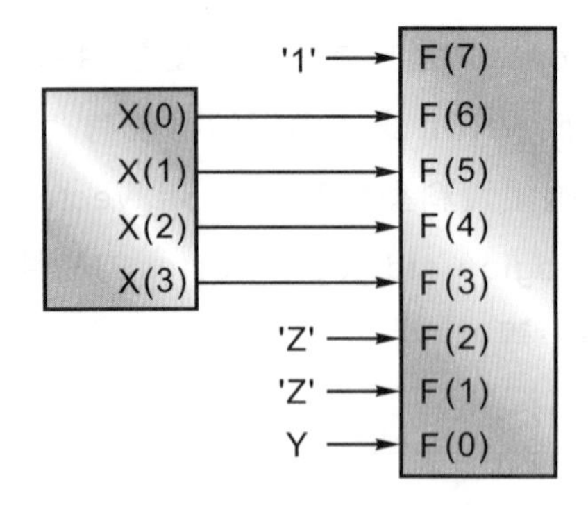

電位表示法

於 VHDL 語言中用來表達某一位元的電位時，我們必須以單引號將電位括起來，其狀況如 '0'、'1'、'Z' ……等；用來表達某些位元 (向量) 的電位時，則必須以雙引號將它們括起來，其狀況如下 "1001"、x"3FA"、o"256"……等，當我們於程式中所使用的資料型態為向量 (vector) 時，它的表達方式可以為：

1. 二進制 (Binary)，代號為 B 或 b。
2. 八進制 (Octal)，代號為 O 或 o。
3. 十六進制 (Hex)，代號為 X 或 x。

而其機定值 (default) 為二進制，因此 B 或 b 可以省略。

範例一

說明下面有關電位表示法的意義：

1. "1011"
2. o"56"
3. x"3FF"

1. "1011" 代表 4 位元電位 "1011"。
2. o"56" 代表 6 位元電位 "101110"。
3. x"3FF" 代表 12 位元電位 "001111111111"。

範例二

說明下面有關電位表示法的意義：

1. A <= "01101001";
2. B <= o"235";
3. C <= x"7A";

1. 將 8 位元向量物件 A 的內容設定成 "01101001"。
2. 將 9 位元向量物件 B 的內容設定成 "010011101"。
3. 將 8 位元向量物件 C 的內容設定成 "01111010"。

第二章　自我練習與評量

2-1　於 VHDL 語言內，標準套件 (standard) 內定義那些資料型態？

2-2　何謂位元 (bit)？

2-3　何謂位元向量 (bit_vector)？

2-4　用來定義資料型態與子資料型態的保留字為何？

2-5　於 VHDL 語言中，整數資料型態的機定值 (default) 佔用幾個位元組 (byte)？如果使用範圍為 0～15 的整數時應該如何宣告？

2-6　當我們在程式內宣告：

```
signal data : bit;
```

其代表意義為何？

2-7　當我們在程式內宣告：

```
signal data : std_logic;
```

其代表意義為何？

2-8　當我們在程式內宣告：

```
signal data : std_logic_vector (7 downto 0);
```

其代表意義為何？

2-9　於 VHDL 語言中，用來表達正反器正緣變化的語法如何？

2-10　於 VHDL 語言中，用來表達正反器負緣變化的語法如何？

2-11　於 VHDL 語言中，關係運算的符號有那些？它們之間的優先順序為何？

2-12　於 VHDL 語言中，邏輯運算的符號有那些？它們之間的優先順序為何？

2-13　於 VHDL 語言中，訊號 (signal) 與變數 (variable) 的內容設定符號為何？

2-14　於 VHDL 語言中，物件連接的符號為何？

2-15　於 VHDL 語言中，電位的表示可以用二進制 (binary)、八進制 (octal) 與十六進制(hex)，其基本語法為何？

2-16　於 VHDL 語言中，常用的邏輯運算、關係運算、算術運算的優先順序為何？

2-17　於 VHDL 語言中，資料物件的種類可以分成那四種？

2-18　說明以下敘述所代表的意義。

```
type ROM is array (0 to 7) of std_logic_vector (0 to 3);
signal pattern : ROM :=
        (x"0", x"1", x"2", x"3"
         x"4", x"5", x"6", x"7");
```

第二章　自我練習與評量解答

2-1　於 VHDL 語言內，標準套件內定義了下面十大類型的資料型態：

1. 布林 BOOLEAN。
2. 位元 BIT。
3. 字元 CHARACTER。
4. 整數 INTEGER。
5. 實數 REAL。
6. 時間 TIME。
7. 自然數 NATURAL。
8. 正數 POSITIVE。
9. 字串 STRING。
10. 位元向量 BIT_VECTOR。

2-3　所謂位元向量 (bit_vector) 代表資料物件的電位含有兩個以上的位元 (bit)。

2-5　於 VHDL 語言中，整數資料型態的機定值為 4Byte (32bit)，如果我們所使用的範圍為 0～15 時 (佔用 4bit)，其宣告語法為 (假設名稱為 counter 的訊號)：

```
signal counter : integer range 0 to 15;
```

2-7　其代表意義為，資料物件的種類為訊號 (signal)，名稱為 data，而其資料型態為標準邏輯 (std_logic)，也就是它的內部電位可以有下面 9 種：

1. 'U' ：初值未定。
2. 'X' ：不確定電位。
3. '0' ：0 電位。
4. '1' ：1 電位。
5. 'Z' ：高阻抗。
6. 'W' ：不確定的較弱電位。
7. 'L' ：較弱低電位。

8. 'H' ：較弱高電位。
9. '—'：隨意電位。

2-9　用來表達正反器正緣變化的語法為 (假設時脈名稱為 CK)：

1. CK’event and CK = '1'
2. rising_edge (CK)

2-11　關係運算的符號有下面六種：

1. > ：大於
2. < ：小於
3. = ：等於
4. /= ：不等於
5. >= ：大於等於
6. <= ：小於等於

它們之間的優先順序皆相等，如果同時出現時則由左邊向右邊執行。

2-13　訊號 (signal) 的內容設定符號為 "<="；變數 (variable) 的內容設定符號為 ":="。

2-15　於 VHDL 語言中，表示二、八、十六進制的語法分別如下：

1. 二進制：代表為 B 或 b，可以省略，如 "100" 或 '1'。
2. 八進制：代表為 O 或 o，如 o"56" 或 O"7"。
3. 十六進制：代表為 X 或 x，如 x"7A" 或 X"F"。

2-17　於 VHDL 語言中，資料物件的種類可以分成下面四種：

1. 常數 (constant)。
2. 訊號 (signal)。
3. 變數 (variable)。
4. 檔案 (file)。

資料流敘述與組合電路

3-1 共時性與順序性

當電腦在執行高階語言時，它是由程式的最上面依順序 (sequential) 往下執行；用來合成出邏輯控制電路的 VHDL 程式就未必如此，那是因為邏輯電路依其特性可以分成：

1. 組合邏輯：共時性 (concurrent)。
2. 序向邏輯：順序性 (sequential)。

於組合邏輯電路中，訊號從輸入端加入時，此訊號就會以平行方式傳送到輸出端，在傳送過程並沒有順序產生，這種特性我們稱之為共時性 (concurrent)；因此用來描述組合邏輯電路的 VHDL 語言敘述就必須具備共時性描述的特性，也就是 "在程式中敘述放置的位置 (先後順序) 並不會影響到以後它們所合成的硬體電路"，其狀況請參閱下面兩組敘述：

敘述 A：

```
X <= not A xor B;
Y <= B nand C;
Z <= C or D;
```

敘述 B：

```
Y <= B nand C;
Z <= C or D;
X <= not A xor B;
```

於上面兩組敘述中可以發現到，程式的敘述內容皆相同，而其不同之處在於每個敘述的順序，兩組敘述經合成之後的硬體電路皆如以下所示：

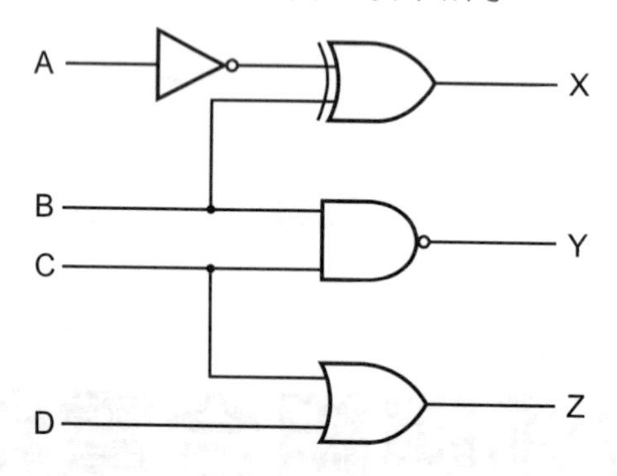

像這種具有 "敘述所放置的順序不會影響到合成之後的硬體架構" 的特性，我們稱之為共時性 (concurrent)，於 VHDL 語言中，用來描述組合邏輯電路的敘述大都具備這種特性，這些敘述我們稱之為資料流 (data flow) 的敘述。

於序向邏輯電路內，正反器(flip flop)的輸入訊號、重置訊號(reset)、預置訊號(preset)、時脈訊號(clock)…等，它們彼此之間就存在著優先順序；輸入與輸出之間訊號的變化又與時脈控制有關，因此用來描述序向電路的 VHDL 語言敘述，除了必須具備順序性的特性之外，它還必須具有處理時脈控制的能力，具有上述這些特性的敘述我們稱之為行為模式 (behavior) 的敘述，它們的語法與特性我們會在第四章內詳細說明。

3-2 資料流 data flow 敘述

正如前面我們所討論的，用來描述組合邏輯的 VHDL 敘述大都具備共時性的特性，這些敘述我們稱之為資料流敘述，所謂的資料流敘述就是利用訊號指定 (assignment) 的方式來描述訊號在電路內的流動狀況，於 VHDL 語言中，用來指定訊號在控制電路內部流動的敘述可以區分成下面三大類：

1. 直接訊號指定 "<="。
2. 條件訊號指定 "when……else"。
3. 選擇訊號指定 "with……select……when"。

以下我們就詳細的來討論上述三種敘述的特性與用法。

3-3 直接訊號指定<=

所謂直接訊號指定就是將一個表示式處理後的結果指定給某一資料物件，其基本語法如下：

```
資料物件 <= 表示式;
```

以硬體電路的觀點來講，表示式為輸入端，資料物件為輸出端，訊號的流向為從輸入端經過電路後流向輸出端，以下我們就利用前面所討論有關 VHDL 語言套件 (package) 內所提供的各種邏輯運算，以布林代數的敘述方式來實現在數位電路內時常看到的邏輯元件。

範例一	檔名：FULL_ADDER_BOOLEAN
以布林代數指定方式，設計一個 1 位元的全加器。	

1. 動作狀況：

```
      C0
      X0
   +  Y0
  -------
   C1 S0
```

2. 方塊圖：

3. 真值表：

C0	X0	Y0	S0	C1
0	0	0	0	0
0	0	1	1	0
0	1	0	1	0
0	1	1	0	1
1	0	0	1	0
1	0	1	0	1
1	1	0	0	1
1	1	1	1	1

4. 布林代數：

$S0 = X0 \oplus Y0 \oplus C0$

$C1 = X0Y0 + C0X0 + C0Y0$

原始程式 (source program)：

```
 1:  --------------------------------
 2:  --   Full adder using Boolean   --
 3:  --  Filename : FULL_ADDER.vhd   --
 4:  --------------------------------
 5:
 6:  library IEEE;
 7:  use IEEE.STD_LOGIC_1164.ALL;
 8:  use IEEE.STD_LOGIC_ARITH.ALL;
 9:  use IEEE.STD_LOGIC_UNSIGNED.ALL;
10:
11:  entity FULL_ADDER is
12:      Port (C0 : in  STD_LOGIC;
13:            X0 : in  STD_LOGIC;
14:            Y0 : in  STD_LOGIC;
15:            C1 : out STD_LOGIC;
16:            S0 : out STD_LOGIC);
17:  end FULL_ADDER;
18:
19:  architecture Data_flow of FULL_ADDER is
20:
21:  begin
22:    S0 <=  X0 xor Y0 xor C0;
23:    C1 <= (X0 and Y0) or (C0 and X0) or (C0 and Y0);
24:  end Data_flow;
```

重點說明：

1. 行號 1～4 為註解。
2. 行號 6～9 為程式所使用的套件程式庫 (詳細內容請參閱前面的敘述) 。
3. 行號 11～17 為電路的外部接腳，它所代表的意義為：

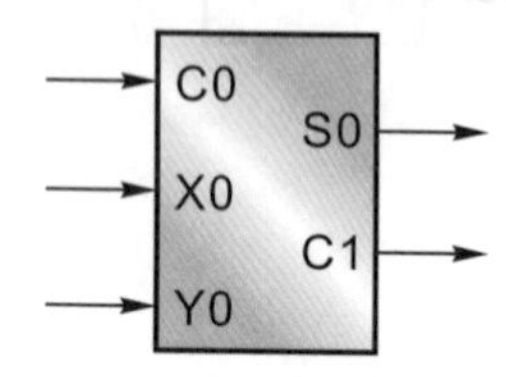

4. 行號 19～24 為程式架構的敘述區，其中行號 22～23 為將上述全加器的布林代數轉換成 VHDL 語言的語法。

功能模擬 (function simulation)：

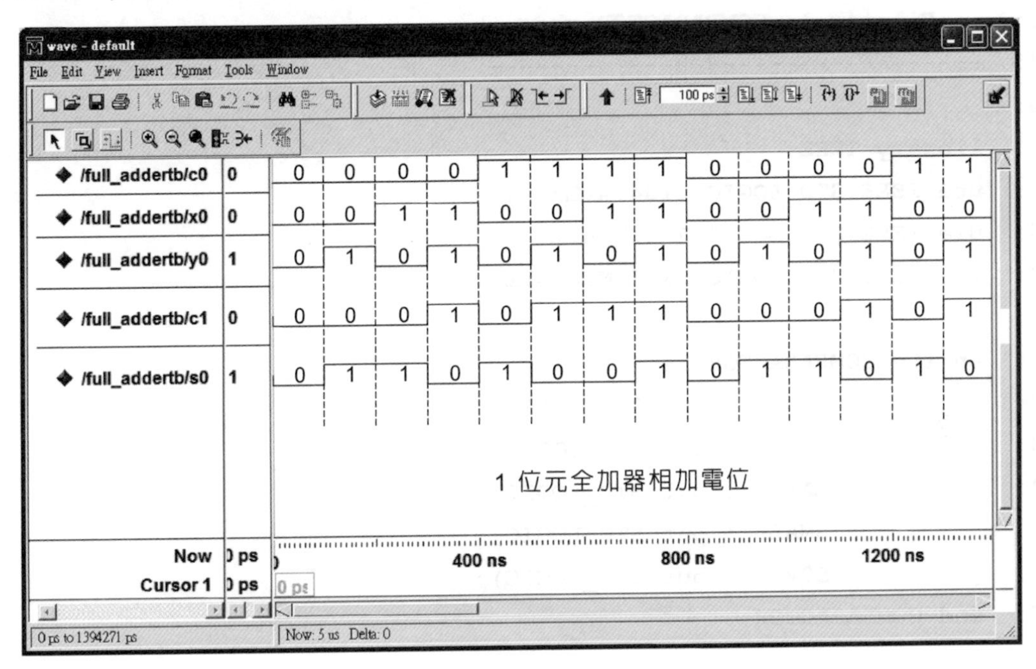

1 位元全加器相加電位

從上面功能模擬的輸入與輸出波形可以看出，它們的對應關係與全加器的真值表完全相同，因此可以確定系統所合成的電路是正確的。

範例二　檔名：COMPARACTOR_BOOLEAN

以布林代數指定方式，設計一個 1 位元的兩輸入比較器。

1. 方塊圖：

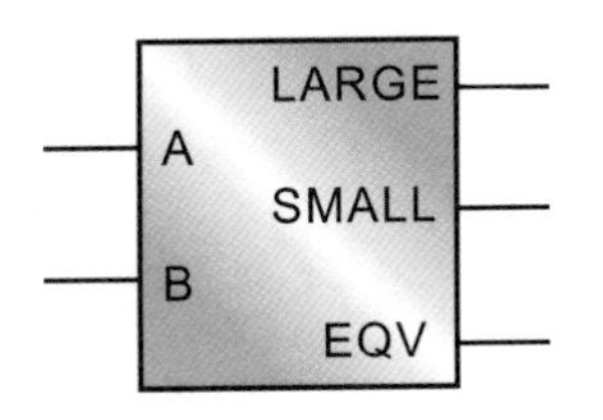

2. 真值表：

A	B	LARGE	SMALL	EQV
0	0	0	0	1
0	1	0	1	0
1	0	1	0	0
1	1	0	0	1

3. 布林代數：

$LARGE = A\overline{B}$

$SMALL = \overline{A}B$

$EQV = \overline{A}\,\overline{B} + AB$

原始程式 (source program)：

```
 1: ---------------------------------
 2: -- Comparactor using boolean --
 3: -- Filename : COMPARACTOR.vhd --
 4: ---------------------------------
 5:
 6: library IEEE;
 7: use IEEE.STD_LOGIC_1164.ALL;
 8: use IEEE.STD_LOGIC_ARITH.ALL;
 9: use IEEE.STD_LOGIC_UNSIGNED.ALL;
10:
11: entity COMPARACTOR is
12:     Port (A      : in  STD_LOGIC;
13:           B      : in  STD_LOGIC;
14:           LARGE  : out STD_LOGIC;
15:           SMALL  : out STD_LOGIC;
16:           EQV    : out STD_LOGIC);
17: end COMPARACTOR;
18:
19: architecture Data_flow of COMPARACTOR is
20:
21: begin
22:   LARGE <= A and not B;
23:   SMALL <= not A and B;
24:   EQV   <= (not A and not B) or (A and B);
25: end Data_flow;
```

重點說明：

程式結構與前面範例相似，請自行參閱。

功能模擬 (function simulation)：

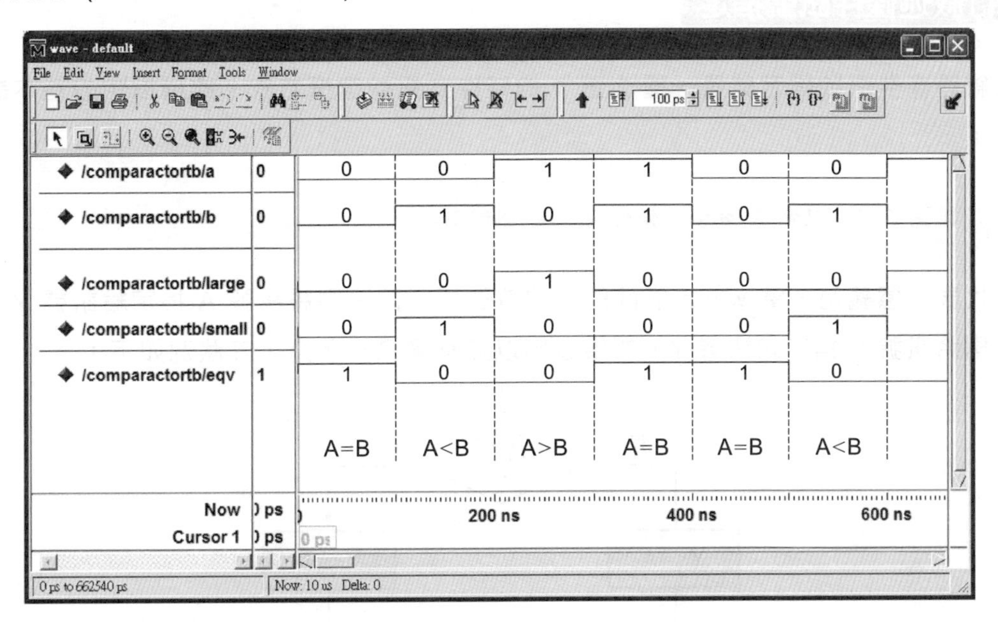

從上面功能模擬的輸入與輸出波形可以看出，它們的對應關係與比較器的真值表完全相同，因此可以確定系統所合成的電路是正確的。

綜合前面兩個範例可以看出，當我們得知所要設計電路的真值表時，設計師可以用直接取 1 或取 0 再反相的方式找出他們對應的布林代數 (不須要化簡)，再以直接訊號指定符號 "<="，將布林代數轉換成 VHDL 的語法即可。

3-4 條件訊號指定 when… else…

條件訊號指定顧名思義，它是先判斷所設定的條件是否符合再來決定訊號是否要被指定，當所判斷的條件符合時，訊號才會被指定，不符合時就不會被指定，於 VHDL 語言中，條件訊號指定的方式可以分成下面兩種：

1. 單行敘述條件訊號指定。
2. 多行敘述條件訊號指定。

以下我們就詳細的來討論這兩種訊號指定方式的特性與用法。

單行敘述條件訊號指定

單行敘述條件訊號指定就是一種 2 選 1 的條件式訊號選擇方式，此種指定的基本語法如下：

```
訊號 Y <= 訊號 A when 條件 else 訊號 B;
```

它所代表的意義為，當 when 後面的條件敘述成立時，則將訊號 A 指定給訊號 Y，不成立則將訊號 B 指定給訊號 Y，如果我們以流程圖來表示時，其狀況如下：

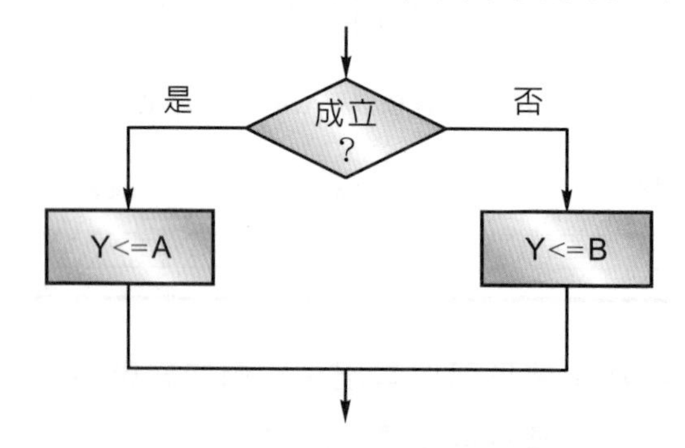

當我們所要設計的控制電路具有 2 選 1 的特性時就可以使用本敘述來實現。

範例一	檔名：ORGATE_3BITS_WHEN_ELSE_SINGLE

以單行敘述條件訊號指定方式，設計一個 3 輸入的 OR 閘
(以輸入 A，B，C 串接 "&" 方式)。

1. 方塊圖：

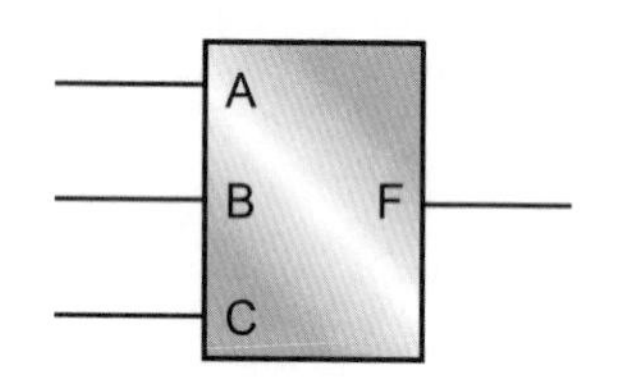

2. 真值表：

A	B	C	F
0	0	0	0
0	0	1	1
0	1	0	1
0	1	1	1
1	0	0	1
1	0	1	1
1	1	0	1
1	1	1	1

原始程式 (source program)：

```
 1:  ------------------------------------
 2:  --       3 input or gate using     --
 3:  --   when else single statement   --
 4:  --  Filename : ORGATE_3BITS.vhd   --
 5:  ------------------------------------
 6:
 7:  library IEEE;
 8:  use IEEE.STD_LOGIC_1164.ALL;
 9:  use IEEE.STD_LOGIC_ARITH.ALL;
10:  use IEEE.STD_LOGIC_UNSIGNED.ALL;
11:
12:  entity ORGATE_3BITS is
13:      Port (A : in  STD_LOGIC;
14:            B : in  STD_LOGIC;
15:            C : in  STD_LOGIC;
16:            F : out STD_LOGIC);
17:  end ORGATE_3BITS;
18:
19:  architecture Data_flow of ORGATE_3BITS is
20:    signal ABC : STD_LOGIC_VECTOR(2 downto 0);
21:  begin
22:    ABC <= A & B & C;
23:    F   <= '0' when ABC = "000" else '1';
24:  end Data_flow;
```

重點說明：

1. 行號 1～10 的功能與前面範例相同。
2. 行號 12～17 為電路的外部接腳，它所代表的意義為：

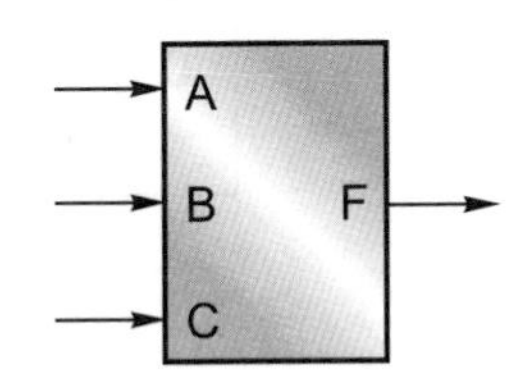

3. 行號 19～24 為程式架構的敘述區，為了方便行號 23 的敘述，我們在行號 22 內將 OR 閘的三個輸入端串接起來，並以行號 20 所宣告的訊號 ABC 來代替，由於 OR 閘的特性為當所有輸入端的電位皆為 '0' 時，其輸出端電位才為 '0'，否則輸出端為 '1'，因此我們以單行敘述的條件設定來實現。

功能模擬 (function simulation)：

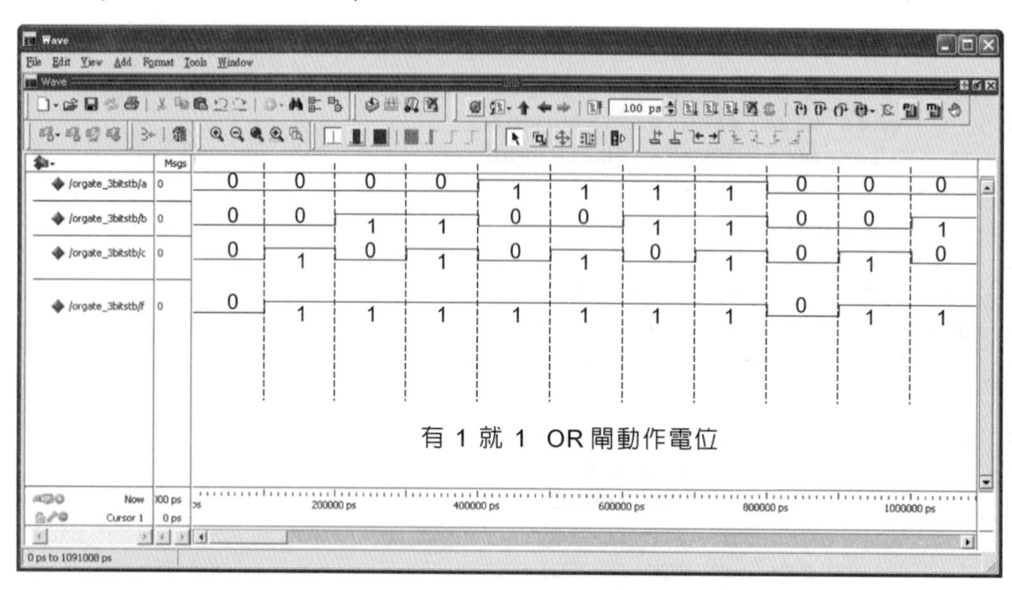

從上面功能模擬的輸入與輸出波形可以看出，它們的對應關係與 3 個輸入 OR 閘的真值表完全相同，因此可以確定系統所合成的電路是正確的。

範例二	檔名：MULTIPLEXER2_1_WHEN_ELSE_SINGLE
以單行敘述條件訊號指定方式，設計一個兩組 4 位元的 2 對 1 多工器。	

1. 方塊圖：

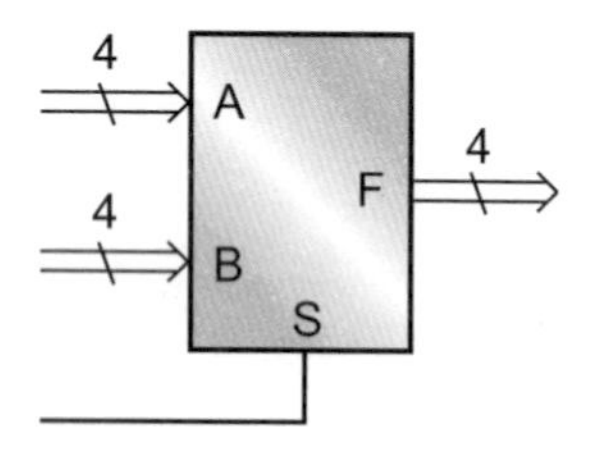

2. 真值表：

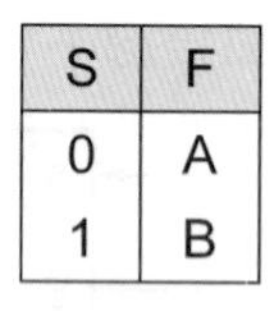

S	F
0	A
1	B

原始程式 (source program)：

```
1:  ------------------------------------
2:  --     2 to 1 multiplexer using     --
3:  --    when else single statement    --
4:  --  Filename : MULTIPLEXER2_1.vhd   --
5:  ------------------------------------
```

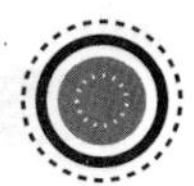

```
 6:
 7:  library IEEE;
 8:  use IEEE.STD_LOGIC_1164.ALL;
 9:  use IEEE.STD_LOGIC_ARITH.ALL;
10:  use IEEE.STD_LOGIC_UNSIGNED.ALL;
11:
12:  entity MULTIPLEXER2_1 is
13:      Port (A : in  STD_LOGIC_VECTOR(3 downto 0);
14:            B : in  STD_LOGIC_VECTOR(3 downto 0);
15:            S : in  STD_LOGIC;
16:            F : out STD_LOGIC_VECTOR(3 downto 0));
17:  end MULTIPLEXER2_1;
18:
19:  architecture Data_flow of MULTIPLEXER2_1 is
20:
21:  begin
22:    F <= A when S = '0' else B;
23:  end Data_flow;
```

重點說明：

程式架構與前面範例相似，請自行參閱。

功能模擬 (function simulation)：

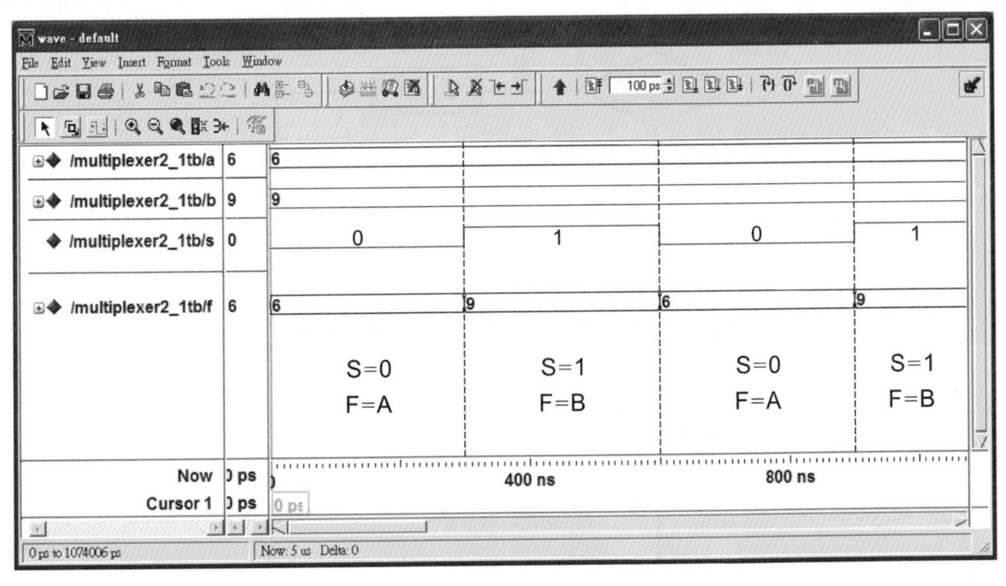

從上面功能模擬的輸入與輸出波形可以看出，它們的對應關係與兩組 4 位元 2 對 1 多工器的真值表完全相同，因此可以確定系統所合成的電路是正確的。

多行敘述條件訊號指定

多行敘述條件訊號指定就是一種多重條件訊號選擇方式，也就是我們可以依照各種特定條件由上而下逐一的判斷，直到條件符合時才進行訊號的指定，其基本語法如下：

```
訊號 Y <= 訊號 A when 條件 1 else
          訊號 B when 條件 2 else
                 ⋮
          訊號 L when 條件 n else
          訊號 M;
```

它所代表的意義為：

當條件 1 成立時，將訊號 A 指定給訊號 Y，否則

當條件 2 成立時，將訊號 B 指定給訊號 Y，否則

⋮

當條件 n 成立時，將訊號 L 指定給訊號 Y，否則

當上述條件皆不成立時，則將訊號 M 指定給訊號 Y。

如果我們以流程圖來表示時，其狀況如下：

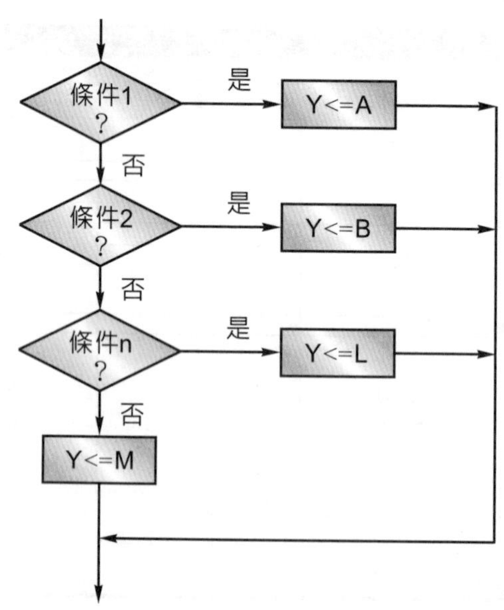

從上面的敘述可以知道，由於系統的判斷是由上而下，只要條件成立就執行指定的工作，一旦訊號指定完畢就結束敘述的執行，因此它具有優先順序 (priority) 的特性，

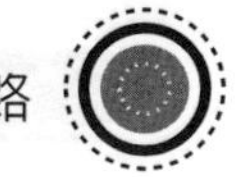

而其優先順序依次為條件 1、條件 2、……等，底下我們就列舉幾個範例來說明本敘述的特性與用法。

範例一	檔名：PRIORITY_WHEN_ELSE_MULTIPLE

討論下面 VHDL 程式與合成後的電路，並進一步了解 "多行敘述條件訊號指定" 的優先順序特性。

原始程式 (source program)：

```
 1:  ------------------------------------
 2:  --        Priority test using        --
 3:  --   when else multiple statement    --
 4:  --      Filename : PRIORITY.vhd      --
 5:  ------------------------------------
 6:
 7:  library IEEE;
 8:  use IEEE.STD_LOGIC_1164.ALL;
 9:  use IEEE.STD_LOGIC_ARITH.ALL;
10:  use IEEE.STD_LOGIC_UNSIGNED.ALL;
11:
12:  entity PRIORITY is
13:      Port (A : in  STD_LOGIC;
14:            B : in  STD_LOGIC;
15:            C : in  STD_LOGIC;
16:            X : in  STD_LOGIC;
17:            Y : in  STD_LOGIC;
18:            F : out STD_LOGIC);
19:  end PRIORITY;
20:
21:  architecture Data_flow of PRIORITY is
22:
23:  begin
24:    F <= A when X ='1' else
25:         B when Y ='1' else
26:         C;
27:  end Data_flow;
```

功能模擬 (function simulation)：

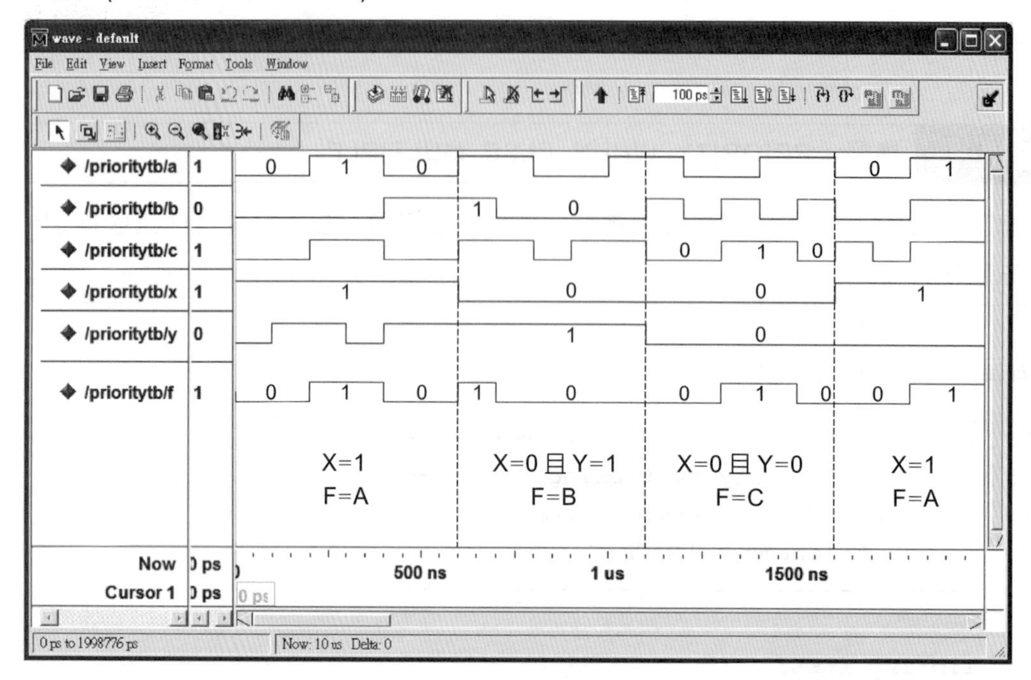

合成電路：

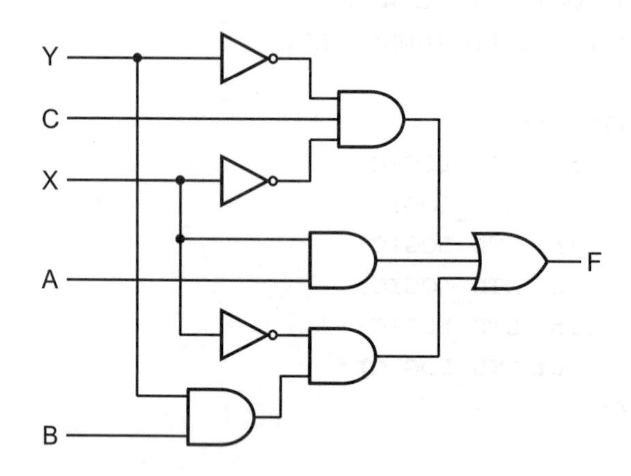

重點說明：

1. 行號 1～10 的功能與前面範例相同。
2. 行號 12～19 為電路的外部接腳，它所代表的意義為：

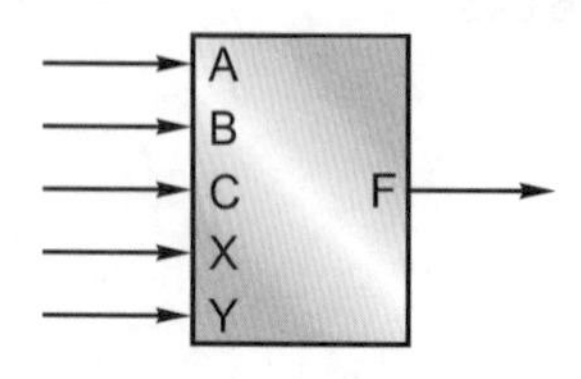

3. 行號 21～27 為程式架構的敘述，行號 24～26 為主要敘述。
4. 行號 24 所代表的意義為當 X 的輸入電位：
   (1) 為高電位 '1' 時，則將訊號 A 指定給訊號 F，合成後的硬體電路為 (優先順序最高)。

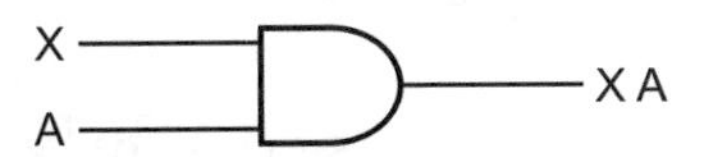

   (2) 不為高電位 '1' 時則往下判斷。
5. 行號 25 代表的意義為當 X 輸入電位不為 '1' 且 Y 輸入電位 (優先順序比 X 低)：
   (1) 為高電位 '1' 時，則將訊號 B 指定給 F，合成後的硬體電路為：

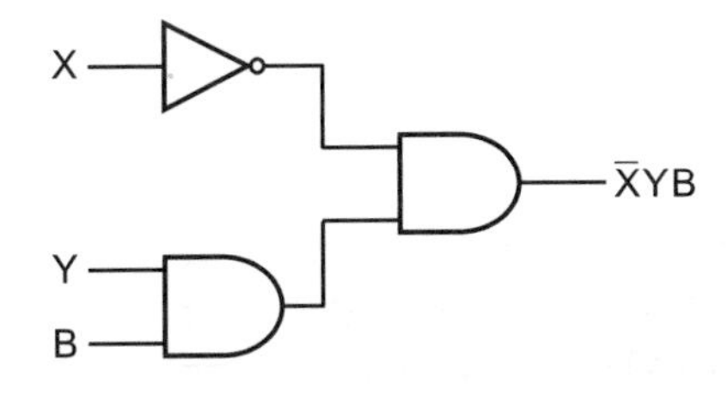

   (2) 不為高電位 '1' 時則往下判斷。
6. 行號 26 所代表的意義為當 X 與 Y 的輸入電位皆不為 '1' 時 (優先順序比 X，Y 還低)，則將訊號 C 指定給訊號 F，合成後的硬體電路為：

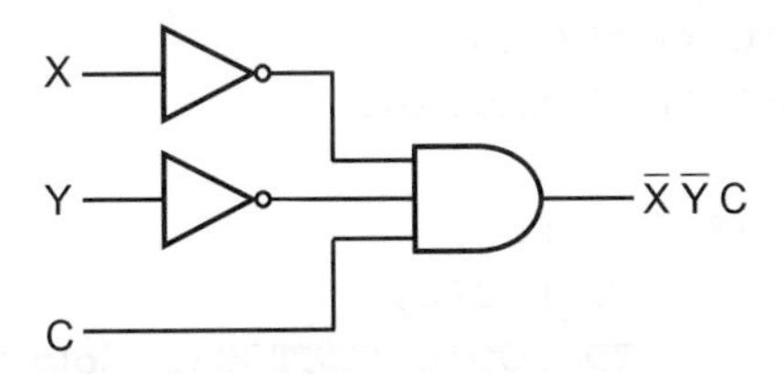

7. 於輸出端 F 的訊號為上述三種訊號的全部 (將它們以 OR 閘連接)，它們所對應的布林代數為：

$$F = XA + \overline{X}YB + \overline{X}\,\overline{Y}C$$

   因此整個電路即如前面合成電路所示。
8. 從前面功能模擬的輸入與輸出波形可以看出：
   (1) 只要 X 輸入電位為 '1' 時，輸出端 F = A。
   (2) 只要 X 輸入電位為 '0' 且 Y 輸入電位為 '1' 時，輸出端 F = B。
   (3) 只要 X 輸入電位為 '1' 且 Y 輸入電位為 '0' 時，輸出端 F = C。

控制電位的優先順序依次為 X，Y。

範例二	檔名：DEMULTIPLEXER1_4_WHEN_ELSE_MULTIPLE
以多行敘述條件訊號指定方式，設計一個 1 對 4 解多工器。	

1. 方塊圖：

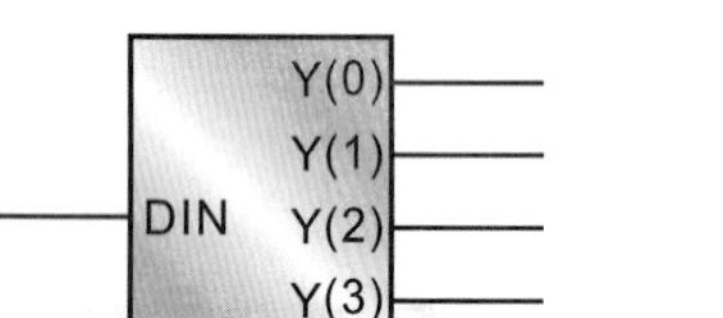

2. 真值表：

S(1)	S(0)	Y(3)	Y(2)	Y(1)	Y(0)
0	0	1	1	1	DIN
0	1	1	1	DIN	1
1	0	1	DIN	1	1
1	1	DIN	1	1	1

原始程式 (source program)：

```
 1:  -------------------------------------
 2:  --    1 to 4 demultiplexer using    --
 3:  --  when else multiple statement    --
 4:  -- Filename : DEMULTIPLEXER1_4.vhd --
 5:  -------------------------------------
 6:
 7:  library IEEE;
 8:  use IEEE.STD_LOGIC_1164.ALL;
 9:  use IEEE.STD_LOGIC_ARITH.ALL;
10:  use IEEE.STD_LOGIC_UNSIGNED.ALL;
11:
12:  entity DEMULTIPLEXER1_4 is
13:      Port (DIN : in  STD_LOGIC;
14:             S   : in  STD_LOGIC_VECTOR(1 downto 0);
15:             Y   : out STD_LOGIC_VECTOR(3 downto 0));
16:  end DEMULTIPLEXER1_4;
17:
18:  architecture Data_flow of DEMULTIPLEXER1_4 is
19:  begin
20:    Y <= "111" & DIN       when S = "00" else
21:         "11" & DIN & '1' when S = "01" else
22:         '1' & DIN & "11" when S = "10" else
23:         DIN & "111";
24:  end Data_flow;
```

重點說明：

從 1 對 4 解多工器的真值表中可以發現到：

1. 當選擇輸入訊號 S = "00" 時，輸出端 Y 的電位依序為 "111DIN" (行號 20)。
2. 當選擇輸入訊號 S = "01" 時，輸出端 Y 的電位依序為 "11DIN1" (行號 21)。
3. 當選擇輸入訊號 S = "10" 時，輸出端 Y 的電位依序為 "1DIN11" (行號 22)。
4. 當選擇輸入訊號 S = "11" 時，輸出端 Y 的電位依序為 "DIN111" (行號 23)。

功能模擬 (function simulation)：

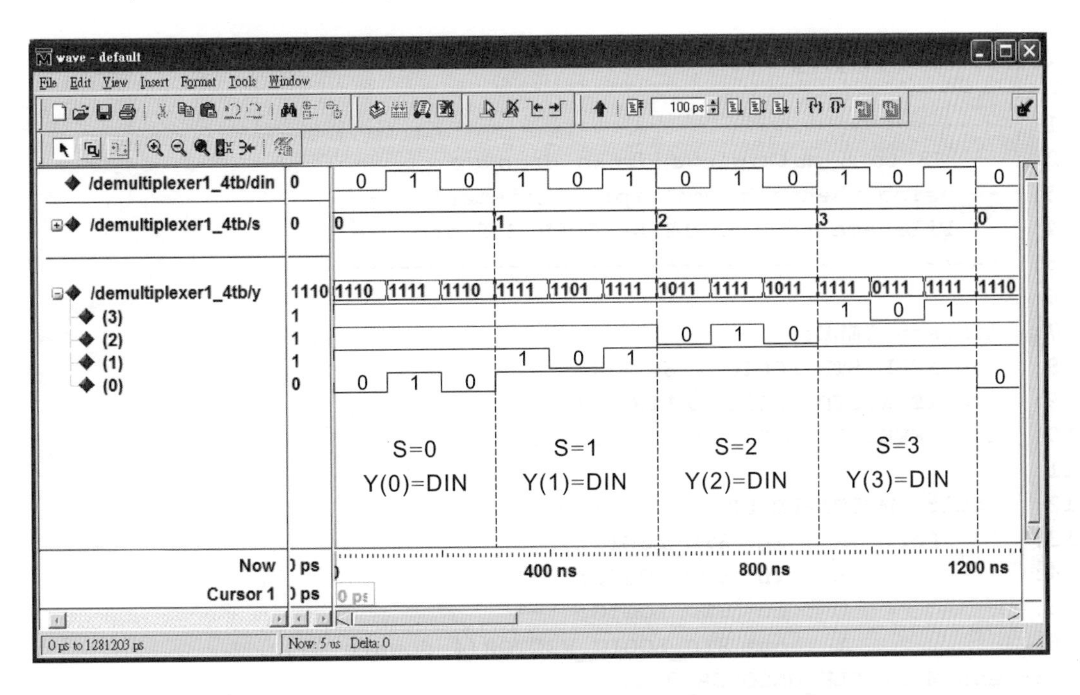

從上面功能模擬的輸入與輸出波形可以看出，它們的對應關係與 1 對 4 解多工器的真值表完全相同，因此可以確定系統所合成的電路是正確的。

範例三	檔名：MULTIPLE_DECODER3_5_WHEN_ELSE_MULTIPLE
以多行敘述條件訊號指定方式，設計一個 3 對 5 低態動作多重解碼器 (以輸入 A、B、C 串接 “&” 方式)。	

1. 方塊圖：

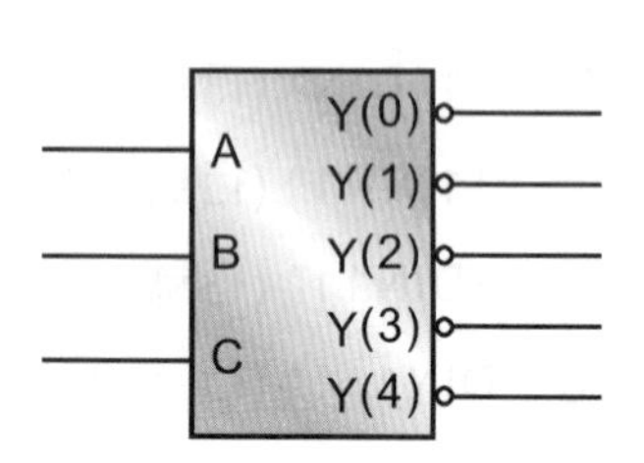

2. 真值表：

A	B	C	Y(4)	Y(3)	Y(2)	Y(1)	Y(0)
0	0	0	1	1	1	1	0
0	0	1	1	1	1	1	0
0	1	0	1	1	1	0	1
0	1	1	1	1	0	1	1
1	0	0	1	1	0	1	1
1	0	1	1	1	0	1	1
1	1	0	1	0	1	1	1
1	1	1	0	1	1	1	1

原始程式 (source program)：

```
 1:  ------------------------------------------
 2:  --   3 to 5 multiple address decoder     --
 3:  -- using when else multiple statement    --
 4:  -- Filename : MULTIPLE_DECODER_3_5.vhd   --
 5:  ------------------------------------------
 6:
 7:  library IEEE;
 8:  use IEEE.STD_LOGIC_1164.ALL;
 9:  use IEEE.STD_LOGIC_ARITH.ALL;
10:  use IEEE.STD_LOGIC_UNSIGNED.ALL;
11:
12:  entity MULTIPLE_DECODER_3_5 is
13:      Port (A : in  STD_LOGIC;
14:            B : in  STD_LOGIC;
15:            C : in  STD_LOGIC;
16:            Y : out STD_LOGIC_VECTOR(4 downto 0));
17:  end MULTIPLE_DECODER_3_5;
18:
19:  architecture Data_flow of MULTIPLE_DECODER_3_5 is
20:    signal ABC : STD_LOGIC_VECTOR(2 downto 0);
21:  begin
22:   ABC <= A & B & C;
23:   Y  <= "11110"when ABC = o"0" or ABC = o"1" else
24:         "11101" when ABC = o"2" else
25:         "11011" when ABC = o"3" or ABC = o"4" or ABC = o"5" else
26:         "10111" when ABC = o"6" else
27:         "01111";
28:  end Data_flow;
```

重點說明：

從 3 對 5 低態動作多重解碼器的真值表中可以發現到：

1. 輸入解碼位址為 0、1 時，對應輸出 Y 的電位依次為 "11110" (行號 23)。
2. 輸入解碼位址為 2 時，對應輸出 Y 的電位依次為 "11101" (行號 24)。
3. 輸入解碼位址為 3、4、5 時，對應輸出 Y 的電位依次為 "11011" (行號 25)。
4. 輸入解碼位址為 6 時，對應輸出 Y 的電位依次為 "10111" (行號 26)。
5. 輸入解碼位址為 7 時，對應輸出 Y 的電位依次為 "01111" (行號 27)。

功能模擬 (function simulation)：

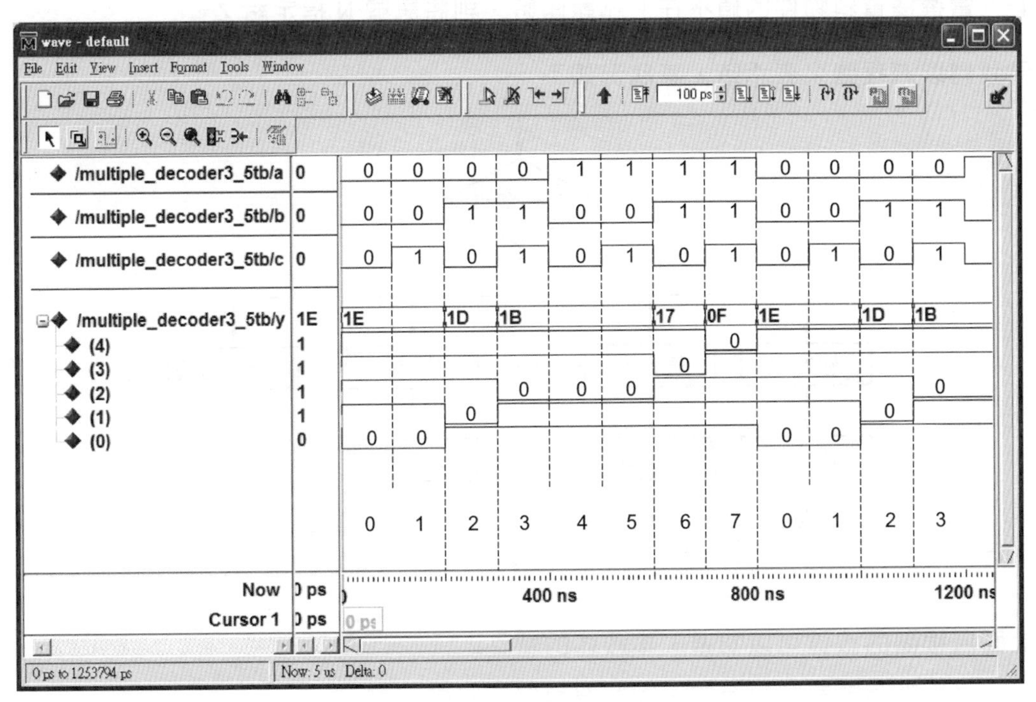

從上面功能模擬的輸入與輸出波形可以看出，它們的對應關係與 3 對 5 多重低態解碼器的真值表完全相同，因此可以確定系統所合成的電路是正確的。

3-5 選擇訊號指定 with… select… when

選擇訊號指定顧名思義，它是以所選擇資料物件內容進行判斷，並執行符合條件的敘述，它的特性與 C 語言的 case 敘述十分相似，其基本語法如下：

```
with 選擇資料物件 select
     訊號 Z <= 訊號 A when 選擇物件的值為 P,
               訊號 B when 選擇物件的值為 Q,
                         ⋮
               訊號 M when 選擇物件的值為 Y,
               訊號 N when others;
```

1. 當選擇資料物件的值為 P 時，則將訊號 A 指定給訊號 Z。
2. 當選擇資料物件的值為 Q 時，則將訊號 B 指定給訊號 Z。
3. 持續並行處理上述判斷。
4. 當選擇資料物件的值不在上述範圍時，則將訊號 N 指定給 Z。

如果我們以流程圖來表示時，其狀況如下：

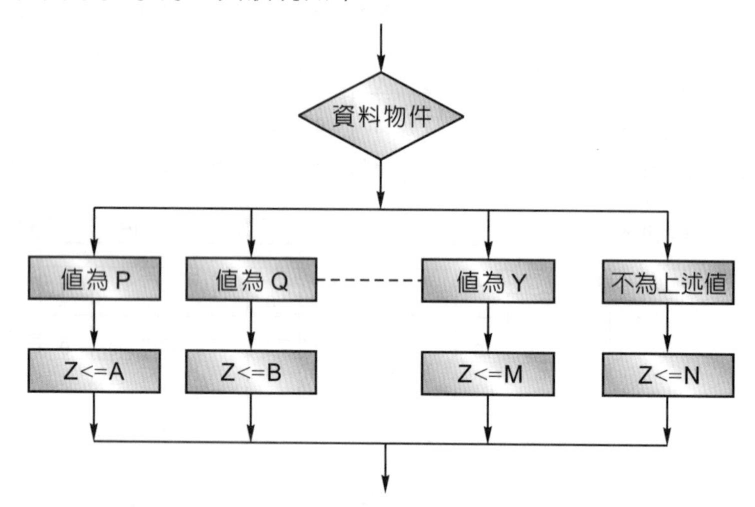

由上面流程圖的敘述可以知道，本敘述的特性：

1. 其判斷方式為並行方式，因此沒有優先順序。
2 由於沒有優先順序，因此所選擇物件的值 P、Q…Y 必須為互斥 (Exclusive) 也就是不可以重疊。
3. 其範圍判斷必須涵蓋所有的可能範圍，因此它必須配合保留字 "when others" 來包含剩下所有可能出現的值。
4. when 後面選擇物件的值可以為：

   (1) 一個固定值，如：

   when '0'　；　when o"25"；

   when x"8"；　when 5；

(2) 兩個以上的固定值，但必須以符號 "|" 隔開，如：

when "0100" | "0111"；

when 3 | 6 | 8；

(3) 一個區間值，如：

when 3 to 5；

(4) 關係運算，如：

when > 5；

when <= 8；

以下我們就列舉兩個範例來說明本敘述的特性與用法。

範例一	檔名：MULTIPLEXER4_1_WITH_SELECT_WHEN
以選擇訊號指定方式，設計一個 1 位元的 4 對 1 多工器。	

1. 方塊圖：

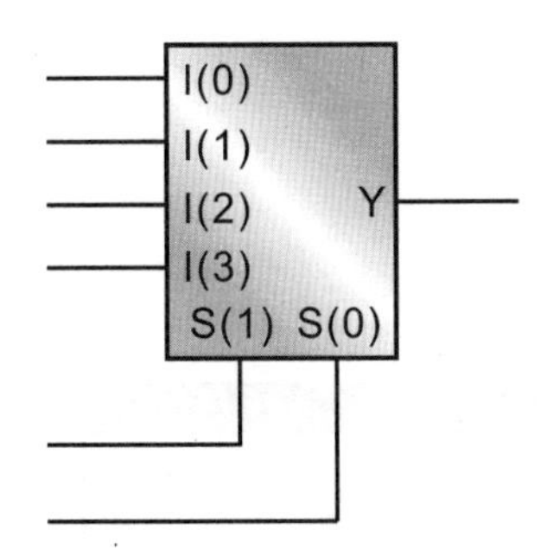

2. 真值表：

S(1)	S(0)	Y
0	0	I (0)
0	1	I (1)
1	0	I (2)
1	1	I (3)

原始程式 (source program)：

```
 1:  ------------------------------------
 2:  --     4 to 1 multiplexer using     --
 3:  --    with select when statement    --
 4:  --  Filename : MULTIPLEXER4_1.vhd   --
 5:  ------------------------------------
 6:
 7:  library IEEE;
 8:  use IEEE.STD_LOGIC_1164.ALL;
 9:  use IEEE.STD_LOGIC_ARITH.ALL;
10:  use IEEE.STD_LOGIC_UNSIGNED.ALL;
11:
12:  entity MULTIPLEXER4_1 is
```

```
13:       Port (S : in  STD_LOGIC_VECTOR(1 downto 0);
14:             I : in  STD_LOGIC_VECTOR(3 downto 0);
15:             Y : out STD_LOGIC);
16:  end MULTIPLEXER4_1;
17:
18:  architecture Data_flow of MULTIPLEXER4_1 is
19:
20:  begin
21:    with S select
22:      Y <= I(0) when "00",
23:           I(1) when "01",
24:           I(2) when "10",
25:           I(3) when others;
26:  end Data_flow;
```

重點說明：

從 4 對 1 多工器的真值表中可以發現到：

1. 當選擇線 S = "00" 時，輸出端 Y 的電位為 I(0) (行號 22)。
2. 當選擇線 S = "01" 時，輸出端 Y 的電位為 I(1) (行號 23)。
3. 當選擇線 S = "10" 時，輸出端 Y 的電位為 I(2) (行號 24)。
4. 當選擇線 S = "11" 時，輸出端 Y 的電位為 I(3) (行號 25)。

功能模擬 (function simulation)：

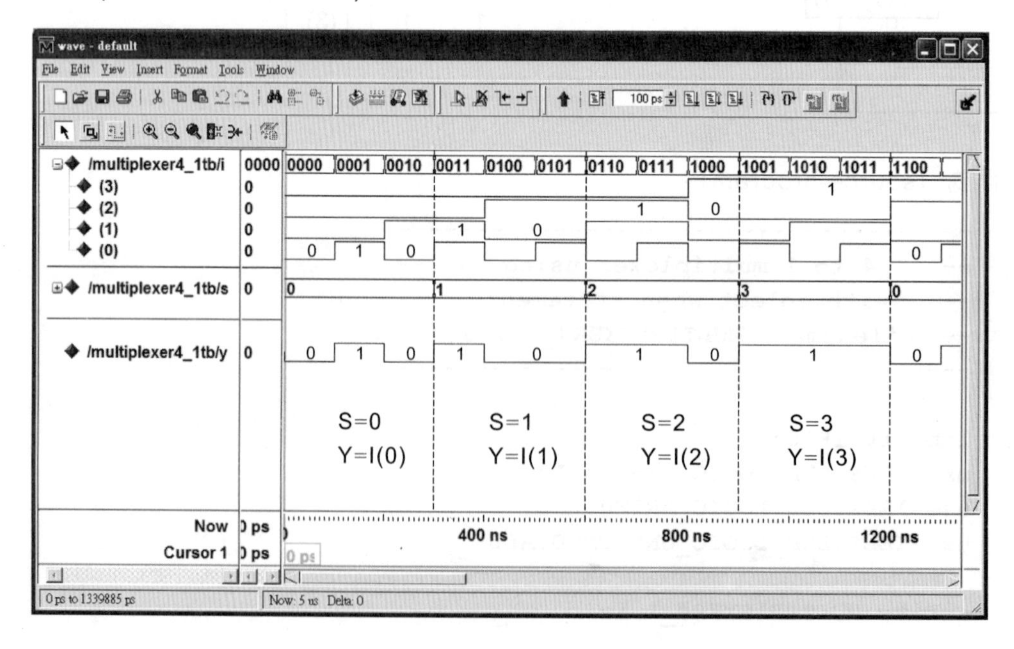

從上面功能模擬的輸入與輸出波形可以看出，它們的對應關係與 4 對 1 多工器的真值表完全相同，因此可以確定系統所合成的電路是正確的。

範例二	檔名：BCD_SEVEN_SEGMENT_DECODER_WITH_SELECT_WHEN_CA
以選擇訊號指定方式，設計一個 BCD 碼對共陽極七段顯示（低態動作）解碼器。	

1. 方塊圖：

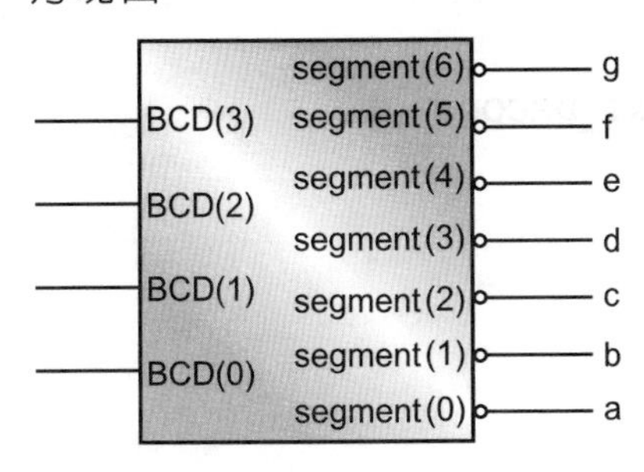

2. 七段顯示器：

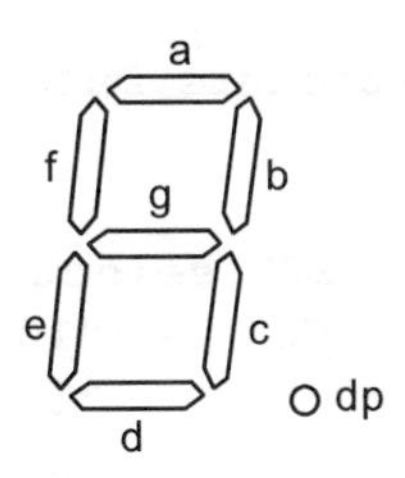

3. 真值表：

BCD(3)	BCD(2)	BCD(1)	BCD(0)	g	f	e	d	c	b	a	字型
0	0	0	0	1	0	0	0	0	0	0	0
0	0	0	1	1	1	1	1	0	0	1	1
0	0	1	0	0	1	0	0	1	0	0	2
0	0	1	1	0	1	1	0	0	0	0	3
0	1	0	0	0	0	1	1	0	0	1	4
0	1	0	1	0	0	1	0	0	1	0	5
0	1	1	0	0	0	0	0	0	1	0	6
0	1	1	1	1	1	1	1	0	0	0	7
1	0	0	0	0	0	0	0	0	0	0	8
1	0	0	1	0	0	1	0	0	0	0	9
1	0	1	0	1	1	1	1	1	1	1	
1	0	1	1	1	1	1	1	1	1	1	
1	1	0	0	1	1	1	1	1	1	1	
1	1	0	1	1	1	1	1	1	1	1	
1	1	1	0	1	1	1	1	1	1	1	
1	1	1	1	1	1	1	1	1	1	1	

原始程式 (source program)：

```
1:  ----------------------------------------
2:  --    BCD to seven segment decoder (CA)  --
3:  --    using with select when statement   --
4:  --   Filename : BCD_SEGMENT_DECODER.vhd --
5:  ----------------------------------------
```

```
 6:
 7:  library IEEE;
 8:  use IEEE.STD_LOGIC_1164.ALL;
 9:  use IEEE.STD_LOGIC_ARITH.ALL;
10:  use IEEE.STD_LOGIC_UNSIGNED.ALL;
11:
12:  entity BCD_SEGMENT_DECODER is
13:      Port (BCD     : in  STD_LOGIC_VECTOR(3 downto 0);
14:            SEGMENT : out STD_LOGIC_VECTOR(6 downto 0));
15:  end BCD_SEGMENT_DECODER;
16:
17:  architecture Data_flow of BCD_SEGMENT_DECODER is
18:
19:  begin
20:    with BCD select
21:      SEGMENT  <="1000000" when x"0",
22:                 "1111001" when x"1",
23:                 "0100100" when x"2",
24:                 "0110000" when x"3",
25:                 "0011001" when x"4",
26:                 "0010010" when x"5",
27:                 "0000010" when x"6",
28:                 "1111000" when x"7",
29:                 "0000000" when x"8",
30:                 "0010000" when x"9",
31:                 "1111111" when others;
32:  end Data_flow;
```

重點說明：

程式結構極為簡單且容易閱讀，在此不作說明。

功能模擬 (function simulation)：

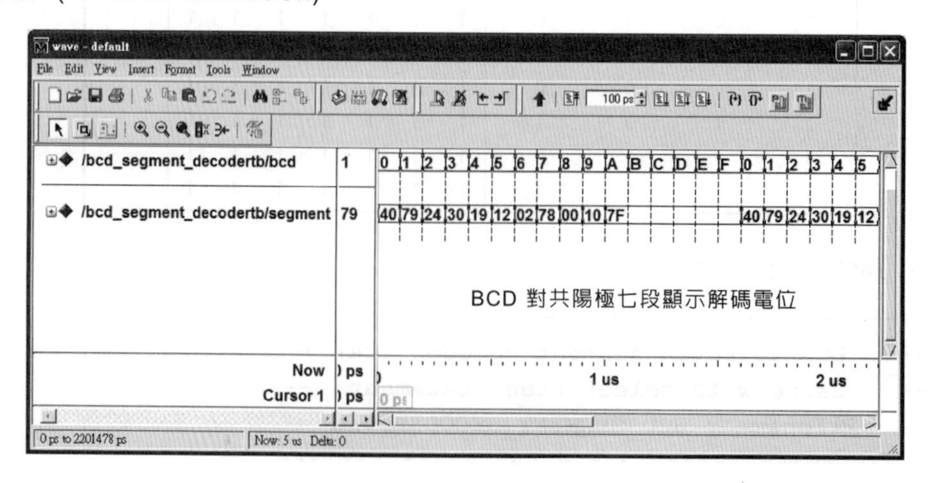

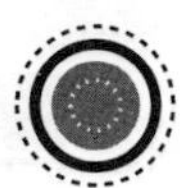

從上面功能模擬的輸入與輸出波形可以看出，它們的對應關係與 BCD 碼對共陽極七段顯示解碼器的真值表完全相同，因此可以確定系統所合成的電路是正確的。

3-6 結論

從本章的範例中可以發現到，同樣一個邏輯控制電路，我們可以用各種 VHDL 的敘述來描述，而其描述雖然有長有短，但經過系統合成之後它所佔用的晶片面積是相同的，也就是於硬體描述語言的系統中，程式敘述的長短與合成後電路所佔用晶片面積的大小未必是正相關，為什麼會這樣？請參閱前面的敘述後再努力思考一下。

第三章　自我練習與評量

3-1　以布林代數指定方式，設計一個兩個輸入的 OR 閘 (以低態輸出為主)，其方塊圖及真值表如下：

1. 方塊圖：

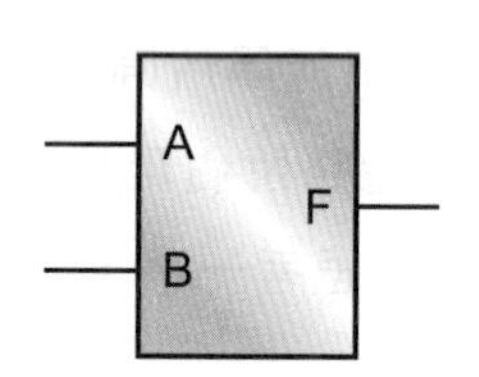

2. 真值表：

A	B	F
0	0	0
0	1	1
1	0	1
1	1	1

3-2　以布林代數指定方式，設計一個兩個輸入的 OR 閘 (以高態輸出為主)，其方塊圖及真值表如下：

1. 方塊圖：

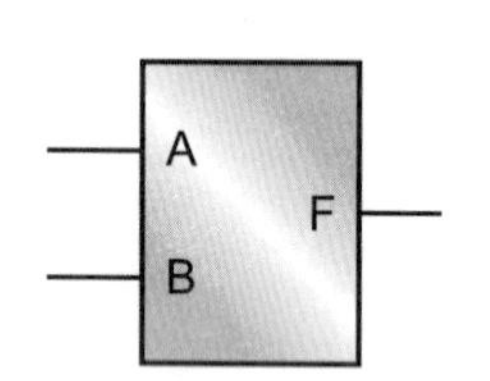

2. 真值表：

A	B	F
0	0	0
0	1	1
1	0	1
1	1	1

3-3　以布林代數指定方式，設計一個 1 位元的半加器，其動作狀況、方塊圖及真值表如下：

1. 動作狀況：

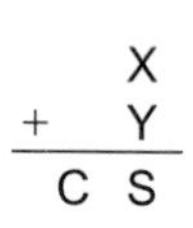

2. 方塊圖：

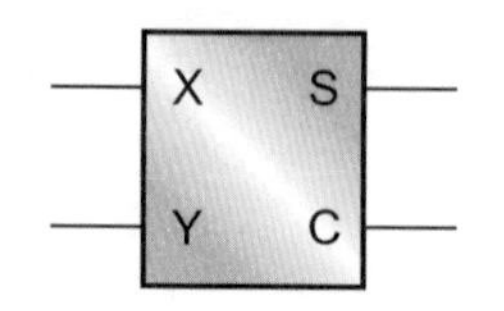

3. 真值表：

X	Y	S	C
0	0	0	0
0	1	1	0
1	0	1	0
1	1	0	1

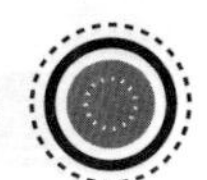

3-4　以布林代數指定方式，設計一個 2 對 4 高態動作解碼器，其方塊圖及真值表如下：

1. 方塊圖：

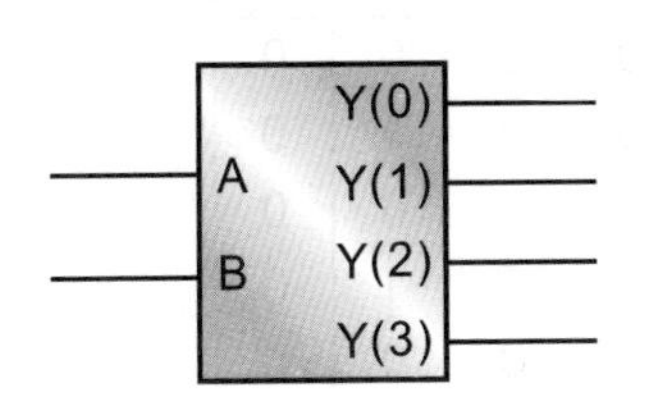

2. 真值表：

A	B	Y(0)	Y(1)	Y(2)	Y(3)
0	0	1	0	0	0
0	1	0	1	0	0
1	0	0	0	1	0
1	1	0	0	0	1

3-5　以布林代數指定方式，設計一個 1 位元的 2 對 1 多工器 (以高電位輸出為主)，其方塊圖及真值表如下：

1. 方塊圖：

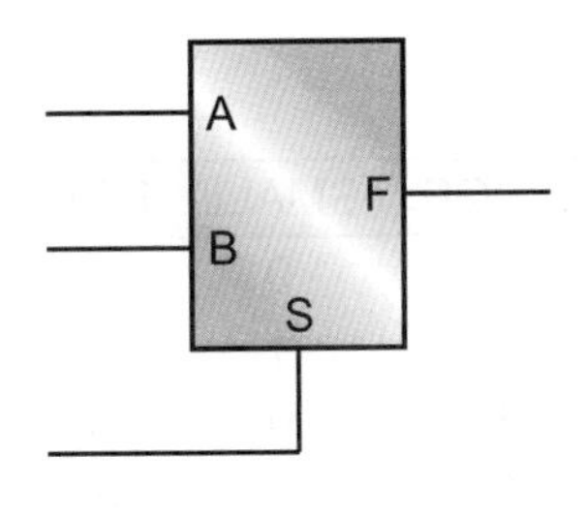

2. 真值表：

S	A	B	F
0	0	0	0
0	0	1	0
0	1	0	1
0	1	1	1
1	0	0	0
1	0	1	1
1	1	0	0
1	1	1	1

3-6　以單行敘述條件訊號指定方式，設計一個低態動作 2 對 4 解碼器 (以輸入端 A，B 串接 "&" 方式)，其方塊圖及真值表如下：

1. 方塊圖

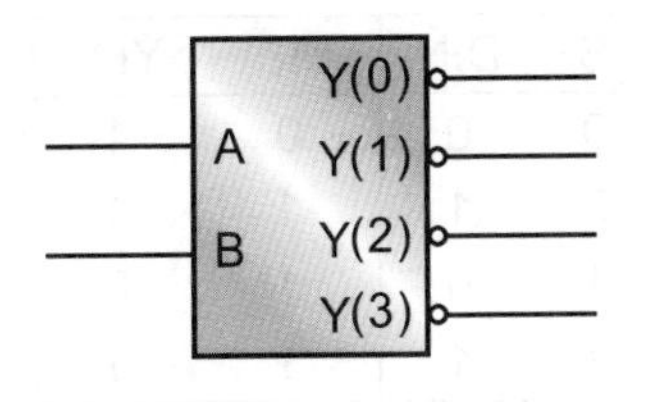

2. 真值表：

A	B	Y(0)	Y(1)	Y(2)	Y(3)
0	0	0	1	1	1
0	1	1	0	1	1
1	0	1	1	0	1
1	1	1	1	1	0

3-7 以單行敘述條件訊號指定方式，設計一個 3 輸入的 AND 閘 (以輸入 A，B，C 串接 "&" 方式)，其方塊圖及真值表如下：

1. 方塊圖：

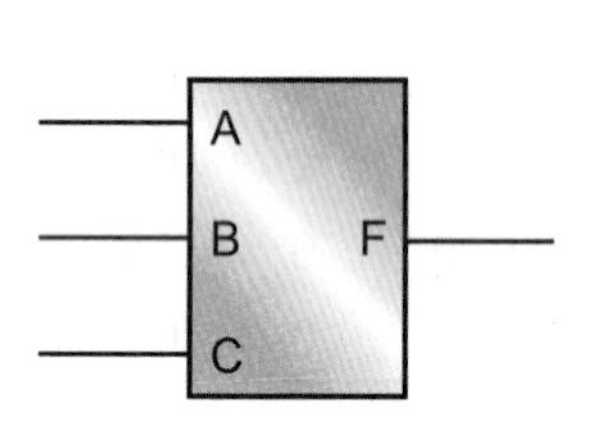

2. 真值表：

A	B	C	F
0	0	0	0
0	0	1	0
0	1	0	0
0	1	1	0
1	0	0	0
1	0	1	0
1	1	0	0
1	1	1	1

3-8 以單行敘述條件訊號指定方式，設計一個 1 位元的兩輸入比較器，其方塊圖及真值表如下：

1. 方塊圖：

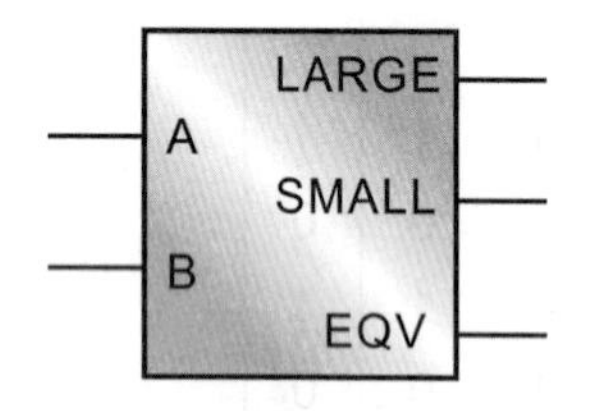

2. 真值表：

A	B	LARGE	SMALL	EQV
0	0	0	0	1
0	1	0	1	0
1	0	1	0	0
1	1	0	0	1

3-9 以單行敘述條件訊號指定方式，設計一個 1 對 2 解多工器，其方塊圖及真值表如下：。

1. 方塊圖：

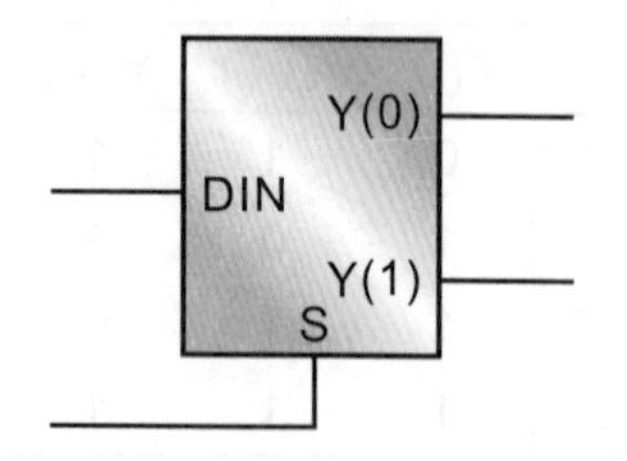

2. 真值表：

S	DIN	Y(0)	Y(1)
0	0	0	1
0	1	1	1
1	0	1	0
1	1	1	1

3-10　以單行敘述條件訊號指定方式，設計一個 3 輸入的 AND 閘，其方塊圖及真值表如下：

1. 方塊圖：

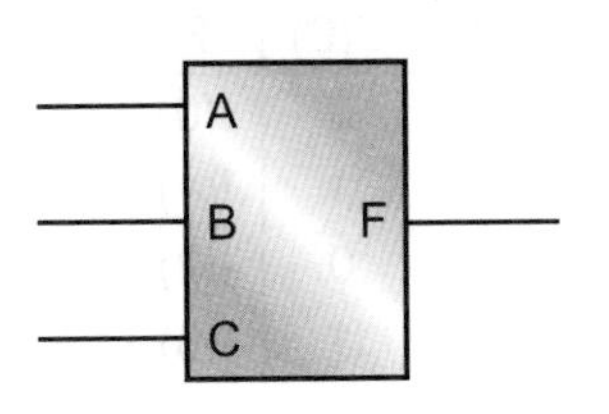

2. 真值表：

A	B	C	F
0	0	0	0
0	0	1	0
0	1	0	0
0	1	1	0
1	0	0	0
1	0	1	0
1	1	0	0
1	1	1	1

3-11　以單行敘述條件訊號指定方式，設計一個 1 對 2 解多工器 (以輸出端 Y 串接 "&" 方式)，其方塊圖及真值表如下：

1. 方塊圖：

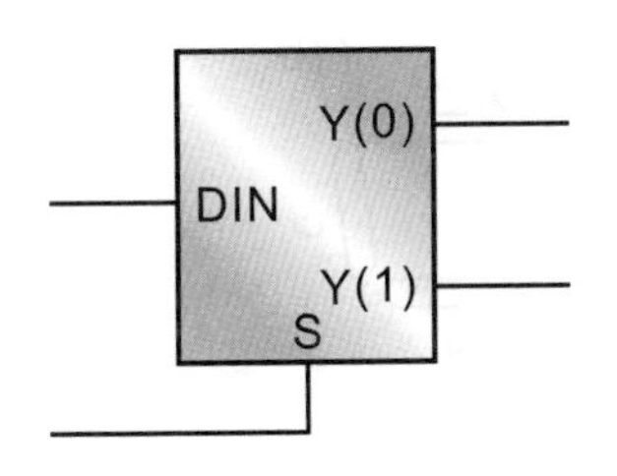

2. 真值表：

S	DIN	Y(0)	Y(1)
0	0	0	1
0	1	1	1
1	0	1	0
1	1	1	1

3-12　以多行敘述條件訊號指定方式，設計一個 1 位元全加器 (以輸入 C0，X0，Y0 串接"&" 方式)，其動作狀況、方塊圖及真值表如下：

1. 動作狀況：　　2. 方塊圖：

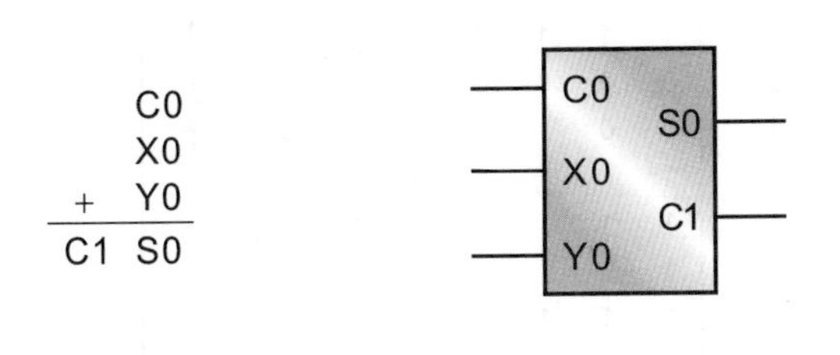

3. 真值表：

C0	X0	Y0	S0	C1
0	0	0	0	0
0	0	1	1	0
0	1	0	1	0
0	1	1	0	1
1	0	0	1	0
1	0	1	0	1
1	1	0	0	1
1	1	1	1	1

3-13　以多行敘述條件訊號指定方式，設計一個 1 位元的 4 對 1 多工器，其方塊圖及真值表如下：

1.　方塊圖：

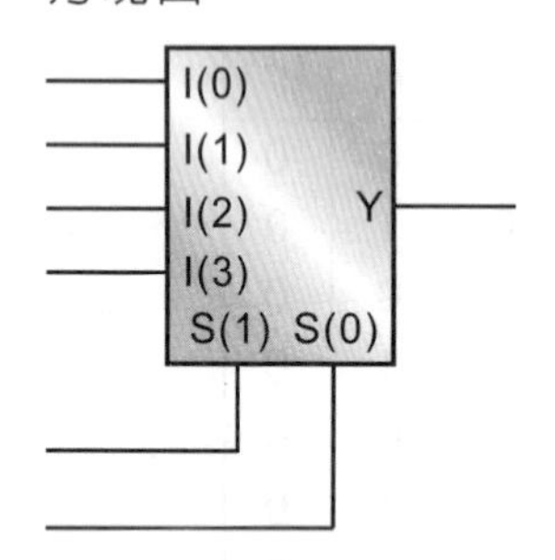

2.　真值表：

S(1)	S(0)	F
0	0	I(0)
0	1	I(1)
1	0	I(2)
1	1	I(3)

3-14　以多行敘述條件訊號指定方式，設計一個 BCD 碼對共陽極七段顯示 (低態動作) 解碼器，其方塊圖及真值表如下：

1.　方塊圖：

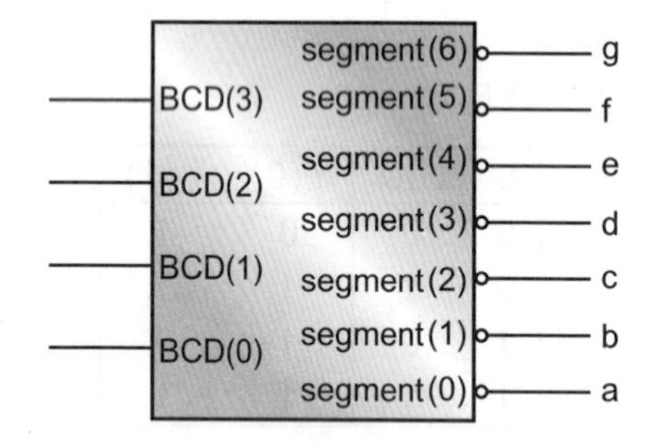

2.　七段顯示器：

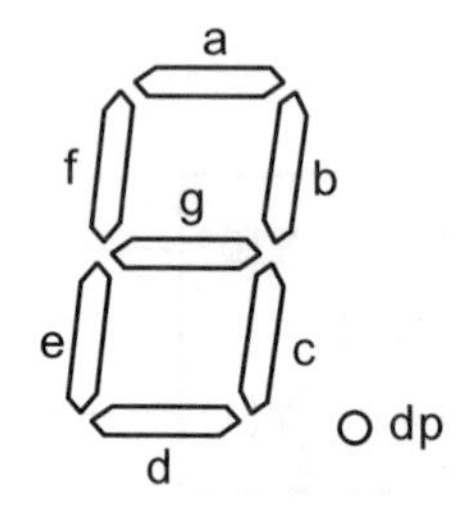

3.　真值表：

BCD(3)	BCD(2)	BCD(1)	BCD(0)	g	f	e	d	c	b	a	字型
0	0	0	0	1	0	0	0	0	0	0	0
0	0	0	1	1	1	1	1	0	0	1	1
0	0	1	0	0	1	0	0	1	0	0	2
0	0	1	1	0	1	1	0	0	0	0	3
0	1	0	0	0	0	1	1	0	0	1	4
0	1	0	1	0	0	1	0	0	1	0	5
0	1	1	0	0	0	0	0	0	1	0	6
0	1	1	1	1	1	1	1	0	0	0	7
1	0	0	0	0	0	0	0	0	0	0	8
1	0	0	1	0	0	1	0	0	0	0	9
1	0	1	0	1	1	1	1	1	1	1	
1	0	1	1	1	1	1	1	1	1	1	
1	1	0	0	1	1	1	1	1	1	1	
1	1	0	1	1	1	1	1	1	1	1	
1	1	1	0	1	1	1	1	1	1	1	
1	1	1	1	1	1	1	1	1	1	1	

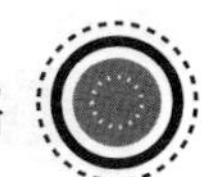

3-15　以多行敘述條件訊號指定方式，設計一個 1 位元半加器 (以輸入端 X，Y 串接 "&" 方式)，其動作狀況、方塊圖、真值表如下：

1. 動作狀況：

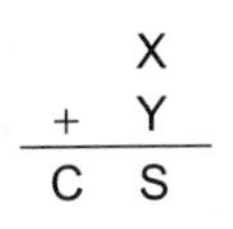

2. 方塊圖：

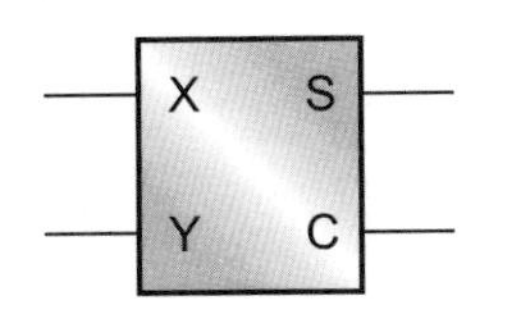

3. 真值表：

X	Y	S	C
0	0	0	0
0	1	1	0
1	0	1	0
1	1	0	1

3-16　以多行敘述條件訊號指定方式，設計一個 2 對 4 低態動作解碼器 (以輸入端 A，B 串接 "&" 方式)，其方塊圖及真值表如下：

1. 方塊圖：

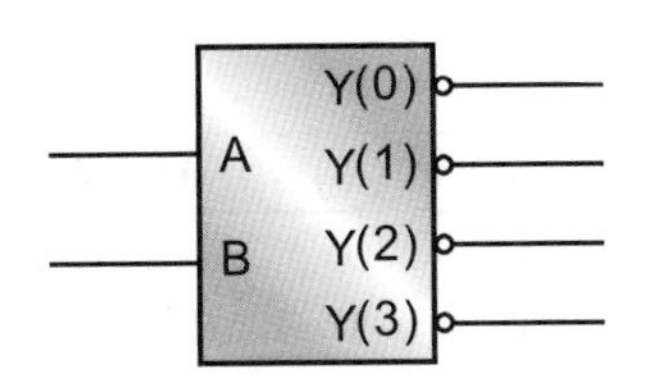

2. 真值表：

A	B	Y(3)	Y(2)	Y(1)	Y(0)
0	0	1	1	1	0
0	1	1	1	0	1
1	0	1	0	1	1
1	1	0	1	1	1

3-17　以多行敘述條件訊號指定方式，設計一個 1 位元的 2 對 1 多工器 (以輸入端 S，A，B 串接 "&" 方式)，其方塊圖及真值表如下：

1. 方塊圖：

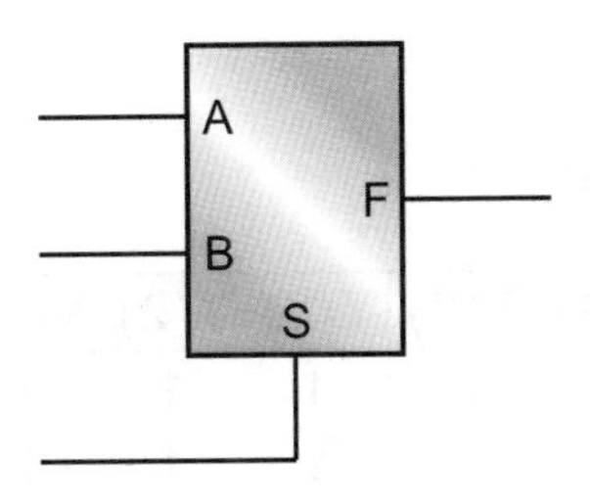

2. 真值表：

S	A	B	F
0	0	0	0
0	0	1	0
0	1	0	1
0	1	1	1
1	0	0	0
1	0	1	1
1	1	0	0
1	1	1	1

3-18　以多行敘述條件訊號指定方式，設計一個 1 位元的兩輸入比較器 (以輸出端串接 "&" 方式)，其方塊圖及真值表如下：

1. 方塊圖：

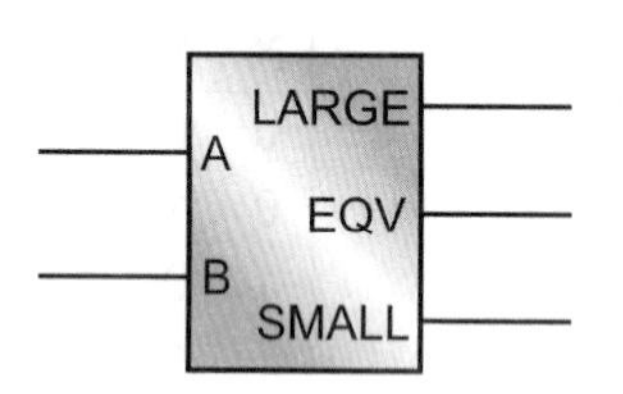

2. 真值表：

A	B	LARGE	EQV	SMALL
0	0	0	1	0
0	1	0	0	1
1	0	1	0	0
1	1	0	1	0

3-19　以多行敘述條件訊號指定方式，設計一個具有三態輸出的 4 對 2 編碼器，其方塊圖及真值表如下：

1. 方塊圖：

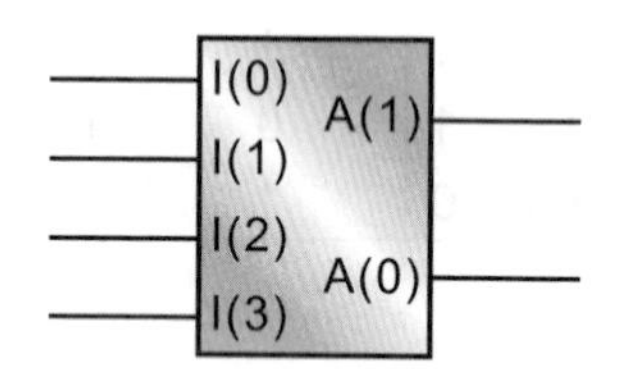

2. 真值表：

I(3)	I(2)	I(1)	I(0)	A(1)	A(0)
0	0	0	1	0	0
0	0	1	0	0	1
0	1	0	0	1	0
1	0	0	0	1	1
其餘狀態				Z	Z

3-20　以選擇訊號指定方式，設計一個 1 對 4 解多工器 (以輸出 Y 串接 "&" 方式)，其方塊圖及真值表如下：

1. 方塊圖：

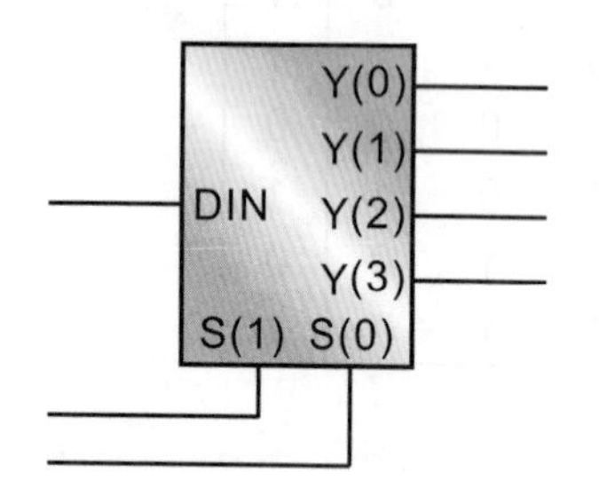

2. 真值表：

S(1)	S(0)	Y(3)	Y(2)	Y(1)	Y(0)
0	0	1	1	1	DIN
0	1	1	1	DIN	1
1	0	1	DIN	1	1
1	1	DIN	1	1	1

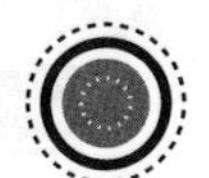

3-21　以選擇訊號指定方式，設計一個 3 對 5 低態動作的多重解碼器 (以輸入 A，B，C 串接 "&" 方式)，其方塊圖及真值表如下：

1.　方塊圖：

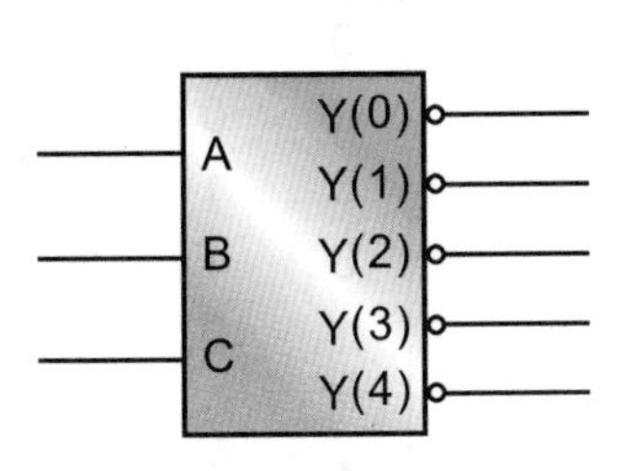

2.　真值表：

A	B	C	Y(4)	Y(3)	Y(2)	Y(1)	Y(0)
0	0	0	1	1	1	1	0
0	0	1	1	1	1	1	0
0	1	0	1	1	1	0	1
0	1	1	1	1	0	1	1
1	0	0	1	1	0	1	1
1	0	1	1	1	0	1	1
1	1	0	1	0	1	1	1
1	1	1	0	1	1	1	1

3-22　以選擇訊號指定方式，設計一個具有三態的 4 對 2 編碼器，其方塊圖及真值表如下：

1.　方塊圖：

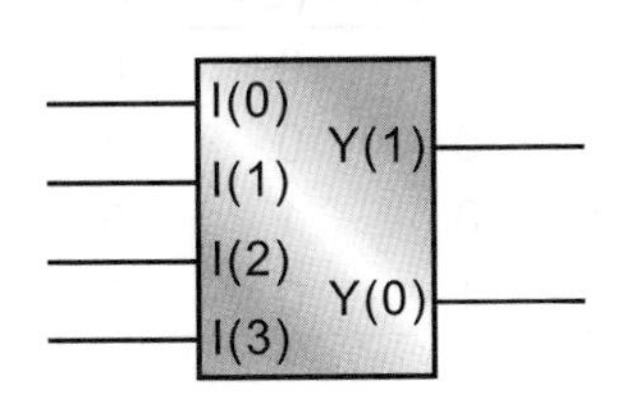

2.　真值表：

I(3)	I(2)	I(1)	I(0)	Y(1)	Y(0)
0	0	0	1	0	0
0	0	1	0	0	1
0	1	0	0	1	0
1	0	0	0	1	1
其餘狀態				Z	Z

3-23　以選擇訊號指定方式，設計一個 1 位元的半加器 (以輸入端 X，Y 串接 "&" 方式)，其動作狀況、方塊圖、真值表如下：

1.　動作狀況：

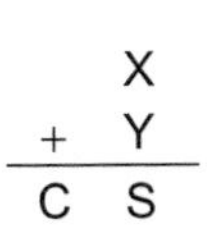

2.　方塊圖：

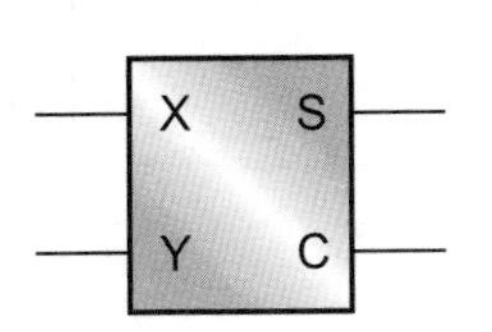

3.　真值表：

X	Y	S	C
0	0	0	0
0	1	1	0
1	0	1	0
1	1	0	1

3-24 以選擇訊號指定方式，設計一個 1 位元的全加器 (以輸入端 C0，X0，Y0 串接 "&" 方式)，其動作狀況、方塊圖、真值表如下：

1. 動作狀況：　2. 方塊圖：　3. 真值表：

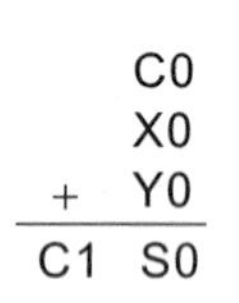

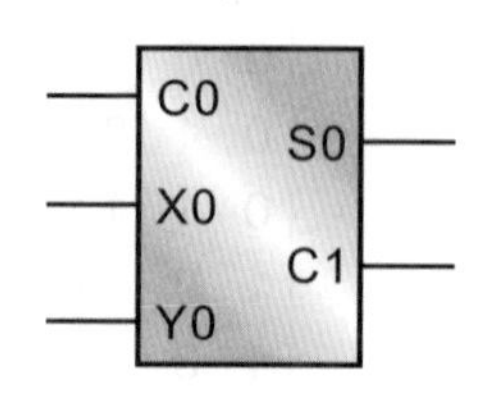

C0	X0	Y0	S0	C1
0	0	0	0	0
0	0	1	1	0
0	1	0	1	0
0	1	1	0	1
1	0	0	1	0
1	0	1	0	1
1	1	0	0	1
1	1	1	1	1

3-25 以選擇訊號指定方式，設計一個高態動作 2 對 4 解碼器 (以輸入端 A，B 串接 "&" 方式)，其方塊圖及真值表如下：

1. 方塊圖：　2. 真值表：

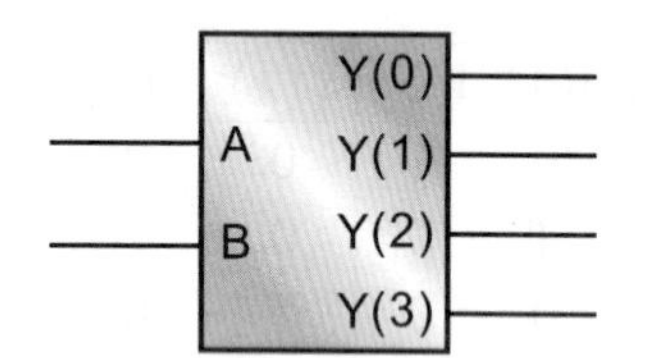

A	B	Y(3)	Y(2)	Y(1)	Y(0)
0	0	0	0	0	1
0	1	0	0	1	0
1	0	0	1	0	0
1	1	1	0	0	0

3-26 以選擇訊號指定方式，設計一個 1 位元的 2 對 1 多工器，其方塊圖及真值表如下：

1. 方塊圖：　2. 真值表：

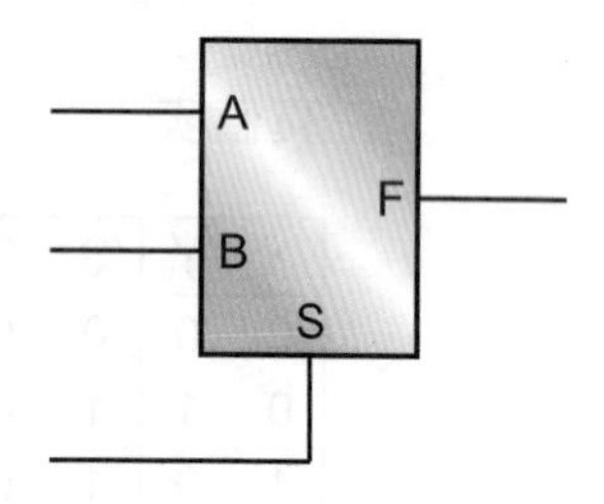

S	F
0	A
1	B

3-27　以選擇訊號指定方式，設計一個 1 對 2 解多工器 (以輸出端 Y 串接 "&" 方式)，其方塊圖及真值表如下：

1. 方塊圖：

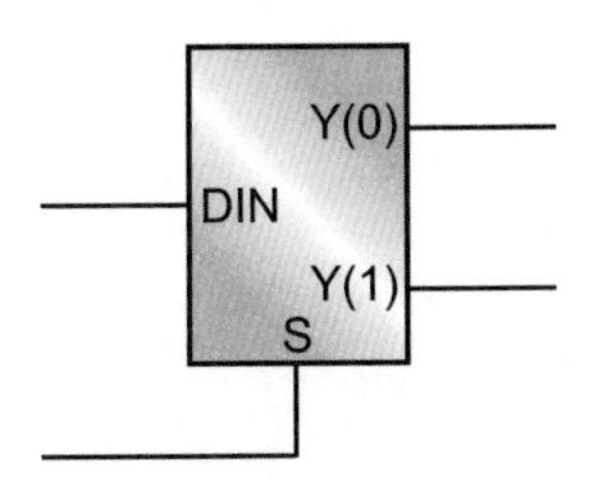

2. 真值表：

S	DIN	Y(1)	Y(0)
0	0	1	0
0	1	1	1
1	0	0	1
1	1	1	1

3-28　以選擇訊號指定方式，設計一個 1 位元的兩輸入比較器 (以輸入端 A，B 和輸出端串接 "&" 方式)，其方塊圖及真值表如下：

1. 方塊圖：

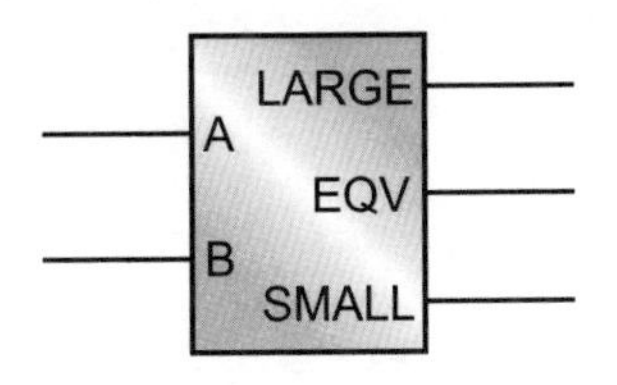

2. 真值表：

A	B	LARGE	EQV	SMALL
0	0	0	1	0
0	1	0	0	1
1	0	1	0	0
1	1	0	1	0

第三章　自我練習與評量解答

3-1　其布林代數 (取 0 再反相) 為：

$$F=\overline{\overline{A}\,\overline{B}}$$

原始程式 (source program)：

```
 1:  --------------------------------
 2:  --     OR gate  (low) Boolean   --
 3:  --  Filename : ORGATE_LOW.vhd  --
 4:  --------------------------------
 5:
 6:  library IEEE;
 7:  use IEEE.STD_LOGIC_1164.ALL;
 8:  use IEEE.STD_LOGIC_ARITH.ALL;
 9:  use IEEE.STD_LOGIC_UNSIGNED.ALL;
10:
11:  entity ORGATE_LOW is
12:      Port (A : in  STD_LOGIC;
13:            B : in  STD_LOGIC;
14:            F : out STD_LOGIC);
15:  end ORGATE_LOW;
16:
17:  architecture Data_flow of ORGATE_LOW is
18:
19:  begin
20:    F <= not(not A and not B);
21:  end Data_flow;
```

功能模擬 (function simulation)：

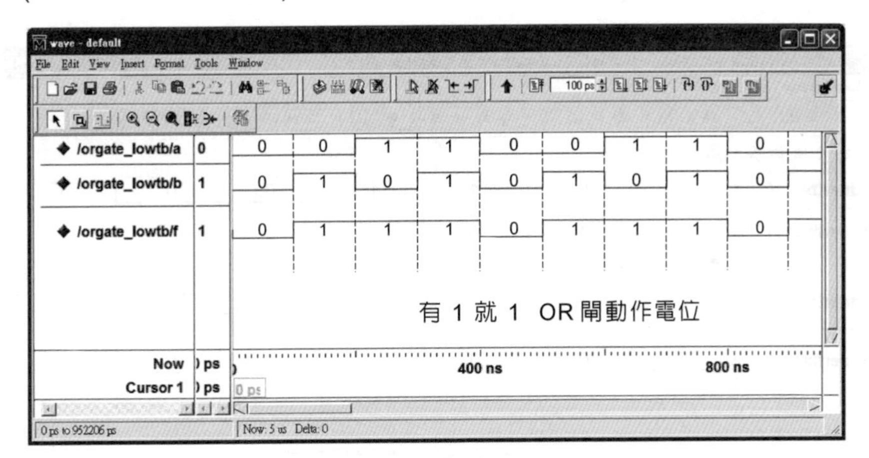

3-3　布林代數：

$S = \overline{X}Y + X\overline{Y} = X \oplus Y$

$C = XY$

原始程式的內容如下：

```
 1:  --------------------------------
 2:  --  Half adder using boolean --
 3:  --  Filename : HALF_ADDER.vhd --
 4:  --------------------------------
 5:
 6:  library IEEE;
 7:  use IEEE.STD_LOGIC_1164.ALL;
 8:  use IEEE.STD_LOGIC_ARITH.ALL;
 9:  use IEEE.STD_LOGIC_UNSIGNED.ALL;
10:
11:  entity HALF_ADDER is
12:      Port (X : in  STD_LOGIC;
13:            Y : in  STD_LOGIC;
14:            S : out STD_LOGIC;
15:            C : out STD_LOGIC);
16:  end HALF_ADDER;
17:
18:  architecture Data_flow of HALF_ADDER is
19:
20:  begin
21:    S <= X xor Y;
22:    C <= X and Y;
23:  end Data_flow;
```

功能模擬 (function simulation)：

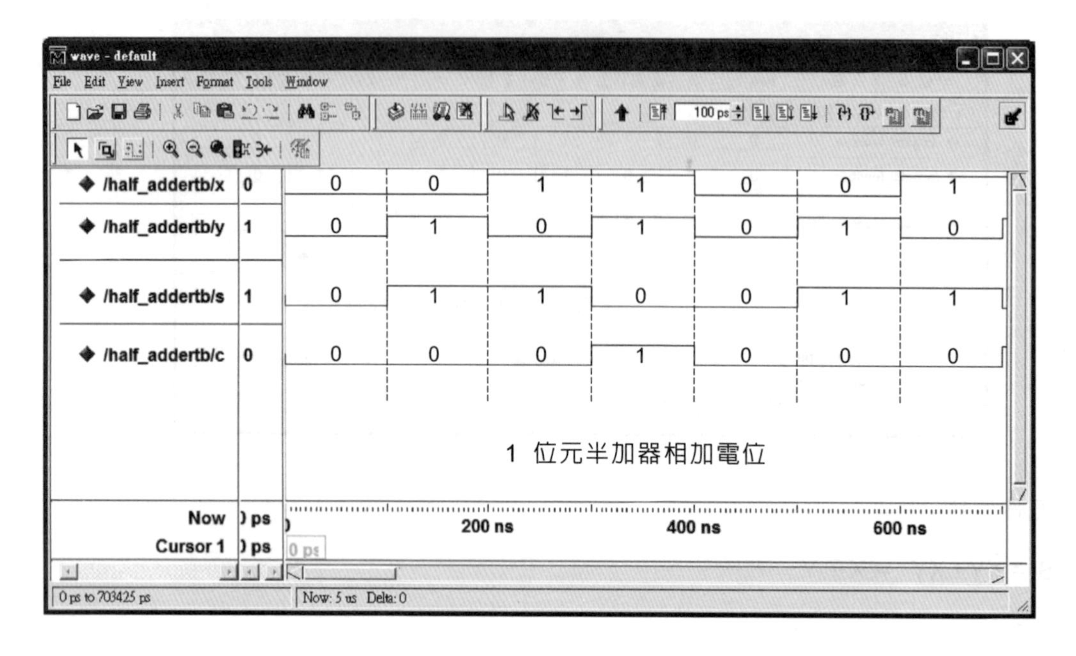

3-5 其布林代數為：

$$F = \overline{S}A\overline{B} + \overline{S}AB + S\overline{A}B + SAB$$

原始程式的內容如下：

```
 1:  ----------------------------------
 2:  --  2 to 1 Multiplexer boolean    --
 3:  -- Filename : MULTIPLEXER2_1.vhd --
 4:  ----------------------------------
 5:
 6:  library IEEE;
 7:  use IEEE.STD_LOGIC_1164.ALL;
 8:  use IEEE.STD_LOGIC_ARITH.ALL;
 9:  use IEEE.STD_LOGIC_UNSIGNED.ALL;
10:
11:  entity MULTIPLEXER2_1 is
12:      Port (A : in  STD_LOGIC;
13:            B : in  STD_LOGIC;
14:            S : in  STD_LOGIC;
15:            F : out STD_LOGIC);
16:  end MULTIPLEXER2_1;
17:
```

```
18:  architecture Data_flow of MULTIPLEXER2_1 is
19:
20:  begin
21:    F <= (not S and A and not B) or
22:         (not S and A and B) or
23:         (S and not A and B) or
24:         (S and A and B);
25 : end Data_flow;
```

功能模擬 (function simulation)

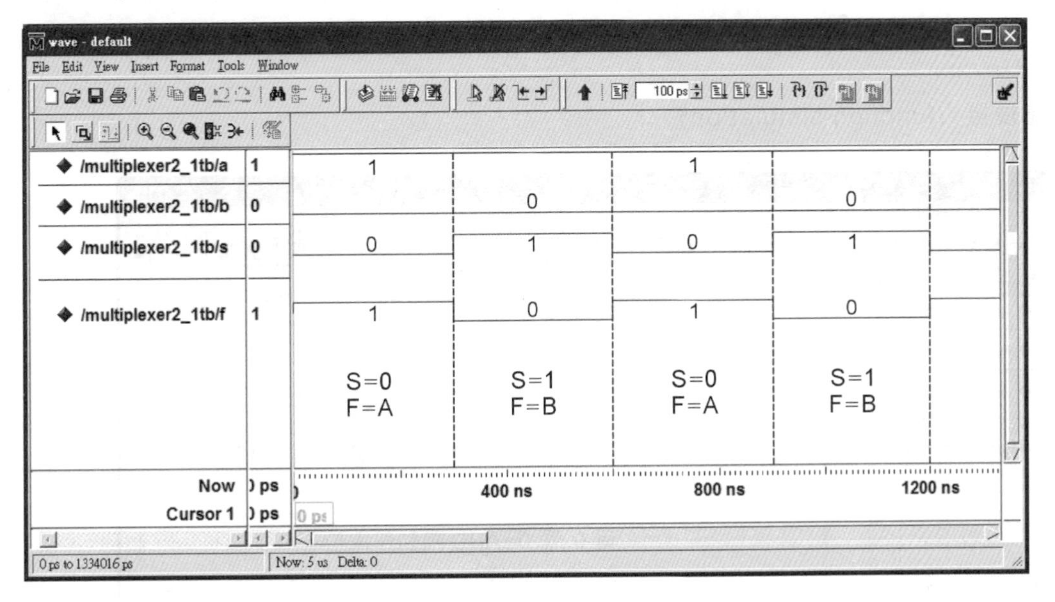

3-7　原始程式的內容如下：

```
 1:  ------------------------------------
 2:  --   3 input and gate (BUS) using --
 3:  --    when else single statement   --
 4:  --    Filename : ANDGATE_BUS.vhd    --
 5:  ------------------------------------
 6:
 7:  library IEEE;
 8:  use IEEE.STD_LOGIC_1164.ALL;
 9:  use IEEE.STD_LOGIC_ARITH.ALL;
10:  use IEEE.STD_LOGIC_UNSIGNED.ALL;
11:
12:  entity ANDGATE_BUS is
```

```
13:       Port (A : in  STD_LOGIC;
14:             B : in  STD_LOGIC;
15:             C : in  STD_LOGIC;
16:             F : out STD_LOGIC);
17:  end ANDGATE_BUS;
18:
19:  architecture Data_flow of ANDGATE_BUS is
20:    signal ABC : STD_LOGIC_VECTOR(2 downto 0);
21:  begin
22:    ABC <= A & B & C;
23:    F   <= '1' when ABC = "111" else '0';
24:  end Data_flow;
```

功能模擬 (function simulation)：

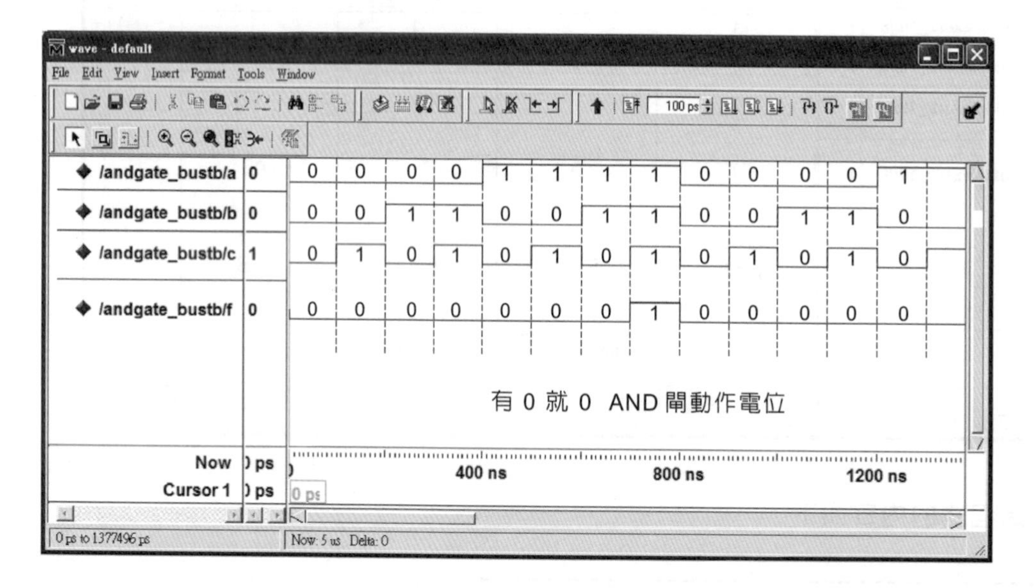

3-9 原始程式的內容如下：

```
1:  ------------------------------------
2:  --    1 to 2 demultiplexer using    --
3:  --    when else single statement    --
4:  -- Filename : DEMULTIPLEXER1_2.vhd --
5:  ------------------------------------
6:
7:  library IEEE;
```

```
 8:  use IEEE.STD_LOGIC_1164.ALL;
 9:  use IEEE.STD_LOGIC_ARITH.ALL;
10:  use IEEE.STD_LOGIC_UNSIGNED.ALL;
11:
12:  entity DEMULTIPLEXER1_2 is
13:       Port (DIN : in  STD_LOGIC;
14:             S   : in  STD_LOGIC;
15:             Y   : out STD_LOGIC_VECTOR(1 downto 0));
16:  end DEMULTIPLEXER1_2;
17:
18:  architecture Data_flow of DEMULTIPLEXER1_2 is
19:
20:  begin
21:    Y(0) <= DIN when S = '0' else '1';
22:    Y(1) <= DIN when S = '1' else '1';
23:  end Data_flow;
```

功能模擬 (function simulation)：

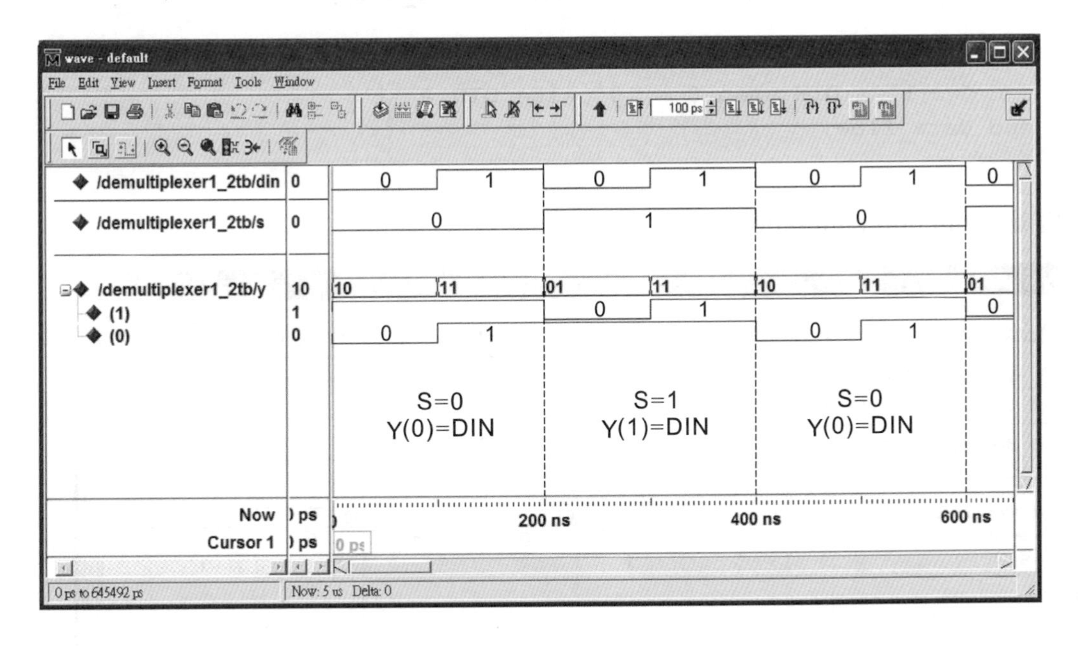

3-11 原始程式的內容如下：

```
 1:  ------------------------------------
 2:  --    1 to 2 demultiplexer using    --
 3:  --    when else single statement-    -
 4:  -- Filename : DEMULTIPLEXER1_2.vhd --
 5:  ------------------------------------
 6:
 7:  library IEEE;
 8:  use IEEE.STD_LOGIC_1164.ALL;
 9:  use IEEE.STD_LOGIC_ARITH.ALL;
10:  use IEEE.STD_LOGIC_UNSIGNED.ALL;
11:
12:  entity DEMULTIPLEXER1_2 is
13:      Port (DIN : in  STD_LOGIC;
14:            S   : in  STD_LOGIC;
15:            Y   : out STD_LOGIC_VECTOR(1 downto 0));
16:  end DEMULTIPLEXER1_2;
17:
18:  architecture Data_flow of DEMULTIPLEXER1_2 is
19:
20:  begin
21:    Y <= '1' & DIN when S = '0' else DIN & '1';
22:  end Data_flow;
```

功能模擬 (function simulation)

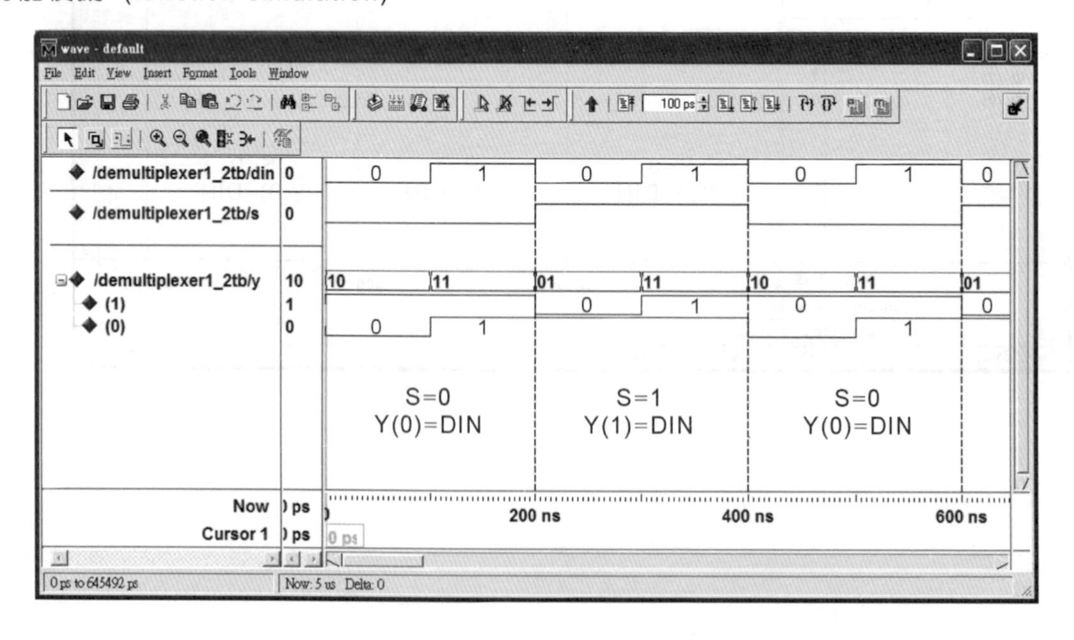

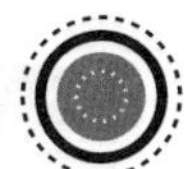

3-13　原始程式的內容如下：

```
 1:  -------------------------------------
 2:  --     4 to 1 multiplexer using    --
 3:  --   when else multiple statement  --
 4:  --  Filename : MULTIPLEXER4_1.vhd  --
 5:  -------------------------------------
 6:
 7:  library IEEE;
 8:  use IEEE.STD_LOGIC_1164.ALL;
 9:  use IEEE.STD_LOGIC_ARITH.ALL;
10:  use IEEE.STD_LOGIC_UNSIGNED.ALL;
11:
12:  entity MULTIPLEXER4_1 is
13:      Port (S : in  STD_LOGIC_VECTOR(1 downto 0);
14:            I : in  STD_LOGIC_VECTOR(3 downto 0);
15:            Y : out STD_LOGIC);
16:  end MULTIPLEXER4_1;
17:
18:  architecture Data_flow of MULTIPLEXER4_1 is
19:
20:  begin
21:    Y <= I(0) when S = "00" else
22:         I(1) when S = "01" else
23:         I(2) when S = "10" else
24:         I(3);
25:  end Data_flow;
```

功能模擬 (function simulation)：

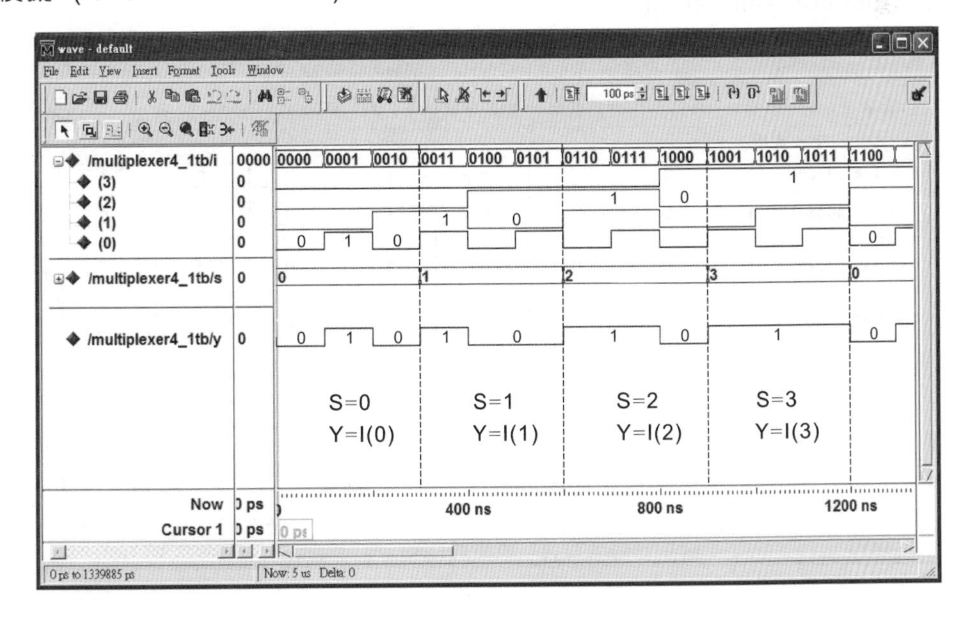

3-15 原始程式的內容如下：

```
 1: -----------------------------------------
 2: --          Half adder using            --
 3: --   when else multiple statement       --
 4: --     Filename : HALF_ADDER.vhd        --
 5: -----------------------------------------
 6:
 7: library IEEE;
 8: use IEEE.STD_LOGIC_1164.ALL;
 9: use IEEE.STD_LOGIC_ARITH.ALL;
10: use IEEE.STD_LOGIC_UNSIGNED.ALL;
11:
12: entity HALF_ADDER is
13:     Port (X : in  STD_LOGIC;
14:           Y : in  STD_LOGIC;
15:           S : out STD_LOGIC;
16:           C : out STD_LOGIC);
17: end HALF_ADDER;
18:
19: architecture Data_flow of HALF_ADDER is
20:   signal XY : STD_LOGIC_VECTOR(1 downto 0);
21: begin
22:   XY <= X & Y;
23:   S  <= '1' when XY = "01" else
24:         '1' when XY = "10" else
25:         '0';
26:   C  <= '1' when XY = "11" else '0';
27: end Data_flow;
```

功能模擬 (function simulation)

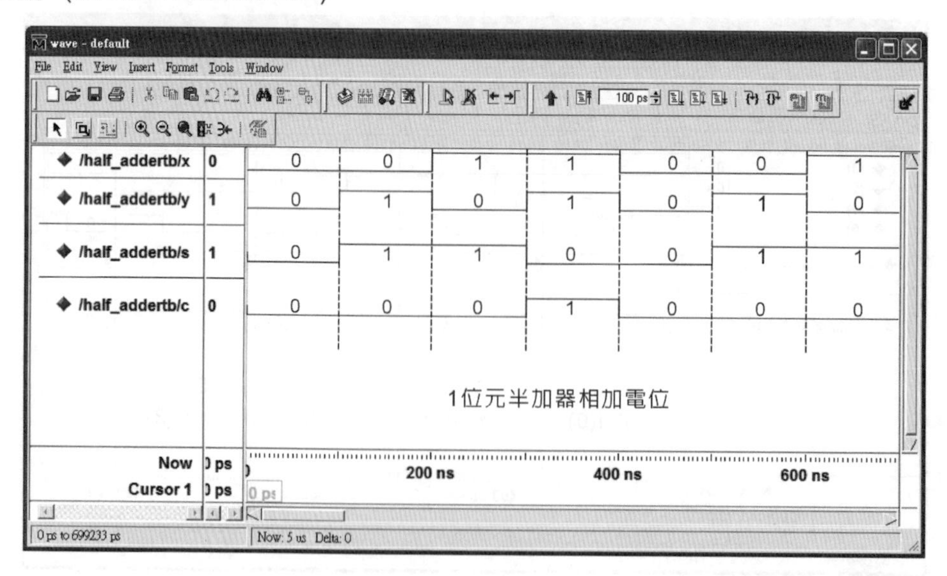

3-17　原始程式的內容如下：

```
 1: --------------------------------------
 2: --     2 to 1 multiplexer using      --
 3: --   when else multiple statement    --
 4: --  Filename : MULTIPLEXER2_1.vhd    --
 5: --------------------------------------
 6:
 7: library IEEE;
 8: use IEEE.STD_LOGIC_1164.ALL;
 9: use IEEE.STD_LOGIC_ARITH.ALL;
10: use IEEE.STD_LOGIC_UNSIGNED.ALL;
11:
12: entity MULTIPLEXER2_1 is
13:      Port (A : in  STD_LOGIC;
14:            B : in  STD_LOGIC;
15:            S : in  STD_LOGIC;
16:            F : out STD_LOGIC);
17: end MULTIPLEXER2_1;
18:
19: architecture Data_flow of MULTIPLEXER2_1 is
20:   signal SAB : STD_LOGIC_VECTOR(2 downto 0);
21: begin
22:   SAB <= S & A & B;
23:   F   <= '0' when SAB = "000" else
24:          '0' when SAB = "001" else
25:          '0' when SAB = "100" else
26:          '0' when SAB = "110" else
27:          '1';
28: end Data_flow;
```

功能模擬 (function simulation)

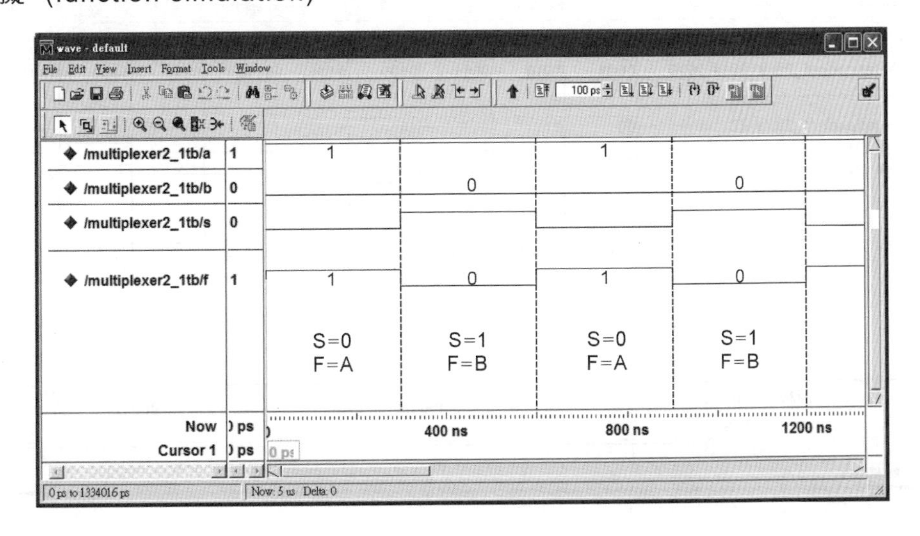

3-19　原始程式的內容如下：

```
 1:  ---------------------------------
 2:  --     4 to 2 encoder using     --
 3:  -- when else multiple statement --
 4:  --   Filename : ENCODER4_2.vhd   --
 5:  ---------------------------------
 6:
 7:  library IEEE;
 8:  use IEEE.STD_LOGIC_1164.ALL;
 9:  use IEEE.STD_LOGIC_ARITH.ALL;
10:  use IEEE.STD_LOGIC_UNSIGNED.ALL;
11:
12:  entity ENCODER4_2 is
13:      Port ( I : in  STD_LOGIC_VECTOR(3 downto 0);
14:             A : out STD_LOGIC_VECTOR(1 downto 0));
15:  end ENCODER4_2;
16:
17:  architecture Data_flow of ENCODER4_2 is
18:
19:  begin
20:    A <= "00" when I = "0001" else
21:         "01" when I = "0010" else
22:         "10" when I = "0100" else
23:         "11" when I = "1000" else
24:         "ZZ";
25:  end Data_flow;
```

功能模擬 (function simulation)

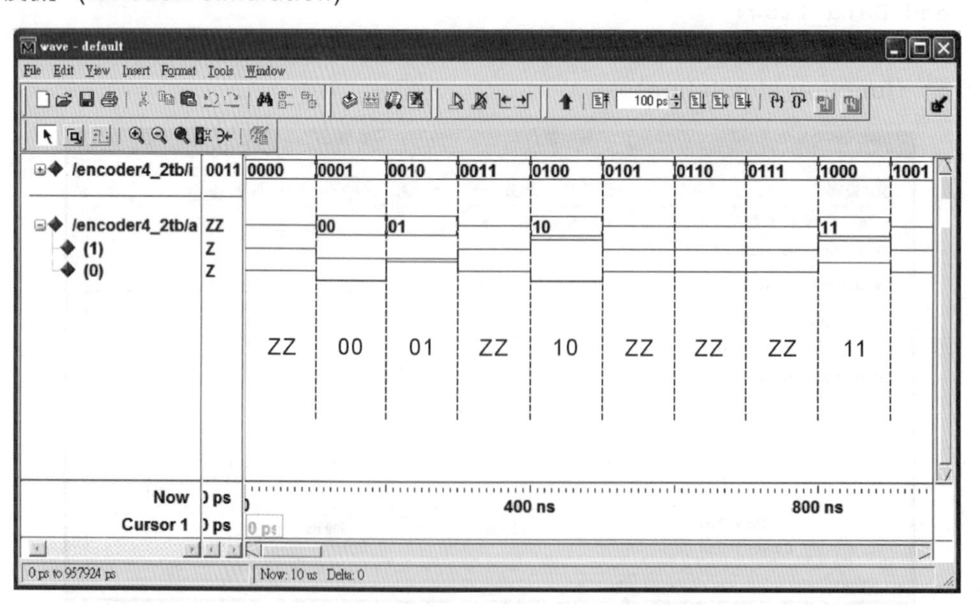

3-21　原始程式的內容如下：

```
 1: -----------------------------------------
 2: --     3 to 5 multiple address decoder   --
 3: --    using with select when statement   --
 4: --  Filename : MULTIPLE_DECODER_3_5.vhd  -
 5: -----------------------------------------
 6:
 7: library IEEE;
 8: use IEEE.STD_LOGIC_1164.ALL;
 9: use IEEE.STD_LOGIC_ARITH.ALL;
10: use IEEE.STD_LOGIC_UNSIGNED.ALL;
11:
12: entity MULTIPLE_DCODER_3_5 is
13:     Port (A : in  STD_LOGIC;
14:           B : in  STD_LOGIC;
15:           C : in  STD_LOGIC;
16:           Y : out STD_LOGIC_VECTOR(4 downto 0));
17: end MULTIPLE_DCODER_3_5;
18:
19: architecture Data_flow of MULTIPLE_DCODER_3_5 is
20:   signal ABC : STD_LOGIC_VECTOR(2 downto 0);
21: begin
22:   ABC <= A & B & C;
23:   with ABC select
24:     Y <= "11110" when o"0" | o"1",
25:          "11101" when o"2",
26:          "11011" when o"3" | o"4" | o"5",
27:          "10111" when o"6",
28:          "01111" when others;
29: end Data_flow;
```

功能模擬 (function simulation)：

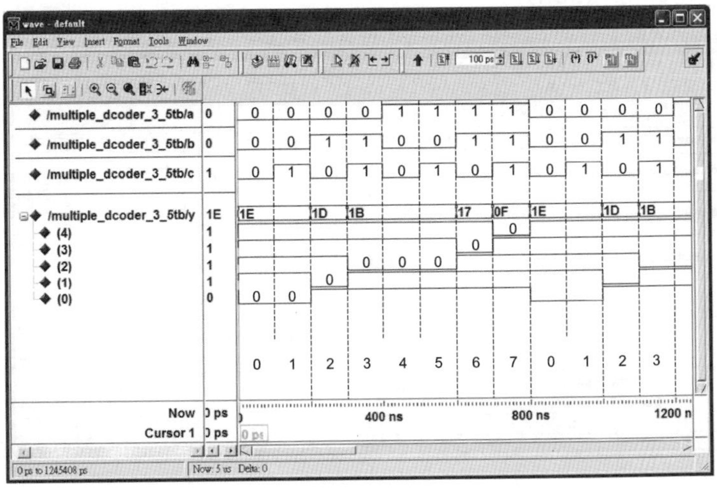

3-23 原始程式的內容如下：

```
 1:  ------------------------------
 2:  --      Half adder using    --
 3:  -- with select when statement --
 4:  -- Filename : HALF_ADDER.vhd  --
 5:  ------------------------------
 6:
 7:  library IEEE;
 8:  use IEEE.STD_LOGIC_1164.ALL;
 9:  use IEEE.STD_LOGIC_ARITH.ALL;
10:  use IEEE.STD_LOGIC_UNSIGNED.ALL;
11:
12:  entity HALF_ADDER is
13:      Port (X : in  STD_LOGIC;
14:            Y : in  STD_LOGIC;
15:            S : out STD_LOGIC;
16:            C : out STD_LOGIC);
17:  end HALF_ADDER;
18:
19:  architecture Data_flow of HALF_ADDER is
20:    signal XY : STD_LOGIC_VECTOR(1 downto 0);
21:  begin
22:    XY  <= X & Y;
23:    with XY select
24:      S <= '1' when "01",
25:           '1' when "10",
26:           '0' when others;
27:    with XY select
28:      C <= '1' when "11",
29:           '0' when others;
30:  end Data_flow;
```

功能模擬 (function simulation)

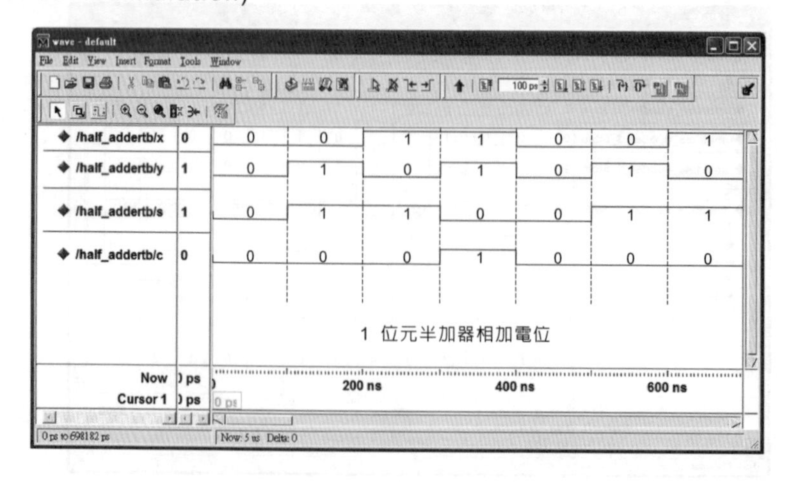

3-25　原始程式的內容如下：

```
 1:  -------------------------------
 2:  -- 2 to 4 decoder(high) using --
 3:  -- with select when statement --
 4:  -- Filename : DECODER_2_4.vhd --
 5:  -------------------------------
 6:
 7:  library IEEE;
 8:  use IEEE.STD_LOGIC_1164.ALL;
 9:  use IEEE.STD_LOGIC_ARITH.ALL;
10:  use IEEE.STD_LOGIC_UNSIGNED.ALL;
11:
12:  entity DECODER_2_4 is
13:      Port (A : in  STD_LOGIC;
14:            B : in  STD_LOGIC;
15:            Y : out STD_LOGIC_VECTOR(3 downto 0));
16:  end DECODER_2_4;
17:
18:  architecture Data_flow of DECODER_2_4 is
19:    signal AB : STD_LOGIC_VECTOR(1 downto 0);
20:  begin
21:    AB  <= A & B;
22:    with AB select
23:      Y <= "0001" when "00",
24:           "0010" when "01",
25:           "0100" when "10",
26:           "1000" when others;
27:  end Data_flow;
```

功能模擬 (function simulation)

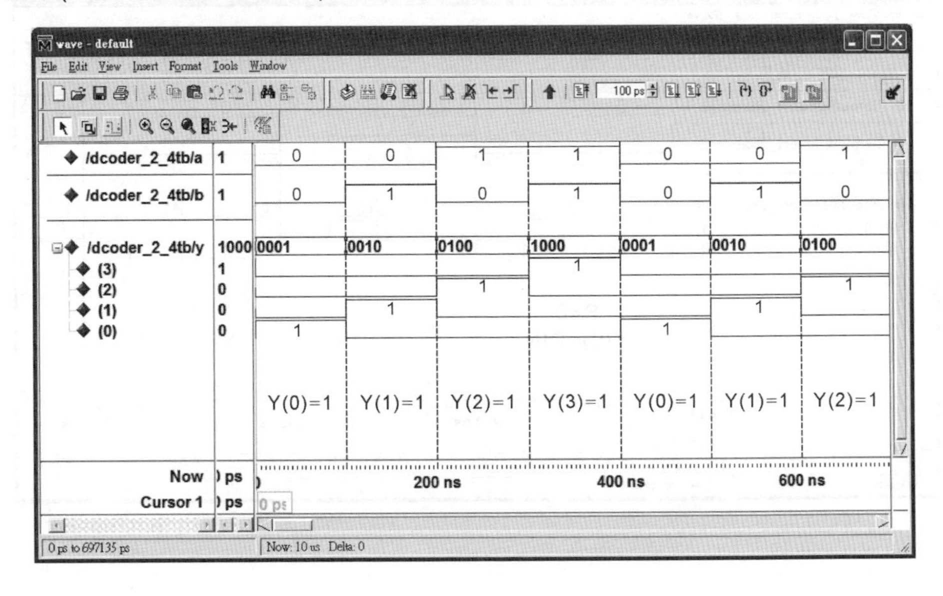

3-27 原始程式的內容如下：

```
 1:  -------------------------------------
 2:  --    1 to 2 demultiplexer using    --
 3:  --    with select when statement    --
 4:  -- Filename : DEMULTIPLEXER1_2.vhd --
 5:  -------------------------------------
 6:
 7:  library IEEE;
 8:  use IEEE.STD_LOGIC_1164.ALL;
 9:  use IEEE.STD_LOGIC_ARITH.ALL;
10:  use IEEE.STD_LOGIC_UNSIGNED.ALL;
11:
12:  entity DEMULTIPLEXER1_2 is
13:      Port (DIN : in  STD_LOGIC;
14:            S   : in  STD_LOGIC;
15:            Y   : out STD_LOGIC_VECTOR(1 downto 0));
16:  end DEMULTIPLEXER1_2;
17:
18:  architecture Data_flow of DEMULTIPLEXER1_2 is
19:
20:  begin
21:    with S select
22:      Y <= '1' & DIN when'0',
23:           DIN & '1' when others;
24:  end Data_flow;
```

功能模擬 (function simulation)

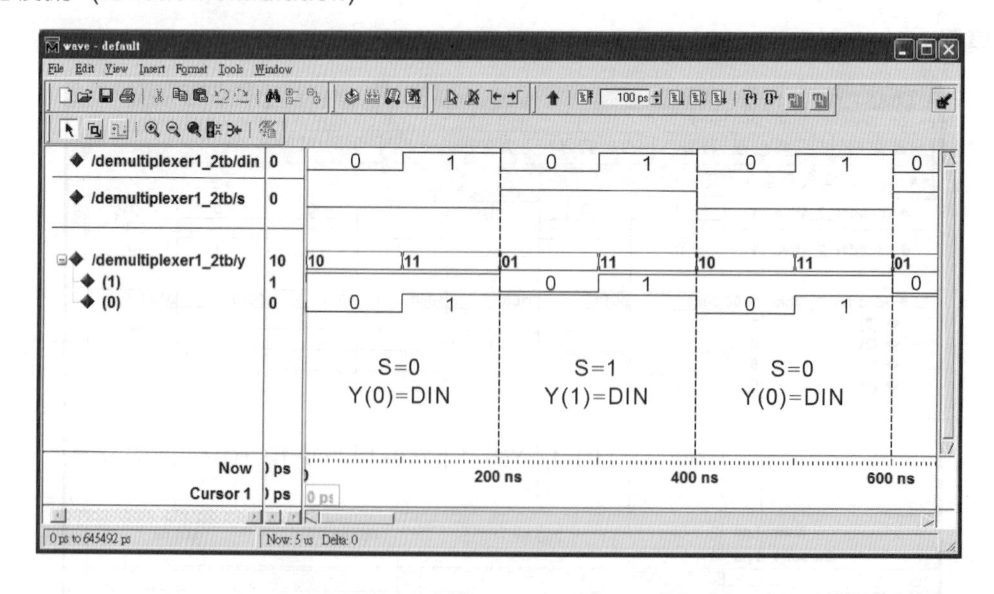

行為模式敘述與序向電路

4-1 順序性與序向電路

前面第三章內我們討論過，當我們在組合電路的輸入端加入控制電位時，在它的輸出端電位就會立刻改變 (忽略電路的延遲時間)，這種特性我們稱之為共時性 (concurrent)，在序向電路內它的特性就完全不一樣，譬如當我們改變了輸入端的控制電位時，它的輸出端電位一定要等到時脈訊號 (CLOCK) 發生變化時才會變化；當我們從正反器的重置 (reset)、預置 (preset) 或輸入接腳加入控制電位時，這些訊號之間就會有優先順序 (priority)，這種特性我們稱之為順序性 (sequential)，居於電路特性的差異，於 VHDL 程式內用來描述序向電路的敘述語法 (稱為行為模式 behavior) 就會和前面所討論，用來描述組合電路的敘述語法 (稱為資料流 data flow) 大不相同，用來描述序向電路的敘述，除了必須具備優先順序的順序性之外，它還必須具有控制輸入訊號何時才能輸出的特性……等。

4-2 process 敘述

在硬體描述語言的系統中，我們都以行為模式 (behavior) 的敘述方式來描述一個序向電路，所謂行為模式的敘述就是將所要設計序向電路的動作狀況以 VHDL 語言所提供的敘述，並以保留字 process 為開頭，依順序逐一的描述，而其基本語法如下：

```
標名 : process (感應列)
        宣告區;
          begin

            行為描述區;

        end process 標名;
```

1. 標名：通常為所要描述電路的名稱，它可以有，也可以沒有，但必須與 end process 後面的標名一致。
2. process，begin，end process：皆為保留字，不可以改變或省略。
3. (感應列)：足以改變電路輸出的所有輸入訊號，最常見到的訊號為時脈訊號 (CLK)，重置訊號 (reset)……等，當括號內部感應列訊號的電位發生變化時，放置在 begin 與 end process 中間的所有敘述都會被執行一次，此時在電路的輸出端就會產生變化，此種現象是針對序向電路的特性而來。前面我們討論過，在序向電路中，當輸入訊號發生變化時，於輸出端的電位未必會立刻產生變化，除非遇到時脈 (CLK) 訊號來臨，因此我們都會把時脈訊號放入感應列內；當重置訊號來臨時，於輸出端的電位也會產生變化，因此我們也會將重置訊號放入感應列內……等，詳細的狀況請參閱後面的程式說明。
4. 宣告區：專門用來宣告於 process 敘述區 (begin… end process 中間) 內所需用到的物件及資料型態，此處要特別注意！由於這些物件都屬於區域物件 (local object)，因此它們的有效範圍只限制在 process 的敘述區內，訊號 (signal) 宣告當然就不適合在此宣告 (為什麼？腦力激盪一下吧！)。
5. begin… end process：所要描述行為模式的敘述區，設計師會在此區域內將所要設計控制電路的動作狀況以 VHDL 語言所提供的敘述與語法逐一描述出來，詳細的情形請參閱後面的程式。

於 VHDL 語言中系統所提供的行為模式 (behavior) 敘述有下列兩種：

1. if… then… else
2. case… is… when

由於它們都是屬於行為模式的敘述，因此於語法上它們都必須以 process 敘述為開頭，當它們在進行控制電路的描述時，依其描述方式又可以分成組合電路與序向電路，如果在 process 敘述的程式中存在有時脈訊號的變化 (如 CLK'event… 等) 或等待敘述 WAIT 時，系統合成之後的電路都會含有正反器；程式中含有不完整的 if… then 敘述 (沒有 else) 時，系統合成之後的電路大都含有栓鎖 (latch) 等記憶元件，像這種電路內部存在有正反器或栓鎖等記憶元件的電路，就是我們所說的序向電路，反之如果 process 敘述的程式中含有完整的 if… then… else 敘述時，系統合成之後的電路就是我們所說的組合電路，這些觀念看起來極為複雜，詳細閱讀後面的敘述與範例後就會很清楚明白它們的用法與特性，以下我們就開始來介紹上述兩種行為模式敘述的特性與用法。

4-3 if… then… 敘述

if… then… 為一種行為模式的敘述，因此它必須以 process 敘述開頭，於電路描述時它可以用來描述組合電路，也可以用來描述序向電路，因此於敘述描述上很具彈性，為了能讓初學者了解本敘述的特性與用法，我們將它的各種組合語法與特性詳細的陳述如下。

if… then… end if

if… then… end if 為一個不完整的條件判斷敘述 (沒有 else)，其基本的語法如下：

```
if 條件 then
   敘述區;
end if;
```

當 if 後面的條件成立時則執行底下的敘述區，直到 end if 才結束，如果條件不成立則不執行敘述區 (電路的輸出電位保持不變)，從 end if 往下執行，如果我們以流程圖來表示時，其狀況如下：

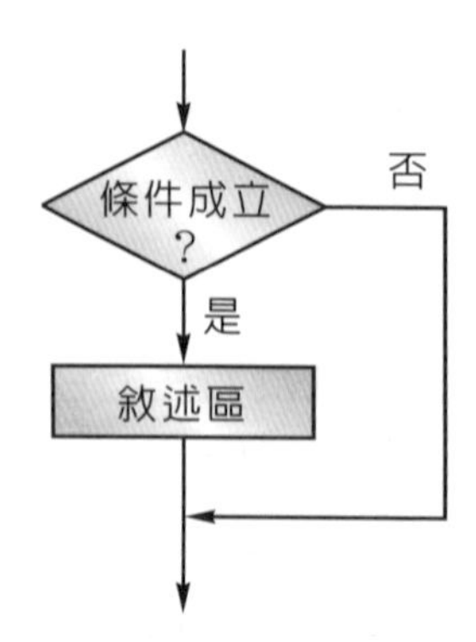

因為它是一個不完整的條件判斷敘述，因此時常用來描述具有栓鎖 (latch) 記憶元件或正反器的控制電路。於 VHDL 語言中用來描述正反器時脈訊號 (假設名稱為 CLK) 邊緣觸發的語法如下 (參閱前面第二章的敘述)：

正緣觸發：

```
if CLK'event and CLK = '1' then
if rising_edge (CLK) then
```

負緣觸發：

```
if CLK'event and CLK = '0' then
if fall_edge (CLK) then
```

範例	檔名：POSITIVE_EDGE_TRIGGER
以 if… then… end if 敘述，設計一個正緣觸發的 D 型正反器。	

1. 方塊圖：

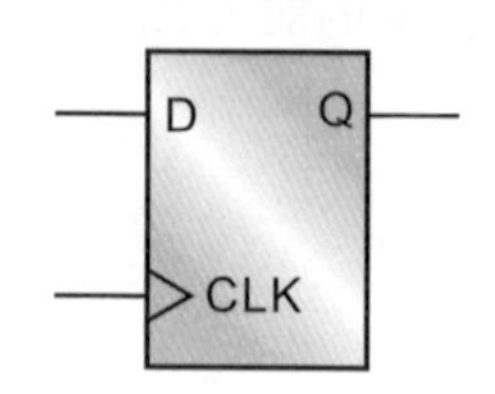

2. 真值表：

CLK	D	Q
↑	0	0
↑	1	1

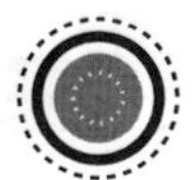

原始程式 (source program)：

```
 1:  ---------------------------------------
 2:  --         D flip flop with          --
 3:  --     positive edge trigger         --
 4:  --   Filename : POSITIVE_EDGE.vhd    --
 5:  ---------------------------------------
 6:
 7:  library IEEE;
 8:  use IEEE.STD_LOGIC_1164.ALL;
 9:  use IEEE.STD_LOGIC_ARITH.ALL;
10:  use IEEE.STD_LOGIC_UNSIGNED.ALL;
11:
12:  entity POSITIVE_EDGE is
13:      Port (CLK : in  STD_LOGIC;
14:            D   : in  STD_LOGIC;
15:            Q   : out STD_LOGIC);
16:  end POSITIVE_EDGE;
17:
18:  architecture Behavioral of POSITIVE_EDGE is
19:
20:  begin
21:    process(CLK)
22:
23:      begin
24:        if CLK'event and CLK = '1' then
25:          Q <= D;
26:        end if;
27:    end process;
28:
29:  end Behavioral;
```

重點說明：

1. 行號 1～10 的功能與前面相同。
2. 行號 12～16 為電路的外部接腳，它所代表的意義為：

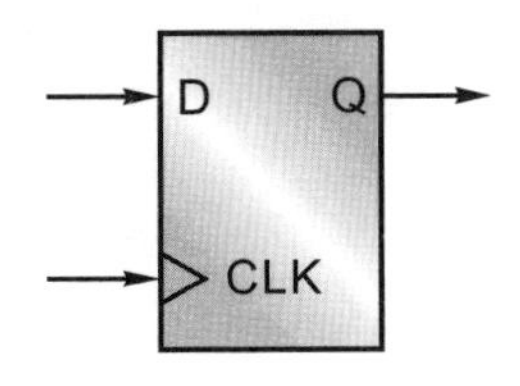

3. 行號 21 為 process 的敘述，括號內的 CLK 代表當時脈訊號 CLK 的電位發生變化時，行號 23～27 內的敘述會被執行一次 (行號 24 用到 if 敘述，因此本敘述必須存在)。
4. 行號 24 判斷，如果時脈訊號 CLK 產生正緣變化 (由 0→1) 時，D 型正反器的輸入電位 D 就會從輸出端 Q 輸出 (行號 25)；如果時脈訊號 CLK 沒有發生正緣變化時，其輸出端 Q 的電位則保持不變。

功能模擬 (function simulation)：

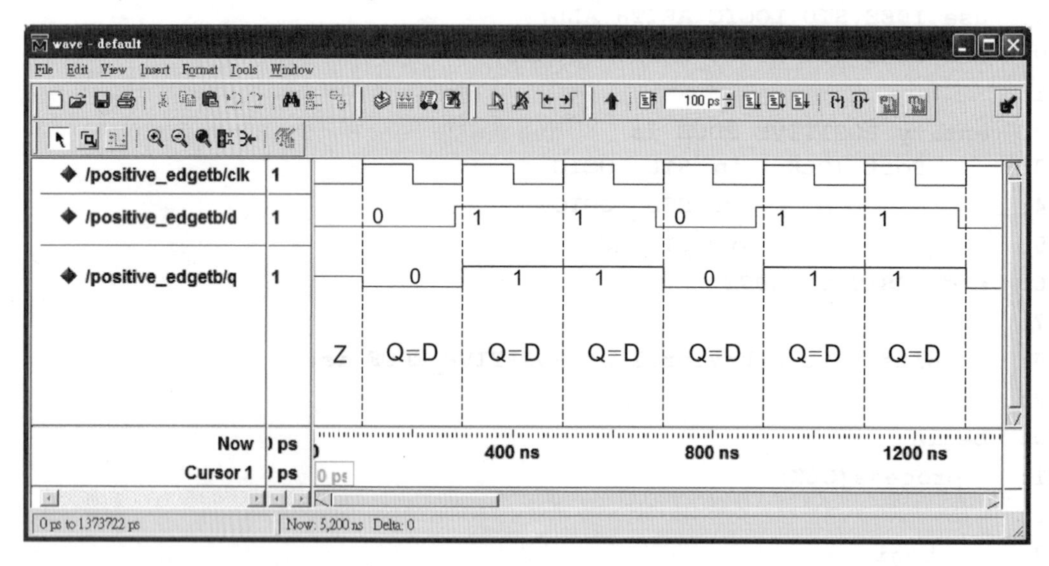

從上面功能模擬的波形可以看出，當時脈訊號 CLK 發生正緣變化時 (由 0→1)，輸入端 D 的電位就會出現在輸出端 Q，因此可以確定系統所合成的電路是正確的。

if… then… else… end if

if… then… else… end if 為一個完整的條件判斷敘述 (有 else)，其基本的語法如下：

```
if 條件 then
   敘述區 A;
else
   敘述區 B;
end if;
```

當 if 後面的條件成立時，則執行敘述區 A 的內容，直到 else 才結束；條件不成立時則執行 else 後面敘述區 B 的內容，直到 end if 才結束，如果我們以流程圖來表示時，其狀況如下：

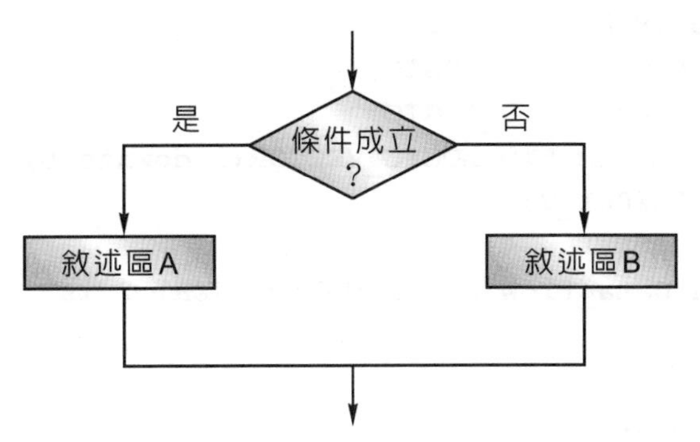

因為它是一個完整的條件判斷敘述 (包含 else)，所以時常用來描述沒有記憶元件的組合電路，當我們所要設計的控制電路具有 2 選 1 的特性時，就可以使用它來實現。

範例	檔名：DEMULTIPLEXER1_2_IF_STATEMENT
以 if… then… else… end if 敘述，設計一個 1 對 2 解多工器。	

1. 方塊圖：

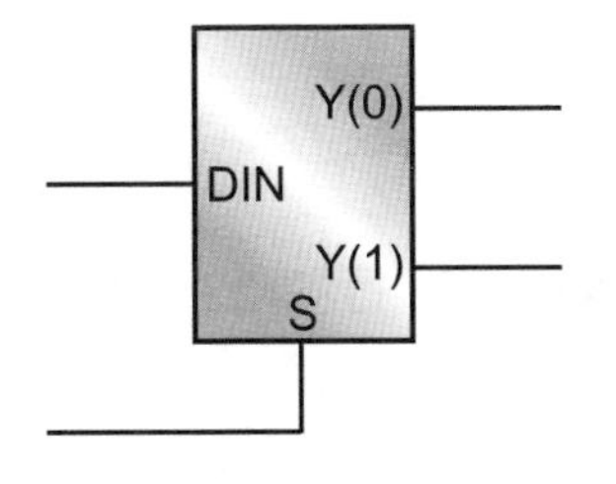

2. 真值表：

S	DIN	Y(1)	Y(0)
0	0	1	0
0	1	1	1
1	0	0	1
1	1	1	1

原始程式 (source program)：

```
1:  --------------------------------------
2:  --    1 to 2 demultiplexer using     --
3:  --      if then else statement       --
4:  -- Filename : DEMULTIPLEXER1_2.vhd  --
5:  --------------------------------------
6:
7:  library IEEE;
8:  use IEEE.STD_LOGIC_1164.ALL;
```

```
 9:  use IEEE.STD_LOGIC_ARITH.ALL;
10:  use IEEE.STD_LOGIC_UNSIGNED.ALL;
11:
12:  entity DEMULTIPLEXER1_2 is
13:      Port (DIN : in  STD_LOGIC;
14:               S   : in  STD_LOGIC;
15:               Y   : out STD_LOGIC_VECTOR(1 downto 0));
16:  end DEMULTIPLEXER1_2;
17:
18:  architecture Data_flow of DEMULTIPLEXER1_2 is
19:
20:  begin
21:    process(S, DIN)
22:
23:     begin
24:       if S = '0' then
25:         Y <= '1' & DIN;
26:       else
27:         Y <= DIN & '1';
28:       end if;
29:    end process;
30:
31:  end Data_flow;
```

重點說明：

1. 行號 1～16 的功能與前面相似。
2. 行號 21 代表當選擇訊號 S 或輸入資料 DIN 發生電位變化時，行號 23～29 就會被執行一次。
3. 行號 24～28 為 1 對 2 解多工器的行為描述，其狀況即如真值表所示。

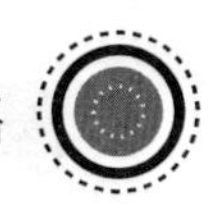

功能模擬 (function simulation)：

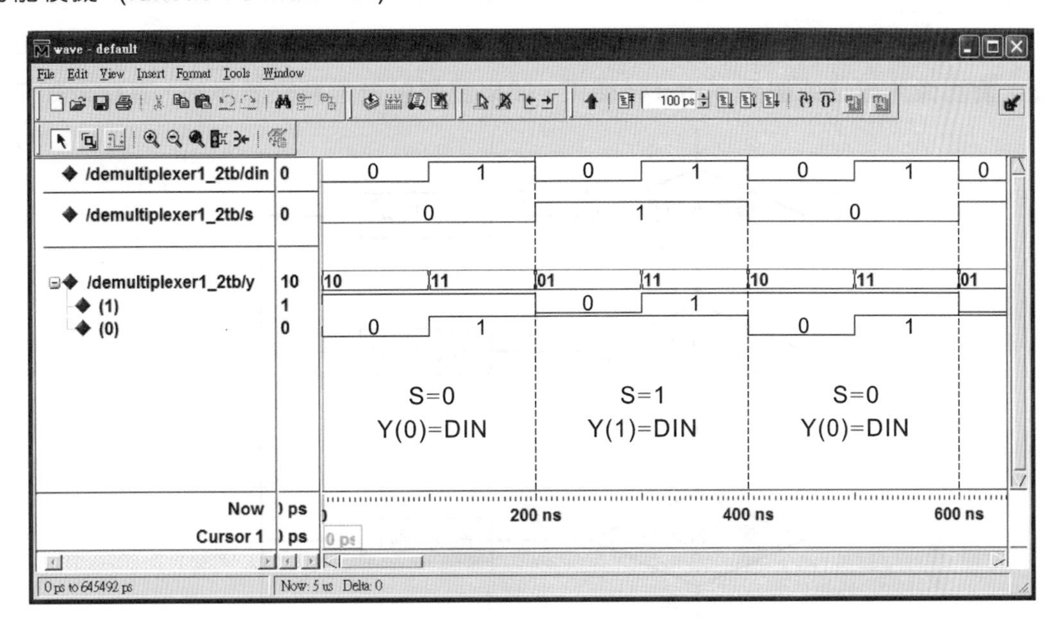

從上面功能模擬的輸入與輸出波形中可以發現到，當選擇訊號 S 的電位為 '0' 時，輸入訊號 DIN 則由輸出端 Y(0) 輸出，此時另一輸出端 Y(1) 為高電位 '1'，反之則由 Y(1) 輸出，此時另一輸出端 Y(0) 為高電位 '1'，因此可以確定系統所合成的電路是正確的。

if… then… elsif… end if

if… then… elsif… end if 為一個不完整的條件判斷敘述 (沒有 else)，其基本語法如下：

```
if 條件 A then
    敘述區 A;
elsif 條件 B then
    敘述區 B;
      ⋮
elsif 條件 N then
    敘述區 N;
end if;
```

當 if 後面的條件 A 成立時，則執行底下敘述區 A 的內容；條件 A 不成立時，再判斷 elsif 後面的條件 B，成立時則執行底下敘述區 B 的內容；不成立時再依順序由上往下判斷，直到條件成立或遇到 end if 才結束，如果我們以流程圖來表示時，其狀況如下：

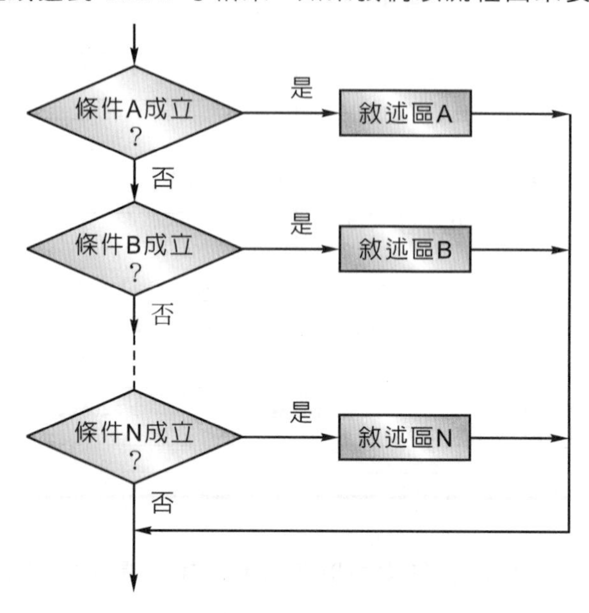

正如上面所討論的，它是一個不完整的條件判斷敘述 (沒有 else)，因此時常用來描述具有栓鎖 (latch) 記憶元件或正反器的控制電路，此處要特別強調，由於敘述之判斷是由上而下，先遇到的先判斷，因此它具有優先順序 (priority) 的特性，其詳細的說明與用法請參閱後面的範例。

範例	檔名：FALLING_EDGE _TRIGGER_WITH_RESET

以 if… then… elsif… end if 敘述，設計一個具有高態 '1' 重置 (RESET) 且負緣觸發的 D 型正反器。

1. 方塊圖：

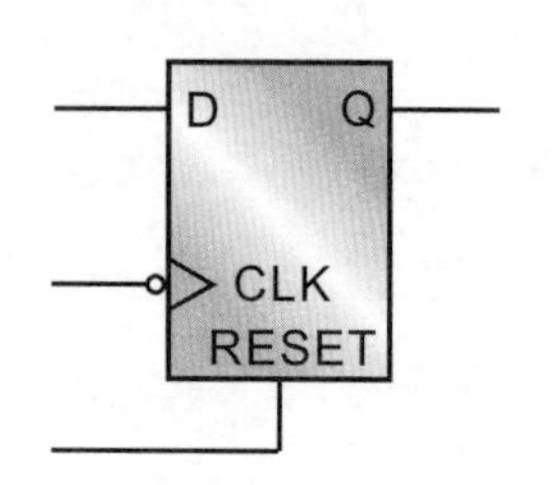

2. 真值表：

RESET	CLK	D	Q_{n+1}
1	×	×	0
0	↓	0	0
0	↓	1	1

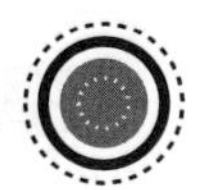

原始程式 (source program)：

```
 1:  -------------------------------------
 2:  --          D flip flop with        --
 3:  --        falling edge trigger      --
 4:  --   Filename : FALLING_EDGES.vhd   --
 5:  -------------------------------------
 6:
 7:  library IEEE;
 8:  use IEEE.STD_LOGIC_1164.ALL;
 9:  use IEEE.STD_LOGIC_ARITH.ALL;
10:  use IEEE.STD_LOGIC_UNSIGNED.ALL;
11:
12:  entity FALLING_EDGES is
13:     Port (CLK    : in  STD_LOGIC;
14:           RESET  : in  STD_LOGIC;
15:           D      : in  STD_LOGIC;
16:           Q      : out STD_LOGIC);
17:  end FALLING_EDGES;
18:
19:  architecture Behavioral of FALLING_EDGES is
20:
21:  begin
22:    process(CLK, RESET)
23:
24:      begin
25:        if RESET = '1' then
26:          Q <= '0';
27:        elsif falling_edge (CLK) then
28:          Q <= D;
29:        end if;
30:    end process;
31:
32:  end Behavioral;
```

重點說明：

1. 行號 1～10 的功能與前面相同。
2. 行號 12～17 為電路的外部接腳，它所代表的意義為：

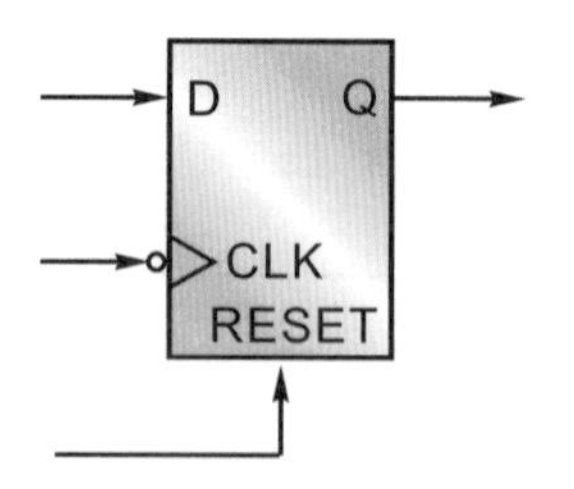

3. 行號 22 為 process 的敘述，括號內的時脈 CLK 與重置 RESET 訊號代表當它們其中之一的電位產生變化時，行號 24～30 的敘述會被執行一次。
4. 行號 25 判斷，如果重置 (RESET) 訊號為高電位 '1' 時，D 型正反器的輸出端 Q 就會被清除為低電位 '0' (行號 26)。
5. 行號 27 判斷，如果時脈訊號 CLK 發生負緣變化 (由 1→0) 時，正反器輸入端 D 的電位就會由輸出端 Q 輸出 (行號 28)，請注意！由於 if 敘述本身具有優先順序，因此當行號 27 被執行時，代表重置 RESET 訊號為低電位 '0'，也就是重置訊號 RESET 的優先順序較高；當然如果時脈訊號 CLK 沒有發生負緣變化時，D 型正反器輸出端 Q 的電位則保持不變。

功能模擬 (function simulation)：

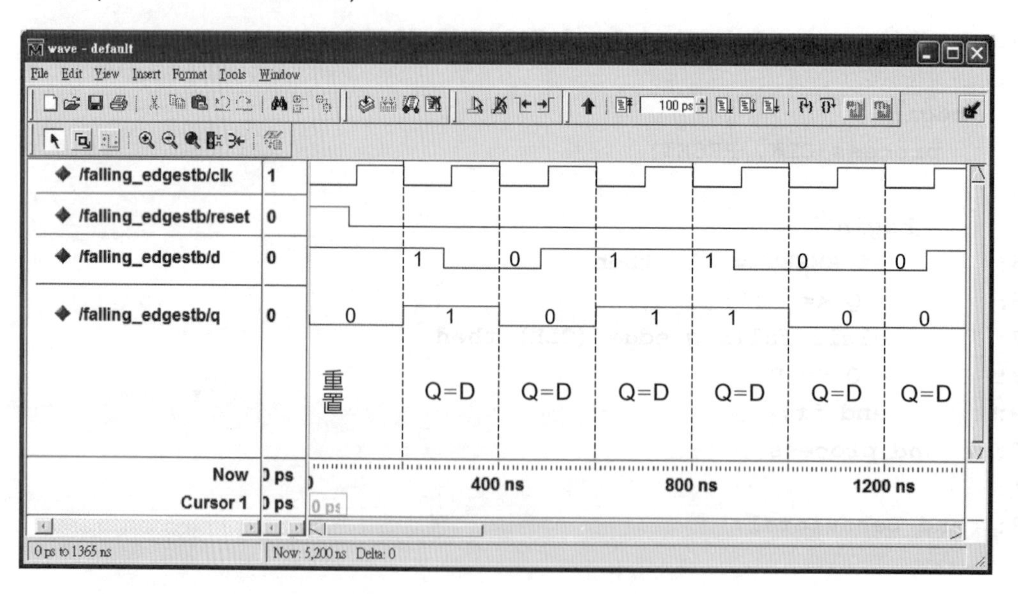

從上面功能模擬的波形可以看出，當重置訊號 (RESET) 的電位為高電位 '1' 時，正反器的輸出電位 Q 被清除為 '0'，當重置訊號 (RESET) 的電位為低電位 '0' 且時脈訊號 CLK 的電位發生負緣 (由 1→0) 變化時，輸入端 D 的電位就會出現在輸出端 Q 上面，因此可以確定系統所合成的電路是正確的。

if… then… elsif… else… end if

If… then… elsif… else… end if 為一個完整的條件判斷敘述(有 else)，其基本語法如下：

```
if 條件 A then
    敘述區 A;
elsif 條件 B then
    敘述區 B;
       ⋮
elsif 條件 P then
    敘述區 P;
else
    敘述區 Q;
end if;
```

當 if 後面的條件 A 成立則執行敘述區 A 的內容，條件 A 不成立時再判斷 elsif 後面的條件 B，成立時則執行底下敘述區 B 的內容；不成立時再依順序由上往下判斷，當上述判斷式的條件都不成立時，則執行 else 後面的敘述區 Q，直到 end if 才結束，如果我們以流程圖來表示時，其狀況如下：

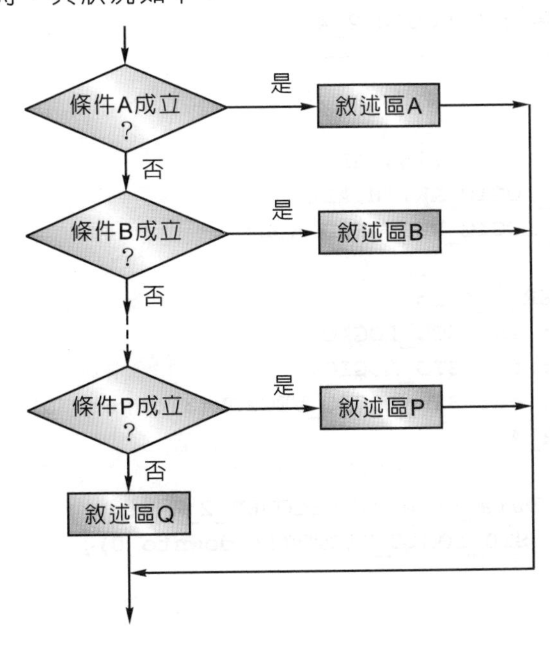

正如上面所討論的，它是一個完整的條件判斷敘述 (包含 else)，因此時常用來描述組合電路，由於敘述的判斷是由上而下，先遇到先判斷執行，因此它具有優先順序 (priority) 的特性。

範例一	檔名：DECODER2_4_LOW_IF_STATEMENT

以 if⋯ then⋯ elsif⋯ else⋯ end if 敘述，設計一個低態動作的 2 對 4 解碼器 (以輸入 A、B 串接 "&" 方式)。

1. 方塊圖：

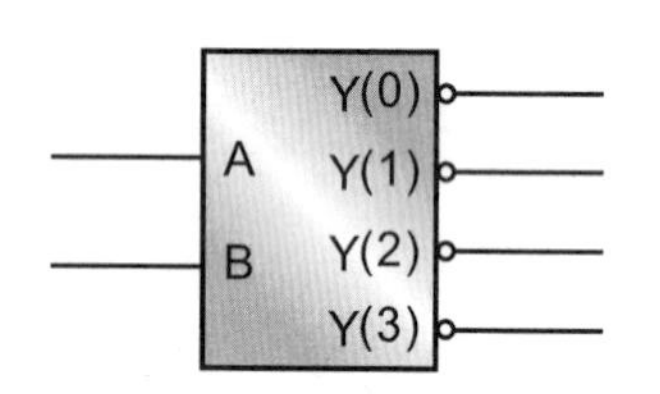

2. 真值表：

A	B	Y(3)	Y(2)	Y(1)	Y(0)
0	0	1	1	1	0
0	1	1	1	0	1
1	0	1	0	1	1
1	1	0	1	1	1

原始程式 (source program)：

```
 1:  ------------------------------------
 2:  --      2 to 4 decoder(low) using    --
 3:  --    if then elsif else statement   --
 4:  --     Filename : DECODER_2_4.vhd    --
 5:  ------------------------------------
 6:
 7:  library IEEE;
 8:  use IEEE.STD_LOGIC_1164.ALL;
 9:  use IEEE.STD_LOGIC_ARITH.ALL;
10:  use IEEE.STD_LOGIC_UNSIGNED.ALL;
11:
12:  entity DECODER_2_4 is
13:      Port (A : in  STD_LOGIC;
14:            B : in  STD_LOGIC;
15:            Y : out STD_LOGIC_VECTOR(3 downto 0));
16:  end DECODER_2_4;
17:
18:  architecture Data_flow of DECODER_2_4 is
19:    signal AB : STD_LOGIC_VECTOR(1 downto 0);
20:  begin
```

```
21:    AB <= A & B;
22:    process(AB)
23:
24:      begin
25:        if AB = "00" then
26:          Y <= "1110";
27:        elsif AB = "01" then
28:          Y <= "1101";
29:        elsif AB = "10" then
30:          Y <= "1011";
31:        else
32:          Y <= "0111";
33:        end if;
34:    end process;
35:
36:  end Data_flow;
```

重點說明：

1. 當解碼輸入 AB 的電位為 "00" 時，解碼輸出 Y 的電位為 "1110" (行號 25～26)。
2. 當解碼輸入 AB 的電位為 "01" 時，解碼輸出 Y 的電位為 "1101" (行號 27～28)。
3. 當解碼輸入 AB 的電位為 "10" 時，解碼輸出 Y 的電位為 "1011" (行號 29～30)。
4. 當解碼輸入 AB 的電位為 "11" 時，解碼輸出 Y 的電位為 "0111" (行號 31～32)。

功能模擬 (function simulation)：

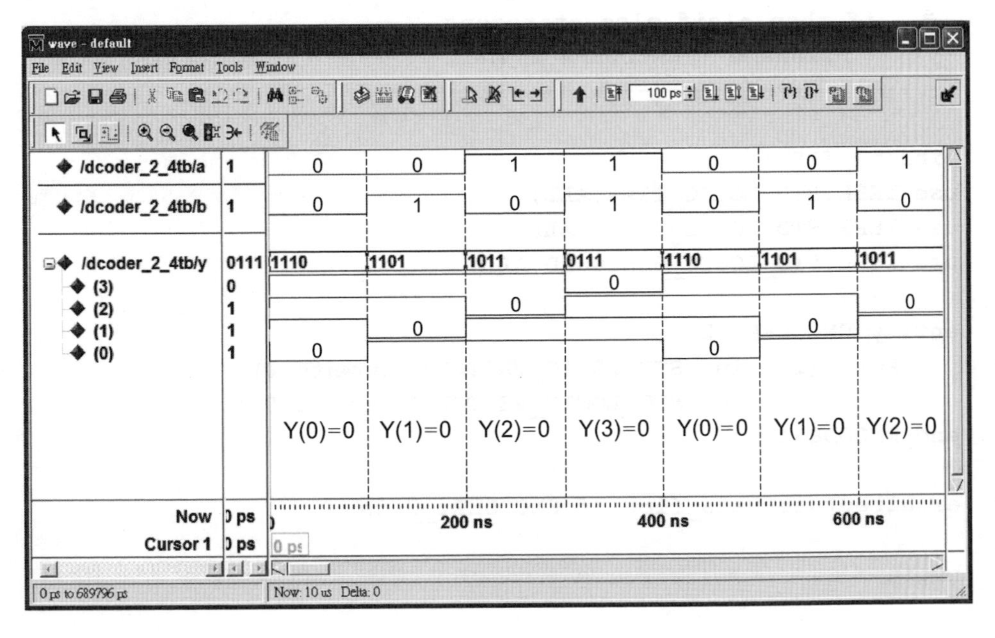

從上面功能模擬的輸入與輸出波形可以發現到，它們的對應關係與低態動作 2 對 4 解碼器的真值表完全相同，因此可以確定，系統所合成的電路是正確的。

範例二	檔名：ENCODER4_2_IF_STATEMENT
以 if… then… elsif… else… end if 敘述，設計一個具有高阻抗輸出的 4 對 2 編碼器。	

1. 方塊圖：

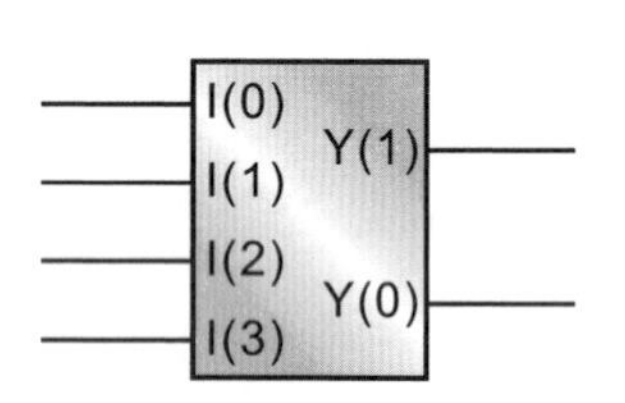

2. 真值表：

I(3)	I(2)	I(1)	I(0)	Y(1)	Y(0)
0	0	0	1	0	0
0	0	1	0	0	1
0	1	0	0	1	0
1	0	0	0	1	1
其餘電位				Z	Z

原始程式 (source program)：

```
 1:  --------------------------------------
 2:  --         4 to 2 encoder using        --
 3:  --    if then elsif else statement    --
 4:  --      Filename : ENCODER4_2.vhd      --
 5:  --------------------------------------
 6:
 7:  library IEEE;
 8:  use IEEE.STD_LOGIC_1164.ALL;
 9:  use IEEE.STD_LOGIC_ARITH.ALL;
10:  use IEEE.STD_LOGIC_UNSIGNED.ALL;
11:
12:  entity ENCODER4_2 is
13:      Port (I : in  STD_LOGIC_VECTOR(3 downto 0);
14:            Y : out STD_LOGIC_VECTOR(1 downto 0));
15:  end ENCODER4_2;
16:
17:  architecture Data_flow of ENCODER4_2 is
18:
19:  begin
```

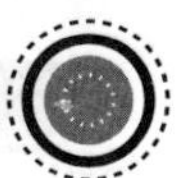

```
20:    process(I)
21:
22:      begin
23:        if I = "0001" then
24:          Y <= "00";
25:        elsif I = "0010" then
26:          Y <= "01";
27:        elsif I = "0100" then
28:          Y <= "10";
29:        elsif I = "1000" then
30:          Y <= "11";
31:        else
32:          Y <= "ZZ";
33:        end if;
34:    end process;
35:
36:  end Data_flow;
```

重點說明：

從具有三態的 4 對 2 編碼器的真值表中可以發現：

1. 當輸入端 I 的電位為 "0001" 時，解碼後的輸出 Y 電位為 "00" (行號 23～24)。
2. 當輸入端 I 的電位為 "0010" 時，解碼後的輸出 Y 電位為 "01" (行號 25～26)。
3. 當輸入端 I 的電位為 "0100" 時，解碼後的輸出 Y 電位為 "10" (行號 27～28)。
4. 當輸入端 I 的電位為 "1000" 時，解碼後的輸出 Y 電位為 "11" (行號 29～30)。
5. 當輸入端 I 的電位不為上述電位時，編碼後的輸出 Y 電位為高阻抗 "ZZ" (行號 31～32)。

功能模擬 (function simulation)：

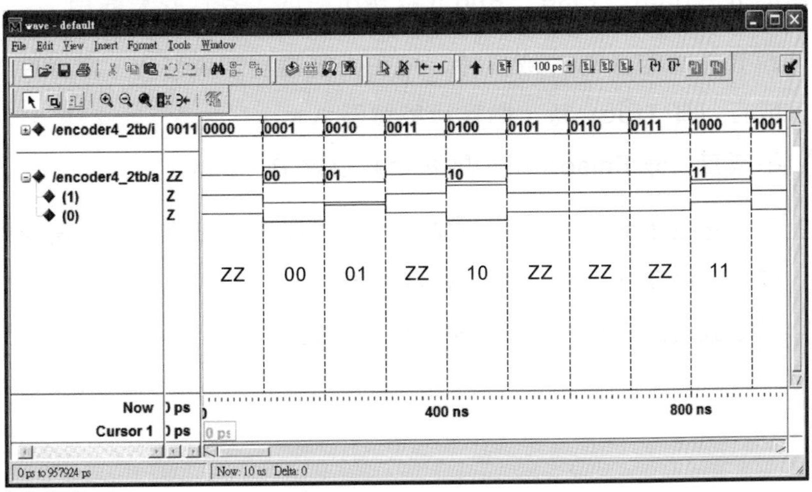

從上面功能模擬的輸入與輸出波形可以發現到，它們的對應關係與具有三態輸出 4 對 2 編碼器的真值表完全相同，因此可以確定系統所合成的電路是正確的。

if 的巢狀敘述

從上面的討論可以知道，隨著所要設計硬體電路的複雜度，我們可以將 if 敘述加以擴展，與一般的高階語言相同，設計師也可以用巢狀的 if 敘述來描述所要實現的硬體電路，其基本語法如下：

```
if 條件 X then
   if 條件 Y then

      敘述區 A;
   else

      敘述區 B;

   end if;
else
   if 條件 Z then
      敘述區 C;
   else
      敘述區 D;
   end if;
end if;
```

上面是由 3 組的 if… then… else… end if 敘述所組成，其代表意義為：

1. 當最上面 if 後面的條件 X 成立時，則往下繼續判斷條件 Y，當條件 Y：
   (1) 成立 (真 True) 時，則執行敘述區 A。
   (2) 不成立 (假 False) 時，則執行敘述區 B。
2. 當最上面 if 後面的條件 X 不成立時，則往下繼續判斷條件 Z，當條件 Z：
   (1) 成立 (真 True) 時，則執行敘述區 C。
   (2) 不成立 (假 False) 時，則執行敘述區 D。

如果我們以流程圖來表示時，其狀況如下：

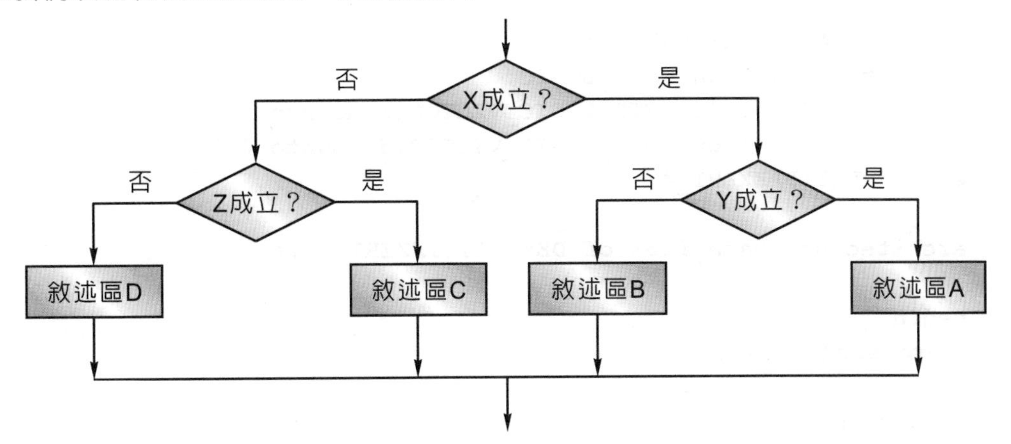

範例一	檔名：DEMULTIPLEXER1_4_IF_STATEMENT_NEST
以巢狀 if… then… else… end if 敘述，設計一個 1 對 4 的解多工器。	

1. 方塊圖：

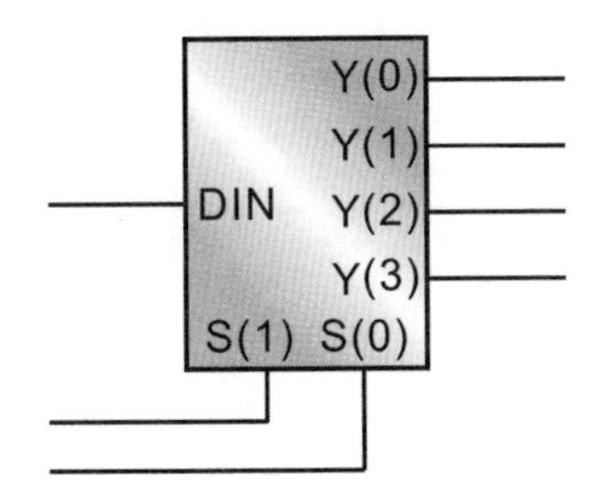

2. 真值表：

S(1)	S(0)	Y(3)	Y(2)	Y(1)	Y(0)
0	0	1	1	1	DIN
0	1	1	1	DIN	1
1	0	1	DIN	1	1
1	1	DIN	1	1	1

原始程式 (source program)：

```
 1:  -------------------------------------
 2:  --     1 to 4 demultiplexer using    --
 3:  --       if then elsif else nest     --
 4:  --  Filename : DEMULTIPLEXER1_4.vhd --
 5:  -------------------------------------
 6:
 7:  library IEEE;
 8:  use IEEE.STD_LOGIC_1164.ALL;
 9:  use IEEE.STD_LOGIC_ARITH.ALL;
10:  use IEEE.STD_LOGIC_UNSIGNED.ALL;
```

```
11:
12:  entity DEMULTIPLEXER1_4 is
13:      Port (DIN : in  STD_LOGIC;
14:            S   : in  STD_LOGIC_VECTOR(1 downto 0);
15:            Y   : out STD_LOGIC_VECTOR(3 downto 0));
16:  end DEMULTIPLEXER1_4;
17:
18:  architecture Data_flow of DEMULTIPLEXER1_4 is
19:
20:  begin
21:    process(S, DIN)
22:
23:      begin
24:        if S(1) = '0' then
25:          if S(0) = '0' then
26:            Y <= "111" & DIN;
27:          else
28:            Y <= "11" & DIN & '1';
29:          end if;
30:        else
31:          if S(0) = '0' then
32:            Y <= '1' & DIN & "11";
33:          else
34:            Y <= DIN & "111";
35:          end if;
36:        end if;
37:    end process;
38:
39:  end Data_flow;
```

重點說明：

從 1 對 4 解多工器的真值表中可以發現到：

1. 當選擇線 S = "00" 時，輸出端 Y 的電位為 "111DIN" (行號 24～26)
2. 當選擇線 S = "01" 時，輸出端 Y 的電位為 "11DIN1" (行號 24，27～28)
3. 當選擇線 S = "10" 時，輸出端 Y 的電位為 "1DIN11" (行號 30～32)
4. 當選擇線 S = "11" 時，輸出端 Y 的電位為 "DIN111" (行號 30，33～34)。

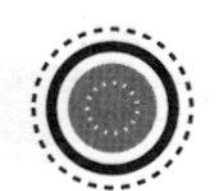

功能模擬 (function simulation)：

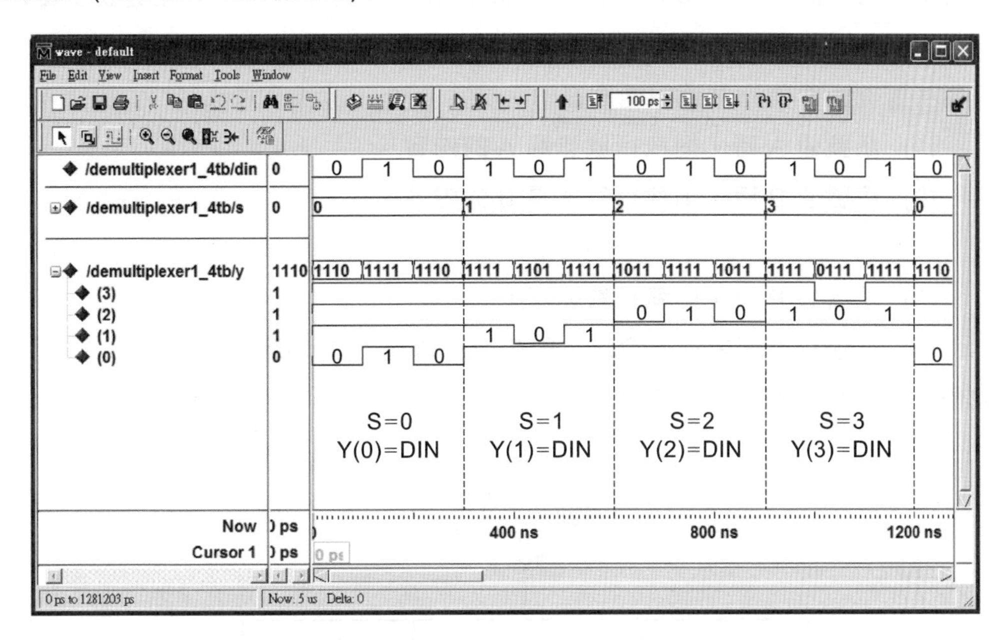

從上面功能模擬的輸入與輸出波形可以看出，它們的對應關係與 1 對 4 解多工器的真值表完全相同，因此可以確定系統所合成的電路是正確的。

4-4 case⋯is⋯when 敘述

討論完條件判斷敘述 if⋯then⋯的各種語法之後，接著我們再來介紹另外一個同樣與 process 敘述搭配的條件判斷敘述 case⋯is⋯when，其基本語法如下：

```
case 訊號物件 is
   when 訊號值 A ⇒
     敘述區 A;
   when 訊號值 B ⇒
     敘述區 B;
         ⋮
   when 訊號值 P ⇒
     敘述區 P;
   when others ⇒
     敘述區 Q;
end case;
```

1. case，is，when，when others，end case：皆為保留字，不能更改及省略。
2. 訊號物件：所要判斷的物件。
3. 當所要判斷訊號物件值的範圍為：
   (1) 訊號值 A 時，則執行敘述區 A 的內容。
   (2) 訊號值 B 時，則執行敘述區 B 的內容。
   ⋮
   (3) 訊號值 P 時，則執行敘述區 P 的內容。
   (4) 上述訊號值皆不符合時，則執行敘述區 Q 的內容。

如果我們以流程圖來表示時，其狀況如下：

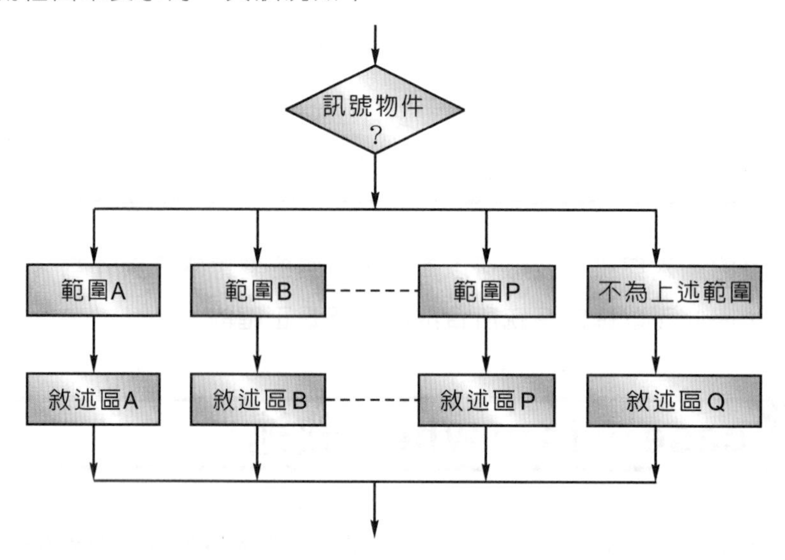

由上面流程圖的敘述可以知道本敘述的特性：

1. 其判斷方式為並行方式，因此沒有優先順序。
2. 由於沒有優先順序，因此訊號物件值 A，B，……P 的範圍必須互斥 (Exclusive)，也就是不可以重疊。
3. 其範圍必須涵蓋所有的可能範圍，因此它必須配合保留字 "when others" 以包含剩下所有可能出現的值。
4. when 後面的訊號值可以為：
   (1) 一個固定值，如：

      when "011"　when o"25"

      when x"8"　when 5

(2) 兩個以上的固定值，但必須以符號 "|" 隔開，如：

when "1010" | "1111"

when 3 | 6 | 9

(3) 一個連續的區間，如：

when 3 to 9

範例一	檔名：HALF_ADDER_CASE_STATEMENT
以 case… is… when 敘述，設計一個 1 位元的半加器 (以輸入 X，Y 串接 "&" 方式)。	

1. 動作狀況：

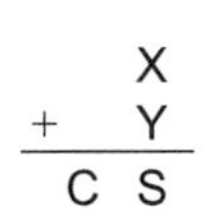

2. 方塊圖：

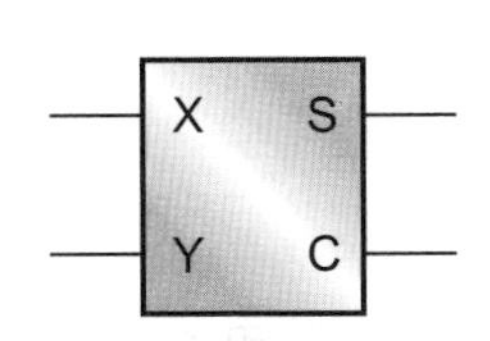

3. 真值表：

X	Y	S	C
0	0	0	0
0	1	1	0
1	0	1	0
1	1	0	1

原始程式 (source program)：

```
 1:  ---------------------------------
 2:  --       Half adder using       --
 3:  --    case is when statement    --
 4:  --  Filename : HALF_ADDER.vhd   --
 5:  ---------------------------------
 6:
 7:  library IEEE;
 8:  use IEEE.STD_LOGIC_1164.ALL;
 9:  use IEEE.STD_LOGIC_ARITH.ALL;
10:  use IEEE.STD_LOGIC_UNSIGNED.ALL;
11:
12:  entity HALF_ADDER is
13:      Port (X : in  STD_LOGIC;
14:            Y : in  STD_LOGIC;
15:            S : out STD_LOGIC;
16:            C : out STD_LOGIC);
17:  end HALF_ADDER;
18:
19:  architecture Data_flow of HALF_ADDER is
20:    signal XY : STD_LOGIC_VECTOR(1 downto 0);
```

```
21:  begin
22:    XY <= X & Y;
23:    process(XY)
24:
25:      begin
26:        case XY is
27:          when "00" =>
28:            S <= '0';
29:            C <= '0';
30:          when "01" | "10" =>
31:            S <= '1';
32:            C <= '0';
33:          when others =>
34:            S <= '0';
35:            C <= '1';
36:        end case;
37:    end process;
38:
39:  end Data_flow;
```

重點說明：

從 1 位元半加器的真值表中可以發現到：

1. 當 X，Y 的電位為 "00" 時，其進位 C 與和 S 的電位皆為 '0' (行號 27～29)。
2. 當 X，Y 的電位為 "01" 或 "10" 時，其進位 C 的電位為 '0'，和 S 的電位為 '1' (行號 30～32)。
3. 當 X，Y 的電位為 "11" 時，其進位的電位為 '1'，和 S 的電位為 '0' (行號 33～35)。

功能模擬 (function simulation)：

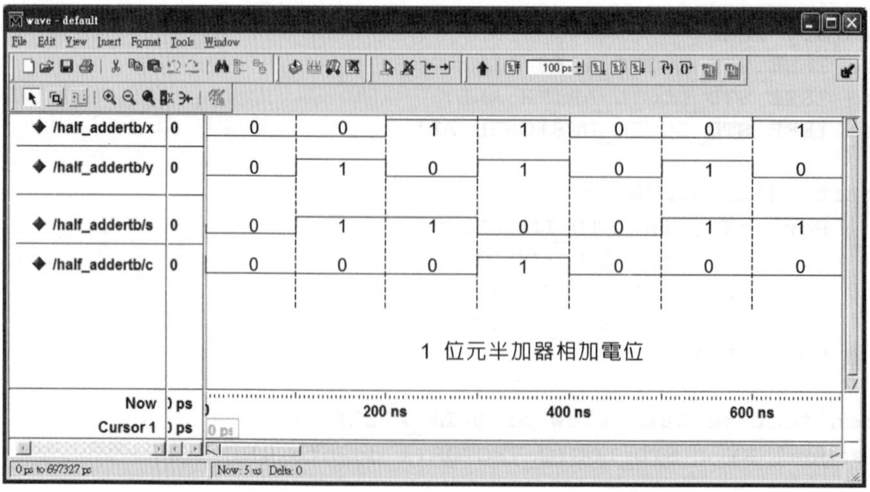

1 位元半加器相加電位

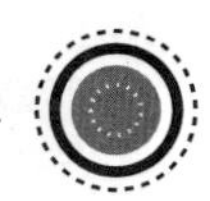

從上面功能模擬的輸入與輸出波形可以發現到，它們的對應關係與 1 位元半加器的真值表完全相同，因此可以確定系統所合成的電路是正確的。

範例二	檔名：MULTIPLE_DECODER3_5_CASE_STATEMENT
以 case… is… when 敘述，設計一個 3 對 5 低態動作多重解碼器 (以輸入 A，B，C 串接 "&"方式)。	

1. 方塊圖：

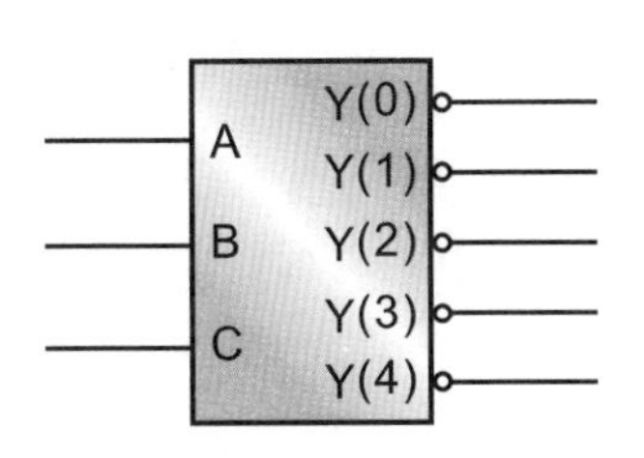

2. 真值表：

A	B	C	Y(4)	Y(3)	Y(2)	Y(1)	Y(0)
0	0	0	1	1	1	1	0
0	0	1	1	1	1	1	0
0	1	0	1	1	1	0	1
0	1	1	1	1	0	1	1
1	0	0	1	1	0	1	1
1	0	1	1	1	0	1	1
1	1	0	1	0	1	1	1
1	1	1	0	1	1	1	1

原始程式 (source program)：

```
 1:  --------------------------------------------
 2:  --  3 to 5 multiple address decoder using --
 3:  --          case is when statement         --
 4:  --   Filename : MULTIPLE_DECODER_3_5.vhd   --
 5:  --------------------------------------------
 6:
 7:  library IEEE;
 8:  use IEEE.STD_LOGIC_1164.ALL;
 9:  use IEEE.STD_LOGIC_ARITH.ALL;
10:  use IEEE.STD_LOGIC_UNSIGNED.ALL;
11:
12:  entity MULTIPLE_DECODER_3_5 is
13:      Port (A : in STD_LOGIC;
14:            B : in STD_LOGIC;
15:            C : in STD_LOGIC;
```

```
16:             Y : out STD_LOGIC_VECTOR(4 downto 0));
17:   end MULTIPLE_DECODER_3_5;
18:
19:   architecture Data_flow of MULTIPLE_DECODER_3_5 is
20:     signal ABC : STD_LOGIC_VECTOR(2 downto 0);
21:   begin
22:     ABC <= A & B & C;
23:     process(ABC)
24:
25:       begin
26:         case ABC is
27:           when o"0" | o"1" =>
28:             Y <= "11110";
29:           when o"2" =>
30:             Y <= "11101";
31:           when o"3" | o"4" | o"5" =>
32:             Y <= "11011";
33:           when o"6" =>
34:             Y <= "10111";
35:           when others =>
36:             Y <= "01111";
37:         end case;
38:     end process;
39:
40:   end Data_flow;
```

重點說明：

從 3 對 5 低態動作多重解碼器的真值表中可以發現到：

1. 輸入解碼位址為 0 與 1 時，對應輸出 Y 的電位依次為 "11110" (行號 27～28)。
2. 輸入解碼位址為 2 時，對應輸出 Y 的電位依次為 "11101" (行號 29～30)。
3. 輸入解碼位址為 3、4、5 時，對應輸出 Y 的電位依次為 "11011" (行號 31～32)。
4. 輸入解碼位址為 6 時，對應輸出 Y 的電位依次為 "10111" (行號 33～34)。
5. 輸入解碼位址為 7 時，對應輸出 Y 的電位依次為 "01111" (行號 35～36)。

功能模擬 (function simulation)：

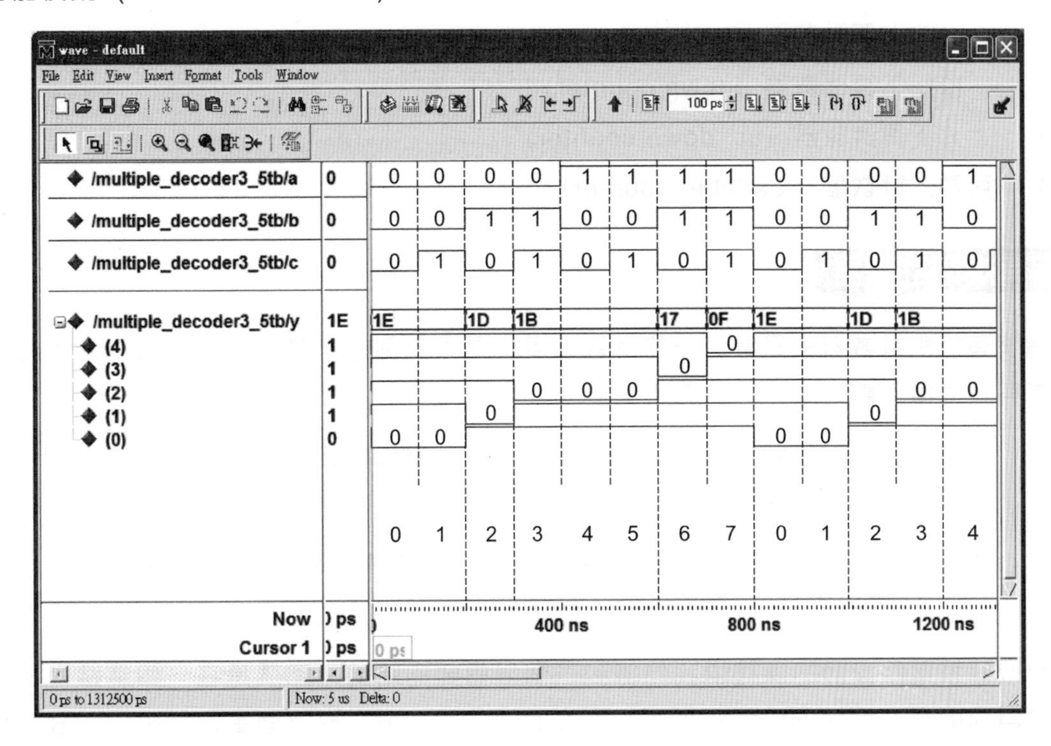

從上面功能模擬的輸入與輸出波形可以發現到，它們的對應關係與 3 對 5 多重低態解碼器的真值表完全相同，因此可以確定系統所合成的電路是正確的。

4-5 各種計數器

在數位邏輯電路設計的課程中，我們最常設計的序向電路為：

1. 計數器。
2. 移位或旋轉暫存器。
3. Moore machine。
4. Mealy Machine。

以下我們就依照順序來討論，如何以 VHDL 語言去實現上述這四種序向控制電路。

計數器 (counter) 依照它的計數方式我們可以將它區分為下面幾種：

1. 沒有規則計數器。

2. 有規則計數器：

   (1) 上算計數器 (up counter)。

   (2) 下算計數器 (down counter)。

3. 上、下算計數器 (up_down counter)。

4. 可載入計數器 (loadable counter)。

沒有規則計數器

所謂沒有規則計數器就是計數器的計數值變化是不規則的，基本上它又可以分成沒有重覆與有重覆計數兩種，其狀況如下：

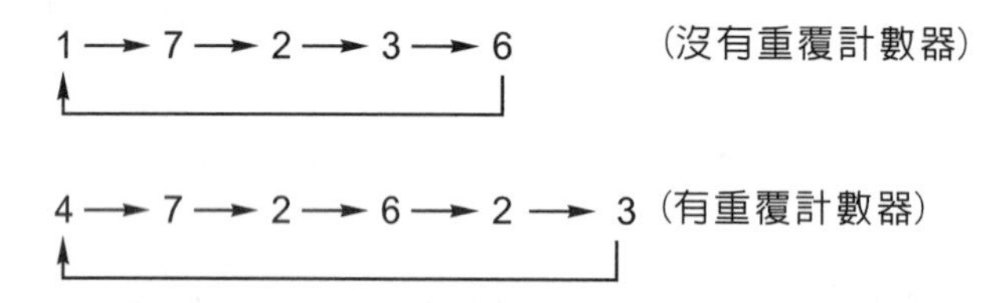

在數位邏輯電路設計的課程中我們得到一個很重要的結論，那就是在一個電路內，同一個目前的狀況絕對不可以擁有兩個不同的下一個狀態，於上面重覆計數的內容就發生這種狀況，而其解決辦法就是將相同的狀況變成不同的狀況即可 (如何完成並沒有固定的方式)，其詳細說明請參閱後面的範例。

1. 方塊圖：

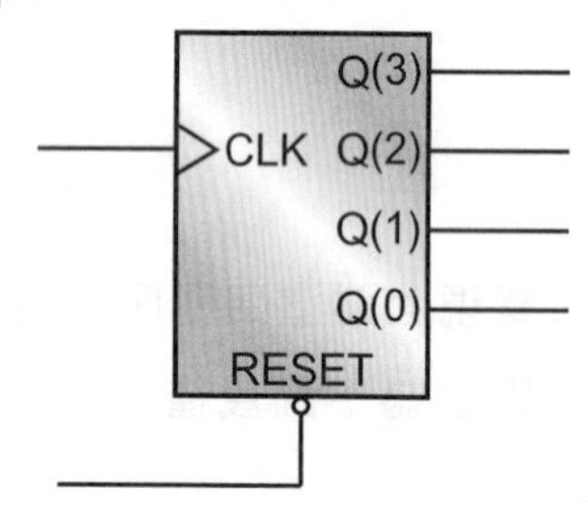

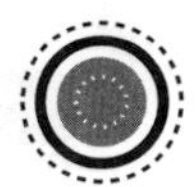

2. 狀態表：

目前狀態 PS				下一個狀態 NS			
Q(3)	Q(2)	Q(1)	Q(0)	Q(3)	Q(2)	Q(1)	Q(0)
0	0	0	0	0	0	1	1
0	0	1	1	0	1	1	1
0	1	1	1	1	0	0	1
1	0	0	1	0	0	1	0
0	0	1	0	0	1	1	0
0	1	1	0	0	0	0	0

原始程式 (source program)：

```
 1:  -------------------------------------
 2:  --   Counter (0, 3, 7, 9, 2, 6, 0)  --
 3:  -- Filename : RANDOM_COUNTER_1.vhd --
 4:  -------------------------------------
 5:
 6:  library IEEE;
 7:  use IEEE.STD_LOGIC_1164.ALL;
 8:  use IEEE.STD_LOGIC_ARITH.ALL;
 9:  use IEEE.STD_LOGIC_UNSIGNED.ALL;
10:
11:  entity RANDOM_COUNTER_1 is
12:      Port (CLK   : in  STD_LOGIC;
13:            RESET : in  STD_LOGIC;
14:            Q     : out STD_LOGIC_VECTOR(3 downto 0));
15:  end RANDOM_COUNTER_1;
16:
17:  architecture Behavioral of RANDOM_COUNTER_1 is
18:    signal REG : STD_LOGIC_VECTOR(3 downto 0);
19:  begin
20:    process(CLK, RESET)
21:
22:      begin
23:        if RESET = '0' then
24:          REG <= x"0";
25:        elsif CLK'event and CLK = '1' then
26:          case REG is
27:            when x"0"   => REG <= x"3";
28:            when x"3"   => REG <= x"7";
29:            when x"7"   => REG <= x"9";
```

```
30:             when x"9"    => REG <= x"2";
31:             when x"2"    => REG <= x"6";
32:             when x"6"    => REG <= x"0";
33:             when others => REG <= x"0";
34:           end case;
35:         end if;
36:     end process;
37:
38:     Q <= REG;
39: end Behavioral;
```

重點說明：

1. 行號 1～9 的功能與前面相同。
2. 行號 11～15 為電路的外部接腳，其狀況如下：

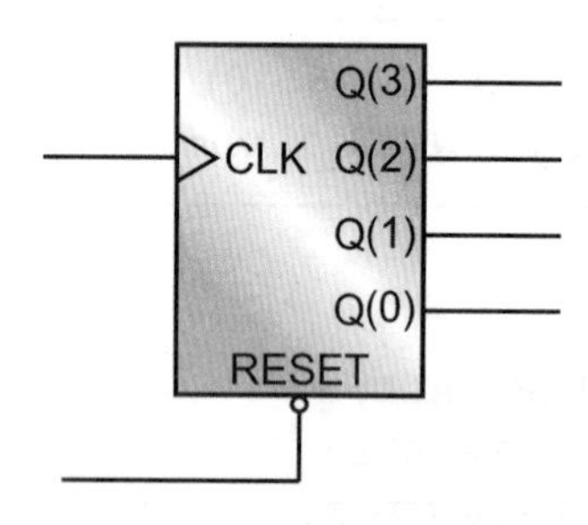

3. 行號 17～39 為用來描述序向控制電路的行為模式敘述區，而其描述方式為當重置 RESET 輸入電位為低電位 '0' 時，計數器的輸出為 x"1" (行號 23～24)，如果重置訊號沒有發生 (為高電位) 且時脈訊號 CLK 發生正緣變化 (由 0→1) 時 (行號 25)，則依據目前暫存器的內容來決定，如果我們以十六進制來表示時，其狀態表如下：

目前狀態	下一個狀態
x"0"	x"3"
x"3"	x"7"
x"7"	x"9"
x"9"	x"2"
x"2"	x"6"
x"6"	x"0"

如果沒有出現上表的狀態時，則回到原始狀態 x"0"。

功能模擬(function simulation)：

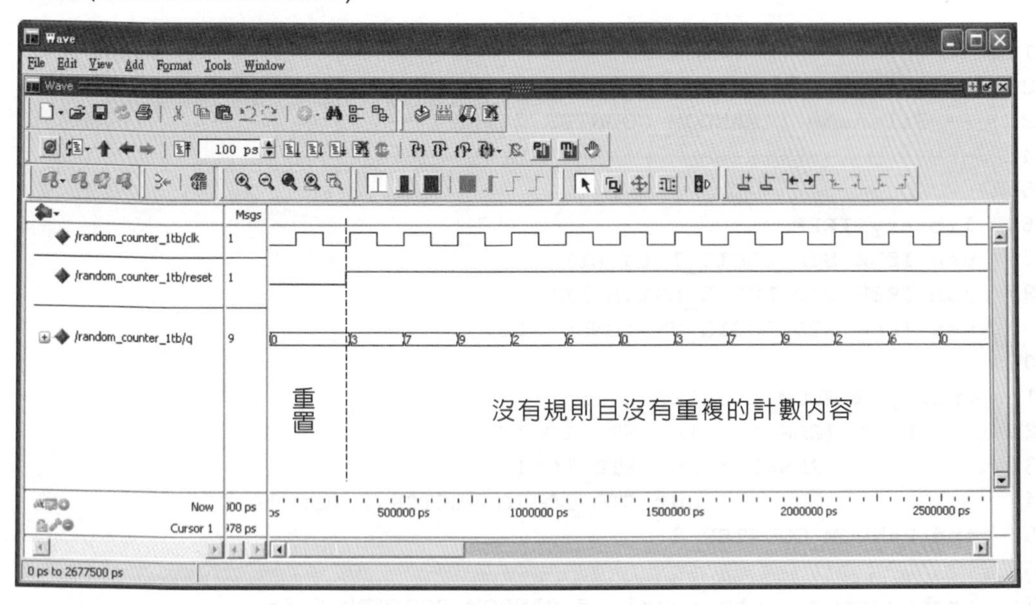

從上面計數器的輸出內容可以發現到，它與我們所要計數的內容完全相同，因此可以確定系統所合成的電路是正確的。

範例二	檔名：RANDOM_COUNTER_2

設計一個沒有規則且計數內容重覆的計數器。

1 → 5 → 3 → 7 → 2 → 7 → 4（4 → 1）

1. 方塊圖：

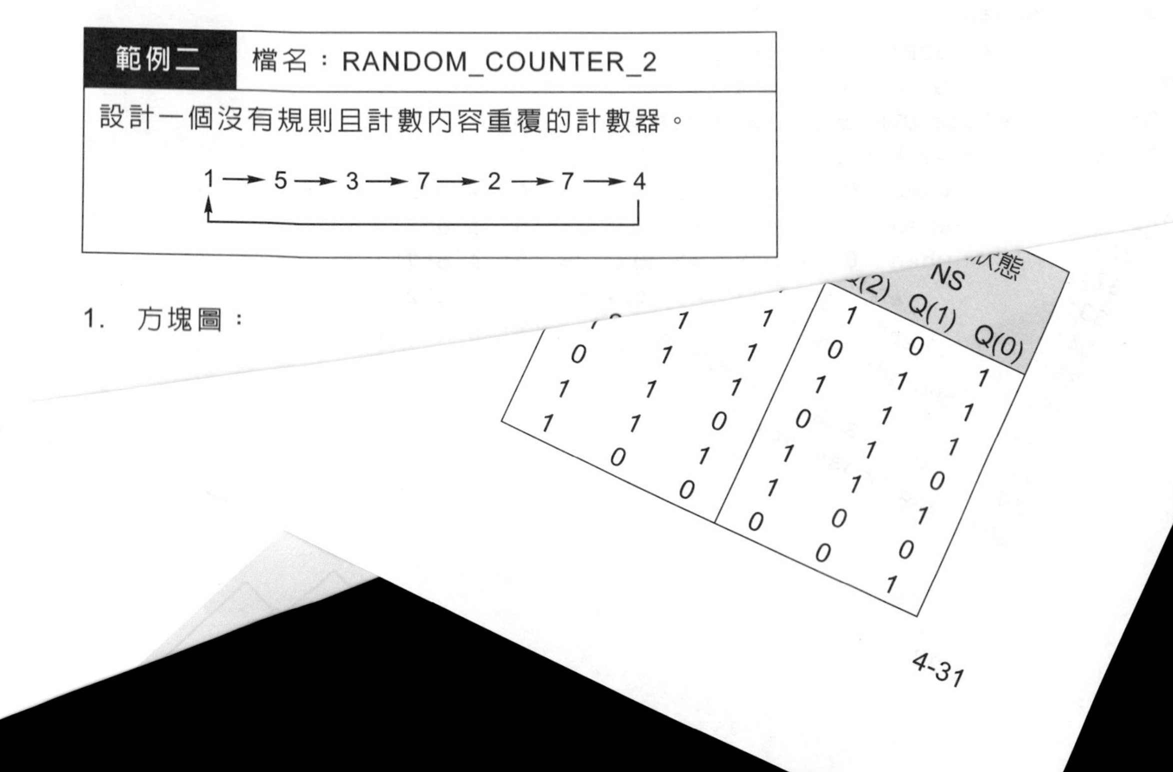

原始程式 (source program)：

```
 1:  -------------------------------------
 2:  --   Counter (1, 5, 3, 7, 2, 7, 4)   --
 3:  -- Filename : RANDOM_COUNTER_2.vhd  --
 4:  -------------------------------------
 5:
 6:  library IEEE;
 7:  use IEEE.STD_LOGIC_1164.ALL;
 8:  use IEEE.STD_LOGIC_ARITH.ALL;
 9:  use IEEE.STD_LOGIC_UNSIGNED.ALL;
10:
11:  entity RANDOM_COUNTER_2 is
12:      Port (CLK    : in  STD_LOGIC;
13:            RESET  : in  STD_LOGIC;
14:            Q      : out STD_LOGIC_VECTOR(2 downto 0));
15:  end RANDOM_COUNTER_2;
16:
17:  architecture Behavioral of RANDOM_COUNTER_2 is
18:  signal REG : STD_LOGIC_VECTOR(3 downto 0);
19:  begin
20:    process(CLK, RESET)
21:
22:      begin
23:        if RESET = '0' then
24:          REG <= '0' & o"1";
25:        elsif CLK'event and CLK = '1' then
26:          case REG is
27:            when '0' & o"1" => REG <= '0' & o"5";
28:            when '0' & o"5" => REG <= '0' & o"3";
29:            when '0' & o"3" => REG <= '0' & o"7";
               when '0' & o"7" => REG <= '0' & o"2";
33:            when '0' & o"2" => REG <= '1' & o"7";
34:               '1' & o"7" => REG <= '0' & o"4";
35:      end p     & o"4" => REG <= '0' & o"1";
36:                        => REG <= '0' & o"1";
37:
38:    Q <= REG(
39:  end Behaviora
40:
```

重點說明：

程式結構與前面範例一相似，而其不同之處為本範例是一個具有重覆計數值的計數器，而其解決方式為 "將相同的狀態變成不同狀態" 即可，至於如何改變則沒有固定的方法，本程式的解決方法如下 (以二進制表示時)：

(1) 行號 30 中 "0111" → "0010" (7→2)

(2) 行號 32 中 "1111" → "0100" (7→4)

由於最左邊位元只是用來 "將相同的狀況變成不同的狀態"，此位元並沒有輸出 (行號 39)，因此不會影響計數內容。

功能模擬 (function simulation)：

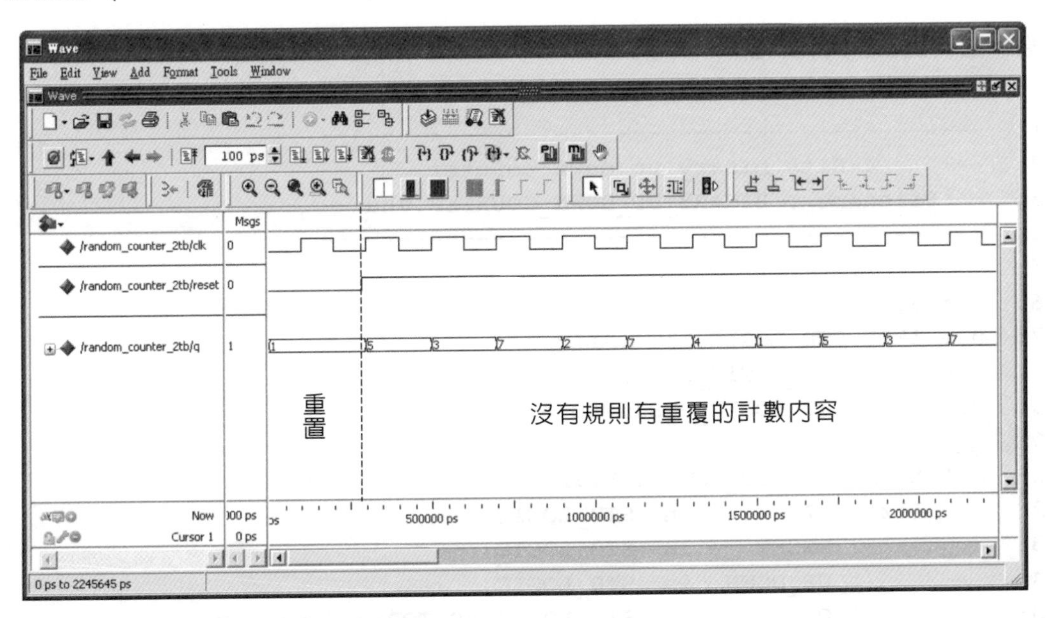

從上面計數器的輸出內容可以發現到，它與我們所要計數的內容完全相同，因此可以確定系統所合成的電路是正確的。

有規則計數器

所謂有規則計數器就是計數器的每一個計數值之間的變化是有規則的，於實用上我們又可以將它分成上算計數器與下算計數器，其詳細的內容請參閱以下的範例。

範例	檔名：BINARY_UP_DOWN_COUNTER_4BITS
設計一個 4 位元可以上算與下算的二進制計數器。	

1. 方塊圖：

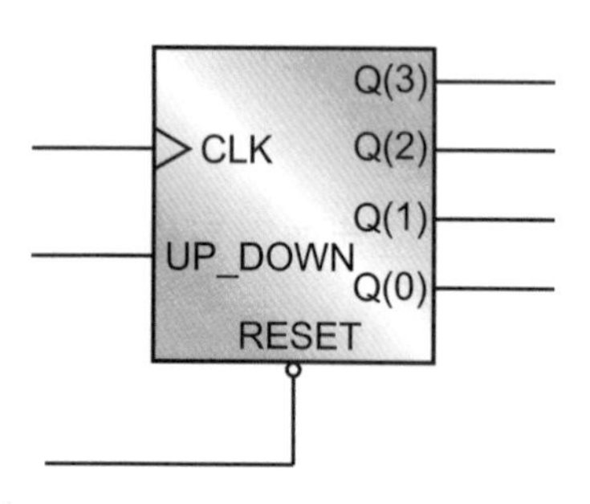

2. 真值表：

RESET	CLK	UP_DOWN	Q
0	×	×	0
1	↑	0	上算
1	↑	1	下算

原始程式 (source program)：

```
 1:  -------------------------------------------
 2:  --      4 Bits binary up down counter     --
 3:  -- Filename : BINARY_UP_DOWN_COUNTER.vhd --
 4:  -------------------------------------------
 5:
 6:  library IEEE;
 7:  use IEEE.STD_LOGIC_1164.ALL;
 8:  use IEEE.STD_LOGIC_ARITH.ALL;
 9:  use IEEE.STD_LOGIC_UNSIGNED.ALL;
10:
11:  entity BINARY_UP_DOWN_COUNTER is
12:      Port (CLK     : in  STD_LOGIC;
13:            RESET   : in  STD_LOGIC;
14:            UP_DOWN: in  STD_LOGIC;
15:            Q       : out STD_LOGIC_VECTOR(3 downto 0));
16:  end BINARY_UP_DOWN_COUNTER;
17:
18:  architecture Behavioral of BINARY_UP_DOWN_COUNTER is
19:    signal REG : STD_LOGIC_VECTOR(3 downto 0);
20:  begin
21:    process(CLK, RESET)
22:
23:      begin
24:        if RESET = '0' then
25:          REG <= (others => '0');
```

```
26:      elsif CLK'event and CLK = '1' then
27:        if UP_DOWN = '0' then
28:          REG <= REG + 1;
29:        else
30:          REG <= REG - 1;
31:        end if;
32:      end if;
33:    end process;
34:
35:    Q <= REG;
36:  end Behavioral;
```

重點說明：

1. 行號 24～25 電路發生重置 RESET (低態動作) 時，計數器的輸出皆為 0。
2. 行號 26 當時脈訊號 CLK 發生正緣變化時則往下執行。
3. 行號 27～31 中，當上、下算控制訊號 UP_DOWN 的電位：

   UP_DOWN = '0' 時，執行上算的工作 (行號 27～28)。

   UP_DOWN = '1' 時，執行下算的工作 (行號 29～30)。

功能模擬 (function simulation)：

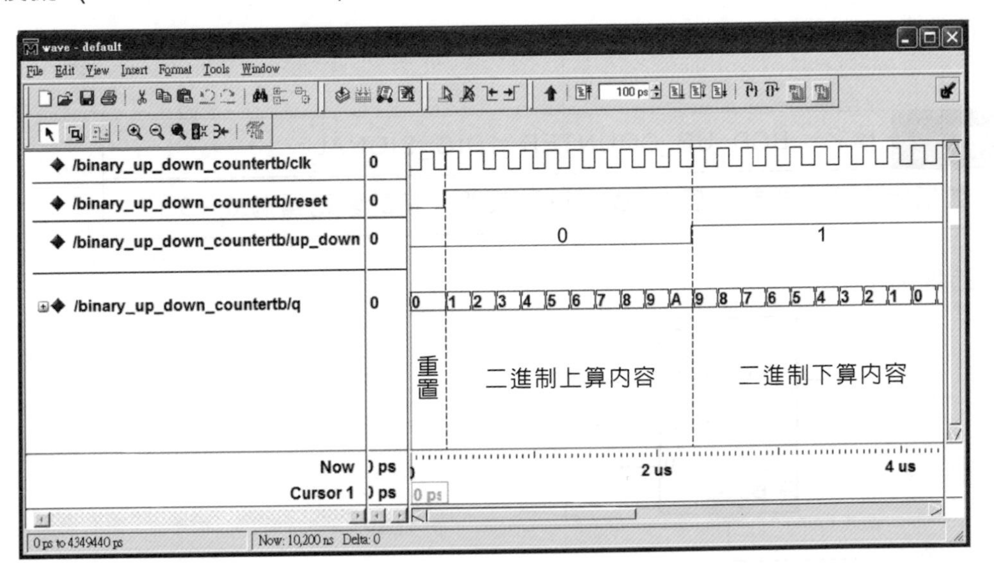

從上面的上、下算計數器輸出內容可以發現到，它與我們所要計數的內容完全相同 (可以上算與下算的二進制計數器)，因此可以確定系統所合成的電路是正確的。

再談訊號 signal

於前面章節內我們曾經討論過，對於一個控制電路而言，電路對外的接線稱為 port；電路內部的接線我們可以將它們定義成訊號 (signal)，由於訊號是一個實體接線，一旦我們在 architecture 內宣告完成，在此架構之下的所有電路 (不同的 process) 都可以使用，也就是說它的有效範圍為全區性 (global)，由於控制電路內部的訊號變化有的是具共時性 (concurrent) 的組合訊號，有的是具順序性 (sequential) 的序向訊號，因此於 VHDL 語言中，被定義成內部接線的訊號在特性上也必須被區分成具備共時性的組合接線訊號以及具有順序性的序向接線訊號，而其區別關鍵為 process 區塊，當訊號指定敘述寫在 process 區塊之外，這些指定敘述皆為共時性 (concurrent)，也就是它們所合成的電路與敘述放置順序無關；當訊號指定敘述寫在 process 區塊之內時，這些指定皆為順序性 (sequential)，當 process 後面括號內的感應列 (sensitivity list) 訊號中，只要有一個發生變化時，放置在 process 區塊內部的訊號指定敘述就會被處理，此時要特別留意的是，如果 process 括號內的感應列有時脈 (CLK) 時，依正反器的特性，輸入 (指定訊號 "<=" 的右邊) 與輸出 (指定訊號 "<=" 的左邊) 訊號中間會差一個時脈 (CLK) 週期。

訊號的宣告語法與指定方式請參閱前面第二章的敘述，底下我們就舉幾個範例來說明上面的敘述。

範例一	檔名：BCD_UP_COUNTER_1DIG_SIGNAL
以訊號指定方式，設計一個 BCD 上算計數器，其計數範圍為 0～9。	

1. 方塊圖：

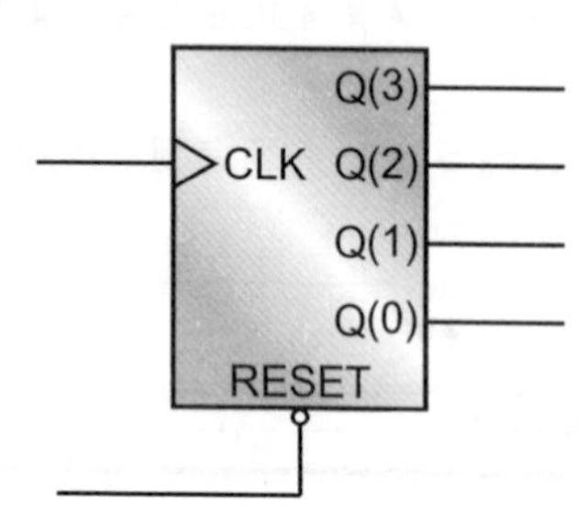

2. 狀態表：

目前狀態 PS				下一個狀態 NS			
Q(3)	Q(2)	Q(1)	Q(0)	Q(3)	Q(2)	Q(1)	Q(0)
0	0	0	0	0	0	0	1
0	0	0	1	0	0	1	0
0	0	1	0	0	0	1	1
0	0	1	1	0	1	0	0
0	1	0	0	0	1	0	1
0	1	0	1	0	1	1	0
0	1	1	0	0	1	1	1
0	1	1	1	1	0	0	0
1	0	0	0	1	0	0	1
1	0	0	1	0	0	0	0

原始程式 (source program)：

```
 1: --------------------------------------
 2: --     1 Digital BCD up counter      --
 3: --   Filename : BCD_UP_COUNTER.vhd   --
 4: --------------------------------------
 5:
 6: library IEEE;
 7: use IEEE.STD_LOGIC_1164.ALL;
 8: use IEEE.STD_LOGIC_ARITH.ALL;
 9: use IEEE.STD_LOGIC_UNSIGNED.ALL;
10:
11: entity BCD_UP_COUNTER is
12:     Port (CLK    : in  STD_LOGIC;
13:           RESET  : in  STD_LOGIC;
14:           Q      : out STD_LOGIC_VECTOR(3 downto 0));
15: end BCD_UP_COUNTER;
16:
17: architecture Behavioral of BCD_UP_COUNTER is
18:   signal REG : STD_LOGIC_VECTOR(3 downto 0);
19: begin
20:   process(CLK, RESET)
21:
22:     begin
23:       if RESET = '0' then
```

```
24:          REG <= (others => '0');
25:        elsif CLK'event and CLK = '1' then
26:          if REG = x"9" then
27:            REG <= x"0";
28:          else
29:            REG <= REG + 1;
30:          end if;
31:        end if;
32:    end process;
33:
34:    Q <= REG;
35:  end Behavioral;
```

重點說明：

1. 行號 23～24 當電路發生重置 RESET (低態動作) 時，計數器的輸出端 REG(3)～REG(0) 皆被清除為 0。
2. 行號 25 當時脈訊號 CLK 發生正緣變化時則往下執行。
3. 行號 26～30，當計數器計數到 9 時，則將其內容清除為 0 (行號 26～27)，否則將其內容加 1 (行號 28～29)，注意！於行號 26 中，當目前訊號 REG 的內容為 9 時 (以時脈訊號 CLK 沒有出現之前它是輸入，因此 9 會出現在計數器的內容)，於下一個時脈訊號 CLK 產生正緣變化時，計數器的內容就會被清除為 0，因此真正的計數範圍為 0～9。

功能模擬 (function simulation)：

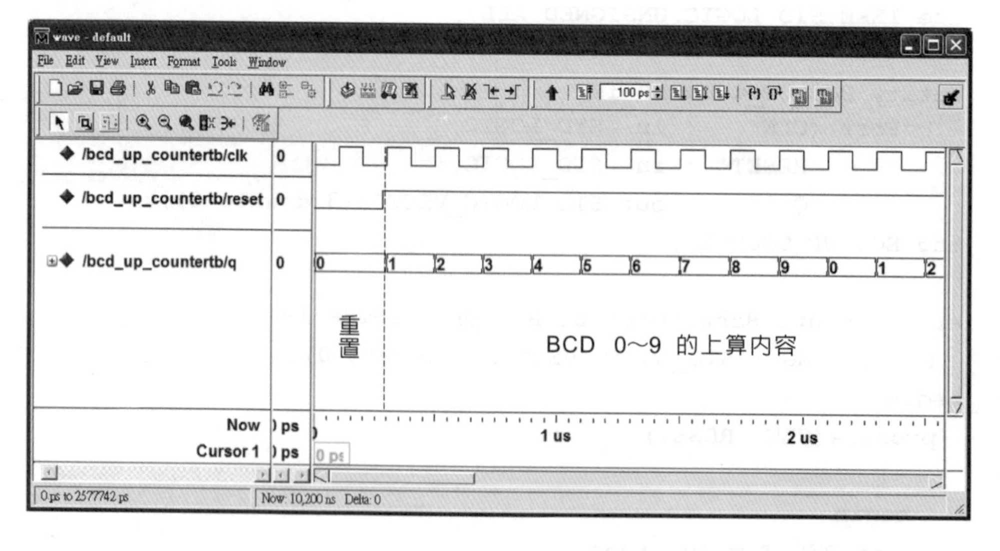

從上面 BCD 上算計數器的輸出內容可以發現到，它與我們所要的計數範圍完全相同，因此可以確定系統所合成的電路是正確的。

範例二	檔名：BCD_DOWN_COUNTER_12_00_SIGNAL
以訊號指定方式，設計一個兩位數的 BCD 下算計數器，其計數範圍為 12～00。	

方塊圖：

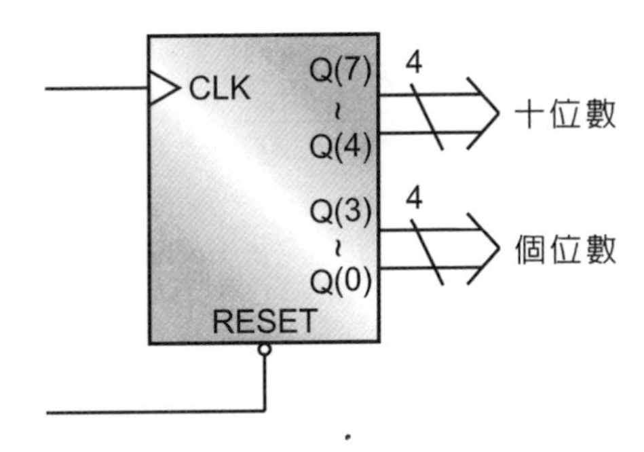

原始程式 (source program)：

```
 1:  ---------------------------------------------
 2:  --    2 Digital BCD down counter(12 - 00)   --
 3:  --  Filename : BCD_DOWN_COUNTER_12_00.vhd --
 4:  ---------------------------------------------
 5:
 6:  library IEEE;
 7:  use IEEE.STD_LOGIC_1164.ALL;
 8:  use IEEE.STD_LOGIC_ARITH.ALL;
 9:  use IEEE.STD_LOGIC_UNSIGNED.ALL;
10:
11:  entity BCD_DOWN_COUNTER_12_00 is
12:      Port (CLK   : in  STD_LOGIC;
13:            RESET : in  STD_LOGIC;
14:            Q     : out STD_LOGIC_VECTOR(7 downto 0));
15:  end BCD_DOWN_COUNTER_12_00;
16:
17:  architecture Behavioral of BCD_DOWN_COUNTER_12_00 is
18:    signal REG : STD_LOGIC_VECTOR(7 downto 0);
19:  begin
20:    process(CLK, RESET)
21:
22:      begin
```

```
23:         if RESET = '0' then
24:           REG <= x"12";
25:         elsif CLK'event and CLK = '1' then
26:           if REG(3 downto 0) = x"0" then
27:             REG(3 downto 0) <= x"9";
28:             REG(7 downto 4) <= REG(7 downto 4) - 1;
29:           else
30:             REG(3 downto 0) <= REG(3 downto 0) - 1;
31:           end if;
32:           if REG = x"00" then
33:             REG <= x"12";
34:           end if;
35:         end if;
36:     end process;
37:
38:     Q <= REG;
39:   end Behavioral;
```

重點說明：

1. 當電路發生重置 RESET (低態動作) 時，將兩位數的計數器內容 REG(7)～REG(4) 與 REG(3)～REG(0) 設定成 12 (行號 23～24)。

2. 當時脈訊號 CLK 發生正緣變化時 (行號 25)，如果個位數的計數內容 REG(3)～REG(0) 為 0 時 (行號 26)：

   (1) 將個位數計數內容 REG(3)～REG(0) 設定成 9 (行號 27)。

   (2) 將十位數計數內容 REG(7)～REG(4) 減 1 (行號 28)。

   否則只將個位數內容 REG(3)～REG(0) 減 1 (行號 29～30)。

3. 行號 32～33 當兩位數的計數內容 REG(7)～REG(0) 計數到 00 時，則將它們的內容設定成 12，如此一來兩位數的計數範圍為 12～00。

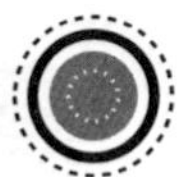

功能模擬 (function simulation)：

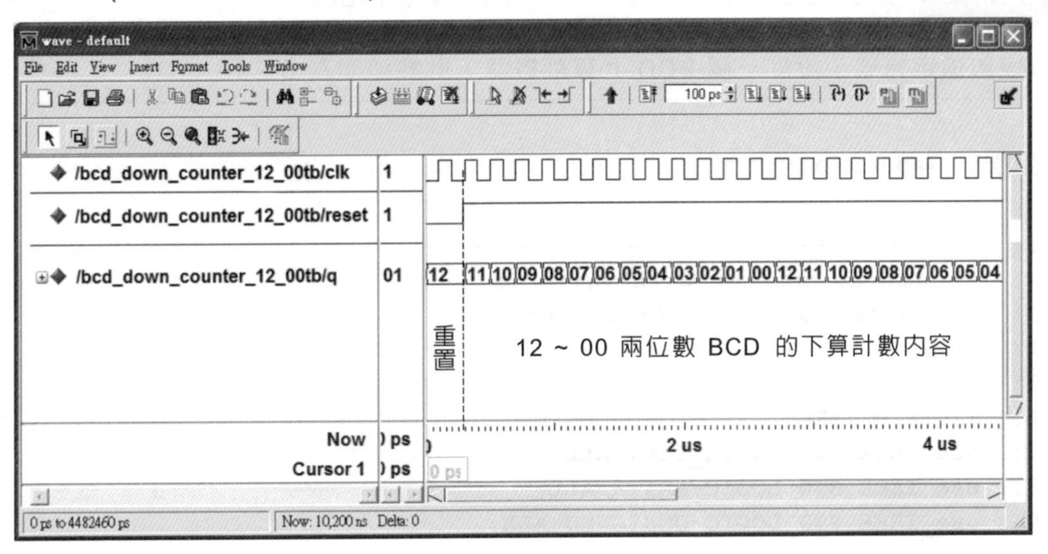

從上面兩位數 12～00 下算計數器的輸出內容可以發現到，它與我們所規劃的計數範圍完全相同，因此可以確定系統所合成的電路是正確的。

再談變數 variable

由於一般的軟體工程師已經熟悉高階語言的特性，所以對於前面我們所敘述訊號 (signal) 的特性較難適應 (畢竟它會牽涉到硬體)，因此在 VHDL 語言中，系統也提供特性與高階語言十分類似的變數 (variable) 物件給我們使用，而其基本特性為 (請與前面所敘述的訊號做比較)：

1. 變數為一種順序性 (sequential) 的敘述，因此它只能使用在 process 敘述區塊內，其生命週期與高階語言的區域性 (local) 變數相似，因此它的有效範圍只限於單一個 process 區塊之內的敘述。
2. 和高階語言變數的指定相似，它的內容一經指定就會立刻改變，不會有延遲一個時脈 CLK 的現象 (與訊號不同之處)，而其改變後的新內容可以立刻被其它的訊號或變數使用。

變數的宣告語法與指定方式請參閱前面第二章的敘述，以下我們就舉個範例來說明上面的敘述。

範例	檔名：BCD_UP_COUNTER_1DIG_VARIABLE
以變數指定方式，設計一個 BCD 上算計數器，計數範圍為 0～9。	

原始程式 (source program)：

```
 1:  ----------------------------------
 2:  --  BCD up counter with variable --
 3:  --   Filename : UP_COUNTER.vhd    --
 4:  ----------------------------------
 5:
 6:  library IEEE;
 7:  use IEEE.STD_LOGIC_1164.ALL;
 8:  use IEEE.STD_LOGIC_ARITH.ALL;
 9:  use IEEE.STD_LOGIC_UNSIGNED.ALL;
10:
11:  entity UP_COUNTER is
12:      Port (CLK   : in  STD_LOGIC;
13:            RESET : in  STD_LOGIC;
14:            BCD   : out STD_LOGIC_VECTOR(3 downto 0));
15:  end UP_COUNTER;
16:
17:  architecture Behavioral of UP_COUNTER is
18:
19:  begin
20:    process (CLK, RESET)
21:    variable REG : STD_LOGIC_VECTOR(3 downto 0);
22:      begin
23:        if RESET = '0' then
24:          REG := x"0";
25:        elsif CLK'event and CLK = '1' then
26:          REG := REG + 1;
27:          if REG = x"A" then
28:            REG := x"0";
29:          end if;
30:        end if;
31:        BCD <= REG;
32:    end process;
33:
34:  end Behavioral;
```

重點說明：

程式結構與前面訊號的範例一相似，而其不同之處為本範例是先加 1 (行號 26) 後再判斷 (行號 27～29)，由於變數 REG 的內容已經在行號 26 內立刻被改變，因此於行號 27 內進行比較時，變數內容必須為十六進制的 "A" 而不是訊號範例一的 "9"，請將本程式的內容與前面訊號的範例一做比較，就可以很清楚的體會出訊號 (signal) 與變數 (variable) 兩者於特性上最大的不同。

功能模擬 (function simulation)：

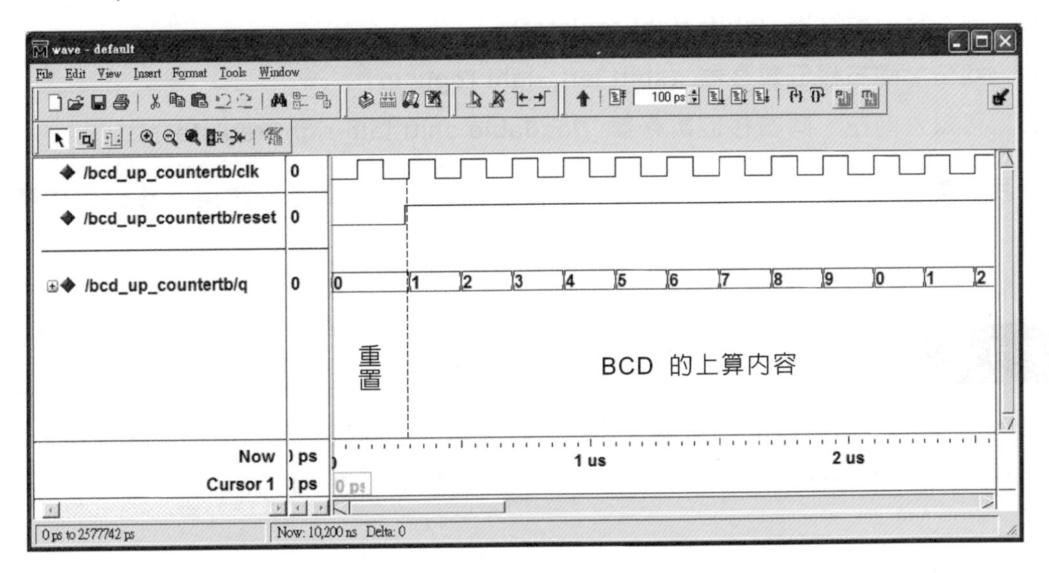

從上面 BCD 上算計數器的輸出內容可以發現到，它與我們所規劃的計數範圍完全相同，因此可以確定系統所合成的電路是正確的。

4-6 各種移位與旋轉暫存器

移位暫存器 (shift register) 與旋轉暫存器 (rotate register) 於電路的結構上非常相似，它們的動作都是將儲存在暫存器內部的資料進行移位的動作，唯一差別在於所要移入暫存器資料的來源不同而已，如果我們以向右移位的方式來描述時，兩者的方塊圖即如以下所示：

向右移位暫存器方塊圖：

向右旋轉暫存器方塊圖：

於數位邏輯電路設計的課程中，我們最常看到的移位暫存器為：

1. 向左移位暫存器 (shift left register)
2. 向右移位暫存器 (shift right register)
3. 向左、向右移位暫存器 (shift left_right register)
4. 可載入向左、向右移位暫存器 (loadable shift left_right register)

底下我們就舉幾個範例來說明，如何用 VHDL 語言去實現這些常用的移位與旋轉暫存器。

範例一	檔名：SHIFT_RIGHT_LEFT_8BITS
設計一個具有重置 RESET (低態動作) 的八位元可以向左、向右的移位暫存器，當控制移位方向的 DIRECTION 電位為 '0' 時向右移位；為 '1' 時向左移位。	

1. 方塊圖：

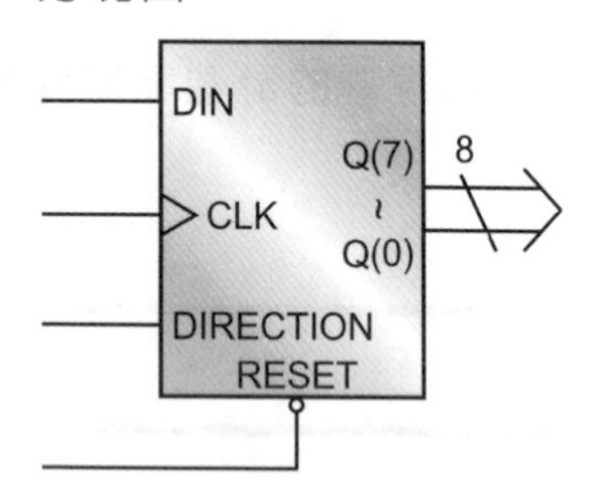

2. 動作狀況：

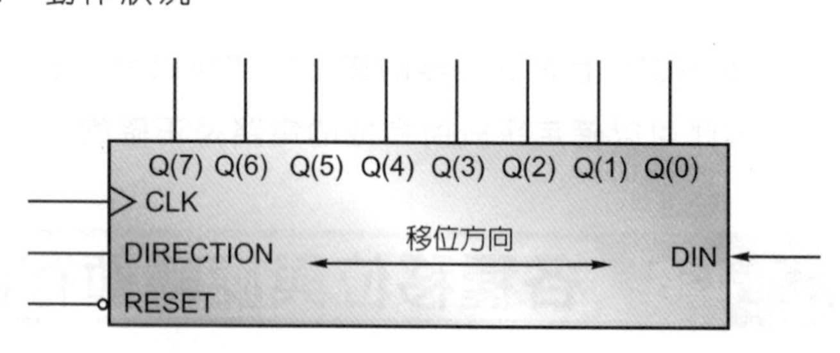

原始程式 (source prohram)：

```
1: ------------------------------------------
2: --    8 Bits data shift right and left   --
3: -- Filename : SHIFT_RIGHT_LEFT_8BITS.vhd--
4: ------------------------------------------
5:
```

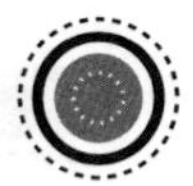

```
 6:  library IEEE;
 7:  use IEEE.STD_LOGIC_1164.ALL;
 8:  use IEEE.STD_LOGIC_ARITH.ALL;
 9:  use IEEE.STD_LOGIC_UNSIGNED.ALL;
10:
11:  entity SHIFT_RIGHT_LEFT_8BITS is
12:      Port (CLK          : in  STD_LOGIC;
13:            RESET        : in  STD_LOGIC;
14:            DIRECTION    : in  STD_LOGIC;
15:            DIN          : in  STD_LOGIC;
16:            Q            : out STD_LOGIC_VECTOR(7 downto 0));
17:  end SHIFT_RIGHT_LEFT_8BITS;
18:
19:  architecture Behavioral of SHIFT_RIGHT_LEFT_8BITS is
20:    signal REG : STD_LOGIC_VECTOR(7 downto 0);
21:  begin
22:    process(CLK, RESET)
23:
24:      begin
25:        if RESET = '0' then
26:          REG <= (others => '0');
27:        elsif CLK'event and CLK = '1' then
28:          if DIRECTION = '0' then
29:            REG <= DIN & REG(7 downto 1);
30:          else
31:            REG <= REG(6 downto 0) & DIN;
32:          end if;
33:        end if;
34:    end process;
35:
36:    Q <= REG;
37:  end Behavioral;
```

重點說明：

1. 當重置 RESET 訊號來臨時，則將移位暫存器的內容全部清除為 0 (行號 25～26)。
2. 時脈訊號 CLK 發生正緣變化時 (行號 27)，當移位方向控制位元 DIRECTION 的電位為低電位 '0' 時則執行向右移位 (行號 28～29)，否則進行向左移位 (行號 30～31)。

功能模擬 (function simulation)：

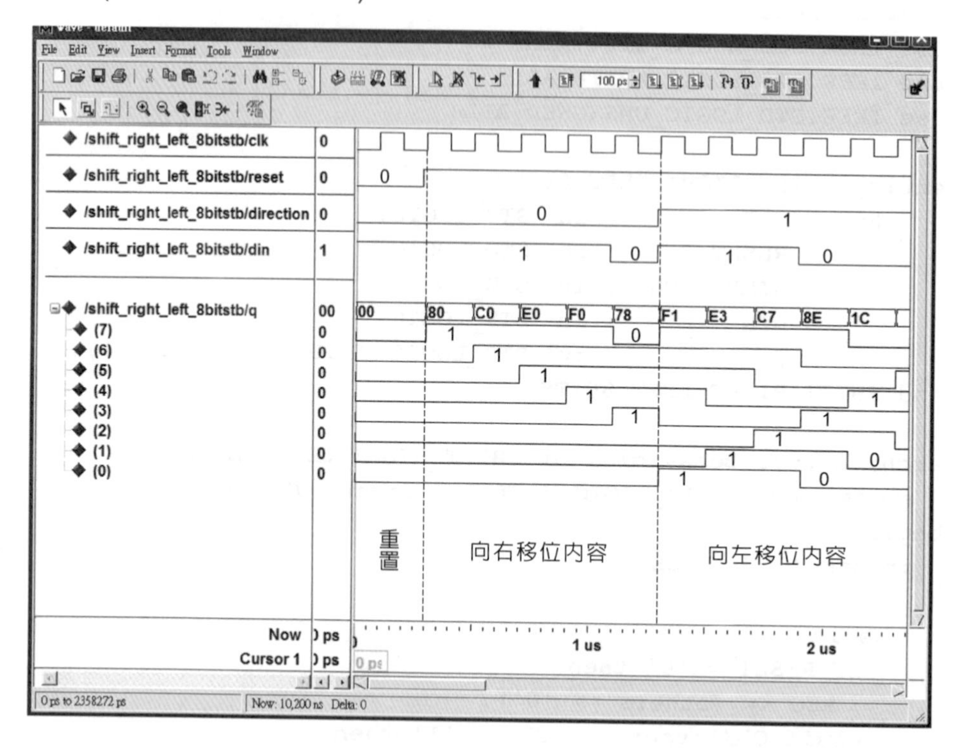

從上面具有低電位重置 8 位元可以向右、向左移位暫存器的輸出波形可以發現到，當時脈訊號 CLK 發生正緣變化時，如果 DIRECTION 的電位為 '0' 時則執行向右移位，為 '1' 時則執行向左移位，因此可以確定系統所合成的電路是正確的。

範例二	檔名：LOADABLE_ROTATE_RIGHT_8BITS
設計一個具有重置 RESET (低態動作) 且可以載入資料的八位元向右旋轉暫存器。	

1. 方塊圖：

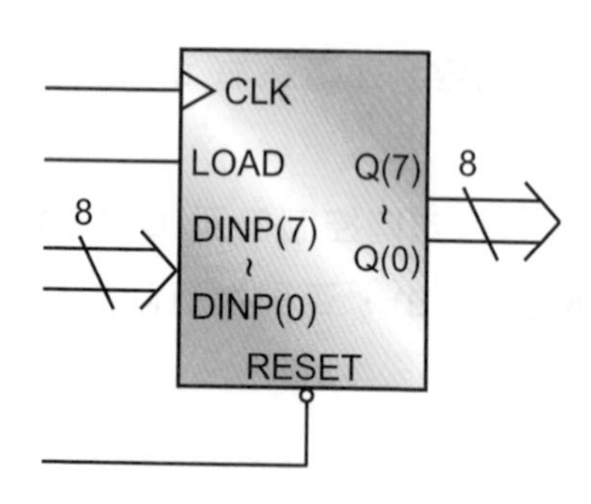

2. 動作狀況：

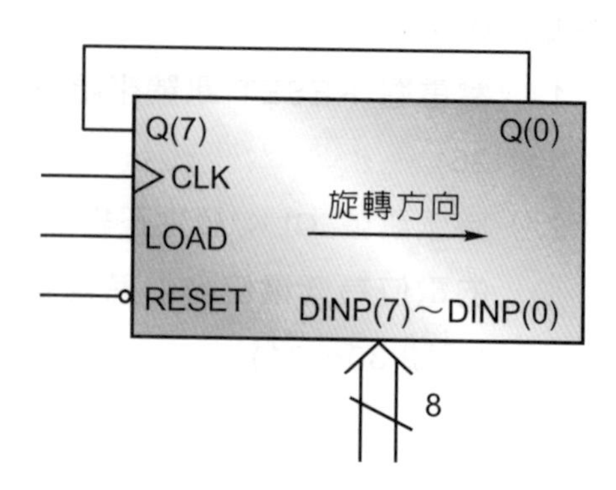

原始程式 (source program)：

```
 1:  ----------------------------------------------
 2:  --    8 bits data loadable and rotate right   --
 3:  -- Filename : LOADABLE_ROTATE_RIGHT_8BITS.vhd --
 4:  ----------------------------------------------
 5:
 6:  library IEEE;
 7:  use IEEE.STD_LOGIC_1164.ALL;
 8:  use IEEE.STD_LOGIC_ARITH.ALL;
 9:  use IEEE.STD_LOGIC_UNSIGNED.ALL;
10:
11:  entity LOADABLE_ROTATE_RIGHT_8BITS is
12:      Port (CLK    : in  STD_LOGIC;
13:            RESET  : in  STD_LOGIC;
14:            LOAD   : in  STD_LOGIC;
15:            DINP   : in  STD_LOGIC_VECTOR(7 downto 0);
16:            Q      : out STD_LOGIC_VECTOR(7 downto 0));
17:  end LOADABLE_ROTATE_RIGHT_8BITS;
18:
19:  architecture Behavioral of LOADABLE_ROTATE_RIGHT_8BITS is
20:    signal REG : STD_LOGIC_VECTOR(7 downto 0);
21:  begin
22:    process(CLK, RESET)
23:
24:      begin
25:        if RESET = '0' then
26:          REG <= "10000000";
27:        elsif CLK'event and CLK = '1' then
28:          if LOAD = '1' then
29:            REG  <= DINP;
30:          else
31:            REG  <= REG(0) & REG(7 downto 1);
32:          end if;
33:        end if;
34:    end process;
35:
36:    Q <= REG;
37:  end Behavioral;
```

重點說明：

1. 當重置 RESET 訊號來臨時，則將八位元暫存器的內容設定成 "10000000" (行號 25～26)。
2. 當時脈訊號 CLK 發生正緣變化時 (行號 27)，如果載入訊號 LOAD 為高電位 '1' 時，則執行資料載入動作 (行號 28～29)；為低電位 '0' 時則執行向右旋轉的動作 (行號 30～31)。

功能模擬 (function simulation)：

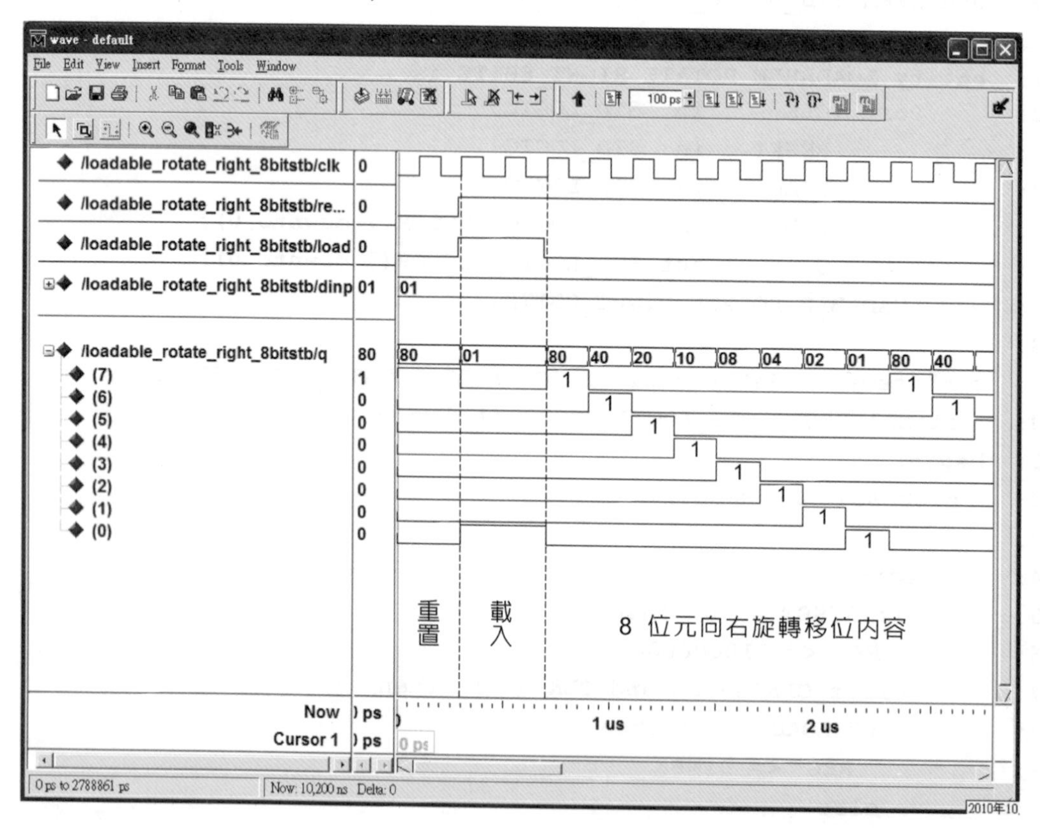

從上面具有低態重置 RESET 且可以載入八位元資料，向右旋轉暫存器的輸出電位可以發現到，當載入控制電位 load 的電位為低電位 '0' 時，暫存器則執行向右旋轉的動作；load 的電位為高電位 '1' 時，暫存器則執行資料 (DINP = 01) 載入的工作，因此可以確定系統所合成的電路是正確的。

空敘述 NULL

NULL 敘述為一個空敘述，其代表意義為保持原來的狀態，由於它是屬於順序性敘述(sequential)，因此常被使用在 process、function 或 procedure 中，以下我們就列舉個範例來說明。

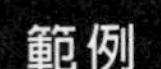

範例	檔名：ROTATE_REGISTER_NULL
以 NULL 敘述設計一個 4 位元多功能的旋轉移位暫存器。	

1. 方塊圖：

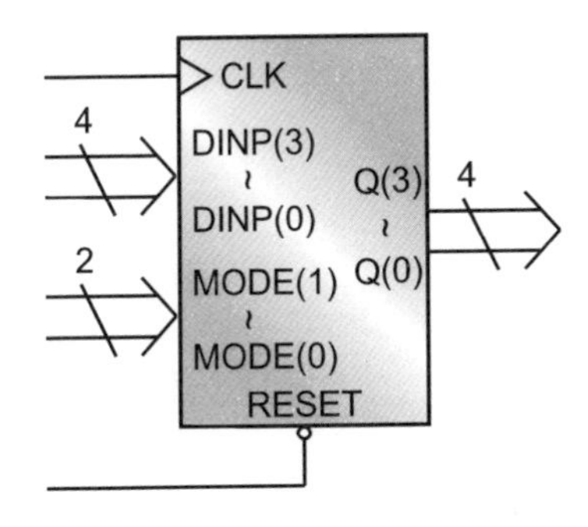

2. 真值表：

MODE(1)	MODE(0)	動作
0	0	保持不變
0	1	向左旋轉
1	0	向右旋轉
1	1	資料載入

原始程式 (source program)：

```
 1:  ----------------------------------------
 2:  --    rotate register using null      --
 3:  --  Filename : ROTATE_REGISTER.vhd    --
 4:  ----------------------------------------
 5:
 6:  library IEEE;
 7:  use IEEE.STD_LOGIC_1164.ALL;
 8:  use IEEE.STD_LOGIC_ARITH.ALL;
 9:  use IEEE.STD_LOGIC_UNSIGNED.ALL;
10:
11:  entity ROTATE_REGISTER is
12:      port (CLK   : in  STD_LOGIC;
13:            RESET : in  STD_LOGIC;
14:            MODE  : in  STD_LOGIC_VECTOR(1 downto 0);
15:            DINP  : in  STD_LOGIC_VECTOR(3 downto 0);
16:            Q     : out STD_LOGIC_VECTOR(3 downto 0));
17:  end ROTATE_REGISTER;
```

```
18:
19:  architecture Behavioral of ROTATE_REGISTER is
20:    signal REG : STD_LOGIC_VECTOR(3 downto 0);
21:  begin
22:    process(CLK, RESET)
23:
24:      begin
25:        if RESET = '0' then
26:          REG <= "0001";
27:        elsif CLK'event and CLK = '1' then
28:          case MODE is
29:            when "01"  =>
30:              REG <= REG(2 downto 0) & REG(3);
31:            when "10" =>
32:              REG <= REG(0) & REG(3 downto 1);
33:            when "11" =>
34:              REG <= DINP;
35:            when others =>
36:              NULL;
37:          end case;
38:        end if;
39:    end process;
40:
41:    Q <= REG;
42:  end Behavioral;
```

重點說明：

1. 行號 25～26，當電路 RESET 時，輸出端電位為 "0001"。
2. 當控制訊號 MODE 的電位為 "01" 時，電路則執行向左旋轉的工作 (行號 29～30)。
3. 當控制訊號 MODE 的電位為 "10" 時，電路則執行向右旋轉的工作 (行號 31～32)。
4. 當控制訊號 MODE 的電位為 "11" 時，電路則執行資料載入的工作 (行號 33～34)。
5. 當控制訊號 MODE 的電位為 "00" 時，電路的輸出則保持不變 (行號 35～36)。

功能模擬 (function simulation)：

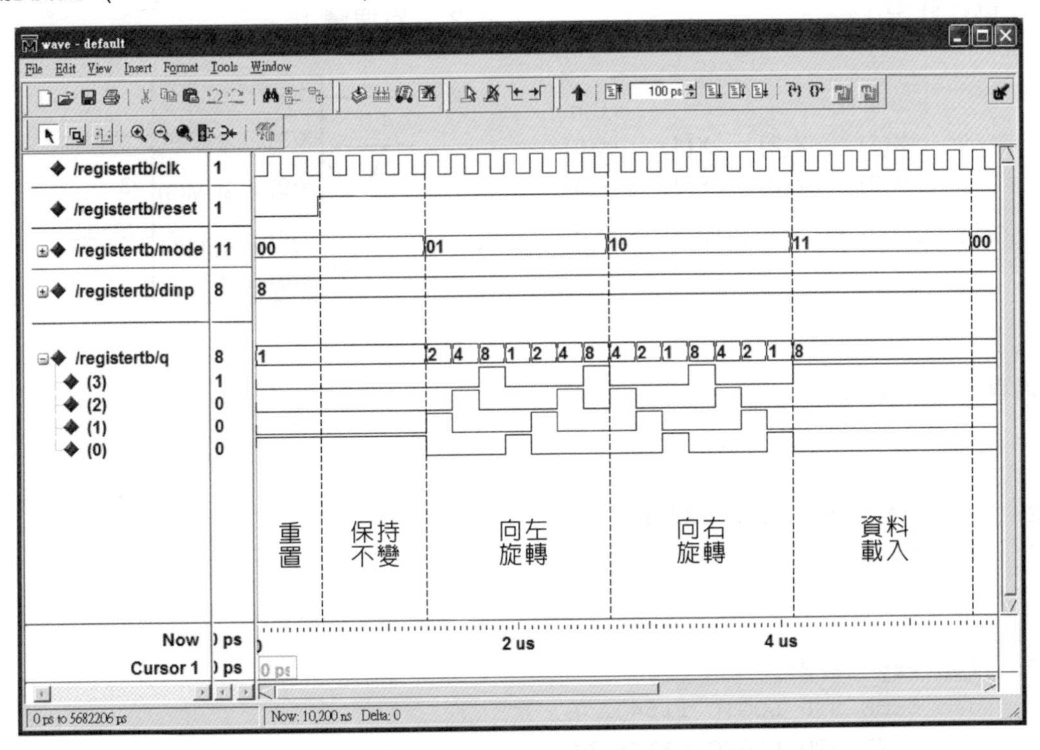

從上面功能模擬輸入與輸出波形的對應關係可以發現到，它與我們所要求的工作狀況完全相同，因此可以確定系統所合成的電路是正確的。

4-7 SN74XXX 系列的晶片設計

從事硬體電路設計的工程師應該對 SN74XXX 系列的晶片不會感到陌生，於本章的最後我們就代表性的選擇幾顆 IC，並以 VHDL 語言來實現。

範例一	檔名：SN7483
以 VHDL 語言設計一個 4 位元全加器晶片 SN7483 或 SN74283。	

1. 動作狀況：

				Cin
	X(3)	X(2)	X(1)	X(0)
+	Y(3)	Y(2)	Y(1)	Y(0)
Cout	SUM(3)	SUM(2)	SUM(1)	SUM(0)

2. 方塊圖：

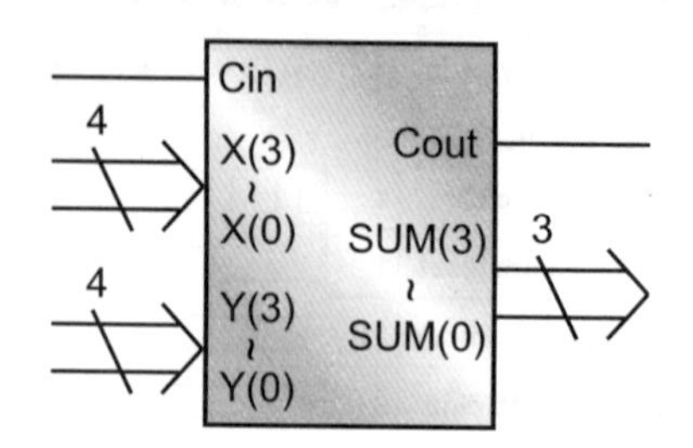

原始程式 (source program)：

```
 1:  ---------------------------
 2:  --    4 Bits full adder  --
 3:  -- Filename : SN7483.vhd --
 4:  ---------------------------
 5:
 6:  library IEEE;
 7:  use IEEE.STD_LOGIC_1164.ALL;
 8:  use IEEE.STD_LOGIC_ARITH.ALL;
 9:  use IEEE.STD_LOGIC_UNSIGNED.ALL;
10:
11:  entity SN7483 is
12:      Port (Cin   : in  STD_LOGIC;
13:            X     : in  STD_LOGIC_VECTOR(3 downto 0);
14:            Y     : in  STD_LOGIC_VECTOR(3 downto 0);
15:            SUM   : out STD_LOGIC_VECTOR(3 downto 0);
16:            Cout  : out STD_LOGIC);
17:  end SN7483;
18:
19:  architecture Full_adder of SN7483 is
20:    signal TEMP : STD_LOGIC_VECTOR(4 downto 0);
21:  begin
22:    TEMP <= ('0' & X) + Y + Cin;
23:    SUM  <= TEMP(3 downto 0);
24:    Cout <= TEMP(4);
25:  end Full_adder;
```

重點說明：

前面第三章有關加法運算中我們曾經提過，系統並不處理進位 (carry) 問題，也就是說如果兩筆 4 位元的資料相加時，它們的和輸出也是 4 位元，如果產生進位時，我們必須以串接 (concatenation) "&" 的方式來處理，因此於行號 22 中我們將被加數 X 由 4 位元變成 5 位元，並於行號 23～24 中將相加後的和與進位分開。

功能模擬 (function simulation)：

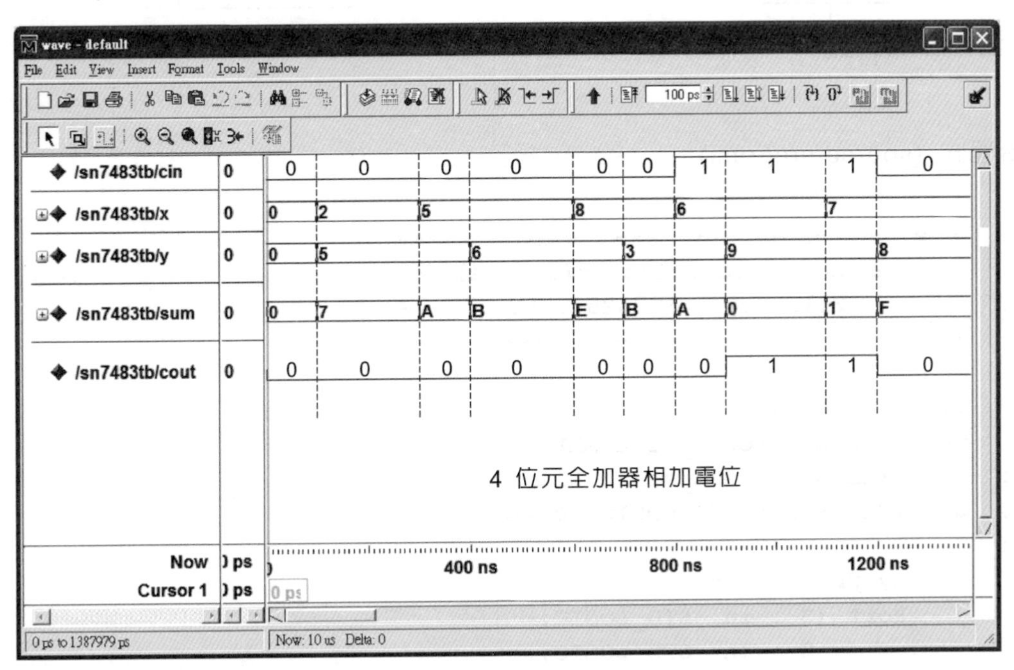

從上面 4 位元全加器的輸入與輸出波形中可以看出，它們的對應關係完全符合全加器的運算，因此可以確定系統所合成的電路是正確的。

範例二	檔名：SN74257

以 VHDL 語言設計一個 4 位元具有三態輸出與致能控制 (G) 的 2 對 1 多工器晶片，編號為 SN74257。

1. 方塊圖：

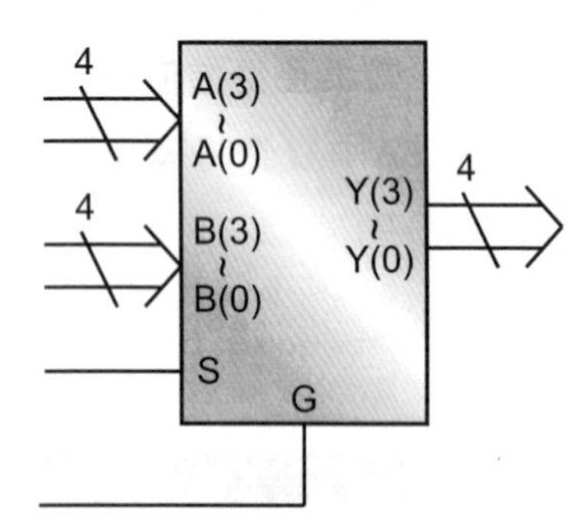

2. 真值表：

G	S(0)	Y
1	×	Z
0	0	A
0	1	B

原始程式 (source program)：

```
 1:  --------------------------------------
 2:  --    2 tO 1 data selector(4 Bits)   --
 3:  --       Filename : SN74257.vhd      --
 4:  --------------------------------------
 5:
 6:  library IEEE;
 7:  use IEEE.STD_LOGIC_1164.ALL;
 8:  use IEEE.STD_LOGIC_ARITH.ALL;
 9:  use IEEE.STD_LOGIC_UNSIGNED.ALL;
10:
11:  entity SN74257 is
12:      Port (S : in  STD_LOGIC;
13:            G : in  STD_LOGIC;
14:            A : in  STD_LOGIC_VECTOR(3 downto 0);
15:            B : in  STD_LOGIC_VECTOR(3 downto 0);
16:            Y : out STD_LOGIC_VECTOR(3 downto 0));
17:  end SN74257;
18:
19:  architecture Multiplexer2_1 of SN74257 is
20:
21:  begin
22:    Y <= A when (G = '0' and S = '0') else
23:         B when (G = '0' and S = '1') else
24:         "ZZZZ";
25:  end Multiplexer2_1;
```

重點說明：

當致能控制 G 為 '0' 時：

1. 選擇線 S = '0' 時，輸出 Y = A。
2. 選擇線 S = '1' 時，輸出 Y = B。

致能控制 G 不為 '0' 時，輸出 Y 的電位為高阻抗 Z。

功能模擬 (function simulation)：

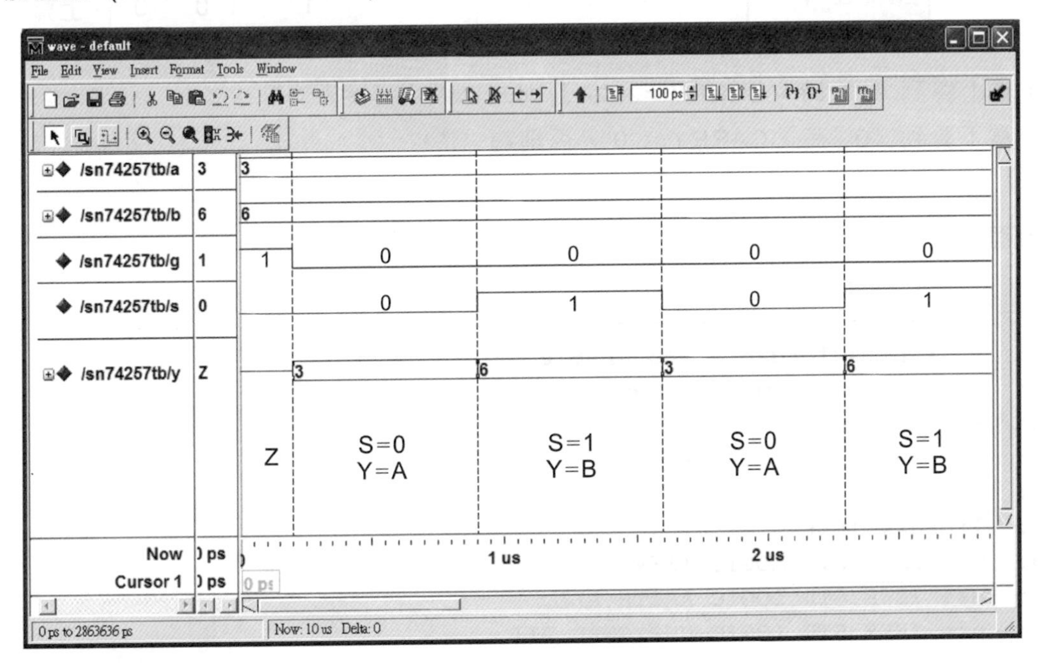

從上面功能模擬的輸入與輸出波形可以看出，它們的對應關係與真值表完全相同，因此可以確定系統所合成的電路是正確的。

範例三	SN74169

以 VHDL 語言設計一個帶有致能、進位與借位輸出；且資料可以載入 (與時脈 CLK 同步) 的上、下算 4 位元二進制計數器晶片，其編號為 SN74169。

1. 方塊圖：

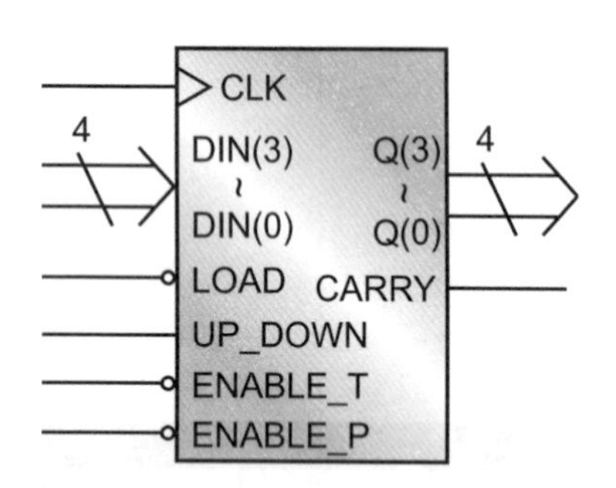

2. 真值表：

LOAD	UP_DOWN	ENABLE T	ENABLE P	動作
0	×	×	×	載入
1	0	0	0	下算
1	1	0	0	上算

註：當上算到 "F" 時，CARRY = '0'，否則為 '1'。
　　當下算到 "0" 時，CARRY = '0'，否則為 '1'。

原始程式 (source program)：

```
 1:  ------------------------------
 2:  -- 4 Bits loadable and enable --
 3:  --   up down counter (hex)    --
 4:  --   Filename : SN74169.vhd   --
 5:  ------------------------------
 6:
 7:  library IEEE;
 8:  use IEEE.STD_LOGIC_1164.ALL;
 9:  use IEEE.STD_LOGIC_ARITH.ALL;
10:  use IEEE.STD_LOGIC_UNSIGNED.ALL;
11:
12:  entity SN74169 is
13:      Port (CLK      : in  STD_LOGIC;
14:            LOAD     : in  STD_LOGIC;
15:            UP_DOWN  : in  STD_LOGIC;
16:            ENABLE_P : in  STD_LOGIC;
17:            ENABLE_T : in  STD_LOGIC;
18:            DIN      : in  STD_LOGIC_VECTOR(3 downto 0);
19:            Q        : out STD_LOGIC_VECTOR(3 downto 0);
20:            CARRY    : out STD_LOGIC);
21:  end SN74169;
22:
23:  architecture Counter of SN74169 is
24:    signal REG : STD_LOGIC_VECTOR(3 downto 0);
25:  begin
26:    process (CLK, UP_DOWN, REG)
```

```
27:
28:     begin
29:       if CLK'event and CLK = '1' then
30:         if LOAD = '0' then
31:           REG <= DIN;
32:         elsif (ENABLE_P = '0' and ENABLE_T = '0') then
33:           if UP_DOWN = '0' then
34:             REG <= REG - 1;
35:           else
36:             REG <= REG + 1;
37:           end if;
38:         end if;
39:       end if;
40:       case UP_DOWN is
41:         when '0' =>
42:           if REG   = x"0" then
43:             CARRY <= '0';
44:           else
45:             CARRY <= '1';
46:           end if;
47:         when others =>
48:           if REG   = x"F" then
49:             CARRY <= '0';
50:           else
51:             CARRY <= '1';
52:           end if;
53:       end case;
54:
55:   end process;
56:
57:   Q <= REG;
58: end Counter;
```

重點說明：

1. 當時脈訊號 CLK 發生正緣變化時 (行號 29) 則往下執行。
2. 當載入訊號 LOAD 為低電位 '0' 時，則執行資料載入動作 (行號 30～31)。
3. 當兩個致能訊號 ENABLE_P，ENABLE_T 同時為低電位 '0' 時 (行號 32) 則往下執行。
4. 如果上、下算控制接腳 UP_DOWN 的電位：
   (1) 為低電位 '0' 時，則執行下算的工作 (行號 33～34)。
   (2) 為高電位 '1' 時，則執行上算的工作 (行號 35～36)。

5. 當電路執行下算時 (行號 40～41)，如果計數內容為 "0" 時，則將借位接腳 CARRY 清除為 '0' (行號 42～43)，否則將借位接腳 CARRY 設定成 '1' (行號 44～45)。
6. 當電路執行上算時 (行號 47)，如果計數內容為 "F" 時，則將進位接腳 CARRY 清除為 '0' (行號 48～49)，否則將進位接腳 CARRY 設定成 '1' (行號 50～51)。

功能模擬 (function simulation)：

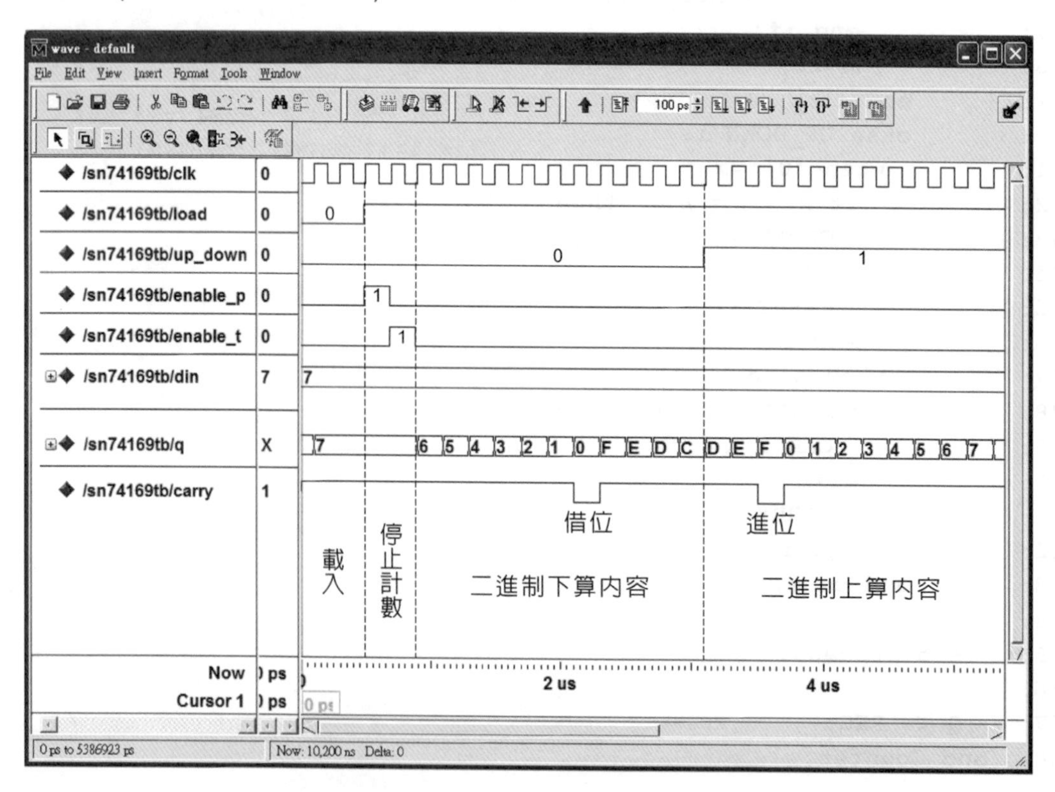

從上面功能模擬的輸入與輸出波形可以看出，它們的對應關係與真值表完全相同，因此可以確定系統所合成的電路是正確的。

範例四	檔名：SN74198
以 VHDL 語言設計一個八位元資料可以載入；且可以向左邊及向右邊移位的晶片，編號為 SN74198。	

1. 方塊圖：

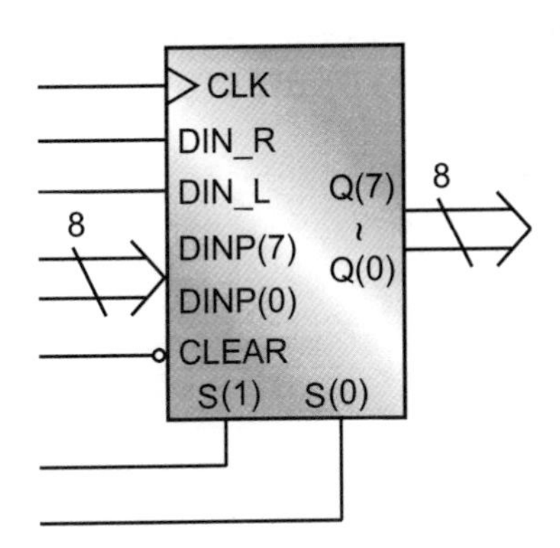

2. 真值表：

CLEAR	S(1)	S(0)	Q
0	×	×	0
1	0	0	保持
1	0	1	右移
1	1	0	左移
1	1	1	載入

原始程式 (source program)：

```
 1:  --------------------------------
 2:  --     4 Bits loadable clear   --
 3:  --     shift right and left    --
 4:  --    Filename : SN74198.vhd   --
 5:  --------------------------------
 6:
 7:  library IEEE;
 8:  use IEEE.STD_LOGIC_1164.ALL;
 9:  use IEEE.STD_LOGIC_ARITH.ALL;
10:  use IEEE.STD_LOGIC_UNSIGNED.ALL;
11:
12:  entity SN74198 is
13:      Port (CLK   : in  STD_LOGIC;
14:            CLEAR : in  STD_LOGIC;
15:            DIN_R : in  STD_LOGIC;
16:            DIN_L : in  STD_LOGIC;
17:            DIN_P : in  STD_LOGIC_VECTOR(7 downto 0);
18:            S     : in  STD_LOGIC_VECTOR(1 downto 0);
19:            Q     : out STD_LOGIC_VECTOR(7 downto 0));
20:  end SN74198;
21:
22:  architecture Shift of SN74198 is
23:    signal REG : STD_LOGIC_VECTOR(7 downto 0);
24:  begin
25:    process (CLK, CLEAR)
26:
27:      begin
28:        if CLEAR = '0' then
```

```
29:          REG  <= (others =>'0');
30:        elsif CLK'event and CLK = '1' then
31:          case S is
32:            when "01" =>
33:              REG <= DIN_R & REG(7 downto 1);
34:            when "10" =>
35:              REG <= REG(6 downto 0) & DIN_L;
36:            when "11" =>
37:              REG <= DIN_P;
38:            when others =>
39:              null;
40:          end case;
41:        end if;
42:    end process;
43:
44:    Q <= REG;
45:  end Shift;
```

重點說明：

1. 電路發生清除 (低態動作) 時，輸出端全部為 0 (行號 28～29)。
2. 當時脈訊號 CLK 發生正緣變化 (行號 30) 則往下執行。
3. 選擇線 S(1) S(0) 的電位：

   S = "01" 時，電路則執行向右移位 (行號 32～33)。

   S = "10" 時，電路則執行向左移位 (行號 34～35)。

   S = "11" 時，電路則執行資料載入 (行號 36～37)。

   不為上述電位 (S = "00") 時，輸出則保持不變 (行號 38～39)。

功能模擬 (function simulation)：

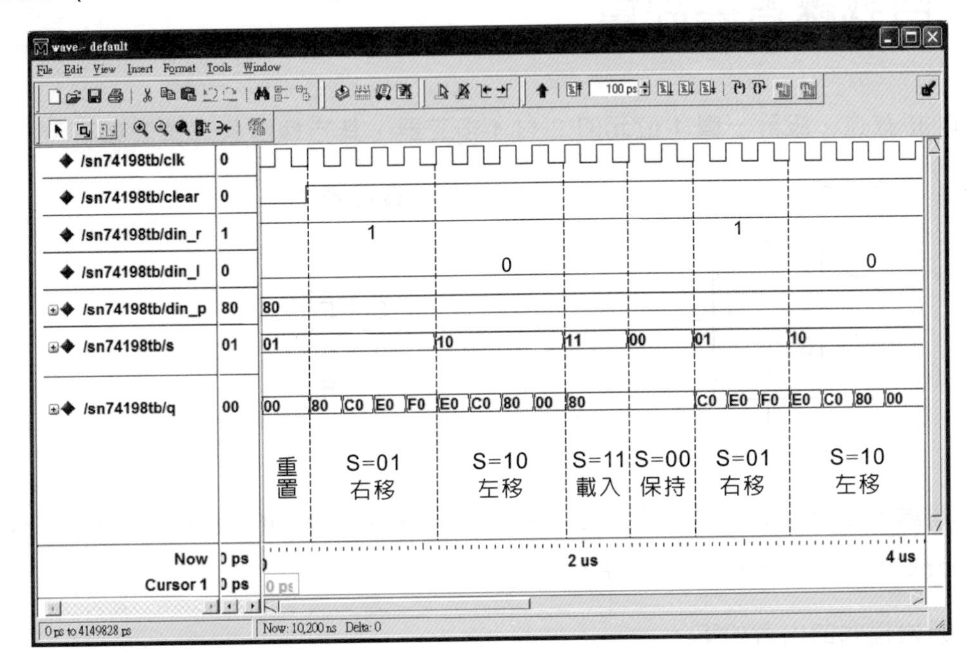

從上面功能模擬的輸入與輸出波形中可以發現到，它們的對應關係與真值表完全相同，因此可以確定系統所合成的電路是正確的。

自我練習與評量

4-1 以 if 敘述，設計一個 1 位元的 2 對 1 多工器，其方塊圖與真值表如下：

1. 方塊圖：

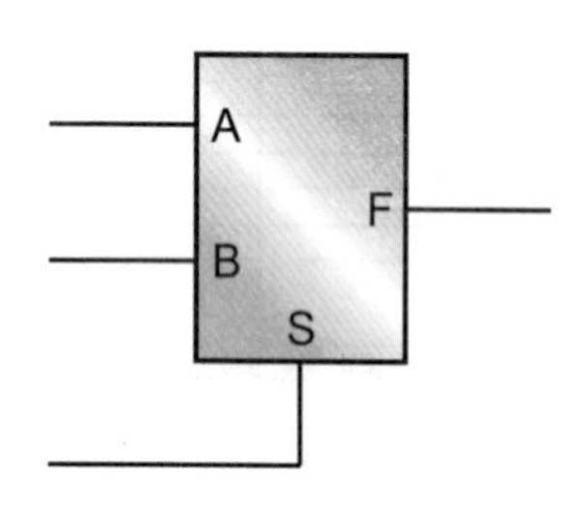

2. 真值表：

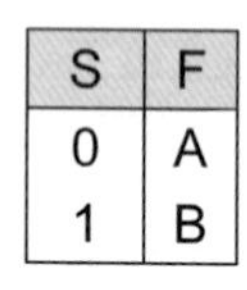

S	F
0	A
1	B

4-2 討論下面 VHDL 程式與合成後的電路，並進一步了解 if… then… elsif… else… end if 敘述的優先順序特性。

原始程式的內容如下：

```
 1:  -------------------------------
 2:  --    Priority if statement    --
 3:  --   Filename : PRIORITY.vhd ----
 4:  -------------------------------
 5:
 6:  library IEEE;
 7:  use IEEE.STD_LOGIC_1164.ALL;
 8:  use IEEE.STD_LOGIC_ARITH.ALL;
 9:  use IEEE.STD_LOGIC_UNSIGNED.ALL;
10:
11:  entity PRIORITY is
12:      Port (A : in  STD_LOGIC;
13:            B : in  STD_LOGIC;
14:            C : in  STD_LOGIC;
15:            X : in  STD_LOGIC;
16:            Y : in  STD_LOGIC;
17:            F : out STD_LOGIC);
18:  end PRIORITY;
19:
20:  architecture Data_flow of PRIORITY is
21:
22:  begin
23:    process (A, B, C, X, Y)
```

```
24:
25:      begin
26:        if X = '1' then
27:          F <= A;
28:        elsif Y = '1' then
29:          F <= B;
30:        else
31:          F <= C;
32:        end if;
33:    end process;
34:
35:  end Data_flow;
```

4-3　以 if 敘述，設計一個 1 對 4 解多工器，其方塊圖與真值表如下：

1. 方塊圖：

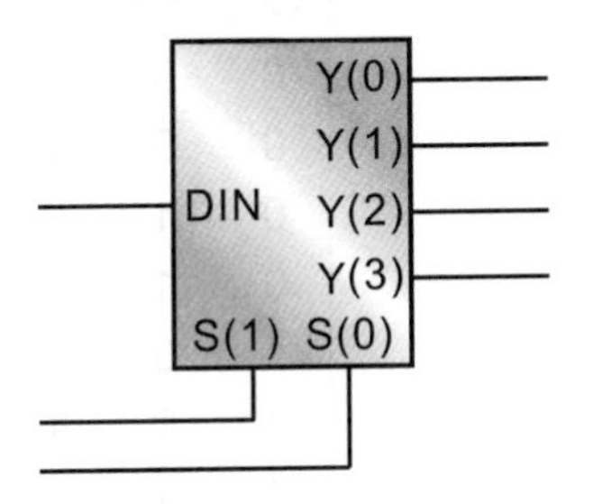

2. 真值表：

S(1)	S(0)	Y(3)	Y(2)	Y(1)	Y(0)
0	0	1	1	1	DIN
0	1	1	1	DIN	1
1	0	1	DIN	1	1
1	1	DIN	1	1	1

4-4　以 if 敘述，設計一個 1 位元的 4 對 1 多工器，其方塊圖與真值表如下：

1. 方塊圖：

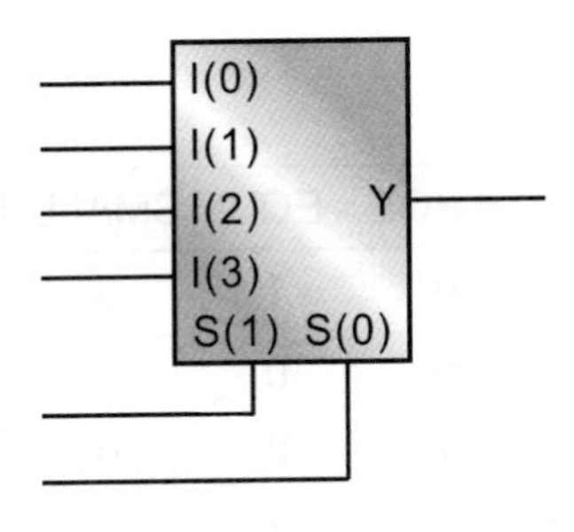

2. 真值表：

S(1)	S(0)	Y
0	0	I (0)
0	1	I (1)
1	0	I (2)
1	1	I (3)

4-5　以 if 敘述設計一個一位元的半加器 (以輸入 X、Y 串接 "&" 方式)，其動作狀況、方塊圖及真值表如下：

1. 動作狀況：

2. 方塊圖：

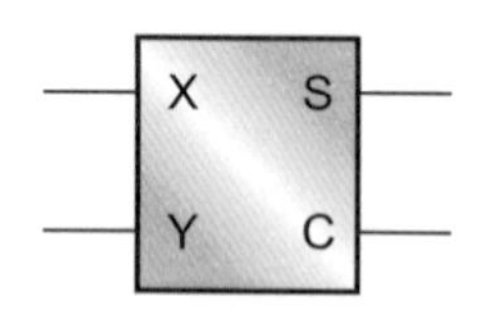

3. 真值表：

X	Y	S	C
0	0	0	0
0	1	1	0
1	0	1	0
1	1	0	1

4-6　以 if 敘述設計一個一位元的全加器 (以輸入 C0、X0、Y0；輸出 C1，S0 串接 "&" 方式)，其動作狀況、方塊圖、真值表如下：

1. 動作狀況：

C0
X0
+ Y0
C1 S0

2. 方塊圖：

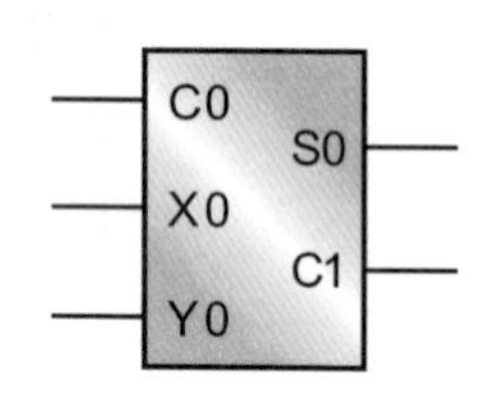

3. 真值表：

C0	X0	Y0	S0	C1
0	0	0	0	0
0	0	1	1	0
0	1	0	1	0
0	1	1	0	1
1	0	0	1	0
1	0	1	0	1
1	1	0	0	1
1	1	1	1	1

4-7　以 if 敘述設計一個兩組 1 位元資料的比較器 (以輸出串接 "&" 方式)，其方塊圖與真值表如下：

1. 方塊圖：

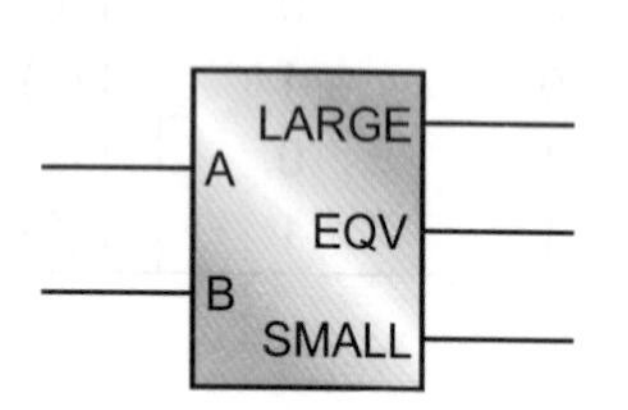

2. 真值表：

A	B	LARGE	EQV	SMALL
0	0	0	1	0
0	1	0	0	1
1	0	1	0	0
1	1	0	1	0

4-8　以 if 敘述設計一個共陽極 BCD 碼對七段顯示器的解碼器，其方塊圖與真值表如下：

1. 方塊圖：

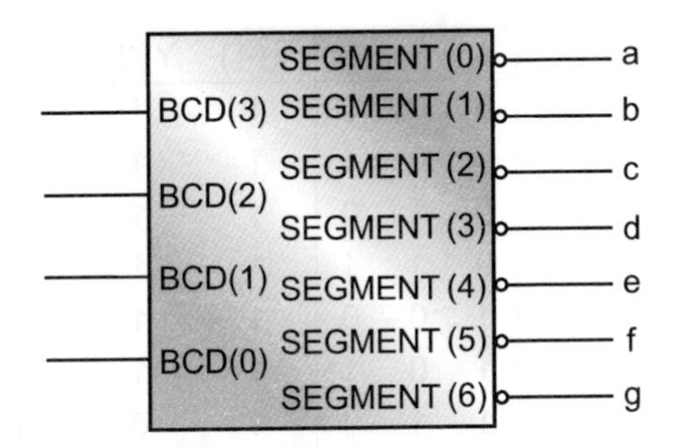

2. 真值表：

BCD(3)	BCD(2)	BCD(1)	BCD(0)	g	f	e	d	c	b	a	字型
0	0	0	0	1	0	0	0	0	0	0	0
0	0	0	1	1	1	1	1	0	0	1	1
0	0	1	0	0	1	0	0	1	0	0	2
0	0	1	1	0	1	1	0	0	0	0	3
0	1	0	0	0	0	1	1	0	0	1	4
0	1	0	1	0	0	1	0	0	1	0	5
0	1	1	0	0	0	0	0	0	1	0	6
0	1	1	1	1	1	1	1	0	0	0	7
1	0	0	0	0	0	0	0	0	0	0	8
1	0	0	1	0	0	1	0	0	0	0	9
1	0	1	0	1	1	1	1	1	1	1	
1	0	1	1	1	1	1	1	1	1	1	
1	1	0	0	1	1	1	1	1	1	1	
1	1	0	1	1	1	1	1	1	1	1	
1	1	1	0	1	1	1	1	1	1	1	
1	1	1	1	1	1	1	1	1	1	1	

4-9 以 if 敘述，設計一個低態動作 3 對 5 的多重解碼電路 (以輸入 A，B，C 串加 "&" 方式)，其方塊圖與真值表如下：

1. 方塊圖：

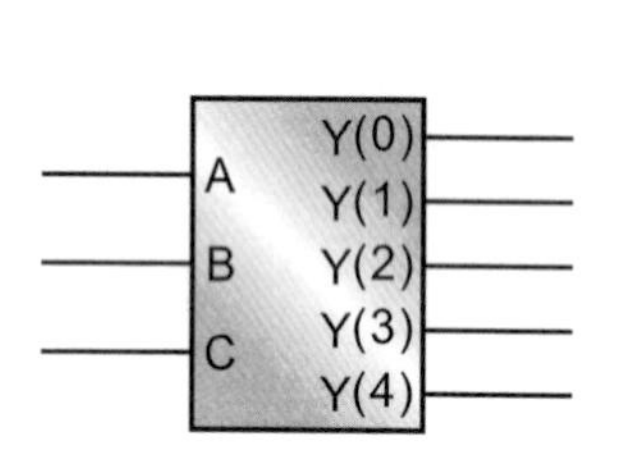

2. 真值表：

A	B	C	Y(4)	Y(3)	Y(2)	Y(1)	Y(0)
0	0	0	1	1	1	1	0
0	0	1	1	1	1	1	0
0	1	0	1	1	1	0	1
0	1	1	1	1	0	1	1
1	0	0	1	1	0	1	1
1	0	1	1	1	0	1	1
1	1	0	1	0	1	1	1
1	1	1	0	1	1	1	1

4-10 以巢狀 if 敘述，設計一個 1 位元的 4 對 1 多工器，其方塊圖與真值表如下：

1. 方塊圖：

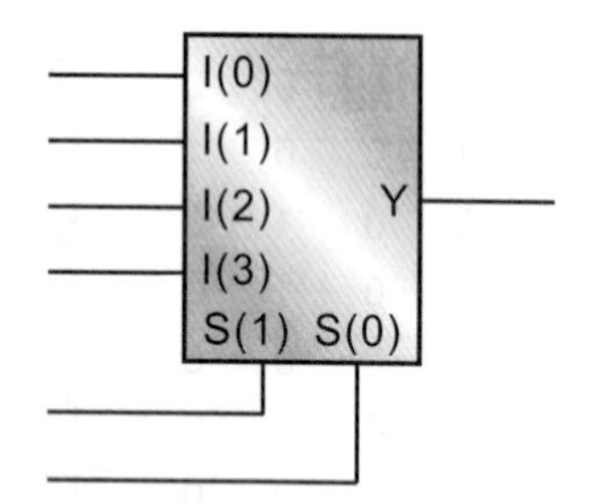

2. 真值表：

S(1)	S(0)	Y
0	0	I(0)
0	1	I(1)
1	0	I(2)
1	1	I(3)

4-11 以 case 敘述，設計一個 1 位元的全加器 (以輸入 C0、X0、Y0；輸出 C1、S0 串加 "&" 方式)，其動作狀況、方塊圖與真值表如下：

1. 動作狀況：　2. 方塊圖：

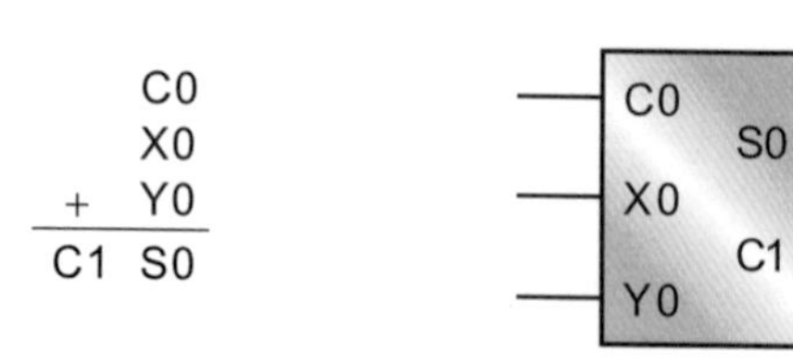

3. 真值表：

C0	X0	Y0	C1	S0
0	0	0	0	0
0	0	1	0	1
0	1	0	0	1
0	1	1	1	0
1	0	0	0	1
1	0	1	1	0
1	1	0	1	0
1	1	1	1	1

4-12 以 case 敘述，設計一個低態動作的 2 對 4 解碼器 (以輸入 A、B 串加 "&" 方式)，其方塊圖與真值表如下：

1. 方塊圖：

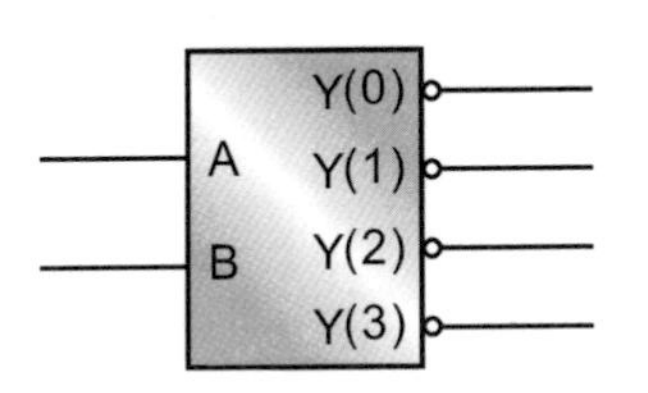

2. 真值表：

A	B	Y(3)	Y(2)	Y(1)	Y(0)
0	0	1	1	1	0
0	1	1	1	0	1
1	0	1	0	1	1
1	1	0	1	1	1

4-13 以 case 敘述，設計一個 1 位元兩個輸入的比較器 (以輸入 A、B；輸出 LARGE、EQV、SMALL 串接 "&" 方式)，其方塊圖與真值表如下：

1. 方塊圖：

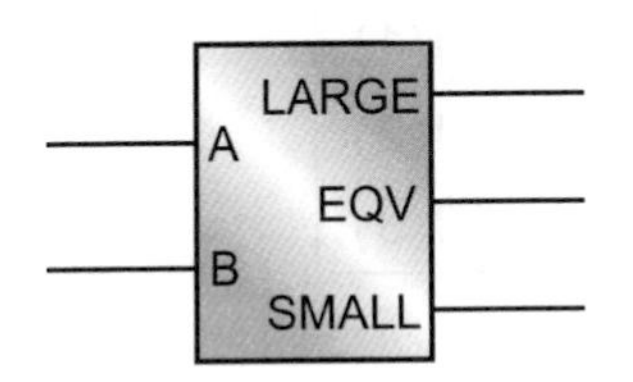

2. 真值表：

A	B	LARGE	EQV	SMALL
0	0	0	1	0
0	1	0	0	1
1	0	1	0	0
1	1	0	1	0

4-14 以 case 敘述，設計一個具有高阻抗輸出的 4 對 2 編碼器，其方塊圖與真值表如下：

1. 方塊圖：

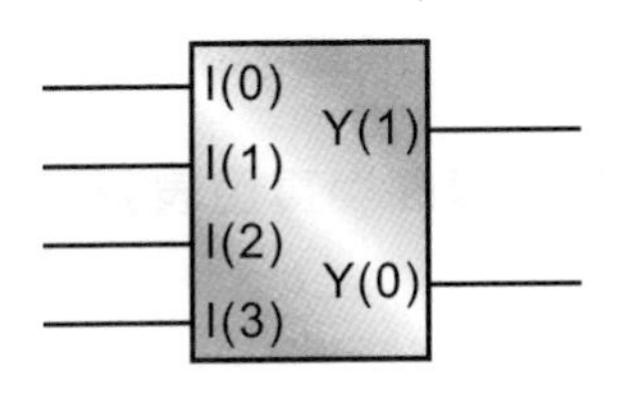

2. 真值表：

I(3)	I(2)	I(1)	I(0)	Y(1)	Y(0)
0	0	0	1	0	0
0	0	1	0	0	1
0	1	0	0	1	0
1	0	0	0	1	1
其餘電位				Z	Z

4-15　以 case 敘述，設計一個一位元的 2 對 1 多工器，其方塊圖與真值表如下：

1. 方塊圖：

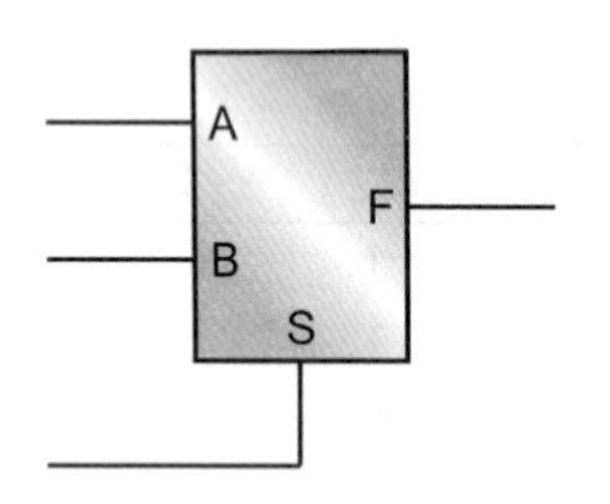

2. 真值表：

S	F
0	*A*
1	*B*

4-16　以 case 敘述，設計一個一位元 4 對 1 多工器，其方塊圖與真值表如下：

1. 方塊圖：

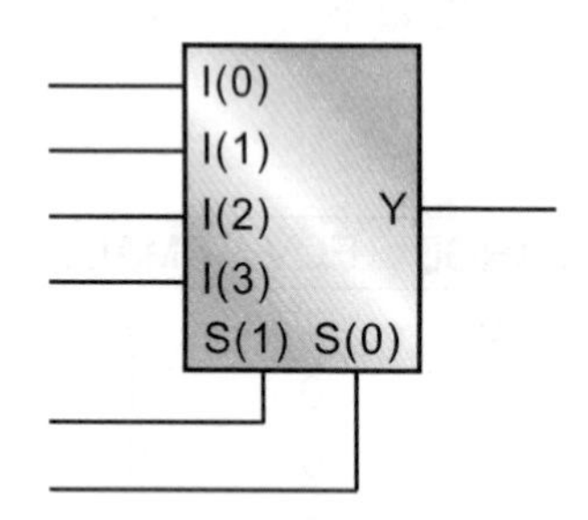

2. 真值表：

S(1)	S(0)	Y
0	0	I(0)
0	1	I(1)
1	0	I(2)
1	1	I(3)

4-17　以 case 敘述，設計一個 1 對 2 的解多工器，其方塊圖與真值表如下：

1. 方塊圖：

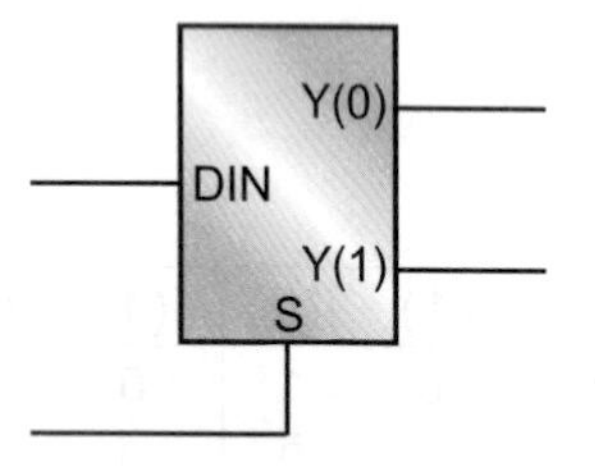

2. 真值表：

S	*Y*(1)	*Y*(0)
0	1	DIN
1	DIN	1

4-18　以 case 敘述，設計一個 1 對 4 的解多工器，其方塊圖與真值表如下：

1. 方塊圖：

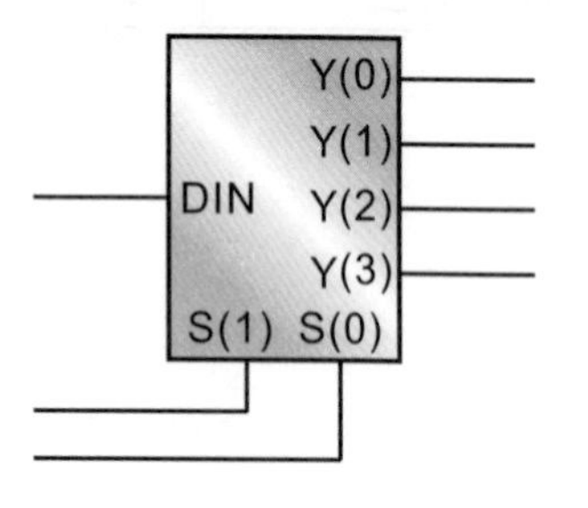

2. 真值表：

S(1)	S(0)	Y(3)	Y(2)	Y(1)	Y(0)
0	0	1	1	1	DIN
0	1	1	1	DIN	1
1	0	1	DIN	1	1
1	1	DIN	1	1	1

4-19　以 case 敘述，設計一個共陽極 BCD 碼對七段顯示器的解碼器，其方塊圖與真值表如下：

1. 方塊圖：

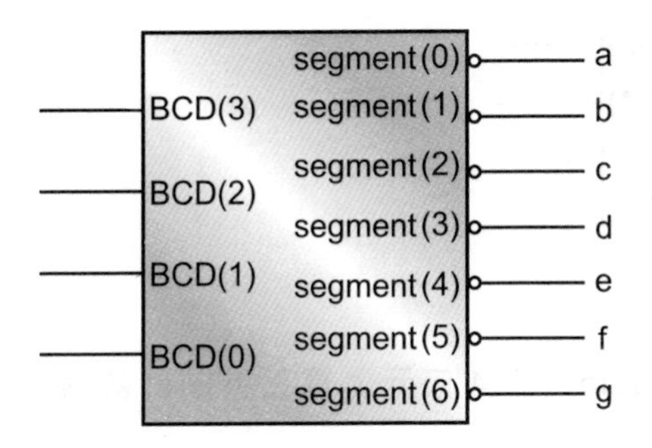

2. 真值表：

BCD(3)	BCD(2)	BCD(1)	BCD(0)	g	f	e	d	c	b	a	字型
0	0	0	0	1	0	0	0	0	0	0	0
0	0	0	1	1	1	1	1	0	0	1	1
0	0	1	0	0	1	0	0	1	0	0	2
0	0	1	1	0	1	1	0	0	0	0	3
0	1	0	0	0	0	1	1	0	0	1	4
0	1	0	1	0	0	1	0	0	1	0	5
0	1	1	0	0	0	0	0	0	1	0	6
0	1	1	1	1	1	1	1	0	0	0	7
1	0	0	0	0	0	0	0	0	0	0	8
1	0	0	1	0	0	1	0	0	0	0	9
1	0	1	0	1	1	1	1	1	1	1	
1	0	1	1	1	1	1	1	1	1	1	
1	1	0	0	1	1	1	1	1	1	1	
1	1	0	1	1	1	1	1	1	1	1	
1	1	1	0	1	1	1	1	1	1	1	
1	1	1	1	1	1	1	1	1	1	1	

4-20　設計一個 4 位元的二進制上算計數器，其計數範圍為 0～F。

方塊圖：

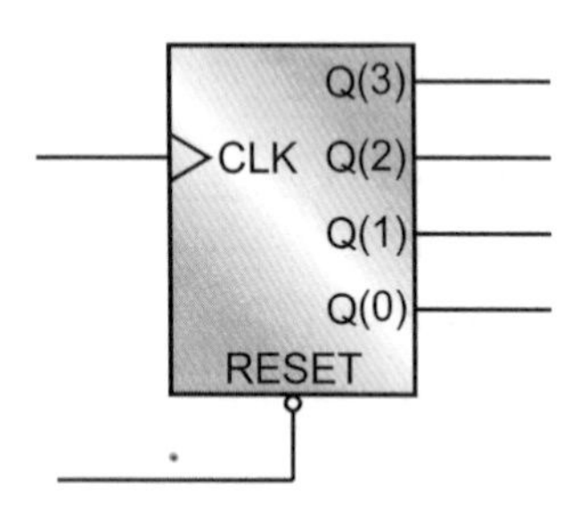

4-21　設計一個可以載入 (loadable) 的 4 位元上算二進制計數器。

1.　方塊圖：

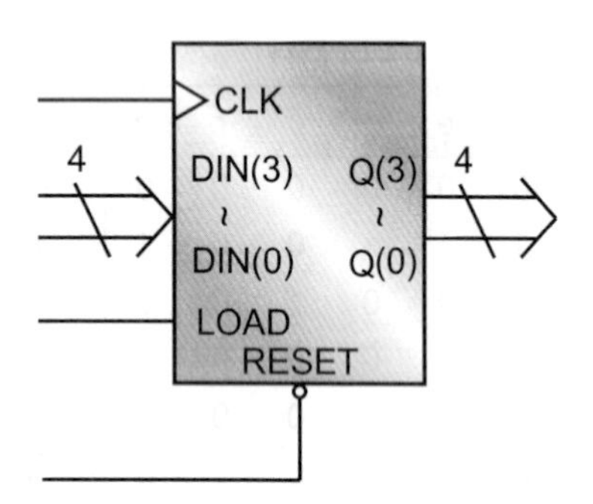

2.　真值表：

RESET	CLK	LOAD	Q
0	×	×	DIN
0	↑	0	上算
1	↑	1	DIN

4-22　以訊號指定方式，設計一個 BCD 下算計數器，其計數範圍為 9～0。

1.　方塊圖：

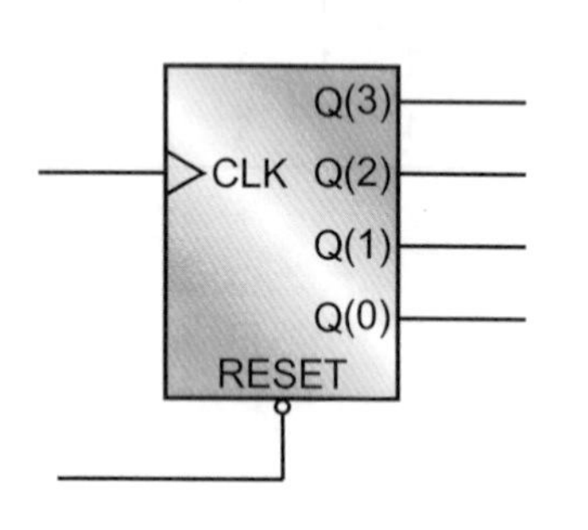

2.　真值表：

目前狀態 PS				下一個狀態 NS			
Q(3)	Q(2)	Q(1)	Q(0)	Q(3)	Q(2)	Q(1)	Q(0)
1	0	0	1	1	0	0	0
1	0	0	0	0	1	1	1
0	1	1	1	0	1	1	0
0	1	1	0	0	1	0	1
0	1	0	1	0	1	0	0
0	1	0	0	0	0	1	1
0	0	1	1	0	0	1	0
0	0	1	0	0	0	0	1
0	0	0	1	0	0	0	0
0	0	0	0	1	0	0	1

4-23 以訊號指定方式，設計一個帶有致能 ENABLE 輸入的 BCD 上算計數器，其計數範圍為 0～9。

1. 方塊圖：

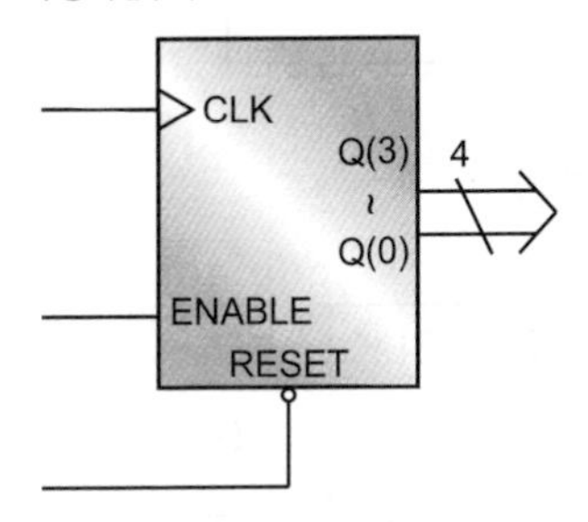

2. 真值表：

ENABLE	CLK	Q_{n+1}
0	×	Q_n
1	↑	上算

4-24 以訊號指定方式，設計一個兩位數的 BCD 上算計數器，其計數範圍為 00～23 (時鐘的小時計時電路)。

方塊圖：

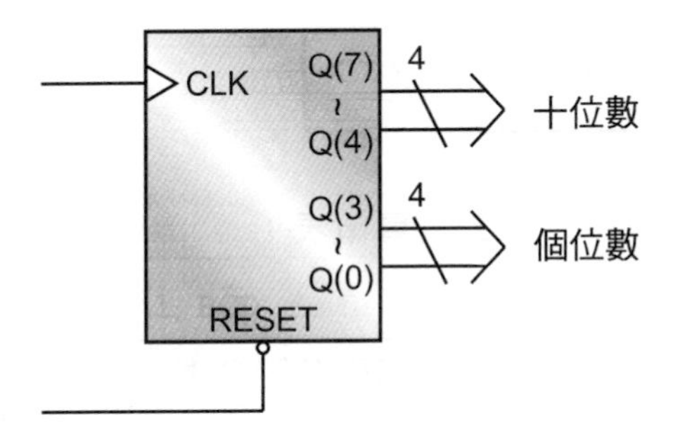

4-25 以變數指定的方式，設計一個 BCD 上算計數器，計數範圍為 0～9 (以先判斷再加 1 的方式處理)，其方塊圖及狀態表如下：

1. 方塊圖：

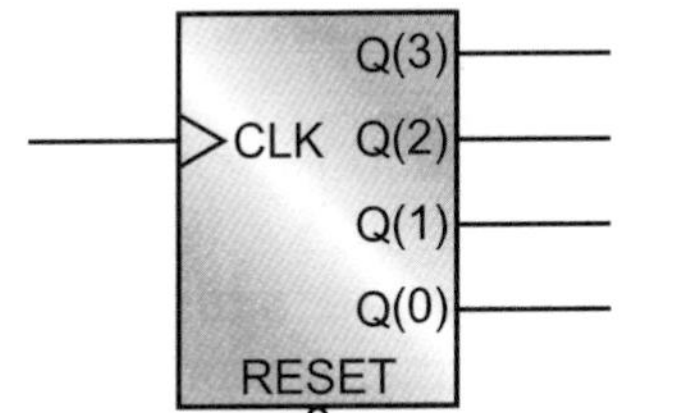

2. 狀態表：

目前狀態 PS				下一個狀態 NS			
Q(3)	Q(2)	Q(1)	Q(0)	Q(3)	Q(2)	Q(1)	Q(0)
0	0	0	0	0	0	0	1
0	0	0	1	0	0	1	0
0	0	1	0	0	0	1	1
0	0	1	1	0	1	0	0
0	1	0	0	0	1	0	1
0	1	0	1	0	1	1	0
0	1	1	0	0	1	1	1
0	1	1	1	1	0	0	0
1	0	0	0	1	0	0	1
1	0	0	1	0	0	0	0

4-26 以 if 敘述設計一個具有低態重置 RESET 的正緣觸發 8 位元二進制下算計數器，其計數範圍：

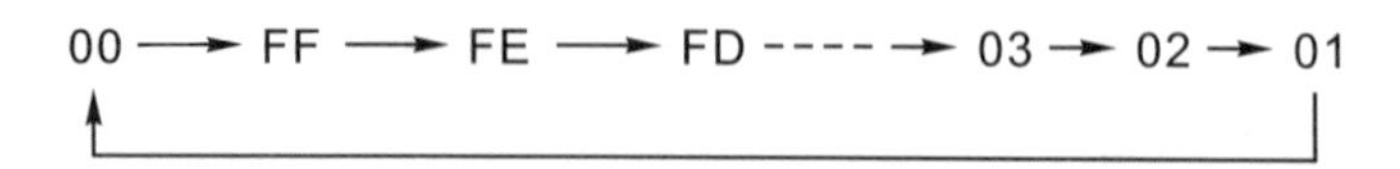

1. 方塊圖：

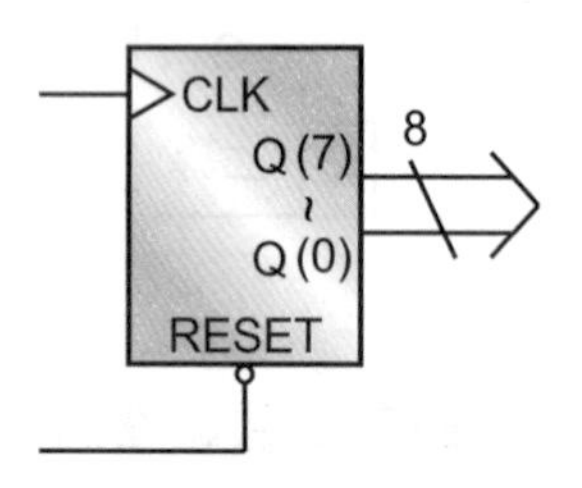

2. 真值表：

RESET	CLK	Q
0	×	0
1	↑	下算

4-27 以 if 敘述設計一個具有低態重置 RESET 的正緣觸發 1 位數 BCD 偶數上算計數器，其計數範圍：

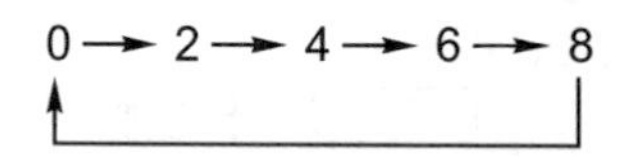

1. 方塊圖：

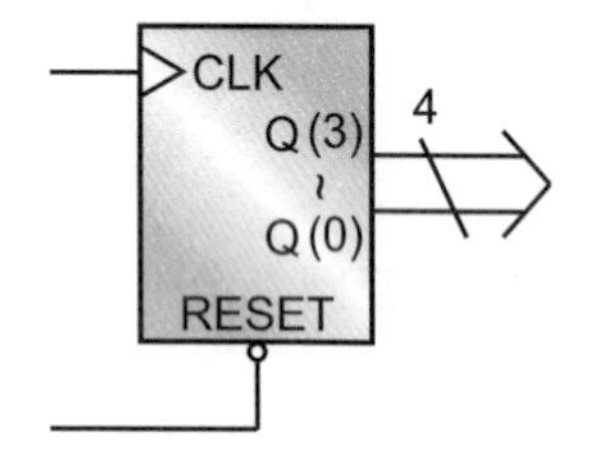

2. 真值表：

RESET	CLK	Q
0	×	0
1	↑	上算

4-28 以整數 (integer) 方式，設計一個 BCD 上算計數器，計數範圍為 0～9，其方塊圖如下：

方塊圖：

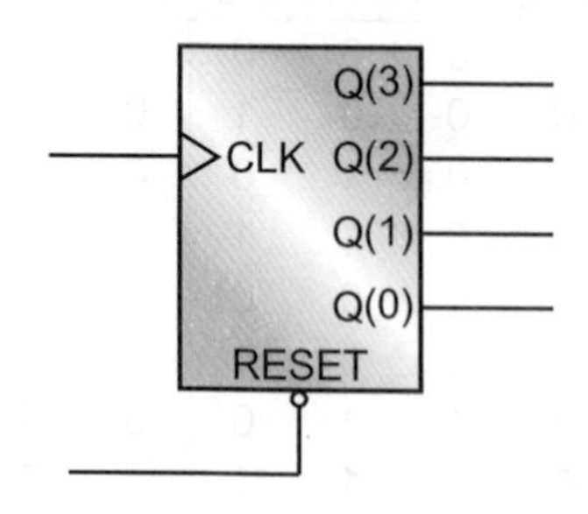

4-29　以訊號指定方式，設計一個 4 位元一次一個亮的霹靂燈，其方塊圖與狀態表如下：

1.　方塊圖：

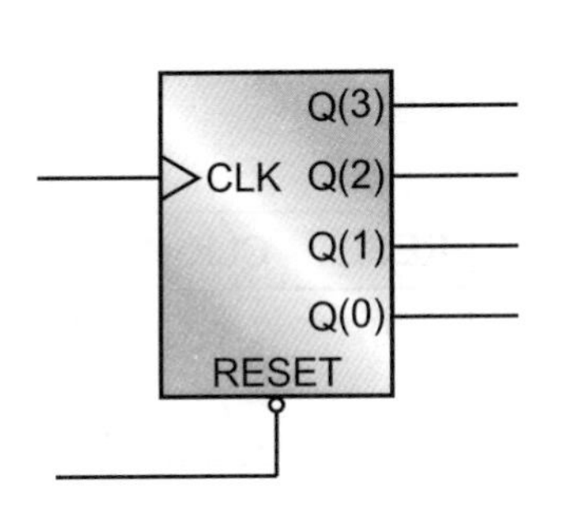

目前狀態 PS				下一個狀態 NS			
Q(3)	Q(2)	Q(1)	Q(0)	Q(3)	Q(2)	Q(1)	Q(0)
1	0	0	0	0	1	0	0
0	1	0	0	0	0	1	0
0	0	1	0	0	0	0	1
0	0	0	1	0	0	1	0
0	0	1	0	0	1	0	0
0	1	0	0	1	0	0	0

4-30　以變數指定方式，設計一個 4 位元一次一個亮的霹靂燈，其方塊圖與狀態表與上一題完全相同。

4-31　設計一個具有重置 RESET (低態 '0' 動作) 的 4 位元向左移位暫存器。

1.　方塊圖：

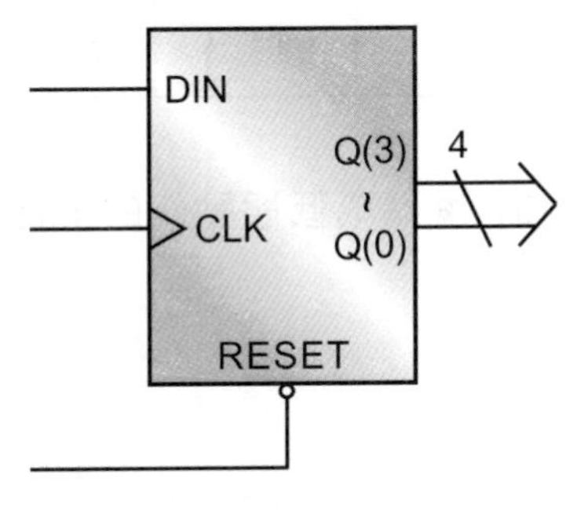

2.　動作狀態：

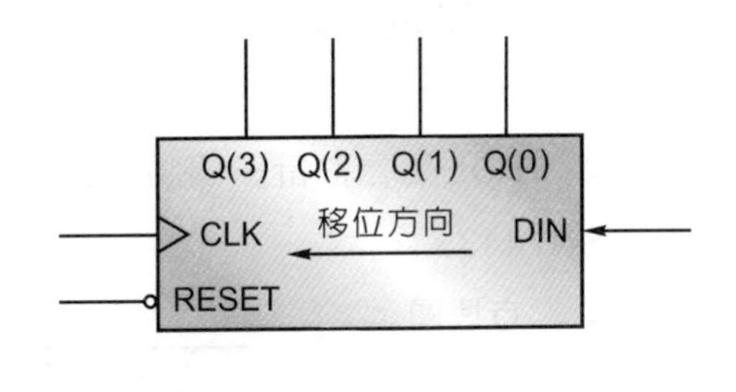

4-32　設計一個具有重置 RESET (低態動作) 的 4 位元向左旋轉暫存器。

1.　方塊圖：

CLK

Q(3)
~
Q(0)

4

RESET

2.　動作狀態：

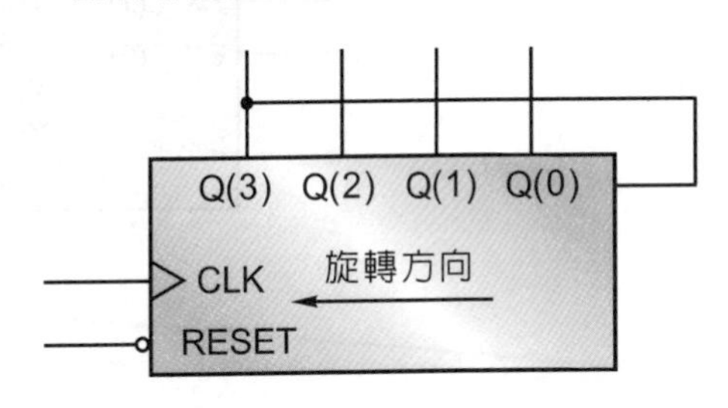

4-33　以 NULL 敘述設計一個 4 位元計數器，其計數內容如下 (到 9 即停止)：

0→3→5→2→7→6→9

4-34　以 if 敘述設計一個具有低態重置 RESET 的 8 位元向右移位暫存器，其方塊圖與真值表如下：

1. 方塊圖：

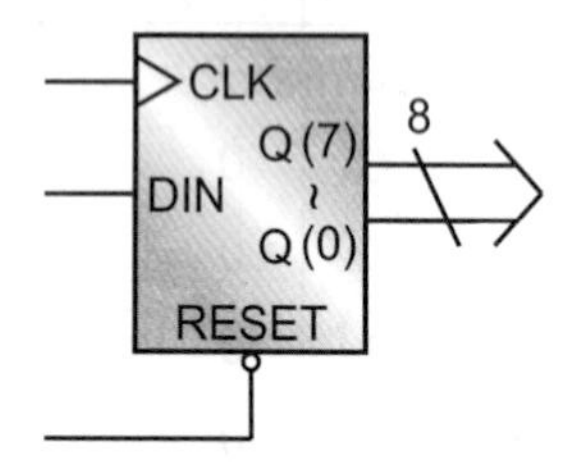

2. 真值表：

RESET	CLK	Q
0	×	0
1	↑	右移

4-35　以 if 敘述設計一個具有低態重置 RESET (重置後的電位為 "10000000") 的 8 位元向右旋轉暫存器，其方塊圖與真值表如下：

1. 方塊圖：

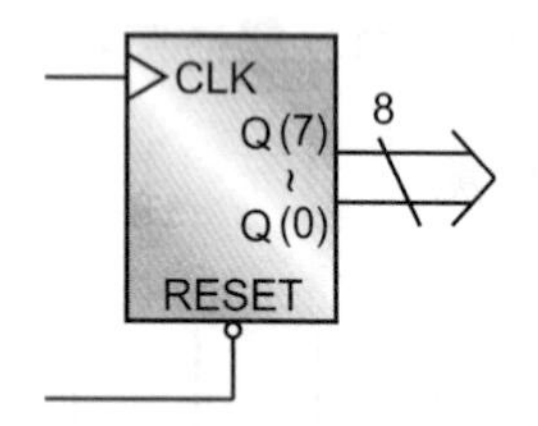

2. 真值表：

RESET	CLK	Q
0	×	x"80"
1	↑	右旋

4-36　以 VHDL 語言設計一個將加三碼 (excess-3) 解碼成低態動作的十進制晶片 SN7443。

1. 方塊圖：

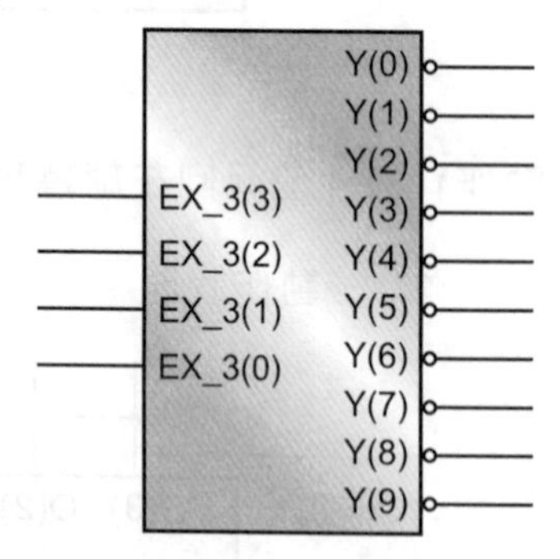

2. 真值表：

EX_3(3)	EX_3(2)	EX_3(1)	EX_3(0)	Y(9)	Y(8)	Y(7)	Y(6)	Y(5)	Y(4)	Y(3)	Y(2)	Y(1)	Y(0)
0	0	0	0	1	1	1	1	1	1	1	1	1	1
0	0	0	1	1	1	1	1	1	1	1	1	1	1
0	0	1	0	1	1	1	1	1	1	1	1	1	1
0	0	1	1	1	1	1	1	1	1	1	1	1	0
0	1	0	0	1	1	1	1	1	1	1	1	0	1
0	1	0	1	1	1	1	1	1	1	1	0	1	1
0	1	1	0	1	1	1	1	1	1	0	1	1	1
0	1	1	1	1	1	1	1	1	0	1	1	1	1
1	0	0	0	1	1	1	1	0	1	1	1	1	1
1	0	0	1	1	1	1	0	1	1	1	1	1	1
1	0	1	0	1	1	0	1	1	1	1	1	1	1
1	0	1	1	1	0	1	1	1	1	1	1	1	1
1	1	0	0	0	1	1	1	1	1	1	1	1	1
1	1	0	1	1	1	1	1	1	1	1	1	1	1
1	1	1	0	1	1	1	1	1	1	1	1	1	1
1	1	1	1	1	1	1	1	1	1	1	1	1	1

4-37 以 VHDL 語言設計一個兩組選擇線共用；且具有各別致能的 1 位元 4 對 1 多工器晶片，編號為 SN74153。

1. 方塊圖：

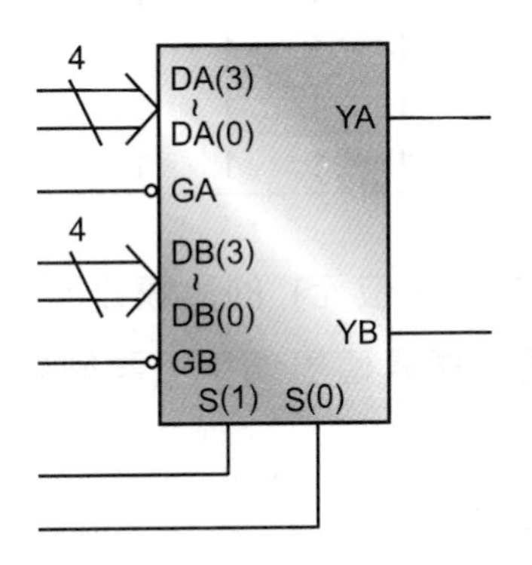

2. 真值表：

G	S(1)	S(0)	Y
1	×	×	0
0	0	0	D(0)
0	0	1	D(1)
0	1	0	D(2)
0	1	1	D(3)

4-38 設計一個將加三格雷瑪 0～9 的數值，解碼成十進制 (低態動作) 的晶片，編號為 SN7444，其方塊圖與真值表如下：

1. 方塊圖：

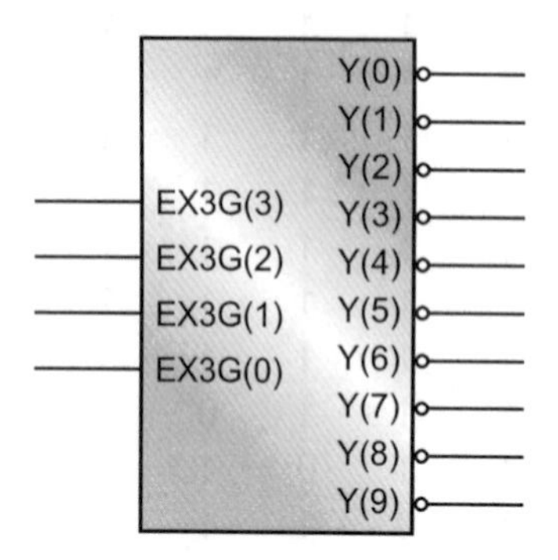

2. 真值表：

EX3G(3)	EX3G(2)	EX3G(1)	EX3G(0)	Y(9)	Y(8)	Y(7)	Y(6)	Y(5)	Y(4)	Y(3)	Y(2)	Y(1)	Y(0)
0	0	1	0	1	1	1	1	1	1	1	1	1	0
0	1	1	0	1	1	1	1	1	1	1	1	0	1
0	1	1	1	1	1	1	1	1	1	1	0	1	1
0	1	0	1	1	1	1	1	1	1	0	1	1	1
0	1	0	0	1	1	1	1	1	0	1	1	1	1
1	1	0	0	1	1	1	1	0	1	1	1	1	1
1	1	0	1	1	1	1	0	1	1	1	1	1	1
1	1	1	1	1	1	0	1	1	1	1	1	1	1
1	1	1	0	1	0	1	1	1	1	1	1	1	1
1	0	1	0	0	1	1	1	1	1	1	1	1	1

4-39 設計一個兩組 4 位元且可以擴展 (8、12、16……位元) 的比較器晶片，編號為 SN7485 (以輸出串接 "&" 方式)，其方塊圖與真值表如下 (詳細特性請參閱 SN7485 的資料手冊)：

1. 方塊圖：

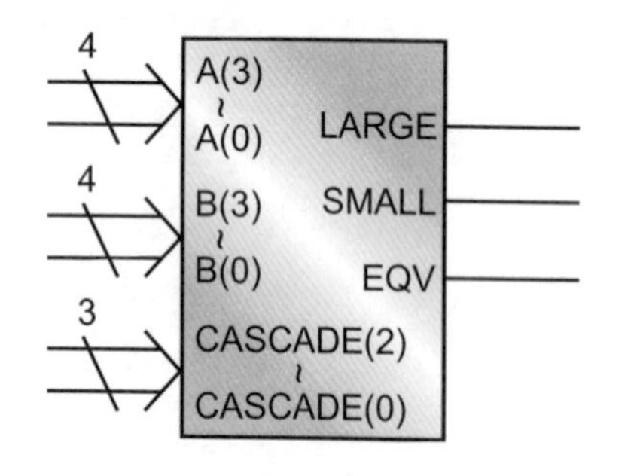

2. 真值表：

A	B	CASCADE	LARGE	SMALL	EQV
A > B		×	1	0	0
A < B		×	0	1	0
A = B		CASCADE	CASCADE		

4-40　設計一個帶有致能且具有互補輸出的 8 對 1 多工器晶片，編號為 SN74151，其方塊圖與真值表如下：

1. 方塊圖：

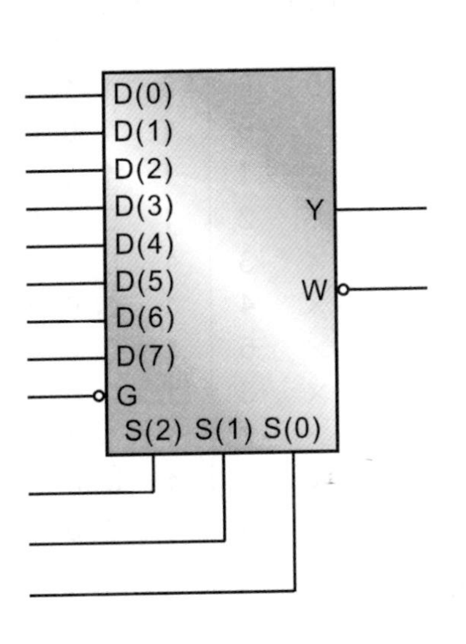

2. 真值表：

G	S(2)	S(1)	S(0)	Y	W
1	×	×	×	0	1
0	0	0	0	D(0)	$\overline{D(0)}$
0	0	0	1	D(1)	$\overline{D(1)}$
0	0	1	0	D(2)	$\overline{D(2)}$
0	0	1	1	D(3)	$\overline{D(3)}$
0	1	0	0	D(4)	$\overline{D(4)}$
0	1	0	1	D(5)	$\overline{D(5)}$
0	1	1	0	D(6)	$\overline{D(6)}$
0	1	1	1	D(7)	$\overline{D(7)}$

4-41　設計一個內部擁有兩組帶有致能 (G) 及選擇線 (C) 的低態動作 2 對 4 解碼器晶片，編號為 SN74155，其方塊圖與真值表如下：

1. 方塊圖：

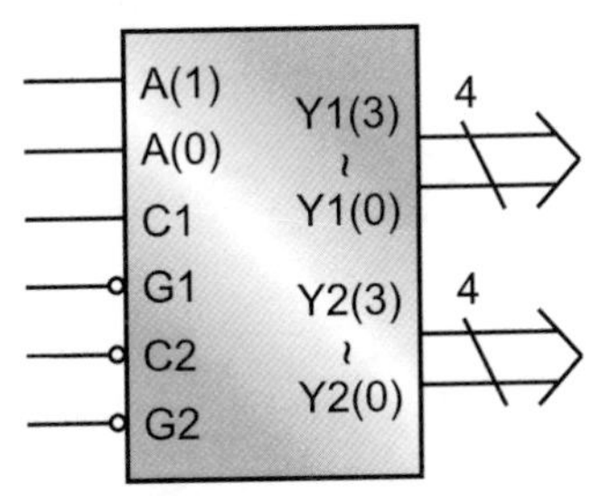

2. 真值表：

G	C1	C2	A(1)	A(0)	Y(3)	Y(2)	Y(1)	Y(0)
1	×	×	×	×	1	1	1	1
×	0	1	×	×	1	1	1	1
0	1	0	0	0	1	1	1	0
0	1	0	0	1	1	1	0	1
0	1	0	1	0	1	0	1	1
0	1	0	1	1	0	1	1	1

註：Y1 解碼的條件為：G1 = '0' 且 C1 = '1'。
Y2 解碼的條件為：G2 = '0' 且 C2 = '0'。

4-42　設計一個具有 LED 測試 LT、RBI 輸入、RBO 輸出的共陽極 BCD 碼對七段顯示解碼器晶片，編號為 SN74247，其方塊圖與真值表如下：

1. 方塊圖：

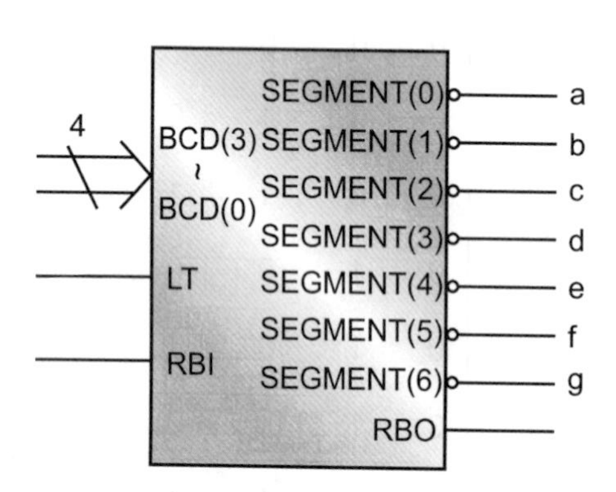

2. 真值表：

LT	RBI	BCD	RBO	g	f	e	d	c	b	a
0	×	×	1	0	0	0	0	0	0	0
1	0	0	0	1	1	1	1	1	1	1
1	×	0	1	1	0	0	0	0	0	0
1	×	1	1	1	1	1	1	0	0	1
1	×	2	1	0	1	0	0	1	0	0
1	×	3	1	0	1	1	0	0	0	0
1	×	4	1	0	0	1	1	0	0	1
1	×	5	1	0	0	1	0	0	1	0
1	×	6	1	0	0	0	0	0	1	0
1	×	7	1	1	1	1	1	0	0	0
1	×	8	1	0	0	0	0	0	0	0
1	×	9	1	0	0	1	0	0	0	0
1	×	A	1	0	1	0	0	1	1	1
1	×	B	1	0	1	1	0	0	1	1
1	×	C	1	0	0	1	1	1	0	1
1	×	D	1	0	0	1	0	1	1	0
1	×	E	1	0	0	0	0	1	1	1
1	×	F	1	1	1	1	1	1	1	1

第四章　自我練習與評量解答

4-1　原始程式的內容如下：

```
 1:  --------------------------------------
 2:  --    2 to 1 multiplexer using     --
 3:  --     if then else statement      --
 4:  --  Filename : MULTIPLEXER2_1.vhd  --
 5:  --------------------------------------
 6:
 7:  library IEEE;
 8:  use IEEE.STD_LOGIC_1164.ALL;
 9:  use IEEE.STD_LOGIC_ARITH.ALL;
10:  use IEEE.STD_LOGIC_UNSIGNED.ALL;
11:
12:  entity MULTIPLEXER2_1 is
13:      Port (A : in  STD_LOGIC;
14:            B : in  STD_LOGIC;
15:            S : in  STD_LOGIC;
16:            F : out STD_LOGIC);
17:  end MULTIPLEXER2_1;
18:
19:  architecture Data_flow of MULTIPLEXER2_1 is
20:
21:  begin
22:    process(S, A, B)
23:
24:      begin
25:        if S = '0' then
26:          F <= A;
27:        else
28:          F <= B;
29:        end if;
30:    end process;
31:
32:  end Data_flow;
```

功能模擬 (function simulation)：

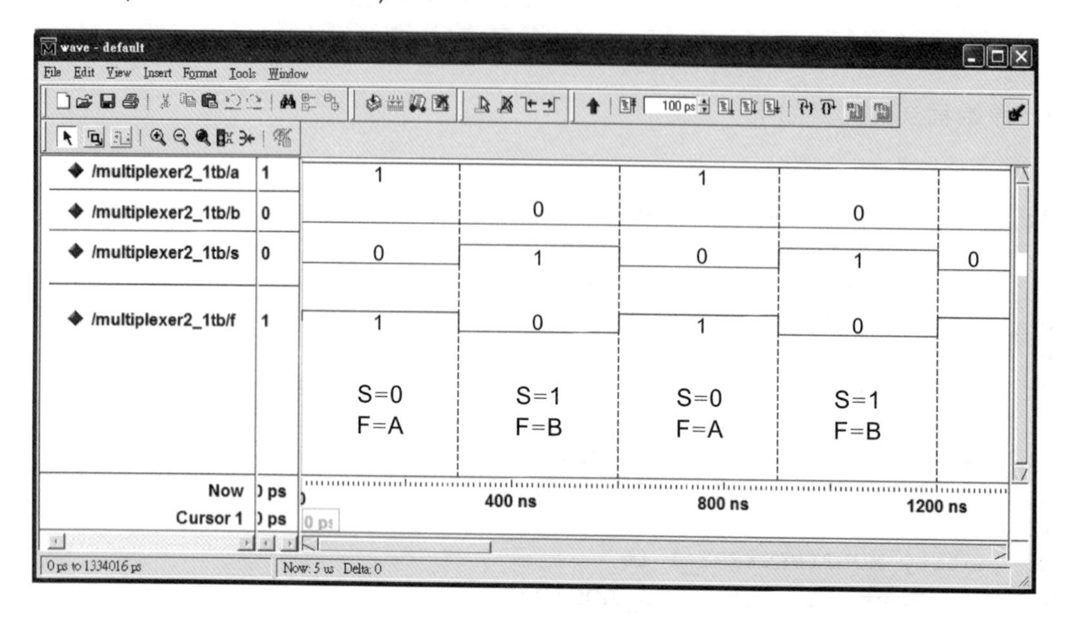

4-3 原始程式的內容如下：

```
 1:  ------------------------------------
 2:  --    1 to 4 demultiplexer using    --
 3:  --   if then elsif else statement   --
 4:  -- Filename : DEMULTIPLEXER1_4.vhd --
 5:  ------------------------------------
 6:
 7:  library IEEE;
 8:  use IEEE.STD_LOGIC_1164.ALL;
 9:  use IEEE.STD_LOGIC_ARITH.ALL;
10:  use IEEE.STD_LOGIC_UNSIGNED.ALL;
11:
12:  entity DEMULTIPLEXER1_4 is
13:      Port (DIN: in  STD_LOGIC;
14:            S   : in  STD_LOGIC_VECTOR(1 downto 0);
15:            Y   : out STD_LOGIC_VECTOR(3 downto 0));
16:  end DEMULTIPLEXER1_4;
17:
18:  architecture Data_flow of DEMULTIPLEXER1_4 is
19:
20:  begin
21:    process(S, DIN)
22:
```

```
23:      begin
24:        if S = "00" then
25:          Y <= "111" & DIN;
26:        elsif S = "01" then
27:          Y <= "11" & DIN & '1';
28:        elsif S = "10" then
29:          Y <= '1' & DIN & "11";
30:        else
31:          Y <= DIN & "111";
32:        end if;
33:    end process;
34:
35:  end Data_flow;
```

功能模擬 (function simulation)：

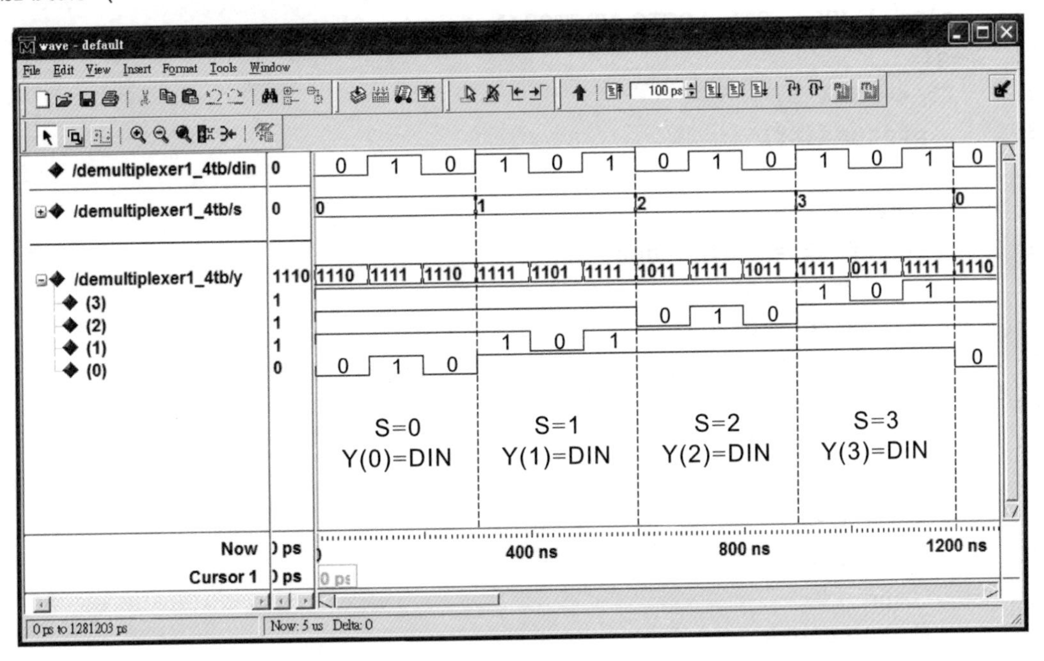

4-5　原始程式的內容如下：

```
1:  ------------------------------------
2:  --         Half adder using        --
3:  --   if then elsif else statement  --
4:  --     Filename : HALF_ADDER.vhd   --
5:  ------------------------------------
```

```
 6:
 7:  library IEEE;
 8:  use IEEE.STD_LOGIC_1164.ALL;
 9:  use IEEE.STD_LOGIC_ARITH.ALL;
10:  use IEEE.STD_LOGIC_UNSIGNED.ALL;
11:
12:  entity HALF_ADDER is
13:      Port (X : in  STD_LOGIC;
14:            Y : in  STD_LOGIC;
15:            S : out STD_LOGIC;
16:            C : out STD_LOGIC);
17:  end HALF_ADDER;
18:
19:  architecture Data_flow of HALF_ADDER is
20:    signal XY : STD_LOGIC_VECTOR(1 downto 0);
21:  begin
22:    XY <= X & Y;
23:      process(XY)
24:
25:        begin
26:          if XY = "00" then
27:            S <= '0';
28:            C <= '0';
29:          elsif XY = "01" or XY = "10" then
30:            S <= '1';
31:            C <= '0';
32:          else
33:            S <= '0';
34:            C <= '1';
35:        end if;
36:      end process;
37:
38:  end Data_flow;
```

功能模擬 (function simulation)

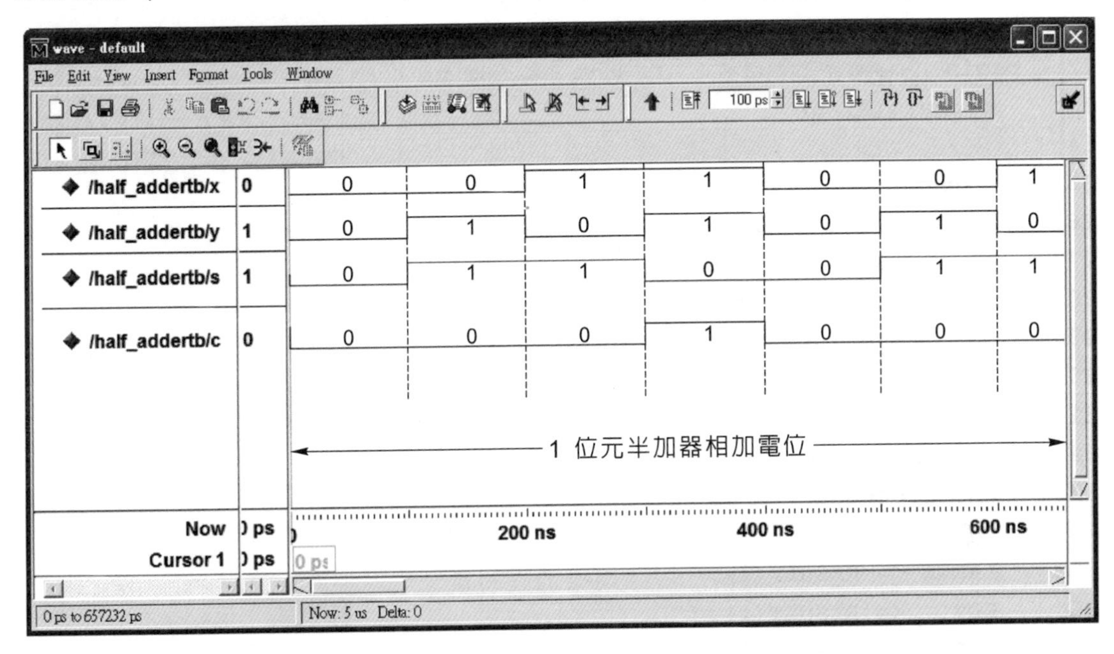

4-7　原始程式的內容如下：

```
 1:  ------------------------------------
 2:  --     2 bit comparactor using     --
 3:  --   if then elsif else statement  --
 4:  --     Filename : COMPARACTOR.vhd  --
 5:  ------------------------------------
 6:
 7:  library IEEE;
 8:  use IEEE.STD_LOGIC_1164.ALL;
 9:  use IEEE.STD_LOGIC_ARITH.ALL;
10:  use IEEE.STD_LOGIC_UNSIGNED.ALL;
11:
12:  entity COMPARACTOR is
13:      Port (A     : in  STD_LOGIC;
14:             B     : in  STD_LOGIC;
15:             LARGE : out STD_LOGIC;
16:             EQV   : out STD_LOGIC;
17:             SMALL : out STD_LOGIC);
18:  end COMPARACTOR;
19:
```

```
20:  architecture Data_flow of COMPARACTOR is
21:    signal RESULT : STD_LOGIC_VECTOR(2 downto 0);
22:  begin
23:    process(A, B)
24:
25:      begin
26:        if A > B then
27:          RESULT <= "100";
28:        elsif A < B then
29:          RESULT <= "001";
30:        else
31:          RESULT <= "010";
32:        end if;
33:    end process;
34:
35:    LARGE  <= RESULT(2);
36:    EQV    <= RESULT(1);
37:    SMALL  <= RESULT(0);
38:  end Data_flow;
```

功能模擬 (function simulation)

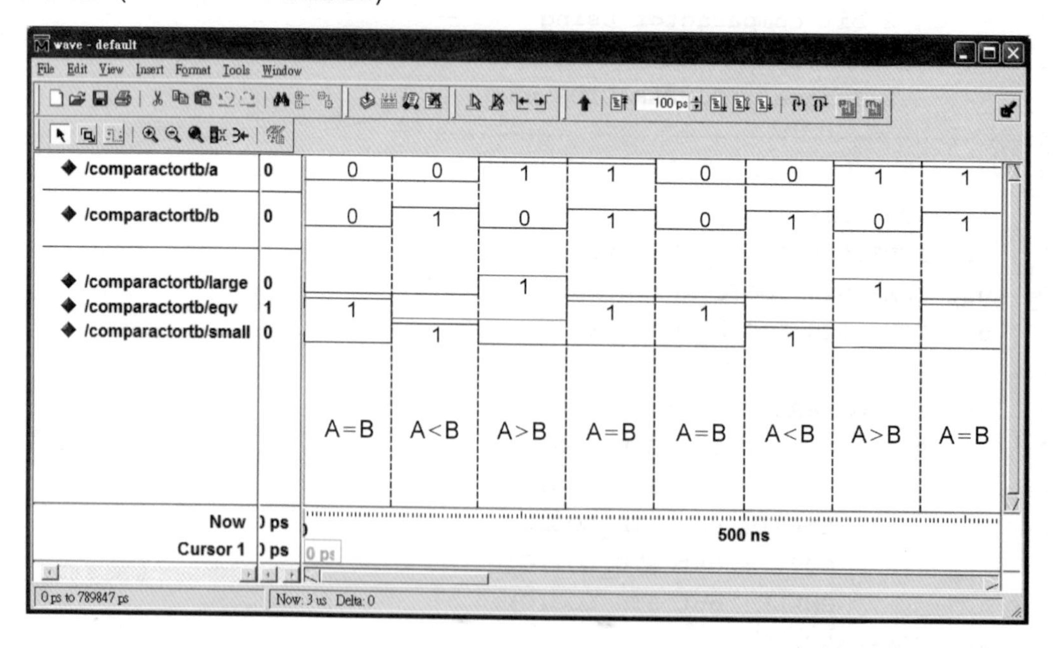

4-9　原始程式的內容如下：

```
 1:  ---------------------------------------------
 2:  --   3 to 5 multiple address decoder using   --
 3:  --        if then elsif else statement       --
 4:  --    Filename : MULTIPLE_DECODER_3_5.vhd    --
 5:  ---------------------------------------------
 6:
 7:  library IEEE;
 8:  use IEEE.STD_LOGIC_1164.ALL;
 9:  use IEEE.STD_LOGIC_ARITH.ALL;
10:  use IEEE.STD_LOGIC_UNSIGNED.ALL;
11:
12:  entity MULTIPLE_DECODER_3_5 is
13:      Port (A : in  STD_LOGIC;
14:            B : in  STD_LOGIC;
15:            C : in  STD_LOGIC;
16:            Y : out STD_LOGIC_VECTOR(4 downto 0));
17:  end MULTIPLE_DECODER_3_5;
18:
19:  architecture Data_flow of MULTIPLE_DECODER_3_5 is
20:    signal ABC : STD_LOGIC_VECTOR(2 downto 0);
21:  begin
22:    ABC <= A & B & C;
23:    process(ABC)
24:
25:      begin
26:        if ABC = o"0" or ABC = o"1" then
27:          Y <= "11110";
28:        elsif ABC = o"2" then
29:          Y <= "11101";
30:        elsif ABC = o"3" or ABC = o"4" or ABC = o"5" then
31:          Y <= "11011";
32:        elsif ABC = o"6" then
33:          Y <= "10111";
34:        else
35:          Y <= "01111";
36:        end if;
37:    end process;
38:
39:  end Data_flow;
```

功能模擬 (function simulation)：

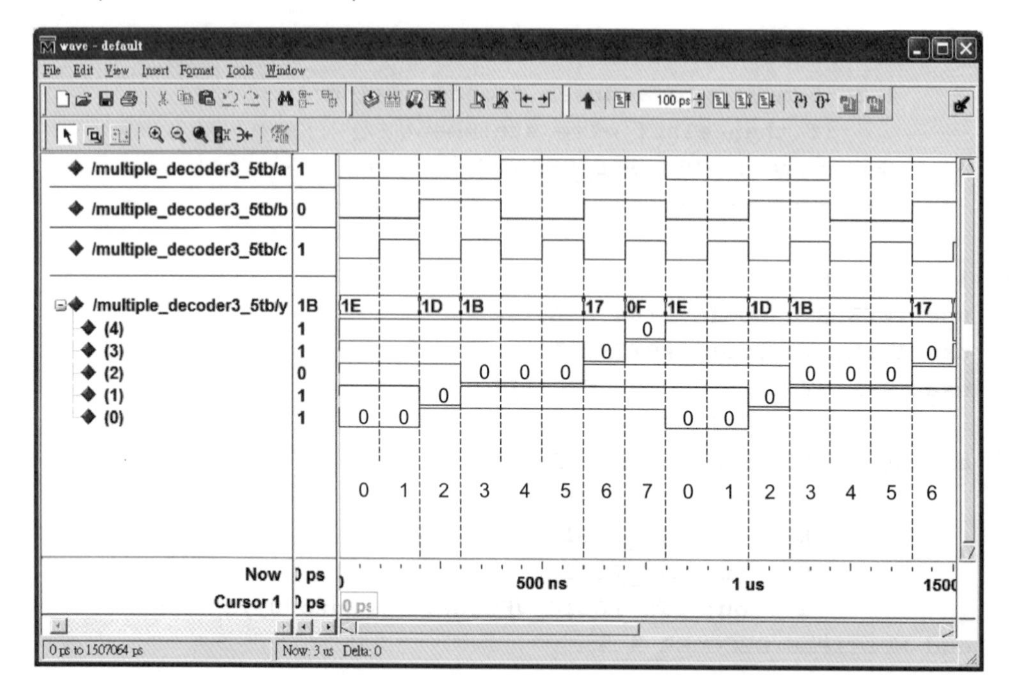

4-11　原始程式的內容如下：

```
 1:  ---------------------------------
 2:  --       Full adder using       --
 3:  --    case is when statement    --
 4:  --  Filename : FULL_ADDER.vhd   --
 5:  ---------------------------------
 6:
 7:  library IEEE;
 8:  use IEEE.STD_LOGIC_1164.ALL;
 9:  use IEEE.STD_LOGIC_ARITH.ALL;
10:  use IEEE.STD_LOGIC_UNSIGNED.ALL;
11:
12:  entity FULL_ADDER is
13:      Port (C0 : in  STD_LOGIC;
14:            X0 : in  STD_LOGIC;
15:            Y0 : in  STD_LOGIC;
16:            C1 : out STD_LOGIC;
17:            S0 : out STD_LOGIC);
18:  end FULL_ADDER;
19:
```

```
20:  architecture Data_flow of FULL_ADDER is
21:    signal C0X0Y0 : STD_LOGIC_VECTOR(2 downto 0);
22:    signal RESULT : STD_LOGIC_VECTOR(1 downto 0);
23:  begin
24:    C0X0Y0 <= C0 & X0 & Y0;
25:    process(C0X0Y0)
26:
27:      begin
28:        case C0X0Y0 is
29:          when "000" =>
30:            RESULT <= "00";
31:          when "001" | "010" | "100" =>
32:            RESULT <= "01";
33:          when "011" | "101" | "110" =>
34:            RESULT <= "10";
35:          when others =>
36:            RESULT <= "11";
37:        end case;
38:    end process;
39:
40:    S0 <= RESULT(0);
41:    C1 <= RESULT(1);
42:  end Data_flow;
```

功能模擬 (function simulation)：

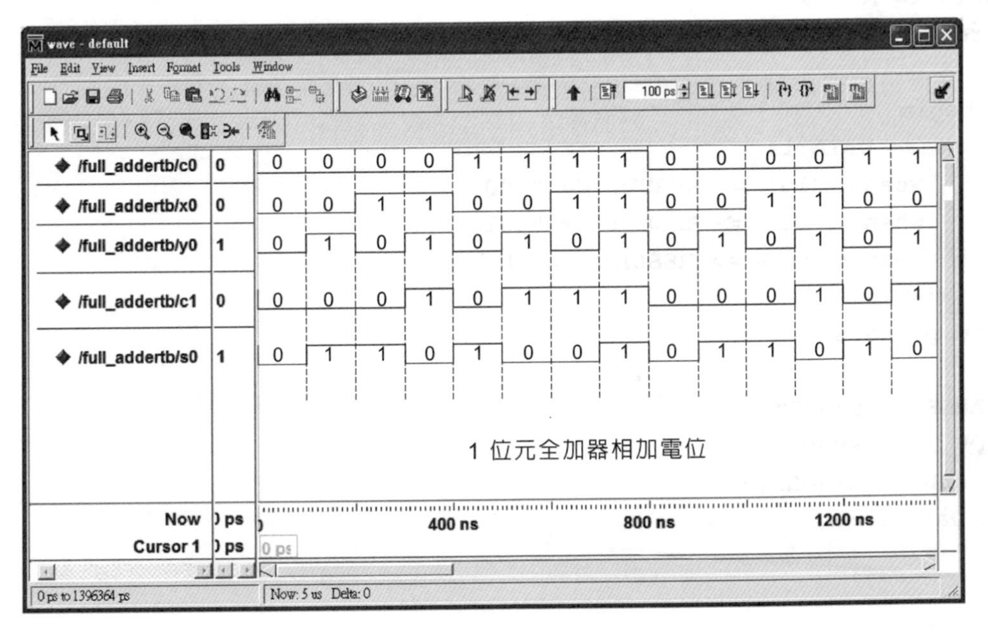

4-13　原始程式的內容如下：

```
 1:  -------------------------------
 2:  --  2 bits comparactor using   --
 3:  --   case is when statement    --
 4:  -- Filename : COMPARACTOR.vhd --
 5:  -------------------------------
 6:
 7:  library IEEE;
 8:  use IEEE.STD_LOGIC_1164.ALL;
 9:  use IEEE.STD_LOGIC_ARITH.ALL;
10:  use IEEE.STD_LOGIC_UNSIGNED.ALL;
11:
12:  entity COMPARACTOR is
13:      Port (A     : in  STD_LOGIC;
14:            B     : in  STD_LOGIC;
15:            LARGE : out STD_LOGIC;
16:            EQV   : out STD_LOGIC;
17:            SMALL : out STD_LOGIC);
18:  end COMPARACTOR;
19:
20:  architecture Data_flow of COMPARACTOR is
21:    signal DATA   : STD_LOGIC_VECTOR(1 downto 0);
22:    signal RESULT : STD_LOGIC_VECTOR(2 downto 0);
23:  begin
24:    DATA <= A & B;
25:    process(DATA)
26:
27:      begin
28:        case DATA is
29:          when  "10" => RESULT <= "100";
30:          when  "01" => RESULT <= "001";
31:          when others => RESULT <= "010";
32:        end case;
33:    end process;
34:
35:    LARGE <= RESULT(2);
36:    EQV   <= RESULT(1);
37:    SMALL <= RESULT(0);
38:  end Data_flow;
```

功能模擬 (function simulation)：

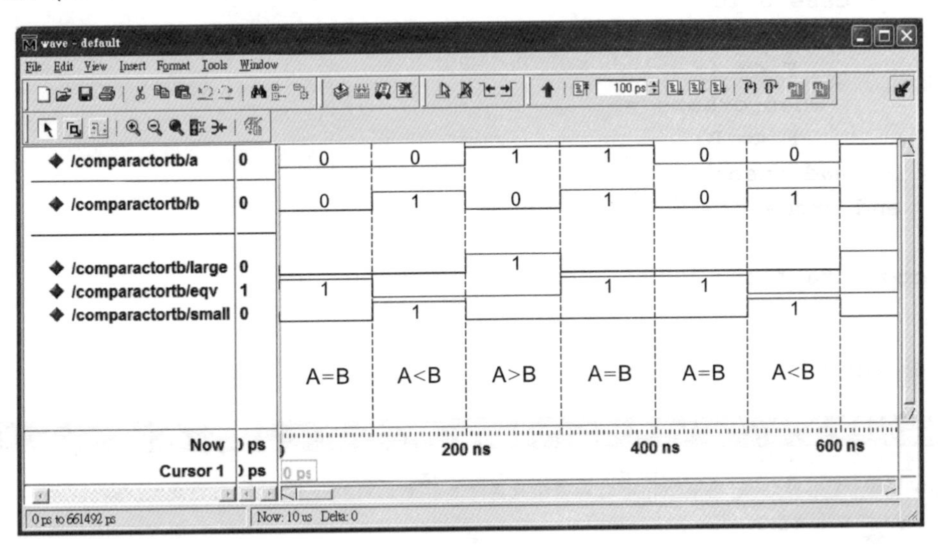

4-15　原始程式的內容如下：

```
 1: ------------------------------------
 2: --    2 to 1 multiplexer using     --
 3: --     case is when statement      --
 4: --  Filename : MULTIPLEXER2_1.vhd  --
 5: ------------------------------------
 6:
 7: library IEEE;
 8: use IEEE.STD_LOGIC_1164.ALL;
 9: use IEEE.STD_LOGIC_ARITH.ALL;
10: use IEEE.STD_LOGIC_UNSIGNED.ALL;
11:
12: entity MULTIPLEXER2_1 is
13:     Port (A : in  STD_LOGIC;
14:           B : in  STD_LOGIC;
15:           S : in  STD_LOGIC;
16:           F : out STD_LOGIC);
17: end MULTIPLEXER2_1;
18:
19: architecture Data_flow of MULTIPLEXER2_1 is
20:
21: begin
22:   process(S, A, B)
23:
24:    begin
```

```
25:       case S is
26:         when '0' =>
27:           F <= A;
28:         when others =>
29:           F <= B;
30:       end case;
31:     end process;
32:
33:   end Data_flow;
```

功能模擬 (function simulation)

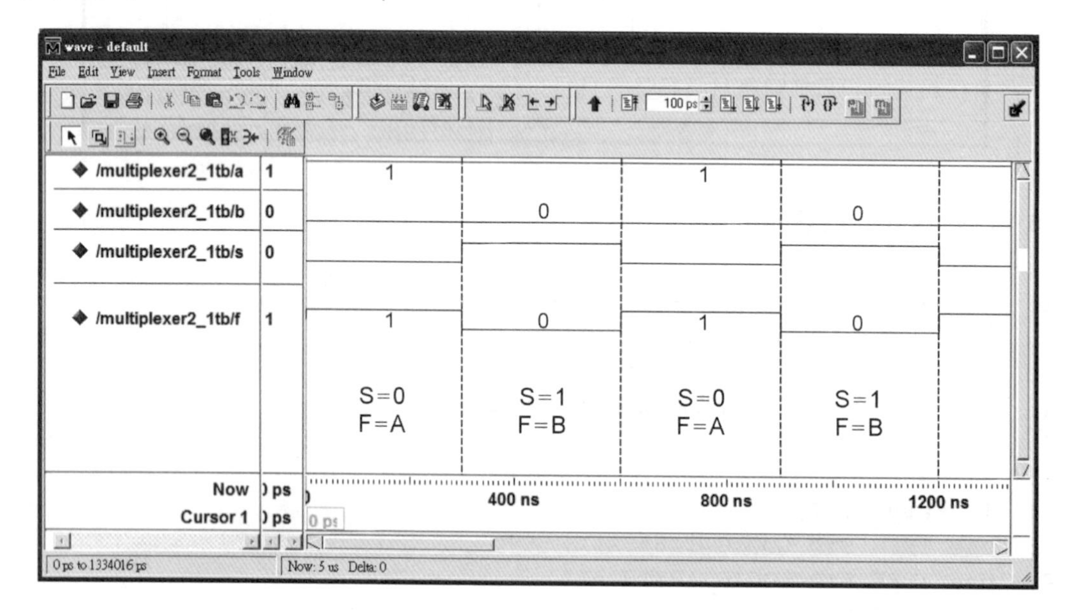

4-17 原始程式的內容如下：

```
 1:  ------------------------------------
 2:  --    1 to 2 demultiplexer using   --
 3:  --      case is when statement     --
 4:  -- Filename : DEMULTIPLEXER1_2.vhd--
 5:  ------------------------------------
 6:
 7:  library IEEE;
 8:  use IEEE.STD_LOGIC_1164.ALL;
 9:  use IEEE.STD_LOGIC_ARITH.ALL;
10:  use IEEE.STD_LOGIC_UNSIGNED.ALL;
11:
```

```
12:  entity DEMULTIPLEXER1_2 is
13:      Port (DIN : in  STD_LOGIC;
14:            S   : in  STD_LOGIC;
15:            Y   : out STD_LOGIC_VECTOR(1 downto 0));
16:  end DEMULTIPLEXER1_2;
17:
18:  architecture Data_flow of DEMULTIPLEXER1_2 is
19:
20:  begin
21:    process(S, DIN)
22:
23:      begin
24:        case S is
25:          when '0'    => Y <= '1' & DIN;
26:          when others => Y <= DIN & '1';
27:        end case;
28:    end process;
29:
30:  end Data_flow;
```

功能模擬 (function simulation)

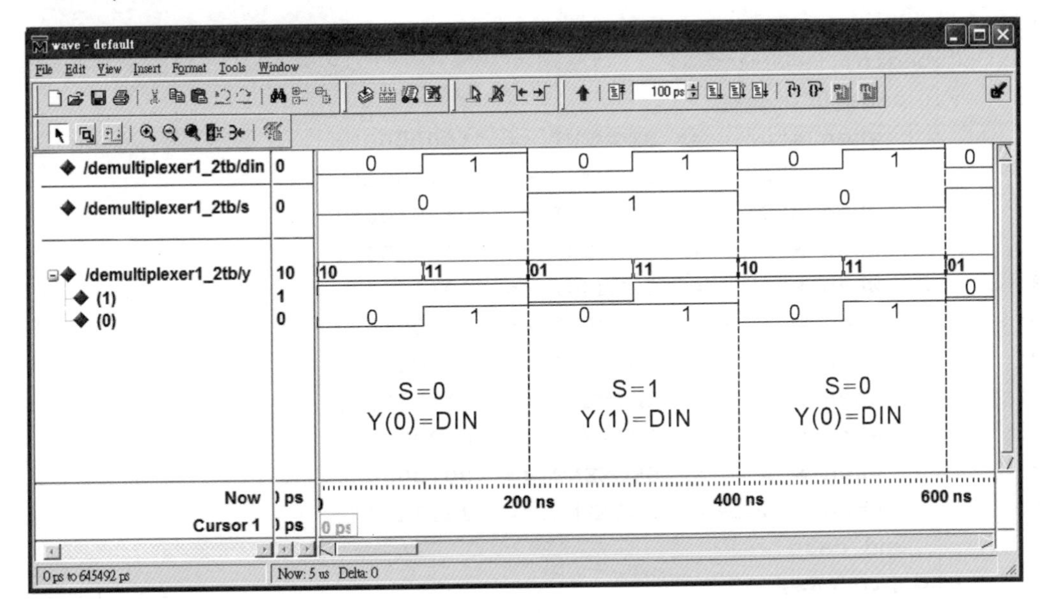

4-19 原始程式的內容如下：

```
 1: ---------------------------------------------
 2: --   BCD to seven segment decoder(CA) using --
 3: --         case is when statement          --
 4: -- Filename : BCD_SEVEN_SEGMENT_DECODER.vhd--
 5: ---------------------------------------------
 6:
 7: library IEEE;
 8: use IEEE.STD_LOGIC_1164.ALL;
 9: use IEEE.STD_LOGIC_ARITH.ALL;
10: use IEEE.STD_LOGIC_UNSIGNED.ALL;
11:
12: entity BCD_SEGMENT_DECODER is
13:     Port (BCD     : in  STD_LOGIC_VECTOR(3 downto 0);
14:           SEGMENT : out STD_LOGIC_VECTOR(6 downto 0));
15: end BCD_SEGMENT_DECODER;
16:
17: architecture Data_flow of BCD_SEGMENT_DECODER is
18:
19: begin
20:   process(BCD)
21:
22:     begin
23:       case BCD is
24:         when x"0"   => SEGMENT <= "1000000";
25:         when x"1"   => SEGMENT <= "1111001";
26:         when x"2"   => SEGMENT <= "0100100";
27:         when x"3"   => SEGMENT <= "0110000";
28:         when x"4"   => SEGMENT <= "0011001";
29:         when x"5"   => SEGMENT <= "0010010";
30:         when x"6"   => SEGMENT <= "0000010";
31:         when x"7"   => SEGMENT <= "1111000";
32:         when x"8"   => SEGMENT <= "0000000";
33:         when x"9"   => SEGMENT <= "0010000";
34:         when others => SEGMENT <= "1111111";
35:       end case;
36:   end process;
37:
38: end Data_flow;
```

功能模擬 (function simulation)

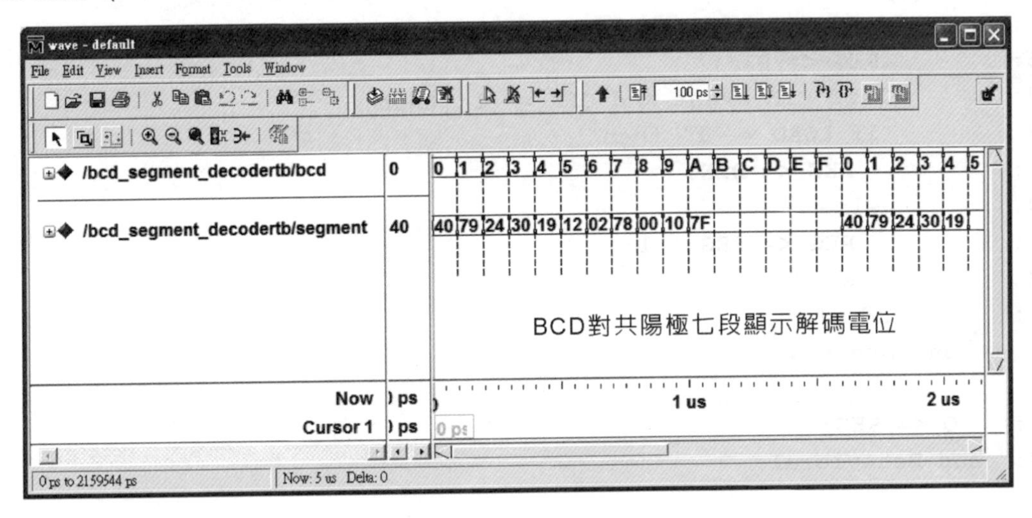

4-21　原始程式的內容如下：

```
 1: --------------------------------------
 2: --  4 Bits loadable binary counter --
 3: --    LOADABLE_BINARY_COUNTER.vhd   --
 4: --------------------------------------
 5:
 6: library IEEE;
 7: use IEEE.STD_LOGIC_1164.ALL;
 8: use IEEE.STD_LOGIC_ARITH.ALL;
 9: use IEEE.STD_LOGIC_UNSIGNED.ALL;
10:
11: entity LOADABLE_BINARY_COUNTER is
12:     Port (CLK   : in  STD_LOGIC;
13:           RESET : in  STD_LOGIC;
14:           LOAD  : in  STD_LOGIC;
15:           DIN   : in  STD_LOGIC_VECTOR(3 downto 0);
16:           Q     : out STD_LOGIC_VECTOR(3 downto 0));
17: end LOADABLE_BINARY_COUNTER;
18:
19: architecture Behavioral of LOADABLE_BINARY_COUNTER is
20:   signal REG : STD_LOGIC_VECTOR(3 downto 0);
21: begin
22:   process(CLK, RESET)
23:
```

```
24:         begin
25:           if RESET = '0' then
26:             REG <= DIN;
27:           elsif CLK'event and CLK = '1' then
28:             if LOAD = '1' then
29:               REG <= DIN;
30:             else
31:               REG <= REG + 1;
32:             end if;
33:           end if;
34:       end process;
35:
36:       Q <= REG;
37:   end Behavioral;
```

功能模擬 (function simulation)：

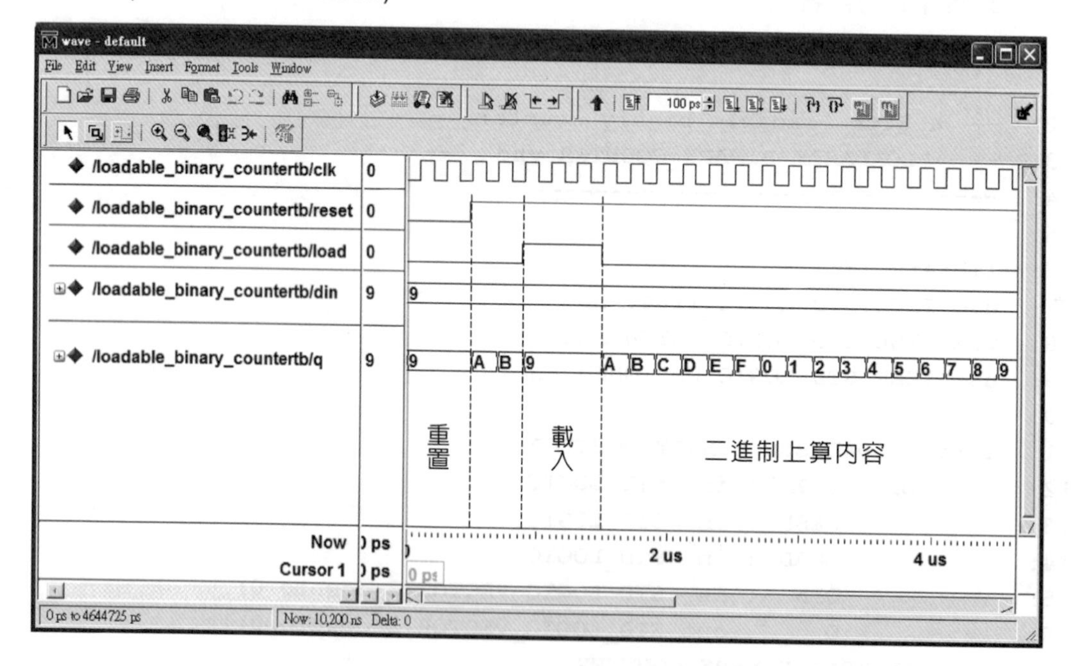

4-23　原始程式的內容如下：

```
 1:  ------------------------------------------
 2:  -- 1 Digital BCD up counter with enable --
 3:  -- Filename : BCD_UP_COUNTER_ENABLE.vhd --
 4:  ------------------------------------------
 5:
 6:  library IEEE;
 7:  use IEEE.STD_LOGIC_1164.ALL;
 8:  use IEEE.STD_LOGIC_ARITH.ALL;
 9:  use IEEE.STD_LOGIC_UNSIGNED.ALL;
10:
11:  entity BCD_UP_COUNTER_ENABLE is
12:      Port (CLK     : in  STD_LOGIC;
13:            RESET   : in  STD_LOGIC;
14:            ENABLE  : in  STD_LOGIC;
15:            Q       : out STD_LOGIC_VECTOR(3 downto 0));
16:  end BCD_UP_COUNTER_ENABLE;
17:
18:  architecture Behavioral of BCD_UP_COUNTER_ENABLE is
19:    signal REG : STD_LOGIC_VECTOR(3 downto 0);
20:  begin
21:    process(CLK, RESET)
22:
23:      begin
24:        if RESET = '0' then
25:          REG <= (others => '0');
26:        elsif CLK'event and CLK = '1' then
27:          if ENABLE = '1' then
28:            if REG  = x"9" then
29:              REG  <= x"0";
30:            else
31:              REG  <= REG + 1;
32:            end if;
33:          end if;
34:        end if;
35:    end process;
36:
37:    Q <= REG;
38:  end Behavioral;
```

功能模擬 (function simulation)

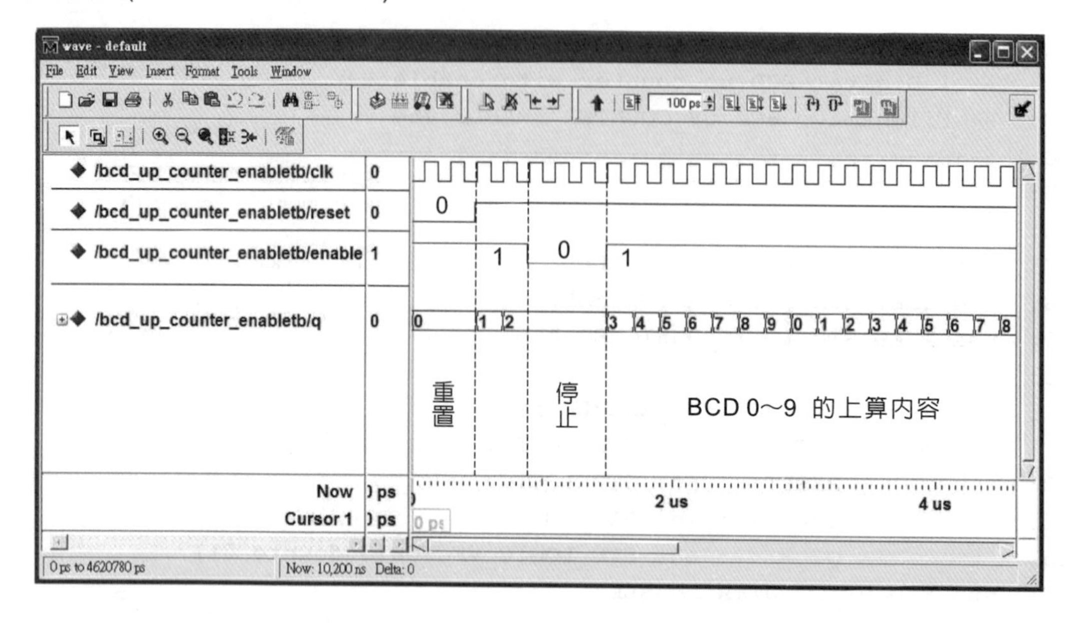

4-25 原始程式的內容如下：

```
 1:  ------------------------------------
 2:  -- BCD up counter with variable(1) --
 3:  --     Filename : UP_COUNTER.vhd    --
 4:  ------------------------------------
 5:
 6:  library IEEE;
 7:  use IEEE.STD_LOGIC_1164.ALL;
 8:  use IEEE.STD_LOGIC_ARITH.ALL;
 9:  use IEEE.STD_LOGIC_UNSIGNED.ALL;
10:
11:  entity UP_COUNTER is
12:      Port (CLK   : in  STD_LOGIC;
13:            RESET : in  STD_LOGIC;
14:            BCD   : out STD_LOGIC_VECTOR(3 downto 0));
15:  end UP_COUNTER;
16:
17:  architecture Behavioral of UP_COUNTER is
18:
19:  begin
20:    process (CLK, RESET)
21:    variable REG : STD_LOGIC_VECTOR(3 downto 0);
22:      begin
```

```
23:       if RESET = '0' then
24:         REG := x"0";
25:       elsif CLK'event and CLK = '1' then
26:         if REG = x"9" then
27:           REG := x"0";
28:         else
29:           REG := REG + 1;
30:         end if;
31:       end if;
32:       BCD <= REG;
33:     end process;
34:
35:   end Behavioral;
```

功能模擬 (function simulation)：

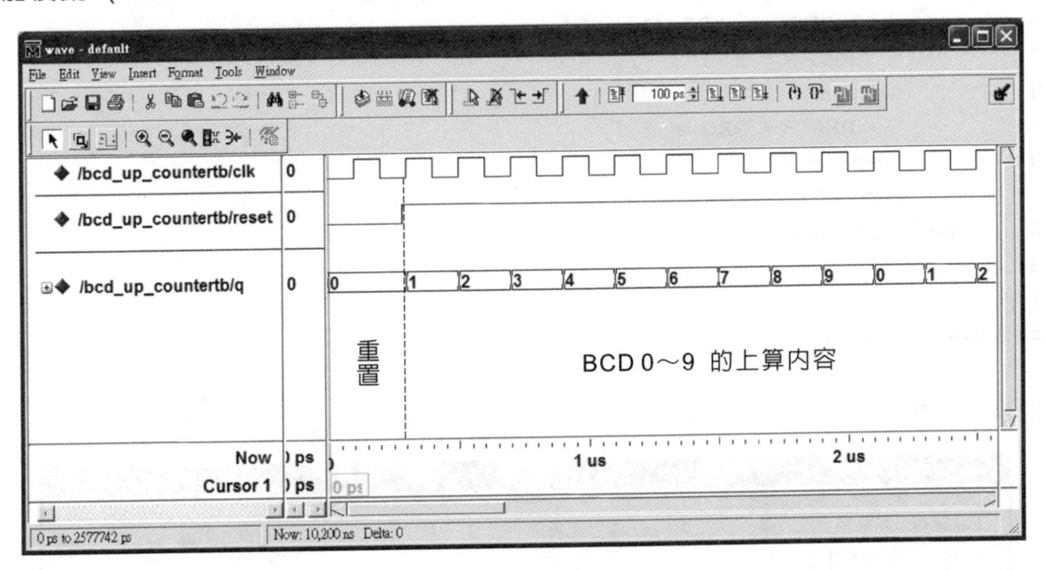

4-27　原始程式的內容如下：

```
1:  ---------------------------------------
2:  --    1 Digital even BCD counter     --
3:  -- Filename : BCD_EVEN_COUNTER.vhd --
4:  ---------------------------------------
5:
6:  library IEEE;
7:  use IEEE.STD_LOGIC_1164.ALL;
8:  use IEEE.STD_LOGIC_ARITH.ALL;
9:  use IEEE.STD_LOGIC_UNSIGNED.ALL;
```

```
10:
11:  entity BCD_EVEN_COUNTER is
12:     Port (CLK   : in  STD_LOGIC;
13:           RESET : in  STD_LOGIC;
14:           Q     : out STD_LOGIC_VECTOR(3 downto 0));
15:  end BCD_EVEN_COUNTER;
16:
17:  architecture Behavioral of BCD_EVEN_COUNTER is
18:   signal REG : STD_LOGIC_VECTOR(3 downto 0);
19:  begin
20:    process(CLK, RESET)
21:
22:     begin
23:       if RESET = '0' then
24:         REG <= (others => '0');
25:       elsif CLK'event and CLK = '1' then
26:         if REG = x"8" then
27:           REG <= x"0";
28:         else
29:           REG <= REG + 2;
30:         end if;
31:       end if;
32:    end process;
33:
34:    Q <= REG;
35:  end Behavioral;
```

功能模擬 (function simulation)

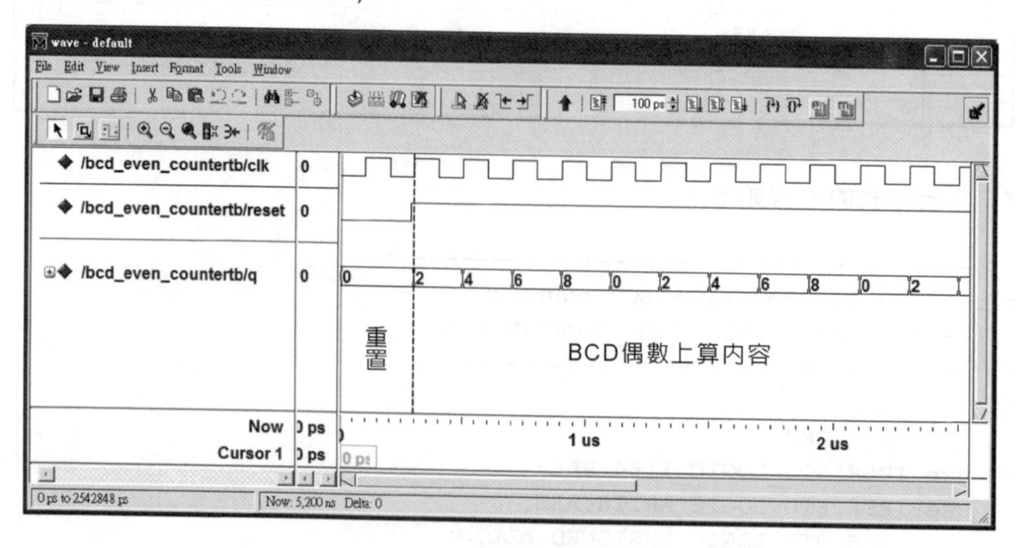

4-29　原始程式的內容如下：

```
 1: ----------------------------------------
 2: --   4 Bits PILI light with signal  --
 3: --    Filename : PILI_LIGHT.vhd     --
 4: ----------------------------------------
 5:
 6: library IEEE;
 7: use IEEE.STD_LOGIC_1164.ALL;
 8: use IEEE.STD_LOGIC_ARITH.ALL;
 9: use IEEE.STD_LOGIC_UNSIGNED.ALL;
10:
11: entity PILI_LIGHT is
12:     Port (CLK   : in  STD_LOGIC;
13:           RESET : in  STD_LOGIC;
14:           Q     : out STD_LOGIC_VECTOR(3 downto 0));
15: end PILI_LIGHT;
16:
17: architecture Behavioral of PILI_LIGHT is
18:   signal DIRECTION : STD_LOGIC;
19:   signal PATTERN   : STD_LOGIC_VECTOR(3 downto 0);
20: begin
21:   process (CLK, RESET)
22:
23:     begin
24:       if RESET    = '0' then
25:         DIRECTION <= '0';
26:         PATTERN   <= "1000";
27:       elsif CLK'event and CLK = '1' then
28:         if DIRECTION = '0' then
29:           PATTERN <= '0' & PATTERN(3 downto 1);
30:         else
31:           PATTERN <= PATTERN(2 downto 0) & '0';
32:         end if;
33:         if PATTERN    = "0010" then
34:           DIRECTION  <= '1';
35:         elsif PATTERN = "0100" then
36:           DIRECTION  <= '0';
37:         end if;
38:       end if;
39:   end process;
40:
41:   Q <= PATTERN;
42: end Behavioral;
```

功能模擬 (function simulation)

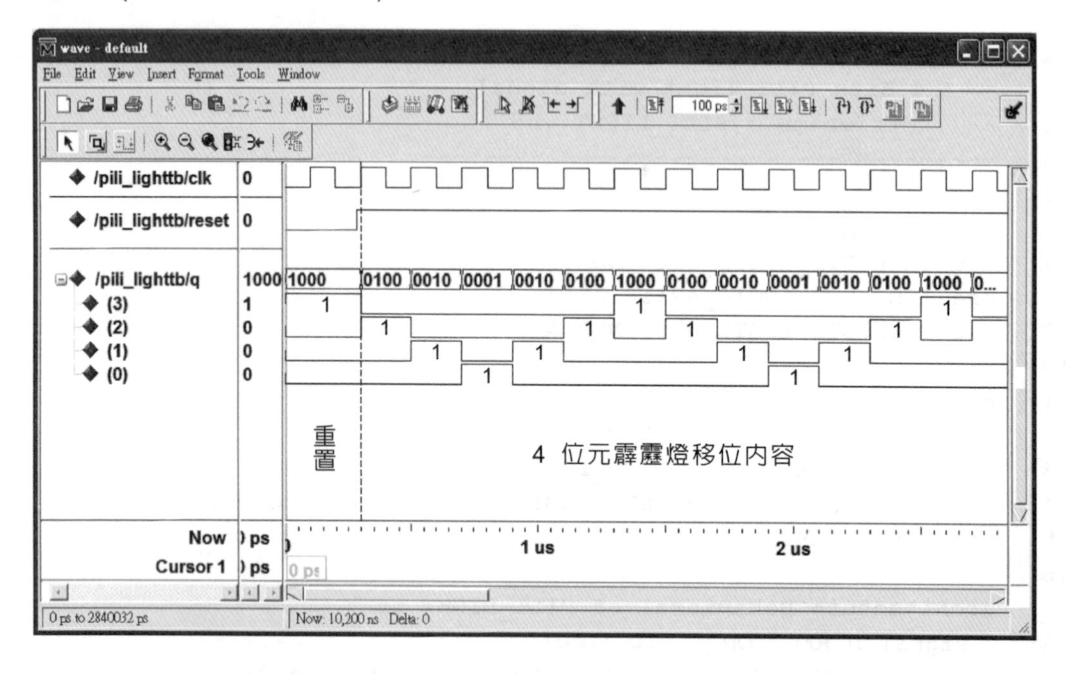

4-31 原始程式的內容如下：

```
 1:  --------------------------------------
 2:  --      4 bits data shift left      --
 3:  -- Filename : SHIFT_LEFT_4BITS.vhd --
 4:  --------------------------------------
 5:
 6:  library IEEE;
 7:  use IEEE.STD_LOGIC_1164.ALL;
 8:  use IEEE.STD_LOGIC_ARITH.ALL;
 9:  use IEEE.STD_LOGIC_UNSIGNED.ALL;
10:
11:  entity SHIFT_LEFT_4BITS is
12:      Port (CLK   : in  STD_LOGIC;
13:            RESET : in  STD_LOGIC;
14:            DIN   : in  STD_LOGIC;
15:            Q     : out STD_LOGIC_VECTOR(3 downto 0));
16:  end SHIFT_LEFT_4BITS;
17:
18:  architecture Behavioral of SHIFT_LEFT_4BITS is
19:    signal REG : STD_LOGIC_VECTOR(3 downto 0);
20:  begin
21:    process(CLK, RESET)
```

```
22:
23:      begin
24:        if RESET = '0' then
25:          REG <= (others => '0');
26:        elsif CLK'event and CLK = '1' then
27:          REG <= REG(2 downto 0) & DIN;
28:        end if;
29:    end process;
30:
31:    Q <= REG;
32:  end Behavioral;
```

功能模擬 (function simulation)：

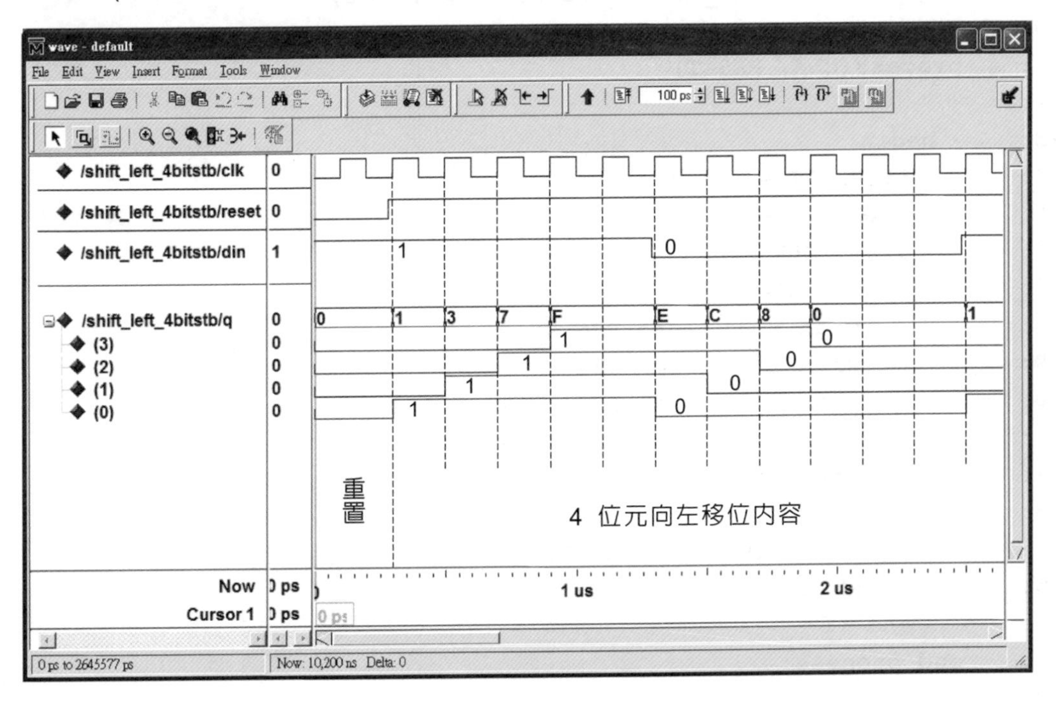

4-33　原始程式的內容如下：

```
1:  --------------------------------
2:  --    auto stop counter (9)    --
3:  --    using  null statement    --
4:  --   Filename : COUNTER.vhd    --
5:  --------------------------------
6:
```

```
 7:  library IEEE;
 8:  use IEEE.STD_LOGIC_1164.ALL;
 9:  use IEEE.STD_LOGIC_ARITH.ALL;
10:  use IEEE.STD_LOGIC_UNSIGNED.ALL;
11:
12:  entity COUNTER is
13:      Port (CLK   : in  STD_LOGIC;
14:            RESET : in  STD_LOGIC;
15:            Q     : out STD_LOGIC_VECTOR(3 downto 0));
16:  end COUNTER;
17:
18:  architecture Behavioral of COUNTER is
19:    signal REG : STD_LOGIC_VECTOR(3 downto 0);
20:  begin
21:    process(CLK, RESET)
22:
23:      begin
24:        if RESET = '0' then
25:          REG <= x"0";
26:        elsif CLK'event and CLK = '1' then
27:          case REG is
28:            when x"0"    => REG <= x"3";
29:            when x"3"    => REG <= x"5";
30:            when x"5"    => REG <= x"2";
31:            when x"2"    => REG <= x"7";
32:            when x"7"    => REG <= x"6";
33:            when x"6"    => REG <= x"9";
34:            when others  => NULL;
35:          end case;
36:        end if;
37:    end process;
38:
39:    Q <= REG;
40:  end Behavioral;
```

功能模擬 (function simulation)：

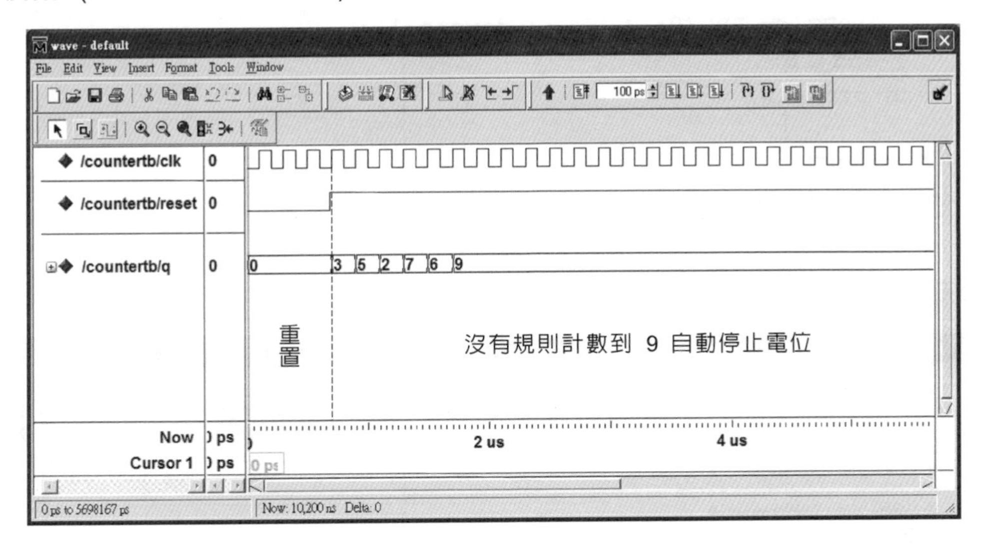

4-35　原始程式的內容如下：

```
 1: -----------------------------------------
 2: --         8 Bits data rotate right      --
 3: --    Filename : ROTATE_RIGHT_8BITS.vhd  --
 4: -----------------------------------------
 5:
 6: library IEEE;
 7: use IEEE.STD_LOGIC_1164.ALL;
 8: use IEEE.STD_LOGIC_ARITH.ALL;
 9: use IEEE.STD_LOGIC_UNSIGNED.ALL;
10:
11: entity ROTATE_RIGHT_8BITS is
12:     Port (CLK   : in  STD_LOGIC;
13:           RESET : in  STD_LOGIC;
14:           Q     : out STD_LOGIC_VECTOR(7 downto 0));
15: end ROTATE_RIGHT_8BITS;
16:
17: architecture Behavioral of ROTATE_RIGHT_8BITS is
18:   signal REG : STD_LOGIC_VECTOR(7 downto 0);
19: begin
20:   process(CLK, RESET)
21:
22:     begin
23:       if RESET = '0' then
24:         REG <= "10000000";
```

```
25:       elsif CLK'event and CLK = '1' then
26:         REG <= REG(0) & REG(7 downto 1);
27:       end if;
28:    end process;
29:
30:    Q <= REG;
31:  end Behavioral;
```

功能模擬 (function simulation)

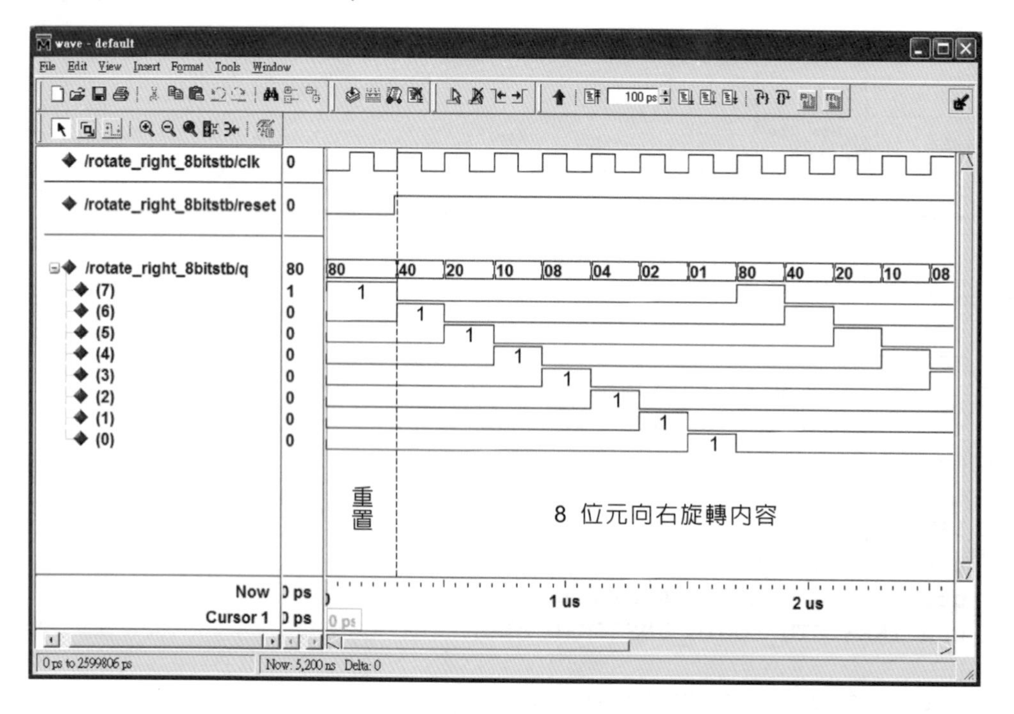

4-37　原始程式的內容如下：

```
 1:  --------------------------------
 2:  --       4 to 1 multiplexer    -
 3:  --    Filename : SN74153.vhd   -
 4:  --------------------------------
 5:
 6:  library IEEE;
 7:  use IEEE.STD_LOGIC_1164.ALL;
 8:  use IEEE.STD_LOGIC_ARITH.ALL;
 9:  use IEEE.STD_LOGIC_UNSIGNED.ALL;
10:
11:  entity SN74153 is
```

```
12:      Port (DA  : in  STD_LOGIC_VECTOR(3 downto 0);
13:            DB  : in  STD_LOGIC_VECTOR(3 downto 0);
14:            S   : in  STD_LOGIC_VECTOR(1 downto 0);
15:            GA  : in  STD_LOGIC;
16:            GB  : in  STD_LOGIC;
17:            YA  : out STD_LOGIC;
18:            YB  : out STD_LOGIC);
19: end SN74153;
20:
21: architecture Multiplexer4_1 of SN74153 is
22:
23: begin
24:   YA <= DA(0) when (GA = '0' and S = "00") else
25:         DA(1) when (GA = '0' and S = "01") else
26:         DA(2) when (GA = '0' and S = "10") else
27:         DA(3) when (GA = '0' and S = "11") else
28:         '0';
29:   YB <= DB(0) when (GB = '0' and S = "00") else
30:         DB(1) when (GB = '0' and S = "01") else
31:         DB(2) when (GB = '0' and S = "10") else
32:         DB(3) when (GB = '0' and S = "11") else
33:         '0';
34: end Multiplexer4_1;
```

功能模擬 (function simulation)：

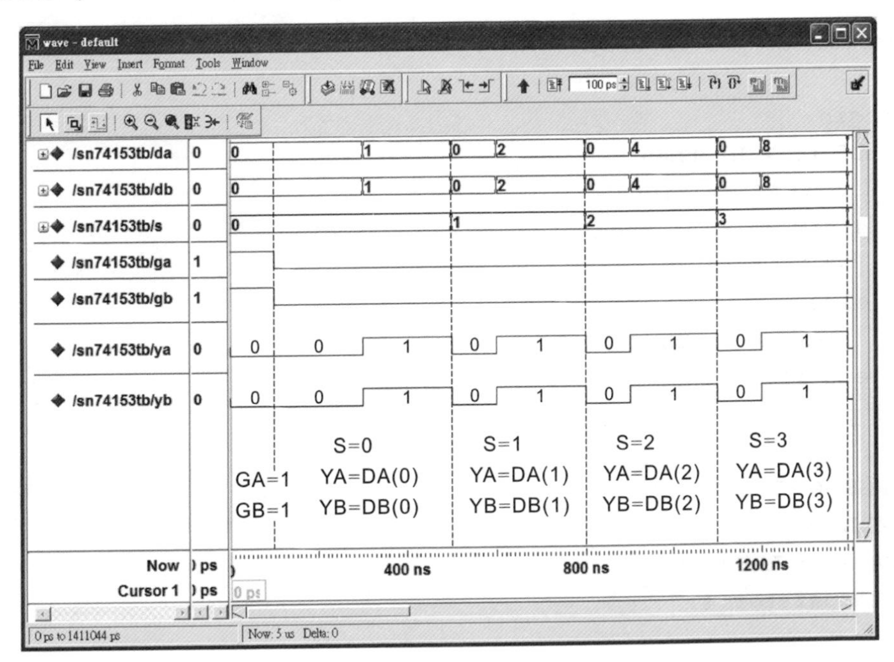

4-39 原始程式的內容如下：

```
 1:  ----------------------------
 2:  --   4 Bits comparactor   --
 3:  -- Filename : SN7485.vhd --
 4:  ----------------------------
 5:
 6:  library IEEE;
 7:  use IEEE.STD_LOGIC_1164.ALL;
 8:  use IEEE.STD_LOGIC_ARITH.ALL;
 9:  use IEEE.STD_LOGIC_UNSIGNED.ALL;
10:
11:  entity SN7485 is
12:      Port (A       : in  STD_LOGIC_VECTOR(3 downto 0);
13:            B       : in  STD_LOGIC_VECTOR(3 downto 0);
14:            CASCADE: in  STD_LOGIC_VECTOR(2 downto 0);
15:            LARGE   : out STD_LOGIC;
16:            SMALL   : out STD_LOGIC;
17:            EQV     : out STD_LOGIC);
18:  end SN7485;
19:
20:  architecture Comparator_4 of SN7485 is
21:    signal RESULT : STD_LOGIC_VECTOR(2 downto 0);
22:  begin
23:
24:    process (A, B, CASCADE)
25:
26:      begin
27:        if (A > B) then
28:          RESULT <= "100";
29:        elsif (A < B) then
30:          RESULT <= "010";
31:        else
32:          RESULT <= CASCADE;
33:        end if;
34:    end process;
35:
36:    LARGE <= RESULT(2);
37:    SMALL <= RESULT(1);
38:    EQV   <= RESULT(0);
39:  end Comparator_4;
```

功能模擬 (function simulation)

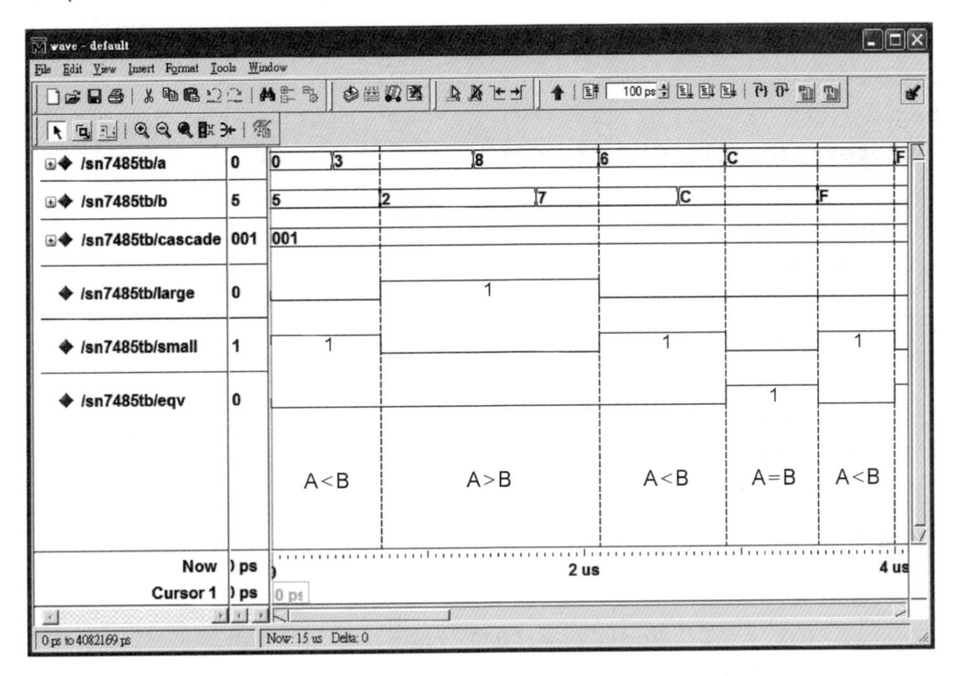

4-41　原始程式的內容如下：

```
 1:  --------------------------------
 2:  -- 2 to 4 decoder with enable --
 3:  --   Filename : SN74155.vhd    --
 4:  --------------------------------
 5:
 6:  library IEEE;
 7:  use IEEE.STD_LOGIC_1164.ALL;
 8:  use IEEE.STD_LOGIC_ARITH.ALL;
 9:  use IEEE.STD_LOGIC_UNSIGNED.ALL;
10:
11:  entity SN74155 is
12:       Port (C1 : in  STD_LOGIC;
13:             G1 : in  STD_LOGIC;
14:             C2 : in  STD_LOGIC;
15:             G2 : in  STD_LOGIC;
16:             A  : in  STD_LOGIC_VECTOR(1 downto 0);
17:             Y1 : out STD_LOGIC_VECTOR(3 downto 0);
18:             Y2 : out STD_LOGIC_VECTOR(3 downto 0));
19:  end SN74155;
```

```
20:
21:  architecture Decoder of SN74155 is
22:
23:  begin
24:    process (A, C1, G1, C2, G2)
25:
26:      begin
27:        if (G1 = '0' and C1 = '1') then
28:          case A is
29:            when "00"    => Y1 <= "1110";
30:            when "01"    => Y1 <= "1101";
31:            when "10"    => Y1 <= "1011";
32:            when others  => Y1 <= "0111";
33:          end case;
34:        else
35:          Y1 <= "1111";
36:        end if;
37:        if (G2 = '0' and C2 = '0') then
38:          case A is
39:            when "00"    => Y2 <= "1110";
40:            when "01"    => Y2 <= "1101";
41:            when "10"    => Y2 <= "1011";
42:            when others  => Y2 <= "0111";
43:          end case;
44:        else
45:          Y2 <= "1111";
46:        end if;
47:    end process;
48:
49:  end Decoder;
```

功能模擬 (function simulation)

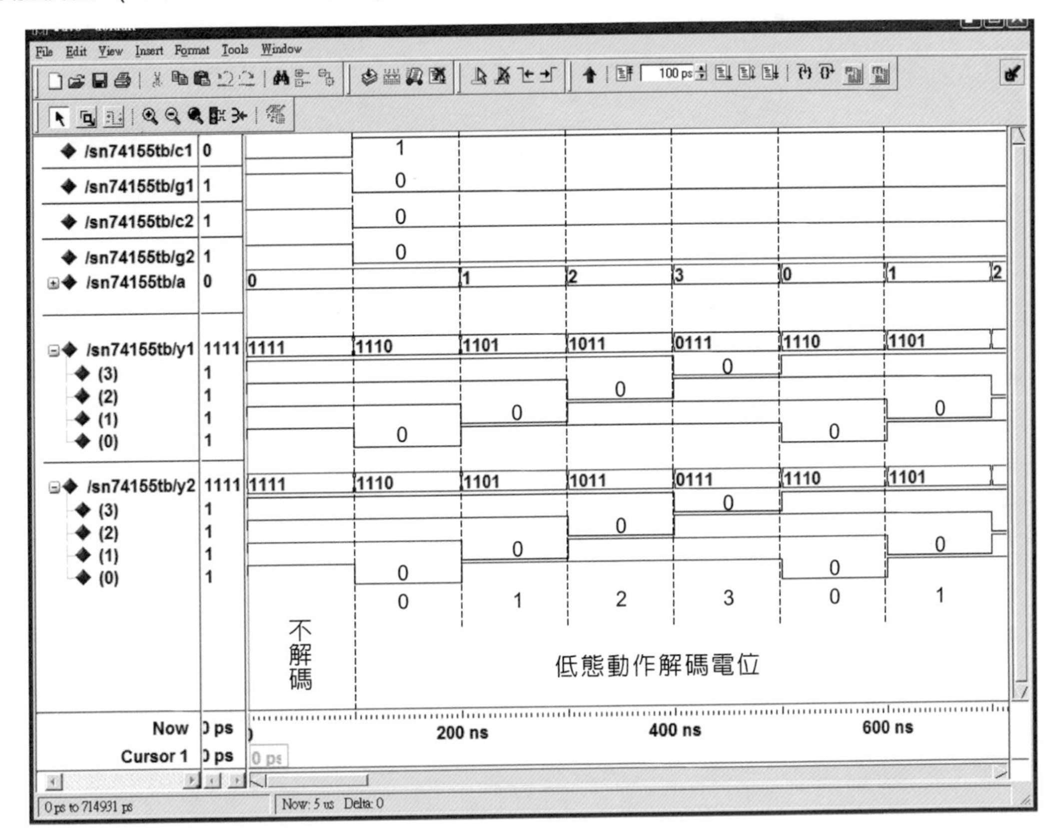

階層式、模組化與參數化電路設計

5-1 結構化與模組化

一個優良的程式結構必須具備容易閱讀、容易偵錯、容易發展、容易維護……等特性，希望擁有上述特性的程式，它所使用的語言必須是一種具有結構化 (structure) 特性的語言，也就是它所撰寫出來的程式為一種：

1. 由上往下執行 (top down)。
2. 模組化 (module)。

所謂的模組化就是，我們可以將一個大程式分割成無數個彼此之間都不會相互影響的獨立小程式，有了這種特性，軟體工程師就可以將一個很大的軟體系統，細分成為數可觀的小程式後，交給不同的工程師們同時進行程式設計工作，以期達到分工的效果。

VHDL 語言就是這樣的語言，為了要達到快速的產品設計與量產來滿足市場的需求，硬體工程師可以將一個大型的硬體控制電路，分割成無數個小型獨立的小電路後，同時交給不同的設計師去設計、模擬及測試，一旦每個硬體電路都設計且測試完成後，再將它們一一的連接成一個大型電路，舉個例子來說，如果我們要設計一個很龐大而複雜的硬體電路，於先期作業上我們先將它規劃成如下的階層式結構：

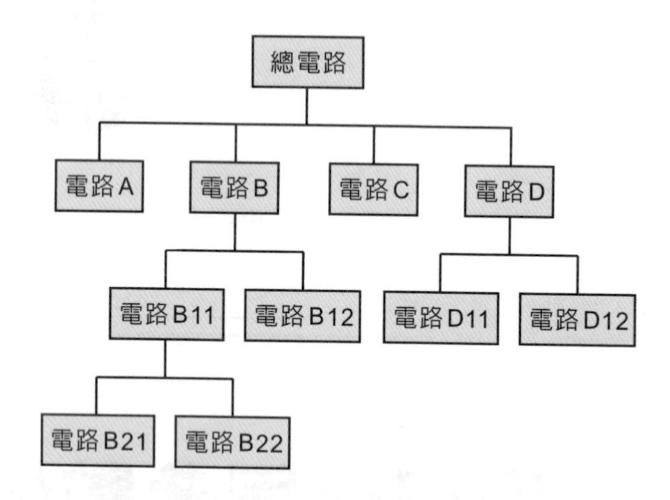

當上述的階層式結構被規劃出來後，我們可以將它們交給一群設計師同時進行電路的設計、測試、偵錯，最後即可將整個複雜的硬體電路在很短的時間內完成，甚至我們可以將這些完成的控制電路當成元件 (component)，分門別類的建立出一套元件資料庫系統供設計師往後使用。以下我們就開始來討論於 VHDL 語言內，有關階層化、結構化及模組化的設計，系統到底提供了那些敘述結構供我們使用。

5-2 元件 component

正如前面所討論的，為了能夠以分工方式來完成龐大硬體電路的設計，於 VHDL 語言內系統提供了元件 (component) 的敘述結構，工程師們可以將時常使用到的控制電路，如多工器 (multiplexer)，解碼器 (decoder)、解多工器 (demultiplexer)、計數器 (counter)、移位暫存器 (shift register)……等建立成一個元件庫系統，以方便往後設計電路需要時，將它們以元件方式叫用。前面我們曾經提過，於 VHDL 語言中，用來描述架構 (architecture) 的敘述風格可以分成三大類：

1. 資料流描述 (data flow description)。
2. 行為模式描述 (behavior description)。
3. 結構描述 (structure description)。

資料流與行為模式描述，我們分別在第三章和第四章內已經詳細的討論過，剩下的結構描述，就是將一個完整的硬體控制電路當成一些相互連接的元件 (component) 集合，從前面的敘述可以知道，提供這種描述，其目的是為了達到電路分工設計，以期產品能快速且貼近市場的需求。採用結構描述，以元件方式來完成一個完整且複雜的控制電路時，其主要的步驟為：

1. 元件的設計與宣告。
2. 元件之間的連線對應。

元件設計與宣告

要取用元件，首先必須先設計元件，而其設計流程與前面我們所設計的電路相同，也就是把它當成是一個獨立的控制電路來設計，其內部包括有 library 宣告、單體 entity、架構 architecture.……等，一旦程式設計完畢後就可以進行模擬、偵錯……等，直到確定電路正確為止。當元件設計完成之後我們即可進行該元件的叫用；取用元件的第一件事情就是宣告所要使用的元件，而其宣告地點可以在架構 (architecture) 內或者在套件 (PACKAGE) 內，而其基本語法如下：

```
component 元件名稱
    Port  (訊號名稱 1 : 工作模式   資料型態;
           訊號名稱 2 : 工作模式   資料型態;
                            ⋮
           訊號名稱 n : 工作模式   資料型態);
end component;
```

1. component、port(　)、end component：皆為保留字，不可以更改或省略。
2. 元件名稱：所要宣告元件的名稱，其名稱必須與元件程式的單體 (entity) 及檔案名稱相同，而且必須符合識別字的要求 (參閱後面範例)。
3. port (　)：所宣告元件內部 port 的對外接腳，其宣告方式與前面有關 port 的敘述相同，要特別注意的是，在 port (　) 內部的敘述，不論是訊號數量、工作模式或資料型態，都必須與元件程式內單體 entity 的宣告一致，但名稱可以不同 (參閱後面的範例)。

元件連線對應

一旦元件設計完成且宣告完畢之後，接下來就是如何叫用元件，並將它與主電路進行連線，於 VHDL 語言中，用來描述叫用元件與主電路之間的連線對應 (mapping) 方式有下列兩種：

1. 名稱對應 mapping by name。
2. 位置對應 mapping by position。

名稱對應 mapping by name

所謂名稱對應 (mapping by name)，就是主電路與被叫用元件之間的連線是以接腳名稱做對應，也就是以接腳的名稱來指定那一隻接腳接到那一隻接腳，此種對應關係與接腳的排放位置無關，而其基本語法如下：

```
標名: 元件名稱
      Port map (訊號名稱 1 ⇒ 訊號名稱 1,
                訊號名稱 2 ⇒ 訊號名稱 2,
                          ⋮
                訊號名稱 n ⇒ 訊號名稱 n);
```

1. 標名：元件的標名，必須符合識別字的要求。
2. 元件名稱：所要叫用元件的名稱。
3. port map ( )：為保留字，括號內部的敘述就是用來描述被叫用元件的接腳名稱，與主電路的接腳或訊號名稱的連線關係，其中左邊的訊號名稱為被叫用元件的接腳名稱，右邊的訊號名稱為主電路的接腳或訊號名稱，兩者中間以對應符號 "⇒" 相連接。
4. 詳細狀況請參閱後面的範例。

範例	檔名：BCD_UP_COUNTER_SEVEN_SEGMENT_COMPONENT_NAME

利用元件的結構，設計一個 BCD 上算計數器與 BCD 對共陽極七段顯示的解碼器兩個元件，同時於主電路內叫用它們，並以名稱對應的連線方式進行兩個電路的整合。

方塊圖：

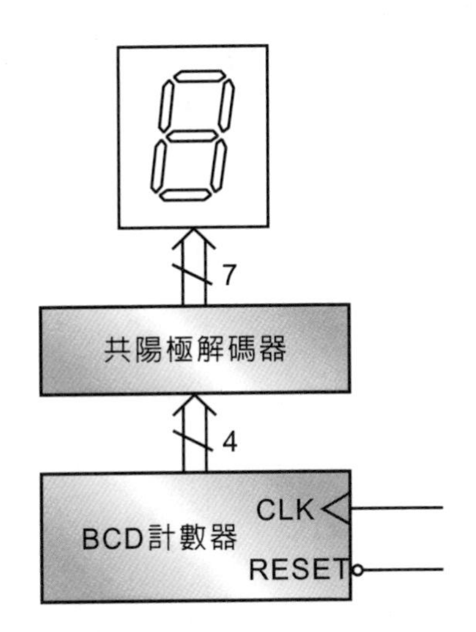

<步驟一> 建立一個新的 project (名稱自訂，此處為 BCD_UP_COUNTER_SEVEN_SEGMENT_COMPONENT_NAME)。

<步驟二> 設計一個 1 位數 BCD 上算計數器，經合成、模擬，確定無誤後存檔 (檔名自訂，此處為 BCD_UP_COUNTER)，其內容如下：

```
 1: -------------------------------------
 2: --   BCD up counter for component   --
 3: --         BCD_UP_COUNTER.vhd        --
 4: -------------------------------------
 5:
 6: library IEEE;
 7: use IEEE.STD_LOGIC_1164.ALL;
 8: use IEEE.STD_LOGIC_ARITH.ALL;
 9: use IEEE.STD_LOGIC_UNSIGNED.ALL;
10:
11: entity BCD_UP_COUNTER is
12:     Port (CLK    : in  STD_LOGIC;
13:           RESET  : in  STD_LOGIC;
14:           BCD    : out STD_LOGIC_VECTOR(3 downto 0));
15: end BCD_UP_COUNTER;
16:
17: architecture Behavioral of BCD_UP_COUNTER is
18:   signal REG : STD_LOGIC_VECTOR(3 downto 0);
19: begin
20:   process(CLK, RESET)
21:
```

```
22:      begin
23:        if RESET = '0' then
24:          REG <= ( others => '0');
25:        elsif CLK'event and CLK = '1' then
26:          if REG = x"9" then
27:            REG <= x"0";
28:          else
29:            REG <= REG + 1;
30:          end if;
31:        end if;
32:    end process;
33:
34:    BCD <= REG;
35:  end Behavioral;
```

<步驟三> 設計一個共陽極 BCD 對七段顯示解碼器，經合成、模擬，確定無誤後存檔 (檔名自訂，此處為 BCD_SEGMENT_DECODER)，其內容如下：

```
 1:  ----------------------------------------
 2:  --      BCD decoder for component      --
 3:  --   Filename : BCD_SEGMENT_DECODER.vhd --
 4:  ----------------------------------------
 5:
 6:  library IEEE;
 7:  use IEEE.STD_LOGIC_1164.ALL;
 8:  use IEEE.STD_LOGIC_ARITH.ALL;
 9:  use IEEE.STD_LOGIC_UNSIGNED.ALL;
10:
11:  entity BCD_SEGMENT_DECODER is
12:      Port (BCD     : in  STD_LOGIC_VECTOR(3 downto 0);
13:            SEGMENT : out STD_LOGIC_VECTOR(6 downto 0));
14:  end BCD_SEGMENT_DECODER;
15:
16:  architecture Data_flow of BCD_SEGMENT_DECODER is
17:
18:  begin
19:    with BCD select
20:      SEGMENT <= "1000000" when x"0",
21:                 "1111001" when x"1",
22:                 "0100100" when x"2",
23:                 "0110000" when x"3",
24:                 "0011001" when x"4",
```

```
25:                "0010010" when x"5",
26:                "0000010" when x"6",
27:                "1111000" when x"7",
28:                "0000000" when x"8",
29:                "0010000" when x"9",
30:                "1111111" when others;
31: end Data_flow;
```

<步驟四> 設計一個主電路，同時宣告兩個被叫用元件 (BCD 上算計數器與共陽極 BCD 對七段顯示解碼器)，並以名稱對應的連線方式個別叫用 1 次後存檔 (檔名自訂，此處為 BCD_UP_COUNTER_SEVEN_SEGMENT)，其內容如下：

```
 1: ------------------------------------------
 2: --   1 Digital up counter and decoder   --
 3: --        using component by name       --
 4: --   BCD_UP_COUNTER_SEVEN_SEGMENT.vhd   --
 5: ------------------------------------------
 6:
 7: library IEEE;
 8: use IEEE.STD_LOGIC_1164.ALL;
 9: use IEEE.STD_LOGIC_ARITH.ALL;
10: use IEEE.STD_LOGIC_UNSIGNED.ALL;
11:
12: entity BCD_UP_COUNTER_SEVEN_SEGMENT is
13:     Port (CLK     : in  STD_LOGIC;
14:           RESET   : in  STD_LOGIC;
15:           SEGMENT : out STD_LOGIC_VECTOR(6 downto 0));
16: end BCD_UP_COUNTER_SEVEN_SEGMENT;
17:
18: architecture Behavioral of BCD_UP_COUNTER_SEVEN_SEGMENT is
19:   signal BCD : STD_LOGIC_VECTOR(3 downto 0);
20:
21:   component BCD_UP_COUNTER
22:     Port (CLK   : in  STD_LOGIC;
23:           RESET : in  STD_LOGIC;
24:           BCD   : out STD_LOGIC_VECTOR(3 downto 0));
25:   end component;
26:
27:   component BCD_SEGMENT_DECODER
```

```
28:        Port (BCD      : in  STD_LOGIC_VECTOR(3 downto 0);
29:              SEGMENT : out STD_LOGIC_VECTOR(6 downto 0));
30:    end component;
31:
32:  begin
33:  COUNTER: BCD_UP_COUNTER
34:        Port map (CLK   => CLK,
35:                  RESET => RESET,
36:                  BCD   => BCD);
37:  DECODER: BCD_SEGMENT_DECODER
38:        Port map (BCD     => BCD,
39:                  SEGMENT => SEGMENT);
40:  end Behavioral;
```

重點說明：

1. 行號 12～16 為主要電路 (BCD_UP_COUNTER_SEVEN_SEGMENT) 的外部接腳，其狀況如下：

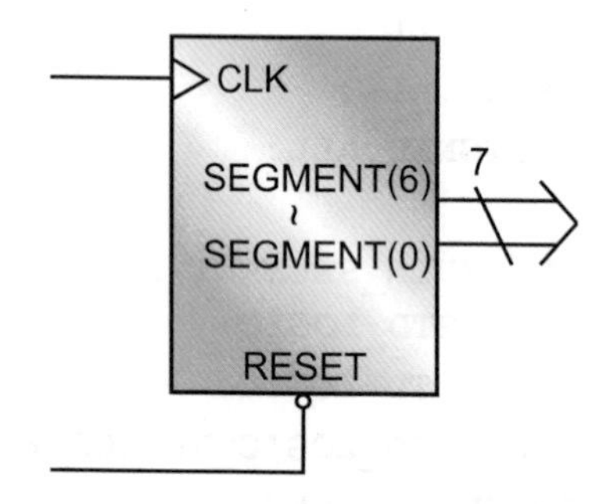

2. 行號 21～25 宣告所要使用元件，BCD 上算計數器 (BCD_UP_COUNTER) 的外部接腳，其狀況如下：

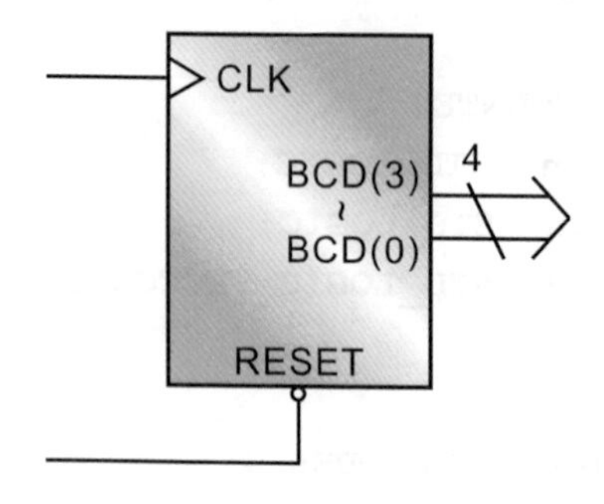

3. 行號 27～30 宣告所要使用元件，共陽極 BCD 對七段顯示解碼器 (BCD_SEGMENT_DECODER) 的外部接腳，其狀況如下：

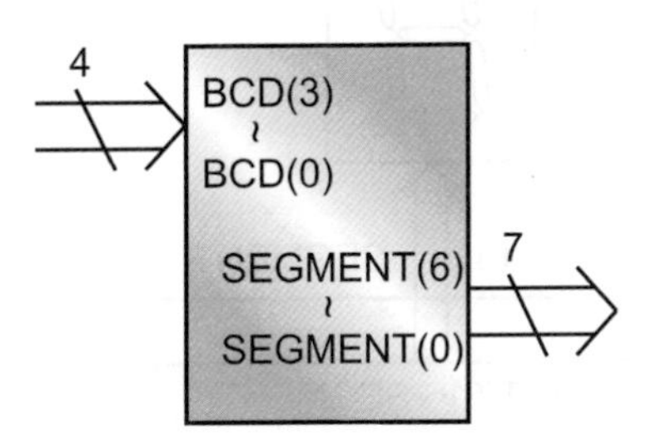

4. 行號 33～36 以標名為 COUNTER，名稱對應的連線方式叫用 BCD 上算計數器 (BCD_UP_COUNTER)，其狀況如下：

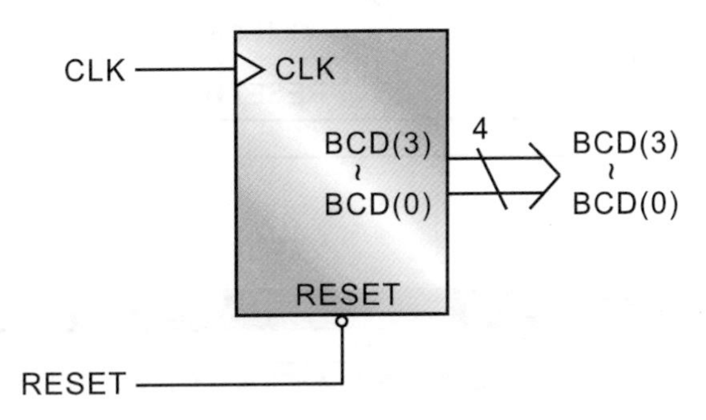

5. 行號 37～39 以標名為 DECODER，名稱對應的連線方式叫用共陽極 BCD 對七段顯示解碼器 (BCD_SEGMENT_DECODER)，其狀況如下：

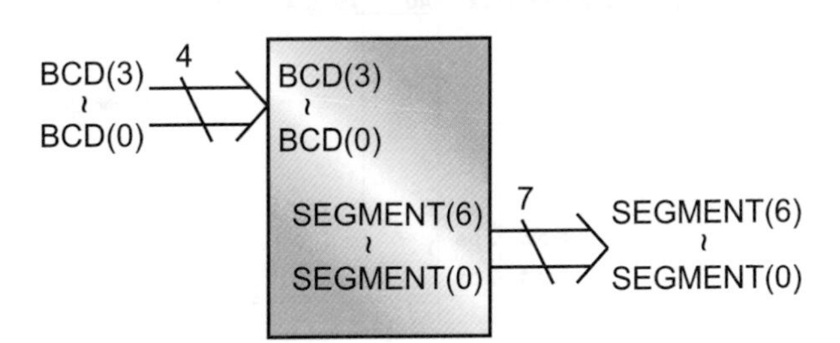

合成之後的完整電路如下：

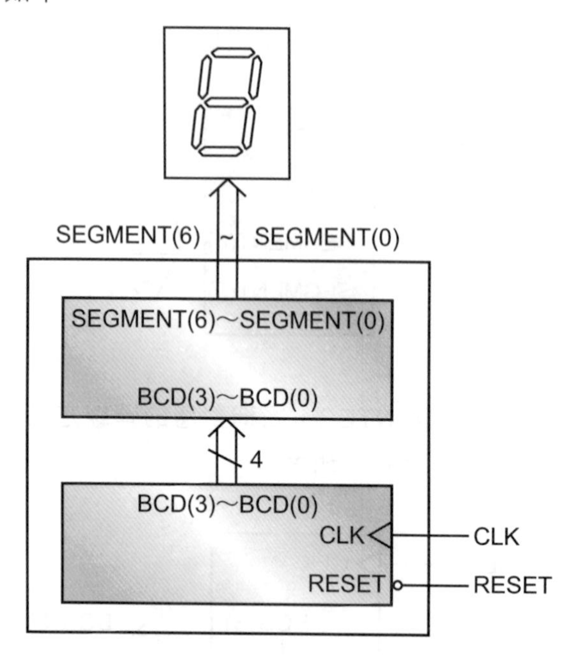

功能模擬 (function simulation)：

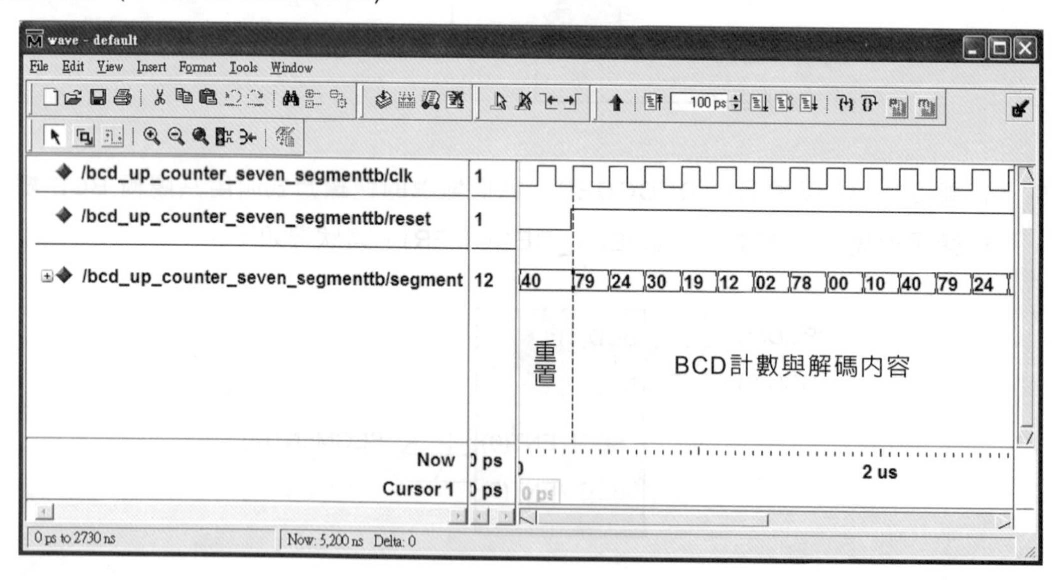

從上面功能模擬的輸入與輸出波形可以發現到，它們之間的對應關係與電路的動作狀況完全相同，因此可以確定系統所合成的電路是正確的。

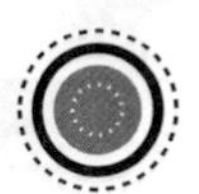

位置對應 mapping by position

所謂位置對應 (mapping by position) 就是主電路與被叫用元件之間的連線是以被叫用元件當初宣告時的接腳順序進行連線，而其基本語法如下：

```
標名: 元件名稱 port map (訊號名稱1, 訊號名稱2,……訊號名稱n);
```

1. 標名：元件的標名，必須符合識別字的要求。
2. 元件名稱：所要叫用的元件名稱。
3. port map (　)：為保留字，括號內部的敘述就是用來描述被叫用元件與主電路之間的連線關係，而其兩者的對應關係是以被叫用元件當初宣告時的接腳順序作為對應關係。
4. 詳細狀況請參閱後面的範例。

範例	檔名：FULL_ADDER_COMPONENT_POSITION

利用元件的結構，設計一個 1 位元半加器與邏輯 OR 閘兩個元件，並於主電路內叫用它們，同時以位置對應的方式進行電路連線，以便完成一個 1 位元的全加器。

方塊圖：

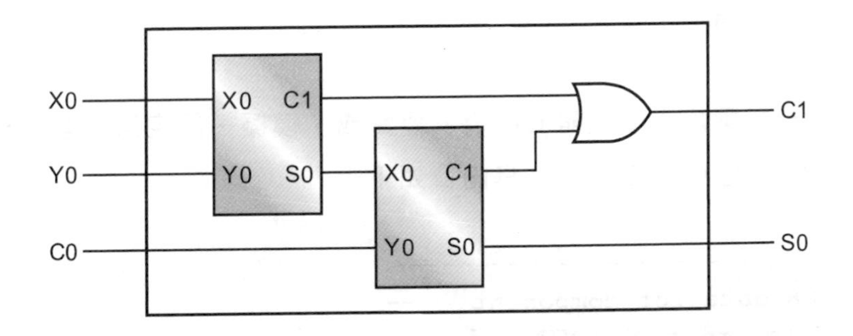

由上面的方塊圖可以發現到，它是由 2 個 1 位元半加器，與一個兩輸入的 OR 閘所組合而成，因此我們只要設計上述兩個元件，並直接叫用半加器 2 次，邏輯 OR 閘 1 次後進行連線即可。

<步驟一> 建立一個新的 project (名稱自訂，此處為 FULL_ADDER_COMPONENT_POSITION。)

<步驟二> 設計一個 1 位元半加器，經合成、模擬，確定無誤後存檔 (檔名自訂，此處為 HALF_ADDER)，其內容如下：

```
 1:  --------------------------------
 2:  --   Half adder for component  --
 3:  --  Filename : HALF_ADDER.vhd  --
 4:  --------------------------------
 5:
 6:  library IEEE;
 7:  use IEEE.std_logic_1164.ALL;
 8:  use IEEE.std_logic_ARITH.ALL;
 9:  use IEEE.std_logic_UNSIGNED.ALL;
10:
11:  entity HALF_ADDER is
12:       Port (X0 : in  STD_LOGIC;
13:             Y0 : in  STD_LOGIC;
14:             S0 : out STD_LOGIC;
15:             C1 : out STD_LOGIC);
16:  end HALF_ADDER;
17:
18:  architecture Data_flow of HALF_ADDER is
19:
20:  begin
21:    S0 <= X0 xor Y0;
22:    C1 <= X0 and Y0;
23:  end Data_flow;
```

<步驟三> 設計一個兩輸入的邏輯 OR 閘，經合成、模擬，確定無誤後存檔 (檔名自訂，此處為 OR_GATE)，其內容如下：

```
 1:  --------------------------------
 2:  --     OR gate for component   --
 3:  --    Filename : OR_GATE.vhd   --
 4:  --------------------------------
 5:
 6:  library IEEE;
 7:  use IEEE.std_logic_1164.ALL;
 8:  use IEEE.std_logic_ARITH.ALL;
 9:  use IEEE.std_logic_UNSIGNED.ALL;
10:
11:  entity OR_GATE is
12:       Port (A : in  STD_LOGIC;
```

```
13:             B : in  STD_LOGIC;
14:             F : out STD_LOGIC);
15:  end OR_GATE;
16:
17:  architecture Data_flow of OR_GATE is
18:
19:  begin
20:    F <= A or B;
21:  end Data_flow;
```

<步驟四> 設計一個 1 位元全加器的主要電路，同時宣告兩個被叫用元件 (半加器與 OR 閘)，並以位置對應的連線方式叫用半加器 2 次，邏輯 OR 閘 1 次後存檔 (檔名自訂，此處為 FULL_ADDER)，其內容如下：

```
 1:  --------------------------------
 2:  --      1 bit full adder       --
 3:  --using component by position  --
 4:  -- Filename : FULL_ADDER.vhd   --
 5:  --------------------------------
 6:
 7:  library IEEE;
 8:  use IEEE.std_logic_1164.ALL;
 9:  use IEEE.std_logic_ARITH.ALL;
10:  use IEEE.std_logic_UNSIGNED.ALL;
11:
12:  entity FULL_ADDER is
13:      Port (X0 : in  STD_LOGIC;
14:            Y0 : in  STD_LOGIC;
15:            C0 : in  STD_LOGIC;
16:            S0 : out STD_LOGIC;
17:            C1 : out STD_LOGIC);
18:  end FULL_ADDER;
19:
20:  architecture Data_flow of FULL_ADDER is
21:    signal CT : STD_LOGIC;
22:    signal ST : STD_LOGIC;
23:    signal CA : STD_LOGIC;
24:
25:    component HALF_ADDER
26:        Port (X0 : in  STD_LOGIC;
27:              Y0 : in  STD_LOGIC;
28:              S0 : out STD_LOGIC;
```

```
29:            C1  : outSTD_LOGIC);
30:    end component;
31:
32:    component OR_GATE
33:        Port (A : in  STD_LOGIC;
34:              B : in  STD_LOGIC;
35:              F : out STD_LOGIC);
36:    end component;
37:
38:  begin
39:  HA1 : HALF_ADDER  port map (X0, Y0, ST, CT);
40:  HA2 : HALF_ADDER  port map (ST, C0, S0, CA);
41:  OR1 : OR_GATE     port map (CA, CT, C1);
42:  end Data_flow;
```

重點說明：

1. 行號 12～18 為主要電路 (FULL_ADDER) 的外部接腳，其狀況如下：

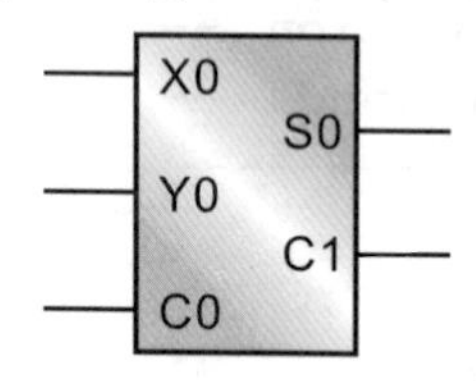

2. 行號 25～30 宣告所要使用元件，半加器 (HALF_ADDER) 的外部接腳，其狀況如下：

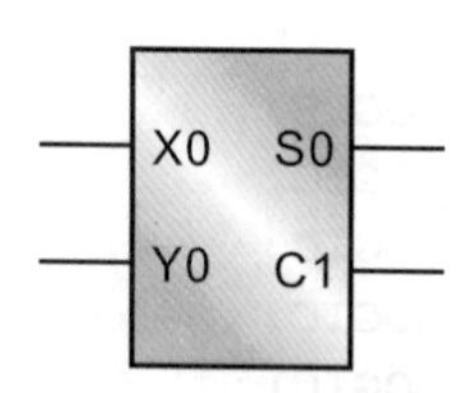

3. 行號 32～36 宣告所要使用元件，邏輯 OR 閘 (OR_GATE) 的外部接腳，其狀況如下：

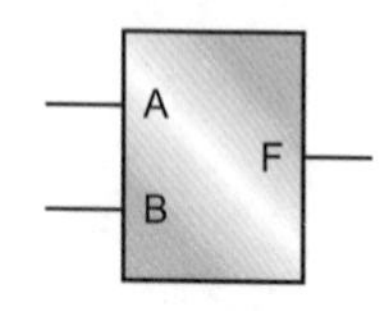

4. 行號 39～41 分別以標名 HA1，HA2 連續叫用半加器 2 次，以標名 OR1 叫用邏輯 OR 閘 1 次，並以位置對應的連線方式進行連接，其狀況如下：

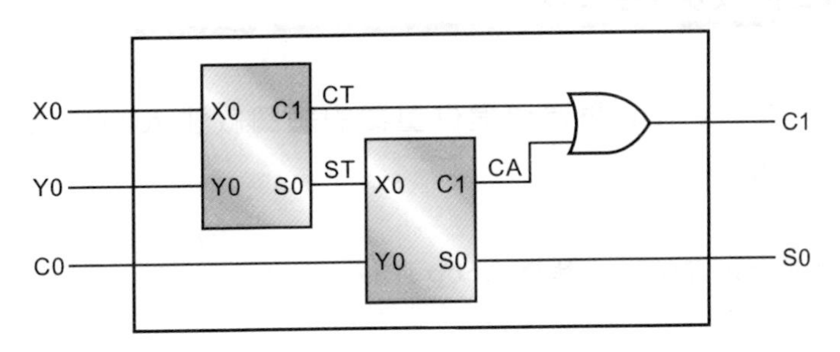

合成之後的完整電路如下：

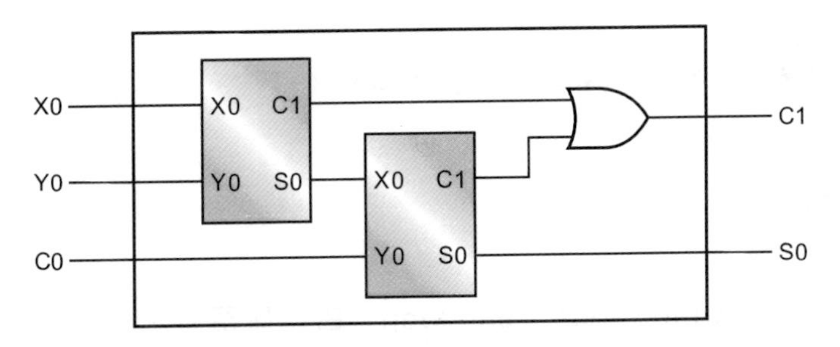

功能模擬 (function simulation)

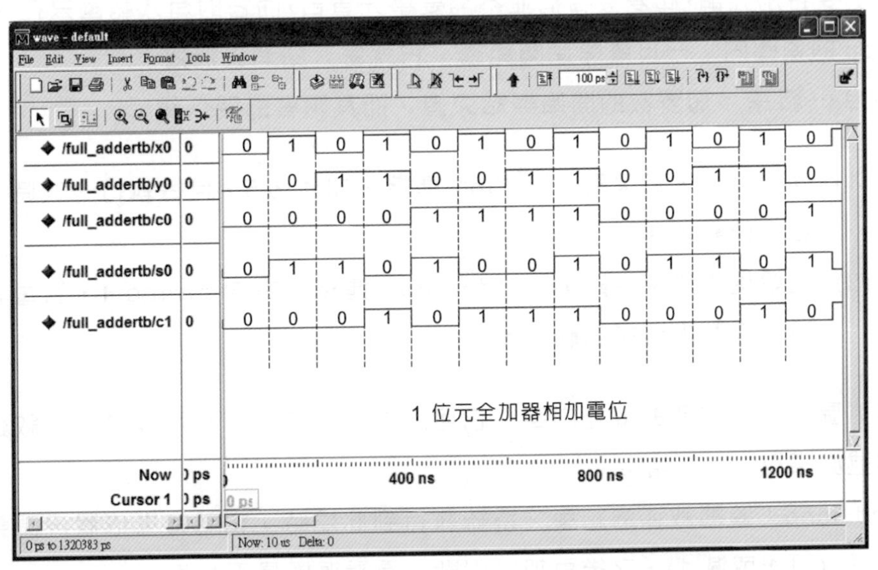

從上面功能模擬的輸入與輸出波形可以看出，它們之間的對應關係與 1 位元全加器的動作完全相同，因此可以確定系統所合成的電路是正確的。

5-3 迴圈敘述 for

如同一般的高階語言，VHDL 語言也提供重覆的迴圈敘述 for (必須在 process 敘述內)，而其基本語法如下：

```
for 變數名稱 in 開始 to 結束 loop
     敘述區;
end loop;

for 變數名稱 in 開始 downto 結束 loop
     敘述區;
end loop;
```

1. for，in，to，downto，loop，end loop：皆為保留字，不可以改變或省略。
2. 變數名稱：所使用的變數名稱，可以由使用者指定，但必須符合識別字的限制，此處要特別強調，此變數名稱並不需要事先宣告，而它的有效範圍只在 for… end loop 的迴圈內，一旦離開迴圈範圍，它就會立刻消失無效。
3. 開始 … 結束：即變數的開始與結束值，而其兩者的關係當：

   (1) 開始值小於結束時，以 "to" 連接，如 1 to 5，且每執行一次時，變數內容會自動加 1。

   (2) 開始值大於結束時，以 "downto" 連接，如 5 downto 1，且每執行一次時，變數內容會自動減 1。

4. 敘述區：迴圈內部的敘述內容，它可以是單一敘述，也可以是多行敘述，每個敘述必須以 ";" 結束。
5. end loop：迴圈敘述的結束，系統執行到此處時，它就會去依狀況調整變數的內容 (加 1 或減 1)，之後再加以判斷，看看迴圈是否結束。

如果我們以流程圖來表示時，其狀況如下：

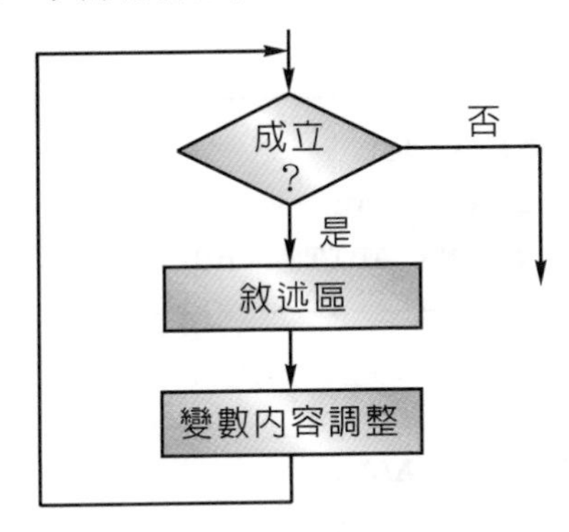

而其詳細特性的敘述與用法請參閱後面的範例。

範例	檔名：FULL_ADDER_4BITS_FOR_STATEMENT
以 for 迴圈敘述，設計一個 4 位元的全加器。	

1. 動作狀況：

```
                        C0
      X(3) X(2) X(1) C(0)
+     Y(3) Y(2) Y(1) Y(0)
--------------------------
C4    S(3) S(2) S(1) S(0)
```

2. 方塊圖：

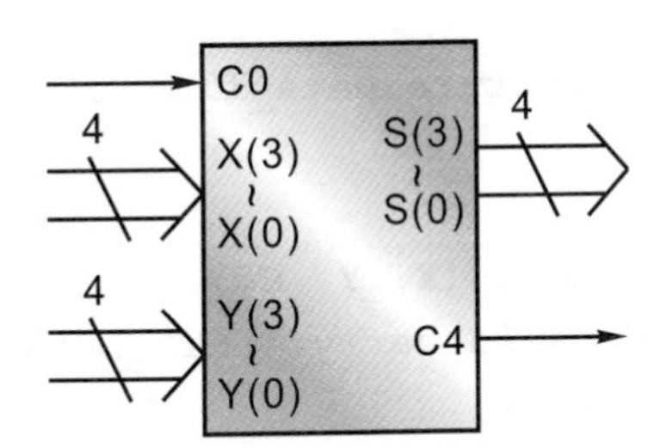

從前面的範例我們知道，1 位元全加器的布林代數為：

$$S(0) = X(0) \oplus Y(0) \oplus C0$$

$$C(1) = X(0)Y(0) + X(0)C0 + Y(0)C0$$

依此類推，下一個位元為：

$$S(1) = X(1) \oplus Y(1) \oplus C(1)$$

$$C(2) = X(1)Y(1) + X(1)C(1) + Y(1)C(1)$$

因此其通式為：

$$S(i) = X(i) \oplus Y(i) \oplus C(i)$$

$$C(i + 1) = X(i)Y(i) + X(i)C(i) + Y(i)C(i)$$

原始程式 (source program)：

```
 1:  --------------------------------------
 2:  --       4 bits full adder          --
 3:  --      using for statement         --
 4:  -- Filename : FULL_ADDER_4BITS.vhd  --
 5:  --------------------------------------
 6:
 7:  library IEEE;
 8:  use IEEE.STD_LOGIC_1164.ALL;
 9:  use IEEE.STD_LOGIC_ARITH.ALL;
10:  use IEEE.STD_LOGIC_UNSIGNED.ALL;
11:
12:  entity FULL_ADDER_4BITS is
13:      Port (C0 : in  STD_LOGIC;
14:            X  : in  STD_LOGIC_VECTOR(3 downto 0);
15:            Y  : in  STD_LOGIC_VECTOR(3 downto 0);
16:            S  : out STD_LOGIC_VECTOR(3 downto 0);
17:            C4 : out STD_LOGIC);
18:  end FULL_ADDER_4BITS;
19:
20:  architecture Data_flow of FULL_ADDER_4BITS is
21:
22:  begin
23:    process (X, Y, C0)
24:    variable carry : STD_LOGIC;
25:      begin
26:        carry := C0;
27:        for i in 0 to 3 loop
28:          S(i)  <= X(i) xor Y(i) xor carry;
29:          carry := (X(i) and Y(i)) or
30:                   (X(i) and carry)or
31:                   (Y(i) and carry);
32:        end loop;
33:        C4 <= carry;
34:    end process;
35:
36:  end Data_flow;
```

重點說明：

1. 行號 12～18 宣告 4 位元全加器的外部接腳，其狀況如下：

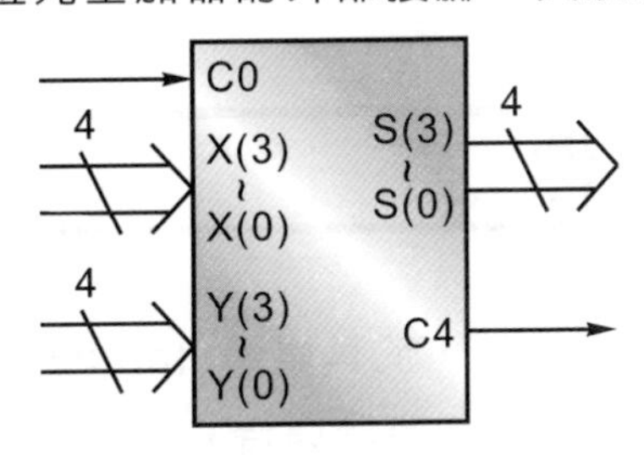

2. 行號 23～34 的架構是將 1 位元全加器，利用 for 迴圈敘述將它連續描述 4 次，其動作狀況為：

	C3	C2	C1	C0 ← carry
	X(3)	X(2)	X(1)	X(0)
+	Y(3)	Y(2)	Y(1)	Y(0)
C4	S(3)	S(2)	S(1)	S(0)

而其布林代數如下：

$$S(i) = X(i) \oplus Y(i) \oplus carry$$

$$carry = X(i)Y(i) + X(i)carry + Y(i)carry$$

功能模擬 (function simulation)：

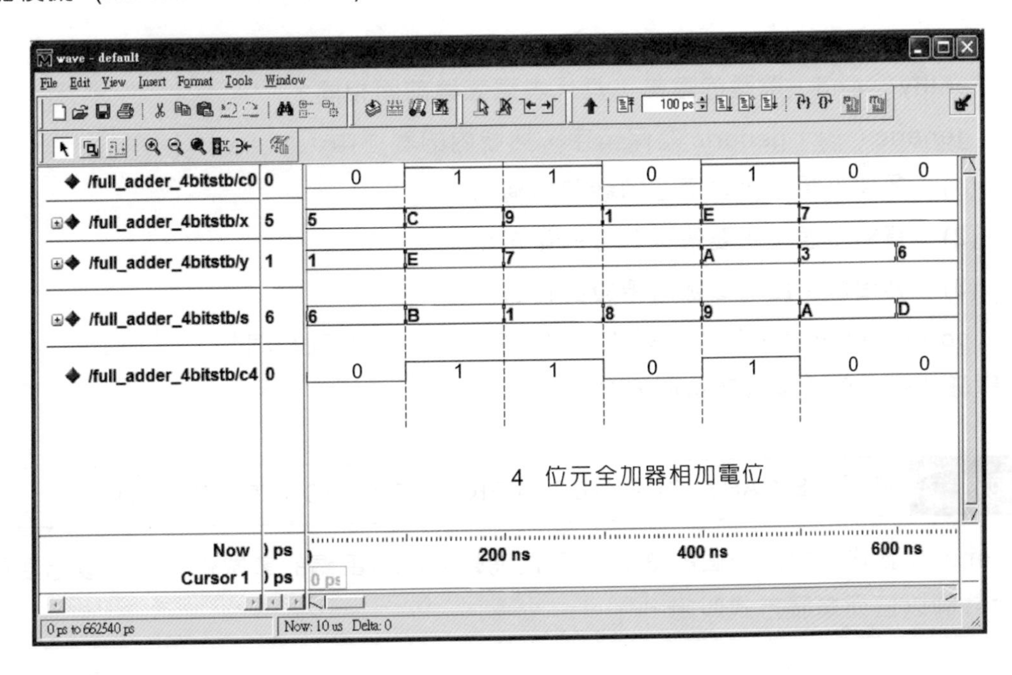

從上面功能模擬的輸入與輸出波形可以發現到，它們的對應關係與 4 位元全加器的動作狀況完全相同，因此可以確定系統所合成的電路是正確的。

5-4 參數化元件

到目前為止我們所討論的電路或元件，於其單體 (entity) port 內所宣告的輸入與輸出接腳數量都是固定不變的，但於實際的設計場合，往往為了能夠縮短產品的研發時間，我們會將使用元件的位元數加以擴展，譬如將 2 位元計數器元件迅速擴展成 8 位元、16 位元；將 2 位元同位產生器元件迅速擴展成 8 位元、16 位元；將 1 位元全加器元件迅速擴展成 4 位元、8 位元、16 位元；……等，為了能夠滿足此種擴展需求，於單體 port 內所宣告的輸入與輸出接腳數量就必須是可以設定的，像這種位元長度可以任意擴展的元件我們就稱之為參數化元件，用來宣告參數化元件的基本語法如下：

```
entity 元件名稱 is
    generic (名稱    : 資料型態 := 初始值);
    port     (信號 A : 工作模式 資料型態;
              信號 B : 工作模式 資料型態;
                     ⋮
              信號 Z : 工作模式 資料型態);
end 元件名稱;
```

1. entity… end：單體的宣告，其代表意義與前面相同。
2. generic ( )：generic 為保留字，括號內的敘述中：
   (1) 名稱：將來所要傳送的參數名稱。
   (2) 資料型態：所要傳送參數的資料型態。
   (3) 初始值：目前參數所預設的初值。
3. port ( )：元件的輸入與輸出接腳，陳述方式與前面相同。

而其詳細敘述與用法請參閱後面的範例。

範例	檔名：BINARY_GRAY_CONVERT_GENERIC_STATEMENT

以 generic 敘述，設計一個將 3 位元二進碼轉換成格雷碼的參數化元件，以方便往後設計師以位元擴展方式叫用。

1. 方塊圖：

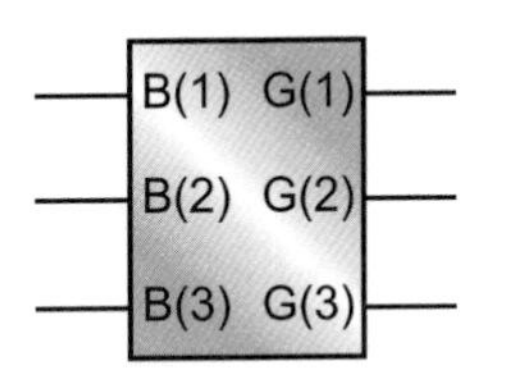

2. 布林代數：

$G(1) = B(2) \oplus B(1)$

$G(2) = B(3) \oplus B(2)$

$G(3) = B(3)$

原始程式 (source program)：

```
 1: -------------------------------------
 2: --   3 bits binary to gray convert --
 3: --      using generic statement     --
 4: --    Filename : BINARY_GRAY.vhd    --
 5: -------------------------------------
 6:
 7: library IEEE;
 8: use IEEE.STD_LOGIC_1164.ALL;
 9: use IEEE.STD_LOGIC_ARITH.ALL;
10: use IEEE.STD_LOGIC_UNSIGNED.ALL;
11:
12: entity BINARY_GRAY is
13:     generic(number: integer range 1 to 32 := 3);
14:     Port    (B : in  STD_LOGIC_VECTOR(number downto 1);
15:              G : out STD_LOGIC_VECTOR(number downto 1));
16: end BINARY_GRAY;
17:
18: architecture Data_flow of BINARY_GRAY is
19:
20: begin
21:   process (B)
22:
23:     begin
24:       for i in B'right to B'left - 1 loop
25:         G(i) <= B(i+1) xor B(i);
26:       end loop;
27:       G(number) <= B(number);
28:   end process;
29:
30: end Data_flow;
```

重點說明：

將 3 位元二進制轉換成格雷碼的流程為：

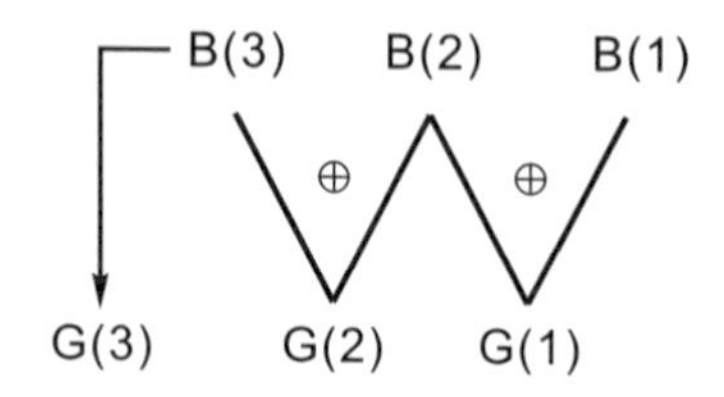

也就是：

$$G(1) = B(2) \oplus B(1)$$

$$G(2) = B(3) \oplus B(2)$$

$$G(3) = B(3)$$

以通式方式來表示時：

$$G(i) = B(i + 1) \oplus B(i)$$

$$G(3) = B(3)$$

因此我們以行號 24～27 來實現上面的流程。

功能模擬 (function simulation)：

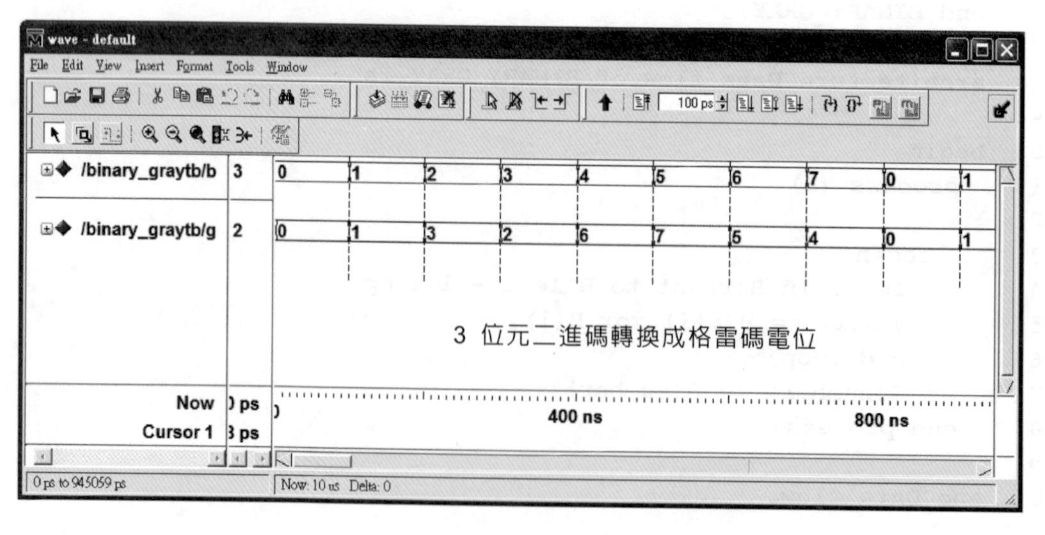

從上面功能模擬的輸入與輸出波形可以發現到，它們的對應關係與 3 位元二進制轉換成格雷碼的動作完全相同，因此可以確定系統所合成的電路是正確的。

參數化元件的擴展

討論完如何建立一個參數化元件之後，我們進一步的談談如何叫用，並擴展已經建立完成的參數化元件，於前面的元件 (component) 單元內我們曾經提過，叫用元件進行連線的方式可以分成名稱對應 (mapping by name) 與位置對應 (mapping by position) 兩種，因此當設計師在叫用這些參數化元件並傳送所要擴展的參數時，也可以分成上述兩種方式。以名稱對應方式叫用並傳送參數給參數化元件的基本語法為：

```
標名 : 元件名稱
    generic map (參數值)
    port map (訊號 A => 訊號 N,
              訊號 B => 訊號 O,
                   ⋮
              訊號 M => 訊號 Z);
```

1. 標名：元件的標名，必須符合識別字的要求。
2. 元件名稱：所要叫用參數化元件的名稱。
3. generic map (　)：保留字，不可以更改或省略，括號內的參數值就是要傳送給參數化元件的參數值。
4. port map (　)：保留字，不可以更改或省略，括號內的敘述是主電路與被叫用元件的接腳對應關係，其代表意義與前面名稱對應的敘述相同。

以位置對應方式叫用並傳送參數給參數化元件的基本語法為：

```
標名 : 元件名稱
    generic map (參數值)
    port map (訊號 A,
              訊號 B,
                ⋮
              訊號 Z);
```

其代表意義與前面的敘述相似，請讀者自行參閱，在此不重覆敘述，它們的詳細特性與用法請參閱以下的範例。

範例	檔名：BINARY_GRAY_CONVERT_8BITS_GENERIC_ MAPPING

以位置對應的連線方式，叫用前面範例所建立的 3 位元二進碼轉格雷碼參數化元件，並將它擴展成 8 位元二進碼轉格雷碼電路。

<步驟一> 建立一個新的 project (名稱自訂，此處為 BINARY_GRAY_CONVERT_8BITS_GENERIC_MAPPING)。

<步驟二> 設計一個 3 位元二進碼轉格雷碼參數化元件，經合成、模擬，確定無誤後存檔 (檔名自訂，此處為 BINARY_GRAY)，其內容如下 (與前面範例完全相同)：

```
 1: --------------------------------------
 2: --  3 bits binary to gray convert   --
 3: --      using generic statement     --
 4: --    Filename : BINARY_GRAY.vhd    --
 5: --------------------------------------
 6:
 7: library IEEE;
 8: use IEEE.STD_LOGIC_1164.ALL;
 9: use IEEE.STD_LOGIC_ARITH.ALL;
10: use IEEE.STD_LOGIC_UNSIGNED.ALL;
11:
12: entity BINARY_GRAY is
13:     generic(number: integer range 1 to 32 := 3);
14:     Port (B : in  STD_LOGIC_VECTOR(number downto 1);
15:           G : out STD_LOGIC_VECTOR(number downto 1));
16: end BINARY_GRAY;
17:
18: architecture Data_flow of BINARY_GRAY is
19:
20: begin
21:   process (B)
22:
23:     begin
24:       for i in B'right to B'left - 1 loop
25:         G(i) <= B(i+1) xor B(i);
26:       end loop;
27:       G(number) <= B(number);
28:   end process;
29:
30: end Data_flow;
```

<步驟三> 設計一個 8 位元二進碼轉格雷碼的主電路，同時宣告被叫用參數化元件 (3 位元二進碼轉格雷碼電路)，以位置對應的連線方式叫用 1 次，並傳送擴展參數後存檔 (檔名自訂，此處為 BINARY_GRAY_8BITS)，其內容如下：

```
 1: -----------------------------------------
 2: --      8 bits binary to gray convert    --
 3: --     using generic mapping statement   --
 4: --    Filename : BINARY_GRAY_8BITS.vhd   --
 5: -----------------------------------------
 6:
 7: library IEEE;
 8: use IEEE.STD_LOGIC_1164.ALL;
 9: use IEEE.STD_LOGIC_ARITH.ALL;
10: use IEEE.STD_LOGIC_UNSIGNED.ALL;
11:
12: entity BINARY_GRAY_8BITS is
13:     Port (B : in  STD_LOGIC_VECTOR(8 downto 1);
14:           G : out STD_LOGIC_VECTOR(8 downto 1));
15: end BINARY_GRAY_8BITS;
16:
17: architecture Data_flow of BINARY_GRAY_8BITS is
18:
19:   component BINARY_GRAY
20:     generic(number : integer range 1 to 32);
21:     Port (B : in   STD_LOGIC_VECTOR(number downto 1);
22:           G : out  STD_LOGIC_VECTOR(number downto 1));
23:   end component;
24:
25: begin
26: Convert: BINARY_GRAY
27:          generic map(8)
28:          Port map( B, G);
29: end Data_flow;
```

重點說明：

程式結構十分簡單，不在此說明，我們也可以將行號 26～28 的位置對應連線方式改成名稱對應的連線方式，請自行測試。

功能模擬 (function simulation)：

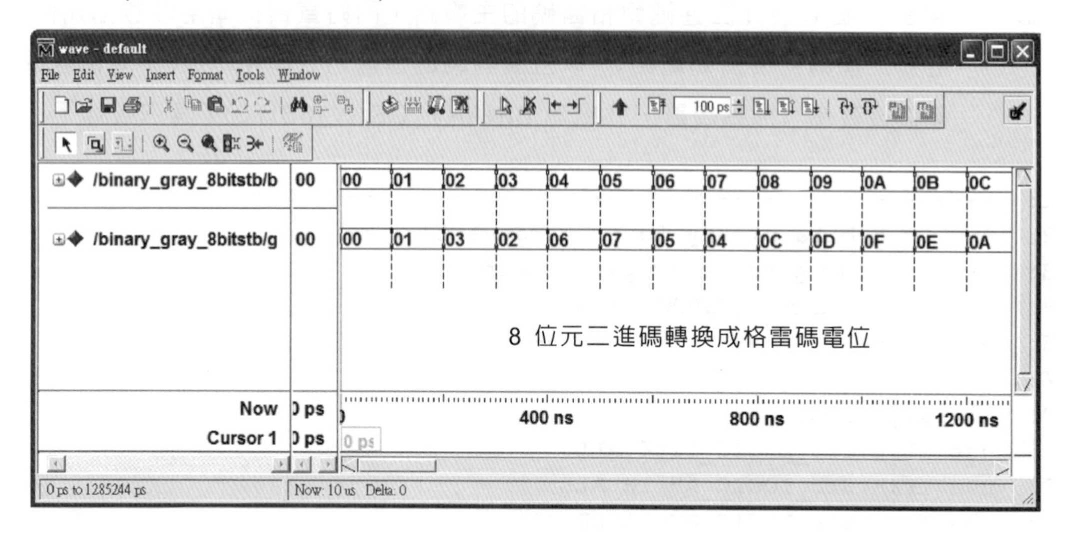

從上面功能模擬的輸入與輸出波形可以發現到，它們之間的對應關係與 8 位元二進碼轉格雷碼的動作狀況完全相同，因此我們可以確定系統所合成的電路是正確的。

5-5 參數化重覆性元件

當我們在設計控制電路時，往往會遇到很多相似的元件，譬如客戶要求設計一個 32 位元的 CPU 時，我們就必須設計一個 32 位元的全加器、32 位元向左、向右移位暫存器…等。另一個客戶要求設計一個 64 位元的 CPU 時，我們就必須設計一個 64 位元的全加器、64 位元向左、向右移位暫存器…等，為了滿足不同客戶的需求與縮短產品的設計時間，我們可以設計 1 位元的全加器元件、1 個 D 型正反器元件，再將它們視需要擴展成客戶所要求的位元數，這種元件我們稱之為參數化重覆性元件，居於增加設計程式的可變性，於 VHDL 語言內提供下面兩種重覆性元件生成敘述供我們使用：

1. 重覆性生成敘述 for… generate。
2. 條件式生成敘述 if… generate。

重覆性生成敘述 for… generate

重覆性生成敘述就是用來重覆產生相同元件，而其基本語法依元件叫用時的連線方式可以分成下面兩種：

名稱對應方式：

```
標名 : for 變數 in 開始 to 結束 generate
    元件標名 : 元件名稱
              Port map (訊號 A ⇒ 訊號N,
                        訊號 B ⇒ 訊號O,
                              ⋮
                        訊號 M ⇒ 訊號Z);
    end generate;
```

位置對應方式：

```
標名 : for 變數 in 開始 to 結束 generate
    元件標名 : 元件名稱
              Port map (訊號名稱1,訊號名稱2,…… 訊號名稱n);
   end generate;
```

1. 迴圈敘述 for… end 的特性與前面的敘述相同，後面加入 generate 表示它是一個元件生成敘述。
2. 元件連線的對應關係與前面的敘述完全相同，請讀者自行參閱前面的說明。

請注意！雖然它是一個迴圈敘述，但本身為共時性 (concurrent) 的敘述，因此它不可以放在 process 敘述內。

條件式生成敘述 if… generate

條件式生成敘述，顧名思義它是依 if 後面的條件來決定到底要不要產生相同的元件，其基本語法如下：

```
標名 : if 條件式 generate
    元件標名 : 元件名稱
              Port map (元件連線對應關係,
                              ⋮
                        元件連線對應關係);
    end generate;
```

於上面的敘述中，當 if 後面的條件成立時，則處理底下的敘述；不成立時則不處理，與前面 if 敘述相同，它的後面也可以加入 else 敘述以增加其彈性，至於後面元件連線時的對應關係與前面的敘述完全相同，它可以是名稱對應，也可以是位置對應，而它們詳細的特性與用法請參閱以下的範例。

範例一	檔名：DEMULTIPLEXER1_4_FOR_GENERATE_STATEMENT
以重複性生成敘述 for… generate，並以位置對應的連線方式，設計一個 1 對 4 解多工器。	

1. 電路結構：

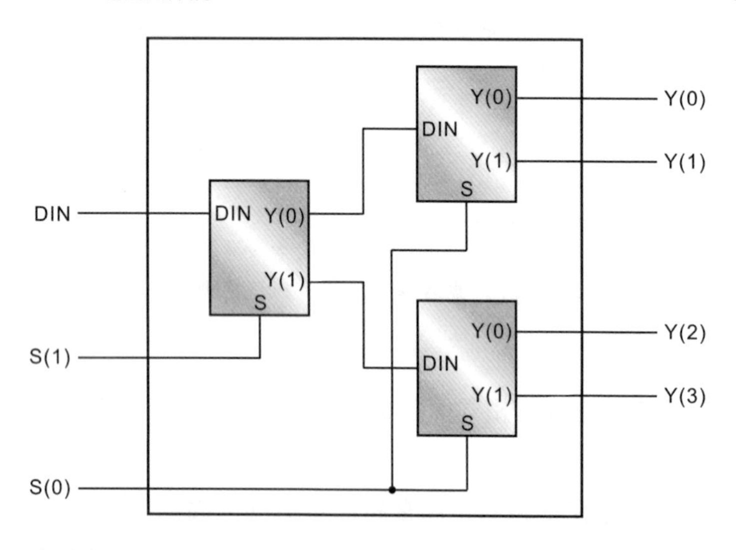

2. 真值表：

S(1)	S(0)	Y(0)	Y(1)	Y(2)	Y(3)
0	0	DIN	1	1	1
0	1	1	DIN	1	1
1	0	1	1	DIN	1
1	1	1	1	1	DIN

<步驟一> 建立一個新的 project (名稱自訂，此處為 DEMULTIPLEXER1_4_FOR_GENERATE_STATEMENT)。

<步驟二> 設計一個 1 對 2 解多工器，經合成、模擬，確定無誤後存檔 (檔名自訂，此處為 DEMULTIPLEXER1_2)，其內容如下：

```
 1:  ----------------------------------
 2:  --  Demultiplexer1_2 for component --
 3:  -- Filename : DEMULTIPLEXER1_2.vhd --
 4:  ----------------------------------
 5:
 6:  library IEEE;
 7:  use IEEE.std_logic_1164.ALL;
 8:  use IEEE.std_logic_ARITH.ALL;
 9:  use IEEE.std_logic_UNSIGNED.ALL;
10:
11:  entity DEMULTIPLEXER1_2 is
12:      Port (DIN : in  STD_LOGIC;
13:            S   : in  STD_LOGIC;
14:            Y   : out STD_LOGIC_VECTOR(0 to 1));
15:  end DEMULTIPLEXER1_2;
```

```
16:
17:  architecture Data_flow of DEMULTIPLEXER1_2 is
18:
19:  begin
20:    Y <= DIN & '1' when S = '0' else
21:         '1' & DIN;
22:  end Data_flow;
```

<步驟三> 設計一個 1 對 4 解多工器的主電路，同時宣告被叫用元件 (1 對 2 解多工器)，並以位置對應的連線方式叫用 3 次後存檔 (檔名自訂，此處為 DEMULTIPLEXER1_4)，其內容如下：

```
 1:  -------------------------------------
 2:  --       1 to 4 demultiplexer       --
 3:  --      for generate statement      --
 4:  -- Filename : DEMULTIPLEXER1_4.vhd --
 5:  -------------------------------------
 6:
 7:  library IEEE;
 8:  use IEEE.std_logic_1164.ALL;
 9:  use IEEE.std_logic_ARITH.ALL;
10:  use IEEE.std_logic_UNSIGNED.ALL;
11:
12:  entity DEMULTIPLEXER1_4 is
13:      Port (DIN : in  STD_LOGIC;
14:            S   : in  STD_LOGIC_VECTOR(1 downto 0);
15:            Y   : out STD_LOGIC_VECTOR(0 to 3));
16:  end DEMULTIPLEXER1_4;
17:
18:  architecture Data_flow of DEMULTIPLEXER1_4 is
19:    component DEMULTIPLEXER1_2
20:         Port (DIN : in  STD_LOGIC;
21:               S   : in  STD_LOGIC;
22:               Y   : out STD_LOGIC_VECTOR(0 to 1));
23:    end component;
24:    signal X : STD_LOGIC_VECTOR(0 to 1);
25:  begin
26:
27:  DEMUL1: DEMULTIPLEXER1_2
28:          port map(DIN,S(1),X);
29:  LOP   : for i in 0 to 1 generate
30:             DEMUL2 : DEMULTIPLEXER1_2
```

```
31:             Port map (X(i), S(0), Y(2 * i to 2 * i + 1));
32:           end generate LOP;
33:   end Data_flow;
```

重點說明：

程式結構十分簡單，請自行參閱前面的說明，於行號 31 內輸出端 Y(2＊i to 2＊i + 1)，當 i 的內容：

i = 0 時　Y(2＊0 to 2＊0 + 1)，即 Y(0)，Y(1)

i = 1 時　Y(2＊1 to 2＊1 + 1)，即 Y(2)，Y(3)

整個電路結構與接腳的對應關係為：

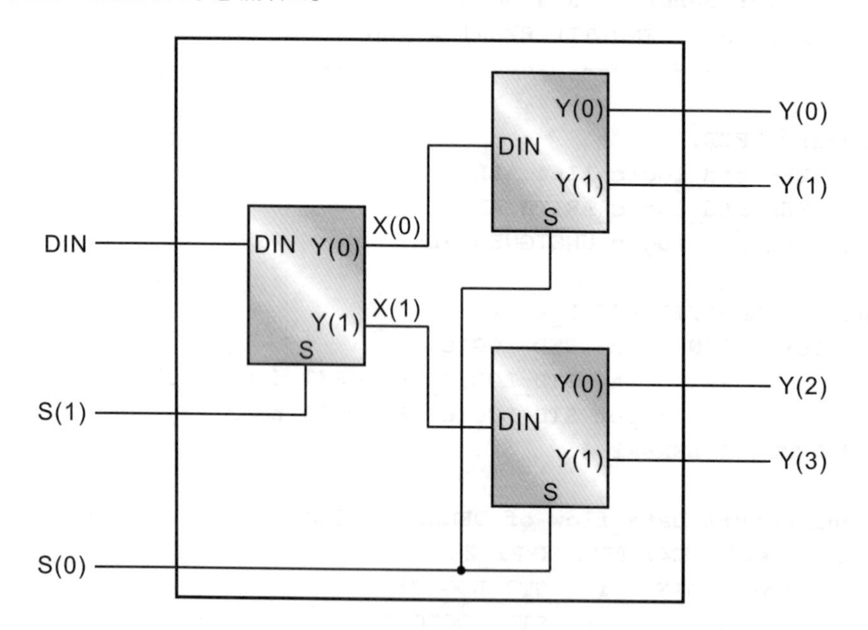

功能模擬 (function simulation)：

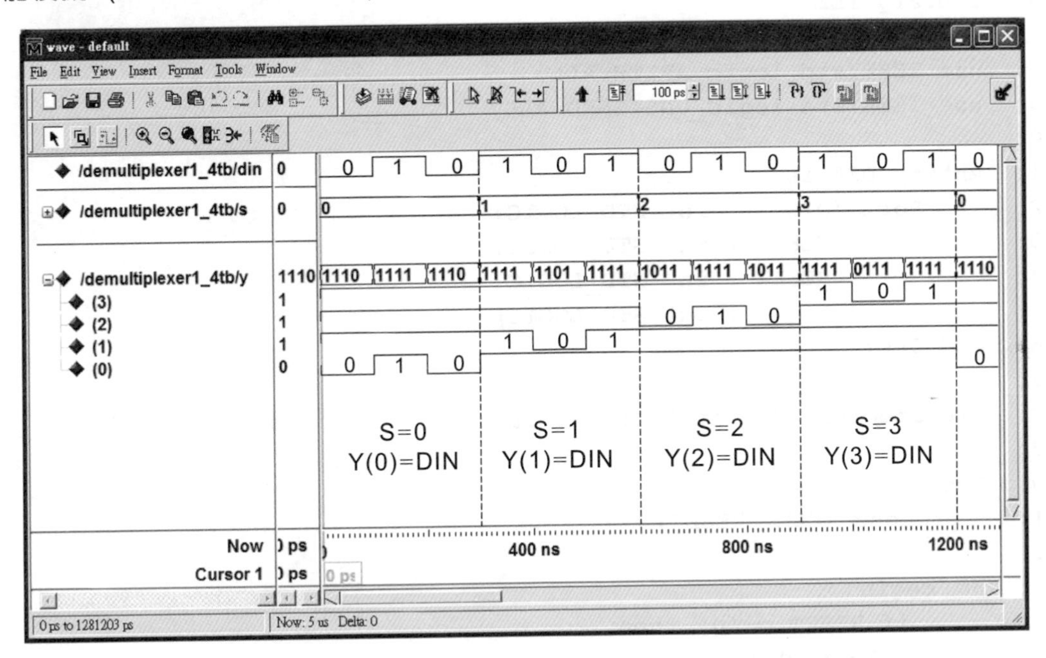

從上面功能模擬的輸入與輸出波形可以發現到，它們之間的對應關係與 1 對 4 解多工器的動作狀況完全相同，因此可以確定系統所合成的電路是正確的。

範例二　檔名：SHIFT_RIGHT_8BITS_FOR_GENERATE_STATEMENT

以 if… generate 與 for… generate 敘述，設計一個被叫用的 D 型正反器元件，與參數化向右移位元件 (叫用 D 型正反器元件)，最後再設計一個主電路 (叫用參數化向右移位元件) 將它擴展成 8 位元向右移位暫存器。

<步驟一> 建立一個新的 project (名稱自訂，此處為 SHIFT_RIGHT_8BITS_FOR_GENERATE_STATEMENT)。

<步驟二> 設計一個 D 型正反器，經合成、模擬，確定無誤後存檔 (檔名自訂，此處為 DFF)，其內容如下：

```
1:  --------------------------------
2:  -- D Filp Flop for component  --
3:  --    Filename : DFF.vhd       --
4:  --------------------------------
5:
```

```
 6:  library IEEE;
 7:  use IEEE.std_logic_1164.ALL;
 8:  use IEEE.std_logic_ARITH.ALL;
 9:  use IEEE.std_logic_UNSIGNED.ALL;
10:
11:  entity DFF is
12:      Port (DIN   : in  STD_LOGIC;
13:            CLK   : in  STD_LOGIC;
14:            RESET : in  STD_LOGIC;
15:            Q     : out STD_LOGIC);
16:  end DFF;
17:
18:  architecture DFF_arch of DFF is
19:
20:  begin
21:    process (CLK, RESET)
22:
23:      begin
24:        if RESET = '0' then
25:          Q <= '0';
26:        elsif CLK'event and CLK = '1' then
27:          Q <= DIN;
28:        end if;
29:    end process;
30:
31:  end DFF_arch;
```

<步驟三> 設計一個 1 位元向右移位參數化元件 (叫用 *D* 型正反器 (DFF))，經合成、模擬，確定無誤後存檔 (檔名自訂，此處為 SHIFT)，其內容如下：

```
 1:  ------------------------------------
 2:  --     Shift right component for    --
 3:  --   generate statement (generic)   --
 4:  --       Filename : SHIFT.vhd       --
 5:  ------------------------------------
 6:
 7:  library IEEE;
 8:  use IEEE.std_logic_1164.ALL;
 9:  use IEEE.std_logic_ARITH.ALL;
10:  use IEEE.std_logic_UNSIGNED.ALL;
11:
12:  entity SHIFT is
```

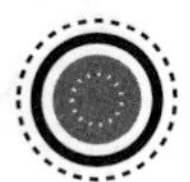

```
13:    generic(number  : integer range 1 to 31 := 1);
14:      Port (DIN   : in  STD_LOGIC;
15:            CLK   : in  STD_LOGIC;
16:            RESET : in  STD_LOGIC;
17:            Q     : out STD_LOGIC_VECTOR (0 to number -1));
18:  end SHIFT;
19:
20:  architecture SHIFT_arch of SHIFT is
21:    signal REG : std_logic_vector(1 to number);
22:
23:    component DFF
24:         Port (DIN    : in  STD_LOGIC;
25:               CLK    : in  STD_LOGIC;
26:               RESET  : in  STD_LOGIC;
27:               Q      : out STD_LOGIC);
28:    end component;
29:
30:  begin
31:    LOP:  for i in 0 to number-1 generate
32:    FIRST:  if i = 0 generate
33:    DFF0:     DFF Port map (DIN,CLK,RESET,REG(i+1));
34:            end generate;
35:    OTHER:  if i > 0 and i < number  generate
36:    DFFO:     DFF Port map (REG(i),CLK,RESET,REG(i+1));
37:            end generate;
38:         end generate LOP;
39:         Q <= REG;
40:  end SHIFT_arch;
```

<步驟四> 設計一個 8 位元向右移位的主電路，同時宣告被叫用元件 (1 位元向右移位參數化元件)，並將它擴展成 8 位元後存檔 (檔名自訂，此處為 SHIFT_RIGHT_8BITS)，其內容如下：

```
1:  ------------------------------------------
2:  --      8 bit shift right register      --
3:  --         for generate statement       --
4:  --    Filename : SHIFT_RIGHT_8BITS.vhd  --
5:  ------------------------------------------
6:
7:  library IEEE;
```

```
 8:  use IEEE.std_logic_1164.ALL;
 9:  use IEEE.std_logic_ARITH.ALL;
10:  use IEEE.std_logic_UNSIGNED.ALL;
11:
12:  entity SHIFT_RIGHT_8BITS is
13:      Port (DIN   : in  STD_LOGIC;
14:            CLK   : in  STD_LOGIC;
15:            RESET : in  STD_LOGIC;
16:            Q     : out STD_LOGIC_VECTOR (0 to 7));
17:  end SHIFT_RIGHT_8BITS;
18:
19:  architecture SHIFT_RIGHT_8BITS_arch of SHIFT_RIGHT_8BITS is
20:
21:    component SHIFT
22:      generic(number : integer range 1 to 31);
23:      Port  (DIN   : in  STD_LOGIC;
24:             CLK   : in  STD_LOGIC;
25:             RESET : in  STD_LOGIC;
26:             Q     : out STD_LOGIC_VECTOR (0 to number-1));
27:    end component SHIFT;
28:
29:  begin
30:  SR:SHIFT
31:      generic map(8)
32:      Port map(DIN, CLK, RESET, Q);
33:  end SHIFT_RIGHT_8BITS_arch;
```

重點說明：

程式結構與前面範例相似，請自行參閱。

功能模擬 (function simulation)：

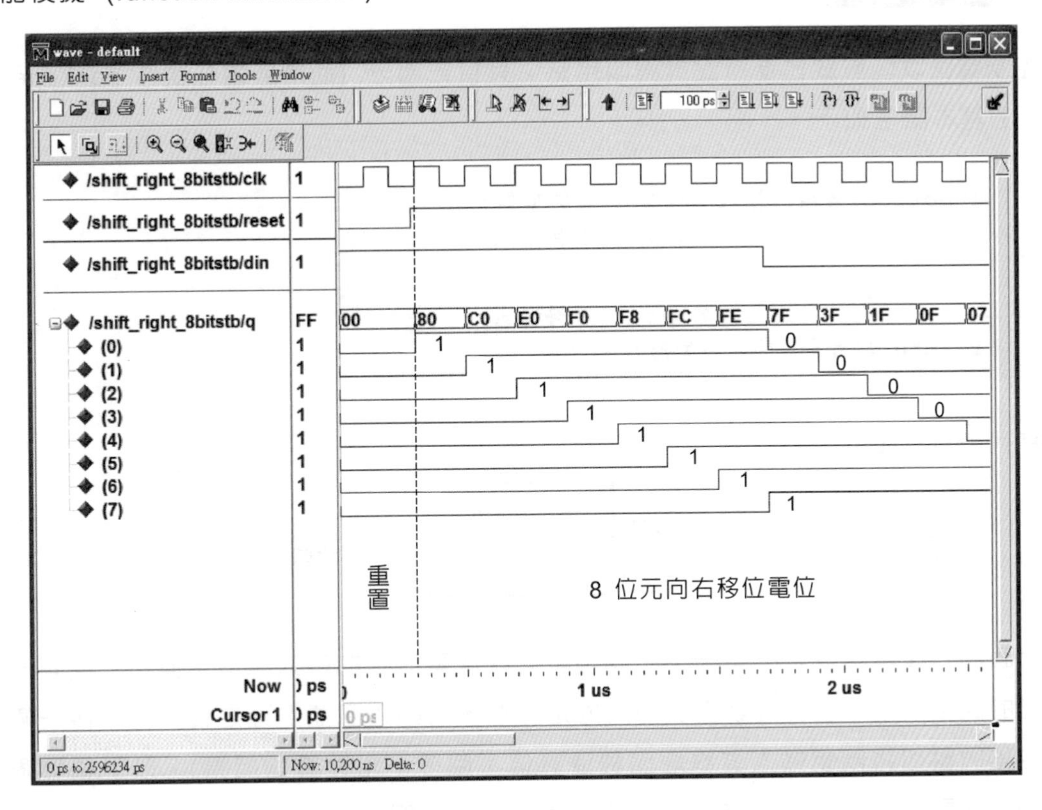

從上面功能模擬的輸入與輸出波形可以發現到，它們的對應關係與 8 位元向右移位暫存器的動作狀況完全相同，因此可以確定系統所合成的電路是正確的。

5-6 函數 function

當我們使用高階語言設計一個很大的系統時，往往會使用到功能相類似的片段程式，為了方便設計師處理這些類似的片段程式，於高階語言系統會提供副程式或函數的呼叫結構供我們使用，於 VHDL 語言系統也不例外，為了要達到分工與結構化的電路設計，系統也提供我們函數 (function) 與程序 (procedure) 的結構讓設計師使用，於本小節內我們先來討論函數 (function) 敘述的特性與用法。

設計師在進行硬體電路的規劃時，可以將時常使用或者重覆使用的電路獨立出來，以函數敘述進行設計、測試，並確認電路無誤後即可儲存起來，以便往後自己或同伴叫用，於 VHDL 語言中函數敘述可以區分成宣告部分與主體部分。

函數的宣告部分

將控制電路以函數敘述進行設計與叫用時，其宣告部分 (通常放置在套件 package 內部) 的基本語法如下：

```
function 名稱 (輸入參數 1 : 資料型態;
               輸入參數 2 : 資料型態;
                    ⋮
               輸入參數 n : 資料型態)
return 輸出參數的資料型態;
```

而其代表意義如下：

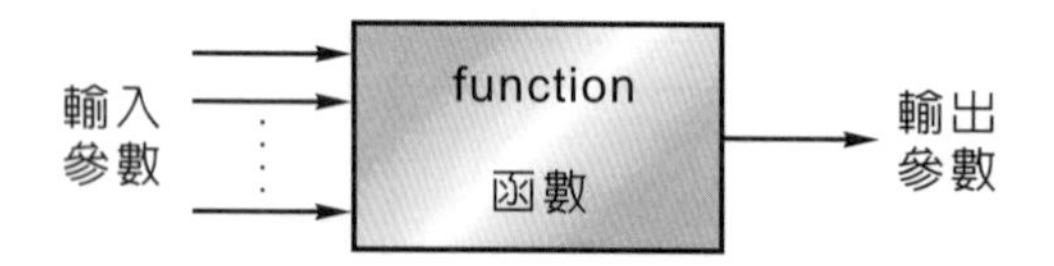

從上面的方塊圖結構可以看出，一個函數可以擁有很多的輸入訊號，但它只能有一個輸出的回復訊號，也就是說函數的目的是將很多的輸入訊號處理之後，再回傳一個處理結果 (譬如將兩組輸入資料經函數運算後，回復一組運算的結果)，以下就舉個在 VHDL 語言的 Library 系統內所宣告函數的內容來說明：

範例

```
function "+" (L : UNSIGNED ; R : UNSIGNED)
return UNSIGNED ;
```

其代表意義如下：

呼叫 "+" 函數時，必須傳入兩組不帶符號的資料 (即被加數與加數) 給參數 L 與 R，此兩筆資料經函數執行加法運算後，回傳一筆不帶符號的資料 (和)，顯然它是一個執行兩筆不帶符號相加的電路。

函數的主體部分

將硬體電路以函數敘述進行設計與叫用時，其主體部分的基本語法如下：

```
function 名稱 (輸入參數 1 ： 資料型態;
               輸入參數 2 ： 資料型態;
                     ⋮
               輸入參數 n ： 資料型態)
  return 輸出參數的資料型態 is
     區域變數宣告區;
begin
  函數敘述區;
  return 輸出參數名稱;
end 參數名稱;
```

於上面函數主體的語法中：

1. 最前面 function⋯return 的宣告方式與前面函數宣告部分完全相同，只不過必須在後面加入保留字 is。
2. 區域變數宣告區：用來宣告於本函數內所需要用到的資料物件。
3. begin⋯return：本函數的敘述區域，我們可以將所要設計的函數元件，以行為模式 (behavior) 的方式在此描述 (通常為順序性敘述)。

底下我們就舉個在 VHDL 語言的 Library 系統內所描述函數主體的內容來說明。

範例

```
function "ABS" (L : SIGNED) return SIGNED is
begin
     if (L(L'left) = '0' or L (L'left) = 'L') then
        return L;
     else
        return 0 - L;
     end if;
end;
```

1. 其代表意義如下：

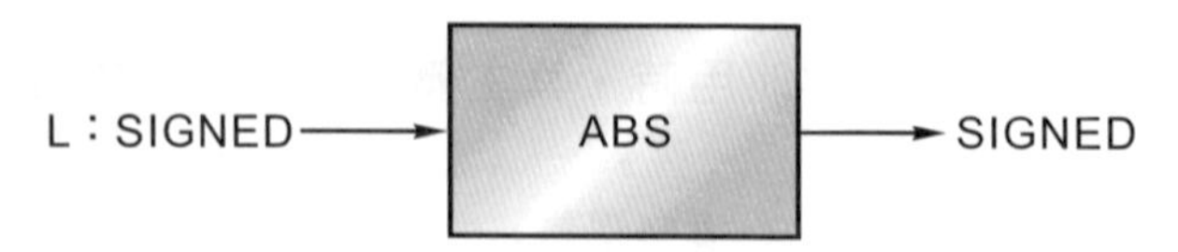

呼叫函數 "ABS" 時，必須傳入一筆帶符號的資料給參數 L，此筆資料經 ABS 函數處理後回傳一筆帶符號的資料 (取絕對值後)。

2. begin… end 為本函數的主體敘述，它是將傳進來的帶符號資料做個判斷，如果資料為：
   (1) 正值時：將其原封不動的回傳。
   (2) 負值時：取 2 的補數 (0－L) 後再回傳。
3. 本函數為一個將帶符號資料取絕對值的電路。

由前面的討論我們可以知道，函數 (function) 的敘述可以分成宣告部分與主體部分，此處要強調的是，如果函數的主體部分是定義在叫用它的單體 (entity) 或架構 (architecture) 內部時，此即表示此函數只有自己要使用 (也許是要重覆使用)，在這種情況之下，函數的宣告部分就可以省略，但是如果所定義函數是放在套件 (package) 內供大家共同叫用時，函數宣告部分就必須存在 (譬如於 VHDL 系統的 Library 所提供的函數就必須宣告，讀者可以自行參閱)，以下就舉兩個分別將函數主體定義在單體與架構的範例來說明。

範例一	檔名：EVEN_PARITY_16BITS_GENERATOR_FUNCTION_ENTITY
以函數敘述設計一個 8 位元偶同位產生器 (定義在單體 entity 內)，並連續叫用兩次以完成一個 16 位元的偶同位產生器電路。	

1. 方塊圖：

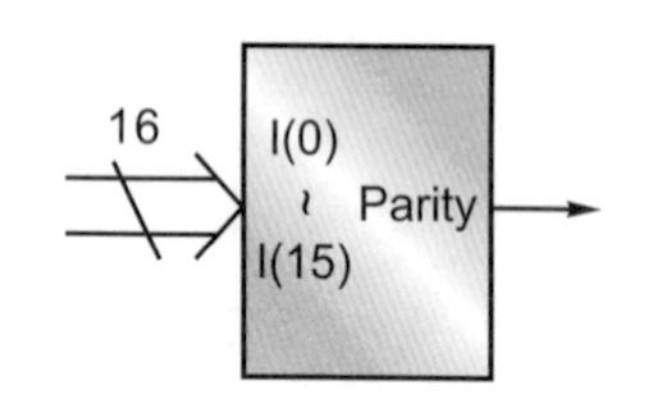

2. 布林代數：

$$\begin{aligned} Parity = & I(0) \oplus I(1) \oplus I(2) \oplus I(3) \oplus \\ & I(4) \oplus I(5) \oplus I(6) \oplus I(7) \oplus \\ & I(8) \oplus I(9) \oplus I(10) \oplus I(11) \oplus \\ & I(12) \oplus I(13) \oplus I(14) \oplus I(15) \end{aligned}$$

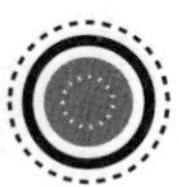

原始程式 (source program)：

```
 1:  ------------------------------------------
 2:  --     16 bits even parity generator     --
 3:  --       using function (in entity)      --
 4:  --   Filename : EVEN_PARITY_16BITS.vhd   --
 5:  ------------------------------------------
 6:
 7:  library IEEE;
 8:  use IEEE.std_logic_1164.ALL;
 9:  use IEEE.std_logic_ARITH.ALL;
10:  use IEEE.std_logic_UNSIGNED.ALL;
11:
12:  entity EVEN_PARITY_16BITS is
13:      Port (I      : in  STD_LOGIC_VECTOR(0 to 15);
14:            Parity : out STD_LOGIC);
15:
16:    function EVEN_8(I : STD_LOGIC_VECTOR(0 to 7))
17:      return STD_LOGIC is
18:        variable PE : STD_LOGIC;
19:    begin
20:      PE := '0';
21:      for K in I'left to I'right loop
22:        PE := PE xor I(K);
23:      end loop;
24:      return PE;
25:    end EVEN_8;
26:
27:  end EVEN_PARITY_16BITS;
28:
29:  architecture Data_flow of EVEN_PARITY_16BITS is
30:
31:  begin
32:    Parity <= EVEN_8(I(0 to 7)) xor EVEN_8(I(8 to 15));
33:  end Data_flow;
```

重點說明：

1. 行號 1～10 的功能與前面相同。

2. 行號 12～14 為 16 位元偶同位產生器的外部接腳，其狀況如下：

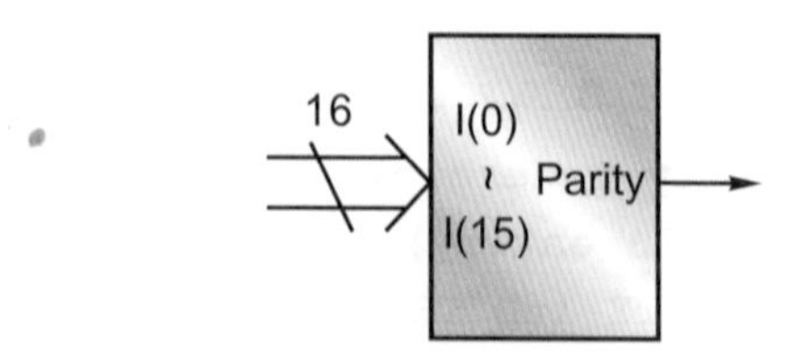

3. 行號 16～25 為 EVEN_8 函數的主體，行號 19～25 為函數的敘述區，而其處理方式為將電位 '0' 與 8 位元偶同位產生器的輸入 I(0)～I(7) 作 XOR 運算 (與 '0' 作 XOR 運算，其內容不變)，並將其最後結果 (PE) 回傳。
4. 行號 29～33 呼叫 8 位元偶同位產生函數 EVEN_8 兩次，並將其結果作 XOR 運算 (取偶同位)，形成一個 16 位元偶同位產生器。

功能模擬 (function simulation)：

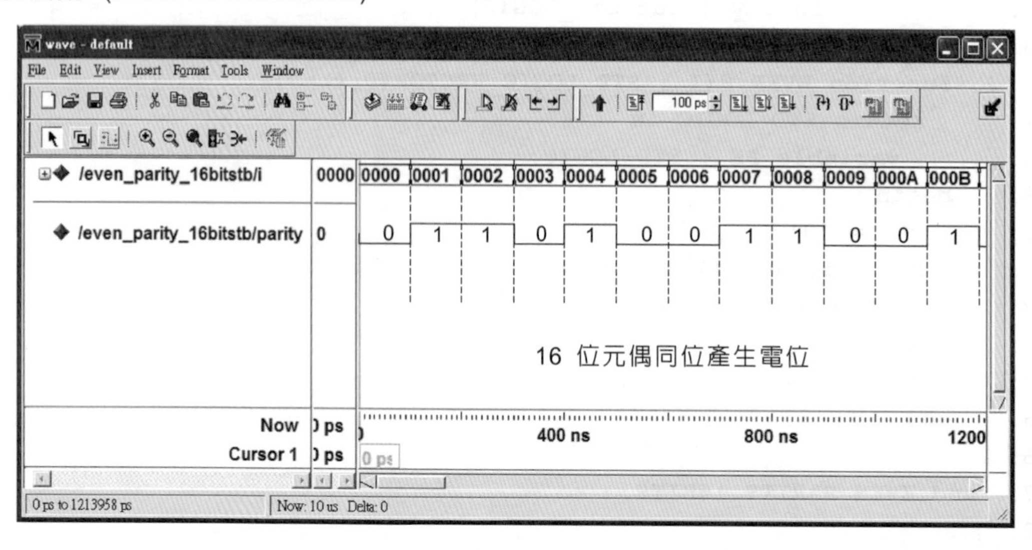

從上面功能模擬的輸入與輸出波形可以發現到，它們之間的對應關係與 16 位元偶同位產生器完全相同，因此可以確定系統所合成的電路是正確的。

範例二	檔名：EVEN_PARITY_16BITS_GENERATOR_FUNCTION_ARCHITECTURE
設計一個與範例一相同的電路，並將被呼叫函數定義在架構 (architecture) 內。	

原始程式 (source program)：

```
 1:  ------------------------------------------
 2:  --     16 bits even parity generator     --
 3:  --    using function (in architecture)   --
 4:  --   Filename : EVEN_PARITY_16BITS.vhd   --
 5:  ------------------------------------------
 6:
 7:  library IEEE;
 8:  use IEEE.std_logic_1164.ALL;
 9:  use IEEE.std_logic_ARITH.ALL;
10:  use IEEE.std_logic_UNSIGNED.ALL;
11:
12:  entity EVEN_PARITY_16BITS is
13:      Port (I       : in  STD_LOGIC_VECTOR(0 to 15);
14:            Parity : out STD_LOGIC);
15:  end EVEN_PARITY_16BITS;
16:
17:  architecture Data_flow of EVEN_PARITY_16BITS is
18:
19:    function EVEN_8( I : STD_LOGIC_VECTOR(0 to 7))
20:      return STD_LOGIC is
21:        variable PE: STD_LOGIC;
22:    begin
23:      PE := '0';
24:      for K in I'left to I'right loop
25:        PE := PE xor I(K);
26:      end loop;
27:      return PE;
28:    end EVEN_8;
29:
30:  begin
31:    Parity <= EVEN_8(I(0 to 7)) xor EVEN_8(I(8 to 15));
32:  end Data_flow;
```

重點說明：

與範例一相似，不同之處為本範例是將 EVEN_8 函數的主體放置在架構 (architecture) 內，請讀者自行參閱前面的說明。

功能模擬 (function simulation)：

16 位元偶同位產生電位

5-7 程序 procedure

程序 (procedure) 的用途與函數相似，它們的目的都是為了重覆使用某一個電路；或者達到並行、分工設計，兩者最大的不同在於函數內的參數只能為輸入，且回傳物件只能一組；而程序內的參數可以是輸入、輸出或輸入輸出，且它的回傳物件沒有限制只能一組。與函數相同，程序的使用可以區分成宣告部分與主體部分。

程序的宣告部分

將控制電路以程序敘述進行設計與叫用時，其宣告部分 (通常放在套件 package 內部) 的基本語法如下：

```
procedure 名稱
                    (參數物件 名稱 : 模式 資料型態;
                     參數物件 名稱 : 模式 資料型態;
                                 ⋮
                     參數物件 名稱 : 模式 資料型態);
```

而其代表意義如下：

從上面的方塊圖結構可以看出，一個程序的參數可以擁有輸入 (in)、輸入輸出 (inout)，而其回傳的輸出參數可以沒有、一個或多個，這些參數的物件可以是常數 (constant)、訊號 (signal) 或變數 (variable)，當我們在宣告時，如果沒有指定參數物件，則於輸入 (in) 時，其機定值為常數，於輸出 (out) 或輸入輸出 (inout) 時，其機定值為變數 (variable)。

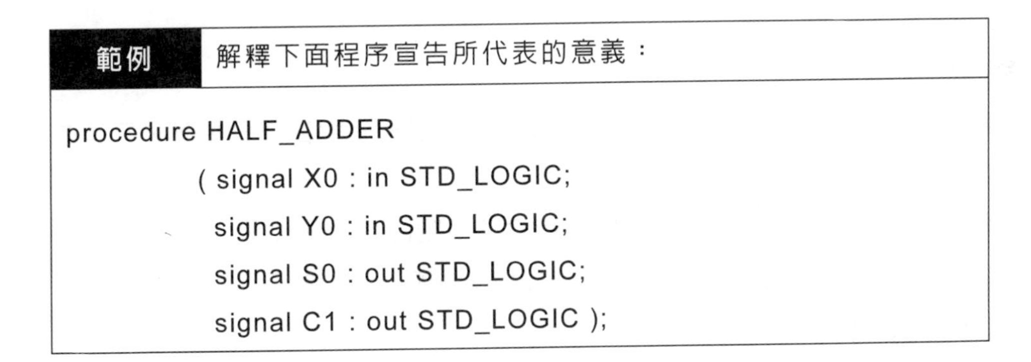

範例　解釋下面程序宣告所代表的意義：

```
procedure HALF_ADDER
          ( signal X0 : in STD_LOGIC;
            signal Y0 : in STD_LOGIC;
            signal S0 : out STD_LOGIC;
            signal C1 : out STD_LOGIC );
```

其方塊圖如下：

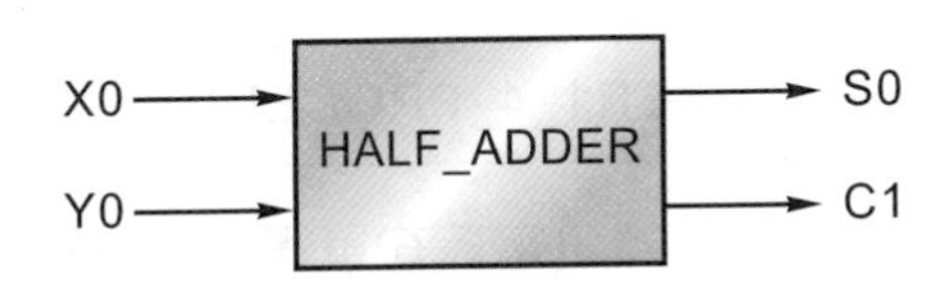

當呼叫此程序時，必須傳入訊號給參數物件 X0 與 Y0，此兩組訊號經 HALF_ADDER 程序處理後，回傳 S0 及 C1 兩組輸出訊號。

程序的主體部分

將硬體電路以程序敘述進行設計時，其主體部分的基本語法如下：

```
procedure 名稱
    (參數物件 名稱 : 模式 資料型態;
    (參數物件 名稱 : 模式 資料型態;
                    ⋮
    (參數物件 名稱 : 模式 資料型態
    ) is
      區域物件宣告區;
begin
  程序敘述區
end 名稱;
```

於上面程序主體的語法中：

1. 最前面 procedure… is 中間的宣告方式與先前有關程序宣告部分相似，只是在最後面加入保留字 is。
2. 區域物件宣告區：用來宣告於本程序內所需要用到的資料物件。
3. begin… end 名稱：本程序的敘述區，我們可以將所要設計的元件以行為模式方式在此描述 (通常為順序性敘述)。

以下就舉兩個分別將程序主體，定義在單體與架構的範例來說明。

範例一	檔名：DEMULTIPLEXER1_4_PROCEDURE_ENTITY

以程序敘述設計一個 1 對 2 解多工器 (定義在單體 entity 內)，並連續叫用 3 次以完成一個 1 對 4 解多工器電路。

1. 方塊圖：

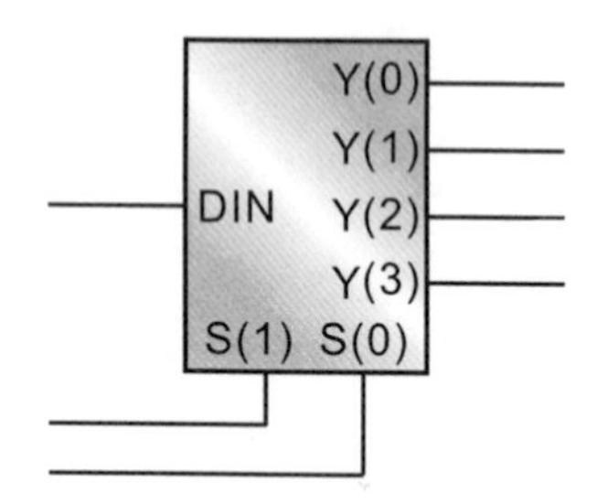

2. 真值表：

S(1)	S(0)	Y(0)	Y(1)	Y(2)	Y(3)
0	0	DIN	0	0	0
0	1	0	DIN	0	0
1	0	0	0	DIN	0
1	1	0	0	0	DIN

原始程式 (source program)：

```
 1:  ------------------------------------
 2:  --      1 to 4 Demultiplexer        --
 3:  --   using procedure (in entity)    --
 4:  -- Filename : DEMULTIPLEXER1_4.vhd --
 5:  ------------------------------------
 6:
 7:  library IEEE;
 8:  use IEEE.std_logic_1164.ALL;
 9:  use IEEE.std_logic_ARITH.ALL;
10:  use IEEE.std_logic_UNSIGNED.ALL;
11:
12:  entity DEMULTIPLEXER1_4 is
13:      Port (DIN : in  STD_LOGIC;
14:            S   : in  STD_LOGIC_VECTOR(1 downto 0);
15:            Y   : out STD_LOGIC_VECTOR(0 to 3));
16:
17:    procedure DEMUL1_2
18:              (signal DIN : in  STD_LOGIC;
19:               signal S   : in  STD_LOGIC;
20:               signal Y   : out STD_LOGIC_VECTOR(0 to 1)) is
21:    begin
22:      case S is
23:        when '0'    => Y <= DIN & '0';
24:        when others => Y <= '0' & DIN;
25:      end case;
26:    end DEMUL1_2;
27:
28:  end DEMULTIPLEXER1_4;
29:
30:  architecture Data_flow of DEMULTIPLEXER1_4 is
31:    signal X : STD_LOGIC_VECTOR(0 to 1);
32:  begin
33:    DEMUL1_2(DIN, S(1), X);
34:    DEMUL1_2(X(0), S(0), Y(0 to 1));
35:    DEMUL1_2(X(1), S(0), Y(2 to 3));
36:  end Data_flow;
```

重點說明：

1. 行號 1～10 的功能與前面相同。

2. 行號 12～15 為 1 對 4 解多工器的外部接腳，其狀況如下：

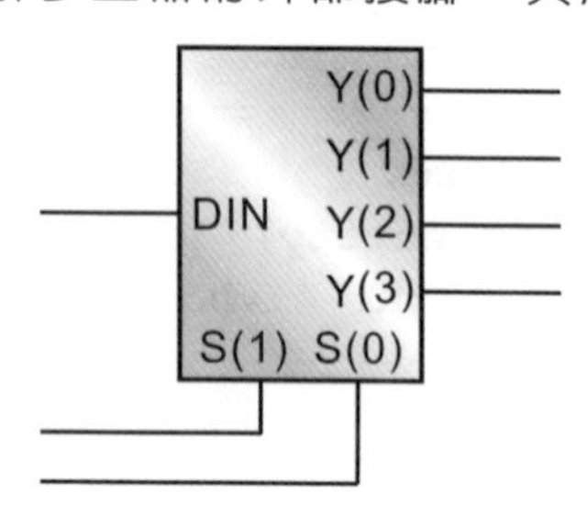

3. 行號 17～26 為 1 對 2 解多工器 DEMUL1_2 程序的主體，行號 21～26 為程序的敘述區。

4. 行號 33～35 叫用 DEMUL1_2 程序 3 次，並將它們連接成一個 1 對 4 的解多工器，其狀況如下：

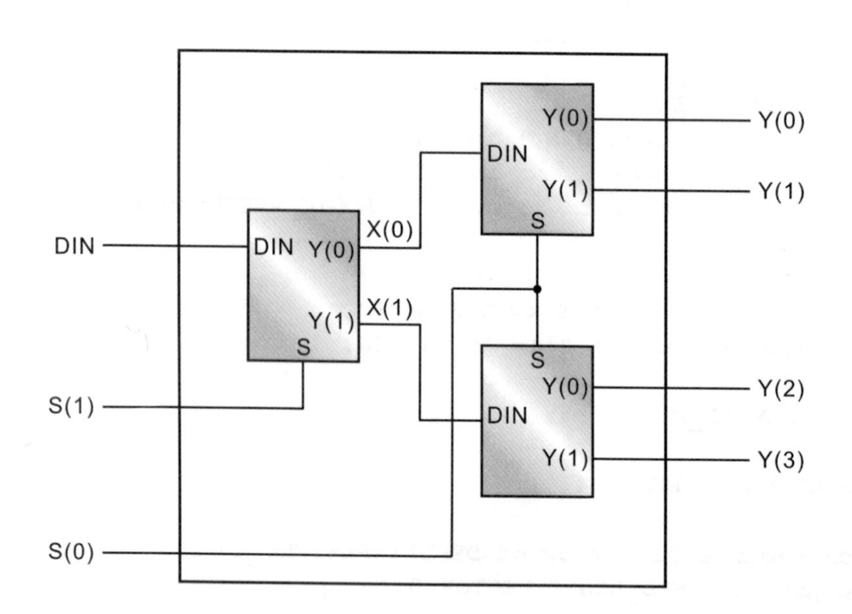

功能模擬 (function simulation)：

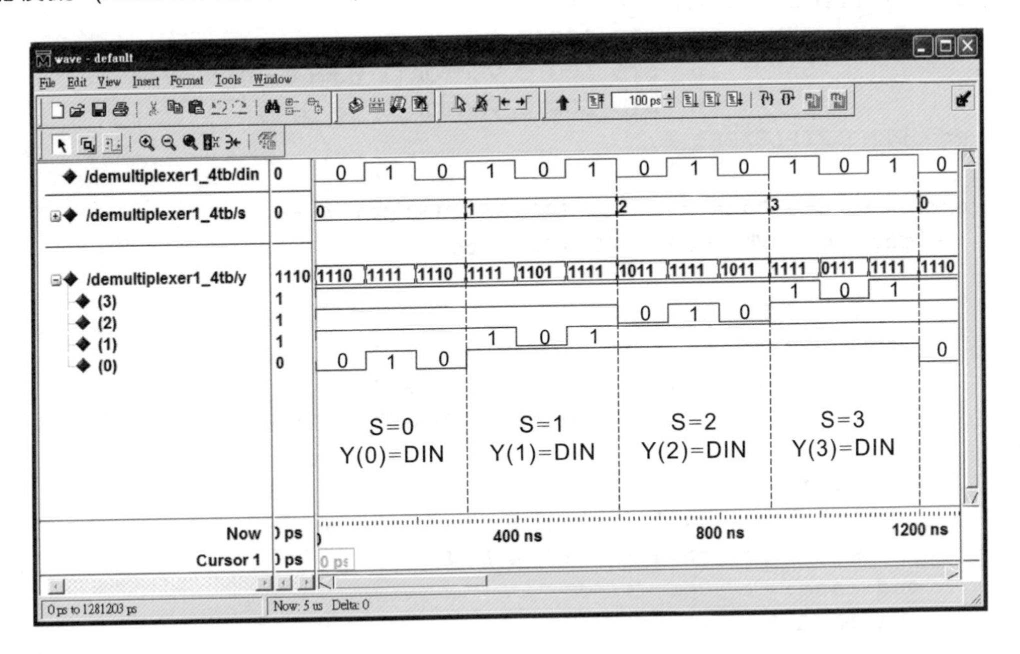

從上面功能模擬的輸入與輸出波形可以發現到，它們之間的對應關係與 1 對 4 解多工器的真值表完全相同，因此可以確定系統所合成的電路是正確的。

範例二	檔名：DEMULTIPLEXER1_4_PROCEDURE_ARCHITECTURE
設計一個與範例一相同的電路，並將被叫用程序定義在架構 (architecture) 內。	

原始程式 (source program)：

```
 1:  ---------------------------------------
 2:  --    1 to 4 Demultiplexer using    --
 3:  --    procedure (in architecture)   --
 4:  -- Filename : DEMULTIPLEXER1_4.vhd --
 5:  ---------------------------------------
 6:
 7:  library IEEE;
 8:  use IEEE.std_logic_1164.ALL;
 9:  use IEEE.std_logic_ARITH.ALL;
10:  use IEEE.std_logic_UNSIGNED.ALL;
11:
```

```
12:  entity DEMULTIPLEXER1_4 is
13:     Port (DIN : in  STD_LOGIC;
14:             S   : in  STD_LOGIC_VECTOR(1 downto 0);
15:             Y   : out STD_LOGIC_VECTOR(0 to 3));
16:  end DEMULTIPLEXER1_4;
17:
18:  architecture Data_flow of DEMULTIPLEXER1_4 is
19:    signal X : STD_LOGIC_VECTOR(0 to 1);
20:
21:    procedure DEMUL1_2
22:             (signal DIN  : in  STD_LOGIC;
23:              signal S    : in  STD_LOGIC;
24:              signal Y    : out STD_LOGIC_VECTOR(0 to 1)) is
25:    begin
26:      case S is
27:        when '0'    => Y <= DIN & '0';
28:        when others => Y <= '0' & DIN;
29:      end case;
30:    end DEMUL1_2;
31:
32:  begin
33:    DEMUL1_2(DIN, S(1), X);
34:    DEMUL1_2(X(0), S(0), Y(0 to 1));
35:    DEMUL1_2(X(1), S(0), Y(2 to 3));
36:  end Data_flow;
```

重點說明：

與範例一相似，不同之處為本範例是將 DEMUL1_2 程序主體放置在架構 (architecture) 內，請讀者自行參閱前面的說明。

功能模擬 (function simulation)：

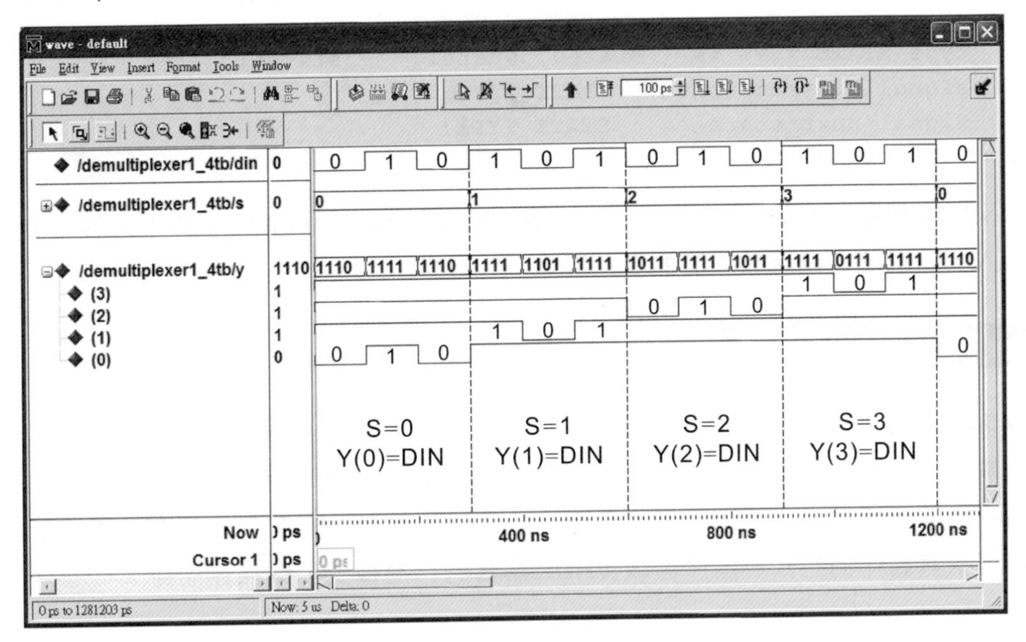

5-8 Moore 與 Mealy 狀態機

在大專的數位邏輯設計課程中，時常會提到有限狀態機器 (Finite State Machine) 簡稱為 FSM，它是在有限的狀態之下，以目前電路所記錄的狀態為準，一旦外加時脈及輸入訊號來臨時，它會以目前的狀態及輸入訊號的變化狀況為依據，產生下一次的狀態及輸出電位。有限狀態機依其工作特性可以區分為下面兩種：

1. Moore Machine：此種狀態機器的輸出電位只與目前所記錄的狀態有關，與輸入訊號無立即的關係。
2. Mealy Machine：此種狀態機器的輸出電位不只與目前所記錄的狀態有關，而且與輸入訊號有立即的關係。

比較兩種機器後會發現到，Mealy Machine 可以使用較少的狀態來完成一個序向控制電路，但由於它的輸出會受到輸入電位的影響，因此在輸出端容易產生 glitch。於 VHDL 語言系統中，我們只要將所要設計控制電路的動作狀況以狀態圖 (state diagram) 方式繪出，系統就可以將它轉換成硬體電路，甚至可以轉換成 VHDL 的描述語言，於本章節內我們就來討論如何以 VHDL 語言來描述有限狀態機器。當設計師要使用 VHDL 語言來描述狀態機器時，首先必須以列舉方式的資料型態 (enumerate type) 來定義電路內可能出現的所有狀態，而其基本語法如下：

```
type STATE_TYPE is ( state0, state1,……,staten);
signal present_state : STATE_TYPE;
signal next_state    : STATE_TYPE;
```

接下來即可利用 process、if… then… else、case… is… when 等行為模式的敘述來指定輸入、輸出及各種狀態之間的變化關係。

Moore 有限狀態機器

於 Moore 有限狀態機器中，它的輸出只與目前所記錄的狀態有關，與輸入訊號並無立即的關係，在設計過程我們先將所要設計電路的動作狀況以狀態圖繪出 (請自行參閱邏輯設計的書籍或本人所出版的 "最新數位邏輯電路設計"，限於篇幅在此不作陳述)，之後再依其動作的方式與順序，以 VHDL 語言的行為模式加以描述即可。

範例	檔名：MOORE_MACHINE_PARITY_DETECTOR
以 Moore Machine 設計一個從一連串的輸入訊號 X 中，偵測出同位狀況的同位偵測器。	

方塊圖：

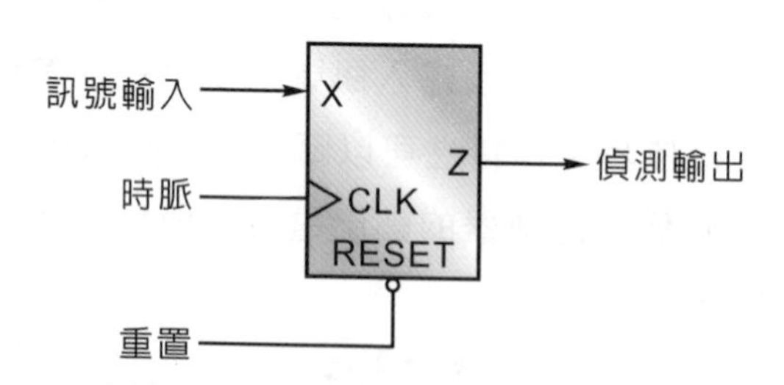

動作狀況：

從 X 端輸入一連串 0 與 1 的訊號中，當高電位 '1' 的數量為：

偶數個時，輸出端 Z 為低電位 '0'。

奇數個時，輸出端 Z 為高電位 '1'。

<步驟一> 繪出電路的狀態圖 (圖形說明請參閱本人所寫的 "最新數位邏輯電路設計一書")：

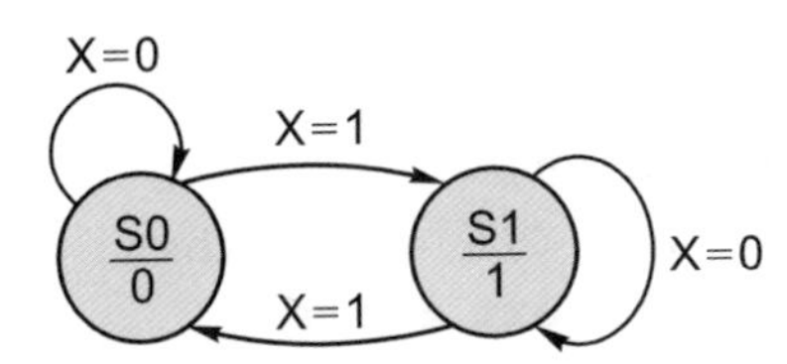

<步驟二> 整理出狀態表：

目前狀態 PS	下一個狀態		輸出 Z
	X = 0	X = 1	
S0	S0	S1	0
S1	S1	S0	1

<步驟三> 將上述的狀態變化與輸出狀況以 VHDL 語言加以描述，其原始程式的內容如下：

```
 1:  ------------------------------------
 2:  -- Parity detector (moore machine) --
 3:  --     Z = '0' for even parity     --
 4:  --     Z = '1' for odd  parity     --
 5:  --  Filename : PARITY_DETECTOR.vhd --
 6:  ------------------------------------
 7:
 8:  library IEEE;
 9:  use IEEE.std_logic_1164.ALL;
10:  use IEEE.std_logic_ARITH.ALL;
11:  use IEEE.std_logic_UNSIGNED.ALL;
12:
13:  entity PARITY_DETECTOR is
14:      Port (CLK    : in  STD_LOGIC;
15:            RESET  : in  STD_LOGIC;
16:            X      : in  STD_LOGIC;
17:            Z      : out STD_LOGIC);
18:  end PARITY_DETECTOR;
19:
20:  architecture Behavior_arch of PARITY_DETECTOR is
21:    typeState is (S1, S0);
22:    signal  Present_State : State;
23:    signal  Next_State : State;
24:  begin
```

```
25:    process (CLK, RESET)
26:
27:      begin
28:        if RESET ='0' then
29:          Present_State <= S0;
30:        elsif CLK'event and CLK = '1' then
31:          Present_State <= Next_State;
32:        end if;
33:    end process;
34:
35:    process (Present_State, X)
36:
37:      begin
38:        case Present_State is
39:          when S0 =>
40:            if X ='0' then
41:              Next_State <= S0;
42:            else
43:              Next_State <= S1;
44:            end if;
45:            Z <= '0';
46:          when S1 =>
47:            if X ='0' then
48:              Next_State <= S1;
49:            else
50:              Next_State <= S0;
51:            end if;
52:            Z <= '1';
53:        end case;
54:    end process;
55:
56:  end Behavior_arch;
```

重點說明：

1. 行號 1～11 的功能與前面相同。
2. 行號 13～18 為電路的外部接腳，其狀況如下：

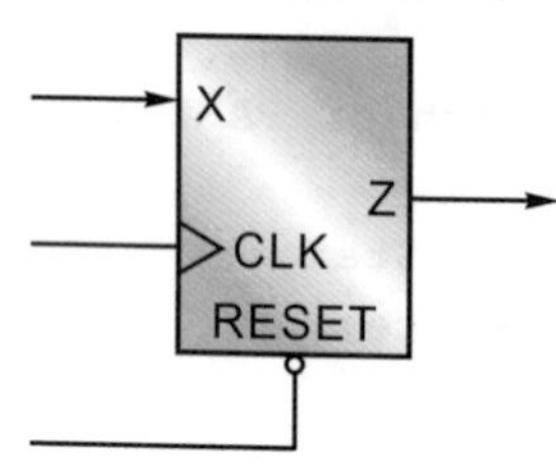

3. 行號 21～23 以列舉方式的資料型態，定義電路內可能出現的所有狀態。
4. 行號 25～54 將狀態表的動作狀況，以 VHDL 語言的行為模式依順序描述出來。

功能模擬 (function simulation)：

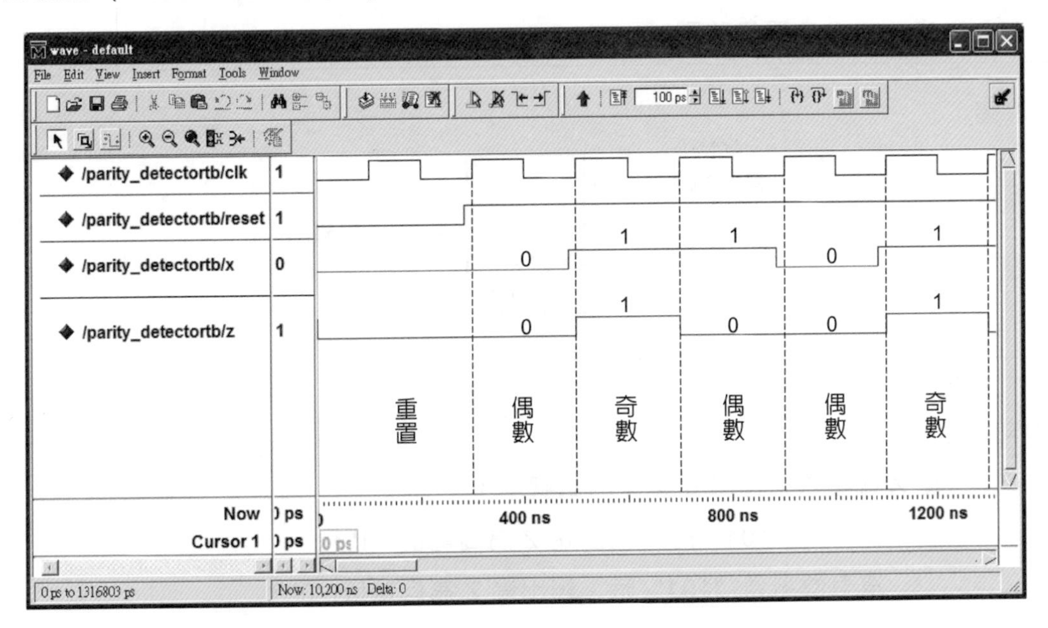

從上面功能模擬的輸入與輸出波形之間的對應關係可以發現到，它與我們所要求的動作狀況完全相同，因此可以確定系統所合成的電路是正確的。

Mealy 有限狀態機器

於 Mealy 有限狀態機器中，它的輸出不只與目前所記錄的狀態有關，它還跟輸入訊號有著立即的關係，於 VHDL 語言中，Mealy machine 的設計方式與前面所討論的 Moore machine 相似，我們先將所要設計電路的動作狀況以狀態圖繪出，然後再以列舉方式定義出電路內可能出現的所有狀態，之後再依其動作的方式與順序，以 VHDL 語言的行為模式加以描述即可。

範例	檔名：MEALY_MACHINE_DETECT_101_SIGNAL
以 Mealy Machine 設計一個，從一連串的輸入訊號 X 中，偵測出連續的 "101" 訊號。(讀者可以將它與前面的範例做個比較，就可以知道 Moore 與 Mealy Machine 之間的差別)	

方塊圖：

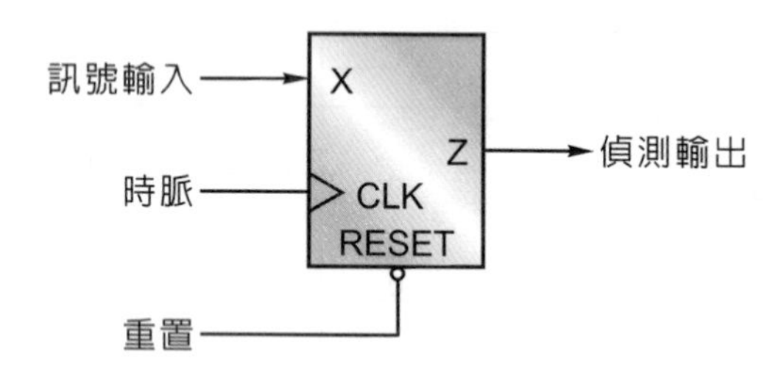

動作狀況：

從 X 端輸入一連串 0 與 1 的訊號中：

偵測到 "101" 時，輸出端 Z 為高電位 '1'。

沒有偵測到 "101" 時，輸出端 Z 為低電位 '0'。

<步驟一> 繪出電路的狀態圖 (圖形說明請參閱本人所寫的 "最新數位邏輯電路設計一書")：

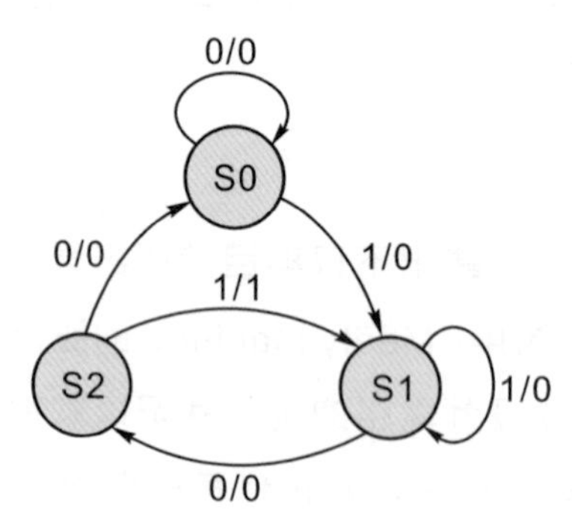

<步驟二> 整理出狀態表：

目前狀態 PS	下一個狀態	
	X = 0	X = 1
S0	S0，0	S1，0
S1	S2，0	S1，0
S2	S0，0	S1，1

<步驟三> 將上述的狀態變化與輸出狀況，以 VHDL 語言的行為模式加以描述，其原始程式的內容如下：

```
 1:  --------------------------------------
 2:  --      Detect "101" from series     --
 3:  --    input signal (mealy machine)   --
 4:  --     Filename : DETECT_101.vhd     --
 5:  --------------------------------------
 6:
 7:  library IEEE;
 8:  use IEEE.std_logic_1164.ALL;
 9:  use IEEE.std_logic_ARITH.ALL;
10:  use IEEE.std_logic_UNSIGNED.ALL;
11:
12:  entity DETECT_101 is
13:      Port (CLK   : in  STD_LOGIC;
14:            RESET : in  STD_LOGIC;
15:            X     : in  STD_LOGIC;
16:            Z     : out STD_LOGIC);
17:  end DETECT_101;
18:
19:  architecture Behavior_arch of DETECT_101 is
20:    type   State is (S2, S1, S0);
21:    signal Present_State : State;
22:    signal Next_State : State;
23:  begin
24:    process (CLK, RESET)
25:
26:     begin
27:       if RESET ='0' then
28:         Present_State <= S0;
29:       elsif CLK'event and CLK = '1' then
```

```
30:         Present_State <= Next_State;
31:       end if;
32:   end process;
33:
34:   process (X, Present_State)
35:
36:     begin
37:       case Present_State is
38:         when S0 =>
39:           if X ='0' then
40:             Next_State <= S0;
41:             Z <= '0';
42:           else
43:             Next_State <= S1;
44:             Z <= '0';
45:           end if;
46:         when S1 =>
47:           if X ='0' then
48:             Next_State <= S2;
49:             Z <= '0';
50:           else
51:             Next_State <= S1;
52:             Z <= '0';
53:           end if;
54:         when S2 =>
55:           if X ='0' then
56:             Next_State <= S0;
57:             Z <= '0';
58:           else
59:             Next_State <= S1;
60:             Z <= '1';
61:           end if;
62:       end case;
63:   end process;
64:
65: end Behavior_arch;
```

重點說明：

程式架構與 Moore machine 的範例相似，唯一不同點為其輸出 Z 會隨著狀態與輸入訊號 X 而改變，因此於每一個判斷式內都會改變輸出端 Z 的電位，我們以行號 37～45 的敘述來分析，當目前的狀態 present_state 處在 S0 時，輸入訊號 X 的電位：

1. X = 0 時：下一個狀態 Next_State 停留在 S0 (行號 40)，且輸出訊號 Z 為低電位 '0' (行號 41)。
2. X = 1 時：下一個狀態 Next_State 前進到 S1 (行號 43)，且輸出訊號 Z 為低電位 '0' (行號 44)。

功能模擬 (function simulation)：

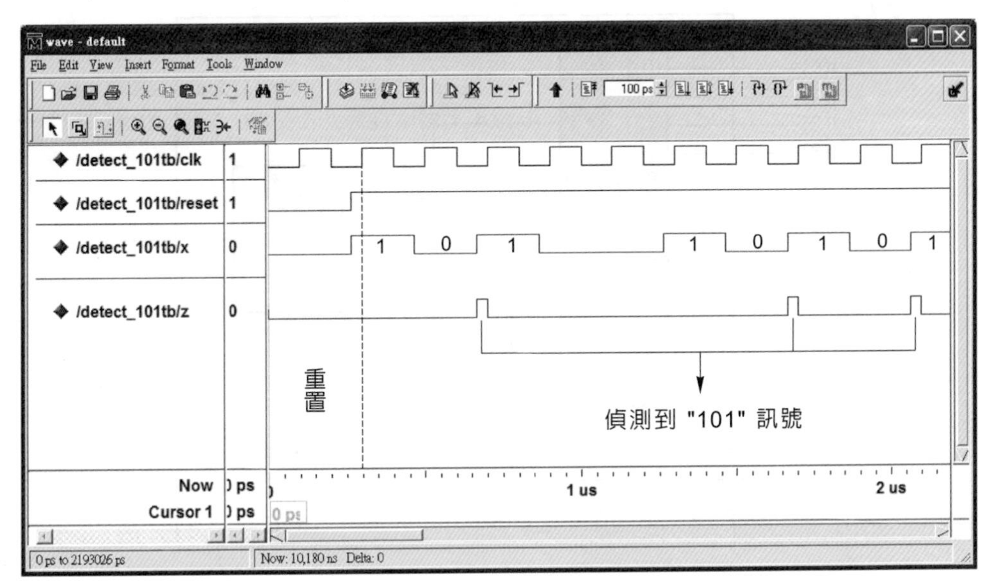

從上面功能模擬的輸入與輸出波形可以發現到，它們的對應關係與我們所要求的動作狀況完全相同，因此可以確定系統所合成的電路是正確的。

自我練習與評量

5-1　利用元件的結構，並以名稱對應的連線方式，設計一個 1 位元 8 對 1 多工器 (由兩個 1 位元 4 對 1 多工器與一個 1 位元 2 對 1 多工器所組合而成)，其方塊圖如下：

方塊圖：

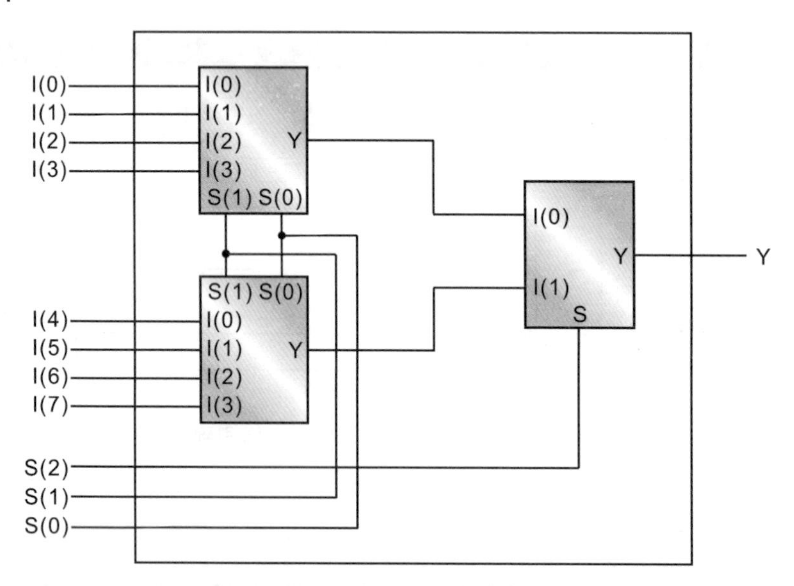

5-2　利用元件的結構，並以位置對應的連線方式設計一個 1 位元 1 對 4 解多工器 (由三個 1 位元 1 對 2 解多工器組合而成)，其方塊圖如下：

方塊圖：

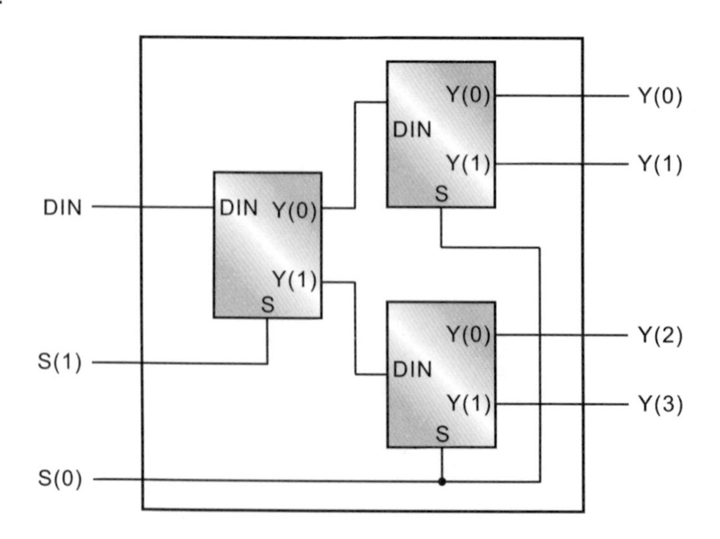

5-3　利用元件結構，並以名稱對應的連線方式，設計一個具有共陽極七段顯示解碼器的兩位數計數器 (計數範圍為 00～59)，也就是時鐘的秒數或分數，其方塊圖如下：

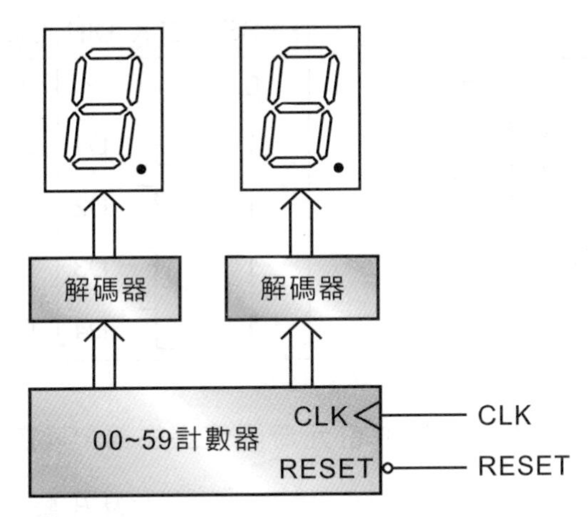

5-4　將上題 5-3 的元件連線方式改成位置對應方式。

5-5　利用元件結構，並以名稱對應的連線方式，設計四個共用輸出電路的控制電路，它們分別為 0～9 上算計數器、F～0 下算計數器、4 位元向右旋轉記錄器、4 位元向左旋轉記錄器，其方塊圖如下：

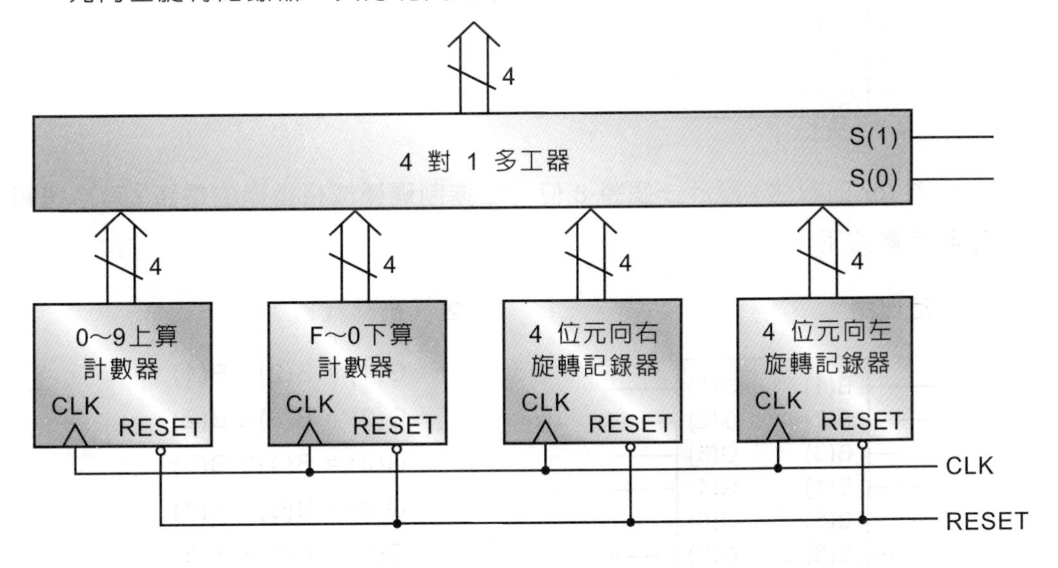

5-6　將上題 5-5 的元件連線方式改成位置對應方式。

5-7　以迴圈 for 敘述，設計一個 4 位元的向右移位暫存器，其方塊圖與真值表如下：

1. 方塊圖：

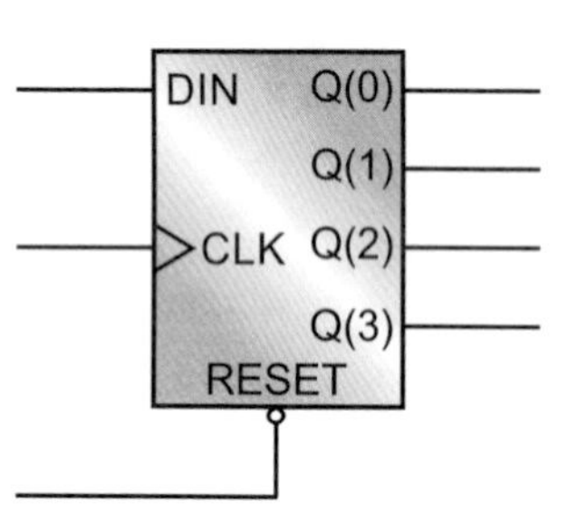

2. 真值表：

RESET	CLK	DIN	Q(0)	Q(1)	Q(2)	Q(3)
0	×	×	0	0	0	0
1	↑	D1	D1	0	0	0
1	↑	D2	D2	D1	0	0
1	↑	D3	D3	D2	D1	0
1	↑	D4	D4	D3	D2	D1

5-8　以迴圈 for 的敘述，設計一個 8 位元奇同位產生器，其方塊圖與布林代數如下：

1. 方塊圖：

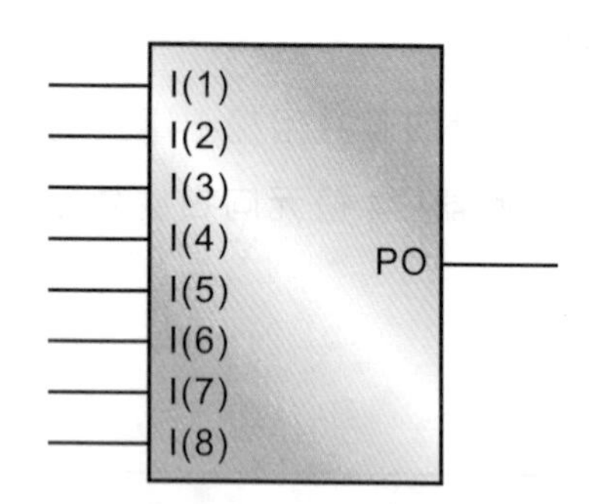

2. 布林代數：

$$P0=\overline{I(1)\oplus I(2)\oplus I(3)\oplus I(4)\oplus I(5)\oplus I(6)\oplus I(7)\oplus I(8)}$$

5-9　以迴圈 for 的敘述，設計一個將 8 位元二進制碼轉成格雷碼的電路，其方塊圖與布林代數如下：

1. 方塊圖：

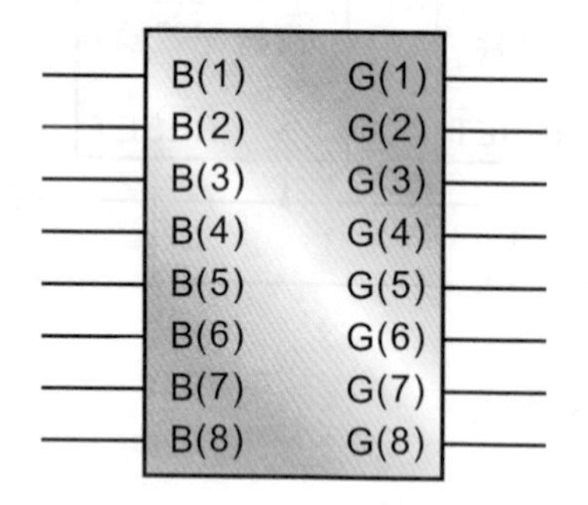

2. 布林代數：

$G(1) = B(2)\oplus B(1)$

$G(2) = B(3)\oplus B(2)$

$G(3) = B(4)\oplus B(3)$

$G(4) = B(5)\oplus B(4)$

$G(5) = B(6)\oplus B(5)$

$G(6) = B(7)\oplus B(6)$

$G(7) = B(8)\oplus B(7)$

$G(8) = B(8)$

5-10　以迴圈 for 的敘述，設計一個將 8 位元格雷碼轉換成二進制碼的電路，其方塊圖與布林代數如下：

1. 方塊圖：

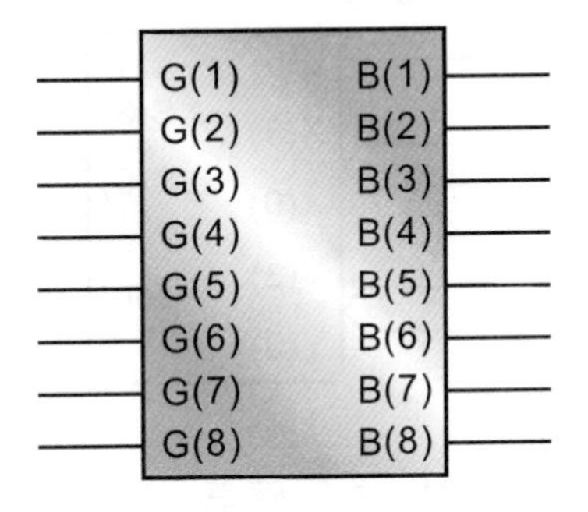

2. 布林代數：

B(8) = G(8)
B(7) = B(8) ⊕ G(7)
B(6) = B(7) ⊕ G(6)
B(5) = B(6) ⊕ G(5)
B(4) = B(5) ⊕ G(4)
B(3) = B(4) ⊕ G(3)
B(2) = B(3) ⊕ G(2)
B(1) = B(2) ⊕ G(1)

5-11　以 generic 敘述，設計一個 3 位元偶同位的參數化元件，以方便往後設計師以位元擴展方式叫用，其方塊圖與布林代數如下：

1. 方塊圖：

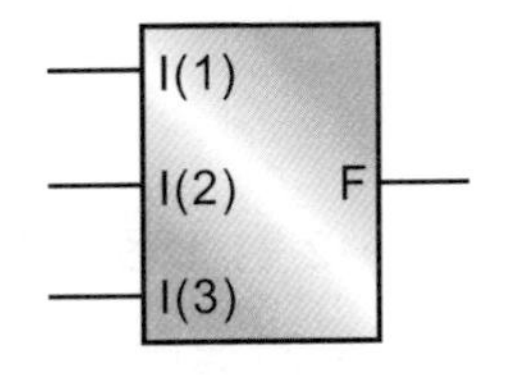

2. 布林代數：

F = I(1) ⊕ I(2) ⊕ I(3)

5-12　以名稱對應的連線方式，叫用前面練習 5-11 所建立的 3 位元偶同位產生器參數化元件，並將它擴展成 32 位元偶同位產生器。

5-13　以 generic 敘述，設計一個將 3 位元的格雷碼轉換成二進制碼的參數化元件，以方便往後設計師以位元擴展方式叫用，其方塊圖與布林代數如下：

1. 方塊圖：

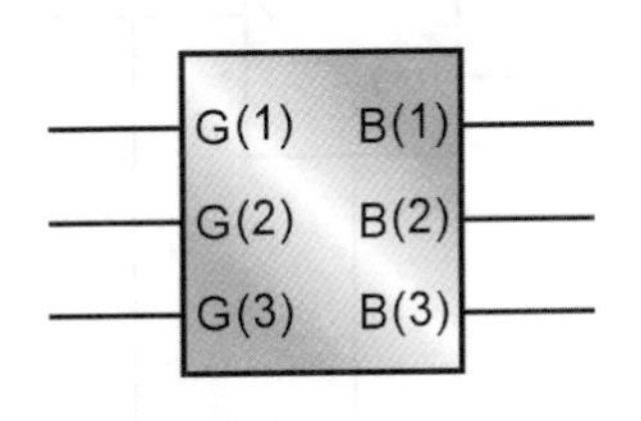

2. 布林代數：

B(3) = G(3)
B(2) = B(3) ⊕ G(2)
B(1) = B(2) ⊕ G(1)

5-14　以位置對應的連線方式，叫用前面練習 5-13 所建立的 3 位元格雷碼與二進碼轉換器的參數化元件，並將它擴展成 8 位元的轉換器。

5-15　以重複性生成敘述 for… generate，並以位置對應的連線方式，設計一個 4 位元的全加器，其動作狀況與方塊圖如下：

1. 動作狀況：

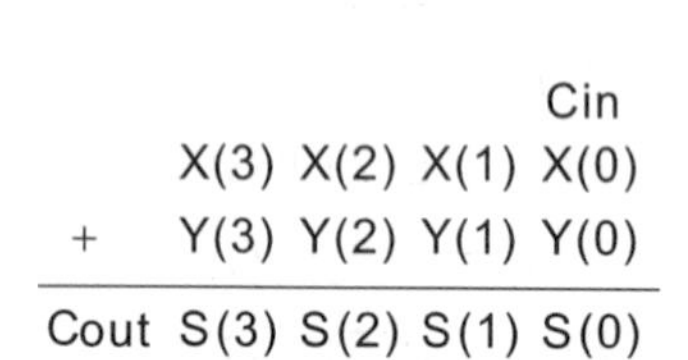

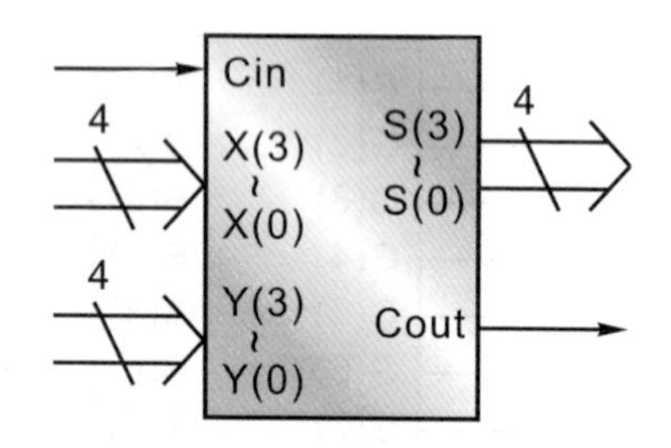

5-16　以 for… generate 敘述，設計一個低態動作 4 對 16 解碼器 (以整數方式)，其方塊圖與動作狀況如下：

1. 方塊圖：

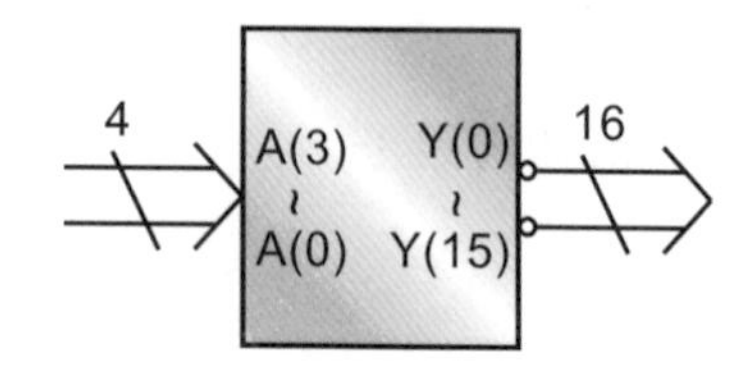

2. 動作狀況：

當 A(i) = Y(i) 時輸出為 '0'，
否則輸出為 '1'。

5-17　以 for… generate、if… generate 敘述，4 對 1 多工器，2 對 1 多工器為元件，並以名稱對應的連線方式，設計一個 8 對 1 的多工器，其方塊圖如下：

方塊圖：

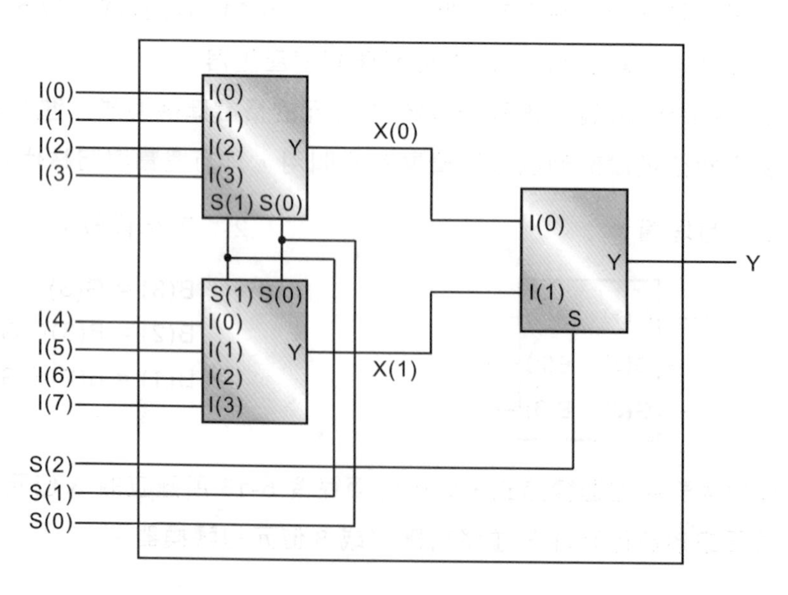

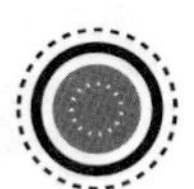

5-18　以函數敘述，設計一個 4 對 1 多工器與一個 2 對 1 多工器，並連續呼叫 4 對 1 多工器 2 次，2 對 1 多工器 1 次，以完成一個 8 對 1 多工器 (將函數定義在單體內)。

5-19　設計一個與練習 5-18 相同的電路，並將被呼叫的函數定義在架構內。

5-20　以函數敘述，設計一個 1 對 2 解多工器，並連續呼叫 3 次，以完成一個 1 對 4 解多工器 (將函數定義在單體內)。

5-21　設計一個與練習 5-20 相同的電路，並將被呼叫的函數定義在架構內。

5-22　以函數敘述，設計一個 8 位元偶同位產生器 (定義在單體 entity 內)，並連續叫用 2 次以完成一個 16 位元奇同位產生器電路。

5-23　設計一個與練習 5-22 相同的電路，並將被呼叫的函數定義在架構內。

5-24　以程序敘述，設計一個 16 位元奇同位產生器 (將程序主體定義在單體內)。

5-25　設計一個與練習 5-24 相同的電路，並將被呼叫的程序定義在架構內。

5-26　以程序敘述，設計一個 1 位元半加器與邏輯或閘 (程序定義在單體內)，並連續叫用半加器 2 次、邏輯或閘 1 次，以完成一個 1 位元全加器。

5-27　設計一個與練習 5-26 相同的電路，並將被呼叫的程序定義在架構內。

5-28　以 Moore Machine 設計一個從一連串的輸入訊號 X 中，偵測出連續 "101" 訊號的電路 (偵測到 "101" 時，輸出端 Z 為高電位 '1'，沒有偵測到 "101" 時，輸出端 Z 為低電位 '0')，其輸出與輸入的對應關係、方塊圖與狀態圖如下：

訊號輸入 X：1 1 0 0 1 0 1 1 0 0 1 0 1 0 1 0 1 0 0
偵測輸出 Z：0 0 0 0 0 0 1 0 0 0 0 0 1 0 1 0 1 0 0

1. 方塊圖：

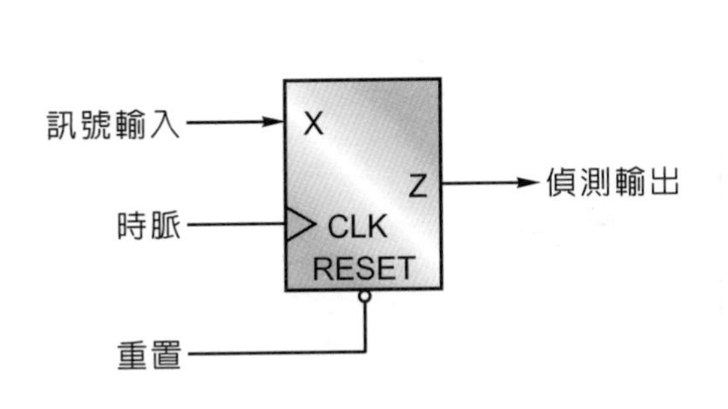

2. 狀態圖

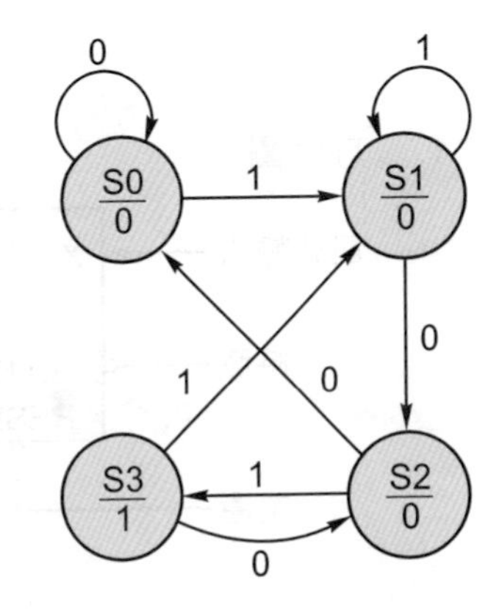

5-29 以 Moore machine 設計一個，當輸入端 X 連續出現 2 個低電位 '0' 以後，才開始輸出同位位元的電路 (偶同位 Z 輸出為 '0'，奇同位 Z 輸出為 '1')，其輸入與輸出電位的對應關係、方塊圖與狀態圖如下：

X 輸入電位：1 0 1 1 0 1 1 0 1 0 0 1 1 0 1 0 1 1 0

Z 輸出電位：Z Z Z Z Z Z Z Z Z Z 0 1 0 0 1 1 0 1 1

1. 方塊圖：

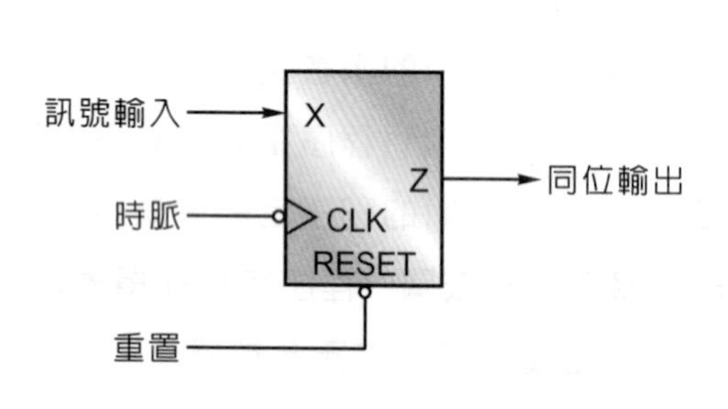

2. 狀態圖：

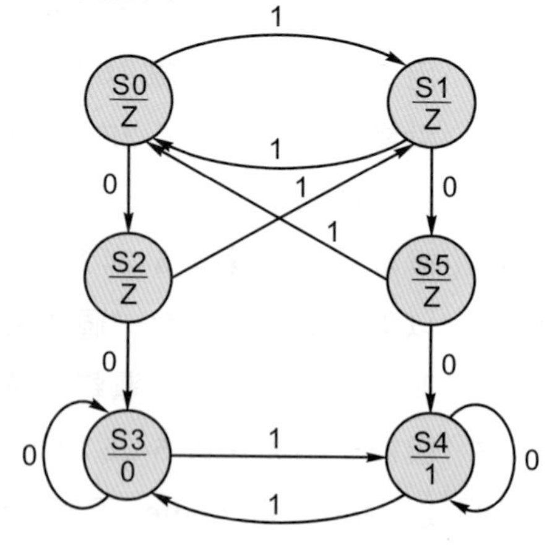

5-30 以 Mealy Machine 設計一個，當輸入端 X 連續輸入 3 個位元後，於輸出端 Z 就會自動產生前面 3 個位元的偶同位訊號 (偶同位 Z 輸出為 '0'，奇同位 Z 輸出為 '1')，其輸入與輸出電位的關係、方塊圖與狀態圖如下：

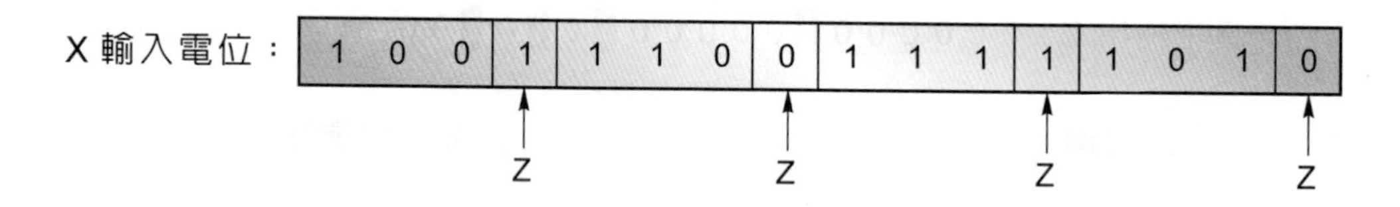

1. 方塊圖：

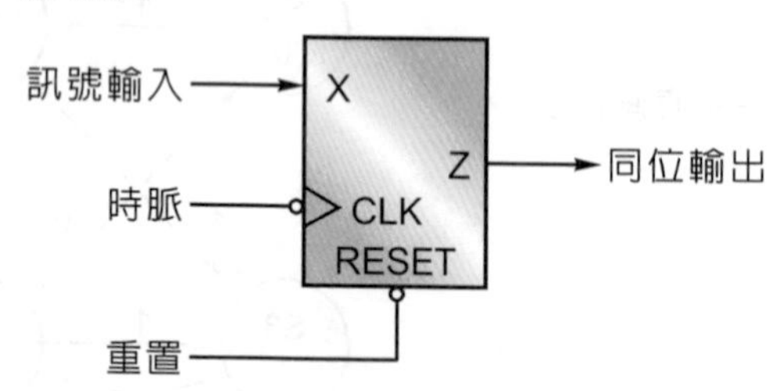

2. 狀態圖

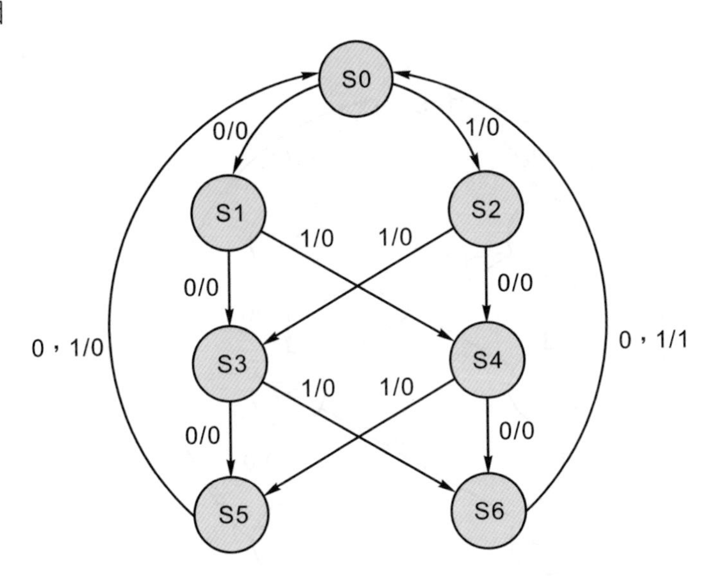

5-31　以 Mealy machine 設計一個從輸入端 X 偵測出以 4 位元為一組，當其電位為 "0101" 或 "1001" 時，輸出端 Z 為高電位 '1'，否則為低電位 '0'，其輸入與輸出電位的對應關係、方塊圖與狀態圖如下：

X 輸入電位：	0000	0101	0111	1111	1001	0101	1111
Y 輸出電位：	0000	0001	0000	0000	0001	0001	0000

1. 方塊圖：

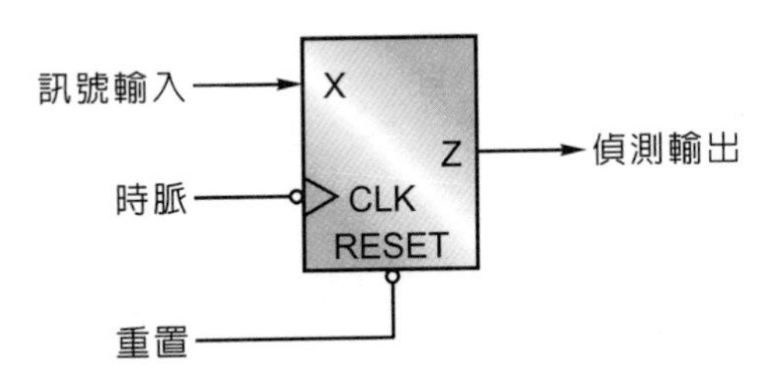

2. 狀態圖：

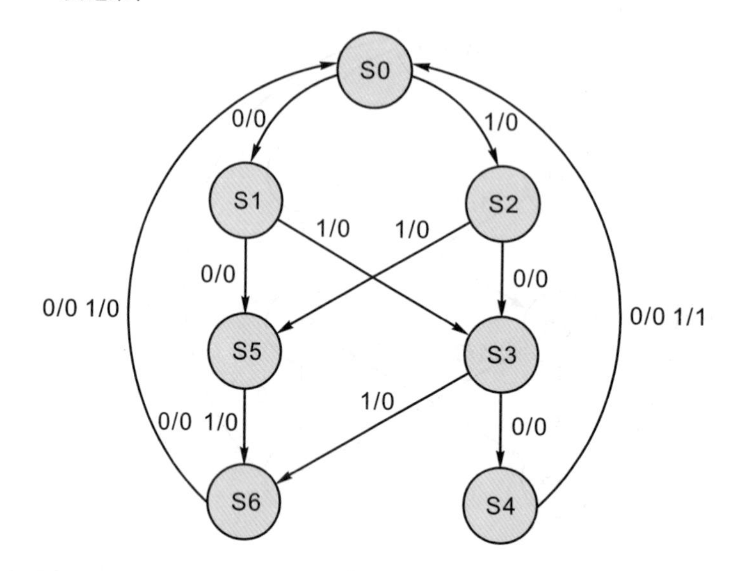

第五章　自我練習與評量解答

5-1　電路的設計流程如下：

<步驟一> 建立一個新的 project (名稱自訂，此處為 PRACTICE_5_1)。

<步驟二> 設計一個 1 位元 4 對 1 的多工器，經合成、模擬，確定無誤後存檔 (檔名自訂，此處為 MULTIPLEXER4_1)，其內容如下：

```
 1:  ------------------------------------
 2:  --    Multiplexer4_1 for component  --
 3:  --   Filename : MULTIPLEXER4_1.vhd  --
 4:  ------------------------------------
 5:
 6:  library IEEE;
 7:  use IEEE.std_logic_1164.ALL;
 8:  use IEEE.std_logic_ARITH.ALL;
 9:  use IEEE.std_logic_UNSIGNED.ALL;
10:
11:  entity MULTIPLEXER4_1 is
12:       Port (I : in  STD_LOGIC_VECTOR(0 to 3);
13:             S : in  STD_LOGIC_VECTOR(1 downto 0);
14:             Y : out STD_LOGIC);
15:  end MULTIPLEXER4_1;
16:
17:  architecture Data_flow of MULTIPLEXER4_1 is
18:
19:  begin
20:    Y <= I(0) when S = "00" else
21:         I(1) when S = "01" else
22:         I(2) when S = "10" else
23:         I(3) ;
24:  end Data_flow;
```

<步驟三> 設計一個 1 位元 2 對 1 的多工器，經合成、模擬，確定無誤後存檔 (檔名自訂，此處為 MULTIPLEXER2_1)，其內容如下：

```
 1:  ------------------------------------
 2:  --   Multiplexer2_1 for component  --
 3:  --  Filename : MULTIPLEXER2_1.vhd  --
 4:  ------------------------------------
 5:
 6:  library IEEE;
 7:  use IEEE.std_logic_1164.ALL;
 8:  use IEEE.std_logic_ARITH.ALL;
 9:  use IEEE.std_logic_UNSIGNED.ALL;
10:
11:  entity MULTIPLEXER2_1 is
12:      Port (I : in  STD_LOGIC_VECTOR(0 to 1);
13:            S : in  STD_LOGIC;
14:            Y : out STD_LOGIC);
15:  end MULTIPLEXER2_1;
16:
17:  architecture Data_flow of MULTIPLEXER2_1 is
18:
19:  begin
20:    Y <= I(0) when S = '0' else
21:         I(1);
22:  end Data_flow;
```

<步驟四> 設計一個 1 位元 8 對 1 多工器的主電路，同時宣告兩個被叫用元件 (4 對 1 與 2 對 1 多工器)，並以名稱對應的連線方式叫用 4 對 1 多工器 2 次，2 對 1 多工器 1 次後存檔 (檔名自訂，此處為 MULTIPLEXER8_1)，其內容如下：

```
 1:  ------------------------------------
 2:  --        8 to 1 multiplexer       --
 3:  --      using component by name    --
 4:  -- Filename : MULTIPLEXER8_1.vhd   --
 5:  ------------------------------------
 6:
 7:  library IEEE;
 8:  use IEEE.std_logic_1164.ALL;
 9:  use IEEE.std_logic_ARITH.ALL;
10:  use IEEE.std_logic_UNSIGNED.ALL;
11:
```

```
12:  entity MULTIPLEXER8_1 is
13:      Port (I : in  STD_LOGIC_VECTOR(0 to 7);
14:            S : in  STD_LOGIC_VECTOR(2 downto 0);
15:            Y : out  STD_LOGIC);
16:  end MULTIPLEXER8_1;
17:
18:  architecture Data_flow of MULTIPLEXER8_1 is
19:
20:    component MULTIPLEXER4_1
21:      Port (I : in  STD_LOGIC_VECTOR(0 to 3);
22:            S : in  STD_LOGIC_VECTOR(1 downto 0);
23:            Y : out STD_LOGIC);
24:    end component;
25:
26:    component MULTIPLEXER2_1
27:      Port (I : in  STD_LOGIC_VECTOR(0 to 1);
28:            S : in  STD_LOGIC;
29:            Y : out STD_LOGIC);
30:    end component;
31:
32:    signal X : STD_LOGIC_VECTOR(1 downto 0);
33:  begin
34:  MUL4_A: MULTIPLEXER4_1
35:          Port map  (I => I(0 to 3),
36:                     S => S(1 downto 0),
37:                     Y => X(0));
38:  MUL4_B: MULTIPLEXER4_1
39:          Port map  (I => I(4 to 7),
40:                     S => S(1 downto 0),
41:                     Y => X(1));
42:  MUL2:   MULTIPLEXER2_1
43:          Port map  (I(0) => X(0),
44:                     I(1) => X(1),
45:                     S    => S(2),
46:                     Y    => Y);
47:  end Data_flow;
```

功能模擬 (function simulation)：

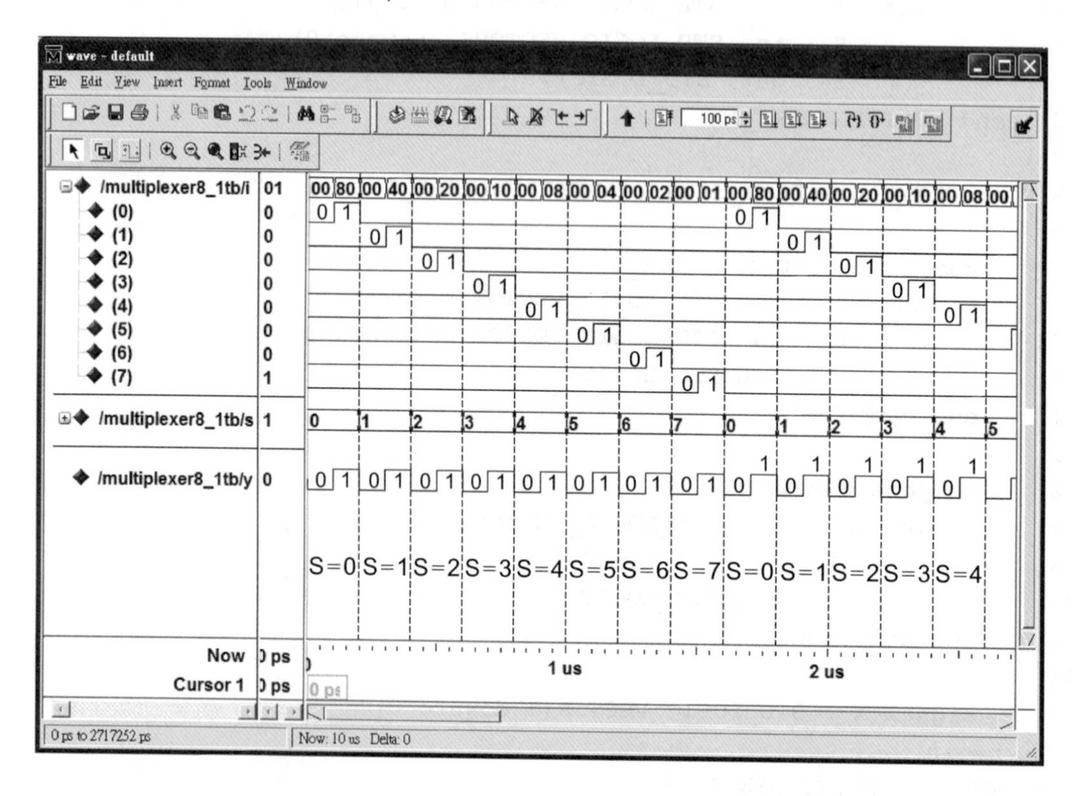

5-3　電路的設計流程如下：

<步驟一> 建立一個新的 project (名稱自訂，此處為 PRACTICE_5_3)。

<步驟二> 設計一個兩位數 00～59 的計數器，經合成、模擬確定無誤後存檔 (檔名自訂，此處為 BCD_UP_COUNTER)，其內容如下：

```
 1:  ------------------------------------
 2:  --     2 Digital BCD up counter   --
 3:  --      (00-59) for component     --
 4:  --   Filename : BCD_UP_COUNTER.vhd --
 5:  ------------------------------------
 6:
 7:  library IEEE;
 8:  use IEEE.STD_LOGIC_1164.ALL;
 9:  use IEEE.STD_LOGIC_ARITH.ALL;
10:  use IEEE.STD_LOGIC_UNSIGNED.ALL;
11:
```

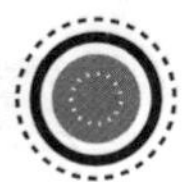

```
12:  entity BCD_UP_COUNTER is
13:      Port (CLK    : in  STD_LOGIC;
14:            RESET : in  STD_LOGIC;
15:            Q      : out STD_LOGIC_VECTOR(7 downto 0));
16:  end BCD_UP_COUNTER;
17:
18:  architecture Behavioral of BCD_UP_COUNTER is
19:    signal REG : STD_LOGIC_VECTOR(7 downto 0);
20:  begin
21:    process(CLK, RESET)
22:
23:      begin
24:        if RESET = '0' then
25:          REG <= (others => '0');
26:        elsif CLK'event and CLK = '1' then
27:          if REG(3 downto 0) = x"9" then
28:            REG(3 downto 0) <= x"0";
29:            REG(7 downto 4) <= REG(7 downto 4) + 1;
30:          else
31:            REG(3 downto 0) <= REG(3 downto 0) + 1;
32:          end if;
33:          if REG = x"59" then
34:            REG <= x"00";
35:          end if;
36:        end if;
37:    end process;
38:
39:  Q <= REG;
40:  end Behavioral;
```

<步驟三> 設計一個共陽極 BCD 對七段顯示解碼器，經合成、模擬確定無誤後存檔 (檔名自訂，此處為 DECODER)，其內容如下：

```
 1:  -------------------------------------
 2:  --    BCD to seven segment decoder  --
 3:  --         (CA) for component       --
 4:  --       Filename : DECODER.vhd     --
 5:  -------------------------------------
 6:
```

```
 7:  library IEEE;
 8:  use IEEE.STD_LOGIC_1164.ALL;
 9:  use IEEE.STD_LOGIC_ARITH.ALL;
10:  use IEEE.STD_LOGIC_UNSIGNED.ALL;
11:
12:  entity DECODER is
13:      Port (BCD     : in  STD_LOGIC_VECTOR(3 downto 0);
14:            SEGMENT : out STD_LOGIC_VECTOR(7 downto 0));
15:  end DECODER;
16:
17:  architecture Data_flow of DECODER is
18:
19:  begin
20:    with BCD select
21:      SEGMENT <= "01000000" when x"0",
22:                 "01111001" when x"1",
23:                 "00100100" when x"2",
24:                 "00110000" when x"3",
25:                 "00011001" when x"4",
26:                 "00010010" when x"5",
27:                 "00000010" when x"6",
28:                 "01111000" when x"7",
29:                 "00000000" when x"8",
30:                 "00010000" when x"9",
31:                 "01111111" when others;
32:  end Data_flow;
```

<步驟四> 設計一個主電路，叫用兩位數 00～59 計數器一次，共陽極 BCD 對七段顯示解碼器兩次，並以名稱對應方式進行連線後存檔 (檔名自訂，此處為 COUNTER_DECODER_2DIGS)，其內容如下：

```
1:  ----------------------------------------
2:  --   BCD up counter and decoder 2digs    --
3:  --       using component by name          --
4:  -- Filename : COUNETR_DECODER_2DIGS.vhd --
5:  ----------------------------------------
6:
7:  library IEEE;
```

```
 8:  use IEEE.STD_LOGIC_1164.ALL;
 9:  use IEEE.STD_LOGIC_ARITH.ALL;
10:  use IEEE.STD_LOGIC_UNSIGNED.ALL;
11:
12:  entity COUNTER_DECODER_2DIGS is
13:       Port (CLK      : in  STD_LOGIC;
14:              RESET   : in  STD_LOGIC;
15:              SEGMENT : out STD_LOGIC_VECTOR (15 downto 0));
16:  end COUNTER_DECODER_2DIGS;
17:
18:  architecture Behavioral of COUNTER_DECODER_2DIGS is
19:
20:    component BCD_UP_COUNTER
21:          Port (CLK   : in  STD_LOGIC;
22:                 RESET : in  STD_LOGIC;
23:                 Q     : out STD_LOGIC_VECTOR(7 downto 0));
24:    end component;
25:
26:    component DECODER
27:         Port (BCD      : in  STD_LOGIC_VECTOR(3 downto 0);
28:                SEGMENT : out STD_LOGIC_VECTOR(7 downto 0));
29:    end component;
30:
31:    signal REG : STD_LOGIC_VECTOR(7 downto 0);
32:  begin
33:
34:  COUNTER : BCD_UP_COUNTER
35:              Port map (CLK    => CLK,
36:                        RESET => RESET,
37:                        Q      => REG);
38:  SEGMENT1: DECODER
39:              Port map(BCD     => REG(3 downto 0),
40:                       SEGMENT => SEGMENT(7 downto 0));
41:  SEGMENT2: DECODER
42:              Port map(BCD     => REG(7 downto 4),
43:                       SEGMENT => SEGMENT(15 downto 8));
44:  end Behavioral;
```

功能模擬 (function simulation)

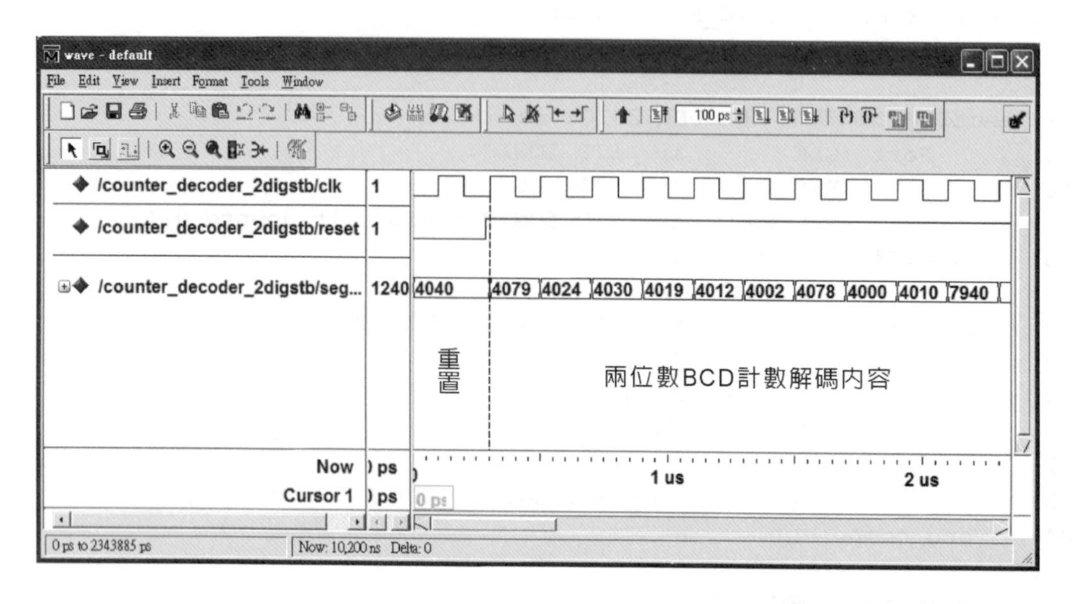

而其連線狀況如下：

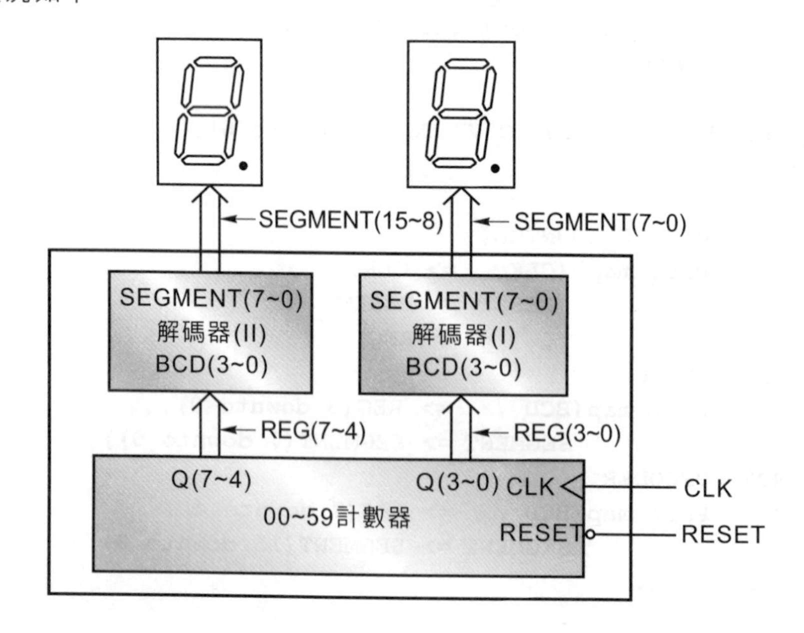

5-5　電路的設計流程如下：

<步驟一> 建立一個新的 project (名稱自訂，此處為 PRACTICE_5_5)。

<步驟二> 設計一個 0～9 上算計數器，經合成、模擬確定無誤後存檔 (檔名自訂，此處為 BCD_UP_COUNTER)，其內容如下：

```
 1: ------------------------------------
 2: --        1 digital BCD up        --
 3: --      counter  for component    --
 4: --   Filename : BCD_UP_COUNTER.vhd --
 5: ------------------------------------
 6:
 7: library IEEE;
 8: use IEEE.STD_LOGIC_1164.ALL;
 9: use IEEE.STD_LOGIC_ARITH.ALL;
10: use IEEE.STD_LOGIC_UNSIGNED.ALL;
11:
12: entity BCD_UP_COUNTER is
13:     Port (CLK    : in  STD_LOGIC;
14:           RESET : in  STD_LOGIC;
15:           Q     : out STD_LOGIC_VECTOR(3 downto 0));
16: end BCD_UP_COUNTER;
17:
18: architecture Behavioral of BCD_UP_COUNTER is
19:   signal REG : STD_LOGIC_VECTOR(3 downto 0);
20: begin
21:   process(CLK, RESET)
22:
23:     begin
24:       if RESET = '0' then
25:         REG <= (others => '0');
26:       elsif CLK'event and CLK = '1' then
27:         if REG = x"9" then
28:           REG <= x"0";
29:         else
30:           REG <= REG + 1;
31:         end if;
32:       end if;
33:   end process;
34:
35:   Q <= REG;
36: end Behavioral;
```

<步驟三> 設計一個 F～0 下算二進制計數器，經合成、模擬確定無誤後存檔 (檔名自訂，此處為 BINARY_DOWN_COUNTER)，其內容如下：

```
 1:  ----------------------------------------
 2:  --         4 bits binary down         --
 3:  --        counter for component       --
 4:  --   Filename : BINARY_DOWN_COUNTER.vhd --
 5:  ----------------------------------------
 6:
 7:  library IEEE;
 8:  use IEEE.STD_LOGIC_1164.ALL;
 9:  use IEEE.STD_LOGIC_ARITH.ALL;
10:  use IEEE.STD_LOGIC_UNSIGNED.ALL;
11:
12:  entity BINARY_DOWN_COUNTER is
13:      Port (CLK   : in  STD_LOGIC;
14:            RESET : in  STD_LOGIC;
15:            Q     : out STD_LOGIC_VECTOR(3 downto 0));
16:  end BINARY_DOWN_COUNTER;
17:
18:  architecture Behavioral of BINARY_DOWN_COUNTER is
19:    signal REG : STD_LOGIC_VECTOR(3 downto 0);
20:  begin
21:    process(CLK, RESET)
22:
23:      begin
24:        if RESET = '0' then
25:          REG <= (others => '0');
26:        elsif CLK'event and CLK = '1' then
27:          REG <= REG - 1;
28:        end if;
29:    end process;
30:
31:    Q <= REG;
32:  end Behavioral;
```

<步驟四> 設計一個 4 位元向右旋轉記錄器，經合成、模擬確定無誤後存檔 (檔名自訂，此處為 ROTATE_RIGHT_4BITS)，其內容如下：

```
 1:  ----------------------------------------
 2:  --         4 bits data rotate         --
 3:  --         right for component        --
 4:  --   Filename : ROTATE_RIGHT_4BITS.vhd  --
 5:  ----------------------------------------
 6:
```

```
 7:  library IEEE;
 8:  use IEEE.STD_LOGIC_1164.ALL;
 9:  use IEEE.STD_LOGIC_ARITH.ALL;
10:  use IEEE.STD_LOGIC_UNSIGNED.ALL;
11:
12:  entity ROTATE_RIGHT_4BITS is
13:      Port (CLK    : in  STD_LOGIC;
14:            RESET  : in  STD_LOGIC;
15:            Q      : out STD_LOGIC_VECTOR(3 downto 0));
16:  end ROTATE_RIGHT_4BITS;
17:
18:  architecture Behavioral of ROTATE_RIGHT_4BITS is
19:    signal REG : STD_LOGIC_VECTOR(3 downto 0);
20:  begin
21:    process(CLK, RESET)
22:
23:      begin
24:        if RESET = '0' then
25:          REG <= "1000";
26:        elsif CLK'event and CLK = '1' then
27:          REG <= REG(0) & REG(3 downto 1);
28:        end if;
29:    end process;
30:
31:    Q <= REG;
32:  end Behavioral;
```

<步驟五> 設計一個 4 位元向左旋轉移位記錄器，經合成、模擬確定無誤後存檔 (檔名自訂，此處為 ROTATE_LEFT_4BITS)，其內容如下：

```
 1:  ------------------------------------------
 2:  --          4 bits data rotate          --
 3:  --          left for component          --
 4:  --    Filename : ROTATE_LEFT_4BITS.vhd  --
 5:  ------------------------------------------
 6:
 7:  library IEEE;
 8:  use IEEE.STD_LOGIC_1164.ALL;
 9:  use IEEE.STD_LOGIC_ARITH.ALL;
10:  use IEEE.STD_LOGIC_UNSIGNED.ALL;
11:
12:  entity ROTATE_LEFT_4BITS is
```

```
13:      Port (CLK    : in  STD_LOGIC;
14:            RESET : in  STD_LOGIC;
15:            Q     : out STD_LOGIC_VECTOR(3 downto 0));
16: end ROTATE_LEFT_4BITS;
17:
18: architecture Behavioral of ROTATE_LEFT_4BITS is
19:   signal REG : STD_LOGIC_VECTOR(3 downto 0);
20: begin
21:   process(CLK, RESET)
22:
23:     begin
24:       if RESET = '0' then
25:         REG <= "0001";
26:       elsif CLK'event and CLK = '1' then
27:         REG <= REG(2 downto 0) & REG(3);
28:       end if;
29:   end process;
30:
31:   Q <= REG;
32: end Behavioral;
```

<步驟六> 設計一個主電路，叫用 0～9 上算計數器；F～0 二進制下算計數器；4 位元向左旋轉記錄器，4 位元向右旋轉記錄器等元件一次，並以名稱對應的連線方式，將它們經由一組 4 對 1 多工器選擇其中一組輸出後存檔 (檔名自訂，此處為 MULTIPLE_DISPLAY)，其內容如下：

```
 1: -------------------------------------
 2: --       Multiple_display          --
 3: --    using component by name      --
 4: -- Filename : MULTIPLE_DISPLAY.vhd --
 5: -------------------------------------
 6:
 7: library IEEE;
 8: use IEEE.STD_LOGIC_1164.ALL;
 9: use IEEE.STD_LOGIC_ARITH.ALL;
10: use IEEE.STD_LOGIC_UNSIGNED.ALL;
11:
12: entity MULTIPLE_DISPLAY is
13:     Port (CLK    : in STD_LOGIC;
14:           RESET  : in STD_LOGIC;
15:           SEL    : in STD_LOGIC_VECTOR(1 downto 0);
```

```
16:             Q      : out STD_LOGIC_VECTOR(3 downto 0));
17:  end MULTIPLE_DISPLAY;
18:
19:  architecture Behavioral of MULTIPLE_DISPLAY is
20:
21:    component BCD_UP_COUNTER
22:      Port (CLK   : in  STD_LOGIC;
23:            RESET : in  STD_LOGIC;
24:            Q     : out STD_LOGIC_VECTOR(3 downto 0));
25:    end component;
26:
27:    component BINARY_DOWN_COUNTER
28:      Port (CLK   : in  STD_LOGIC;
29:            RESET : in  STD_LOGIC;
30:            Q     : out STD_LOGIC_VECTOR(3 downto 0));
31:    end component;
32:
33:    component ROTATE_RIGHT_4BITS
34:      Port (CLK   : in  STD_LOGIC;
35:            RESET : in  STD_LOGIC;
36:            Q     : out STD_LOGIC_VECTOR(3 downto 0));
37:    end component;
38:
39:    component ROTATE_LEFT_4BITS
40:      Port (CLK   : in  STD_LOGIC;
41:            RESET : in  STD_LOGIC;
42:            Q     : out STD_LOGIC_VECTOR(3 downto 0));
43:    end component;
44:
45:    signal up_counter   : STD_LOGIC_VECTOR(3 DOWNTO 0);
46:    signal down_counter : STD_LOGIC_VECTOR(3 DOWNTO 0);
47:    signal rotate_right : STD_LOGIC_VECTOR(3 DOWNTO 0);
48:    signal rotate_left  : STD_LOGIC_VECTOR(3 DOWNTO 0);
49:
50:  begin
51:
52:  UP    : BCD_UP_COUNTER
53:      port map (CLK   => CLK,
54:                RESET => RESET,
55:                Q     => up_counter);
```

```
56:  DOWN  : BINARY_DOWN_COUNTER
57:        port map  (CLK    => CLK,
58:                   RESET => RESET,
59:                   Q     => down_counter);
60:  RIGHT: ROTATE_RIGHT_4BITS
61:        port map  (CLK    => CLK,
62:                   RESET => RESET,
63:                   Q     => rotate_right);
64:  LEFT  : ROTATE_LEFT_4BITS
65:        port map  (CLK    => CLK,
66:                   RESET => RESET,
67:                   Q     => rotate_left);
68:
69:    with SEL select
70:      Q <= up_counter    when "00",
71:           down_counter when "01",
72:           rotate_right when "10",
73:           rotate_left   when others;
74:  end Behavioral;
```

功能模擬 (function simulation)

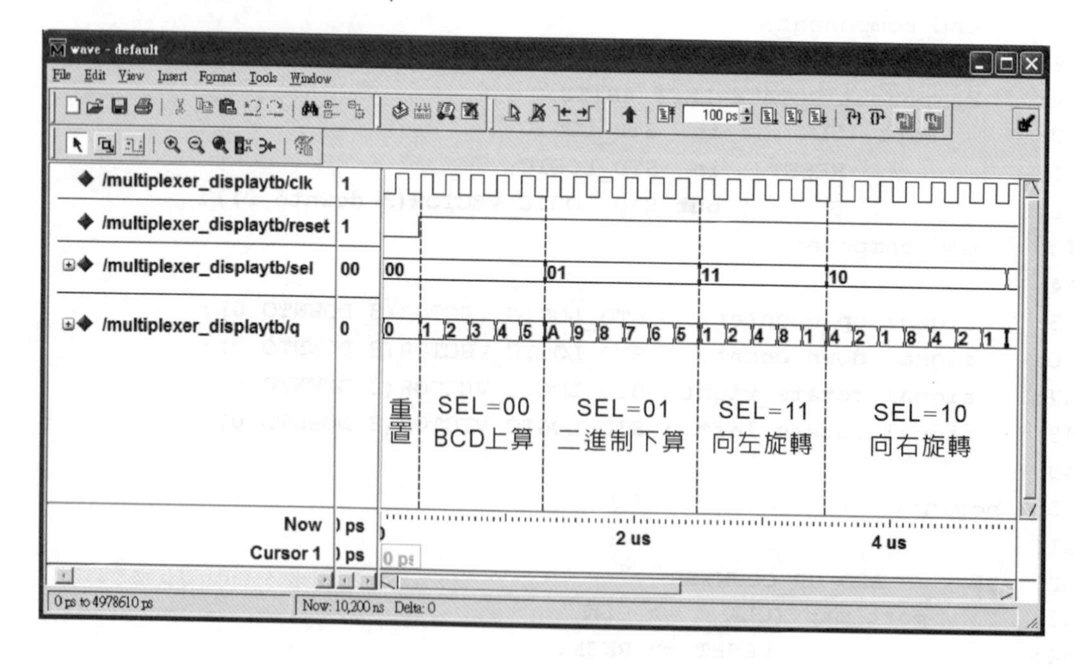

而其連線狀況如下：

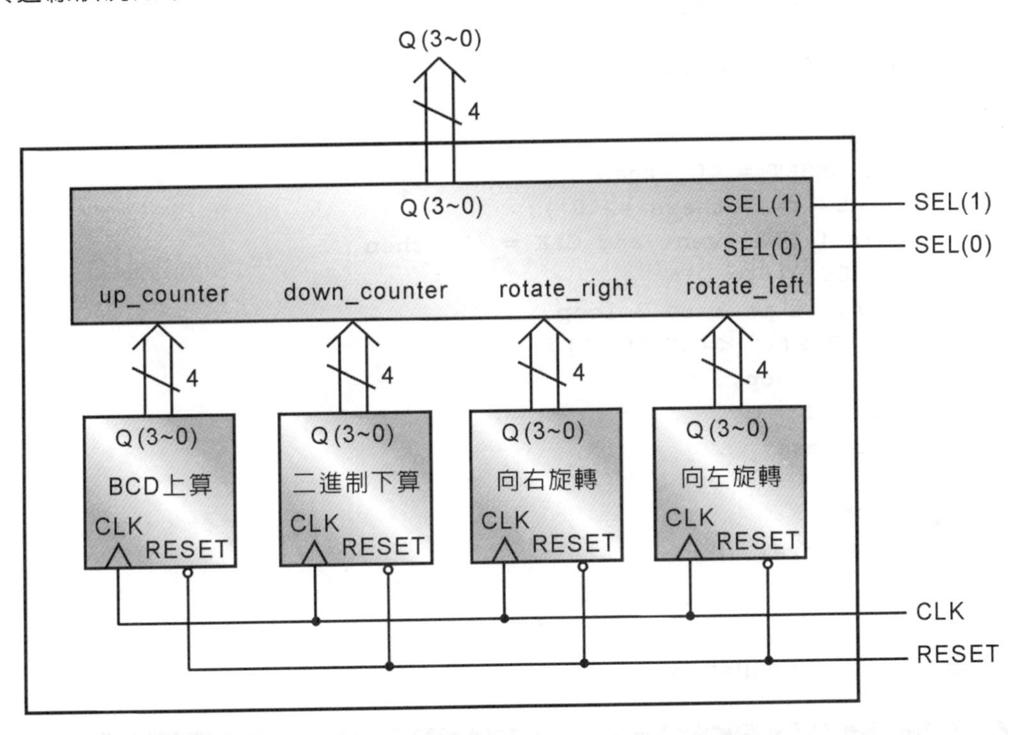

5-7　原始程式的內容如下：

```
 1:  ----------------------------------------
 2:  --     4 bits shift right register     --
 3:  --         using for statement         --
 4:  --  Filename : SHIFT_REGISTER_4BITS.vhd --
 5:  ----------------------------------------
 6:
 7:   library IEEE;
 8:  use IEEE.STD_LOGIC_1164.ALL;
 9:  use IEEE.STD_LOGIC_ARITH.ALL;
10:  use IEEE.STD_LOGIC_UNSIGNED.ALL;
11:
12:  entity SHIFT_REGISTER_4BITS is
13:      Port (CLK   : in  STD_LOGIC;
14:            DIN   : in  STD_LOGIC;
15:            RESET : in  STD_LOGIC;
16:            Q     : out STD_LOGIC_VECTOR(0 to 3));
17:  end SHIFT_REGISTER_4BITS;
18:
19:  architecture Behavioral of SHIFT_REGISTER_4BITS is
```

```
20:    signal REG : STD_LOGIC_VECTOR(0 to 3);
21:  begin
22:    process (CLK, RESET)
23:
24:      begin
25:        if RESET = '0' then
26:          REG <= (others =>'0');
27:        elsif CLK'event and CLK = '1' then
28:          REG(0) <= DIN;
29:          for i in 1 to 3 loop
30:            REG(i) <= REG(i-1);
31:          end loop;
32:        end if;
33:    end process;
34:
35:    Q <= REG;
36:  end Behavioral;
```

功能模擬 (function simulation)：

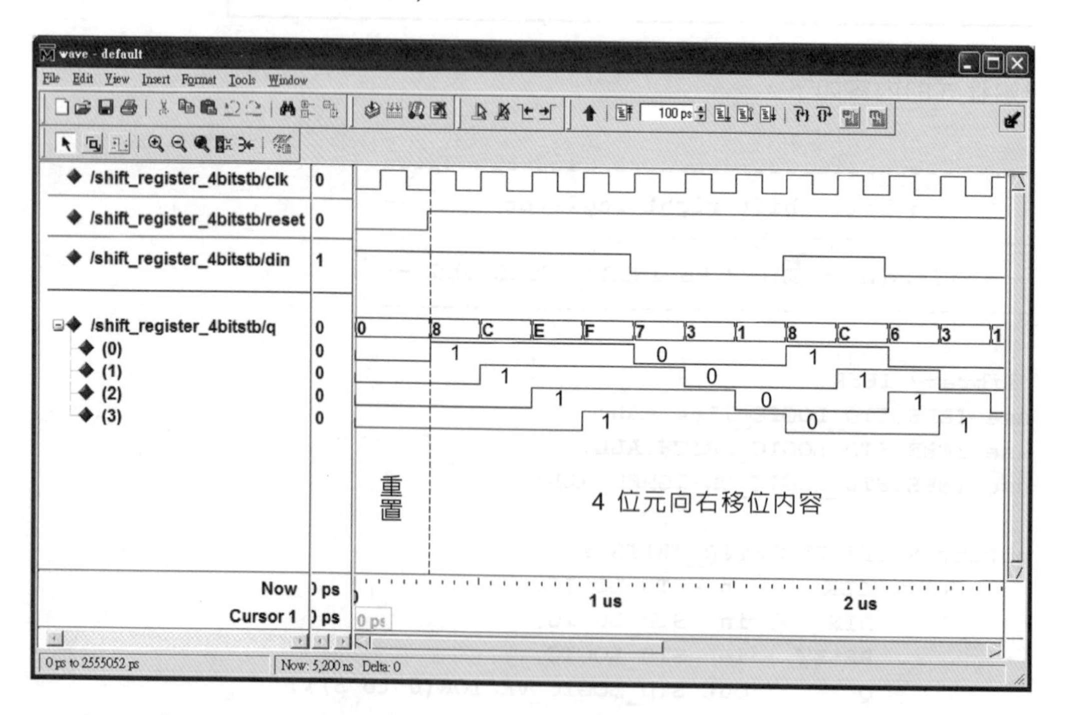

5-9　原始程式的內容如下：

```
 1: --------------------------------
 2: --  Convert binary into gray   --
 3: --     using for statement     --
 4: -- Filename : BINARY_GRAY.vhd --
 5: --------------------------------
 6:
 7: library IEEE;
 8: use IEEE.STD_LOGIC_1164.ALL;
 9: use IEEE.STD_LOGIC_ARITH.ALL;
10: use IEEE.STD_LOGIC_UNSIGNED.ALL;
11:
12: entity BINARY_GRAY is
13:     Port (B : in  STD_LOGIC_VECTOR(8 downto 1);
14:           G : out STD_LOGIC_VECTOR(8 downto 1));
15: end BINARY_GRAY;
16:
17: architecture Data_flow of BINARY_GRAY is
18:
19: begin
20:   process (B)
21:
22:     begin
23:       for i in 1 to 7 loop
24:         G(i) <= B(i+1) xor B(i);
25:       end loop;
26:       G(8) <= B(8);
27:   end process;
28:
29: end Data_flow;
```

功能模擬 (function simulation)

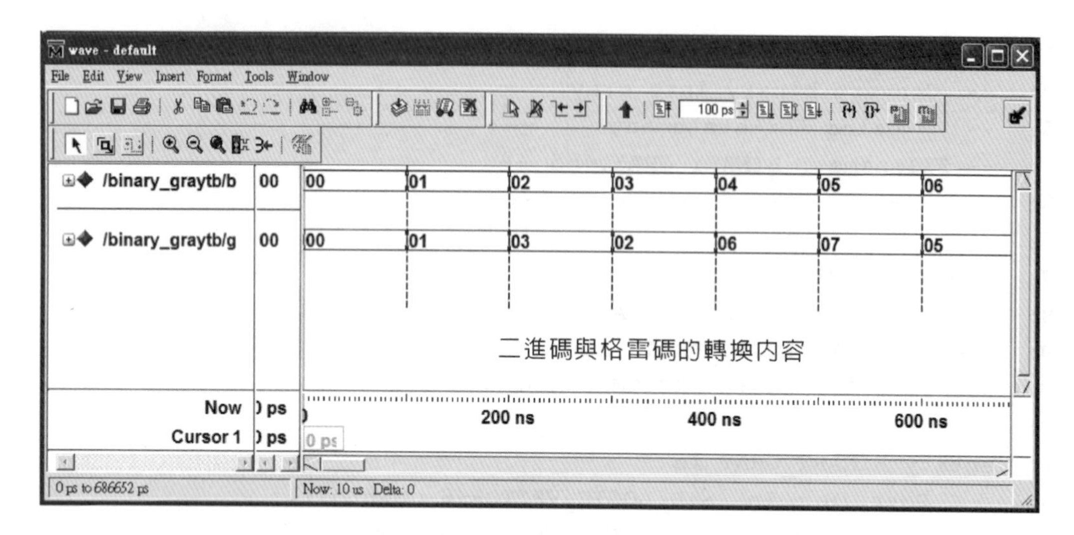

5-11　原始程式的內容如下：

```
 1:  --------------------------------------
 2:  --   3 bits even parity generator   --
 3:  --      using generic statement      --
 4:  --    Filename : EVEN_PARITY.vhd     --
 5:  --------------------------------------
 6:
 7:  library IEEE;
 8:  use IEEE.STD_LOGIC_1164.ALL;
 9:  use IEEE.STD_LOGIC_ARITH.ALL;
10:  use IEEE.STD_LOGIC_UNSIGNED.ALL;
11:
12:  entity EVEN_PARITY is
13:      generic(number : integer range 1 to 32 := 3);
14:      Port (I : in  STD_LOGIC_VECTOR(1 to number);
15:            F : out STD_LOGIC);
16:  end EVEN_PARITY;
17:
18:  architecture Data_flow of EVEN_PARITY is
19:
20:  begin
21:    process (I)
22:    variable Y : STD_LOGIC;
23:      begin
24:        Y := '0';
25:        for j in I'left to I'right loop
```

```
26:        Y := Y xor I(j);
27:      end loop;
28:      F <= Y;
29:    end process;
30:
31:  end Data_flow;
```

功能模擬 (function simulation)：

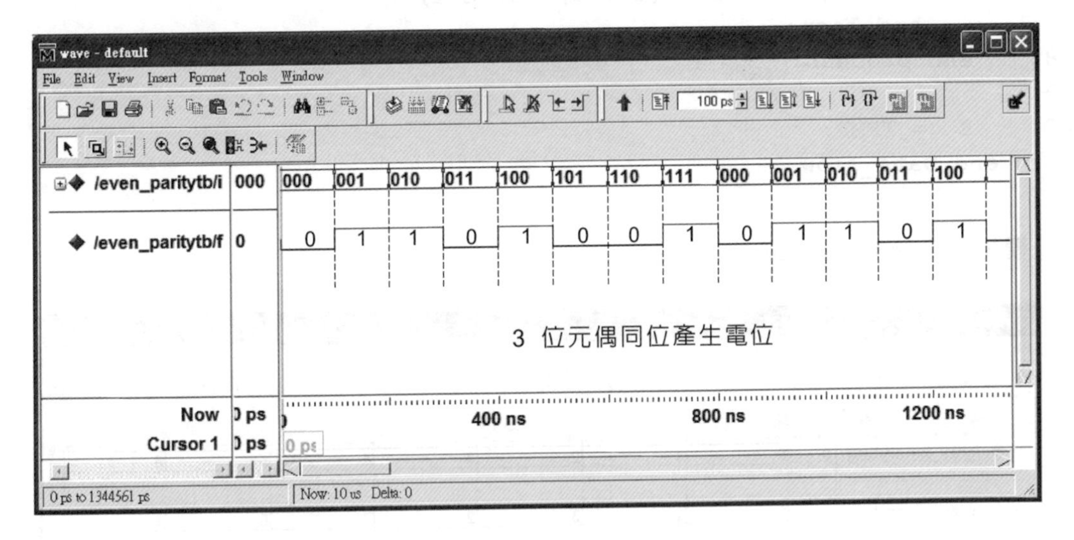

5-13　原始程式的內容如下：

```
 1:  ---------------------------------------
 2:  --  3 bits gray to binary convert    --
 3:  --      using generic statement      --
 4:  --    Filename : GRAY_BINARY.vhd     --
 5:  ---------------------------------------
 6:
 7:  library IEEE;
 8:  use IEEE.STD_LOGIC_1164.ALL;
 9:  use IEEE.STD_LOGIC_ARITH.ALL;
10:  use IEEE.STD_LOGIC_UNSIGNED.ALL;
11:
12:  entity GRAY_BINARY is
13:    generic(number : integer range 1 to 32 := 3);
14:      Port (G : in  STD_LOGIC_VECTOR(number downto 1);
15:            B : out STD_LOGIC_VECTOR(number downto 1));
16:  end GRAY_BINARY;
17:
```

```
18:  architecture Data_flow of GRAY_BINARY is
19:    signal TEMP : STD_LOGIC_VECTOR(number downto 1);
20:  begin
21:    process (G, TEMP)
22:
23:      begin
24:        TEMP(number) <= G(number);
25:        for i in number - 1 downto 1 loop
26:          TEMP(i) <= TEMP(i + 1) xor G(i);
27:        end loop;
28:    end process;
29:
30:    B <= TEMP;
31:  end Data_flow;
```

功能模擬 (function simulation)

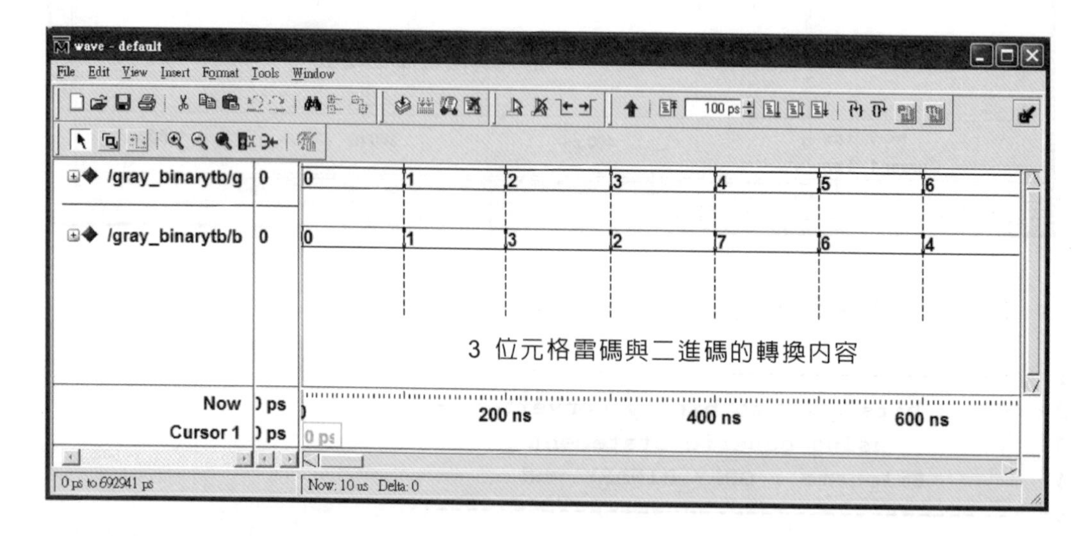

5-15　電路的設計流程如下：

<步驟一> 建立一個新的 project (名稱自訂，此處為 FULL_ADDER_4BITS_FOR_GENERATE_STATEMENT)

<步驟二> 設計一個 1 位元全加器，經合成、模擬，確定無誤後存檔 (檔名自訂，此處為 FULL_ADDER)，其內容如下：

```
 1:  --------------------------------------
 2:  -- 1 bit full adder for component --
 3:  --    Filename : FULL_ADDER.vhd    --
 4:  --------------------------------------
 5:
 6:  library IEEE;
 7:  use IEEE.STD_LOGIC_1164.ALL;
 8:  use IEEE.STD_LOGIC_ARITH.ALL;
 9:  use IEEE.STD_LOGIC_UNSIGNED.ALL;
10:
11:  entity FULL_ADDER is
12:      Port (Cin  : in  STD_LOGIC;
13:            X    : in  STD_LOGIC;
14:            Y    : in  STD_LOGIC;
15:            S    : out STD_LOGIC;
16:            Cout : out STD_LOGIC);
17:  end FULL_ADDER;
18:
19:  architecture Data_flow of FULL_ADDER is
20:
21:  begin
22:    S    <= X xor Y xor Cin;
23:    Cout <= (X and Y) or (X and Cin) or (Y and Cin);
24:  end Data_flow;
```

<步驟三> 設計一個 4 位元全加器的主電路，同時宣告被叫用元件 (1 位元全加器)，並以位置對應的連線方式叫用後存檔 (檔名自訂，此處為 FULL_ADDER_4BITS)，其內容如下：

```
 1:  --------------------------------------
 2:  --        4 bits full adder         --
 3:  --      for generate statement      --
 4:  -- Filename : FULL_ADDER_4BITS.vhd --
 5:  --------------------------------------
 6:
 7:  library IEEE;
 8:  use IEEE.STD_LOGIC_1164.ALL;
 9:  use IEEE.STD_LOGIC_ARITH.ALL;
10:  use IEEE.STD_LOGIC_UNSIGNED.ALL;
11:
```

```
12:  entity FULL_ADDER_4BITS is
13:      Port (Cin  : in  STD_LOGIC;
14:             X    : in  STD_LOGIC_VECTOR(3 downto 0);
15:             Y    : in  STD_LOGIC_VECTOR(3 downto 0);
16:             S    : out STD_LOGIC_VECTOR(3 downto 0);
17:             Cout : out STD_LOGIC);
18:  end FULL_ADDER_4BITS;
19:
20:  architecture Data_flow of FULL_ADDER_4BITS is
21:    component FULL_ADDER
22:        Port (Cin  : in  STD_LOGIC;
23:               X    : in  STD_LOGIC;
24:               Y    : in  STD_LOGIC;
25:               S    : out STD_LOGIC;
26:               Cout : out STD_LOGIC);
27:    end component;
28:    signal TEMP : STD_LOGIC_VECTOR(4 downto 0);
29:  begin
30:    TEMP(0) <= Cin;
31:  AA:for i in 0 to 3 generate
32:      FA: FULL_ADDER
33:          port map( TEMP(i), X(i), Y(i), S(i), TEMP(i+1));
34:     end generate AA;
35:    Cout <= TEMP(4);
36:  end Data_flow;
```

功能模擬 (function simulation)：

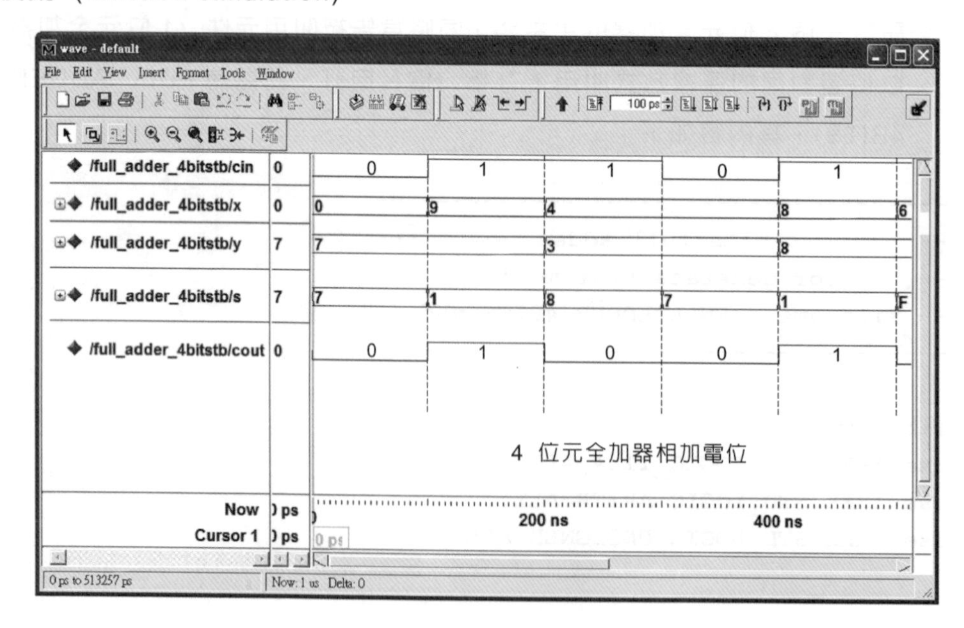

5-17　電路設計流程如下：

<步驟一> 建立一個新 project，名稱自訂，此處為 PRACTICE_5_17。。

<步驟二> 設計一個 4 對 1 多工器，經合成、模擬確定無誤後存檔，其內容如下：

```
 1:  -----------------------------------
 2:  --   Multiplexer4_1 for component  --
 3:  --   Filename : MULTIPLEXER4_1.vhd  --
 4:  -----------------------------------
 5:
 6:  library IEEE;
 7:  use IEEE.std_logic_1164.ALL;
 8:  use IEEE.std_logic_ARITH.ALL;
 9:  use IEEE.std_logic_UNSIGNED.ALL;
10:
11:  entity MULTIPLEXER4_1 is
12:      Port (I : in  STD_LOGIC_VECTOR(0 to 3);
13:            S : in  STD_LOGIC_VECTOR(1 downto 0);
14:            Y : out STD_LOGIC);
15:  end MULTIPLEXER4_1;
16:
17:  architecture Data_flow of MULTIPLEXER4_1 is
18:
19:  begin
20:    Y <= I(0) when  S = "00" else
21:         I(1) when  S = "01" else
22:         I(2) when  S = "10" else
23:         I(3) ;
24:  end Data_flow;
```

<步驟三> 設計一個 2 對 1 多工器，經合成、模擬確定無誤後存檔，其內容如下：

```
 1:  -----------------------------------
 2:  --   Multiplexer2_1 for component  --
 3:  --   Filename : MULTIPLEXER2_1.vhd  --
 4:  -----------------------------------
 5:
 6:  library IEEE;
 7:  use IEEE.std_logic_1164.ALL;
 8:  use IEEE.std_logic_ARITH.ALL;
 9:  use IEEE.std_logic_UNSIGNED.ALL;
10:
```

```
11:  entity MULTIPLEXER2_1 is
12:       Port (I : in  STD_LOGIC_VECTOR(0 to 1);
13:             S : in  STD_LOGIC;
14:             Y : out STD_LOGIC);
15:  end MULTIPLEXER2_1;
16:
17:  architecture Data_flow of MULTIPLEXER2_1 is
18:
19:  begin
20:    Y <= I(0) when S = '0' else
21:         I(1);
22:  end Data_flow;
```

<步驟四> 設計一個 8 對 1 多工器的主要電路，並以名稱對應的連線方式叫用前面 4 對 1 多工器 2 次、2 對 1 多工器 1 次，其內容如下：

```
 1:  -------------------------------------
 2:  --       8 to 1 multiplexer        --
 3:  --      for generate statement     --
 4:  --   Filename : MULTIPLEXER8_1.vhd --
 5:  -------------------------------------
 6:
 7:  library IEEE;
 8:  use IEEE.std_logic_1164.ALL;
 9:  use IEEE.std_logic_ARITH.ALL;
10:  use IEEE.std_logic_UNSIGNED.ALL;
11:
12:  entity MULTIPLEXER8_1 is
13:     Port (I : in  STD_LOGIC_VECTOR(0 to 7);
14:           S : in  STD_LOGIC_VECTOR(2 downto 0);
15:           Y : out STD_LOGIC);
16:  end MULTIPLEXER8_1;
17:
18:  architecture Data_flow of MULTIPLEXER8_1 is
19:
20:    component MULTIPLEXER4_1
21:      Port (I : in  STD_LOGIC_VECTOR(0 to 3);
22:            S : in  STD_LOGIC_VECTOR(1 downto 0);
23:            Y : out STD_LOGIC);
24:    end component;
25:    component MULTIPLEXER2_1
26:      Port (I : in  STD_LOGIC_VECTOR(0 to 1);
27:            S : in  STD_LOGIC;
```

```
28:          Y : out STD_LOGIC);
29:     end component;
30:     signal X : STD_LOGIC_VECTOR(1 downto 0);
31:   begin
32:
33:   LOP: for k in 0 to 2 generate
34:   first:  if k < 2 generate
35:     MUL1:  MULTIPLEXER4_1
36:              Port map ( I(0) => I(4 * k),
37:                         I(1) => I(4 * k + 1),
38:                         I(2) => I(4 * k + 2),
39:                         I(3) => I(4 * k + 3),
40:                         S    => S(1 downto 0),
41:                         Y    => X(k));
42:          end generate;
43:   second: if k = 2 generate
44:     MU12:  MULTIPLEXER2_1
45:              Port map ( I(0) => X(0),
46:                         I(1) => X(1),
47:                         S    => S(2),
48:                         Y    => Y);
49:          end generate;
50:       end generate LOP;
51:   end Data_flow;
```

功能模擬 (function simulation)

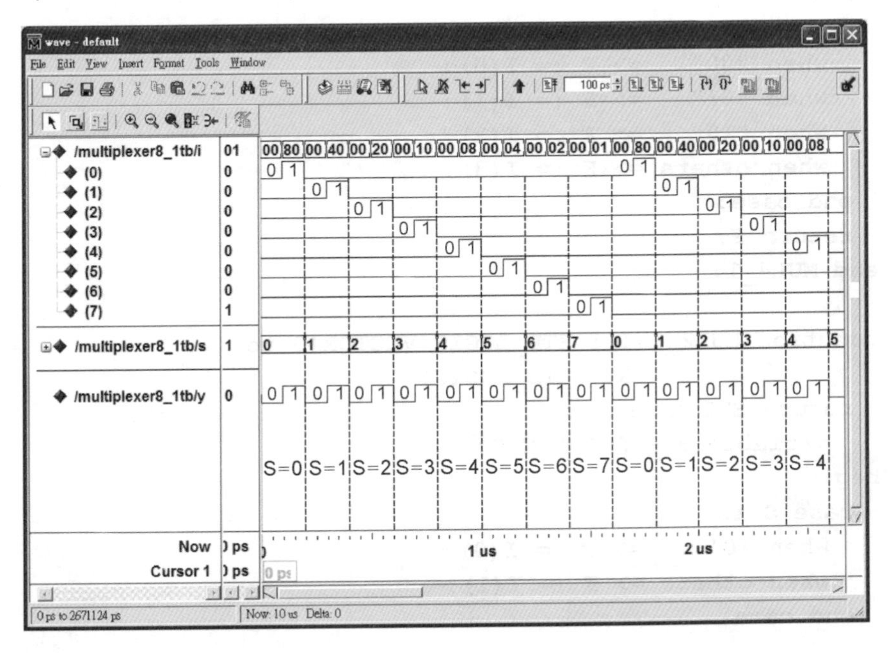

5-19　原始程式的內容如下：

```
 1:  --------------------------------------
 2:  --      8 to 1 Multiplexer using     --
 3:  --     function (in architecture)    --
 4:  --   Filename : MULTIPLEXER8_1.vhd --
 5:  --------------------------------------
 6:
 7:  library IEEE;
 8:  use IEEE.std_logic_1164.ALL;
 9:  use IEEE.std_logic_ARITH.ALL;
10:  use IEEE.std_logic_UNSIGNED.ALL;
11:
12:  entity MULTIPLEXER8_1 is
13:      Port (I : in  STD_LOGIC_VECTOR(0 to 7);
14:            S : in  STD_LOGIC_VECTOR(2 downto 0);
15:            Y : out STD_LOGIC);
16:  end MULTIPLEXER8_1;
17:
18:  architecture Data_flow of MULTIPLEXER8_1 is
19:    signal result: STD_LOGIC_VECTOR(0 to 1);
20:
21:    function MUL4_1(I  : STD_LOGIC_VECTOR(0 to 3);
22:                    S  : STD_LOGIC_VECTOR(1 downto 0))
23:      return STD_LOGIC is
24:        variable F : STD_LOGIC;
25:    begin
26:      case S is
27:        when "00"   => F := I(0);
28:        when "01"   => F := I(1);
29:        when "10"   => F := I(2);
30:        when others => F := I(3);
31:      end case;
32:      return F;
33:    end MUL4_1;
34:
35:    function MUL2_1(I  : STD_LOGIC_VECTOR(0 to 1);
36:                    S  : STD_LOGIC)
37:      return STD_LOGIC is
38:        variable F : STD_LOGIC;
39:    begin
40:      case S is
41:        when '0'    => F := I(0);
42:        when others => F := I(1);
43:      end case;
```

```
44:       return F;
45:     end MUL2_1;
46:
47:   begin
48:     result(1) <= MUL4_1(I(4 to 7), S(1 downto 0));
49:     result(0) <= MUL4_1(I(0 to 3), S(1 downto 0));
50:     Y         <= MUL2_1(result,S(2));
51:   end data_flow;
```

功能模擬 (function simulation)

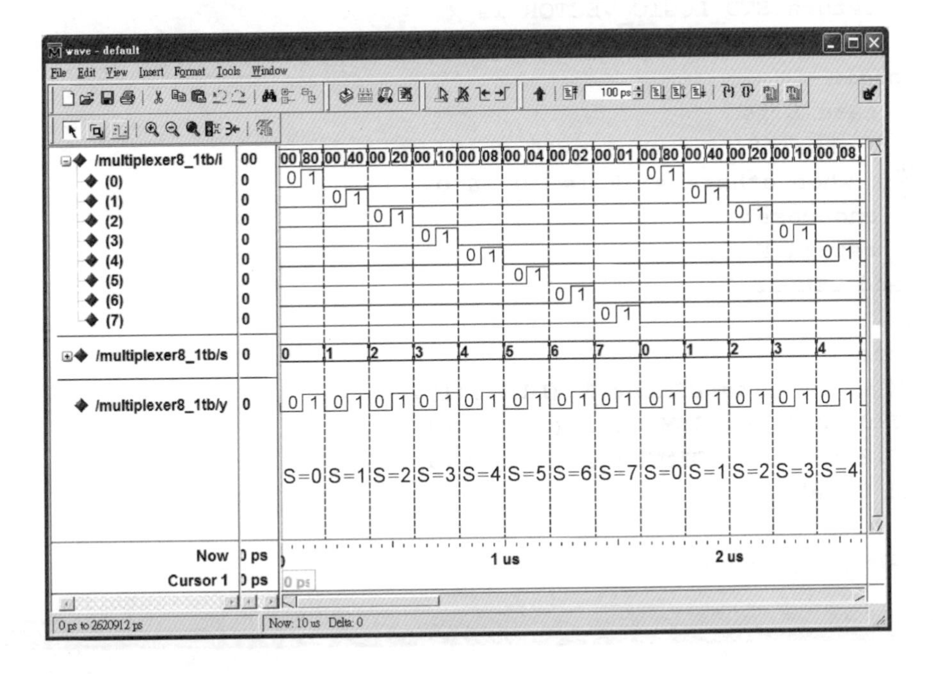

5-21　原始程式的內容如下：

```
 1:  -------------------------------------
 2:  --      1 to 4 Demultiplexer        --
 3:  -- using function(in architecture)  --
 4:  -- Filename : DEMULTIPLEXER1_4.vhd --
 5:  -------------------------------------
 6:
 7:  library IEEE;
 8:  use IEEE.std_logic_1164.ALL;
 9:  use IEEE.std_logic_ARITH.ALL;
10:  use IEEE.std_logic_UNSIGNED.ALL;
11:
```

```
12:  entity DEMULTIPLEXER1_4 is
13:      Port (DIN : in  STD_LOGIC;
14:             S   : in  STD_LOGIC_VECTOR(1 downto 0);
15:             Y   : out STD_LOGIC_VECTOR(0 to 3));
16:  end DEMULTIPLEXER1_4;
17:
18:  architecture Data_flow of DEMULTIPLEXER1_4 is
19:    signal X : STD_LOGIC_VECTOR(0 to 1);
20:
21:    function DEMUL2_1(D : STD_LOGIC;
22:                      S : STD_LOGIC)
23:      return STD_LOGIC_VECTOR is
24:       variable  F : STD_LOGIC_VECTOR(0 to 1);
25:    begin
26:      case S is
27:       when '0'    => F := D & '0';
28:       when others => F := '0' & D;
29:      end case;
30:      return F;
31:    end DEMUL2_1;
32:
33:  begin
34:    X            <= DEMUL2_1 (DIN,S(1));
35:    Y(0 to 1) <= DEMUL2_1 (X(0),S(0));
36:    Y(2 to 3) <= DEMUL2_1 (X(1),S(0));
37:  end Data_flow;
```

功能模擬 (function simulation)

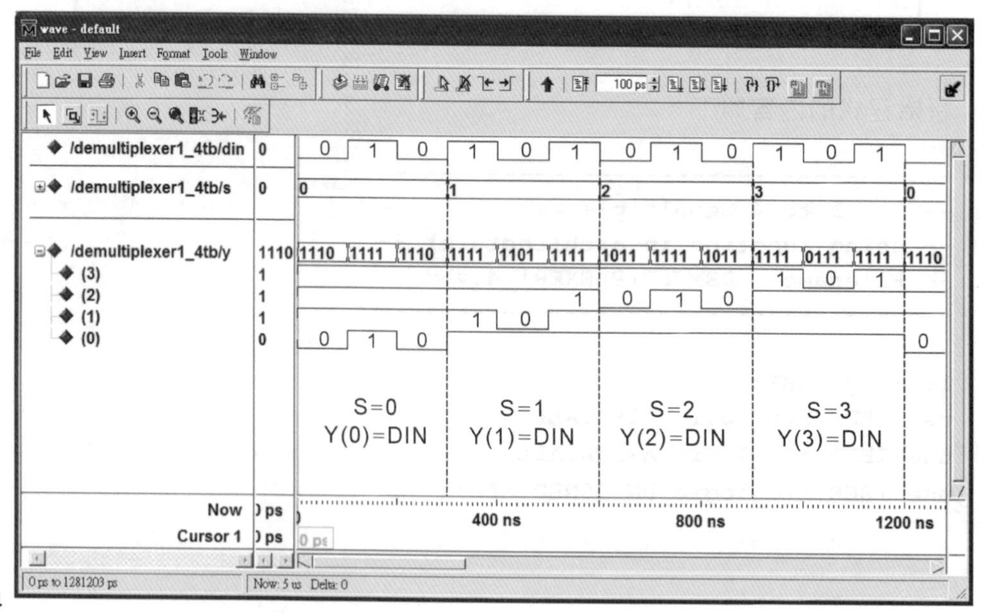

5-23　原始程式的內容如下：

```
 1: ------------------------------------------
 2: --      16 bits odd parity generator      --
 3: --    using function (in architecture)    --
 4: --    Filename : ODD_PARITY_16BITS.vhd    --
 5: ------------------------------------------
 6:
 7: library IEEE;
 8: use IEEE.std_logic_1164.ALL;
 9: use IEEE.std_logic_ARITH.ALL;
10: use IEEE.std_logic_UNSIGNED.ALL;
11:
12: entity ODD_PARITY_16BITS is
13:     Port (I      : in  STD_LOGIC_VECTOR(0 to 15);
14:           Parity : out STD_LOGIC);
15: end ODD_PARITY_16BITS;
16:
17: architecture Data_flow of ODD_PARITY_16BITS is
18:
19:   function EVEN_8( I : STD_LOGIC_VECTOR(0 to 7))
20:     return STD_LOGIC is
21:       variable PE: STD_LOGIC;
22:   begin
23:     PE := '0';
24:     for K in I'left to I'right loop
25:       PE := PE xor I(K);
26:     end loop;
27:     return PE;
28:   end EVEN_8;
29:
30: begin
31:   Parity <= not(EVEN_8(I(0 to 7)) xor EVEN_8(I(8 to 15)));
32: end Data_flow;
```

功能模擬 (function simulation)

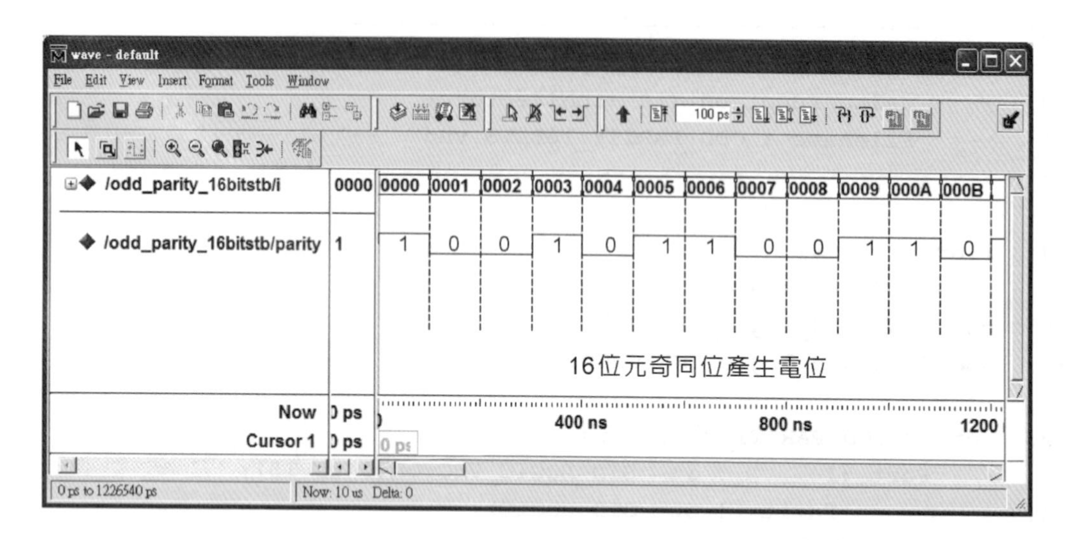

5-25 原始程式的內容如下：

```
 1:  ---------------------------------------------
 2:  --     16 bits odd parity generator      --
 3:  --   using procedure(in architecture)   --
 4:  --   Filename : ODD_PARITY_16BITS.vhd    --
 5:  ---------------------------------------------
 6:
 7:  library IEEE;
 8:  use IEEE.std_logic_1164.ALL;
 9:  use IEEE.std_logic_ARITH.ALL;
10:  use IEEE.std_logic_UNSIGNED.ALL;
11:
12:  entity ODD_PARITY_16BITS is
13:       Port (I       : in  STD_LOGIC_VECTOR(0 to 15);
14:             Parity : out STD_LOGIC);
15:  end ODD_PARITY_16BITS;
16:
17:  architecture Data_flow of ODD_PARITY_16BITS is
18:
19:     procedure odd(signal I : in  STD_LOGIC_VECTOR(0 to 15);
20:                   signal P : out STD_LOGIC) is
21:       variable PO : STD_LOGIC;
22:     begin
23:       PO := '1';
24:       for K in i'range loop
```

```
25:         PO := PO xor I(K);
26:       end loop;
27:       P <= PO;
28:     end odd;
29:
30:  begin
31:    odd(I, Parity);
32:  end Data_flow;
```

功能模擬 (function simulation)

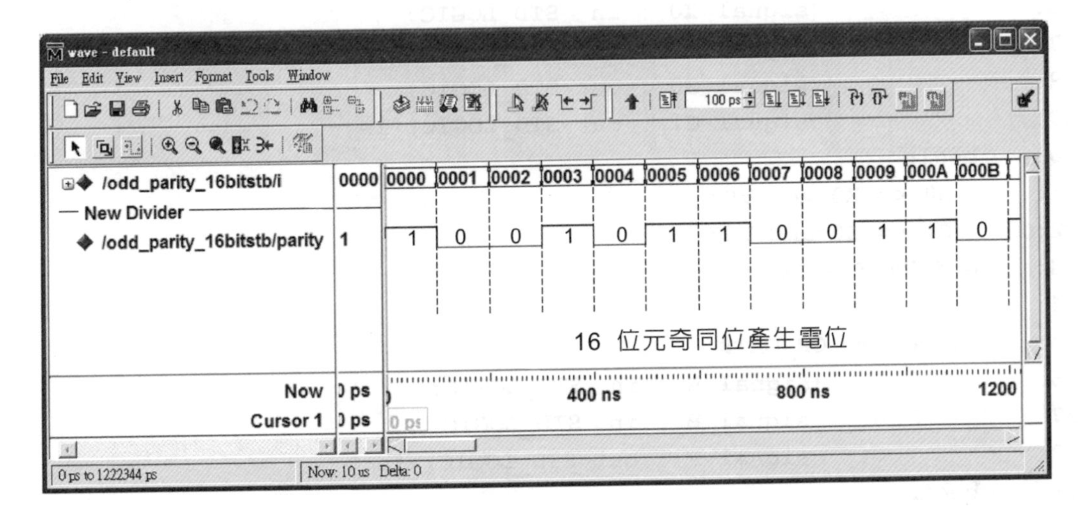

5-27　原始程式的內容如下：

```
 1:  -------------------------------------
 2:  --       1 bit full adder using     --
 3:  --    procedure (in architecture)   --
 4:  --      Filename : FULL_ADDER.vhd   --
 5:  -------------------------------------
 6:
 7:  library IEEE;
 8:  use IEEE.std_logic_1164.ALL;
 9:  use IEEE.std_logic_ARITH.ALL;
10:  use IEEE.std_logic_UNSIGNED.ALL;
11:
12:  entity FULL_ADDER is
13:       Port (X0 : in STD_LOGIC;
14:             Y0 : in STD_LOGIC;
15:             C0 : in STD_LOGIC;
```

```
16:          S0 : out STD_LOGIC;
17:          C1 : out STD_LOGIC);
18:  end FULL_ADDER;
19:
20:  architecture Data_flow of FULL_ADDER is
21:    signal CT : STD_LOGIC;
22:    signal ST : STD_LOGIC;
23:    signal CA : STD_LOGIC;
24:
25:    procedure HALF_ADDER
26:              (signal X0 : in  STD_LOGIC;
27:               signal Y0 : in  STD_LOGIC;
28:               signal S0 : out STD_LOGIC;
29:               signal C1 : out STD_LOGIC) is
30:    begin
31:      S0 <= X0 xor Y0;
32:      C1 <= X0 and Y0;
33:    end HALF_ADDER;
34:
35:    procedure OR_GATE
36:              (signal A : in  STD_LOGIC;
37:               signal B : in  STD_LOGIC;
38:               signal F : out STD_LOGIC) is
39:    begin
40:      F <= A or B;
41:    end OR_GATE;
42:
43:  begin
44:    HALF_ADDER(X0, Y0, ST, CT);
45:    HALF_ADDER(ST, C0, S0, CA);
46:    OR_GATE(CA, CT, C1);
47:  end Data_flow;
```

功能模擬 (function simulation)

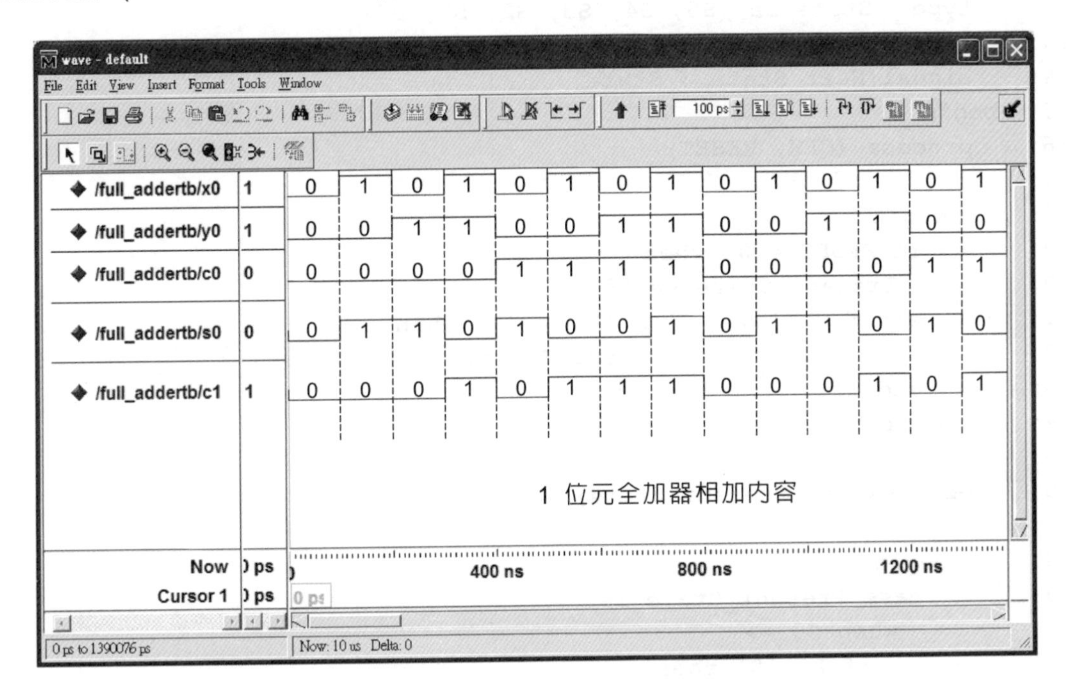

5-29　原始程式的內容如下：

```
 1: ------------------------------------
 2: --     Parity detector after two   --
 3: --        zero (moore machine)     --
 4: --       Z = '0' for even parity   --
 5: --       Z = '1' for odd  parity   --
 6: --  Filename : PARITY_DETECTOR.vhd --
 7: ------------------------------------
 8:
 9: library IEEE;
10: use IEEE.std_logic_1164.ALL;
11: use IEEE.std_logic_ARITH.ALL;
12: use IEEE.std_logic_UNSIGNED.ALL;
13:
14: entity PARITY_DETECTOR is
15:     Port (CLK    : in  STD_LOGIC;
16:           RESET  : in  STD_LOGIC;
17:           X      : in  STD_LOGIC;
18:           Z      : out STD_LOGIC);
19: end PARITY_DETECTOR;
20:
```

```
21:  architecture Behavior_arch of PARITY_DETECTOR is
22:    type  State is (S5, S4, S3, S2, S1, S0);
23:    signal Present_State : State;
24:    signal Next_State : State;
25:  begin
26:    process (CLK, RESET)
27:
28:      begin
29:        if RESET ='0' then
30:          Present_State <= S0;
31:        elsif CLK'event and CLK = '1' then
32:          Present_State <= Next_State;
33:        end if;
34:    end process;
35:
36:    process (X, Present_State)
37:
38:      begin
39:        case Present_State is
40:          when S0 =>
41:            if X ='0' then
42:              Next_State <= S2;
43:            else
44:              Next_State <= S1;
45:            end if;
46:            Z <= 'Z';
47:          when S1 =>
48:            if X ='0' then
49:              Next_State <= S5;
50:            else
51:              Next_State <= S0;
52:            end if;
53:            Z <= 'Z';
54:          when S2 =>
55:            if X ='0' then
56:              Next_State <= S3;
57:            else
58:              Next_State <= S1;
59:            end if;
60:            Z <= 'Z';
61:          when S3 =>
62:            if X ='0' then
63:              Next_State <= S3;
64:            else
```

```
65:              Next_State <= S4;
66:            end if;
67:            Z <= '0';
68:          when S4 =>
69:            if X ='0' then
70:              Next_State <= S4;
71:            else
72:              Next_State <= S3;
73:            end if;
74:            Z <= '1';
75:          when S5 =>
76:            if X ='0' then
77:              Next_State <= S4;
78:            else
79:              Next_State <= S0;
80:            end if;
81:            Z <= 'Z';
82:        end case;
83:    end process;
84:
85: end Behavior_arch;
```

功能模擬 (function simulation)

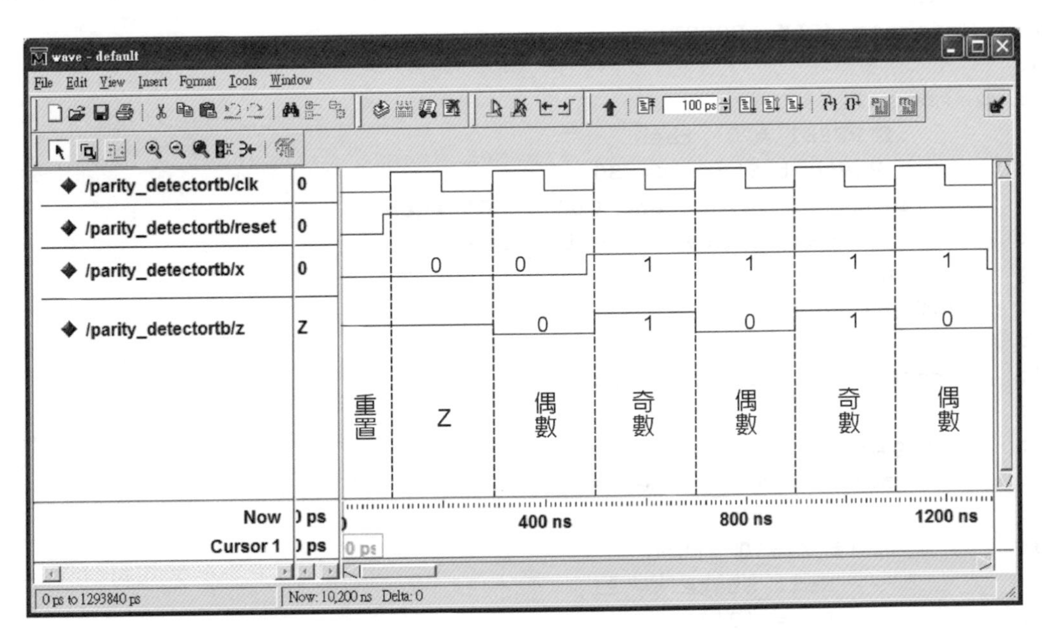

5-31 原始程式的內容如下：

```
 1:  ------------------------------------------
 2:  --     Detect "0101" or "1001" signal    --
 3:  --    from series data (mealy machine)   --
 4:  --      Filename : DATA_DETECTOR.vhd     --
 5:  ------------------------------------------
 6:
 7:  library IEEE;
 8:  use IEEE.std_logic_1164.ALL;
 9:  use IEEE.std_logic_ARITH.ALL;
10:  use IEEE.std_logic_UNSIGNED.ALL;
11:
12:  entity DATA_DETECTOR is
13:      Port (CLK   : in  STD_LOGIC;
14:            RESET : in  STD_LOGIC;
15:            X     : in  STD_LOGIC;
16:            Z     : out STD_LOGIC);
17:  end DATA_DETECTOR;
18:
19:  architecture Behavior_arch of DATA_DETECTOR is
20:    type  State is (S6, S5, S4, S3, S2, S1, S0);
21:    signal Present_State : State;
22:    signal Next_State : State;
23:  begin
24:    process (CLK, RESET)
25:
26:      begin
27:        if RESET ='0' then
28:          Present_State <= S0;
29:        elsif CLK'event and CLK = '0' then
30:          Present_State <= Next_State;
31:        end if;
32:    end process;
33:
34:    process (X, Present_State)
35:
36:      begin
37:        case Present_State is
38:         when S0 =>
39:           if X ='0' then
40:             Next_State <= S1;
41:             Z <= '0';
42:           else
43:             Next_State <= S2;
```

```
44:              Z <= '0';
45:            end if;
46:          when S1 =>
47:            if X ='0' then
48:              Next_State <= S5;
49:              Z <= '0';
50:            else
51:              Next_State <= S3;
52:              Z <= '0';
53:            end if;
54:          when S2 =>
55:            if X ='0' then
56:              Next_State <= S3;
57:              Z <= '0';
58:            else
59:              Next_State <= S5;
60:              Z <= '0';
61:            end if;
62:          when S3 =>
63:            if X ='0' then
64:              Next_State <= S4;
65:              Z <= '0';
66:            else
67:              Next_State <= S6;
68:              Z <= '0';
69:            end if;
70:          when S4 =>
71:            if X ='0' then
72:              Next_State <= S0;
73:              Z <= '0';
74:            else
75:              Next_State <= S0;
76:              Z <= '1';
77:            end if;
78:          when S5 =>
79:            if X ='0' then
80:              Next_State <= S6;
81:              Z <= '0';
82:            else
83:              Next_State <= S6;
84:              Z <= '0';
85:            end if;
86:          when S6 =>
87:            if X ='0' then
```

```
88:             Next_State <= S0;
89:             Z <= '0';
90:           else
91:             Next_State <= S0;
92:             Z <= '0';
93:           end if;
94:     end case;
95:   end process;
96:
97: end Behavior_arch;
```

功能模擬 (function simulation)

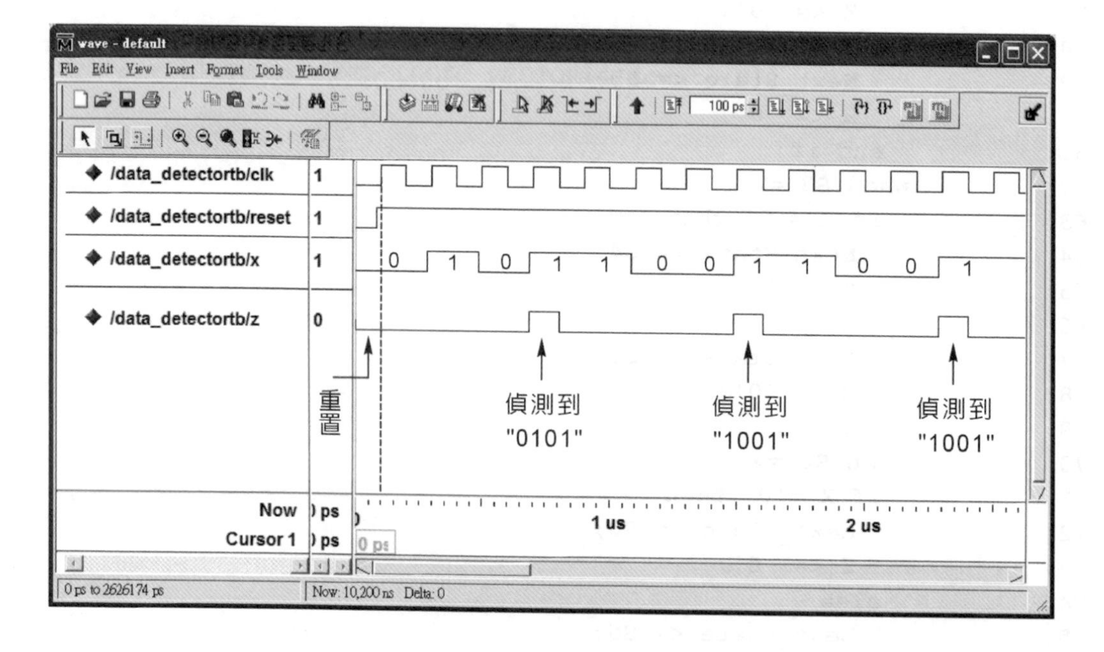

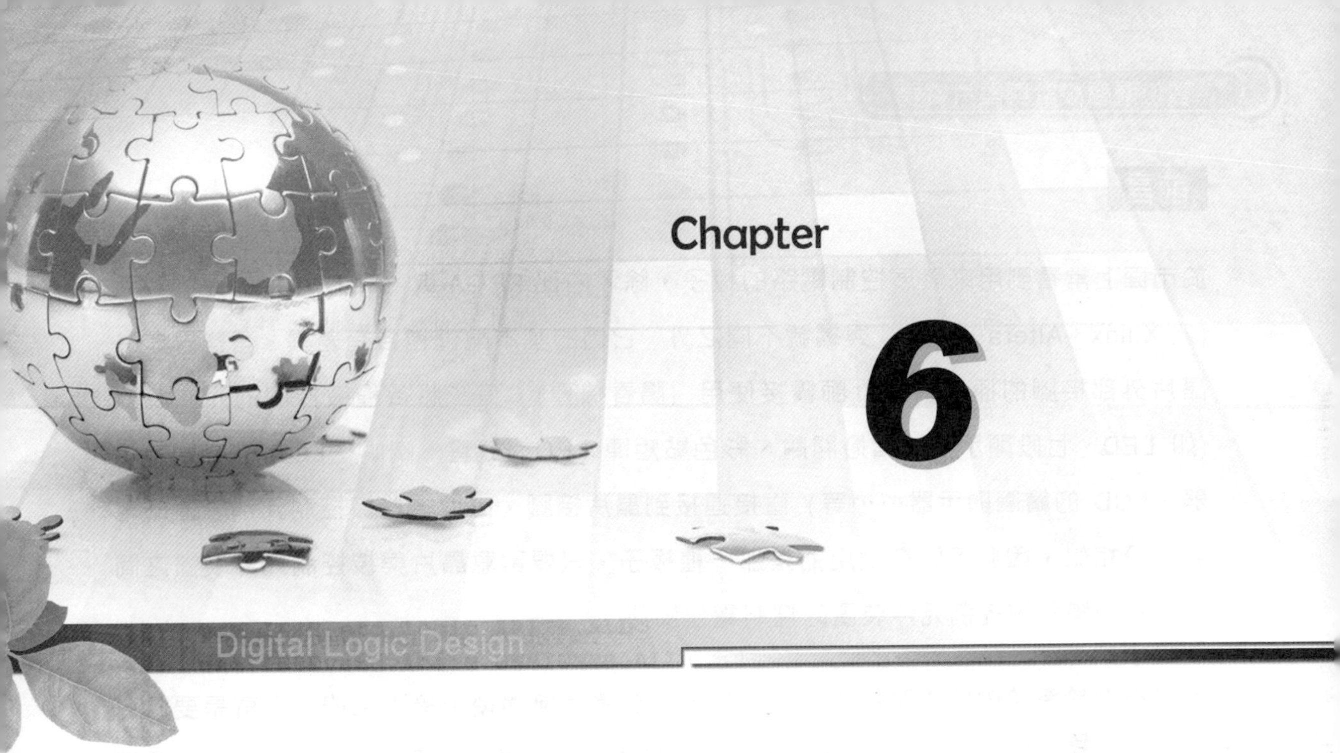

各種控制電路設計與應用實例

- 6-1 LED 顯示電路控制篇
- 6-2 掃描式七段顯示電路控制篇
- 6-3 指撥開關電路控制篇
- 6-4 彩色 LED 點矩陣顯示電路控制篇
- 6-5 鍵盤編碼與顯示電路控制篇

前言

於市面上常看到用來發展控制電路的板子，除了內部 FPGA 或 CPLD 晶片的提供廠商 (如 Xilinx、Altera……等) 與編號不同之外，它們的基本配備也各有差異，有些只提供晶片外部接腳的插座供設計師擴接使用 (陽春機種)，有些將各種被控制的元件裝置 (如 LED、七段顯示器。指撥開關、彩色點矩陣 LED、鍵盤、喇叭、LCD 的文字顯示器、LCD 的繪圖顯示器……等) 直接連接到晶片接腳，由於這些被控制元件裝置的電路十分相似，因此不管您使用的是那一種板子，只要留意晶片與被控制元件裝置之間的接腳位置和被控制元件裝置的控制電位即可。

當工程師於系統內將電路合成並經過功能模擬確定無誤後，接下來的工作就是要將它轉換成所指定晶片 (FPGA 或 CPLD) 內部的電路 (即電路實現 implementation) 此時我們必須進一步指定此電路外接埠 (port) 與連接到晶片的被控制元件裝置之間的接腳關係，由於它們的關係會隨著我們所使用的控制板而有所差異，因此系統通常會以建立一個接腳指定 (pin assignment) 檔案的方式來處理，我們只要在檔案內部指定電路外接埠與晶片接腳的關係後存檔，當系統在進行電路實現 (implementation) 時，它會去開啓檔案，並依其內容進行內部接腳指定與繞線 (routing) 的工作，如此一來工程師們就可以在任意的控制板子上發展自己所要設計的控制電路。

在序向的電路上往往會使用到時脈 (CLOCK) 與重置 (RESET) 兩種訊號，因此於控制板上通常會提供石英振盪電路供我們使用，而其振盪頻率則取決於所使用的控制板，(此處我們使用頻率為 40 MHz 的石英振盪器)，至於重置訊號又可以分成高態重置與低態重置兩種，一個低態動作的重置或按鈕電路即如下圖所示：

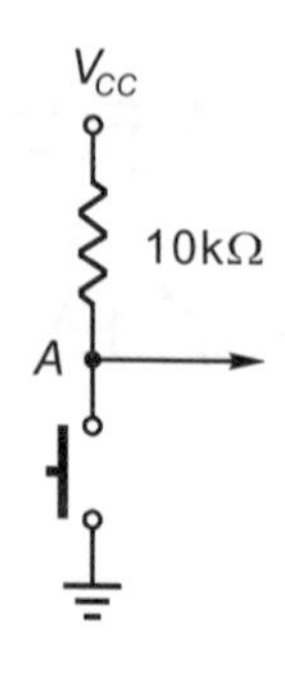

於上面的按鈕電路中，A 點的電位被接到 FPGA 或 CPLD 的接腳，而其電位：

1. 未按下按鈕時為高電位 (1)。
2. 按下按鈕時為低電位 (0)。

由於在控制電路上時常會使用到這種訊號，因此一個控制板子通常會提供數個上述控制電路供設計師使用。

有了上述的基本概念之後，底下我們就可以分門別類設計各種輸入與輸出裝置元件的電路 (讀者可以自行製作或使用市面上的各種控制板子)，並以這些裝置元件為輸入或輸出，進一步設計一些控制電路來驅動它們。

6-1 LED 顯示控制電路篇

Digital Logic Design

電路實例

1. 多點輸出除頻電路。
2. 精準 1Hz 頻率產生器。
3. 自動改變速度與方向的旋轉移位控制電路。
4. 速度可以改變的霹靂燈控制電路。
5. 以建表方式的廣告燈控制電路。
6. 八種變化的廣告燈控制電路。

LED 顯示控制電路

一顆 LED 有陽極 (anode) 與陰極 (cathode) 兩支接腳，要讓它發亮的條件為同時在：

1. 陽極加入高電位。
2. 陰極加入低電位。

為了防止過大的電流流過 LED 造成燒毀或不正常的動作 (尤其是電路的輸出還要驅動下一級)，於實際的電路我們還會加上一個限流電阻，此電阻的大小則取決於加入 LED 的正電壓大小以及 LED 的工作電流，此處我們所設計的 16 顆 LED 的顯示電路如下：

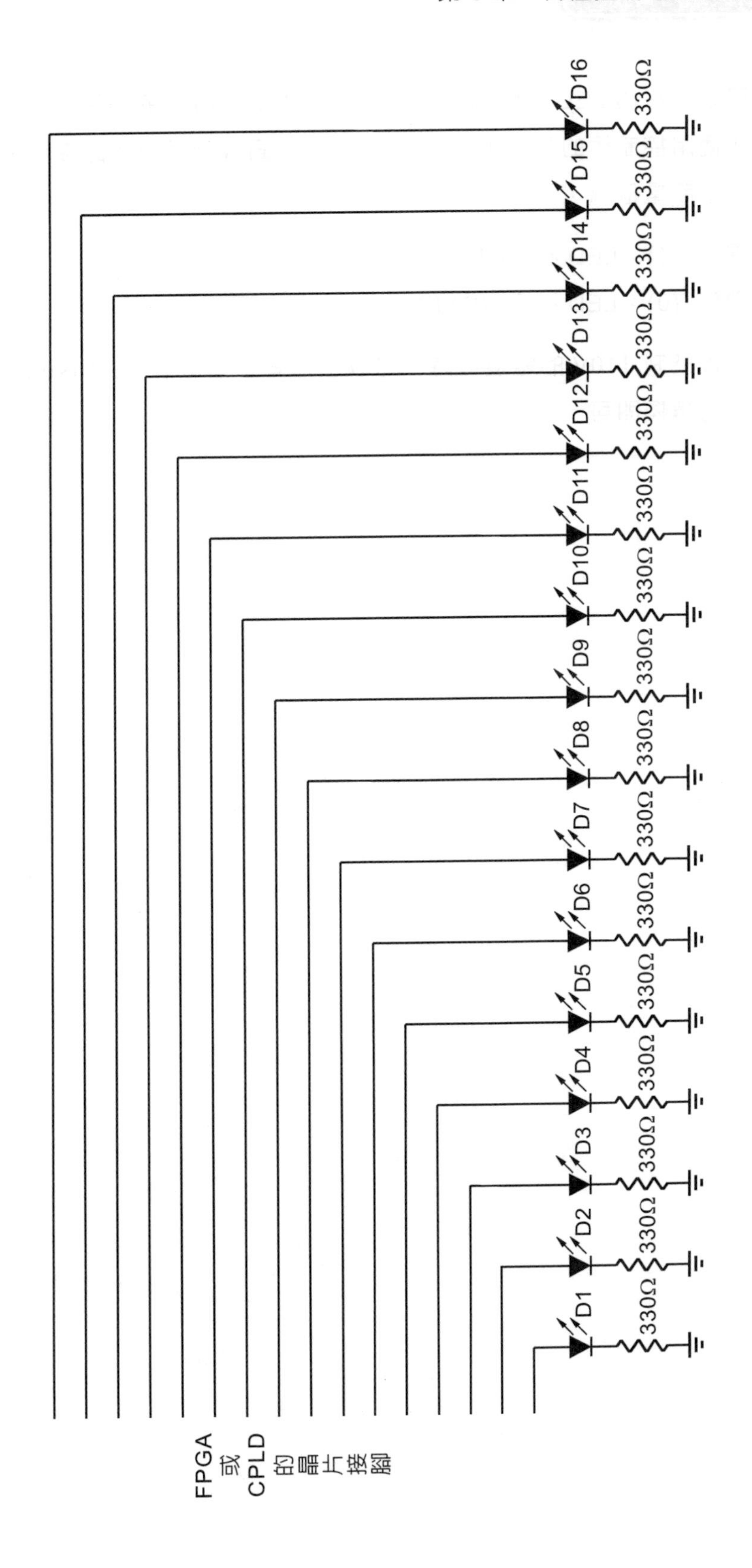
D1
D2
D3
D4
D5
D6
D7
D8
D9
D10
D11
D12
D13
D14
D15
D16
330Ω
FPGA 或 CPLD 的晶片接腳

上圖中我們可以將每個 LED 的陽極直接接到 FPGA 或 CPLD 的晶片接腳 (其實際接腳請參閱自己所使用控制板的說明書)，之後再利用前面我們所陳述的接腳指定檔案來設定即可，而其控制電位為：

1. 高電位 (1)：LED 亮 (ON)。
2. 低電位 (0)：LED 不亮 (OFF)。

如果我們要直接控制 110V 的電燈炮時，可以加入固態繼電器 SSR (solid state relay) 作為控制電位的轉換即可。

電路設計實例一

檔案名稱：DIVIDERS

電路功能描述

設計一個 29 位元的二進制計數器 (除頻器)，並將其後面八個除頻輸出分別接到 LED 顯示電路，它們的輸出週期依次約為：

LED(0)：約0.1048 sec

LED(1)：約0.2097 sec

LED(2)：約0.4194 sec

LED(3)：約0.8388 sec

LED(4)：約1.6777 sec

LED(5)：約3.3554 sec

LED(6)：約6.7108 sec

LED(7)：約13.421 sec

如果我們以 LED 來顯示時，其狀況如下：

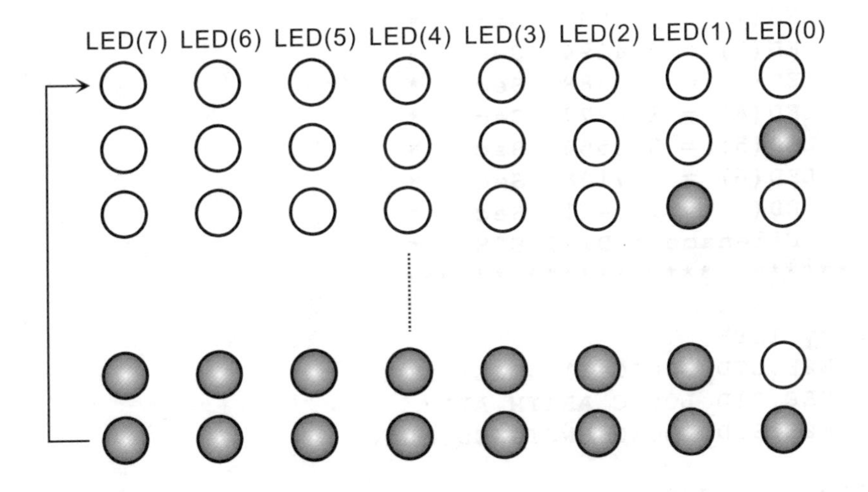

也就是 LED(7) 每 13.421 sec 閃爍一次、LED(6) 每 6.7108 sec 閃爍一次、……等。

實作目標

練習設計：

除頻器 (即二進制計數器)，以便產生控制晶片所需要的任何工作時基 (time base)，並計算出它們的輸出週期。

控制電路方塊圖

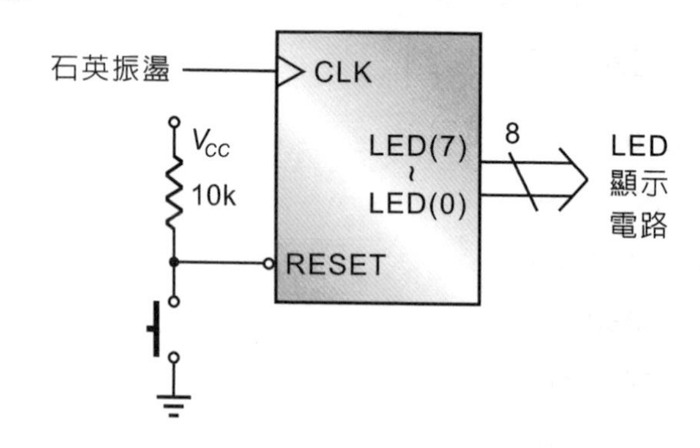

原始程式 (source program)：

```
 1  --******************************
 2  --*  frequency generator :     *
 3  --*   LED(0) = 0.1048  Sec     *
 4  --*   LED(1) = 0.2097  Sec     *
 5  --*   LED(2) = 0.4194  Sec     *
 6  --*   LED(3) = 0.8388  Sec     *
 7  --*   LED(4) = 1.6777  Sec     *
 8  --*   LED(5) = 3.3554  Sec     *
 9  --*   LED(6) = 6.7108  Sec     *
10  --*   LED(7) = 13.421  Sec     *
11  --*    Filename : DIVIDERS     *
12  --******************************
13
14  library IEEE;
15  use IEEE.STD_LOGIC_1164.ALL;
16  use IEEE.STD_LOGIC_ARITH.ALL;
17  use IEEE.STD_LOGIC_UNSIGNED.ALL;
18
19  entity DIVIDERS is
20      Port (CLK    : in  std_logic;
21            RESET  : in  std_logic;
22            LED    : out std_logic_vector(7 downto 0));
23  end DIVIDERS;
```

```
24
25 architecture Behavioral of DIVIDERS is
26   signal DIVIDER   : std_logic_vector(28 downto 0);
27 begin
28
29 --************************
30 --* frequency generators *
31 --************************
32
33   process (CLK, RESET)
34
35     begin
36       if RESET   = '0' then
37         DIVIDER <= (others => '0');
38       elsif CLK'event and CLK = '1' then
39         DIVIDER <= DIVIDER + 1;
40       end if;
41   end process;
42
43   LED(0) <=  DIVIDER(21);  -- 0.1048 sec
44   LED(1) <=  DIVIDER(22);  -- 0.2097 sec
45   LED(2) <=  DIVIDER(23);  -- 0.4194 sec
46   LED(3) <=  DIVIDER(24);  -- 0.8388 sec
47   LED(4) <=  DIVIDER(25);  -- 1.6777 sec
48   LED(5) <=  DIVIDER(26);  -- 3.3554 sec
49   LED(6) <=  DIVIDER(27);  -- 6.7108 sec
50   LED(7) <=  DIVIDER(28);  -- 13.421 sec
51
52 end Behavioral;
```

重點說明：

1. 行號 1～12 為註解欄（“--” 開始），其目的在於說明：
   (1) 程式所規劃的電路為一個頻率產生器，以及其 8 個輸出的工作週期分佈狀況。
   (2) 程式的檔案名稱為 DIVIDERS。
2. 行號 14～17 宣告程式所用到的套件程式庫 library。
3. 行號 19～23 宣告本程式所要規劃硬體電路的外部接腳（工作方塊圖）為：

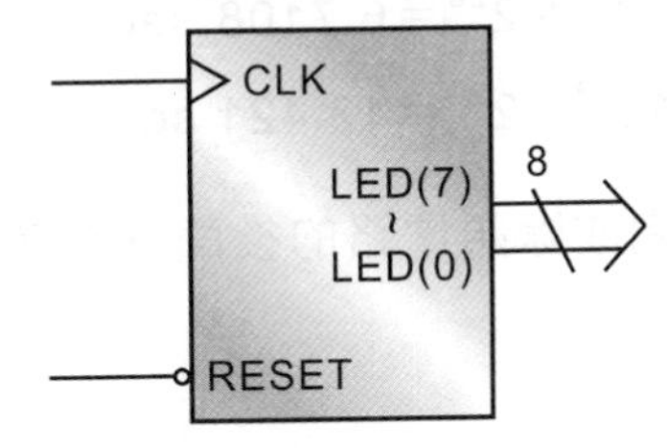

4. 行號 25～52 為所要規劃的硬體架構。
5. 行號 26 宣告硬體電路內部所使用的訊號。
6. 行號 27 宣告規劃程式的開始。
7. 行號 33～41 為一個 29 位元的二進制計數器，也就是一個除頻器，其方塊圖如下：

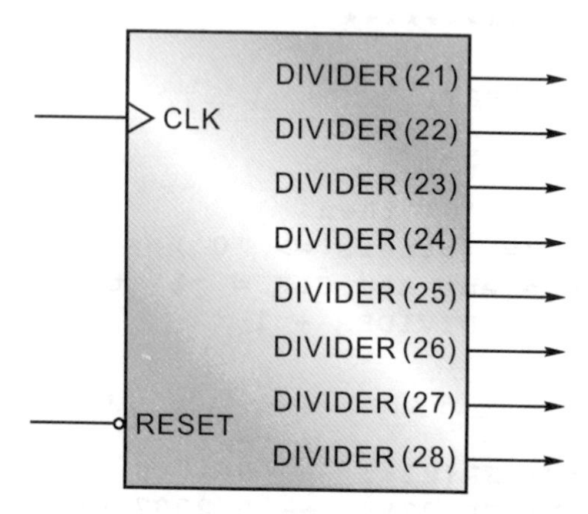

由於工作時序的頻率 f 為 40 MHz，所以工作週期 T 為：

$$f = 40\,\text{MHz}$$
$$T = \frac{1}{f} = \frac{1}{40\,\text{M}}$$
$$= 25 \times 10^{-9}\,\text{sec}$$

因此其 8 個輸出端的工作週期分別為：

$\text{DIVIDER}(21) = 25 \times 10^{-9} \times 2^{22} = 0.1048\ \text{sec}$

$\text{DIVIDER}(22) = 25 \times 10^{-9} \times 2^{23} = 0.2097\ \text{sec}$

$\text{DIVIDER}(23) = 25 \times 10^{-9} \times 2^{24} = 0.4194\ \text{sec}$

$\text{DIVIDER}(24) = 25 \times 10^{-9} \times 2^{25} = 0.8388\ \text{sec}$

$\text{DIVIDER}(25) = 25 \times 10^{-9} \times 2^{26} = 1.6777\ \text{sec}$

$\text{DIVIDER}(26) = 25 \times 10^{-9} \times 2^{27} = 3.3554\ \text{sec}$

$\text{DIVIDER}(27) = 25 \times 10^{-9} \times 2^{28} = 6.7108\ \text{sec}$

$\text{DIVIDER}(28) = 25 \times 10^{-9} \times 2^{29} = 13.421\ \text{sec}$

8. 行號 43～50 將所設計完成除頻電路的後面 8 個輸出接到控制板上的 LED 電路去顯示。

電路設計實例二

檔案名稱：DIVIDER_1Hz

電路功能描述

設計一個頻率為 1 Hz 的精準時基 (time base) 產生器，以便往後作為電子時鐘的計秒時序，並將其輸出接到八個 LED 顯示電路，讓它們很準確的每秒鐘閃爍一次，其狀況如下：

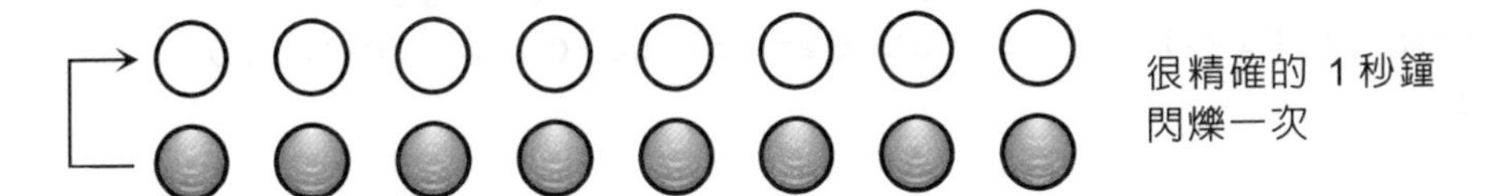

實作目標

練習設計：

一個頻率為 1 Hz 的標準時基 (time base) 產生器。

控制電路方塊圖

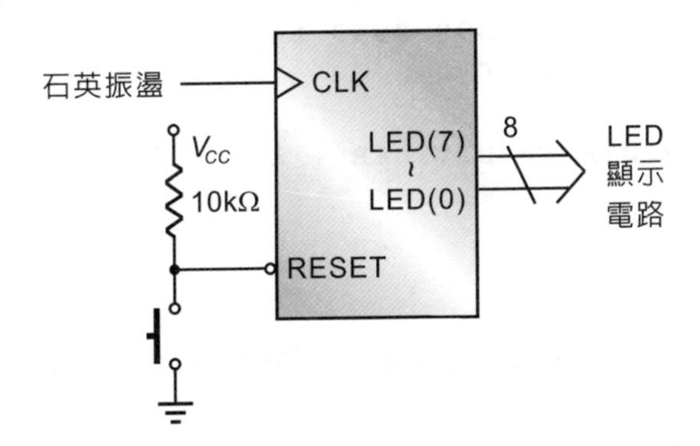

原始程式 (source program)：

```
1  --********************************
2  --*  1 HZ frequency generator   *
3  --*   Filename : DIVIDER_1HZ    *
4  --********************************
```

```
 5
 6  library IEEE;
 7  use IEEE.STD_LOGIC_1164.ALL;
 8  use IEEE.STD_LOGIC_ARITH.ALL;
 9  use IEEE.STD_LOGIC_UNSIGNED.ALL;
10
11  entity DIVIDER_1HZ is
12      Port (CLK    : in  std_logic;
13            RESET  : in  std_logic;
14            LED    : out std_logic_vector(7 downto 0));
15  end DIVIDER_1HZ;
16
17  architecture Behavioral of DIVIDER_1HZ is
18    signal DIVIDER   : integer range 0 to 40000000;
19  begin
20
21  --*****************************
22  --* 1 HZ frequency generator *
23  --*****************************
24
25    process (CLK, RESET)
26
27      begin
28        if RESET   = '0' then
29          DIVIDER <= 0;
30        elsif CLK'event and CLK = '1' then
31          if DIVIDER = 39999999 then
32            DIVIDER <= 0;
33          else
34            DIVIDER <= DIVIDER + 1;
35          end if;
36        end if;
37    end process;
38
39    LED <= x"00" when DIVIDER < 20000000 else x"FF";
40
41  end Behavioral;
```

重點說明：

程式架構與前面相似，行號 25～37 為一個 0～39999999 的計數器，由於我們所使用的石英振盪週期為 25 nsec，因此計數器的週期為：

$$T = 25 \times 10^{-9} \times 40000000 = 1 \text{ sec}$$

行號 39 中，接到 LED 的工作週期為：

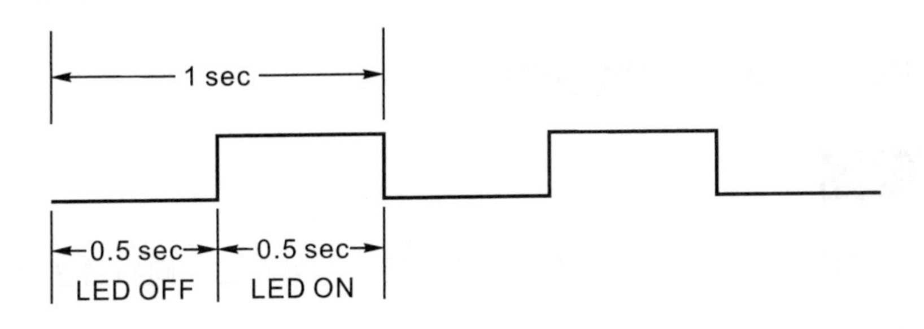

因此 8 個 LED 很精準的每秒鐘閃爍一次。

電路設計實例三

檔案名稱：RORL_FAST_SLOW_4BITS

電路功能描述

以十六個 LED 為顯示裝置，設計一個一次四個亮，可以向左、向右且速度可以快、慢變化的旋轉移位記錄器。

實作目標

練習設計：

1. 除頻電路，以供給控制電路的各種時基 (time base)。
2. 2 對 1 多工器，以便切換電路的移位速度。
3. 可以向左、向右旋轉的移位記錄器。

並將它們組合出一個可以向左、向右且速度可以快、慢變化的旋轉移位記錄器。

控制電路方塊圖

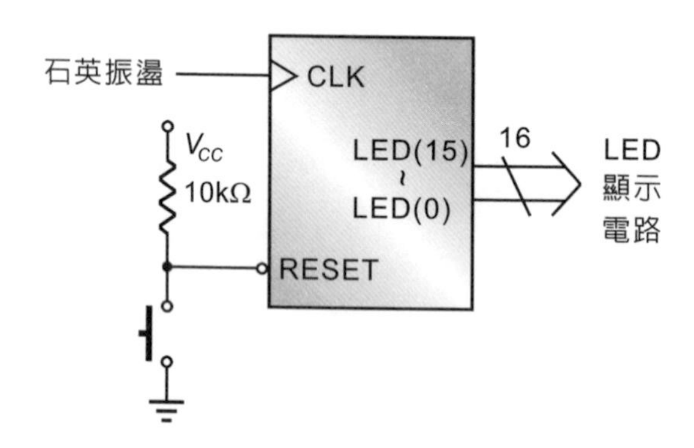

由於我們所要設計的控制電路，其移位速度及移位方向皆可以自動變化，因此它的詳細內部電路方塊如下：

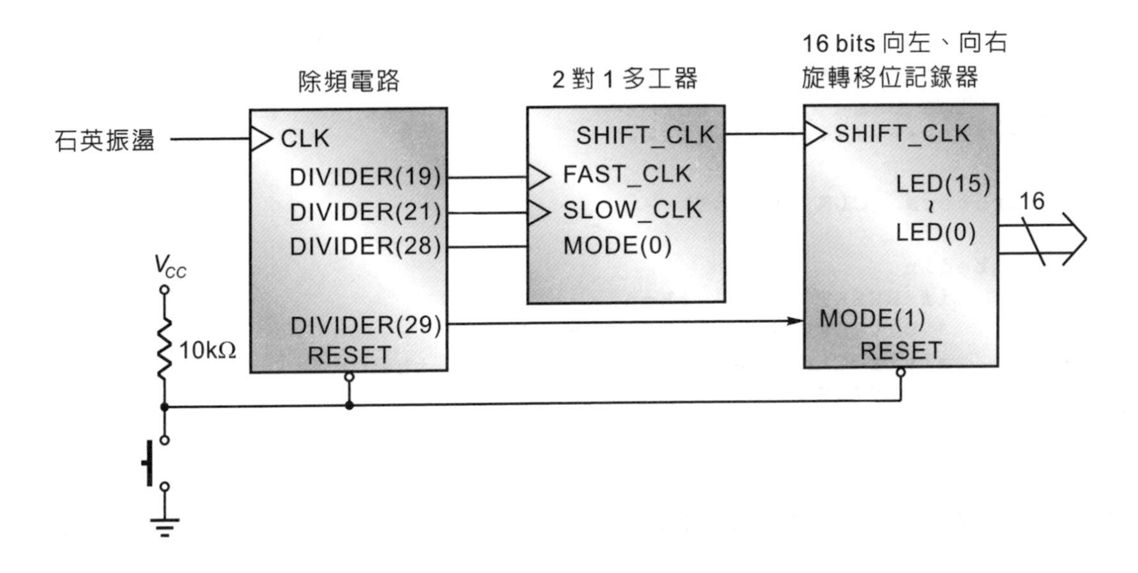

原始程式 (source program)：

```
1  --**********************************
2  --* 16 bits rotate control with   *
3  --*  1. led         :  4 bits on  *
4  --*  2. speed       :  fast, slow *
5  --*  3. direction :  left, right *
6  --*   Filename : RORL_FAST_SLOW   *
7  --**********************************
8
9  library IEEE;
10 use IEEE.STD_LOGIC_1164.ALL;
11 use IEEE.STD_LOGIC_ARITH.ALL;
12 use IEEE.STD_LOGIC_UNSIGNED.ALL;
13
14 entity RORL_FAST_SLOW is
15     Port (CLK    : in  std_logic;
16           RESET : in  std_logic;
17           LED   : out std_logic_vector(15 downto 0));
18 end RORL_FAST_SLOW;
19
20 architecture Behavioral of RORL_FAST_SLOW is
21   signal FAST_CLK     : std_logic;
22   signal SLOW_CLK     : std_logic;
23   signal SHIFT_CLK    : std_logic;
24   signal MODE         : std_logic_vector(1 downto 0);
25   signal DIVIDER      : std_logic_vector(29 downto 0);
26   signal PATTERN      : std_logic_vector(15 downto 0);
27 begin
28
```

```
29  --************************
30  --* time base generator   *
31  --************************
32
33    process (CLK, RESET)
34
35      begin
36        if RESET = '0' then
37          DIVIDER <= (others => '0');
38        elsif CLK'event and CLK = '1' then
39          DIVIDER <= DIVIDER + 1;
40        end if;
41    end process;
42
43    FAST_CLK  <= DIVIDER(19);
44    SLOW_CLK  <= DIVIDER(21);
45    MODE      <= DIVIDER(29 downto 28);
46    SHIFT_CLK <= FAST_CLK when MODE(0) = '0' else SLOW_CLK;
47
48  --**********************************
49  --* 16 bits 4 bits on rotate with *
50  --*  1. MODE = "00" : left, fast *
51  --*  2. MODE = "01" : left, slow *
52  --*  3. MODE = "10" : right, fast *
53  --*  4. MODE = "11" : right, slow *
54  --**********************************
55
56    process (SHIFT_CLK, RESET)
57
58      begin
59        if RESET = '0' then
60          PATTERN <= x"F000";
61        elsif SHIFT_CLK'event and SHIFT_CLK = '1' then
62          if MODE(1) = '0' then
63            PATTERN <= PATTERN(14 downto 0) & PATTERN(15);
64          else
65            PATTERN <= PATTERN(0) & PATTERN(15 downto 1);
66          end if;
67        end if;
68    end process;
69
70    LED <= PATTERN;
71
72  end Behavioral;
```

重點說明：

1. 行號 1～26 的功能與前面相同。
2. 行號 33～45 為一個除頻電路，以便產生各種時基 (time base) 供後面的控制電路使用，其電路方塊如下：

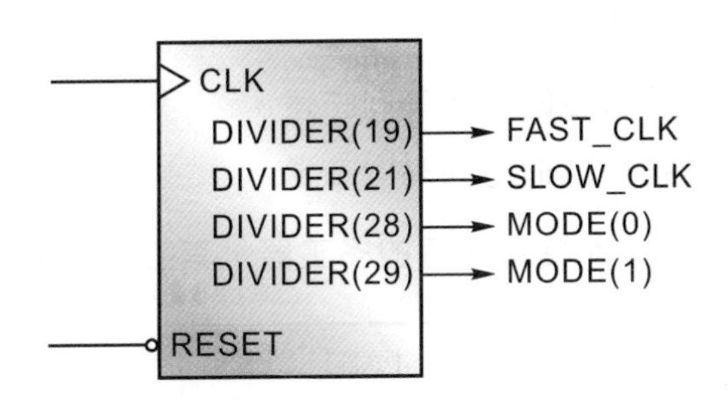

用來控制移位速度的 MODE(0) 訊號，以及用來控制旋轉移位方向的 MODE(1) 訊號之工作週期分別為

MODE(0)之週期：

$$T = 25 \times 10^{-9} \times 2^{29}$$
$$= 13.5 \text{ sec}$$

MODE(1)之週期：

$$T = 25 \times 10^{-9} \times 2^{30}$$
$$= 27 \text{ sec}$$

它們的電位及其所代表的意義分別為：

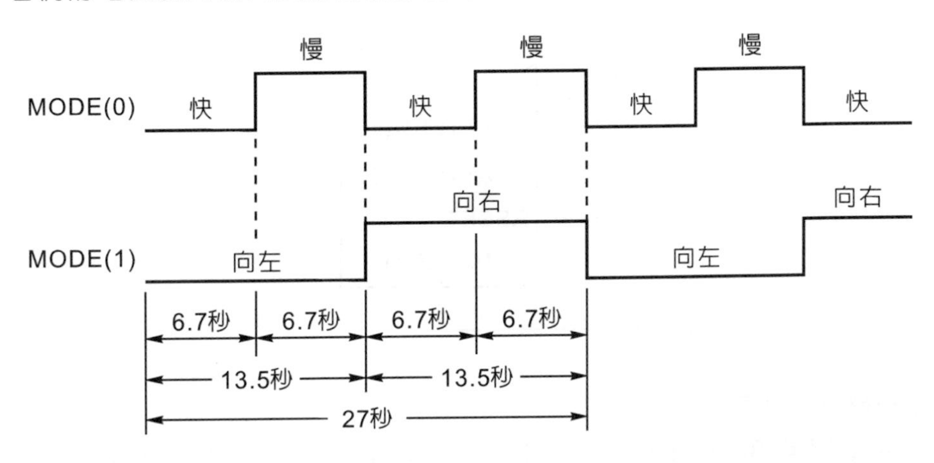

當 MODE(0) 控制訊號的電位：

'0'：代表目前旋轉移位的速度為快速。

'1'：代表目前旋轉移位的速度為慢速。

當 MODE(1) 控制訊號的電位：

'0'：代表目前旋轉移位的方向為向左邊。

'1'：代表目前旋轉移位的方向為向右邊。

3. 行號 46 為一個負責控制旋轉速度的多工器，其工作方塊如下：

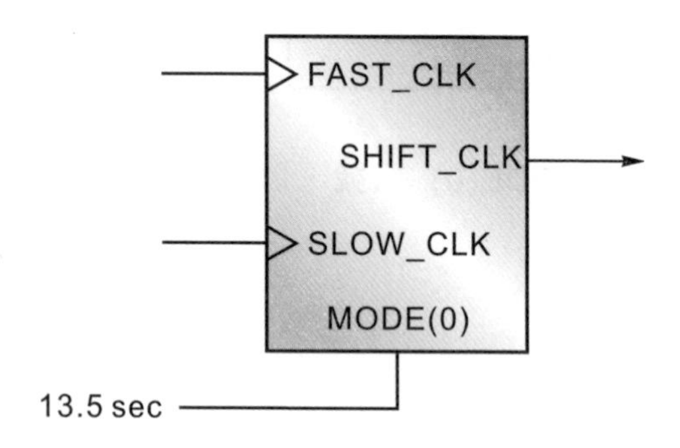

當速度選擇訊號 MODE(0) 的電位：

'0'：時則SHIFT_CLK＝FAST_CLK。

'1'：時則SHIFT_CLK＝SLOW_CLK。

4. 行號 56～68 為一個由 MODE(1) 電位所控制，可以向左或向右旋轉的移位記錄器，它的電路方塊圖如下：

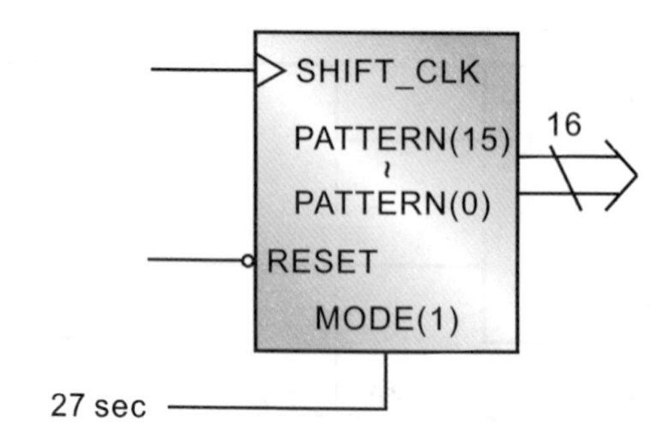

而其設計流程為：

(1) 當電路重置 RESET 時，將移位資料設定成 x "F000"，即二進制的 "1111000000000000"，也就是 LED 4 個亮，12 個不亮 (行號 59～60)。

(2) 當移位時序 SHIFT_CLK 發生正緣變化時 (行號 61)，則依 MODE(1) 的電位來決定向左或向右旋轉移位，而它們的電位關係為當 MODE(1) 的電位：

'0'：時則向左旋轉移位 (行號62～63)。

'1'：時則向右旋轉移位 (行號64～65)。

5. 行號 70 將旋轉移位記錄器的資料接到 LED 電路去顯示。

電路設計實例四

檔案名稱：PILI_LIGHT_FAST_SLOW

電路功能描述

以十六個 LED 為顯示裝置，設計一個一次兩個亮，速度可快、慢改變的霹靂燈控制電路，其顯示狀況如下：

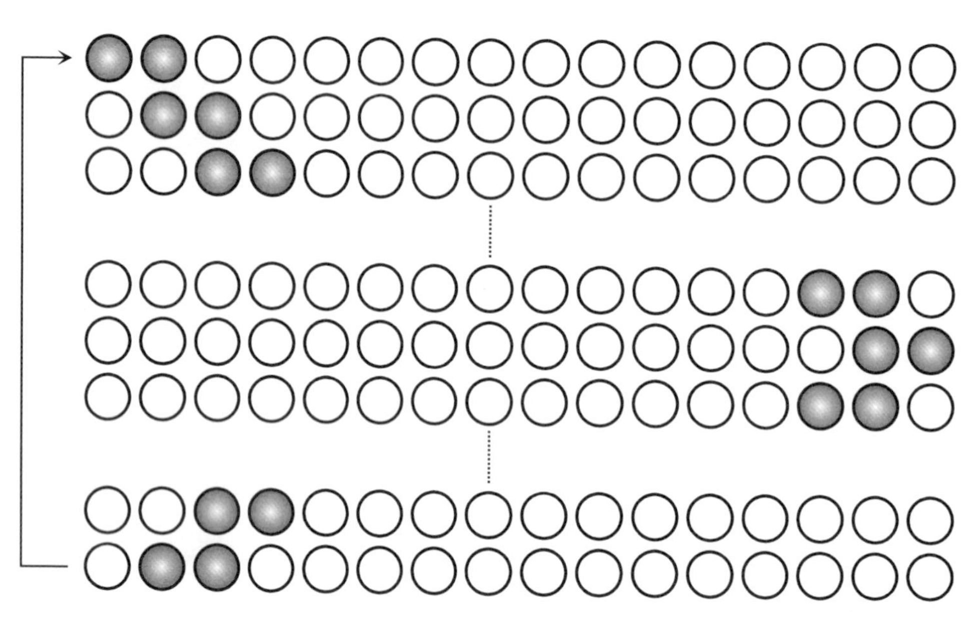

實作目標

練習設計：

1. 除頻電路，以供給控制電路的各種工作時基 (time base)。
2. 2 對 1 多工器，以便切換電路的移位速度。
3. 一次 2 個亮的霹靂燈控制電路。

並將它們組合出一個速度可以自動快、慢變化的霹靂燈控制電路。

控制電路方塊圖

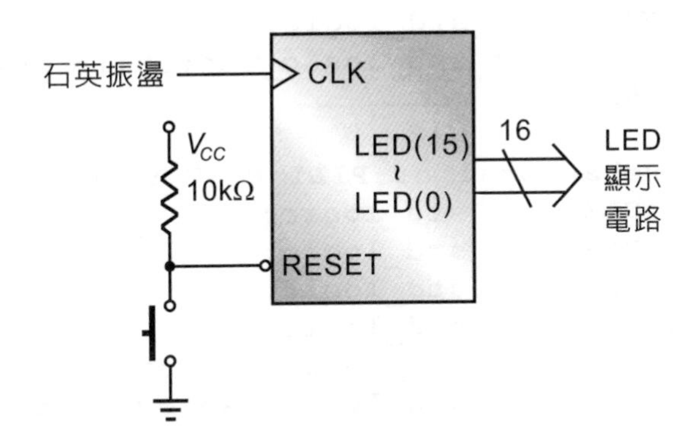

由於我們所要設計霹靂燈的移位速度可以自動變化，因此其內部詳細的電路方塊如下：

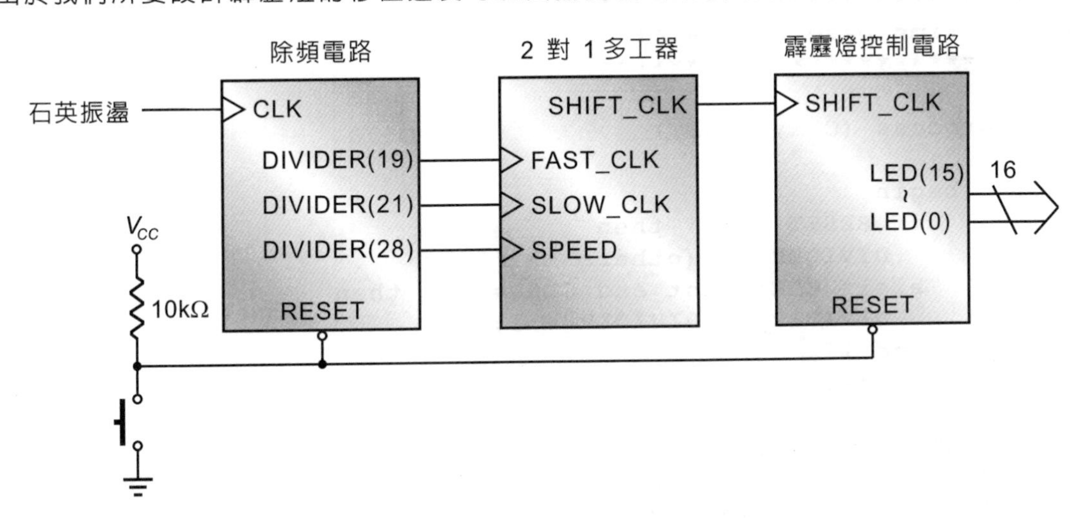

原始程式 (source program)：

```
 1  --********************************
 2  --* 16 bits pili light control *
 3  --*   1. led   : 2 bits on      *
 4  --*   2. speed : fast, slow     *
 5  --*  Filename : PILI_FAST_SLOW *
 6  --********************************
 7
 8  library IEEE;
 9  use IEEE.STD_LOGIC_1164.ALL;
10  use IEEE.STD_LOGIC_ARITH.ALL;
11  use IEEE.STD_LOGIC_UNSIGNED.ALL;
12
13  entity PILI_FAST_SLOW is
```

```
14      Port (CLK    : in  std_logic;
15            RESET : in  std_logic;
16            LED   : out std_logic_vector(15 downto 0));
17  end PILI_FAST_SLOW;
18
19  architecture Behavioral of PILI_FAST_SLOW is
20    signal FAST_CLK    : std_logic;
21    signal SLOW_CLK    : std_logic;
22    signal SHIFT_CLK   : std_logic;
23    signal SPEED       : std_logic;
24    signal DIVIDER     : std_logic_vector(28 downto 0);
25    signal PATTERN     : std_logic_vector(15 downto 0);
26  begin
27
28  --************************
29  --* time base generator  *
30  --************************
31
32    process (CLK, RESET)
33
34      begin
35        if RESET = '0' then
36          DIVIDER <= (others => '0');
37        elsif CLK'event and CLK = '1' then
38          DIVIDER <= DIVIDER + 1;
39        end if;
40    end process;
41
42    FAST_CLK   <= DIVIDER(19);
43    SLOW_CLK   <= DIVIDER(21);
44    SPEED      <= DIVIDER(28);
45    SHIFT_CLK  <= FAST_CLK when SPEED = '0' else SLOW_CLK;
46
47  --********************************
48  --* 16 bits pili light control *
49  --********************************
50
51    process (SHIFT_CLK, RESET)
52      variable DIRECTION : std_logic;
53        begin
54          if RESET       = '0' then
55            DIRECTION  := '0';
56            PATTERN    <= x"C000";
57          elsif SHIFT_CLK'event and SHIFT_CLK = '1' then
58             if DIRECTION = '0' then
59               PATTERN   <= '0' & PATTERN(15 downto 1);
60             else
```

```
61            PATTERN  <= PATTERN(14 downto 0) & '0';
62          end if;
63
64          if PATTERN = x"0003" then
65            DIRECTION := '1';
66          elsif PATTERN = x"C000" then
67            DIRECTION := '0';
68          end if;
69        end if;
70
71        LED <= PATTERN;
72
73    end process;
74
75  end Behavioral;
```

重點說明：

1. 行號 1～25 的功能與前面相同。
2. 行號 32～45 為一個除頻與多工選擇電路，目的在產生後面電路所需要的各種工作時基 (time base)，程式結構與前面相似，請自行參閱。
3. 行號 51～69 為一個霹靂燈控制電路，其方塊圖如下：

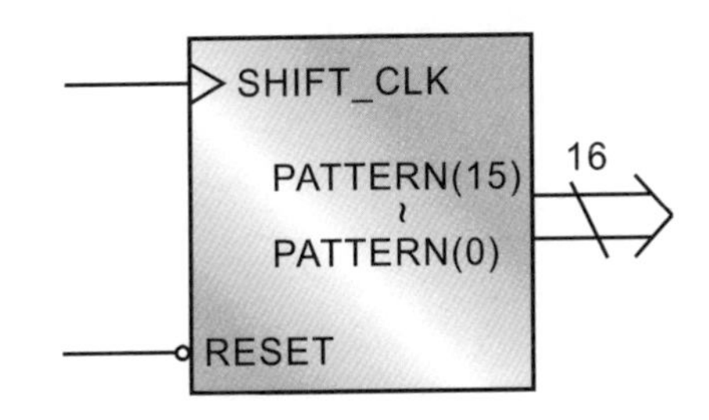

而其設計流程為：

(1) 當電路發生重置 RESET 時 (行號 54)：
  ① 移位方向旗號設定為 '0'，表示電路往右邊移位 (行號 55)。
  ② 將輸出設定成 x“C000”，即二進制的 “1100000000000000”，表示 LED 2 個亮，14 個不亮 (行號 56)。
(2) 當移位時序 SHIFT_CLK 發生正緣變化時 (行號 57)，
  ① 如果方向旗號為 '0' 時，霹靂燈向右移位一次，且移入的電位為 '0' (行號 58～59)。

② 如果方向旗號為 '1' 時，霹靂燈向左移位一次，且移入的電位為 '0' (行號 60～61)。

(3) 當移位資料為 x "0003"，即二進制的 "0000000000000011"，此即表示下一次資料的移位方向必須由右移變成左移，因此方向旗號 DIRECTION 被設定為 '1' (行號 64～65)。

(4) 當移位資料為 x "C000"，即二進制的 "1100000000000000"，此即表示下一次資料的移位方向必須由左移變成右移，因此方向旗號 DIRECTION 被設定為 '0' (行號 66～67)。

4. 行號 71 則將移位後的電位送到 LED 電路去顯示。

電路設計實例五

檔案名稱：LIGHT_CONTROL_TABULATE

電路功能描述

以十六個 LED 為顯示裝置，利用建表方式設計一個速度可以改變的不規則且重覆的廣告燈控制電路，其顯示狀況為：

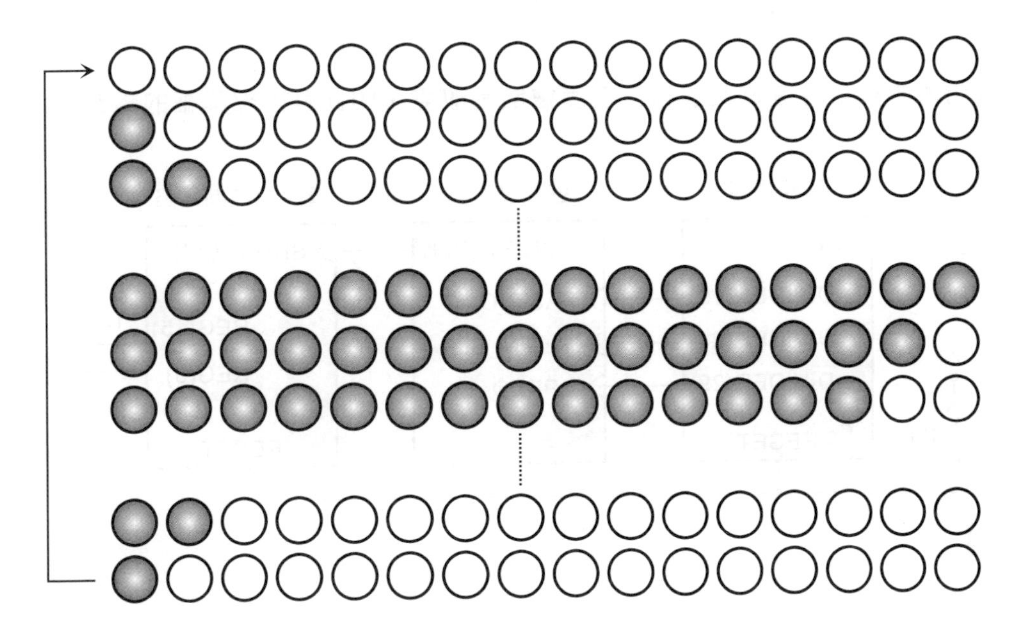

實作目標

練習設計：

1. 除頻電路，以供給控制電路的所有工作時基 (time base)。
2. 2 對 1 多工器，以便控制電路的移位速度。
3. 沒有明顯規則且重覆的廣告燈控制電路。

並將它們組合出一個移位速度可以改變的不規則廣告燈控制電路。

控制電路方塊圖

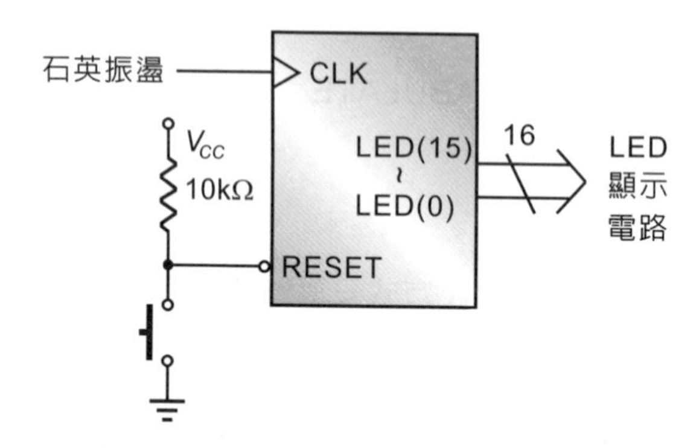

由於我們所要設計控制電路的移位速度會自動改變，因此其內部詳細的電路方塊圖如下：

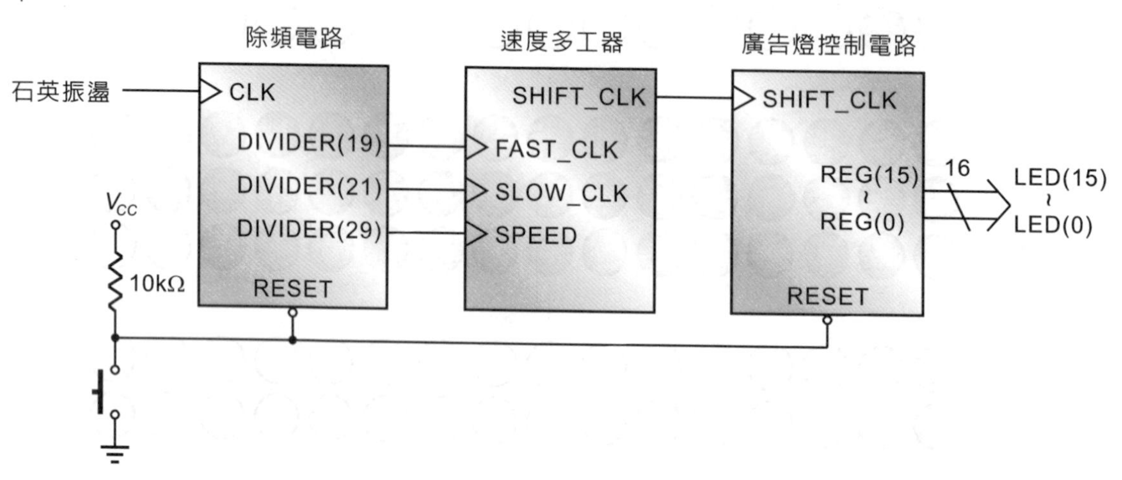

原始程式 (source program)：

```
1   --*********************************
2   --*     light control with tabulate     *
3   --* Filename : LIGHT_CONTROL_TABULATE *
4   --*********************************
5
6   library IEEE;
7   use IEEE.STD_LOGIC_1164.ALL;
8   use IEEE.STD_LOGIC_ARITH.ALL;
9   use IEEE.STD_LOGIC_UNSIGNED.ALL;
10
11  entity LIGHT_CONTROL_TABULATE is
```

```
12    Port (CLK    : in  std_logic;
13          RESET  : in  std_logic;
14          LED    : out std_logic_vector(15 downto 0));
15  end LIGHT_CONTROL_TABULATE;
16
17  architecture Behavioral of LIGHT_CONTROL_TABULATE is
18    signal FAST_CLK     : std_logic;
19    signal SLOW_CLK     : std_logic;
20    signal SHIFT_CLK    : std_logic;
21    signal SPEED        : std_logic;
22    signal DIVIDER      : std_logic_vector(29 downto 0);
23    signal REG          : std_logic_vector(16 downto 0);
24  begin
25
26  --**********************
27  --* time base generator *
28  --**********************
29
30  process (CLK, RESET)
31
32    begin
33      if RESET     = '0' then
34        DIVIDER <= (others => '0');
35      elsif CLK'event and CLK = '1' then
36        DIVIDER <= DIVIDER + 1;
37      end if;
38  end process;
39
40  FAST_CLK   <= DIVIDER(19);
41  SLOW_CLK   <= DIVIDER(21);
42  SPEED      <= DIVIDER(29);
43  SHIFT_CLK  <= FAST_CLK when SPEED = '1' else SLOW_CLK;
44
45  --*****************************
46  --* light control by tabulate *
47  --*****************************/
48
49  process (SHIFT_CLK, RESET)
50
51    begin
52      if RESET = '0' then
53        REG  <= (others => '0');
54      elsif SHIFT_CLK'event and SHIFT_CLK = '1' then
55        case REG is
56          when '0' & x"0000" => REG <= '0' & x"8000";
57          when '0' & x"8000" => REG <= '0' & x"C000";
58          when '0' & x"C000" => REG <= '0' & x"E000";
```

```
59              when '0' & x"E000" => REG <= '0' & x"F000";
60              when '0' & x"F000" => REG <= '0' & x"F800";
61              when '0' & x"F800" => REG <= '0' & x"FC00";
62              when '0' & x"FC00" => REG <= '0' & x"FE00";
63              when '0' & x"FE00" => REG <= '0' & x"FF00";
64              when '0' & x"FF00" => REG <= '0' & x"FF80";
65              when '0' & x"FF80" => REG <= '0' & x"FFC0";
66              when '0' & x"FFC0" => REG <= '0' & x"FFE0";
67              when '0' & x"FFE0" => REG <= '0' & x"FFF0";
68              when '0' & x"FFF0" => REG <= '0' & x"FFF8";
69              when '0' & x"FFF8" => REG <= '0' & x"FFFC";
70              when '0' & x"FFFC" => REG <= '0' & x"FFFE";
71              when '0' & x"FFFE" => REG <= '0' & x"FFFF";
72              when '0' & x"FFFF" => REG <= '1' & x"FFFE";
73              when '1' & x"FFFE" => REG <= '1' & x"FFFC";
74              when '1' & x"FFFC" => REG <= '1' & x"FFF8";
75              when '1' & x"FFF8" => REG <= '1' & x"FFF0";
76              when '1' & x"FFF0" => REG <= '1' & x"FFE0";
77              when '1' & x"FFE0" => REG <= '1' & x"FFC0";
78              when '1' & x"FFC0" => REG <= '1' & x"FF80";
79              when '1' & x"FF80" => REG <= '1' & x"FF00";
80              when '1' & x"FF00" => REG <= '1' & x"FE00";
81              when '1' & x"FE00" => REG <= '1' & x"FC00";
82              when '1' & x"FC00" => REG <= '1' & x"F800";
83              when '1' & x"F800" => REG <= '1' & x"F000";
84              when '1' & x"F000" => REG <= '1' & x"E000";
85              when '1' & x"E000" => REG <= '1' & x"C000";
86              when '1' & x"C000" => REG <= '1' & x"8000";
87              when '1' & x"8000" => REG <= '0' & x"0000";
88              when others        => REG <= '0' & x"0000";
89          end case;
90      end if;
91  end process;
92
93  LED <= REG(15 downto  0);
94
95  end Behavioral;
```

重點說明：

1. 行號 1～23 的功能與前面相同。
2. 行號 30～42 為一個除頻電路，以便產生各種時基 (time base) 供後面電路使用，其電路方塊圖如下：

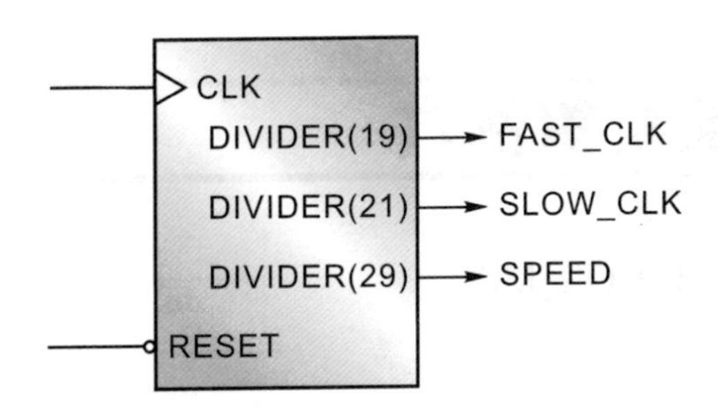

它們工作頻率與週期的計算方式和前面相同，請讀者自行參閱。

3. 行號 43 為一個移位速度快、慢的多工控制器，它的工作方塊圖如下：

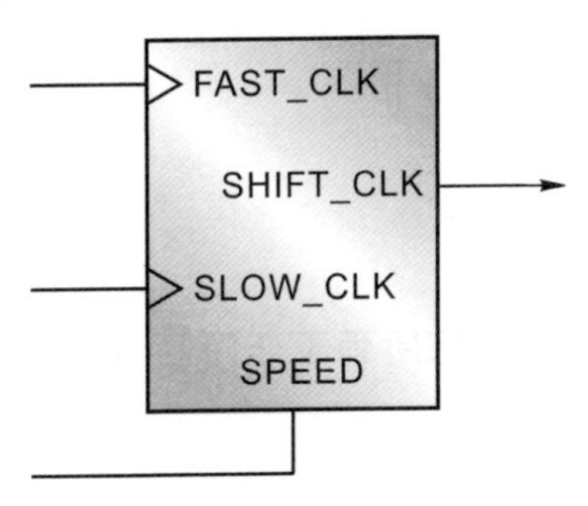

當 SPEED 接腳的電位：

'0'：代表廣告燈慢速移位。

'1'：代表廣告燈快速移位。

4. 行號 49～91 為一個利用建表方式所建立可重覆顯示的廣告燈控制器，它的工作方塊圖如下：

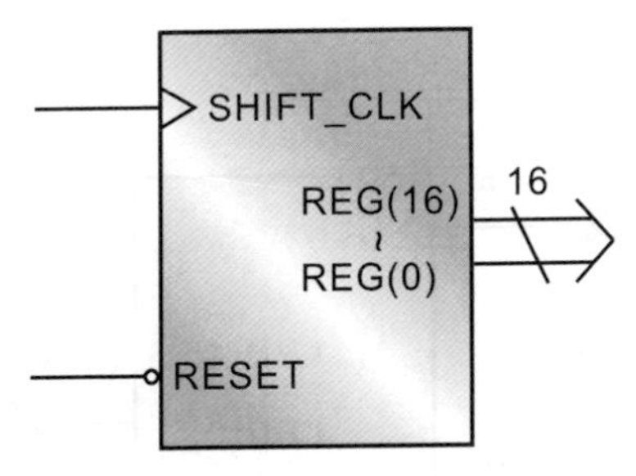

而其列表內容是依據我們前面所規劃的顯示順序去編輯，沒有什麼技術可談，其唯一目的是讓讀者熟悉建立表格指令的格式與用法。

5. 行號 93 將前面所控制的廣告燈內容接到 LED 顯示電路，注意！由於廣告燈的顯示方式很多地方都相同，因此於上述的建表過程我們在最前面加入了一個旗號位元，此位元只是用來區隔相同的顯示資料 (REG(15)～REG(0))，不可以送到 LED 去顯示。

電路設計實例六

檔案名稱：LIGHT_CONTROL_MIX

電路功能描述

以十六個 LED 為顯示裝置，利用規劃與建表方式設計一個速度可以改變的八種不同變化廣告燈控制電路。

實作目標

練習設計：

1. 除頻電路，以供給控制電路的所有工作時基 (time base)。
2. 2 對 1 多工器，以便切換速度。
3. 沒有明顯規則的移位記錄器。
4. 有規則的移位記錄器。
5. 控制模式計數器，以便區別廣告燈的控制模式。

並將它們組合出一個移位速度可以改變的 8 種有規則與無規則變化的廣告燈控制電路。

控制電路方塊圖

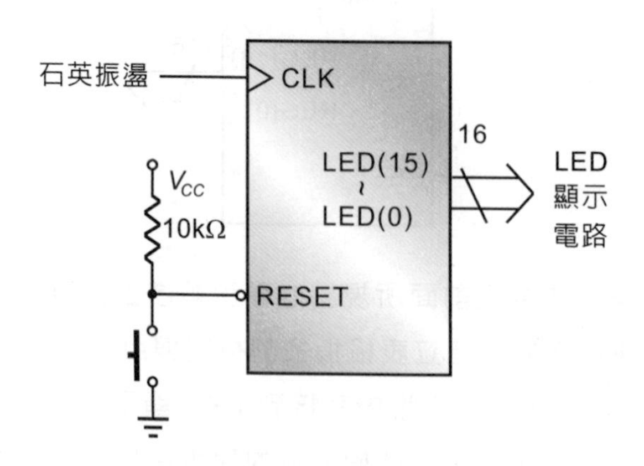

由於我們所要設計控制電路的閃爍速度會自動改變，因此其內部詳細的電路方塊圖如下：

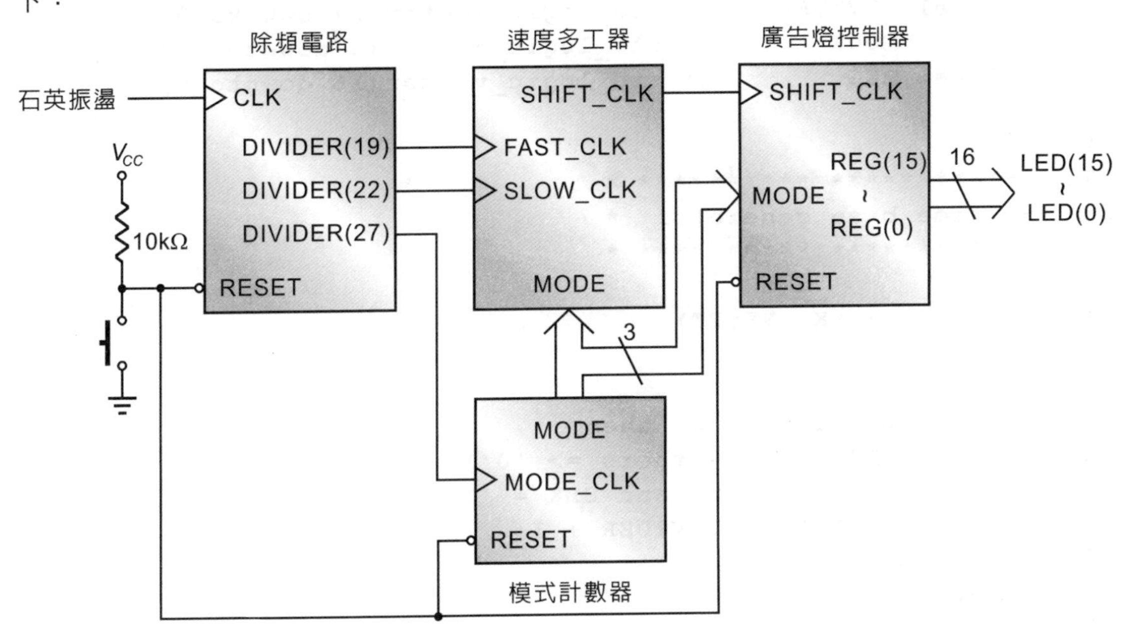

原始程式 (source program)：

```
 1 --*****************************
 2 --* 8 kinds of light control *
 3 --* Filename : LIGHT_CONTROL *
 4 --*****************************
 5
 6 library IEEE;
 7 use IEEE.STD_LOGIC_1164.ALL;
 8 use IEEE.STD_LOGIC_ARITH.ALL;
 9 use IEEE.STD_LOGIC_UNSIGNED.ALL;
10
11 entity LIGHT_CONTROL is
12     Port (CLK   : in  std_logic;
13           RESET : in  std_logic;
14           LED   : out std_logic_vector(15 downto 0));
15 end LIGHT_CONTROL;
16
17 architecture Behavioral of LIGHT_CONTROL is
18   signal FAST_CLK   : std_logic;
19   signal SLOW_CLK   : std_logic;
20   signal MODE_CLK   : std_logic;
```

```
21    signal SHIFT_CLK   : std_logic;
22    signal DIVIDER     : std_logic_vector(27 downto 0);
23    signal MODE        : std_logic_vector(2 downto 0);
24    signal REG         : std_logic_vector(16 downto 0);
25  begin
26
27  --********************** *
28  --* time base generator  *
29  --********************** *
30
31    process (CLK, RESET)
32
33      begin
34        if RESET   = '0' then
35          DIVIDER <= (others => '0');
36        elsif CLK'event and CLK = '1' then
37          DIVIDER <= DIVIDER + 1;
38        end if;
39      end process;
40
41    FAST_CLK   <= DIVIDER(19);
42    SLOW_CLK   <= DIVIDER(22);
43    MODE_CLK   <= DIVIDER(27);
44    SHIFT_CLK  <= SLOW_CLK when(MODE=o"4"or MODE=o"5")else FAST_CLK;
45
46  --**************************
47  --* display mode generator *
48  --**************************
49
50    process (MODE_CLK, RESET)
51
52      begin
53        if RESET = '0' then
54          MODE <= o"0";
55        elsif MODE_CLK'event and MODE_CLK = '1' then
56          MODE <= MODE + 1;
57        end if;
58    end process;
59
60  --*****************************
61  --* 8 kinds of light control *
62  --*****************************
63
```

```
64    process (SHIFT_CLK, RESET)
65
66      begin
67        if RESET = '0' then
68          REG  <= (others => '0');
69        elsif SHIFT_CLK'event and SHIFT_CLK = '1' then
70          if MODE = o"0" then
71            case REG is
72              when '0' & x"0000"  => REG <= '0' & x"8000";
73              when '0' & x"8000"  => REG <= '0' & x"C000";
74              when '0' & x"C000"  => REG <= '0' & x"E000";
75              when '0' & x"E000"  => REG <= '0' & x"F000";
76              when '0' & x"F000"  => REG <= '0' & x"F800";
77              when '0' & x"F800"  => REG <= '0' & x"FC00";
78              when '0' & x"FC00"  => REG <= '0' & x"FE00";
79              when '0' & x"FE00"  => REG <= '0' & x"FF00";
80              when '0' & x"FF00"  => REG <= '0' & x"FF80";
81              when '0' & x"FF80"  => REG <= '0' & x"FFC0";
82              when '0' & x"FFC0"  => REG <= '0' & x"FFE0";
83              when '0' & x"FFE0"  => REG <= '0' & x"FFF0";
84              when '0' & x"FFF0"  => REG <= '0' & x"FFF8";
85              when '0' & x"FFF8"  => REG <= '0' & x"FFFC";
86              when '0' & x"FFFC"  => REG <= '0' & x"FFFE";
87              when '0' & x"FFFE"  => REG <= '0' & x"FFFF";
88              when '0' & x"FFFF"  => REG <= '1' & x"FFFE";
89              when '1' & x"FFFE"  => REG <= '1' & x"FFFC";
90              when '1' & x"FFFC"  => REG <= '1' & x"FFF8";
91              when '1' & x"FFF8"  => REG <= '1' & x"FFF0";
92              when '1' & x"FFF0"  => REG <= '1' & x"FFE0";
93              when '1' & x"FFE0"  => REG <= '1' & x"FFC0";
94              when '1' & x"FFC0"  => REG <= '1' & x"FF80";
95              when '1' & x"FF80"  => REG <= '1' & x"FF00";
96              when '1' & x"FF00"  => REG <= '1' & x"FE00";
97              when '1' & x"FE00"  => REG <= '1' & x"FC00";
98              when '1' & x"FC00"  => REG <= '1' & x"F800";
99              when '1' & x"F800"  => REG <= '1' & x"F000";
100             when '1' & x"F000"  => REG <= '1' & x"E000";
101             when '1' & x"E000"  => REG <= '1' & x"C000";
102             when '1' & x"C000"  => REG <= '1' & x"8000";
103             when '1' & x"8000"  => REG <= '0' & x"0000";
104             when others         => REG <= '0' & x"0000";
105           end case;
106         elsif MODE = o"1" then
```

```
107         case REG is
108           when '0' & x"0000"   => REG <= '0' & x"8001";
109           when '0' & x"8001"   => REG <= '0' & x"C003";
110           when '0' & x"C003"   => REG <= '0' & x"E007";
111           when '0' & x"E007"   => REG <= '0' & x"F00F";
112           when '0' & x"F00F"   => REG <= '0' & x"F81F";
113           when '0' & x"F81F"   => REG <= '0' & x"FC3F";
114           when '0' & x"FC3F"   => REG <= '0' & x"FE7F";
115           when '0' & x"FE7F"   => REG <= '0' & x"FFFF";
116           when '0' & x"FFFF"   => REG <= '1' & x"FE7F";
117           when '1' & x"FE7F"   => REG <= '1' & x"FC3F";
118           when '1' & x"FC3F"   => REG <= '1' & x"F81F";
119           when '1' & x"F81F"   => REG <= '1' & x"F00F";
120           when '1' & x"F00F"   => REG <= '1' & x"E007";
121           when '1' & x"E007"   => REG <= '1' & x"C003";
122           when '1' & x"C003"   => REG <= '1' & x"8001";
123           when '1' & x"8001"   => REG <= '0' & x"0000";
124           when others          => REG <= '0' & x"0000";
125         end case;
126       elsif MODE = o"2" then
127         case REG is
128           when '0' & x"C000"   => REG <= '0' & x"6000";
129           when '0' & x"6000"   => REG <= '0' & x"3000";
130           when '0' & x"3000"   => REG <= '0' & x"1800";
131           when '0' & x"1800"   => REG <= '0' & x"0C00";
132           when '0' & x"0C00"   => REG <= '0' & x"0600";
133           when '0' & x"0600"   => REG <= '0' & x"0300";
134           when '0' & x"0300"   => REG <= '0' & x"0180";
135           when '0' & x"0180"   => REG <= '0' & x"00C0";
136           when '0' & x"00C0"   => REG <= '0' & x"0060";
137           when '0' & x"0060"   => REG <= '0' & x"0030";
138           when '0' & x"0030"   => REG <= '0' & x"0018";
139           when '0' & x"0018"   => REG <= '0' & x"000C";
140           when '0' & x"000C"   => REG <= '0' & x"0006";
141           when '0' & x"0006"   => REG <= '0' & x"0003";
142           when '0' & x"0003"   => REG <= '1' & x"0006";
143           when '1' & x"0006"   => REG <= '1' & x"000C";
144           when '1' & x"000C"   => REG <= '1' & x"0018";
145           when '1' & x"0018"   => REG <= '1' & x"0030";
146           when '1' & x"0030"   => REG <= '1' & x"0060";
147           when '1' & x"0060"   => REG <= '1' & x"00C0";
148           when '1' & x"00C0"   => REG <= '1' & x"0180";
149           when '1' & x"0180"   => REG <= '1' & x"0300";
```

```
150                when '1' & x"0300"  => REG <= '1' & x"0600";
151                when '1' & x"0600"  => REG <= '1' & x"0C00";
152                when '1' & x"0C00"  => REG <= '1' & x"1800";
153                when '1' & x"1800"  => REG <= '1' & x"3000";
154                when '1' & x"3000"  => REG <= '1' & x"6000";
155                when '1' & x"6000"  => REG <= '0' & x"C000";
156                when others         => REG <= '0' & x"C000";
157              end case;
158            elsif MODE = o"3" then
159              REG <= '0' & REG(0) & REG (15 downto 1);
160            elsif MODE = x"4" then
161              case REG is
162                when '0' & x"00FF"  => REG <= '0' & x"FF00";
163                when '0' & x"FF00"  => REG <= '0' & x"00FF";
164                when others         => REG <= '0' & x"00FF";
165              end case;
166            elsif MODE = o"5" then
167              case REG is
168                when '0' & x"0000"  => REG <= '0' & x"FFFF";
169                when '0' & x"FFFF"  => REG <= '0' & x"0000";
170                when others         => REG <= '0' & x"0000";
171              end case;
172            elsif MODE = o"6" then
173              REG <= '0' & not REG(0)  & REG(15 downto 1);
174            elsif MODE = o"7" then
175              REG <= '0' & REG(14 downto 0) & not REG(15);
176            end if;
177          end if;
178    end process;
179
180    LED <= REG(15 downto 0);
181
182 end Behavioral;
```

重點說明：

1. 行號 1～24 的功能與前面相同。
2. 行號 31～43 為一個除頻電路，以便產生各種時基 (time base) 供後面電路使用，其電路方塊圖如下：

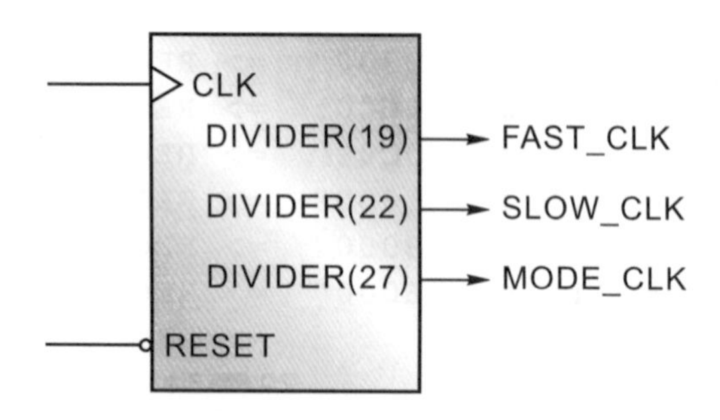

它們工作週期的計算方式和前面相同，請讀者自行參閱。

3. 行號 44 為一個閃爍速度控制多工器，其工作方塊圖如下：

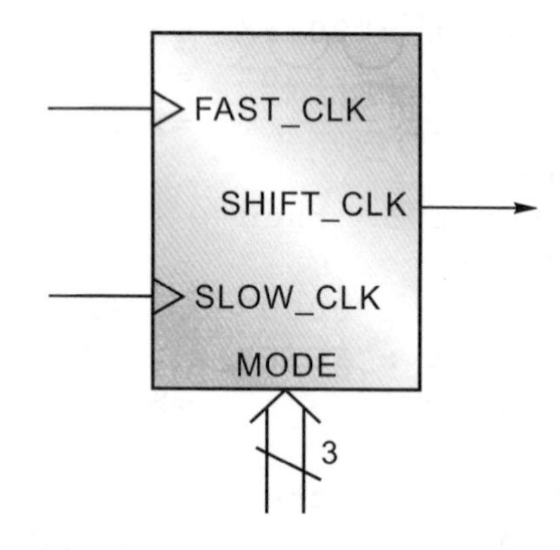

當模式控制計數到第 4 與第 5 種時，送到移位記錄器的移位速度較慢(SLOW_CLK)，除了這兩種以外，第 0、1、2、3、6、7 種送到移位記錄器的移位速度較快(FAST_CLK)。

4. 行號 50～58 為一個廣告燈的模式計數器，其工作方塊圖如下：

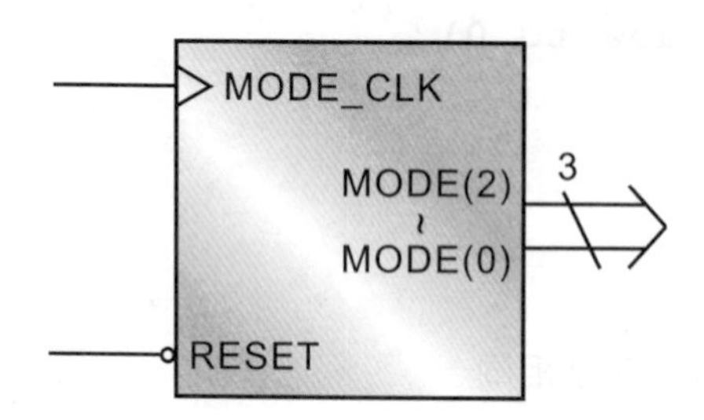

它是一個 0～7 的模式計數器，由於其工作時序 MODE_CLK 的週期為 13.5 sec，因此廣告燈的變化每隔 13.5 sec 變化一種 (模式計數器加 1)，總共有 8 種不同的變化。

5. 行號 64～178 為一個具有 8 種變化有規則與沒有規則混合的廣告燈控制電路，其工作方塊圖如下：

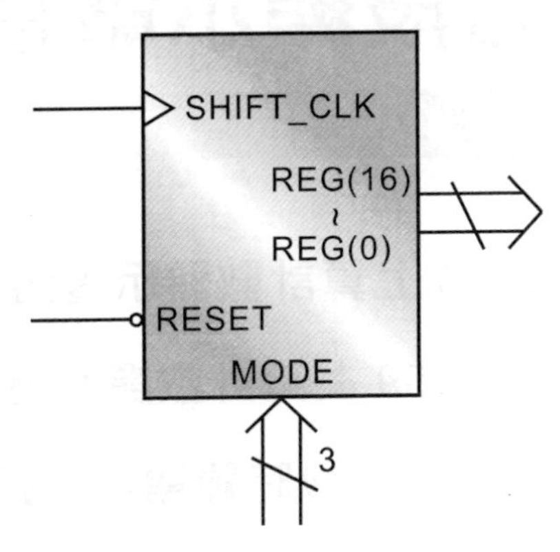

由於它的內部共有 8 種不同的移位方式，有的有規則變化，有的沒有規則變化(建表部分)，我們將前面所設計完成的 0～7 模式計數器的計數內容加入本控制電路，以便選擇目前的移位方式，由於模式計數器的計數時序 MODE_CLK 週期為 13.5 sec，因此 LED 的顯示模式會每隔 13.5 sec 變化一次，又因為在行號 44 的多工器中，當模式計數器計數到 4 與 5 時，多工器會自動選取慢速的移位速度，其餘皆為快速移位，因此於 LED 顯示畫面會有兩種不同的移位速度，至於程式設計流程十分簡單，在此不多做說明。

6. 行號 180 將上述 8 種不同廣告燈的輸出 REG(15)～REG(0) 接到 LED 電路去顯示。

6-2 掃描式七段顯示電路控制篇

Digital Logic Design

電路實例

1. 一個位數 BCD 上算計數顯示電路。
2. 兩個位數 00～59 上算計數顯示電路。
3. 六個位數時、分、秒時鐘顯示電路。
4. 兩個位數 30～00 下算計數顯示，低於 6 時 LED 閃爍電路。
5. 兩個位數上算與下算計數器多工顯示電路。
6. 唯讀記憶體 ROM 的位址與內容顯示電路。
7. 速度、方向自動改變並顯示其動作狀況的廣告燈電路。

掃描式七段顯示電路

於市面上常看到的七段顯示器 Seven Segment Display 是由八個 LED 所組合而成 (連同小數點 Decimal Pointer dp)，而其每個 LED 的名稱依其分佈位置依次為 a、b、c、d、e、f、g 及 dp，其對應關係即如下圖所示：

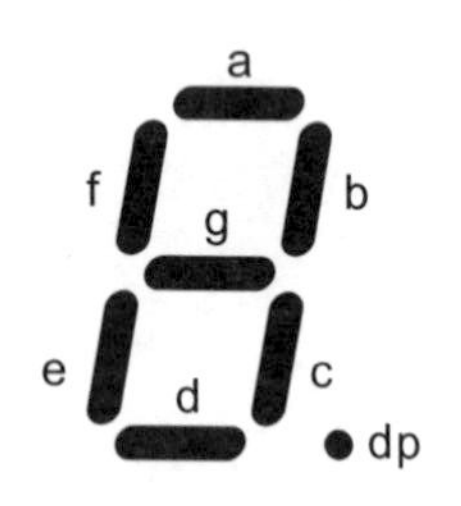

七段顯示器的架構

七段顯示器的外觀

於上圖中可以發現到，我們只要控制 a、b、c、d、e、f、g、dp 等 LED 亮或者不亮即可顯示出 0～9 等不同的字型，理論上 8 個 LED 總共有 16 隻接腳，為了節省元件的控制接腳，於元件的架構上我們採用了單邊公共的方式，如此一來七段顯示器的元件又可以分成共陽 Common Anode 及共陰 Common Cathode 兩種，而其電路結構分別如下：

(A) 共陽極七段顯示器 Common Anode：

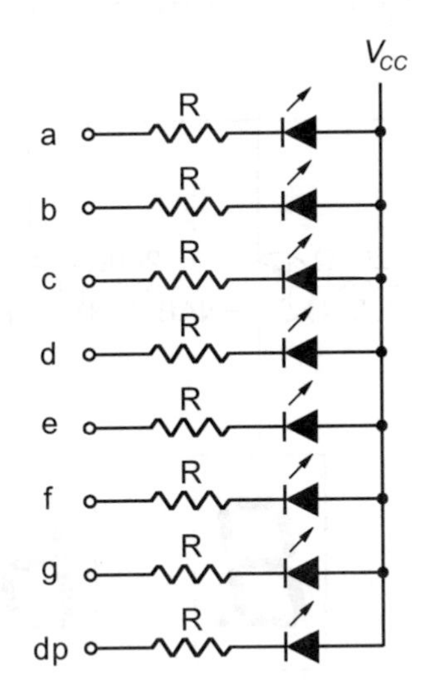

由於八個 LED 的陽極都被接到 V_{CC}，陰極則經由一限流電阻後接到外面去控制，因此我們只要在其相對的陰極上加入低電位 '0'，它所對應的 LED 就會發亮，也就是它是一個低態動作的七段顯示器。

(B) 共陰極七段顯示器 Common Cathode：

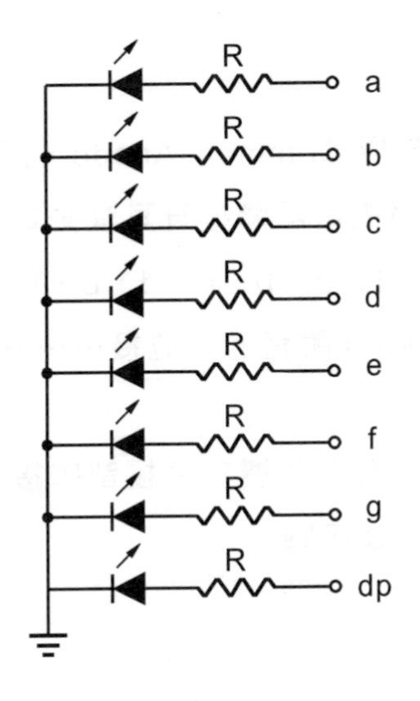

由於八個 LED 的陰極都被接地，陽極則經由一限流電阻後接到外面去控制，因此我們只要在其相對的陽極上加入高電位 '1'，它所對應的 LED 就會發亮，也就是它是一個高態動作的七段顯示器。

於實用的多個七段顯示電路中為了減少接線，通常都會將每個七段顯示器的 a 全部接在一起，b 全部接在一起，…g 全部接在一起，小數點全部接在一起，並以掃描方式來顯示，一組六個掃描式七段顯示的電路即如下面所示：

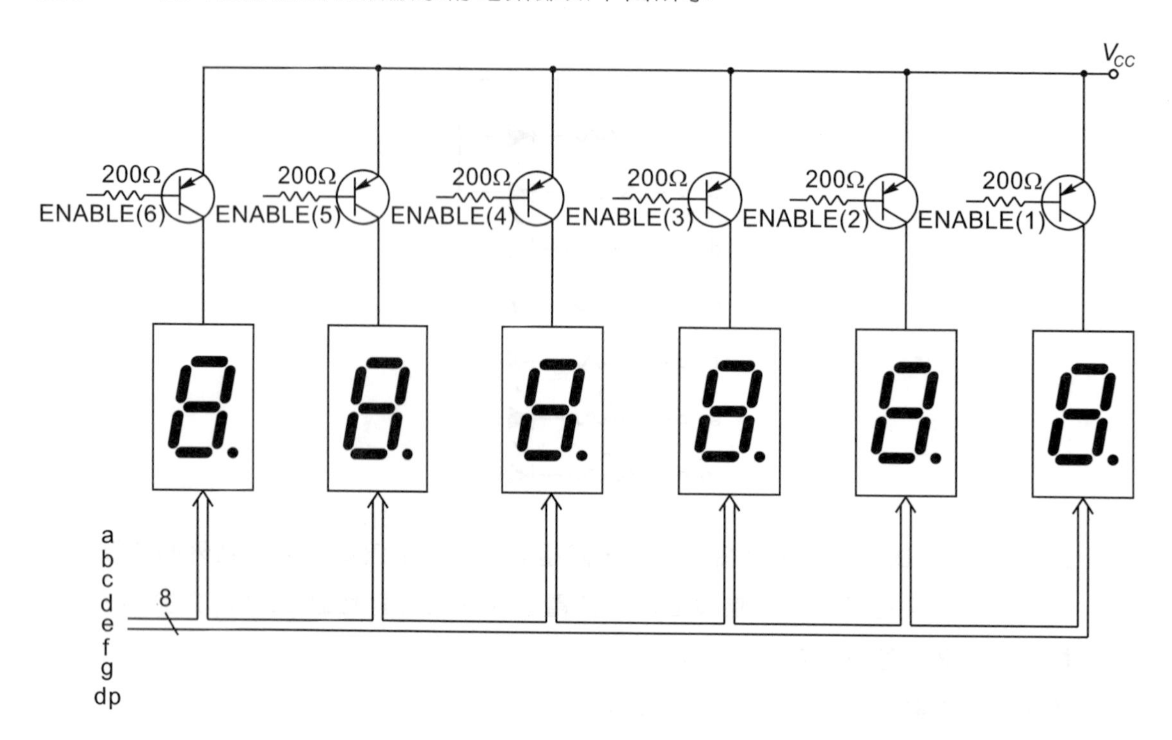

於上面的電路圖中：

1. 6 個七段顯示器皆為共陽極 Common Anode，而其公共端分別被接到每一個驅動電晶體的集極，以便藉由電晶體提升其驅動電流。
2. 6 個七段顯示器的顯示片段 a、b、c、d、e、f、g、dp 皆個別接在一起 (即所有的 a 並接，所有的 b 並接，所有的 c 並接……)，且分別被接到 FPGA 或 CPLD 晶片的 I/O 接腳。
3. 用來提升驅動電流的每一個電晶體之基極都串接一個 200Ω 的限流電阻後接到 FPGA 或 CPLD 晶片的 I/O 接腳。

綜合上面的分析我們可以知道，6 個數字的掃描式七段顯示器之控制方式為：

1. 由 FPGA 或 CPLD 晶片的 I/O 接腳送出所要顯示的位置到它們所對應電晶體的基極，以便在此七段顯示器的公共陽極 Anode 上加入正電壓，而其控制電位為：

   '0'：電晶體導通 (飽和)，七段顯示器被選上。

   '1'：電晶體截止，七段顯示器沒有被選上。

2. 由 FPGA 或 CPLD 晶片的 I/O 接腳送出所要顯示字型到七段顯示器的 a、b、c、d、e、f、g、dp 接腳，以便決定要顯示什麼字型，而其控制電位為：

   '0'：字型片段會亮。

   '1'：字型片段不會亮。

3. 只要我們輪流由 FPGA 或 CPLD 晶片的接腳送出：

   (1) 所要顯示的七段顯示器位置。

   (2) 所要顯示的字型。

   並利用人類眼睛的視覺暫留 1/16 秒，也就是只要我們輪流送出的速度遠比 1/16 秒快時，即可在 6 個掃描式七段顯示器上得到一個穩定的顯示畫面；如果我們輪流送出的速度很接近 1/16 秒時，顯示在七段顯示器的畫面就會呈現閃爍的現象；如果輪流送出的速度遠比 1/16 秒慢時，七段顯示器就會出現一次亮一個數字的現象。

電路設計實例一

檔案名稱：BCD_UP_COUNTER_IDIG

電路功能描述

以六個掃描式七段顯示電路為顯示裝置，設計一個驅動電路，在上面以一個顯示的方式顯示一個位數 0～9 的上算計數值，每當計數值加 1 時，小數點則閃爍一次。

實作目標

練習設計：

1. 除頻電路，以供給控制電路所需要的所有工作時基 (time base)。
2. 範圍為 0～9 的上算計數器。
3. BCD 對共陽極七段顯示器的解碼電路。
4. 六個掃描式七段顯示器一個顯示的控制電路。

控制電路方塊圖

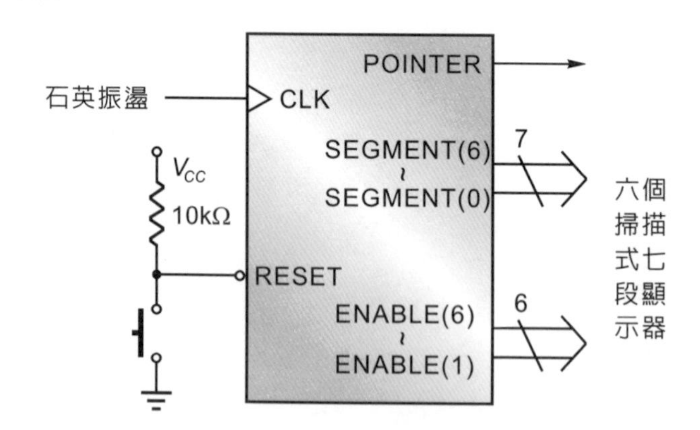

由於我們所設計的控制電路，其內部必須包括除頻電路、0～9 上算計數器、BCD 對七段顯示解碼器……等，因此其詳細的工作方塊如下：

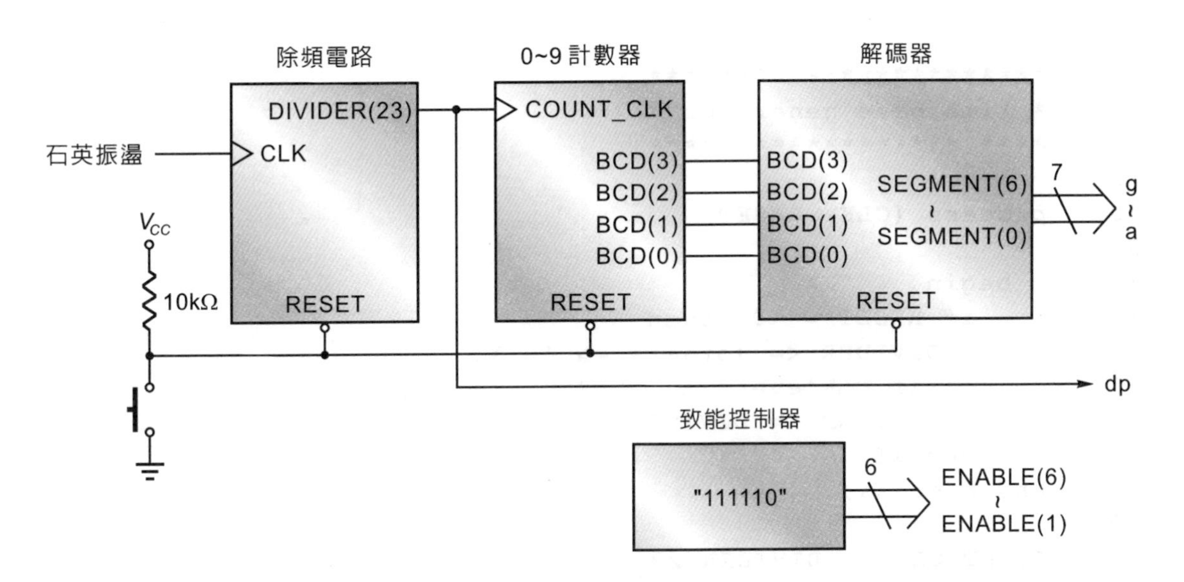

原始程式 (source program)：

```
1  --**********************************
2  --* BCD up counter and display in *
3  --* 6 digs scanning seven segment *
4  --*  Filename : BCD_COUNTER_1DIG   *
5  --**********************************
6
7  library IEEE;
8  use IEEE.STD_LOGIC_1164.ALL;
9  use IEEE.STD_LOGIC_ARITH.ALL;
10 use IEEE.STD_LOGIC_UNSIGNED.ALL;
11
12 entity BCD_COUNTER_1DIG is
13     Port (CLK      : in  std_logic;
14           RESET    : in  std_logic;
15           POINTER  : out std_logic;
16           ENABLE   : out std_logic_vector(6 downto 1);
17           SEGMENT  : out std_logic_vector(6 downto 0));
18 end BCD_COUNTER_1DIG;
19
20 architecture Behavioral of BCD_COUNTER_1DIG is
21   signal COUNT_CLK   : std_logic;
22   signal DIVIDER     : std_logic_vector(23 downto 0);
23   signal BCD         : std_logic_vector(3 downto 0);
24 begin
25
```

```
26  --************************
27  --* time base generator *
28  --************************
29
30    process (CLK, RESET)
31
32      begin
33        if RESET = '0' then
34          DIVIDER <= (others => '0');
35        elsif CLK'event and CLK = '1' then
36          DIVIDER <= DIVIDER + 1;
37        end if;
38    end process;
39
40    COUNT_CLK <= DIVIDER(23);
41
42  --*******************************
43  --* BCD up counter from 0 to 9 *
44  --*******************************
45
46    process (COUNT_CLK, RESET)
47
48      begin
49        if RESET = '0' then
50          BCD <= x"0";
51        elsif COUNT_CLK'event and COUNT_CLK = '1' then
52          if BCD = x"9" then
53            BCD<= x"0";
54          else
55            BCD<= BCD + 1;
56          end if;
57        end if;
58    end process;
59
60  --*********************************
61  --* BCD to seven segment decoder *
62  --*********************************
63
64    with BCD select
65      SEGMENT <="1000000" when x"0", -- 0
66                "1111001" when x"1", -- 1
67                "0100100" when x"2", -- 2
68                "0110000" when x"3", -- 3
```

```
69                  "0011001" when x"4", -- 4
70                  "0010010" when x"5", -- 5
71                  "0000010" when x"6", -- 6
72                  "1111000" when x"7", -- 7
73                  "0000000" when x"8", -- 8
74                  "0010000" when x"9", -- 9
75                  "1111111" when others;
76
77     ENABLE  <= "111110";
78     POINTER <= COUNT_CLK;
79
80  end Behavioral;
```

重點說明：

1. 行號 1～10 的功能與前面相同。
2. 行號 12～18 宣告所要設計控制電路的外部接腳為：

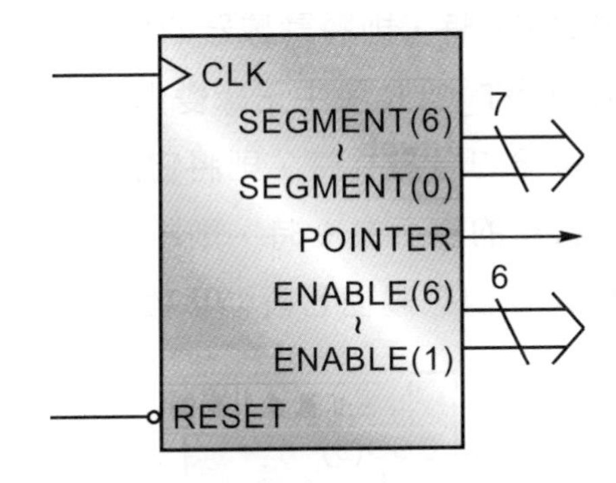

3. 行號 21～23 宣告控制電路內部所需用到的訊號。
4. 行號 30～40 為一個除頻電路，而其工作方塊如下：

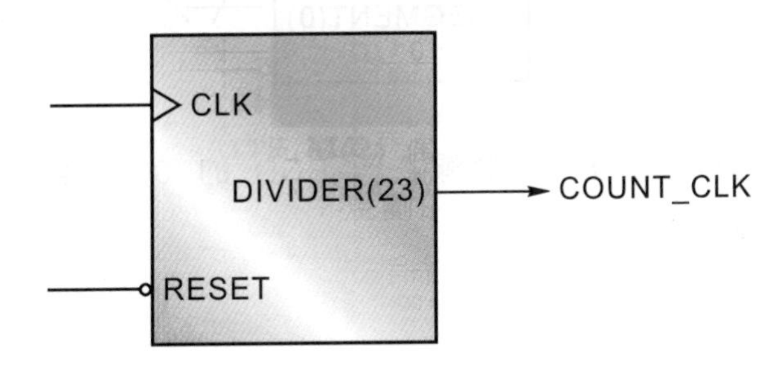

於輸出端 COUNT_CLK 的工作週期約為：

$$T = 25 \times 10^{-9} \times 2^{24}$$
$$= 0.42 \text{ sec}$$

因此上算計數器每隔 0.42 sec 上算一次。

5. 行號 46～58 為一個 0～9 的上算計數器，它的工作方塊為：

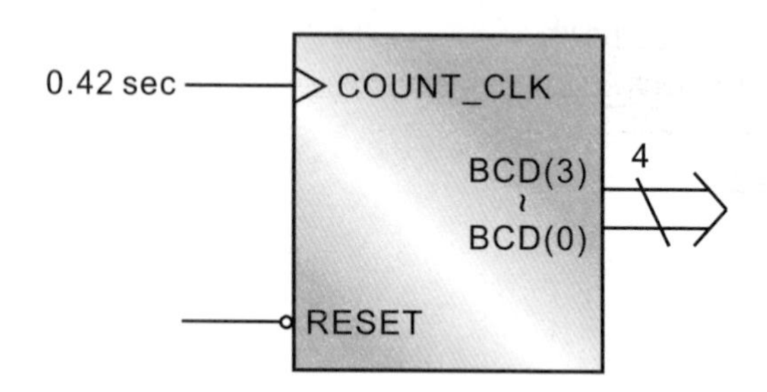

而其設計流程為：

(1) 當系統重置 RESET 時，則將計數器的值清除為 0 (行號 49～50)。

(2) 當計數時序 COUNT_CLK 發生正緣變化時 (行號 51) 如果：

① 目前計數器的值為 9 時，則將它清除為 0 (行號 52～53)。

② 目前計數器的值不為 9 時，則將計數值加 1 (行號 54～55)。

6. 行號 64～75 為一個 BCD 對共陽極七段顯示器的解碼電路，其工作方塊圖如下：

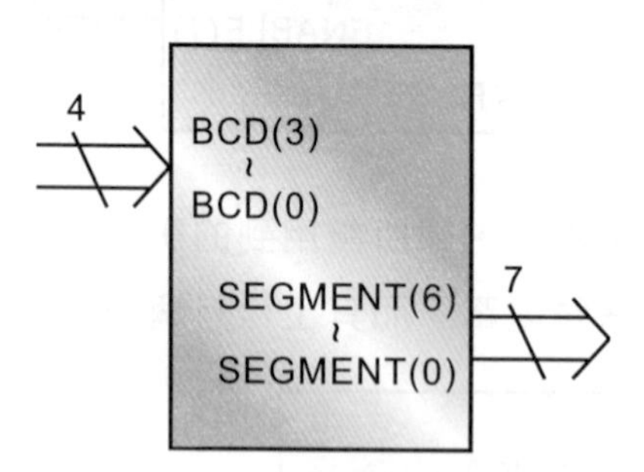

由於它是一個共陽極七段顯示器，因此輸入到 BCD 的 0～9 計數值與顯示字型 (低態動作) 中間的對應關係為：

BCD 碼				SEGMENT [6～0]							顯示字型
				g	f	e	d	c	b	a	
0	0	0	0	1	0	0	0	0	0	0	0
0	0	0	1	1	1	1	1	0	0	1	1
0	0	1	0	0	1	0	0	1	0	0	2
0	0	1	1	0	1	1	0	0	0	0	3
0	1	0	0	0	0	1	1	0	0	1	4
0	1	0	1	0	0	1	0	0	1	0	5
0	1	1	0	0	0	0	0	0	1	0	6
0	1	1	1	1	1	1	1	0	0	0	7
1	0	0	0	0	0	0	0	0	0	0	8
1	0	0	1	0	0	1	0	0	0	0	9

7. 行號 77 開啓右邊第一個七段顯示器的電源，以便固定將經過解碼後的 0～9 計數字型顯示在此七段顯示器上。
8. 行號 78 將計數時序 COUNT_CLK 送到七段顯示器的小數點上，因此每當計數器的內容加 1 時，小數點就會自動閃爍一次。

電路設計實例二

檔案名稱：BCD_UP_COUNTER_00_59

電路功能描述

以六個掃描式七段顯示電路為顯示裝置，設計一個驅動電路，在上面以二個顯示的方式顯示兩個位數 00～59 的上算計數值。

實作目標

練習設計：

1. 除頻電路，以供給控制電路所需要的工作時基 (time base)。
2. 範圍為 00～59 的上算計數器。
3. BCD 對共陽極七段顯示器的解碼電路。
4. 六個掃描式七段顯示器兩個顯示的控制電路。

控制電路方塊圖

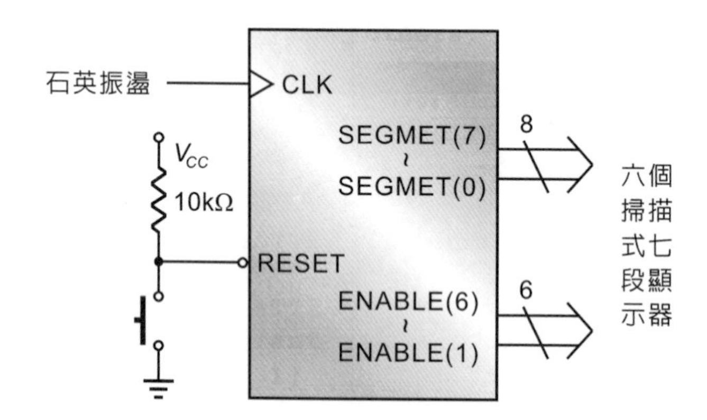

由於我們所設計的控制電路，其內部必須包括除頻電路、00～59 上算計數器、BCD 對七段顯示解碼器、兩個位數的掃描控制電路……等，因此其詳細的工作方塊如下：

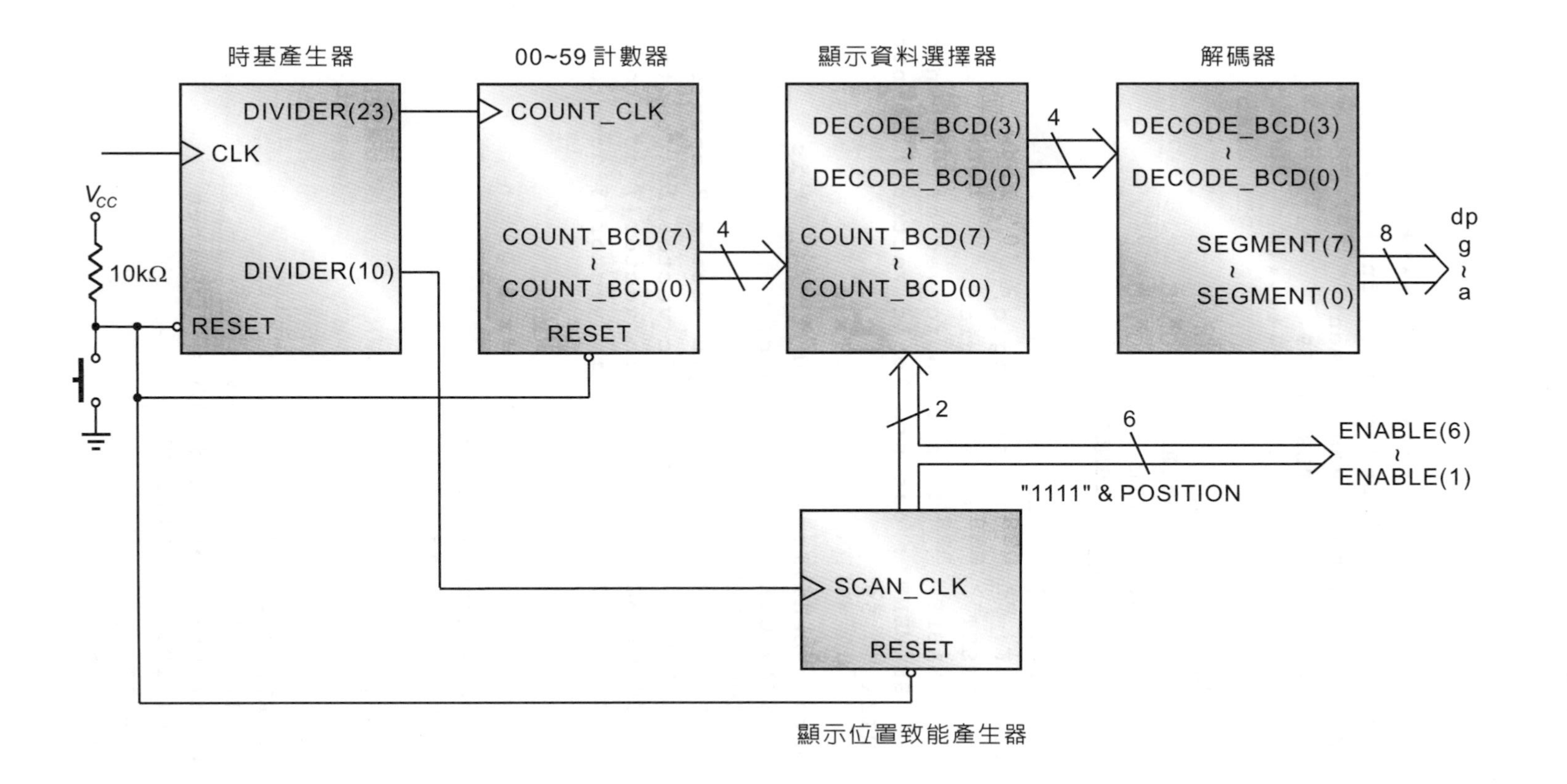
時基產生器
00~59 計數器
顯示資料選擇器
解碼器
DIVIDER(23)
CLK
DIVIDER(10)
RESET
V_{CC}
10kΩ
COUNT_CLK
COUNT_BCD(7)
~
COUNT_BCD(0)
RESET
4
DECODE_BCD(3)
~
DECODE_BCD(0)
COUNT_BCD(7)
~
COUNT_BCD(0)
4
DECODE_BCD(3)
~
DECODE_BCD(0)
SEGMENT(7)
~
SEGMENT(0)
8
dp
g
~
a
2
6
ENABLE(6)
~
ENABLE(1)
"1111" & POSITION
SCAN_CLK
RESET
顯示位置致能產生器

原始程式 (source program)：

```
1  --***********************************
2  --* BCD counter 00-59 and display in *
3  --*  6 digs scanning seven segment   *
4  --*     Filename : COUNTER_00_59     *
5  --***********************************
6
7  library IEEE;
8  use IEEE.STD_LOGIC_1164.ALL;
9  use IEEE.STD_LOGIC_ARITH.ALL;
10 use IEEE.STD_LOGIC_UNSIGNED.ALL;
11
12 entity COUNTER_00_59 is
13     Port (CLK      : in  std_logic;
14           RESET    : in  std_logic;
15           ENABLE   : out std_logic_vector(6 downto 1);
16           SEGMENT  : out std_logic_vector(7 downto 0));
17 end COUNTER_00_59;
18
19 architecture Behavioral of COUNTER_00_59 is
20   signal SCAN_CLK    : std_logic;
21   signal COUNT_CLK   : std_logic;
22   signal POSITION    : std_logic_vector(2 downto 1);
23   signal DIVIDER     : std_logic_vector(23 downto 0);
24   signal COUNT_BCD   : std_logic_vector(7 downto 0);
25   signal DECODE_BCD  : std_logic_vector(3 downto 0);
26 begin
27
28 --************************
29 --* time base generator  *
30 --************************
31
32   process (CLK, RESET)
33
34     begin
35       if RESET = '0' then
36         DIVIDER <= (others => '0');
37       elsif CLK'event and CLK = '1' then
38         DIVIDER <= DIVIDER + 1;
39       end if;
40   end process;
41
```

```
42    SCAN_CLK  <= DIVIDER(10);
43    COUNT_CLK <= DIVIDER(23);
44
45  --********************
46  --* counter 00 to 59 *
47  --********************
48
49    process (COUNT_CLK, RESET)
50
51      begin
52        if RESET = '0' then
53          COUNT_BCD <= x"00";
54        elsif COUNT_CLK'event and COUNT_CLK  = '1' then
55          if COUNT_BCD(3 downto 0)  = x"9" then
56            COUNT_BCD(3 downto 0) <= x"0";
57            COUNT_BCD(7 downto 4) <= COUNT_BCD(7 downto 4) + 1;
58          else
59            COUNT_BCD(3 downto 0) <= COUNT_BCD(3 downto 0) + 1;
60          end if;
61
62          if COUNT_BCD = x"59" then
63            COUNT_BCD<= x"00";
64          end if;
65        end if;
66    end process;
67
68  --****************************
69  --* enable display location *
70  --****************************
71
72    process (SCAN_CLK, RESET)
73
74      begin
75        if RESET = '0' then
76          POSITION <= "10";
77        elsif SCAN_CLK'event and SCAN_CLK = '1' then
78          POSITION <= POSITION(1) & POSITION(2);
79        end if;
80    end process;
81
82    ENABLE <= "1111" & POSITION;
83
84  --***********************
85  --* select display data *
86  --***********************
```

```
87
88    process (POSITION, COUNT_BCD)
89
90      begin
91        case POSITION is
92          when "10"    => DECODE_BCD <= COUNT_BCD(3 downto 0);
93          when others  => DECODE_BCD <= COUNT_BCD(7 downto 4);
94        end case;
95    end process;
96
97  --*********************************
98  --* BCD to seven segment decoder *
99  --*********************************
100
101   with DECODE_BCD select
102     SEGMENT <='1' & "1000000" when x"0",        -- 0
103               '1' & "1111001" when x"1",        -- 1
104               '1' & "0100100" when x"2",        -- 2
105               '1' & "0110000" when x"3",        -- 3
106               '1' & "0011001" when x"4",        -- 4
107               '1' & "0010010" when x"5",        -- 5
108               '1' & "0000010" when x"6",        -- 6
109               '1' & "1111000" when x"7",        -- 7
110               '1' & "0000000" when x"8",        -- 8
111               '1' & "0010000" when x"9",        -- 9
112               '1' & "1111111" when others;
113
114 end Behavioral;
```

重點說明：

1. 行號 1～25 的功能與前面相同。
2. 行號 32～43 為一個除頻電路，其工作方塊如下：

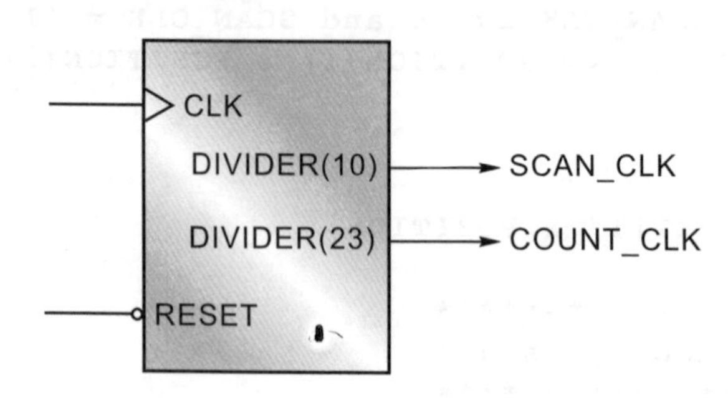

3. 行號 49～66 為一個上算計數器，其計數範圍為 00～59，而其設計流程為：
   (1) 當系統發生重置時，將上算計數器清除為 00 (行號 52～53)。
   (2) 當計數時序 COUNT_CLK 發生正緣變化時 (行號 54)，如果個位計數值為 9 時 (行號 55)：
       ① 將個位數清除為 0 (行號 56)。
       ② 將十位數加 1 (行號 57)。

   如果個位計數值不為 9 時，則直接將其內容加 1 (行號 58～59)。
   (3) 當兩位數的計數值為 59 時，則將它們清除為 00 (行號 62～63) 從頭開始計數。
4. 行號 72～82 為一個六位數兩個亮的致能電位產生器，其工作方塊如下：

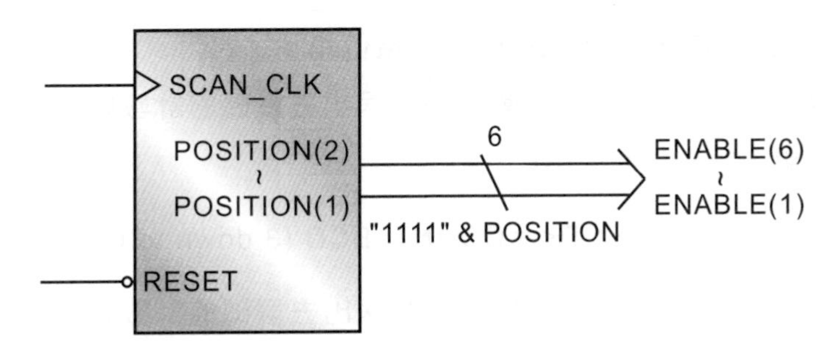

由於我們所要顯示七段顯示器的位置為 2 與 1，因此電路所需要的電位為：

POSITION：	2	1	
	1	0	致能第1位
	0	1	致能第2位

所以當系統發生重置時，我們設定 POSITION 的電位為 “10” (行號 75～76) 以便致能第 1 位。

當掃描時序 SCAN_CLK 產生正緣變化時 (行號 77)，將第 1 與第 2 個位置的電位對調 (行號 78)，因此第一個時序過後，其電位為 “01” 以便致能第 2 位，如此週而復始，我們即可將計數值顯示在第 1 位與第 2 位七段顯示器上面 (由於行號 82 內我們將兩個致能電位串接 “1111” 後接到 LED 的 ENABLE 接腳，因此前面四個七段顯示器皆不會亮)。

5. 行號 88～95 為一個資料選擇多工器，其工作方塊如下：

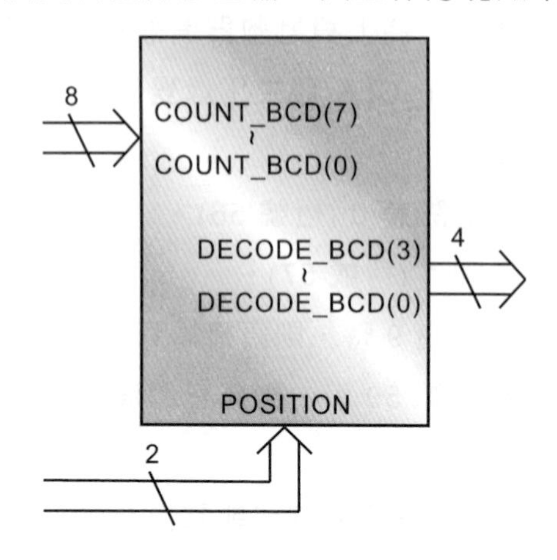

於上述的多工器中，當 POSITION 的電位為：

(1) "10"： 表示致能個位數，因此送出去解碼的計數值也必須為個位數(行號 92)，即：

DECODE_BCD<=COUNT_BCD (3 down to 0)

(2) "01"： 表示致能十位數，因此送出去解碼的計數值也必須為十位數(行號 93)，即：

DECODE_BCD<=COUNT_BCD (7 down to 4)

6. 行號 101～112 為一個 BCD 對七段顯示器的解碼電路，其工作方塊為：

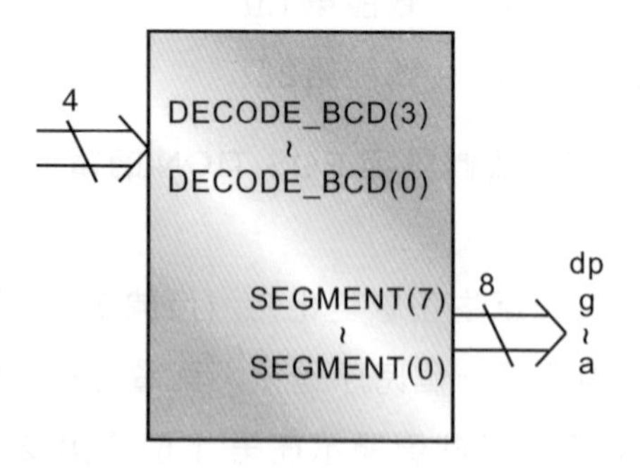

由於小數點我們安置在 SEGMENT(7)，顯示字型安排在 SEGMENT(6)～SEGMENT(0)，為了達到容易閱讀 Readable，我們故意將小數點以單引號 ' ' 括起來 (將它與字型分開)，而單引號內部的 1 (即 '1') 表示不希望小數點發亮；如果為 '0' 則表示小數點會亮；如果為 COUNT_CLK 則表示每計數一次時小數點閃爍一次。

電路設計實例三

檔案名稱：CLOCK_24

電路功能描述

以六個掃描式七段顯示電路為顯示裝置，設計一個驅動電路，在上面以六個顯示的方式顯示電子鐘的時、分、秒計時值。

實作目標

練習設計：

1. 除頻電路，以供給控制電路所需要的工作時基 (time base)。
2. 精準 1 Hz 頻率產生器供時鐘計秒。
3. 24 小時電子鐘計時器。
4. BCD 對共陽極七段顯示器的解碼電路。
5. 六個掃描式七段顯示器六個顯示的控制電路。

控制電路方塊圖

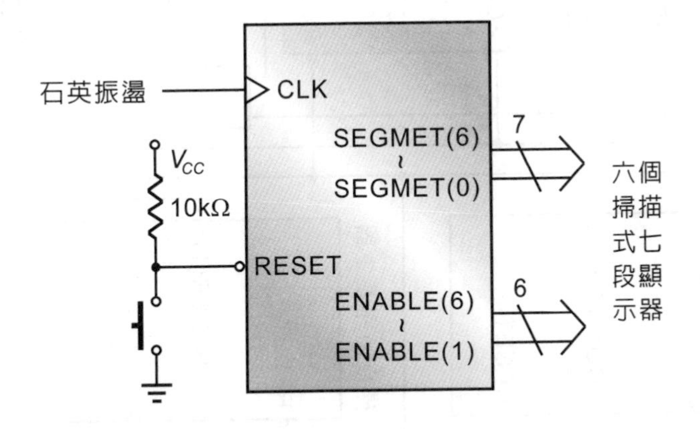

由於我們所設計的控制電路，其內部必須包括除頻電路、精準 1HZ 頻率產生器、00～59 的秒數計時器、00～59 的分數計時器、00～23 的小時計時器、BCD 對共陽極七段顯示解碼器、六個位數的掃描控制電路……等，因此其詳細的工作方塊如下：

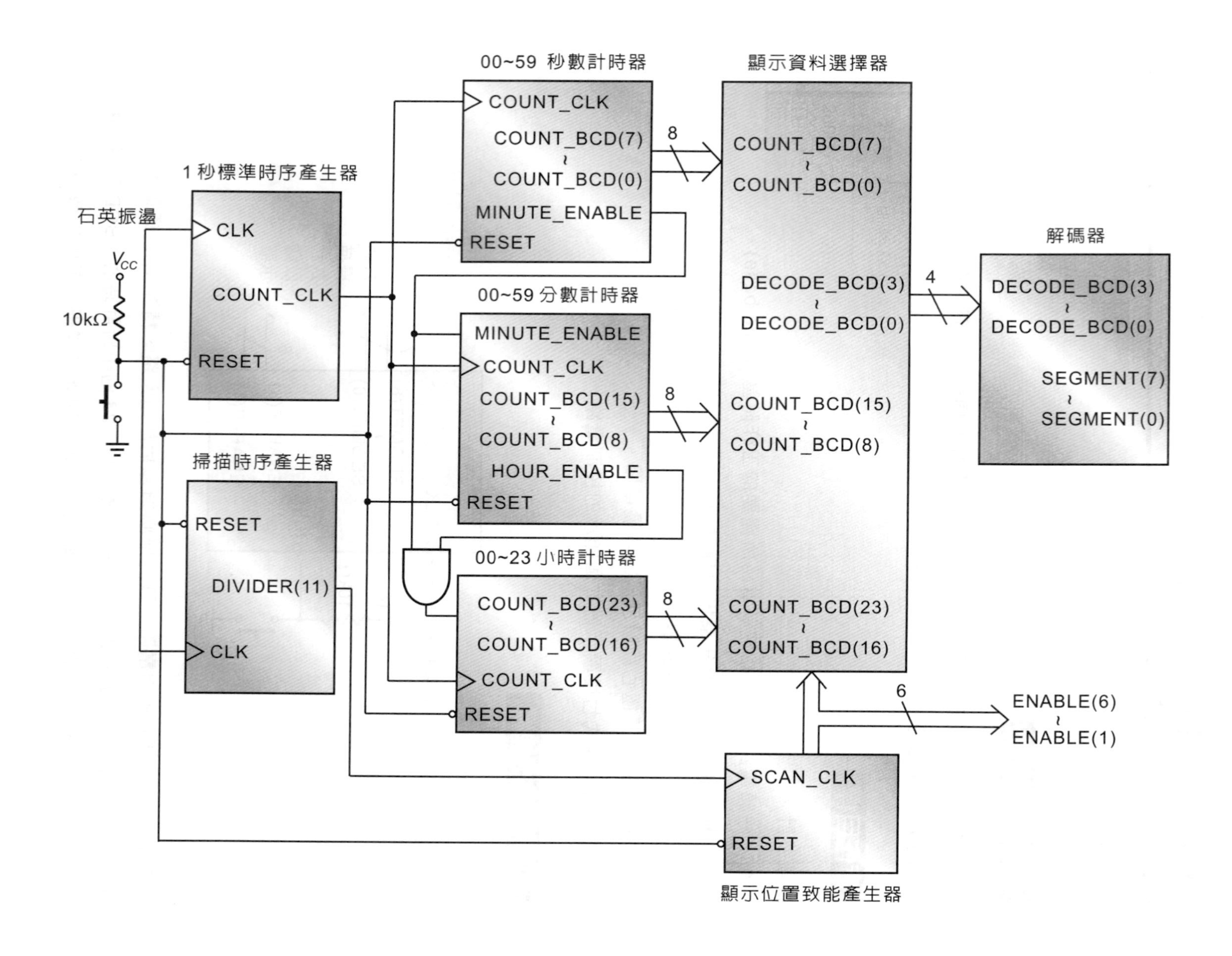
石英振盪
V_{CC}
10kΩ
1 秒標準時序產生器
CLK
COUNT_CLK
RESET
掃描時序產生器
RESET
DIVIDER(11)
CLK
00~59 秒數計時器
COUNT_CLK
COUNT_BCD(7)
~
COUNT_BCD(0)
MINUTE_ENABLE
RESET
8
00~59 分數計時器
MINUTE_ENABLE
COUNT_CLK
COUNT_BCD(15)
~
COUNT_BCD(8)
HOUR_ENABLE
RESET
8
00~23 小時計時器
COUNT_BCD(23)
~
COUNT_BCD(16)
COUNT_CLK
RESET
8
顯示資料選擇器
COUNT_BCD(7)
~
COUNT_BCD(0)
DECODE_BCD(3)
~
DECODE_BCD(0)
COUNT_BCD(15)
~
COUNT_BCD(8)
COUNT_BCD(23)
~
COUNT_BCD(16)
4
解碼器
DECODE_BCD(3)
~
DECODE_BCD(0)
SEGMENT(7)
~
SEGMENT(0)
6
ENABLE(6)
~
ENABLE(1)
SCAN_CLK
RESET
顯示位置致能產生器

原始程式 (source program)：

```
1    --**********************************
2    --* 24 hour clock display in scanning *
3    --* seven segment with  HH : MM : SS   *
4    --*         Filename: CLOCK_24          *
5    --**********************************
6
7    library IEEE;
8    use IEEE.STD_LOGIC_1164.ALL;
9    use IEEE.STD_LOGIC_ARITH.ALL;
10   use IEEE.STD_LOGIC_UNSIGNED.ALL;
11
12   entity CLOCK_24 is
13       Port (CLK      : in  std_logic;
14             RESET    : in  std_logic;
15             ENABLE   : out std_logic_vector(6 downto 1);
16             SEGMENT  : out std_logic_vector(7 downto 0));
17   end CLOCK_24;
18
19   architecture Behavioral of CLOCK_24 is
20     signal SCAN_CLK           : std_logic;
21     signal COUNT_CLK          : std_logic;
22     signal MINUTE_ENABLE      : std_logic;
23     signal HOUR_ENABLE        : std_logic;
24     signal POSITION           : std_logic_vector(6 downto 1);
25     signal DIVIDER1           : std_logic_vector(11 downto 0);
26     signal COUNT_BCD          : std_logic_vector(23 downto 0);
27     signal DECODE_BCD         : std_logic_vector(3 downto 0);
28     signal DIVIDER2           : integer range 0 to 40000000;
29   begin
30
31   --******************************
32   --* scanning frequency generator *
33   --******************************
34
35     process (CLK, RESET)
36
37       begin
38         if RESET = '0' then
39           DIVIDER1 <= (others => '0');
40         elsif CLK'event and CLK = '1' then
41           DIVIDER1 <= DIVIDER1 + 1;
42         end if;
```

```
43    end process;
44
45    SCAN_CLK <= DIVIDER1(11);
46
47  --*****************************
48  --* 1 HZ frequency generator *
49  --*****************************
50
51    process (CLK, RESET)
52
53      begin
54        if RESET = '0' then
55          DIVIDER2 <= 0;
56        elsif CLK'event and CLK = '1' then
57          if DIVIDER2 = 39999999 then
58            DIVIDER2 <= 0;
59          else
60            DIVIDER2 <= DIVIDER2 + 1;
61          end if;
62        end if;
63    end process;
64
65    COUNT_CLK <= '0' when DIVIDER2 < 20000000 else '1';
66
67  --*************************
68  --* 00 - 59 second timer *
69  --*************************
70
71    process (COUNT_CLK, RESET)
72
73      begin
74        if RESET = '0' then
75          COUNT_BCD(7 downto 0) <= x"00";
76        elsif COUNT_CLK'event and COUNT_CLK = '1' then
77          if COUNT_BCD(3 downto 0) = x"9" then
78            COUNT_BCD(3 downto 0)<= x"0";
79            COUNT_BCD(7 downto 4)<= COUNT_BCD(7 downto 4) + 1;
80          else
81            COUNT_BCD(3 downto 0)<= COUNT_BCD(3 downto 0) + 1;
82          end if;
83
84          if COUNT_BCD(7 downto 0) = x"59" then
85            COUNT_BCD(7 downto 0)<= x"00";
```

```
86          end if;
87        end if;
88    end process;
89
90    MINUTE_ENABLE <='1' when COUNT_BCD(7 downto 0)=x"59" else '0';
91
92  --************************
93  --* 00 - 59 minute timer *
94  --************************
95
96    process (COUNT_CLK, RESET)
97
98      begin
99        if RESET = '0' then
100         COUNT_BCD(15 downto 8)<= x"00";
101       elsif COUNT_CLK'event and COUNT_CLK = '1' then
102         if (MINUTE_ENABLE = '1') then
103           if COUNT_BCD(11 downto 8) = x"9" then
104             COUNT_BCD(11 downto 8) <= x"0";
105             COUNT_BCD(15 downto 12)<= COUNT_BCD(15 downto 12)+1;
106           else
107             COUNT_BCD(11 downto 8) <= COUNT_BCD(11 downto 8)+1;
108           end if;
109
110           if COUNT_BCD(15 downto 8) = x"59" then
111             COUNT_BCD(15 downto 8) <= x"00";
112           end if;
113         end if;
114       end if;
115   end process;
116
117   HOUR_ENABLE <= '1' when COUNT_BCD(15 downto 8)=x"59" else '0';
118
119 --**********************
120 --* 00 - 24 hour timer *
121 --**********************
122
123   process (COUNT_CLK, RESET)
124
125     begin
126       if RESET = '0' then
127         COUNT_BCD(23 downto 16) <= x"00";
128       elsif COUNT_CLK'event and COUNT_CLK = '1' then
129         if (HOUR_ENABLE = '1' and MINUTE_ENABLE = '1') then
```

```
130             if COUNT_BCD(19 downto 16) = x"9" then
131               COUNT_BCD(19 downto 16)<= x"0";
132               COUNT_BCD(23 downto 20)<= COUNT_BCD(23 downto 20)+1;
133             else
134               COUNT_BCD(19 downto 16)<= COUNT_BCD(19 downto 16)+1;
135             end if;
136
137             if COUNT_BCD(23 downto 16) = x"23" then
138               COUNT_BCD(23 downto 16)<= x"00";
139             end if;
140           end if;
141         end if;
142   end process;
143
144 --****************************
145 --* enable display location *
146 --****************************
147
148   process (SCAN_CLK, RESET)
149
150     begin
151       if RESET = '0' then
152         POSITION <= "111110";
153       elsif SCAN_CLK'event and SCAN_CLK = '1' then
154         POSITION <= POSITION(5 downto 1) & POSITION(6);
155       end if;
156   end process;
157
158   ENABLE <= POSITION;
159
160 --************************
161 --* select display timer *
162 --************************
163
164   process (POSITION, COUNT_BCD)
165
166     begin
167       case POSITION is
168         when "111110" => DECODE_BCD <= COUNT_BCD(3 downto 0);
169         when "111101" => DECODE_BCD <= COUNT_BCD(7 downto 4);
170         when "111011" => DECODE_BCD <= COUNT_BCD(11 downto 8);
171         when "110111" => DECODE_BCD <= COUNT_BCD(15 downto 12);
172         when "101111" => DECODE_BCD <= COUNT_BCD(19 downto 16);
```

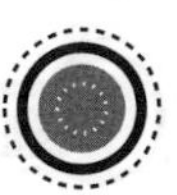

```
173         when others   => DECODE_BCD <= COUNT_BCD(23 downto 20);
174       end case;
175   end process;
176
177 --*********************************
178 --* BCD to seven segment decoder *
179 --*********************************
180
181   with DECODE_BCD select
182      SEGMENT <='1' & "1000000" when x"0",   --0
183                '1' & "1111001" when x"1",   -- 1
184                '1' & "0100100" when x"2",   -- 2
185                '1' & "0110000" when x"3",   -- 3
186                '1' & "0011001" when x"4",   -- 4
187                '1' & "0010010" when x"5",   -- 5
188                '1' & "0000010" when x"6",   -- 6
189                '1' & "1111000" when x"7",   -- 7
190                '1' & "0000000" when x"8",   -- 8
191                '1' & "0010000" when x"9",   -- 9
192                '1' & "1111111" when others;
193
194 end Behavioral;
```

重點說明：

1. 行號 1～28 的功能與前面相同。
2. 行號 35～45 為一個除頻電路，用來產生六個七段顯示器的掃描時序 SCAN_CLK。
3. 行號 51～65 為另一個除頻電路，用來產生推動電子鐘的 1 Hz 標準時序 COUNT_CLK，它的工作週期為：

$$T = 25 \times 10^{-9} \times 40000000$$
$$= 1 \text{ sec}$$

工作波形如下：

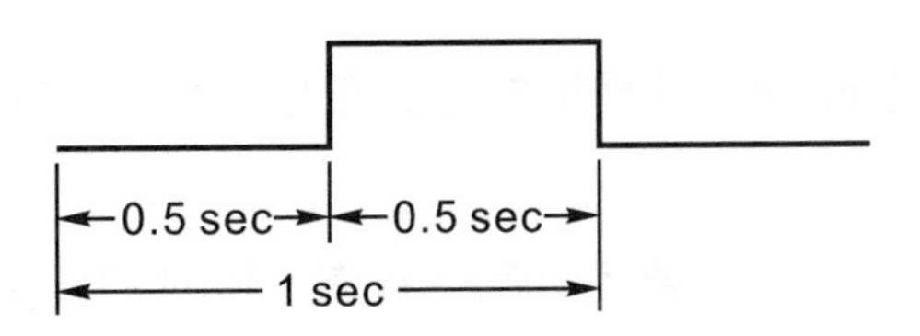

4. 行號 71～90 為一個帶有輸出致能 MINUTE_ENABLE 的秒數計時電路，它的工作方塊如下：

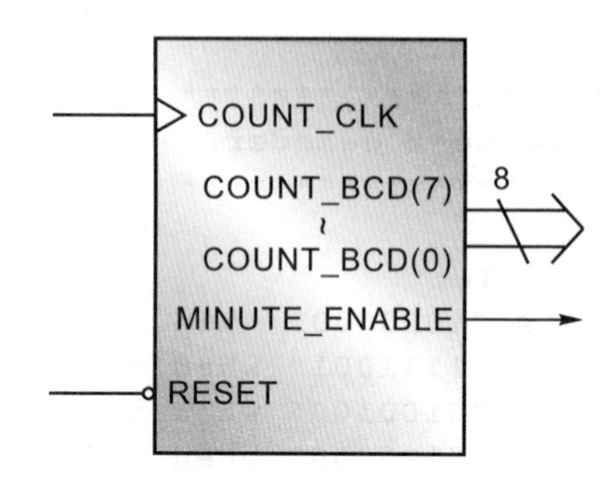

而其設計流程為：

(1) 行號 71～88 為一個 00～59 的上算秒數計時器，其設計流程和說明與前面相同。

(2) 行號 90 為一個多工器，其工作方塊如下：

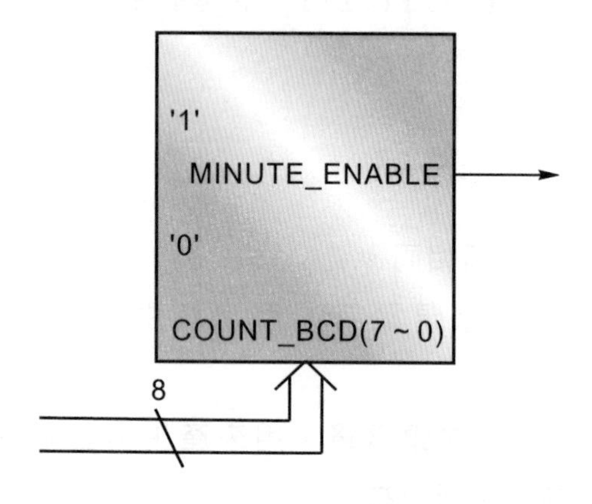

於輸出端 MINUTE_ENABLE 的電位分佈為：

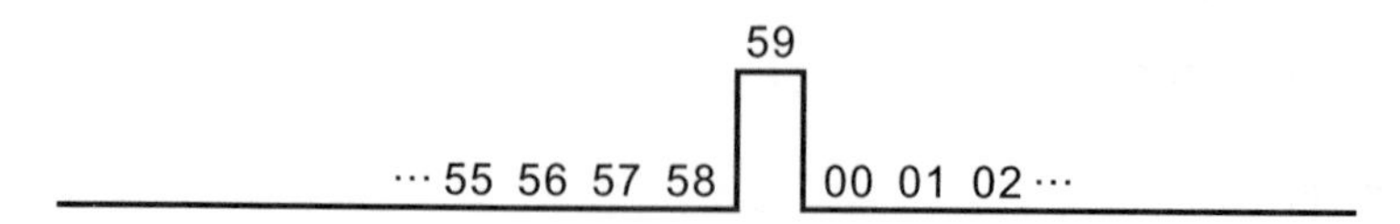

我們利用秒數計時到 59 時所產生的高電位 '1' 去致能(ENABLE)分數計時電路，以便產生進位的動作。

5. 行號 96～117 為一個帶有輸入致能 MINUTE_ENABLE 與輸出致能 HOUR_ENABLE 的 00～59 上算分數計時器，其工作方塊如下：

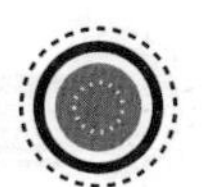

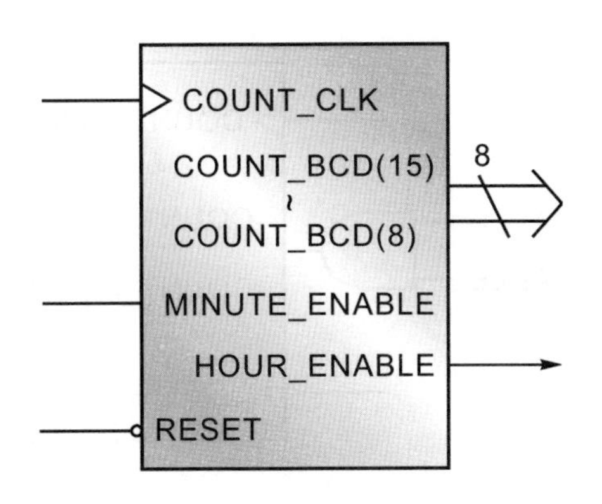

(1) 此分數計時器必須要 MINUTE_ENABLE 為高電位 '1' (秒數計時到 59) 時才會有計時的動作 (行號 102)，而其計時範圍為 00～59 (行號 96～115)。

(2) 行號 117 為一個多工器，其工作方塊如下：

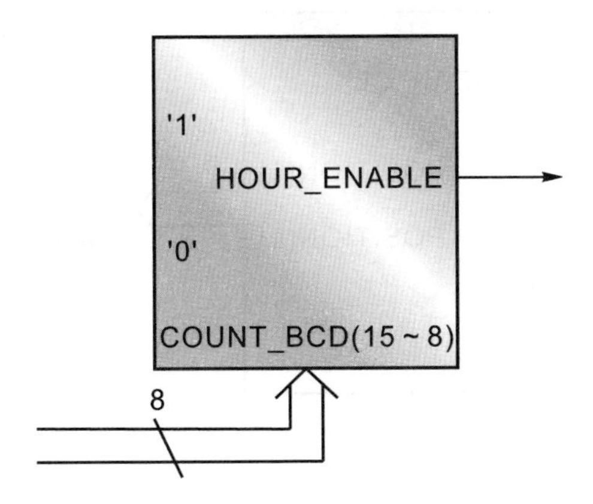

於輸出端 HOUR_ENABLE 的電位分佈為：

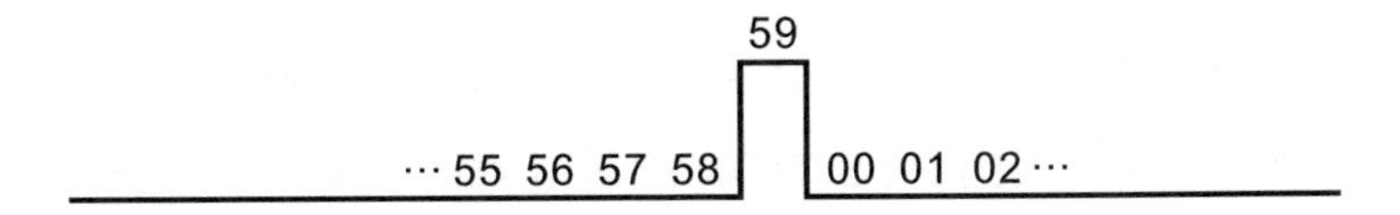

我們利用分數計時到 59 時所產生的高電位 '1' (HOUR_ENABLE) 與秒數計時到 59 時所產生的高電位 '1' (MINUTE_ENABLE) 作 AND 後去致能 ENABLE 小時計時電路，以便產生計時的動作 (行號 129)。

6. 行號 123～142 為一個帶有輸入致能 (MINUTE_ENABLE and HOUR_ENABLE) 的 00～23 上算小時計時器，其工作方塊如下：

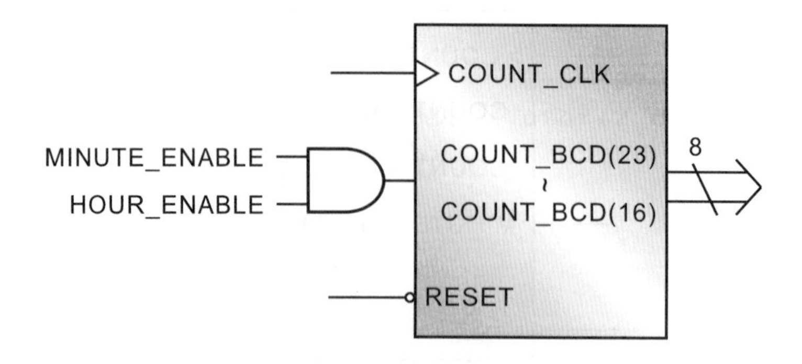

此小時計時器必須在 MINUTE_ENABLE 為 '1' (秒數計時到 59) 與 HOUR_ENABLE 為 '1' (分數計時到 59) 時才會有計時的動作 (行號 129)，而其計時範圍為 00～23 (行號 123～142)。

7. 行號 148～158 為一個六位數 6 個亮的致能電位產生器，它的工作方塊如下：

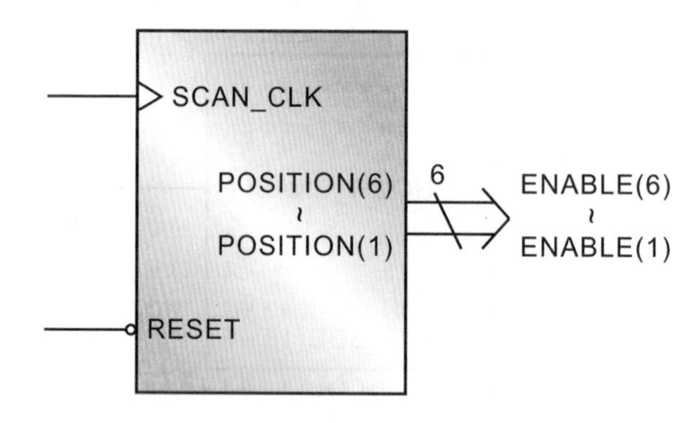

而其設計流程為：

(1) 當電路發生重置 RESET 時，則將 POSITION 設定成 "111110"，以便讓最右邊的七段顯示器發亮 (行號 151～152)。

(2) 每當掃描時序 SCAN_CLK 發生正緣動作時，則將 POSITION 的電位向左旋轉一次，因此 POSITION 的電位變化以及它所代表的意義分別為：

1 1 1 1 1 0	： 第一個七段顯示器 (最右邊)
1 1 1 1 0 1	： 第二個七段顯示器
1 1 1 0 1 1	： 第三個七段顯示器
1 1 0 1 1 1	： 第四個七段顯示器
1 0 1 1 1 1	： 第五個七段顯示器
0 1 1 1 1 1	： 第六個七段顯示器 (最左邊)

8. 行號 164～175 為一個顯示資料選擇多工器，其工作方塊如下：

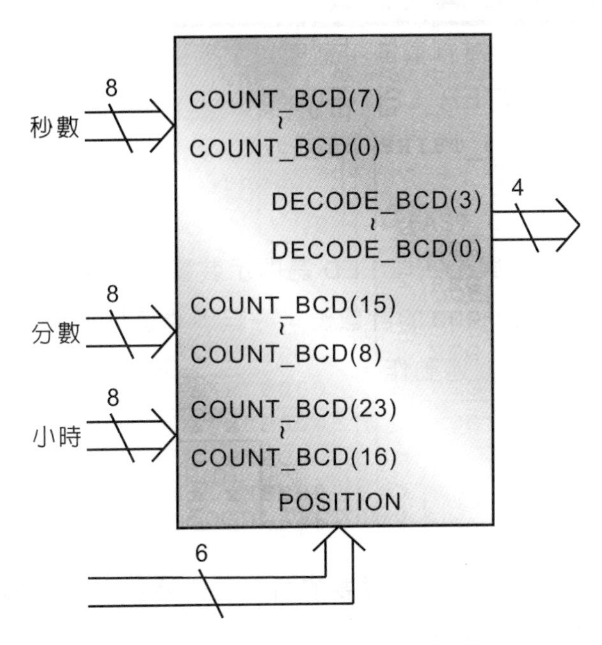

輸出端與選擇線 POSITION 之間的關係為：

POSITION 變化	DECODE_BCD 輸出與代表意義	
1 1 1 1 1 0	COUNT_BCD (3 down to 0)	秒數個位數
1 1 1 1 0 1	COUNT_BCD (7 down to 4)	秒數十位數
1 1 1 0 1 1	COUNT_BCD (11 down to 8)	分數個位數
1 1 0 1 1 1	COUNT_BCD (15 down to 12)	分數十位數
1 0 1 1 1 1	COUNT_BCD (19 down to 16)	小時個位數
0 1 1 1 1 1	COUNT_BCD (23 down to 20)	小時十位數

9. 行號 181～192 為一個 BCD 對共陽極七段顯示的解碼電路，其動作狀況請參閱前面的敘述。

電路設計實例四

檔案名稱：DOWN_COUNTER_LED_FLASH

電路功能描述

以六個掃描式七段顯示電路與十六個 LED 為顯示裝置，設計一個驅動電路，在七段顯示器上面顯示下算計數器 30～00 的計數值，一旦下算值低於 6 (即 5～0) 時，十六個 LED 開始閃爍，並不斷重覆上述動作。

實作目標

練習設計：

1. 除頻電路，以供給控制電路所需要的所有工作時基 (time base)。
2. 範圍 30～00 的下算計數器。
3. BCD 對共陽極七段顯示器的解碼電路。
4. 六個掃描式七段顯示器兩個亮的控制電路。
5. 16 個 LED 的閃爍控制電路。

控制電路方塊圖

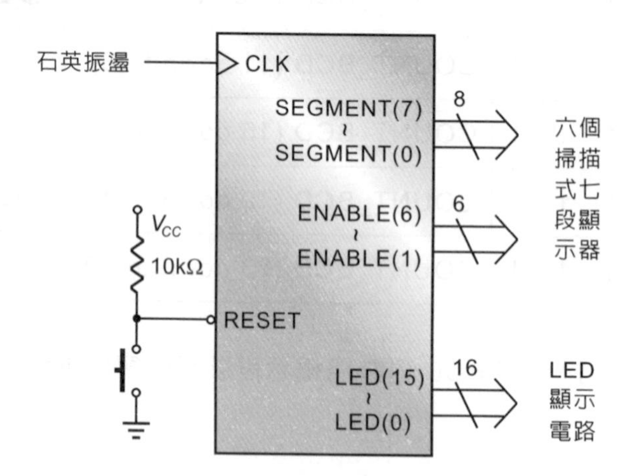

由於我們所設計的控制電路，其內部必須包括除頻電路、30～00 下算計數器、BCD 對共陽極七段解碼器、LED 的閃爍控制電路，因此其詳細的工作方塊如下：

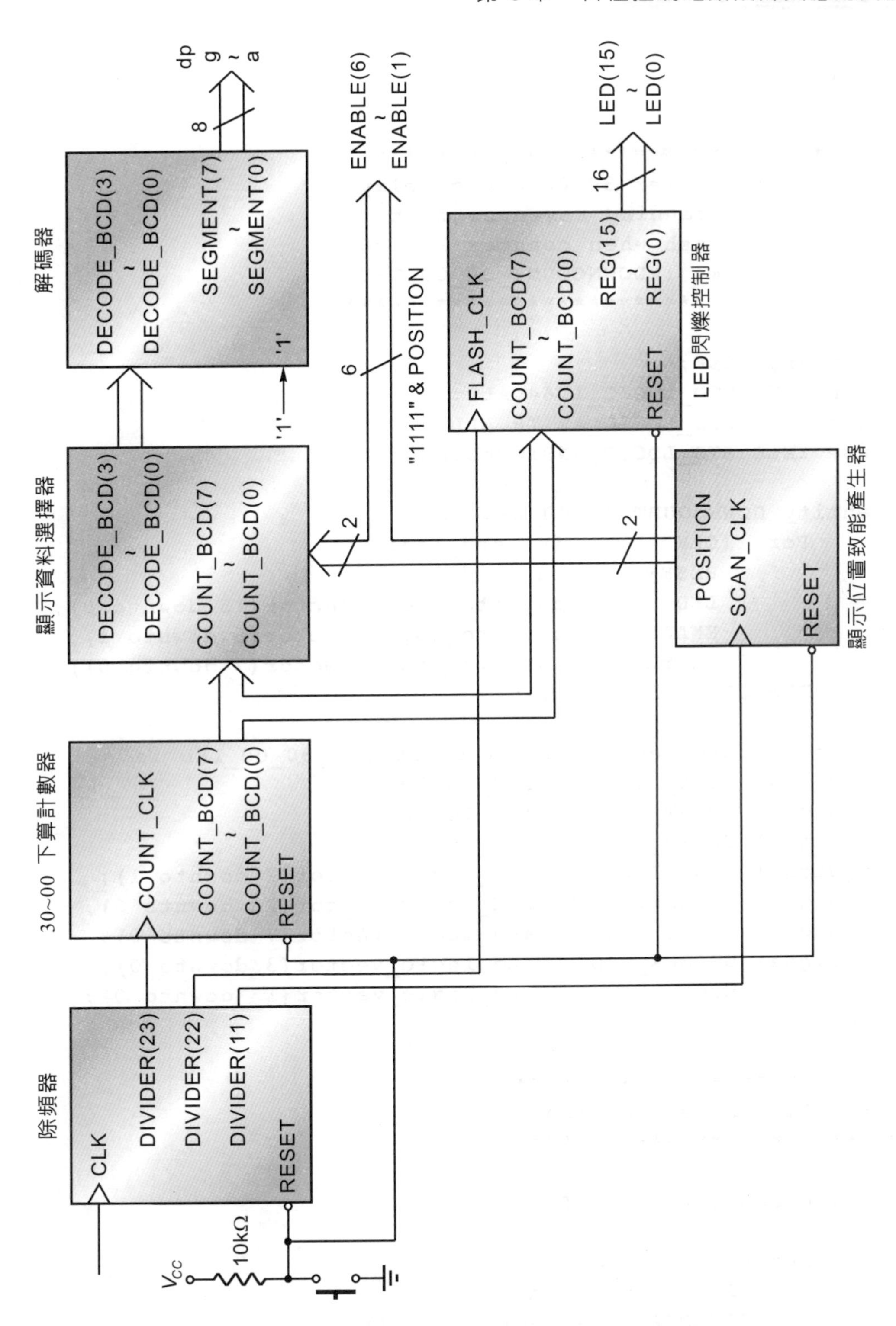
除頻器
CLK
DIVIDER(23)
DIVIDER(22)
DIVIDER(11)
RESET
30~00 下算計數器
COUNT_CLK
COUNT_BCD(7)
~
COUNT_BCD(0)
RESET
顯示資料選擇器
DECODE_BCD(3)
~
DECODE_BCD(0)
COUNT_BCD(7)
~
COUNT_BCD(0)
解碼器
DECODE_BCD(3)
~
DECODE_BCD(0)
SEGMENT(7)
~
SEGMENT(0)
'1'
'1'
8
dp
g
~
a
ENABLE(6)
~
ENABLE(1)
6
"1111" & POSITION
2
2
LED閃爍控制器
FLASH_CLK
COUNT_BCD(7)
~
COUNT_BCD(0)
REG(15)
~
REG(0)
RESET
16
LED(15)
~
LED(0)
顯示位置致能產生器
POSITION
SCAN_CLK
RESET
V_{CC}
10kΩ

原始程式 (source program)：

```
 1  --**********************************
 2  --* down counter 30-00 and display *
 3  --*    in scanning seven segment   *
 4  --*  led flash when counter less 6 *
 5  --* Filename : DOWNCOUNT_30_00_LED *
 6  --**********************************
 7
 8  library IEEE;
 9  use IEEE.STD_LOGIC_1164.ALL;
10  use IEEE.STD_LOGIC_ARITH.ALL;
11  use IEEE.STD_LOGIC_UNSIGNED.ALL;
12
13  entity DOWNCOUNT_30_00_LED is
14      Port (CLK      : in  std_logic;
15            RESET    : in  std_logic;
16            LED      : out std_logic_vector(15 downto 0);
17            ENABLE   : out std_logic_vector(6 downto 1);
18            SEGMENT  : out std_logic_vector(7 downto 0));
19  end DOWNCOUNT_30_00_LED;
20
21  architecture Behavioral of DOWNCOUNT_30_00_LED is
22    signal SCAN_CLK    : std_logic;
23    signal COUNT_CLK   : std_logic;
24    signal FLASH_CLK   : std_logic;
25    signal POSITION    : std_logic_vector(2 downto 1);
26    signal DIVIDER     : std_logic_vector(23 downto 0);
27    signal COUNT_BCD   : std_logic_vector(7 downto 0);
28    signal DECODE_BCD  : std_logic_vector(3 downto 0);
29    signal REG         : std_logic_vector(15 downto 0);
30  begin
31
32  --**********************
33  --* time base generator *
34  --**********************
35
36    process (CLK, RESET)
37
38      begin
39        if RESET = '0' then
40          DIVIDER <= (others => '0');
41        elsif CLK'event and CLK = '1' then
```

```
42          DIVIDER <= DIVIDER + 1;
43        end if;
44    end process;
45
46    SCAN_CLK  <= DIVIDER(11);
47    FLASH_CLK <= DIVIDER(22);
48    COUNT_CLK <= DIVIDER(23);
49
50  --************************
51  --* down counter 30 - 00 *
52  --************************
53
54    process (COUNT_CLK, RESET)
55
56      begin
57        if RESET = '0' then
58          COUNT_BCD <= x"30";
59        elsif COUNT_CLK'event and COUNT_CLK  = '1' then
60          if COUNT_BCD(3 downto 0) = x"0" then
61            COUNT_BCD(3 downto 0) <= x"9";
62            COUNT_BCD(7 downto 4) <= COUNT_BCD(7 downto 4) - 1;
63          else
64            COUNT_BCD(3 downto 0) <= COUNT_BCD(3 downto 0) - 1;
65          end if;
66
67          if COUNT_BCD  = x"00" then
68            COUNT_BCD <= x"30";
69          end if;
70        end if;
71    end process;
72
73  --***************************
74  --* enable display location *
75  --***************************
76
77    process (SCAN_CLK, RESET)
78
79      begin
80        if RESET = '0' then
81          POSITION <= "10";
82        elsif SCAN_CLK'event and SCAN_CLK = '1' then
83          POSITION <= POSITION(1) & POSITION(2);
84        end if;
```

```
85    end process;
86
87    ENABLE <= "1111" & POSITION;
88
89  --************************
90  --* select display data *
91  --************************
92
93    process (POSITION, COUNT_BCD)
94
95      begin
96        case POSITION is
97          when "10"    => DECODE_BCD <= COUNT_BCD(3 downto 0);
98          when others => DECODE_BCD <= COUNT_BCD(7 downto 4);
99        end case;
100   end process;
101
102 --*******************************
103 --* BCD to seven segment decoder *
104 --*******************************
105
106   with DECODE_BCD select
107     SEGMENT <='1' & "1000000" when x"0",        -- 0
108               '1' & "1111001" when x"1",        -- 1
109               '1' & "0100100" when x"2",        -- 2
110               '1' & "0110000" when x"3",        -- 3
111               '1' & "0011001" when x"4",        -- 4
112               '1' & "0010010" when x"5",        -- 5
113               '1' & "0000010" when x"6",        -- 6
114               '1' & "1111000" when x"7",        -- 7
115               '1' & "0000000" when x"8",        -- 8
116               '1' & "0010000" when x"9",        -- 9
117               '1' & "1111111" when others;
118
119 --*********************
120 --* 16 bits led flash *
121 --*********************
122
123   process (FLASH_CLK, RESET)
124
125     begin
126       if RESET = '0' then
127         REG <= x"0000";
```

```
128        elsif FLASH_CLK'event and FLASH_CLK = '1' then
129          REG <= not REG;
130        end if;
131    end process;
132
133    LED <= REG when COUNT_BCD < x"6" else x"0000";
134
135 end Behavioral;
```

重點說明：

1. 行號 1～29 的功能與前面相同。
2. 行號 36～48 為一個除頻器，它的目的在產生控制電路所需要的所有工作時基 (time base)，其工作方塊如下：

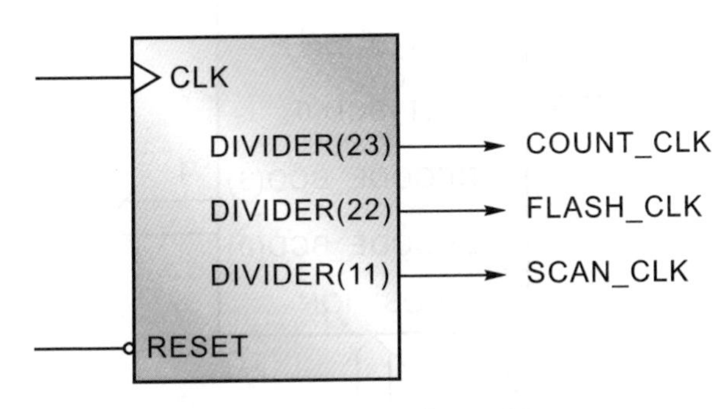

於輸出端的訊號：

(1) COUNT_CLK：做為下算計數器的工作時序。

(2) FLASH_CLK：做為 LED 閃爍的工作時序。

(3) SCAN_CLK：做為七段顯示器的掃描時序。

3. 行號 54～71 為一個下算計數器，它的計數範圍為 30～00，其工作方塊如下：

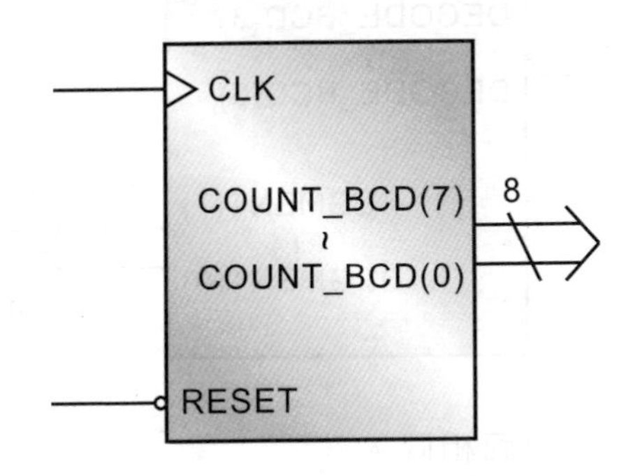

它的設計流程與前面相似，請自行參閱。

4. 行號 77～87 為一個六位數兩個亮的致能電位產生器，它的工作方塊如下：

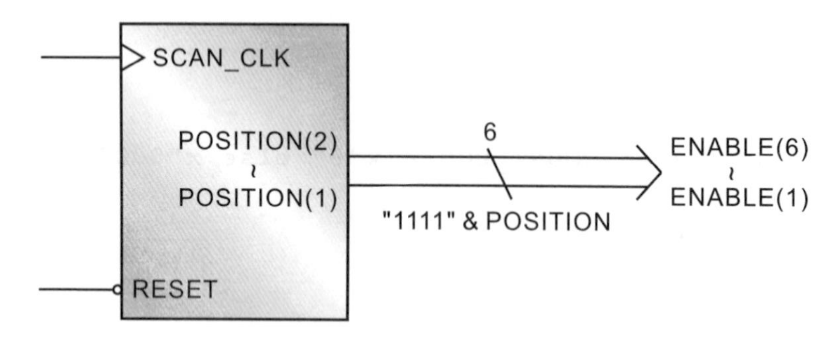

而其設計流程和說明與前面相同。

5. 行號 93～100 為一個資料選擇多工器，它的工作方塊如下：

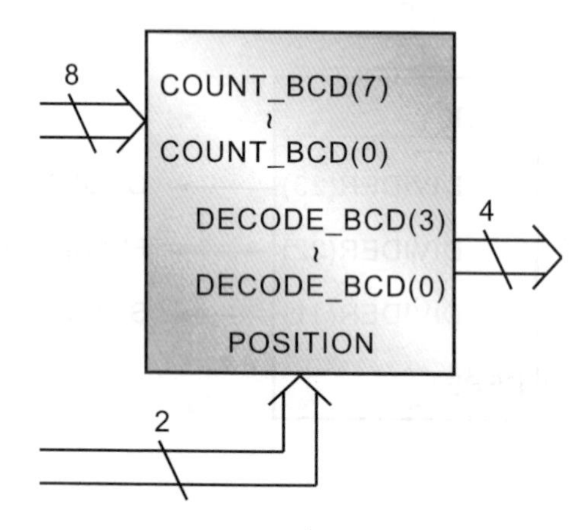

而其設計流程和說明與前面相同。

6. 行號 106～117 為一個 BCD 對共陽極七段顯示器的解碼電路，它的工作方塊為：

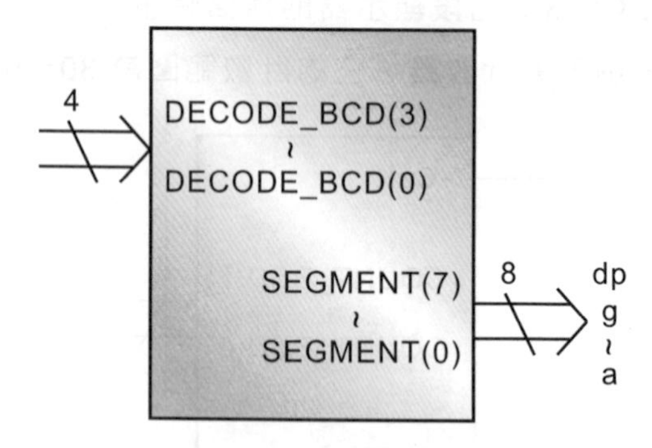

而其設計流程和說明與前面相同。

7. 行號 123～133 為一個 16 個 LED 閃爍控制電路，它的工作方塊即如下圖所示：

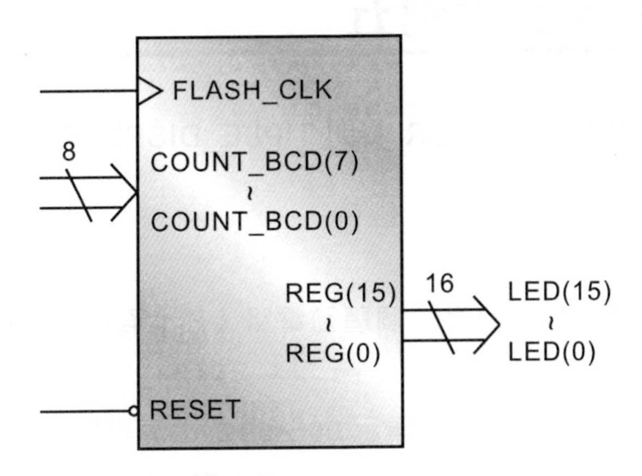

而其設計流程為：

(1) 當電路發生重置 RESET 時，則將 REG 設定成 0000H，以便 16 個 LED 皆不亮 (行號 126～127)。

(2) 當 LED 閃爍時序 FLASH_CLK 發生正緣變化時，則將 16 個 LED 的顯示電位反相 (行號 128～129)。

(3) 如果下算計數值 (行號 133)：

① 大於等於 6 時，則將 16 個 LED 熄滅。

② 小於 6 (即 5～0) 時，則將 16 個 LED 的閃爍狀況送到 LED 顯示電路，以便執行閃爍的工作。

電路設計實例五

檔案名稱：UP_DOWN_COUNTER_MULTIPLE_DISPLAY

電路功能描述

以六個掃描式七段顯示裝置，設計一個驅動電路，在上面以兩個亮的多工顯示方式，當外加按扭 BUTTON：

1. 沒有被按 (即平常顯示) 時，顯示 00～59 的上算計數內容。
2. 被按並放開時，顯示 30～00 下算計數的內容，幾秒後又自動回復顯示 00～59 的上算計數內容。

實作目標

練習設計：

1. 除頻電路，以供給控制電路所需要的所有工作時基 (time base)。
2. 00～59 的上算計數器。
3. 30～00 的下算計數器。
4. BCD 對共陽極七段顯示器的解碼電路。
5. 六個掃描式七段顯示兩個亮的控制電路。
6. 單擊觸發 (one short trigger) 電路。

控制電路方塊圖

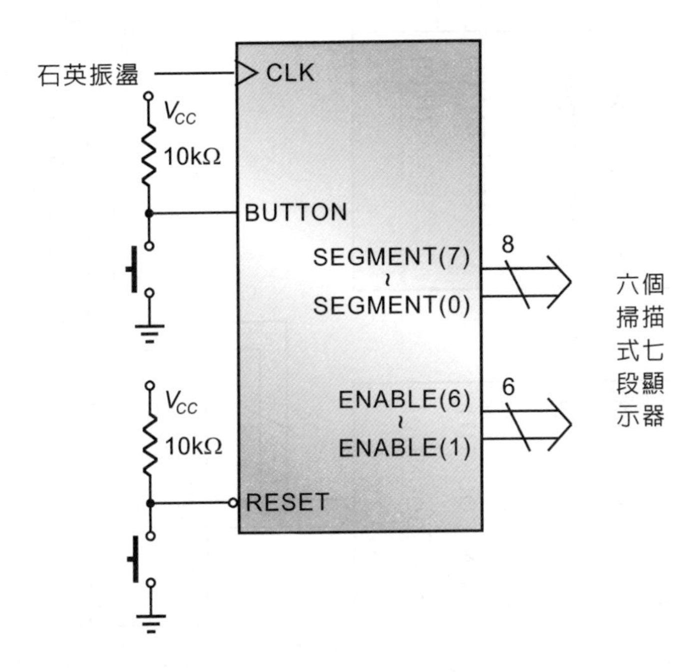

由於我們所設計的控制電路，其內部必須包括除頻電路、00～59 上算計數器、30～00 下算計數器、BCD 對共陽極七段解碼器、兩個位數的掃描控制電路、單擊觸發控制電路……等，因此其詳細的工作方塊如下：

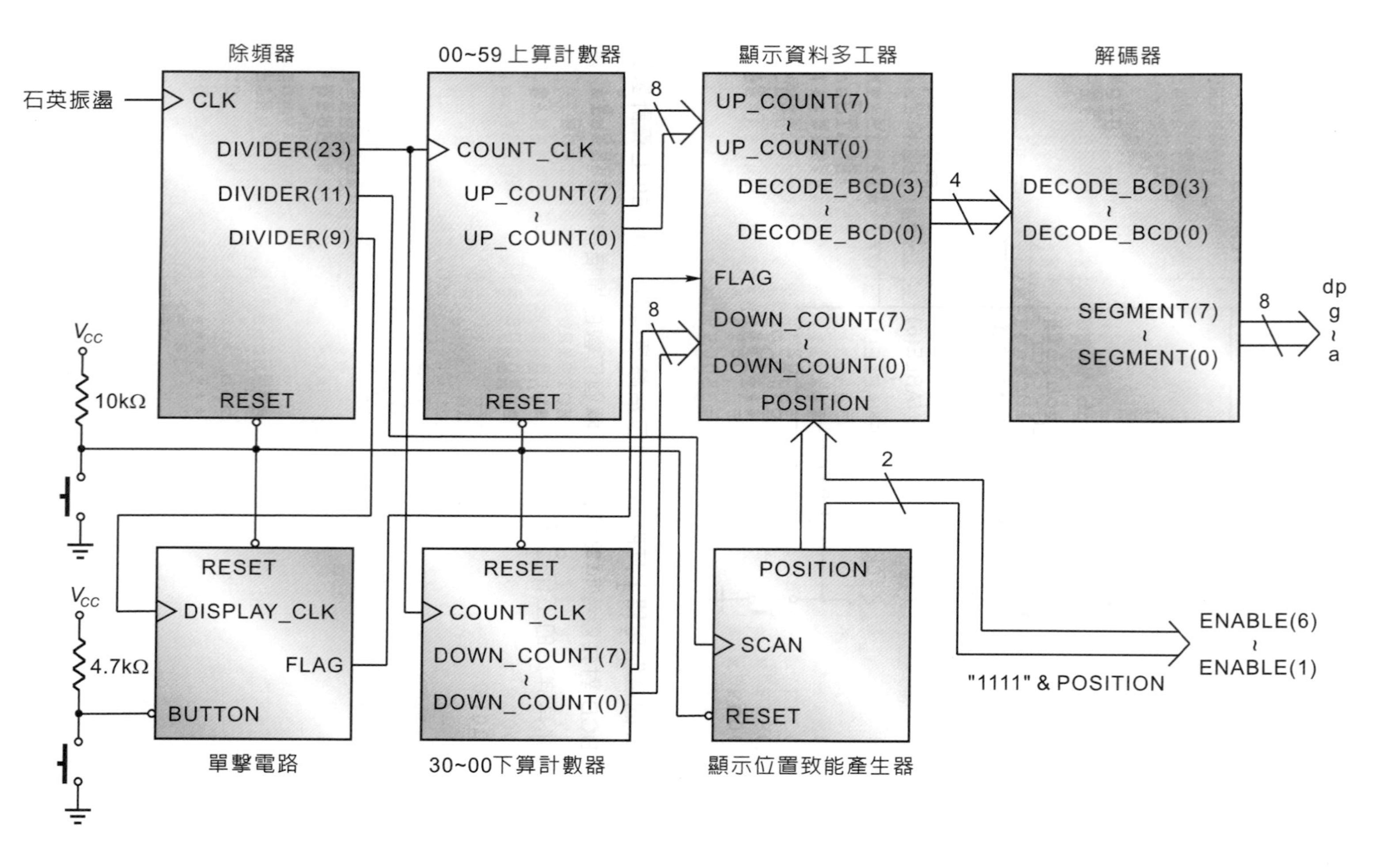
除頻器
00~59 上算計數器
顯示資料多工器
解碼器
石英振盪
CLK
DIVIDER(23)
DIVIDER(11)
DIVIDER(9)
RESET
COUNT_CLK
UP_COUNT(7)
~
UP_COUNT(0)
RESET
8
UP_COUNT(7)
~
UP_COUNT(0)
DECODE_BCD(3)
~
DECODE_BCD(0)
FLAG
8
DOWN_COUNT(7)
~
DOWN_COUNT(0)
POSITION
4
DECODE_BCD(3)
~
DECODE_BCD(0)
SEGMENT(7)
~
SEGMENT(0)
8
dp
g
~
a
VCC
10kΩ
VCC
4.7kΩ
RESET
DISPLAY_CLK
FLAG
BUTTON
單擊電路
RESET
COUNT_CLK
DOWN_COUNT(7)
~
DOWN_COUNT(0)
30~00下算計數器
POSITION
SCAN
RESET
顯示位置致能產生器
2
ENABLE(6)
~
ENABLE(1)
"1111" & POSITION

原始程式 (source program)：

```
1   --*********************************
2   --* counter with multiple display :  *
3   --*  1. normal : display 00 - 59     *
4   --*  2. when press button :          *
5   --*    display 30 - 00 a few second  *
6   --*    later return to display 00-59 *
7   --*    Filename : MULTI_DISPLAY      *
8   --*********************************
9
10  library IEEE;
11  use IEEE.STD_LOGIC_1164.ALL;
12  use IEEE.STD_LOGIC_ARITH.ALL;
13  use IEEE.STD_LOGIC_UNSIGNED.ALL;
14
15  entity MULTI_DISPLAY is
16      Port (CLK       : in  std_logic;
17            RESET     : in  std_logic;
18            BUTTON    : in  std_logic;
19            ENABLE    : out std_logic_vector(6 downto 1);
20            SEGMENT   : out std_logic_vector(7 downto 0));
21  end MULTI_DISPLAY;
22
23  architecture Behavioral of MULTI_DISPLAY is
24    signal SCAN_CLK      : std_logic;
25    signal COUNT_CLK     : std_logic;
26    signal FLAG          : std_logic;
27    signal DISPLAY_CLK   : std_logic;
28    signal DISPLAY_COUNT : std_logic_vector(7 downto 0);
29    signal POSITION      : std_logic_vector(2 downto 1);
30    signal DIVIDER       : std_logic_vector(23 downto 0);
31    signal UP_COUNT      : std_logic_vector(7 downto 0);
32    signal DOWN_COUNT    : std_logic_vector(7 downto 0);
33    signal DECODE_BCD    : std_logic_vector(3 downto 0);
34
35  begin
36
37  --***********************
38  --* time base generator *
39  --***********************
40
41    process (CLK, RESET)
42
```

```
43      begin
44         if RESET = '0' then
45           DIVIDER <= (others => '0');
46         elsif CLK'event and CLK = '1' then
47           DIVIDER <= DIVIDER + 1;
48         end if;
49    end process;
50
51    SCAN_CLK     <= DIVIDER(11);
52    DISPLAY_CLK  <= DIVIDER(19);
53    COUNT_CLK    <= DIVIDER(23);
54
55  --***********************
56  --* 00 -- 59 up counter *
57  --***********************
58
59    process (COUNT_CLK, RESET)
60
61      begin
62         if RESET = '0' then
63           UP_COUNT <= x"00";
64         elsif COUNT_CLK'event and COUNT_CLK  = '1' then
65           if UP_COUNT(3 downto 0) = x"9" then
66             UP_COUNT(3 downto 0) <= x"0";
67             UP_COUNT(7 downto 4) <= UP_COUNT(7 downto 4) + 1;
68           else
69             UP_COUNT(3 downto 0) <= UP_COUNT(3 downto 0) + 1;
70           end if;
71
72           if UP_COUNT = x"59" then
73             UP_COUNT<= x"00";
74           end if;
75         end if;
76    end process;
77
78  --*************************
79  --* 30 -- 00 down counter *
80  --*************************
81
82    process (COUNT_CLK,RESET)
83
84      begin
85         if RESET = '0' then
```

```
86          DOWN_COUNT <= x"30";
87        elsif COUNT_CLK'event and COUNT_CLK = '1' then
88          if DOWN_COUNT(3 downto 0) = x"0" then
89            DOWN_COUNT(3 downto 0) <= x"9";
90            DOWN_COUNT(7 downto 4) <= DOWN_COUNT(7 downto 4)-1;
91          else
92            DOWN_COUNT(3 downto 0) <= DOWN_COUNT(3 downto 0)-1;
93          end if;
94
95          if DOWN_COUNT  = x"00" then
96            DOWN_COUNT <= x"30";
97          end if;
98        end if;
99    end process;
100
101 --**********************
102 --*  one short circuit *
103 --**********************
104
105   process(DISPLAY_CLK, RESET)
106     begin
107       if RESET = '0' then
108         FLAG          <= '1';
109         DISPLAY_COUNT <= x"00";
110       elsif DISPLAY_CLK'event and DISPLAY_CLK = '1' then
111         if BUTTON = '0' then
112           DISPLAY_COUNT <= x"FF";
113           FLAG <='0';
114         end if ;
115
116         if DISPLAY_COUNT > x"00" then
117           DISPLAY_COUNT <= DISPLAY_COUNT - 1;
118         else
119           FLAG <= '1';
120         end if ;
121       end if ;
122   end process;
123
124 --**********************
125 --* select display data *
126 --**********************
127
128   process (POSITION, UP_COUNT, DOWN_COUNT, FLAG)
```

```
129
130      begin
131        if FLAG = '1' then
132          case POSITION is
133            when "10"    => DECODE_BCD <= UP_COUNT(3 downto 0);
134            when others  => DECODE_BCD <= UP_COUNT(7 downto 4);
135          end case;
136        else
137          case POSITION is
138            when "10"    => DECODE_BCD <= DOWN_COUNT(3 downto 0);
139            when others  => DECODE_BCD <= DOWN_COUNT(7 downto 4);
140          end case;
141        end if;
142    end process;
143
144 --***************************
145 --* enable display location *
146 --***************************
147
148    process (SCAN_CLK,RESET)
149
150      begin
151        if RESET = '0' then
152          POSITION <= "10";
153        elsif SCAN_CLK'event and SCAN_CLK = '1' then
154          POSITION <= POSITION(1) & POSITION(2);
155        end if;
156    end process;
157
158    ENABLE <= "1111" & POSITION;
159
160 --**********************************
161 --* BCD to seven segment decoder *
162 --**********************************
163
164    with DECODE_BCD select
165      SEGMENT <='1' & "1000000" when x"0",        -- 0
166                '1' & "1111001" when x"1",        -- 1
167                '1' & "0100100" when x"2",        -- 2
168                '1' & "0110000" when x"3",        -- 3
169                '1' & "0011001" when x"4",        -- 4
170                '1' & "0010010" when x"5",        -- 5
171                '1' & "0000010" when x"6",        -- 6
```

```
172                    '1' & "1111000" when x"7",          -- 7
173                    '1' & "0000000" when x"8",          -- 8
174                    '1' & "0010000" when x"9",          -- 9
175                    '1' & "1111111" when others;
176
177 end Behavioral;
```

重點說明：

1. 行號 1～33 的功能與前面相同。
2. 行號 41～53 為一個除頻電路，它的目的是在產生控制電路所需要的所有工作時序，其電路方塊如下：

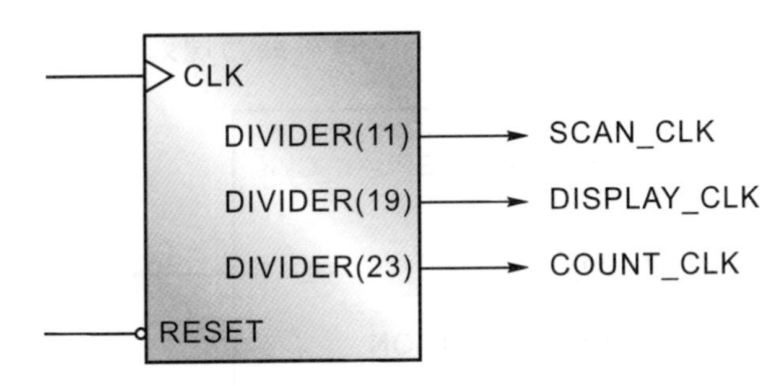

於輸出端各種訊號的功能分別為：

(1) SCAN_CLK：做為七段顯示器的掃描時序。

(2) DISPLAY_CLK：做為分、秒顯示的工作時序。

(3) COUNT_CLK：做為計數器正常計時的工作時序。

而其設計流程和說明與前面相同，請自行參閱。

3. 行號 59～76 為一個 00～59 上算計數器，其電路方塊如下：

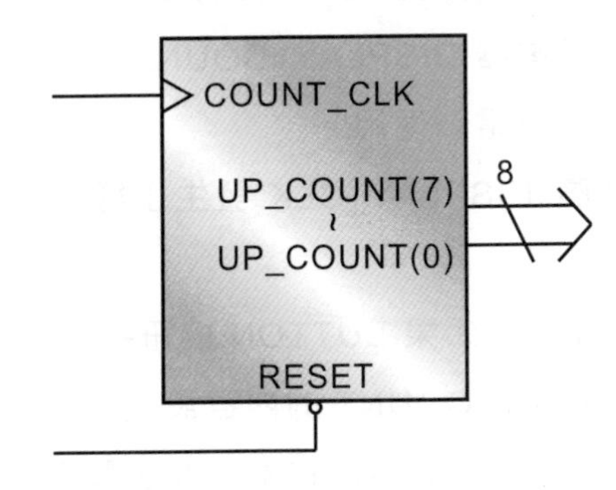

而其設計流程和說明與前面相同，請自行參閱。

4. 行號 82～99 為一個 30～00 下算計數器，其電路方塊如下：

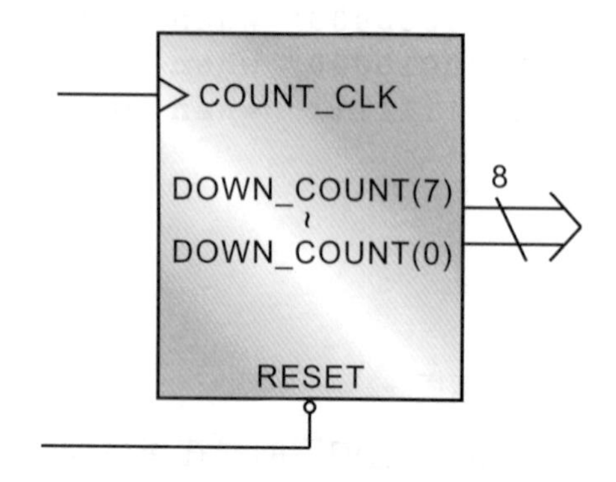

而其設計流程和說明與前面相同，請自行參閱。

5. 行號 105～122 為一個單擊觸發電路，其電路方塊如下：

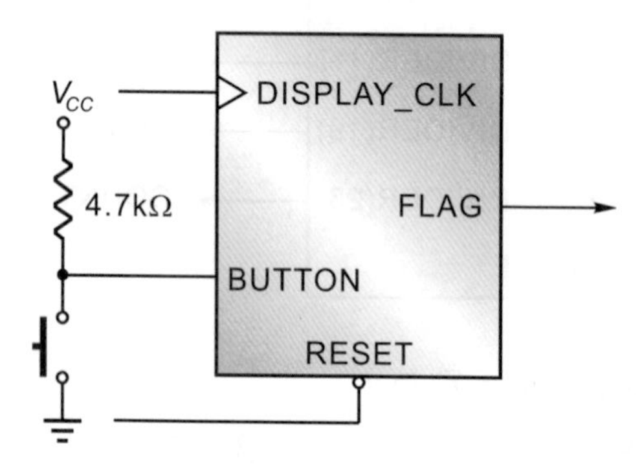

而其設計流程為：

(1) 當系統發生重置 reset 時 (行號 107)：

① 由輸出端 FLAG 送出高電位 '1' (行號 108)，以便顯示 00～59 上算計數內容 (行號 131～135)。

② 將顯示計數器 DISPLAY_COUNT 清除為 00H (行號 109)，以便將來單擊計時電路使用。

(2) 當顯示計數時序 DISPLAY_CLK 發生正緣變化時 (行號 110) 則往下處理。

(3) 行號 111～114 中，如果 BUTTON 按鈕被按時 (為低電位 '0')，則將顯示計數器 DISPLAY_COUNT 的內容設定成 FF (行號 112)，並由輸出端 FLAG 送出低電位 '0' (行號 113)，以便顯示 30～00 下算計數內容 (行號 136～140)。

(4) 如果顯示計數器 DISPLAY_COUNT 的內容 (行號 116)：

① 大於 00H 時，表示 BUTTON 曾經被按過，因此繼續將其內容減 1 (行號 117)。

② 否則由輸出端 FLAG 送出高電位 '1' (行號 118～119) 以便結束單擊 one shot 工作 (恢復 00～59 上算計數內容的顯示)。

它們的動作電位與顯示內容，即如下圖所示：

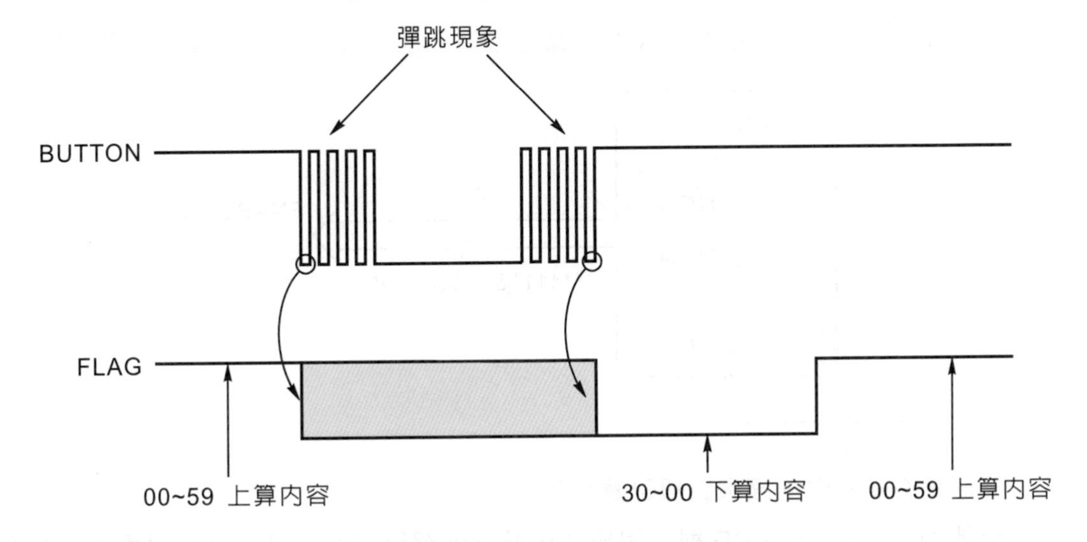

6. 行號 128～142 為一個多工選擇器，其電路方塊如下：

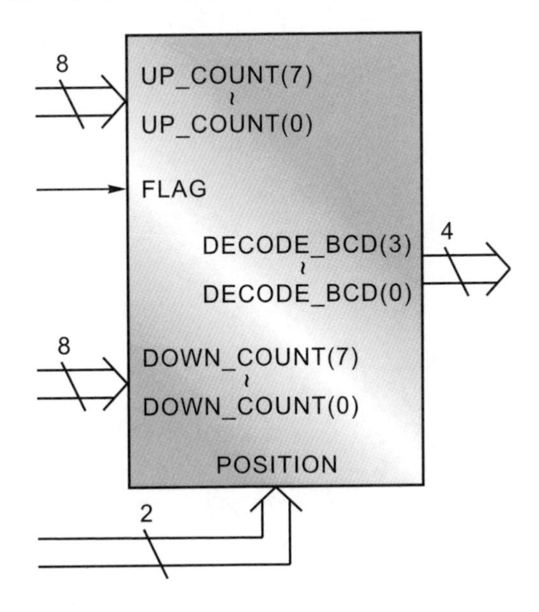

當旗號 FLAG 的電位：

(1) '0'：選上 30～00 下算計數內容 DOWN_COUNT 輸出。

(2) '1'：選上 00～59 上算計數內容 UP_COUNT 輸出。

當旗號 POSITION 的電位：

(1) “10”：選上個位數計數值 (3 downto 0) 輸出。

(2) “01”：選上十位數計數值 (7 downto 4) 輸出。

7. 行號 148～158 為兩位數七段顯示器的位置致能掃描電路，其電路方塊如下：

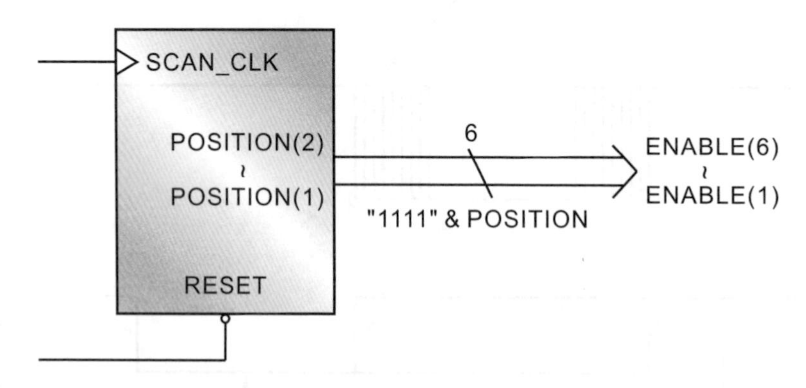

詳細說明請參閱前面電路設計實例二。

8. 行號 164～175 為 BCD 對共陽極七段顯示的解碼電路，其詳細說明請參閱前面電路設計實例一。

電路設計實例六

檔案名稱：DISPLAY_ROM_ADDRESS_CONTENT

電路功能描述

以六個掃描式七段顯示電路為顯示裝置，設計一個驅動電路，在上面以四個亮的方式顯示一個唯讀記憶體 ROM 的位址與內容，其顯示格式為：

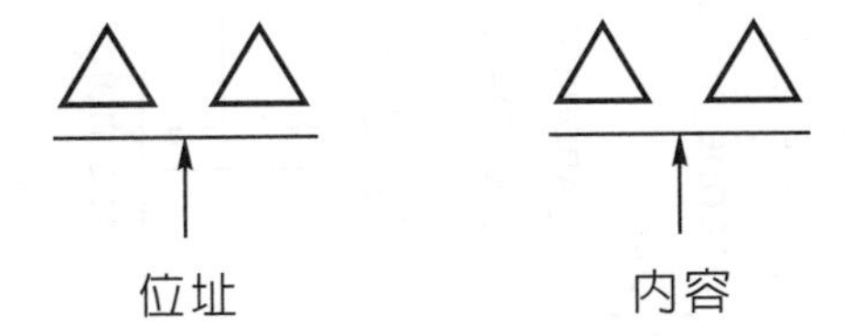

實作目標

練習設計：

1. 除頻電路，以供給控制電路所需要的所有工作時基 (time base)。
2. 一個 16×8 的唯讀記憶體 ROM。
3. BCD 對共陽極七段顯示器的解碼電路。
4. 六個掃描式七段顯示器四個顯示的控制電路。

控制電路方塊圖

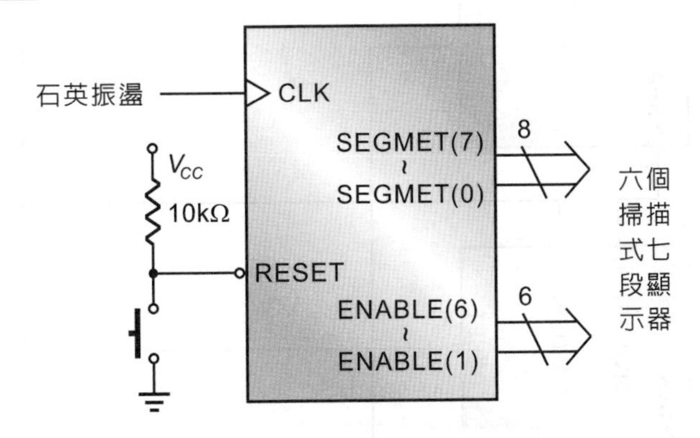

由於我們所設計的控制電路，其內容必須包括除頻器、唯讀記憶體 ROM、BCD 對共陽極七段顯示解碼器、六個位數四個顯示的掃描控制電路……等，因此其詳細的工作方塊如下：

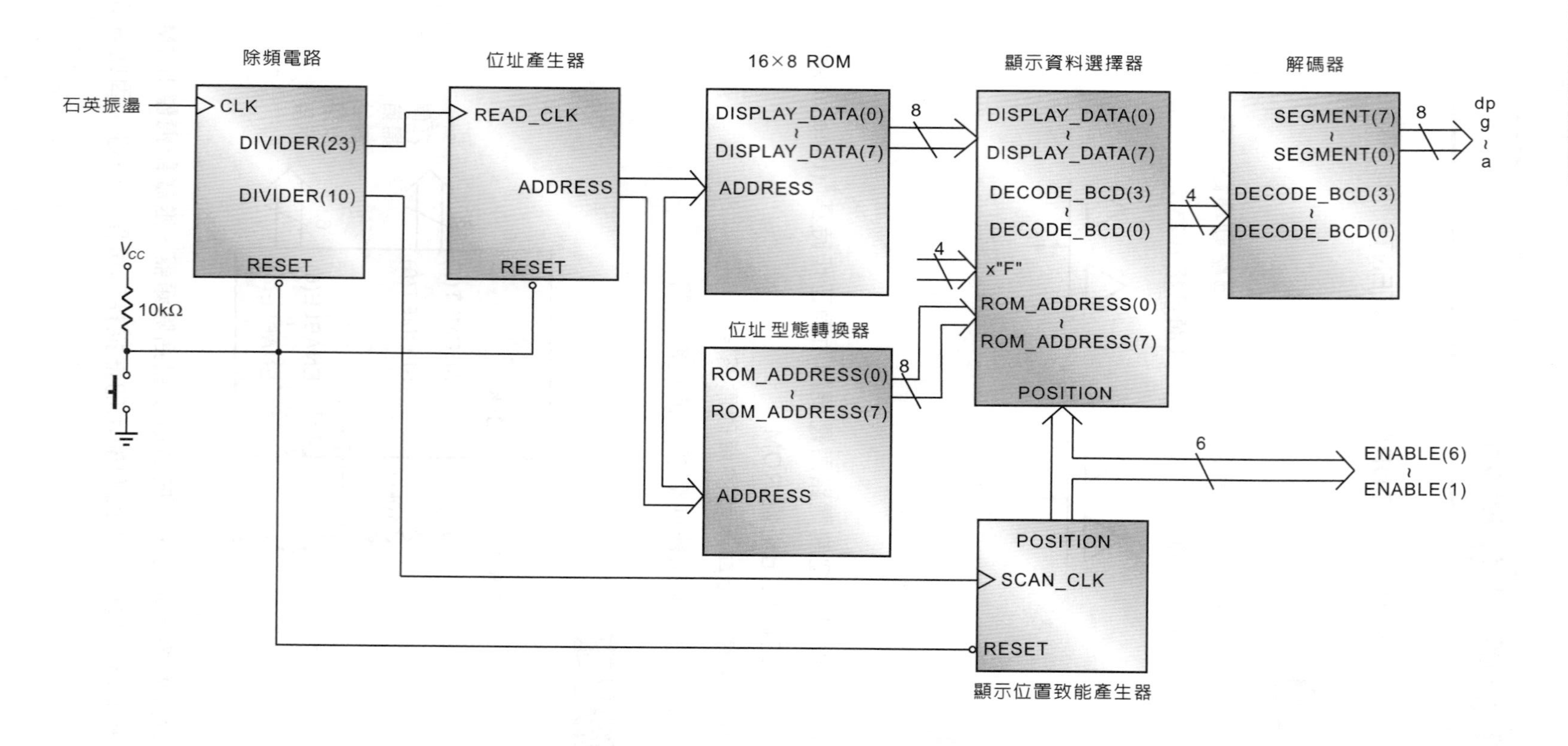
除頻電路
位址產生器
16×8 ROM
顯示資料選擇器
解碼器
石英振盪
CLK
DIVIDER(23)
DIVIDER(10)
RESET
Vcc
10kΩ
READ_CLK
ADDRESS
RESET
DISPLAY_DATA(0)
~
DISPLAY_DATA(7)
ADDRESS
8
DISPLAY_DATA(0)
~
DISPLAY_DATA(7)
DECODE_BCD(3)
~
DECODE_BCD(0)
4
x"F"
ROM_ADDRESS(0)
~
ROM_ADDRESS(7)
POSITION
4
SEGMENT(7)
~
SEGMENT(0)
DECODE_BCD(3)
~
DECODE_BCD(0)
8
dp
g
~
a
位址型態轉換器
ROM_ADDRESS(0)
~
ROM_ADDRESS(7)
8
ADDRESS
6
ENABLE(6)
~
ENABLE(1)
POSITION
SCAN_CLK
RESET
顯示位置致能產生器

原始程式 (source program)：

```
1   --**************************************
2   --* display ROM'S address and content *
3   --*  in 6digs scanning seven segment   *
4   --*   Filename : ROM_ADDRESS_CONTENT   *
5   --**************************************/
6
7   library IEEE;
8   use IEEE.STD_LOGIC_1164.ALL;
9   use IEEE.STD_LOGIC_ARITH.ALL;
10  use IEEE.STD_LOGIC_UNSIGNED.ALL;
11
12  entity ROM_ADDRESS_CONTENT is
13    Port (  CLK      : in  std_logic;
14            RESET    : in  std_logic;
15            ENABLE   : out std_logic_vector(6 downto 1);
16            SEGMENT : out std_logic_vector(7 downto 0));
17  end ROM_ADDRESS_CONTENT;
18
19  architecture Behavioral of ROM_ADDRESS_CONTENT is
20    signal SCAN_CLK      : std_logic;
21    signal READ_CLK      : std_logic;
22    signal DISPLAY_DATA  : std_logic_vector(0 to 7);
23    signal ADDRESS       : integer range 0 to 15;
24    signal DIVIDER       : std_logic_vector(23 downto 0);
25    signal ROM_ADDRESS   : std_logic_vector(0 to 7);
26    signal DECODE_BCD    : std_logic_vector(3 downto 0);
27    signal POSITION      : std_logic_vector(6 downto 1);
28
29  --*********************
30  --* set ROM'S content *
31  --*********************
32
33  type ROM is array (0 to 15) of std_logic_vector(0 to 7);
34  constant ROM_DATA : ROM :=
35
36   (x"00",x"01",x"02",x"03",
37    x"04",x"05",x"06",x"07",
38    x"08",x"09",x"10",x"11",
39    x"12",x"13",x"14",x"15");
40
41  begin
42
```

```
43  --************************
44  --* time base generator *
45  --************************
46
47  process (CLK, RESET)
48
49    begin
50      if RESET    = '0' then
51        DIVIDER <= (others => '0');
52      elsif CLK'event and CLK = '1' then
53        DIVIDER <= DIVIDER + 1;
54      end if;
55  end process;
56
57  SCAN_CLK <= DIVIDER(10);
58  READ_CLK <= DIVIDER(23);
59
60  --**********************
61  --* address generator *
62  --**********************
63
64  process (READ_CLK, RESET)
65
66    begin
67      if RESET    = '0' then
68        ADDRESS <= 0;
69      elsif READ_CLK'event and READ_CLK = '1'then
70        ADDRESS <= ADDRESS + 1;
71      end if;
72  end process;
73
74  DISPLAY_DATA   <= ROM_DATA(ADDRESS);
75
76  --****************************
77  --* enable display location *
78  --****************************
79
80  process (SCAN_CLK, RESET)
81
82    begin
83      if RESET     = '0' then
84        POSITION <= "111110";
85      elsif SCAN_CLK'event and SCAN_CLK = '1' then
86        POSITION <= POSITION(5) & POSITION(2) & "11" &
87                    POSITION(1) & POSITION(6);
```

```
88         end if;
89   end process;
90
91   ENABLE       <= POSITION;
92   ROM_ADDRESS  <= conv_std_logic_vector(ADDRESS, 8);
93
94   --************************
95   --* select display data  *
96   --************************
97
98   process (POSITION, DISPLAY_DATA, ROM_ADDRESS)
99
100    begin
101      case POSITION is
102        when "111110" => DECODE_BCD <= DISPLAY_DATA(4 to 7);
103        when "111101" => DECODE_BCD <= DISPLAY_DATA(0 to 3);
104        when "101111" => DECODE_BCD <= ROM_ADDRESS(4 to 7);
105        when others   => DECODE_BCD <= ROM_ADDRESS(0 to 3);
106      end case;
107 end process;
108
109 --**********************************
110 --* hex to seven segment decoder *
111 --**********************************
112
113 with DECODE_BCD select
114   SEGMENT <='1' & "1000000" when x"0",     -- 0
115             '1' & "1111001" when x"1",     -- 1
116             '1' & "0100100" when x"2",     -- 2
117             '1' & "0110000" when x"3",     -- 3
118             '1' & "0011001" when x"4",     -- 4
119             '1' & "0010010" when x"5",     -- 5
120             '1' & "0000010" when x"6",     -- 6
121             '1' & "1111000" when x"7",     -- 7
122             '1' & "0000000" when x"8",     -- 8
123             '1' & "0010000" when x"9",     -- 9
124             '1' & "0001000" when x"A",     -- A
125             '1' & "0000011" when x"B",     -- b
126             '1' & "1000110" when x"C",     -- c
127             '1' & "0100001" when x"D",     -- d
128             '1' & "0000110" when x"E",     -- E
129             '1' & "0001110" when x"F",     -- F
130             '1' & "1111111" when others;
131
132 end Behavioral;
```

重點說明：

1. 行號 1～27 的功能與前面相同。
2. 行號 33～39 為一個 16×8 的唯讀記憶體 ROM，其方塊圖如下：

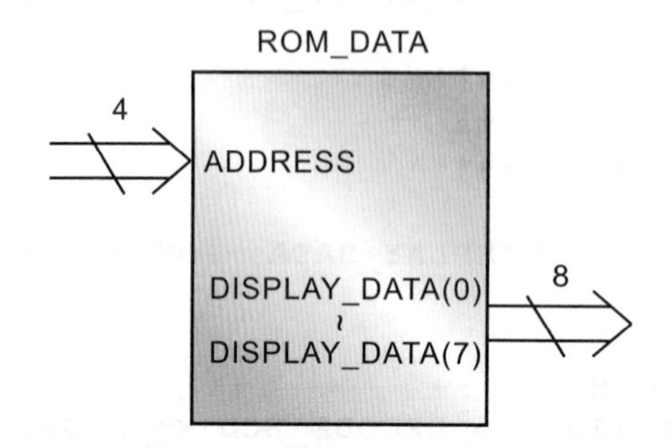

其內部從位址 0～F 依順序儲存 00～15 的資料。

3. 行號 47～58 為一個除頻器，它的工作方塊圖如下：

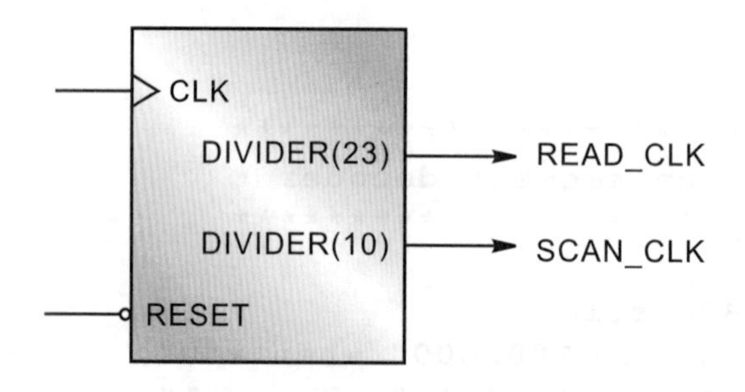

於輸出端的訊號：

(1) READ_CLK：做為讀取唯讀記憶體內容的時序訊號。

(2) SCN_CLK：做為七段顯示器的掃描時序。

其設計流程和說明與前面相同。

4. 行號 64～72 為讀取唯讀記憶體 ROM 內容的位址 ADDRESS 產生器，它的工作方塊圖如下：

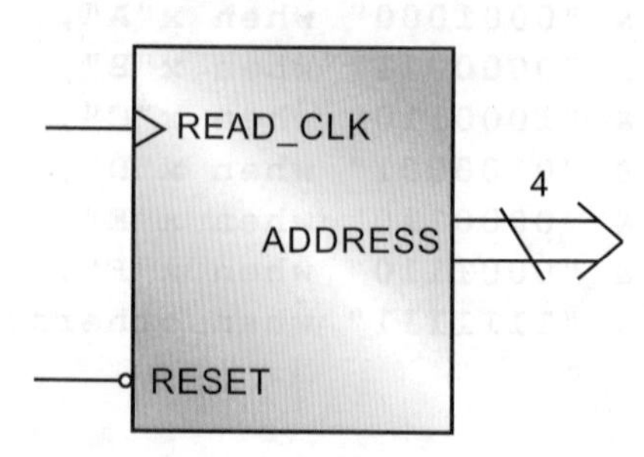

而其計數範圍為 0～15。

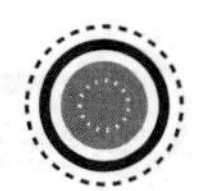

5. 行號 74 為讀取唯讀記憶體 ROM 的內容

6. 行號 80～91 為一個六位數四個顯示的致能電位產生器，其工作方塊圖如下：

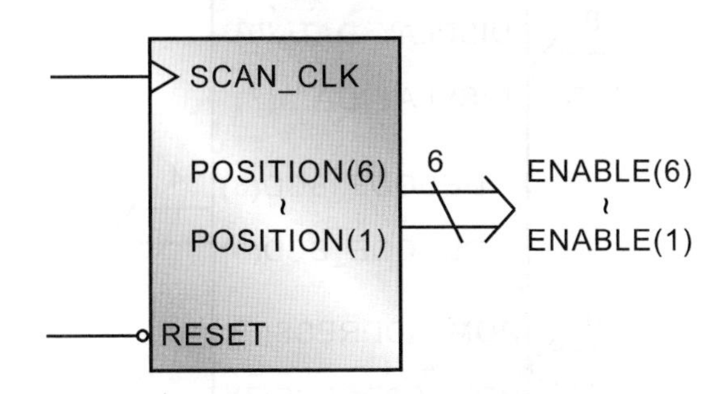

由於我們所要致能的位置依順序為：

POSITION	(6)	(5)	(4)	(3)	(2)	(1)
	1	1	1	1	1	0
	1	1	1	1	0	1
	1	0	1	1	1	1
	0	1	1	1	1	1

其中位置 3、4 永遠為高電位 '1'，因此我們只要：

(1) 當系統重置 RESET 時，則將 POSITION 電位設定成 "111110" (行號 83～84)，以便顯示最右邊的七段顯示器。

(2) 當掃描時序 SCAN_CLK 發生正緣變化時 (行號 85)，則 POSITION 內的 '0' 電位依指定位置設定 (行號 86～87)，以便顯示下一個七段顯示器。

(3) 將 POSITION 電位接到 ENABLE 輸出接腳去控制掃描式七段顯示器 (行號 91)。

7. 行號 92 將唯讀記憶體 ROM 的讀取位址 ADDRESS 由 0～15 的整數轉換成 8 位元的二進制，以便將來送到七段顯示器去顯示。

8. 行號 98～107 為一個資料顯示多工器，它的電路方塊如下：

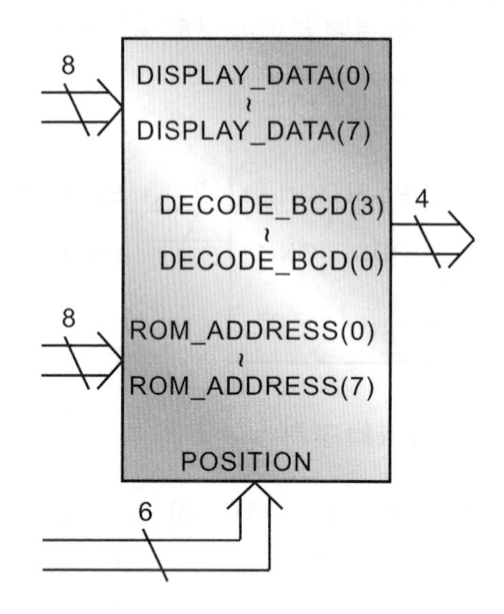

而顯示資料與位址的關係為：

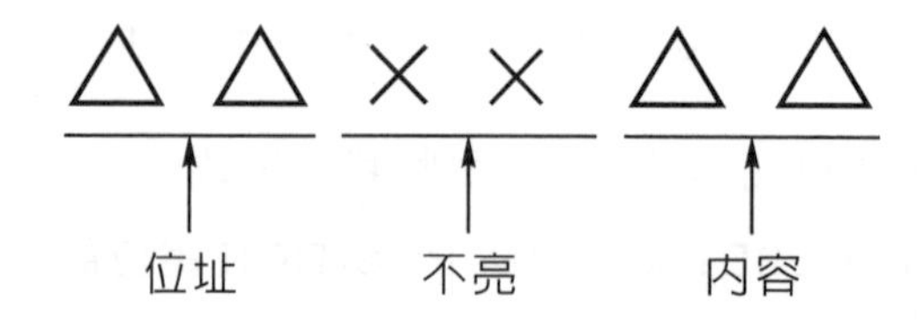

其設計流程和說明與前面相似。

9. 行號 113～130 為一個十六進制 0～F 對共陽極七段顯示的解碼電路，它的工作方塊圖如下：

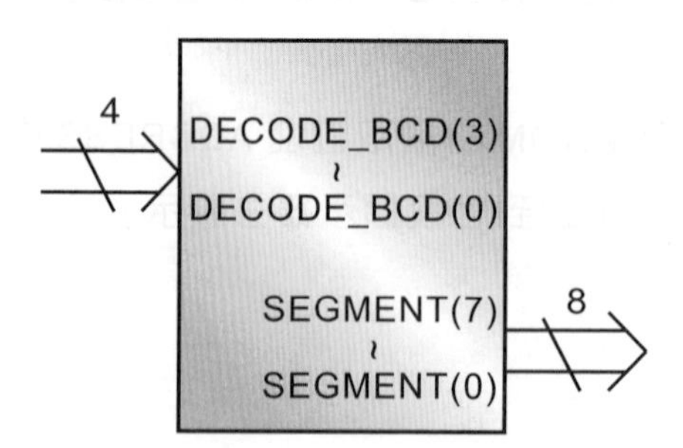

其設計流程和說明與前面相似，唯一不同之處為它的輸入資料為十六進制 (非前面的 BCD 碼)，但它們的編碼原理則完全相同。

電路設計實例七

檔案名稱：RORL_FAST_SLOW_4BITS_SEGMENT_DISPLAY

電路功能描述

以六個掃描式七段顯示電路與十六個 LED 為顯示裝置，設計一個一次四個亮可以向右、向左；速度可以快、慢改變的廣告燈控制電路，並將其目前的移位方向和速度分別顯示出來，其狀況如下：

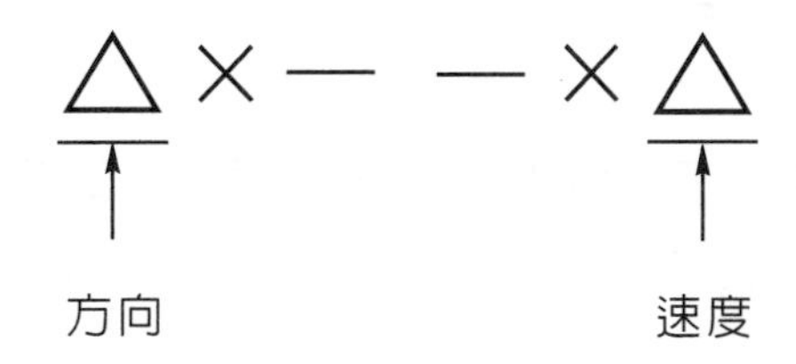

顯示方向時：

H：代表向右邊 (right)

L：代表向左邊 (left)

顯示速度時：

S：代表慢速 (slow)

F：代表快速 (fast)

實作目標

練習設計：

1. 除頻電路，以供給控制電路所需要的所有工作時基 (time base)。
2. 2 對 1 多工器，以便切換電路的移位速度。
3. 四個亮可以向左、向右旋轉的移位記錄器。
4. 六個掃描式七段顯示器，四個顯示的控制電路。
5. 移位方向、速度顯示字型解碼電路。

控制電路方塊圖

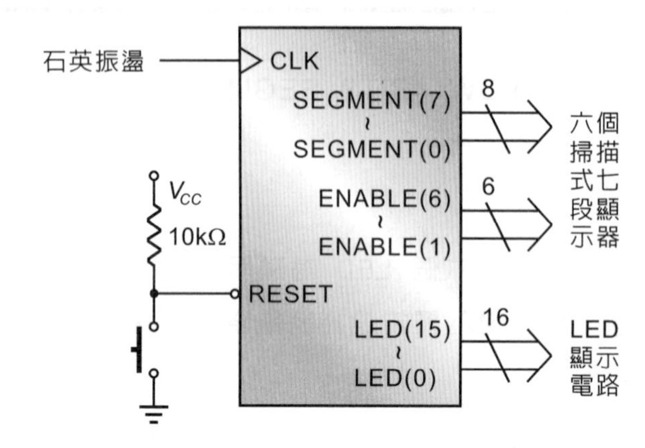

由於我們所設計的控制電路，其內部包括了除頻器、多工器、旋轉移位記錄器、六個掃描式七段顯示器四個顯示的控制電路……等，因此其詳細的工作方塊如下：

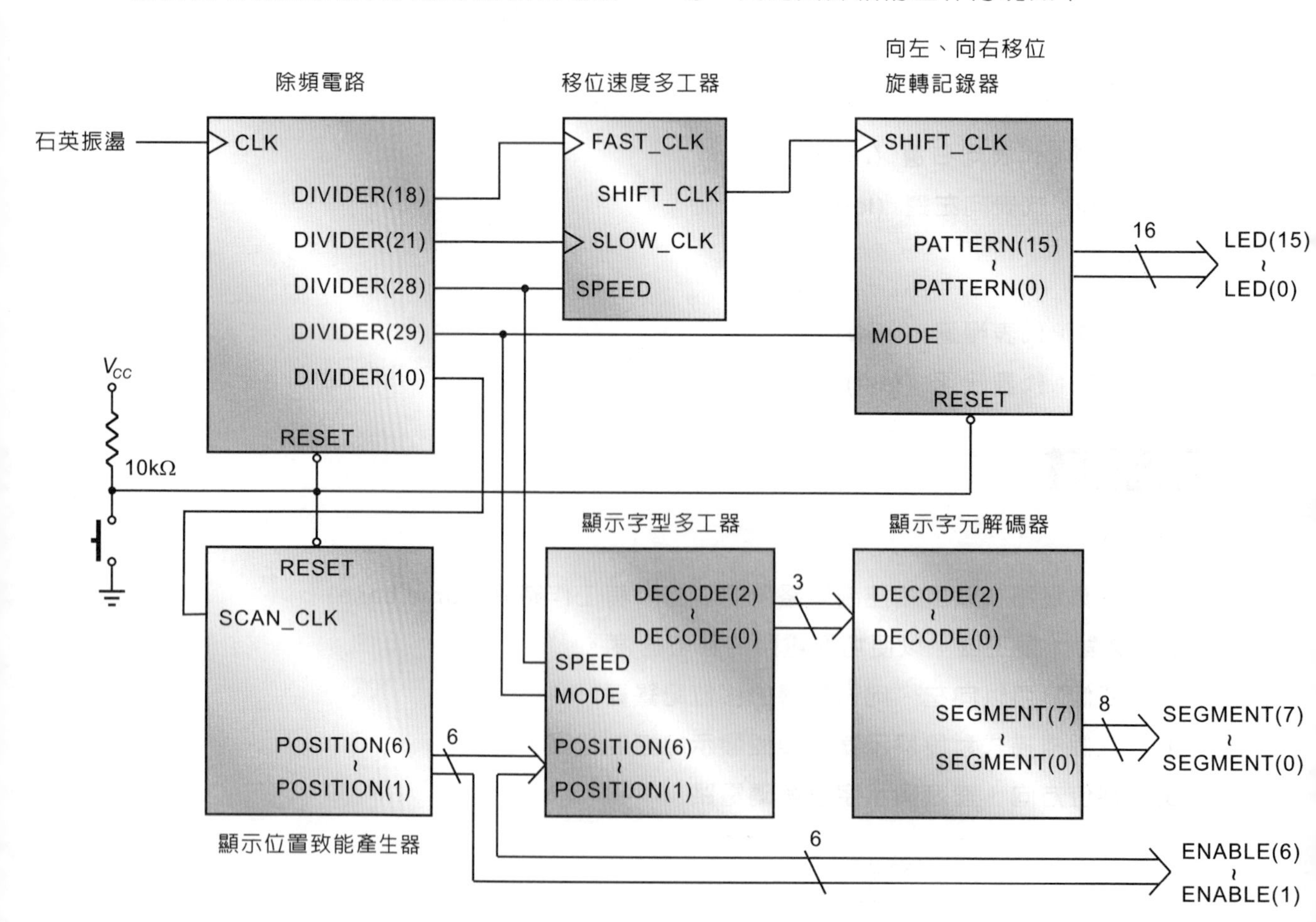

原始程式 (source program)：

```
1   --*************************************
2   --*   16 bits led 4 on rotate with     *
3   --*     seven segment display :        *
4   --*     1. SPEED :                     *
5   --*        fast  : 'F'                 *
6   --*        slow  : 'S'                 *
7   --*     2.direction :                  *
8   --*        right : 'H'                 *
9   --*        left  : 'L'                 *
10  --* Filename : RORL_FAST_SLOW_SEGMENT *
11  --*************************************
12
13  library IEEE;
14  use IEEE.STD_LOGIC_1164.ALL;
15  use IEEE.STD_LOGIC_ARITH.ALL;
16  use IEEE.STD_LOGIC_UNSIGNED.ALL;
17
18  entity RORL_FAST_SLOW_SEGMENT is
19    Port (  CLK      : in  std_logic;
20            RESET    : in  std_logic;
21            ENABLE   : out std_logic_vector(6 downto 1);
22            SEGMENT  : out std_logic_vector(7 downto 0);
23            LED      : out std_logic_vector(15 downto 0));
24  end RORL_FAST_SLOW_SEGMENT;
25
26  architecture Behavioral of RORL_FAST_SLOW_SEGMENT is
27    signal FAST_CLK    : std_logic;
28    signal SLOW_CLK    : std_logic;
29    signal SHIFT_CLK   : std_logic;
30    signal SCAN_CLK    : std_logic;
31    signal SPEED       : std_logic;
32    signal MODE        : std_logic;
33    signal DIVIDER     : std_logic_vector(29 downto 0);
34    signal PATTERN     : std_logic_vector(15 downto 0);
35    signal DECODE      : std_logic_vector(2 downto 0);
36    signal POSITION    : std_logic_vector(6 downto 1);
37  begin
38
39  --************************
40  --* time base generator *
41  --************************
42
```

```
43  process (CLK, RESET)
44
45    begin
46      if RESET    = '0' then
47        DIVIDER <= (others => '0');
48      elsif CLK'event and CLK = '1' then
49        DIVIDER <= DIVIDER + 1;
50      end if;
51  end process;
52
53  SCAN_CLK  <= DIVIDER(10);
54  FAST_CLK  <= DIVIDER(18);
55  SLOW_CLK  <= DIVIDER(21);
56  SPEED     <= DIVIDER(28);
57  MODE      <= DIVIDER(29);
58  SHIFT_CLK <= FAST_CLK when SPEED = '1' else SLOW_CLK;
59
60  --******************************
61  --*   16 bits led 4 bits on    *
62  --*   rotate with direction    *
63  --* and speed are changeable   *
64  --******************************
65
66  process (SHIFT_CLK, RESET)
67
68    begin
69      if RESET    = '0' then
70        PATTERN <= x"F000";
71      elsif SHIFT_CLK'event and SHIFT_CLK = '1' then
72        if MODE = '0' then
73          PATTERN <= PATTERN(14 downto 0) & PATTERN(15);
74        else
75          PATTERN <= PATTERN(0) & PATTERN(15 downto 1);
76        end if;
77      end if;
78  end process;
79
80  LED <= PATTERN;
81
82  --****************************
83  --* enable display location *
84  --****************************
85
```

```
86 process (SCAN_CLK, RESET)
87
88   begin
89     if RESET     = '0' then
90       POSITION <= "111110";
91     elsif SCAN_CLK'event and SCAN_CLK = '1' then
92       POSITION <= POSITION(5 downto 1) & POSITION(6);
93     end if;
94 end process;
95
96 ENABLE <= POSITION;
97
98 --************************
99 --* select display data *
100 --************************
101
102 process (POSITION, SPEED, MODE)
103
104   begin
105     case POSITION is
106       when "111110" => DECODE <= "00" & SPEED;
107       when "111101" => DECODE <= o"5";
108       when "111011" => DECODE <= o"4";
109       when "110111" => DECODE <= o"4";
110       when "101111" => DECODE <= o"5";
111       when others   => DECODE <= "01" & MODE;
112     end case;
113 end process;
114
115 --****************************
116 --*  seven segment decoder  *
117 --****************************
118
119 with DECODE select
120   SEGMENT <='1' & "0010010" when o"0",     -- S
121             '1' & "0001110" when o"1",     -- F
122             '1' & "0001001" when o"2",     -- H
123             '1' & "1000011" when o"3",     -- L
124             '1' & "0111111" when o"4",     -- -
125             '1' & "1111111" when others;
126
127 end Behavioral;
```

重點說明：

1. 行號 1～36 的功能與前面相同。
2. 行號 43～57 為一個除頻器，其方塊圖如下：

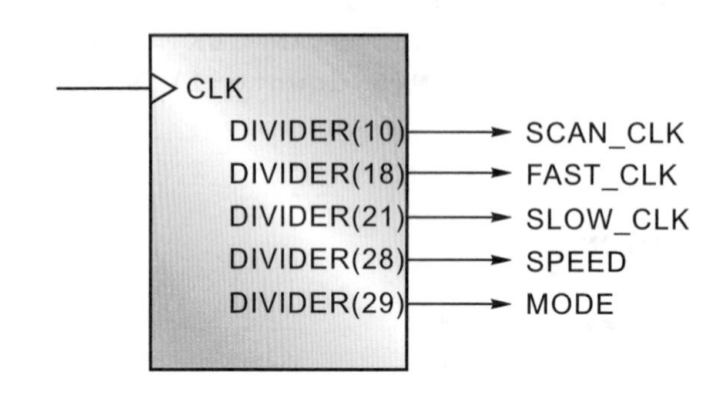

它們的功能分別為：

SCAN_CLK：六個掃描七段顯示器的掃描頻率。
FAST_CLK：廣告燈快速旋轉移位的頻率。
SLOW_CLK：廣告燈慢速旋轉移位的頻率。
SPEED：移位速度快、慢多工器切換頻率。
MODE：移位方向的切換頻率。

3. 行號 58 為廣告燈移位速度的切換電路，其方塊圖如下：

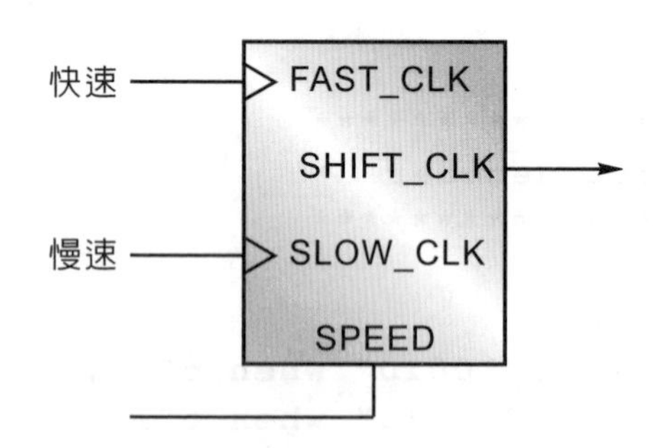

當速度切換訊號 SPEED 的電位為：

'0'：代表廣告燈慢速旋轉移位。
'1'：代表廣告燈快速旋轉移位。

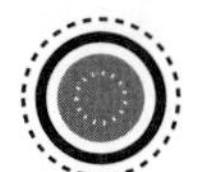

4. 行號 66～80 為一個方向可以切換的向左、向右旋轉移位記錄器，其電路方塊圖如下：

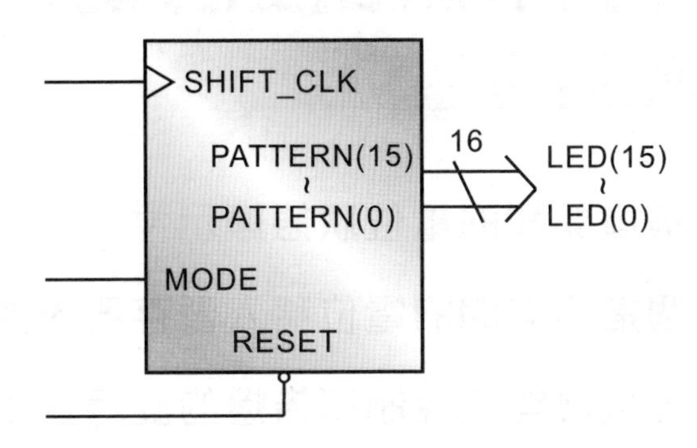

當方向切換訊號 MODE 的電位為：

'0'：代表廣告燈向左旋轉移位。

'1'：代表廣告燈向右旋轉移位。

5. 行號 86～113 為六個掃描七段顯示器的掃描顯示電路，程式結構和說明與前面相似，請自行參閱。
6. 行號 119～125 為所要顯示字型的解碼電路，它是配合上述行號 105～112 的指定內容來顯示，顯示位置與內容之間的關係如下：

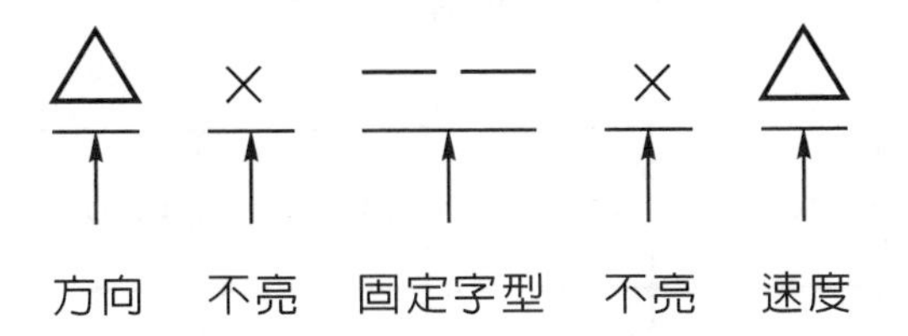

6-3 指撥開關電路控制篇

Digital Logic Design

電路實例

1. 八個指撥開關的電位狀態顯示。
2. 將一個指撥開關的電位移入暫存器內並顯示在 LED 上。
3. 以兩個指撥開關控制廣告燈的旋轉速度與方向。
4. 以一個指撥開關控制計數器的上、下算計數顯示。
5. 以八個指撥開關(兩個 BCD 值)，設定計數器的起始計數值。

指撥開關電路

指撥開關 (DIPSWITCH) 就是一個可以手動切換的 ON、OFF 開關，如果我們將它們以八個為一組，並各自串上一個 4.7 kΩ 的電阻接到 V_{CC} 時，其控制電路如下所示：

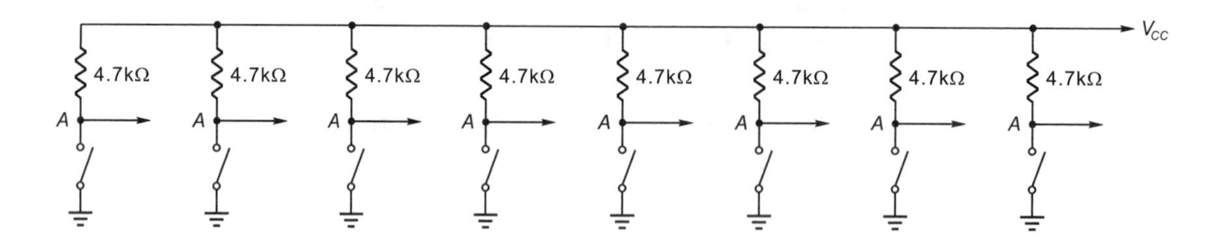

於上面的電路中，任何一個指撥開關的 A 點電位，當我們將指撥開關 DIPSWITCH 搬到：

ON 時 ：A 點的電位為低電位 '0'。

OFF 時：A 點的電位為高電位 '1'。

而其外觀如下所示：

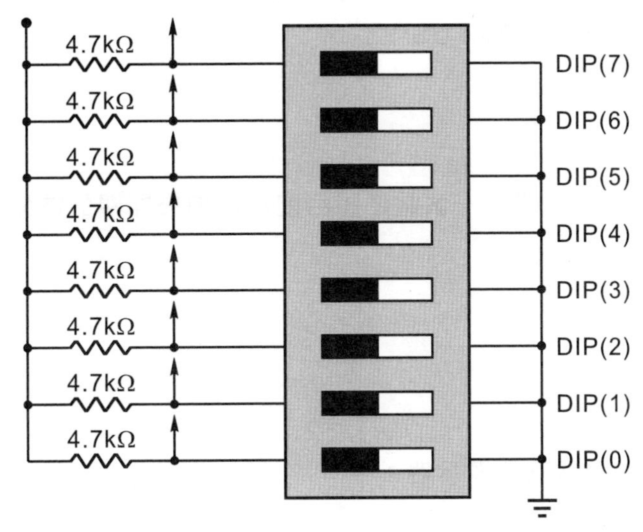

我們分別將上面指撥開關的接腳，分別接到 FPGA 或 CPLD 晶片的接腳上，如此一來我們就可以藉由搬動指撥開關的 ON、OFF 位置，將低電位 '0' 或高電位 '1' 送到 FPGA 或 CPLD 晶片的接腳去控制晶片內部電路的動作狀況 (FPGA 或 CPLD 晶片接腳位置，則視控制板不同而有所差別，不管如何，我們只要改變 "接腳指定檔案" 的內容即可)。

電路設計實例一

檔案名稱：DIPSWITCH_STATUS

電路功能描述

以八個 LED 為顯示裝置，設計一個電路將目前八個指撥開關的電位狀況顯示在上面。

實作目標

練習設計：

一個簡單的指撥開關電位顯示器。

控制電路方塊圖

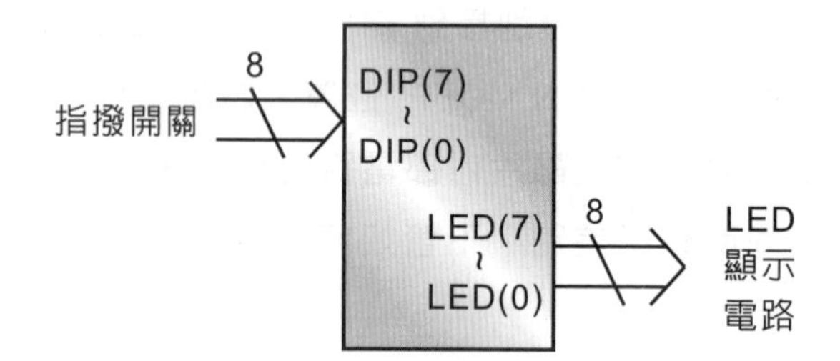

原始程式 (source program)：

```
 1  --*********************************
 2  --*  display dipswitch's status *
 3  --* Filename : DIPSWITCH_STATUS *
 4  --*********************************
 5
 6  library IEEE;
 7  use IEEE.STD_LOGIC_1164.ALL;
 8  use IEEE.STD_LOGIC_ARITH.ALL;
 9  use IEEE.STD_LOGIC_UNSIGNED.ALL;
10
11  entity DIPSWITCH_STATUS is
12      Port (DIP : in  std_logic_vector(7 downto 0);
```

```
13              LED : out std_logic_vector(7 downto 0));
14  end DIPSWITCH_STATUS;
15
16  architecture Combinational of DIPSWITCH_STATUS is
17
18  begin
19    LED <= DIP;
20
21  end Combinational;
```

重點說明：

1. 行號 1～9 的功能與前面相同。
2. 行號 11～14 宣告所要設計控制電路的外部接腳為：

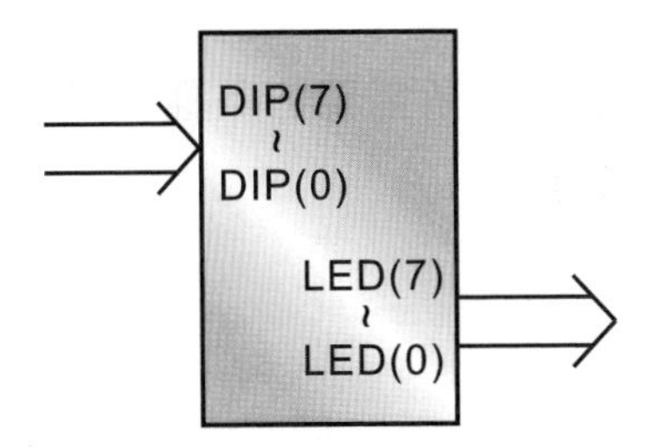

3. 行號 16～21 為所要規劃電路的描述區，我們只是將八個指撥開關的目前電位送到 LED 電路去顯示。

電路設計實例二

檔案名稱：DIPSWITCH_STATUS_SHIFT_RIGHT_IN

電路功能描述

以十六個 LED 為顯示電路，設計一個驅動電路，將第 0 個指撥開關 DIP0 的電位以向右移位的方式移入移位記錄器內，並將其移位狀況顯示在上面。

實作目標

練習設計：

1. 除頻電路，以便產生控制電路所需要的各種時基 (time base)。
2. 十六位元的向右移位記錄器。

控制電路方塊圖

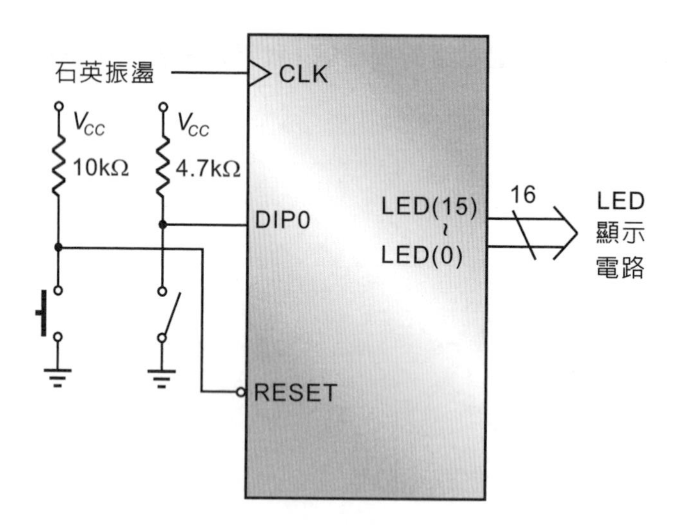

由於我們所要設計控制電路內部必須包括除頻電路、十六位元向右移位暫存器……等，因此其詳細電路的工作方塊如下：

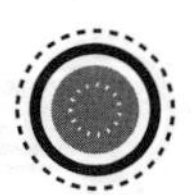

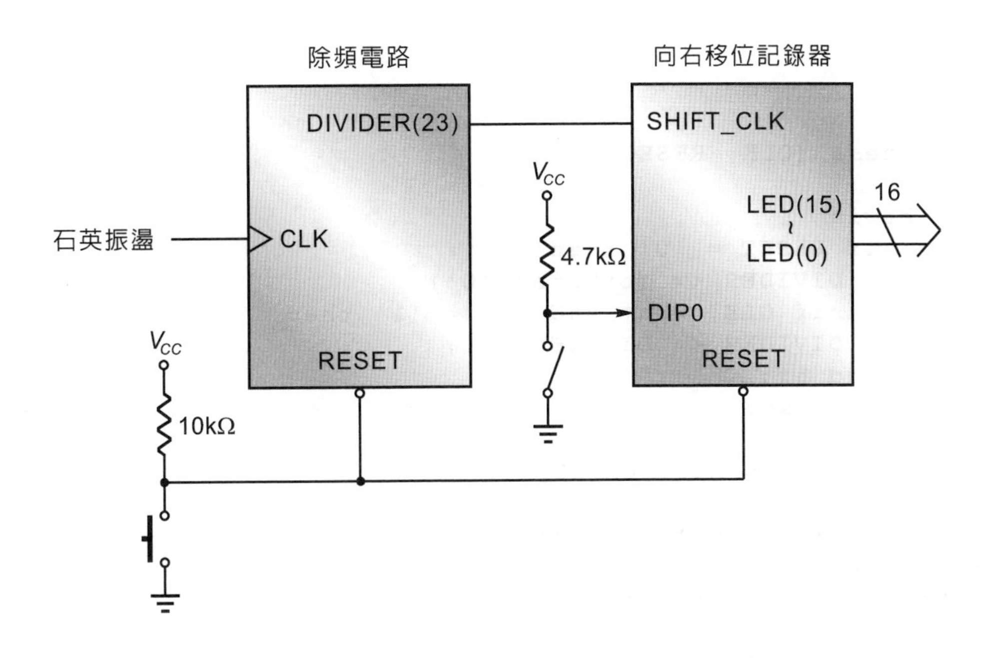

原始程式 (source program)：

```
 1  --*******************************
 2  --*  shift dipswitch_0's data   *
 3  --* right in and display in led *
 4  --* Filename : SHIFT_RIGHT_IN    *
 5  --*******************************
 6
 7  library IEEE;
 8  use IEEE.STD_LOGIC_1164.ALL;
 9  use IEEE.STD_LOGIC_ARITH.ALL;
10  use IEEE.STD_LOGIC_UNSIGNED.ALL;
11
12  entity SHIFT_RIGHT_IN is
13      Port (CLK    : in  std_logic;
14            RESET  : in  std_logic;
15            DIP0   : in  std_logic;
16            LED    : out std_logic_vector(15 downto 0));
17  end SHIFT_RIGHT_IN;
18
19  architecture Behavioral of SHIFT_RIGHT_IN is
20    signal SHIFT_CLK : std_logic;
21    signal DIVIDER   : std_logic_vector(23 downto 0);
22    signal PATTERN   : std_logic_vector(15 downto 0);
23  begin
24
25  --*********************
26  --* time base generator *
27  --*********************
```

```
28
29    process (CLK, RESET)
30
31      begin
32        if RESET = '0' then
33          DIVIDER <= (others=>'0');
34        elsif CLK'event and CLK = '1' then
35          DIVIDER <= DIVIDER + 1;
36        end if;
37    end process;
38
39    SHIFT_CLK <= DIVIDER(23);
40
41  --***************************
42  --* shift right in circuit *
43  --***************************
44
45    process (SHIFT_CLK, RESET)
46
47      begin
48        if RESET = '0' then
49          PATTERN <= (others=>'0');
50        elsif SHIFT_CLK'event and SHIFT_CLK = '1' then
51          PATTERN <= DIP0 & PATTERN(15 downto 1);
52        end if;
53    end process;
54
55    LED <= PATTERN;
56
57  end Behavioral;
```

重點說明：

1. 行號 1～10 的功能與前面相同。
2. 行號 12～17 宣告控制電路對外的控制接腳 (工作方塊圖) 為：

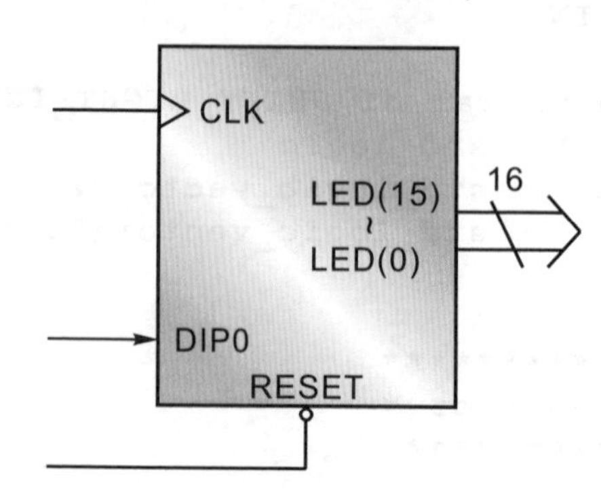

3. 行號 29～39 為一個除頻電路，其工作方塊如下：

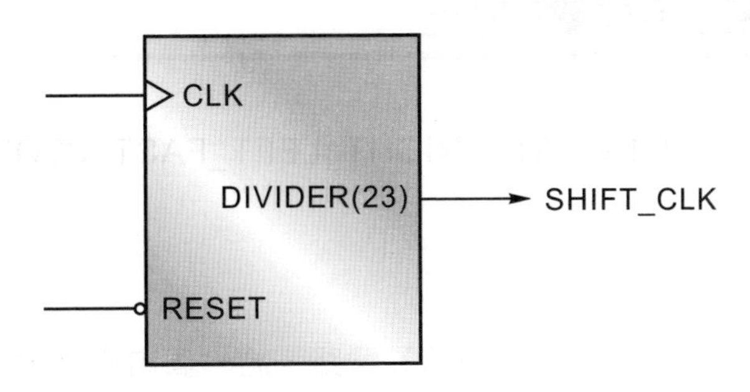

其設計流程和說明與前面相同。

4. 行號 45～55 為一個向右移位記錄器，它的工作方塊如下：

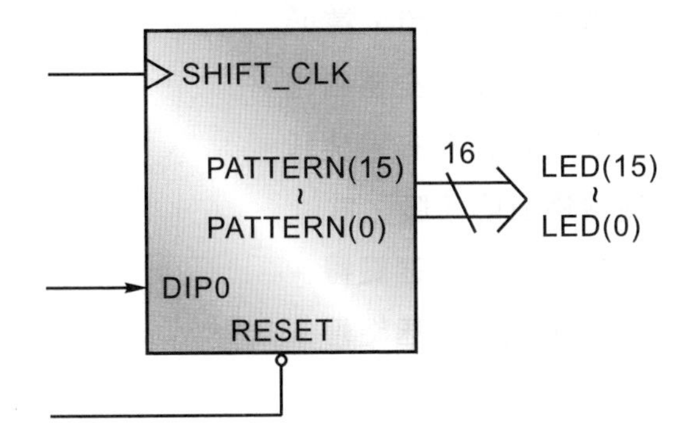

而其設計流程為：

(1) 當電路重置 reset 時，則將十六位元移位暫存器的輸出全部清除為 0 (行號 48～49)。
(2) 當移位時序 SHIFT_CLK 發生正緣變化時 (行號 50)，則將目前指撥開關 DIP0 的電位向右移入十六位元移位暫存器內 (行號 51)。
(3) 行號 55 則將十六位元移位暫存器的內容送到十六個 LED 的電路去顯示。

電路設計實例三

檔案名稱：DIPSWITCH_ROTATE_RIGHT_LEFT_FAST_SLOW

電路功能描述

以十六個 LED 為顯示電路，設計一個驅動電路，將一個由第 1 個與第 0 個指撥開關 DIP(1)、DIP(0) 的電位所控制的可以改變旋轉移位方向及速度的廣告燈內容顯示在上面，其中：

1. DIP(1) 電位控制旋轉移位的方向，當：
   (1) DIP(1)= '0' 時，電路向左邊旋轉。
   (2) DIP(1)= '1' 時，電路向右邊旋轉。
2. DIP(0) 電位控制旋轉移位的速度，當：
   (1) DIP(0)= '0' 時，電路快速旋轉。
   (2) DIP(0)= '1' 時，電路慢速旋轉。

實作目標

練習設計：

1. 除頻電路，以便產生控制電路所需要的各種時序 (time base)。
2. 多工器，以便控制移位速度。
3. 十六位元可控制旋轉方向的移位記錄器。

控制電路方塊圖

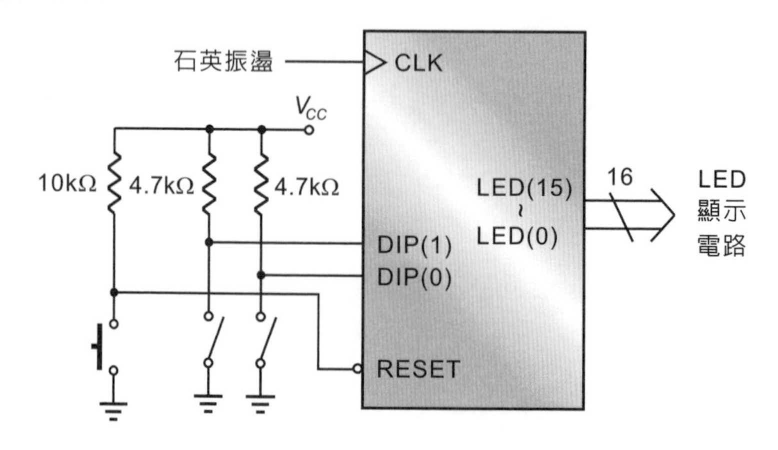

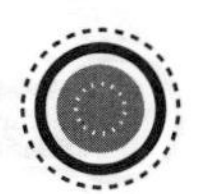

由於我們所要設計控制電路內部必須包括除頻器、多工器、可以控制旋轉移位方向及速度的十六位元移位記錄器，因此其詳細的工作方塊如下：

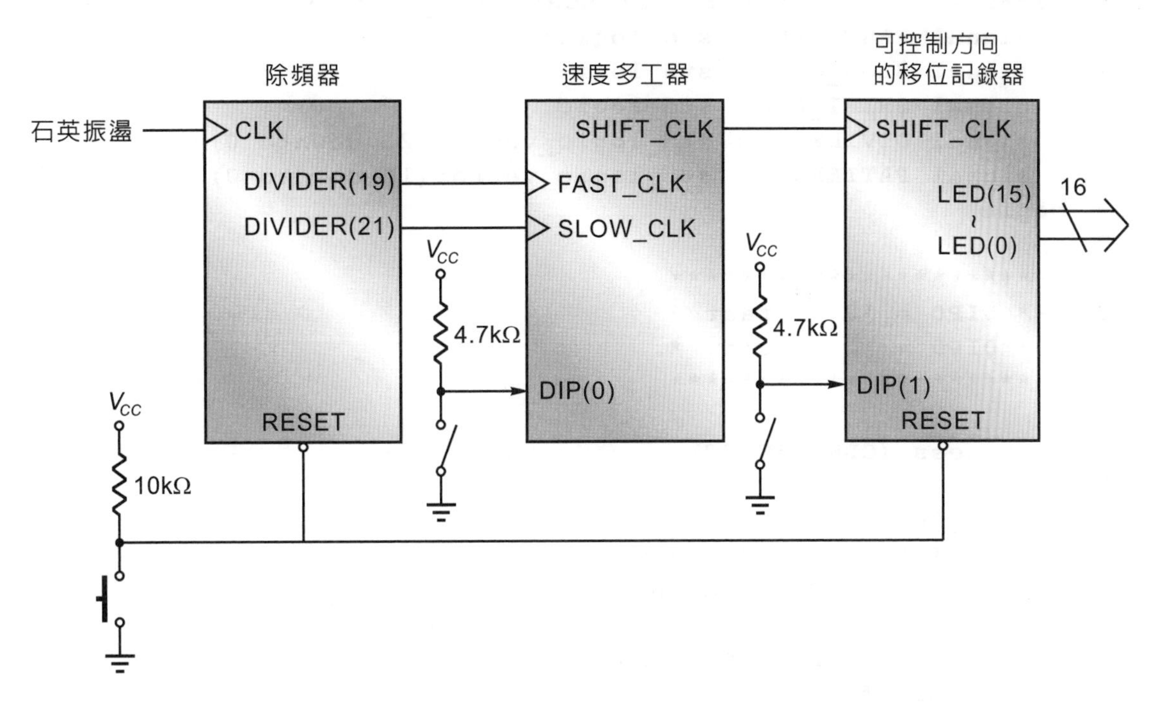

原始程式 (source program)：

```
 1  --**********************************
 2  --* 16 bits led 2 on rotate With   *
 3  --*    1. DIP0 : fast, slow        *
 4  --*    2. DIP1 : right, left       *
 5  --*   Filename : RORL_FAST_SLOW    *
 6  --**********************************
 7
 8  library IEEE;
 9  use IEEE.STD_LOGIC_1164.ALL;
10  use IEEE.STD_LOGIC_ARITH.ALL;
11  use IEEE.STD_LOGIC_UNSIGNED.ALL;
12
13  entity RORL_FAST_SLOW is
14      Port (CLK    : in  std_logic;
15            RESET  : in  std_logic;
16            DIP    : in  std_logic_vector(1 downto 0);
17            LED    : out std_logic_vector(15 downto 0));
18  end RORL_FAST_SLOW;
```

```
19
20  architecture Behavioral of RORL_FAST_SLOW is
21    signal FAST_CLK  : std_logic;
22    signal SLOW_CLK  : std_logic;
23    signal SHIFT_CLK : std_logic;
24    signal DIVIDER   : std_logic_vector(21 downto 0);
25    signal PATTERN   : std_logic_vector(15 downto 0);
26  begin
27
28  --********************
29  --* DIP0 = '0' : fast *
30  --* DIP0 = '1' : slow *
31  --********************
32
33    process (CLK, RESET)
34
35      begin
36        if RESET = '0' then
37          DIVIDER <= (others => '0');
38        elsif CLK'event and CLK = '1' then
39          DIVIDER <= DIVIDER + 1;
40        end if;
41    end process;
42
43    FAST_CLK  <= DIVIDER(19);
44    SLOW_CLK  <= DIVIDER(21);
45    SHIFT_CLK <= FAST_CLK when DIP(0) = '0' else SLOW_CLK;
46
47  --****************************
48  --* DIP1 = '0' : rotate left  *
49  --* DIP1 = '1' : rotate right *
50  --****************************
51
52    process (SHIFT_CLK, RESET)
53
54      begin
55        if RESET = '0' then
56          PATTERN <= x"C000";
57        elsif SHIFT_CLK'event and SHIFT_CLK = '1' then
58          if DIP(1) = '0' then
59            PATTERN <= PATTERN(14 downto 0) & PATTERN(15);
60          else
61            PATTERN <= PATTERN(0) & PATTERN(15 downto 1);
```

```
62            end if;
63          end if;
64      end process;
65
66      LED <= PATTERN;
67
68  end Behavioral;
```

重點說明：

1. 行號 1～25 的功能與前面相同。
2. 行號 33～44 為一個除頻電路，它的工作方塊如下：

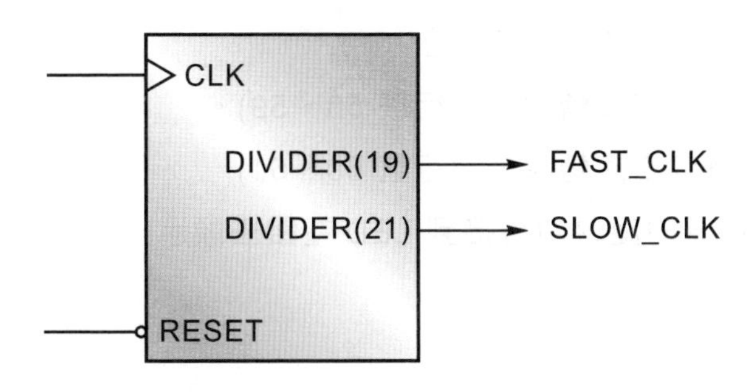

其目的在產生旋轉移位暫存器的快速 FAST_CLK 與慢速 SLOW_CLK 時序。

3. 行號 45 為一個以第 0 個指撥開關 DIP(0) 為選擇訊號的 2 對 1 多工器，其工作方塊如下：

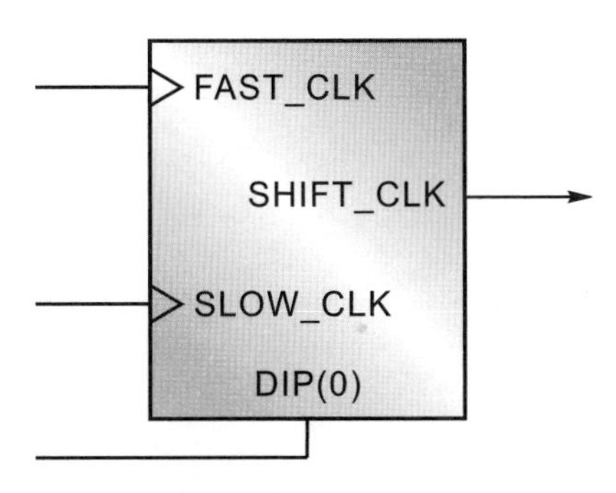

當第 0 個指撥開關 DIP(0) 的電位：

(1) '0'：選擇快速移位時序 FAST_CLK。

(2) '1'：選擇慢速移位時序 SLOW_CLK。

4. 行號 52～64 為一個以第 1 個指撥開關 DIP(1) 為控制訊號的十六位元向左或向右旋轉移位記錄器，它的工作方塊圖如下：

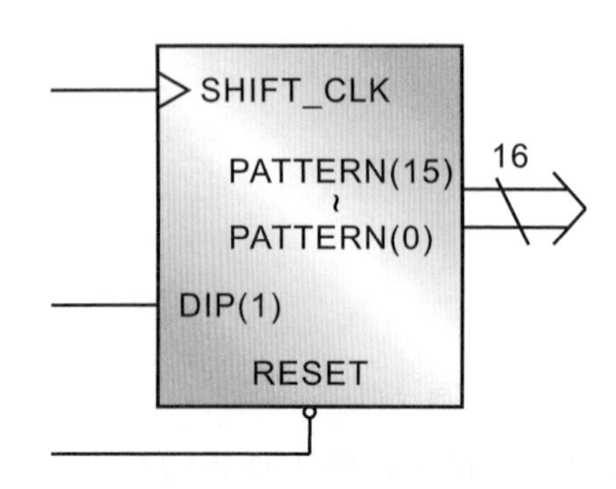

當第 1 個指撥開關 DIP(1) 的電位：

(1) '0'：選擇向左旋轉移位 (行號 58～59)。

(2) '1'：選擇向右旋轉移位 (行號 60～61)。

5. 行號 66 將暫存器的旋轉內容接到 LED 電路去顯示。

電路設計實例四

檔案名稱：DIPSWITCH_UP_DOWN_COUNTER

電路功能描述

以六個掃描式七段顯示器為顯示電路，設計一個驅動電路，將一個由第 0 個指撥開關 DIP0 之電位所控制的可以上算或下算的兩位數 00～59 計數器的計數內容顯示在上面，其中：

1. DIP0＝ '0' 時，計數器執行上算 00～59。
2. DIP0＝ '1' 時，計數器執行下算 59～00。

實作目標

練習設計：

1. 除頻電路，以便產生控制電路所需要的工作時序 (time base)。
2. BCD 對共陽極七段顯示解碼器。
3. 可以控制上算或下算的兩位數 00～59 計數器。
4. 六個掃描式七段顯示器二個亮的控制電路。

控制電路方塊圖

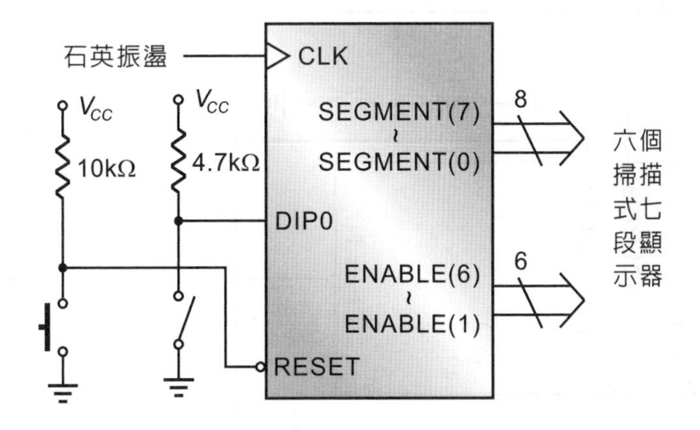

由於我們所要設計控制電路的內部必須包括除頻器，可控制上、下算計數器，七段顯示掃描電路……等，因此其詳細的電路方塊圖如下：

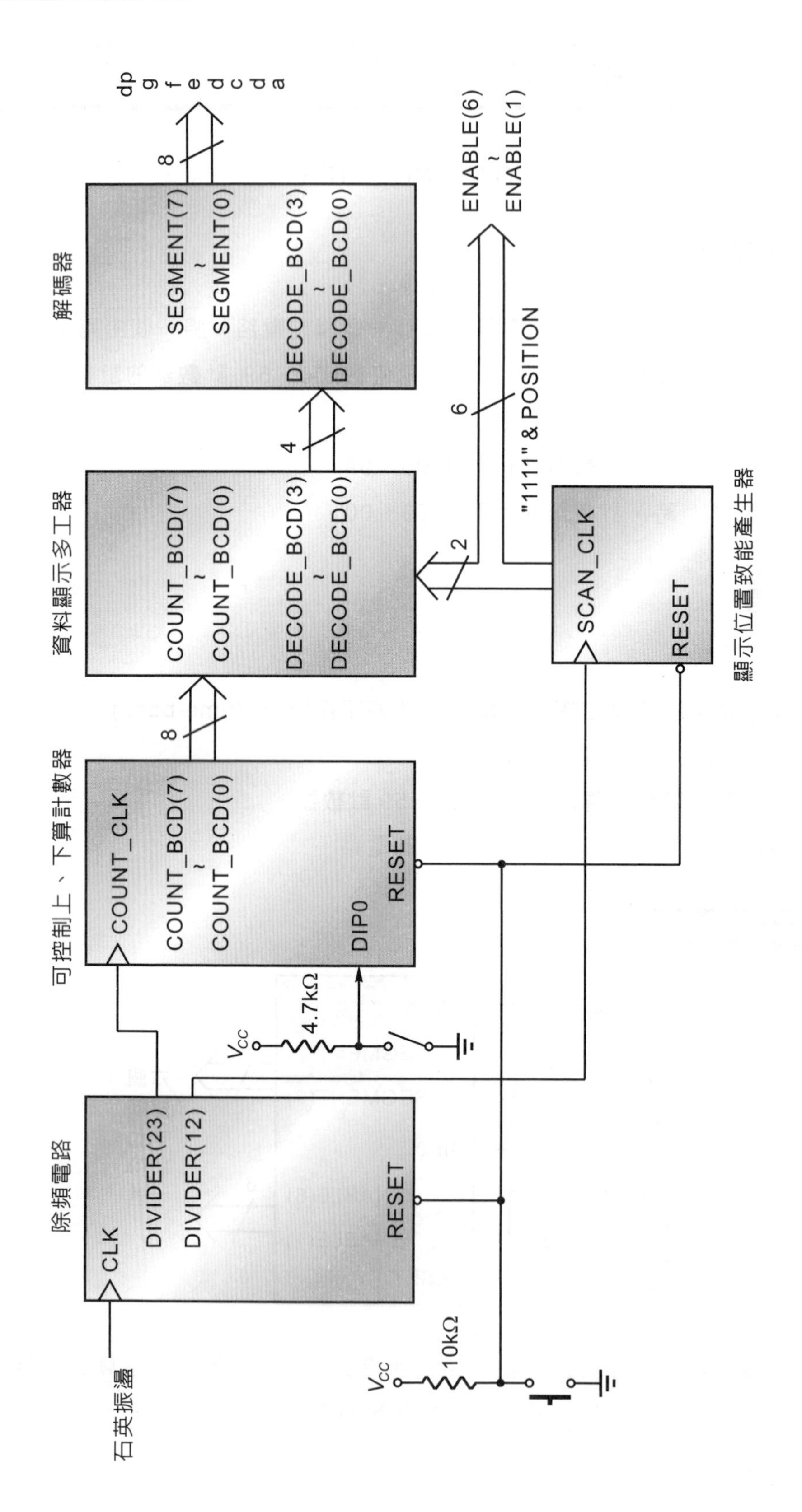

除頻電路
CLK
DIVIDER(23)
DIVIDER(12)
RESET
石英振盪
V_{CC}
10kΩ
可控制上、下算計數器
COUNT_CLK
COUNT_BCD(7)
~
COUNT_BCD(0)
DIP0
RESET
V_{CC}
4.7kΩ
8
資料顯示多工器
COUNT_BCD(7)
~
COUNT_BCD(0)
DECODE_BCD(3)
~
DECODE_BCD(0)
4
解碼器
SEGMENT(7)
~
SEGMENT(0)
DECODE_BCD(3)
~
DECODE_BCD(0)
8
dp
g
f
e
d
c
b
a
ENABLE(6)
~
ENABLE(1)
6
"1111" & POSITION
2
SCAN_CLK
RESET
顯示位置致能產生器

原始程式 (source program)：

```
 1  --******************************
 2  --*   up_down counter which     *
 3  --*        decided by DIP0      *
 4  --* Filename : UP_DOWN_COUNTER *
 5  --******************************
 6
 7  library IEEE;
 8  use IEEE.STD_LOGIC_1164.ALL;
 9  use IEEE.STD_LOGIC_ARITH.ALL;
10  use IEEE.STD_LOGIC_UNSIGNED.ALL;
11
12  entity UP_DOWN_COUNTER is
13      Port (CLK      : in  std_logic;
14            RESET    : in  std_logic;
15            DIP0     : in  std_logic;
16            ENABLE   : out std_logic_vector(6 downto 1);
17            SEGMENT  : out std_logic_vector(7 downto 0));
18  end UP_DOWN_COUNTER;
19
20  architecture Behavioral of UP_DOWN_COUNTER is
21    signal SCAN_CLK    : std_logic;
22    signal COUNT_CLK   : std_logic;
23    signal POSITION    : std_logic_vector(2 downto 1);
24    signal DIVIDER     : std_logic_vector(23 downto 0);
25    signal COUNT_BCD   : std_logic_vector(7 downto 0);
26    signal DECODE_BCD  : std_logic_vector(3 downto 0);
27  begin
28
29  --**********************
30  --* time base generator *
31  --**********************
32
33    process (CLK, RESET)
34
35      begin
36        if RESET = '0' then
37          DIVIDER <= (others => '0');
38        elsif CLK'event and CLK = '1' then
39          DIVIDER <= DIVIDER + 1;
40        end if;
41    end process;
```

```
42
43    SCAN_CLK  <= DIVIDER(12);
44    COUNT_CLK <= DIVIDER(23);
45
46  --**********************************
47  --* up down counter decided by DIP0 *
48  --**********************************
49
50    process (COUNT_CLK, RESET)
51
52      begin
53        if RESET = '0' then
54          COUNT_BCD <= x"00";
55        elsif COUNT_CLK'event and COUNT_CLK  = '1' then
56          if DIP0 = '0' then
57            if COUNT_BCD(3 downto 0)  = x"9" then
58              COUNT_BCD(3 downto 0) <= x"0";
59              COUNT_BCD(7 downto 4) <= COUNT_BCD(7 downto 4) + 1;
60            else
61              COUNT_BCD(3 downto 0) <= COUNT_BCD(3 downto 0) + 1;
62            end if;
63
64            if COUNT_BCD = x"59" then
65              COUNT_BCD<= x"00";
66            end if;
67          else
68            if COUNT_BCD(3 downto 0) = x"0" then
69              COUNT_BCD(3 downto 0) <= x"9";
70              COUNT_BCD(7 downto 4) <= COUNT_BCD(7 downto 4) - 1;
71            else
72              COUNT_BCD(3 downto 0) <= COUNT_BCD(3 downto 0) - 1;
73            end if;
74
75            if COUNT_BCD = x"00" then
76              COUNT_BCD <= x"59";
77            end if;
78          end if;
79        end if;
80    end process;
81
82  --***************************
83  --* enable display location *
84  --***************************
85
```

```
86    process (SCAN_CLK, RESET)
87
88      begin
89        if RESET = '0' then
90          POSITION <= "10";
91        elsif SCAN_CLK'event and SCAN_CLK = '1' then
92          POSITION <= POSITION(1) & POSITION(2);
93        end if;
94    end process;
95
96    ENABLE <= "1111" & POSITION;
97
98 --***********************
99 --* select display data *
100 --***********************
101
102   process (POSITION, COUNT_BCD)
103
104     begin
105       case POSITION is
106         when "10"   => DECODE_BCD <= COUNT_BCD(3 downto 0);
107         when others => DECODE_BCD <= COUNT_BCD(7 downto 4);
108       end case;
109   end process;
110
111 --*********************************
112 --* BCD to seven segment decoder *
113 --*********************************
114
115   with DECODE_BCD select
116     SEGMENT <='1' & "1000000" when x"0",    -- 0
117               '1' & "1111001" when x"1",    -- 1
118               '1' & "0100100" when x"2",    -- 2
119               '1' & "0110000" when x"3",    -- 3
120               '1' & "0011001" when x"4",    -- 4
121               '1' & "0010010" when x"5",    -- 5
122               '1' & "0000010" when x"6",    -- 6
123               '1' & "1111000" when x"7",    -- 7
124               '1' & "0000000" when x"8",    -- 8
125               '1' & "0010000" when x"9",    -- 9
126               '1' & "1111111" when others;
127
128 end Behavioral;
```

重點說明：

1. 行號 1～26 的功能與前面相同。
2. 行號 33～44 為一個除頻電路，它的工作方塊如下：

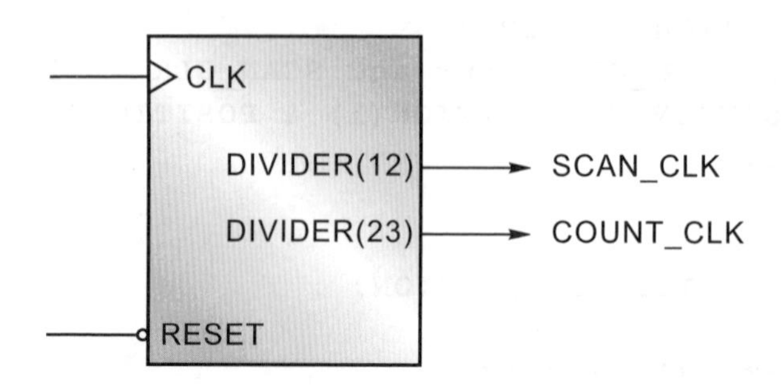

於其輸出端之訊號：

(1) SCAN_CLK：用來做為七段顯示的掃描時序。

(2) COUNT_CLK：用來做為上、下算電路的計數時序。

3. 行號 50～80 為一個由第 0 個指撥開關 DIP0 電位所控制的上、下算計數器，它的工作方塊如下：

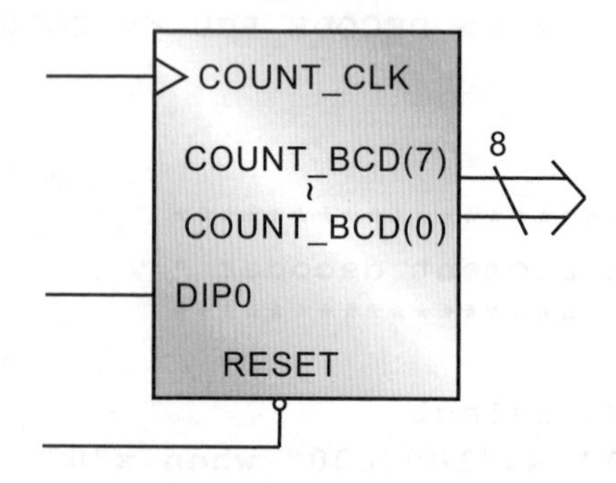

當指撥開關 DIP0 的電位：

(1) '0'：計數器執行上算的工作 (行號 56～66)。

(2) '1'：計數器執行下算的工作 (行號 67～78)。

而其設計流程和說明與前面相似，請自行參閱。

4. 行號 86～128 的功能與前面相同。

電路設計實例五

檔案名稱：DIPSWITCH_LOADABLE_UP_COUNTER_2DIGS

電路功能描述

以六個掃描式七段顯示器為顯示電路，設計一個驅動電路，將八個指撥開關 DIP(7)～DIP(0) 的電位當成兩個位數上算計數器的起始值 (BCD)，並將其計數狀況顯示在上面，八個指撥開關的位置所代表的意義為：

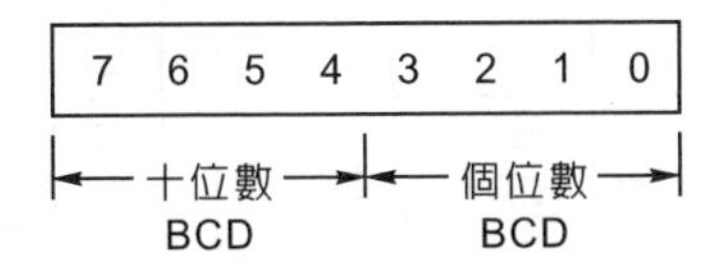

實作目標

練習設計：

1. 除頻電路，以便產生控制電路所需要的工作時序 (time base)。
2. BCD 對共陽極七段顯示解碼器。
3. 可以載入的兩位數 ΔΔ～99 上算計數器。
4. 六個掃描式七段顯示器二個顯示的控制電路。

控制電路方塊圖

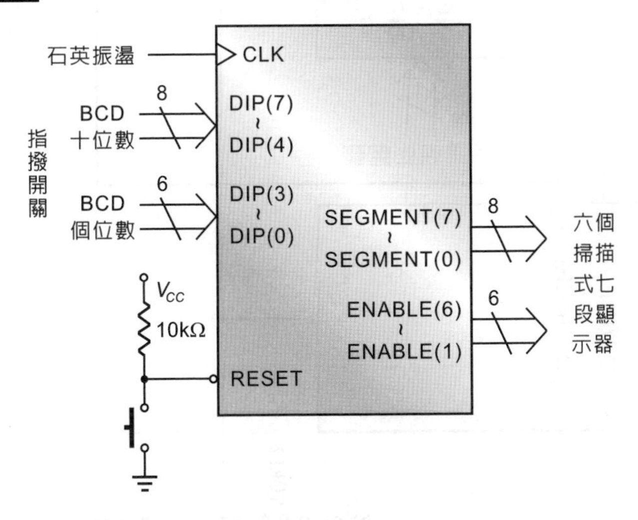

由於我們所要設計控制電路內部必須包括除頻器、兩位數可載入的上算計數器、七段顯示掃描電路……等，因此其詳細的電路方塊圖如下：

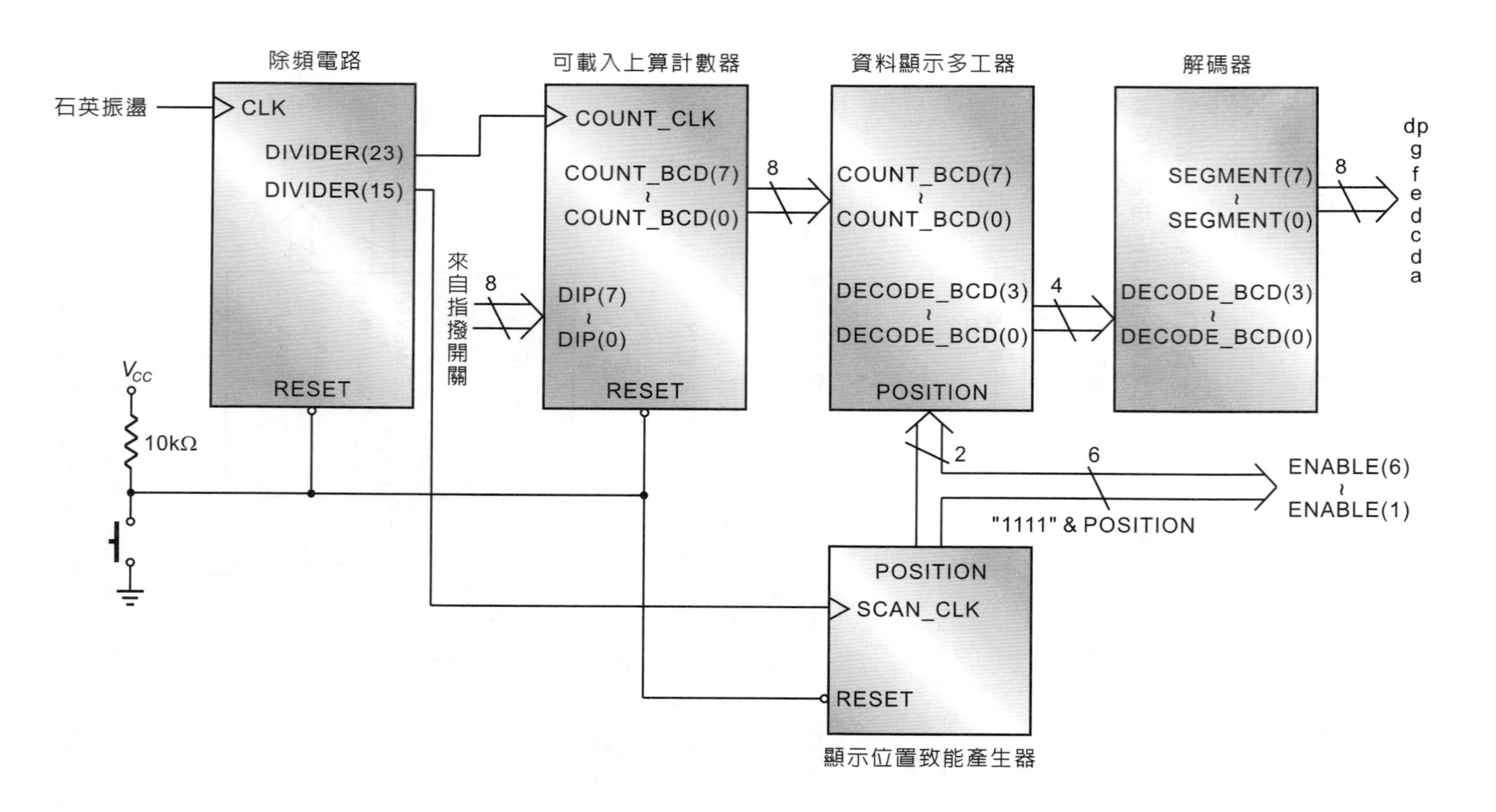

除頻電路
石英振盪
CLK
DIVIDER(23)
DIVIDER(15)
RESET
V_{CC}
10kΩ
可載入上算計數器
COUNT_CLK
COUNT_BCD(7)
~
COUNT_BCD(0)
8
來自指撥開關
DIP(7)
~
DIP(0)
RESET
資料顯示多工器
COUNT_BCD(7)
~
COUNT_BCD(0)
DECODE_BCD(3)
~
DECODE_BCD(0)
POSITION
4
解碼器
SEGMENT(7)
~
SEGMENT(0)
DECODE_BCD(3)
~
DECODE_BCD(0)
8
dp
g
f
e
d
c
d
a
2
6
ENABLE(6)
~
ENABLE(1)
"1111" & POSITION
POSITION
SCAN_CLK
RESET
顯示位置致能產生器

原始程式 (source program)：

```
1   --*********************************
2   --* 2 digs loadable BCD up counter *
3   --* start number set by DIP7_DIP0  *
4   --* Filename : LOADABLE_UP_COUNTER *
5   --*********************************
6
7   library IEEE;
8   use IEEE.STD_LOGIC_1164.ALL;
9   use IEEE.STD_LOGIC_ARITH.ALL;
10  use IEEE.STD_LOGIC_UNSIGNED.ALL;
11
12  entity LOADABLE_UP_COUNTER is
13      Port ( CLK       : in  std_logic;
14             RESET     : in  std_logic;
15             DIP       : in  std_logic_vector(7 downto 0);
16             ENABLE    : out std_logic_vector(6 downto 1);
17             SEGMENT   : out std_logic_vector(7 downto 0));
18  end LOADABLE_UP_COUNTER;
19
20  architecture Behavioral of LOADABLE_UP_COUNTER is
21    signal SCAN_CLK      : std_logic;
22    signal COUNT_CLK     : std_logic;
23    signal DIVIDER       : std_logic_vector(23 downto 0);
24    signal COUNT_BCD     : std_logic_vector(7 downto 0);
25    signal DECODE_BCD    : std_logic_vector(3 downto 0);
26    signal POSITION      : std_logic_vector(2 downto 1);
27  begin
28
29  --***********************
30  --* time base generator *
31  --***********************
32
33    process (CLK, RESET)
34
35      begin
36        if RESET    = '0' then
37          DIVIDER <= (others =>'0');
38        elsif CLK'event and CLK = '1' then
39          DIVIDER <= DIVIDER + 1;
40        end if;
41    end process;
```

```
42
43     SCAN_CLK  <= DIVIDER(15);
44     COUNT_CLK <= DIVIDER(23);
45
46  --*********************************
47  --* loadable BCD up counter :      *
48  --*   1. DIP 3 downto 0 : BCD'LSD *
49  --*   2. DIP 7 downto 4 : BCD'MSD *
50  --*********************************
51
52     process (COUNT_CLK, RESET, DIP)
53
54       begin
55         if RESET     = '0' then
56           COUNT_BCD <= DIP;
57         elsif COUNT_CLK'event and COUNT_CLK  = '1' then
58           if COUNT_BCD(3 downto 0)  = x"9" then
59             COUNT_BCD(3 downto 0) <= x"0";
60             COUNT_BCD(7 downto 4) <= COUNT_BCD(7 downto 4) + 1;
61           else
62             COUNT_BCD(3 downto 0) <= COUNT_BCD(3 downto 0) + 1;
63           end if;
64
65           if COUNT_BCD  = x"99" then
66             COUNT_BCD <= DIP;
67           end if;
68         end if;
69     end process;
70
71  --***************************
72  --* enable display location *
73  --***************************
74
75     process (SCAN_CLK, RESET)
76
77       begin
78         if RESET     = '0' then
79           POSITION <= "10";
80         elsif SCAN_CLK'event and SCAN_CLK = '1' then
81           POSITION <= POSITION(1) & POSITION(2);
82         end if;
83     end process;
84
```

```
85    ENABLE <= "1111" & POSITION;
86
87  --**********************
88  --* select display data *
89  --**********************
90
91    process (POSITION, COUNT_BCD)
92
93      begin
94        case POSITION is
95          when "10"   => DECODE_BCD <= COUNT_BCD(3 downto 0);
96          when others => DECODE_BCD <= COUNT_BCD(7 downto 4);
97        end case;
98    end process;
99
100 --********************************
101 --* BCD to seven segment decoder *
102 --********************************
103
104   with DECODE_BCD select
105     SEGMENT <= '1' & "1000000" when x"0",   -- 0
106                '1' & "1111001" when x"1",   -- 1
107                '1' & "0100100" when x"2",   -- 2
108                '1' & "0110000" when x"3",   -- 3
109                '1' & "0011001" when x"4",   -- 4
110                '1' & "0010010" when x"5",   -- 5
111                '1' & "0000010" when x"6",   -- 6
112                '1' & "1111000" when x"7",   -- 7
113                '1' & "0000000" when x"8",   -- 8
114                '1' & "0010000" when x"9",   -- 9
115                '1' & "1111111" when others;
116
117 end Behavioral;
```

重點說明：

1. 行號 1～44 的功能與前面相同。
2. 行號 52～69 為一個可以載入的上算計數器，它的工作方塊如下：

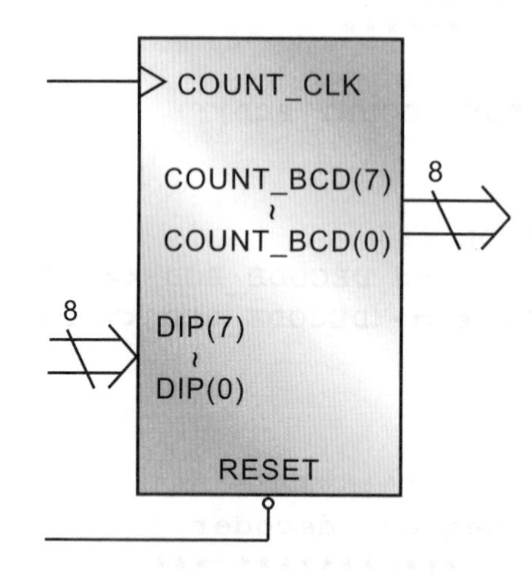

它是一個兩位數的上算計數器，而其開始的計數值則由指撥開關載入 (行號 56 與行號 66)，程式的設計流程與前面相似，請自行參閱。

3. 行號 75～115 的功能與前面相同。

6-4 彩色LED點矩陣顯示電路控制篇

Digital Logic Design

電路實例

1. 固定一個紅色字型顯示。
2. 不斷重覆固定十六個黃色字型顯示。
3. 不斷重覆由下往上移位十四個黃色字型顯示。
4. 紅綠燈速度可變、行動小綠人顯示。
5. 多樣化紅色動態圖形顯示。

彩色 LED 點矩陣基本結構

彩色 LED 點矩陣為一組彩色 LED，為了減少接線數量，以行 (column)、列 (row) 方式連接而成的裝置元件，一個擁有紅 (red)、綠 (green)、黃 (yellow) 三種顯示色彩的 8×8 LED 點矩陣結構即如下圖所示：

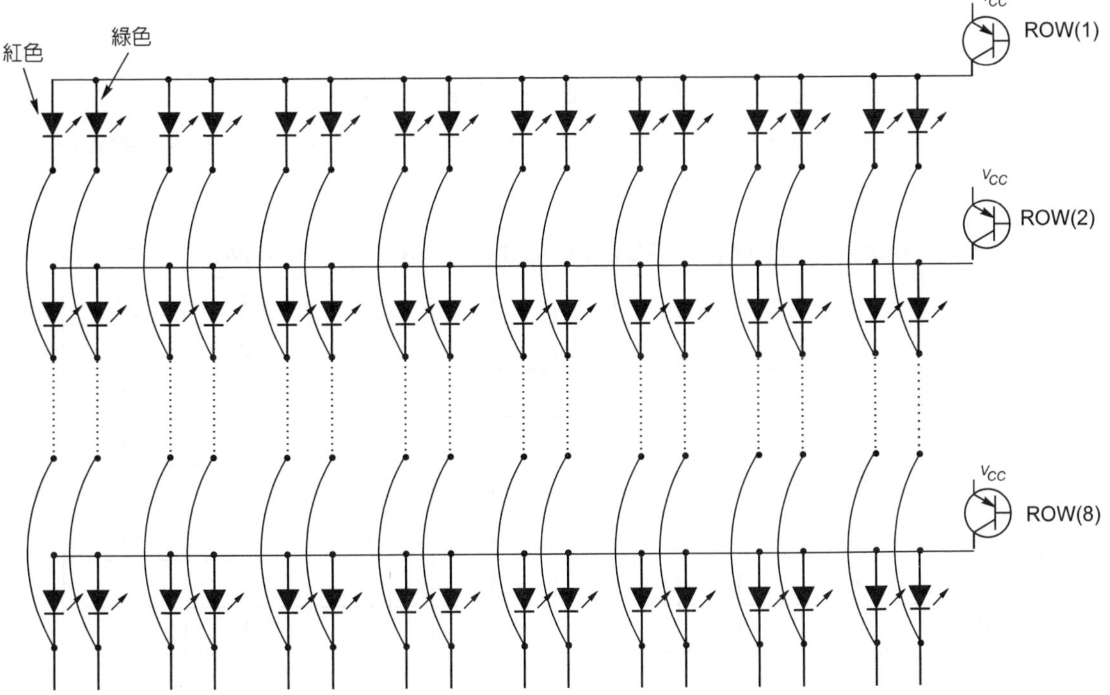

於上面的彩色 LED 點矩陣結構中：

1. 8×8＝64 個紅色 LED，以行 (CRn)、列 (ROWn) 方式連接。
2. 8×8＝64 個綠色 LED，以行 (CRn)、列 (ROWn) 方式連接。
3. 為了提升 LED 的驅動電流，我們在每一組列 (ROW) 的 LED 陽極上加入一個 PNP 電晶體。
4. 要讓第一列、第一行的紅色 LED 發亮時，必須在 ROW(1) 加入低電位 '0'，同時在 CR(1) 上加入低電位 '0'。
5. 要讓第一列、第一行的綠色 LED 發亮時，必須在 ROW(1) 加入低電位 '0'，同時在 CG(1) 上加入低電位 '0'。
6. 要讓第一列、第一行的點矩陣發出黃色的亮光時，必須在第一列 ROW(1)，第一行的紅色 LED CR(1)、綠色 LED CG(1) 上同時加入低電位 '0'。
7. 要讓第一列、第一行的紅色 LED 以及第三列，第三行的紅色 LED 同時發亮時，必須以掃描的方式實現，也就是：
   (1) 在第一列 ROW(1)、第一行的紅色 LED CR(1) 上同時加入低電位 '0' 將 LED 點亮。
   (2) 在第三列 ROW(3)、第三行的紅色 LED CR(3) 上同時加入低電位 '0' 將 LED 點亮 (此時步驟一的 LED 已經不亮)。
   (3) 重覆第 (1)，(2) 的步驟不斷掃描，並利用人類眼睛視覺暫留 1/16 秒的特性，即可達到兩個 LED 點矩陣同時顯示紅色。

綜合前面的敘述我們可以知道，要控制 LED 點矩陣的方式為：

1. 在列位置 (ROW) 以掃描方式依次讓 LED 的陽極加入驅動電位 (在 ROW 位置依次加入低電位 '0')，其狀況如下：

ROW(8)	ROW(7)	ROW(6)	ROW(5)	ROW(4)	ROW(3)	ROW(2)	ROW(1)
1	1	1	1	1	1	1	0
1	1	1	1	1	1	0	1
1	1	1	1	1	0	1	1
1	1	1	1	0	1	1	1
1	1	1	0	1	1	1	1
1	1	0	1	1	1	1	1
1	0	1	1	1	1	1	1
0	1	1	1	1	1	1	1

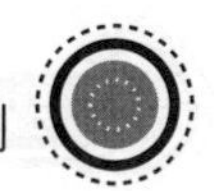

2. 在相對應的行 (COLUMN) 位置上加入所要顯示的字型 (低電位 '0' 點亮)

如果我們以 LED 點矩陣的方塊圖來表示時，其狀況如下：

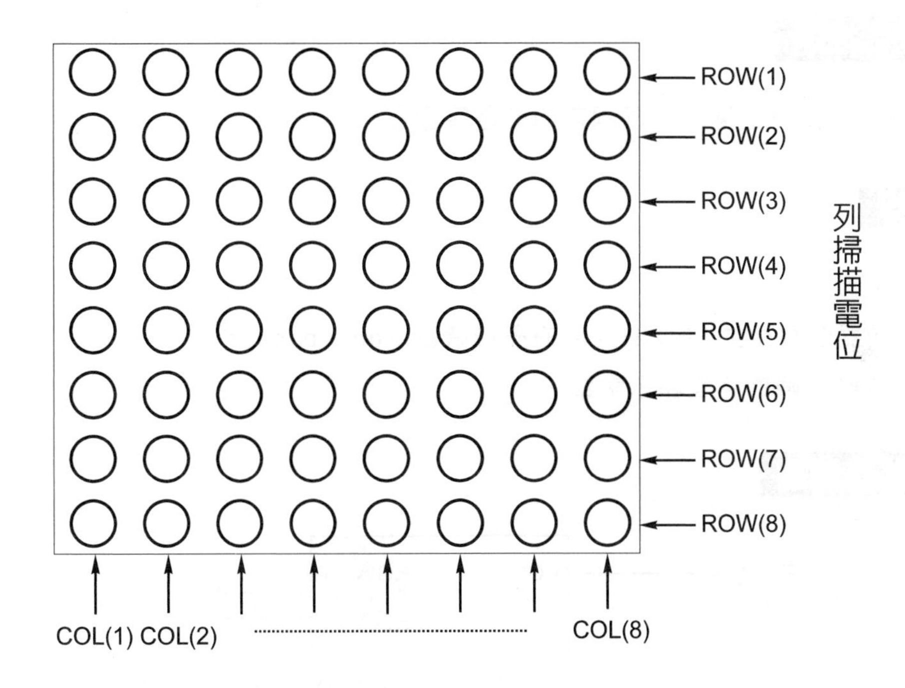

電路設計實例一

檔案名稱：FIX_DISPLAY_RED_IDIG

電路功能描述

在彩色 LED 點矩陣上顯示一個固定的紅色字型三。

實作目標

練習設計：

1. 除頻器以便產生 LED 點矩陣的掃描時基 (time base)。
2. LED 點矩陣的字型顯示電路。

控制電路方塊圖

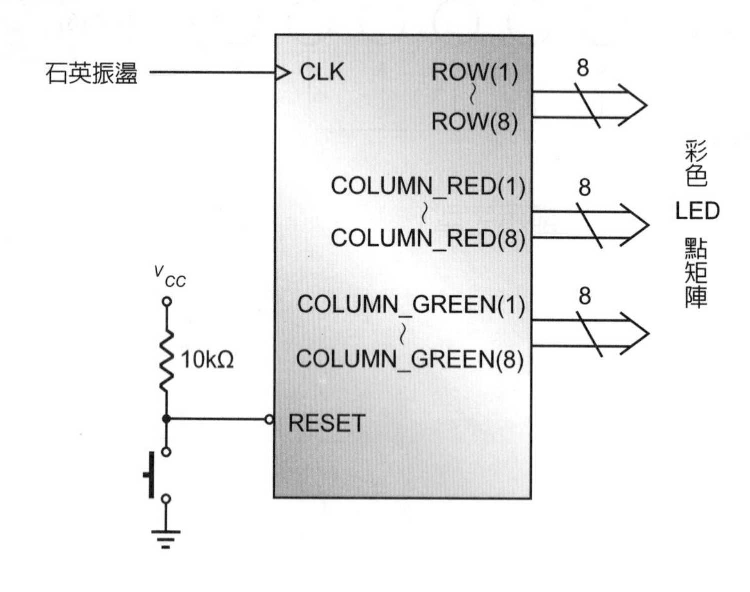

而其內部的詳細方塊如下：

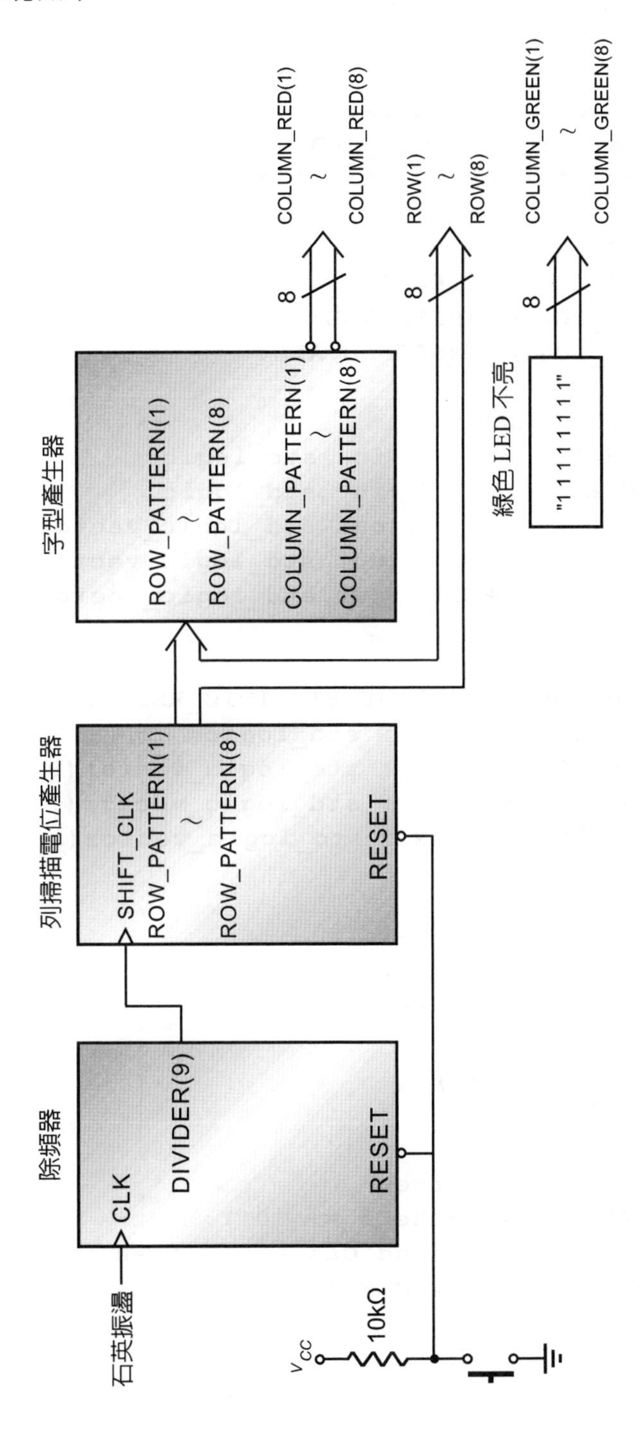

原始程式 (source program)：

```
 1  --*******************************
 2  --* display 1dig fix character *
 3  --*   Filename : FIX_1DIG_RED   *
 4  --*******************************
 5
 6  library IEEE;
 7  use IEEE.STD_LOGIC_1164.ALL;
 8  use IEEE.STD_LOGIC_ARITH.ALL;
 9  use IEEE.STD_LOGIC_UNSIGNED.ALL;
10
11  entity FIX_1DIG_RED is
12      Port (RESET        : in  std_logic;
13            CLK          : in  std_logic;
14            ROW          : out std_logic_vector(1 to 8);
15            COLUMN_RED   : out std_logic_vector(1 to 8);
16            COLUMN_GREEN : out std_logic_vector(1 to 8));
17  end FIX_1DIG_RED;
18
19  architecture Behavioral of FIX_1DIG_RED is
20    signal SHIFT_CLK      : std_logic;
21    signal DIVIDER        : std_logic_vector(9 downto 0);
22    signal ROW_PATTERN    : std_logic_vector(1 to 8);
23    signal COLUMN_PATTERN : std_logic_vector(1 to 8);
24  begin
25
26  --***********************
27  --* time base generator *
28  --***********************
29
30    process (CLK, RESET)
31
32      begin
33        if RESET = '0' then
34          DIVIDER <= (others => '0');
35        elsif CLK'event and CLK = '1' then
36          DIVIDER <= DIVIDER + 1;
37        end if;
38    end process;
39
40    SHIFT_CLK <= DIVIDER(9);
41
```

```
42 --************************
43 --* scanning and display *
44 --************************
45
46   process (SHIFT_CLK, RESET, ROW_PATTERN)
47
48     begin
49       if RESET = '0' then
50         ROW_PATTERN <= "01111111";
51       elsif SHIFT_CLK'event and SHIFT_CLK = '1' then
52         ROW_PATTERN <= ROW_PATTERN(8) & ROW_PATTERN(1 to 7);
53       end if;
54
55       case ROW_PATTERN is
56         when "01111111"  => COLUMN_PATTERN <= "00000000";
57         when "10111111"  => COLUMN_PATTERN <= "00111100";
58         when "11011111"  => COLUMN_PATTERN <= "00000000";
59         when "11101111"  => COLUMN_PATTERN <= "00111100";
60         when "11110111"  => COLUMN_PATTERN <= "00000000";
61         when "11111011"  => COLUMN_PATTERN <= "11111111";
62         when "11111101"  => COLUMN_PATTERN <= "00000000";
63         when "11111110"  => COLUMN_PATTERN <= "00000000";
64         when others      => COLUMN_PATTERN <= "00000000";
65       end case;
66   end process;
67
68   ROW            <= ROW_PATTERN;
69   COLUMN_GREEN   <= x"FF";
70   COLUMN_RED     <= not COLUMN_PATTERN;
71
72 end Behavioral;
```

重點說明：

1. 行號 1～23 的功能與前面相同。
2. 行號 30～40 為一個除頻器，用以產生 LED 點矩陣的列 (ROW) 掃描時序 SHIFT_CLK，其週期為：

$$T = 25 \times 10^{-9} \times 2^{10} = 0.0256 \text{ msec}$$

3. 行號 46～53 為一個 LED 點矩陣的列 (ROW) 掃描電位產生器，其電路方塊圖如下：

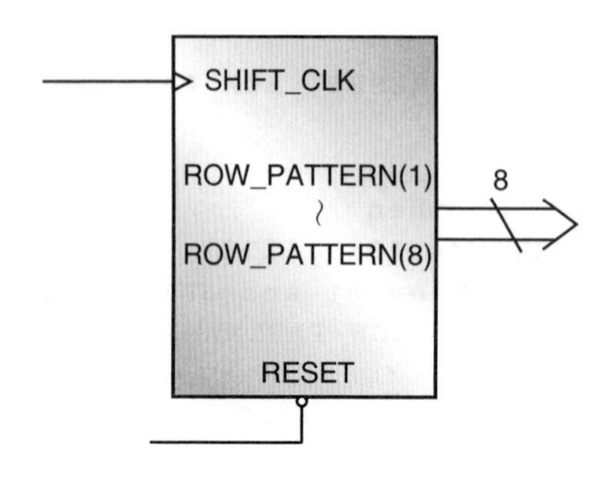

而其設計流程為：

(1) 當硬體電路發生重置 RESET 時，將列掃描的電位設定成 "01111111"，以便加入第一列 ROW(1) LED 點矩陣的陽極電壓 (行號 49～50)。

(2) 當列掃描時序發生正緣變化時 (行號 51)，將掃描電位向右邊旋轉一次(行號 52)，以便產生加入下一列 LED 點矩陣的陽極電壓。

4. 行號 55～65 則依列掃描電位的指定，從行 (COLUMN) 加入所要顯示的字型。

5. 行號 68～70 則將電路內部的訊號線，分別接到輸出埠去控制彩色 LED 點矩陣，由於我們所要顯示的顏色為紅色，因此綠色 LED 不亮 (行號 69)。

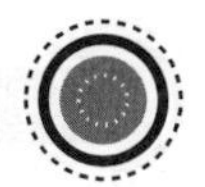

電路設計實例二

檔案名稱：FIX_DISPLAY_16DIGS_YELLOW

電路功能描述

在彩色 LED 點矩陣上，不斷重覆固定顯示黃色的 0～F 等十六個字型。

實作目標

練習設計：

1. 除頻器，以便產生控制 LED 點矩陣所需要的時基 (time base)。
2. 唯讀記憶體 ROM，並在內部儲存所要顯示的字型。
3. LED 點矩陣的字型顯示電路。

控制電路方塊圖

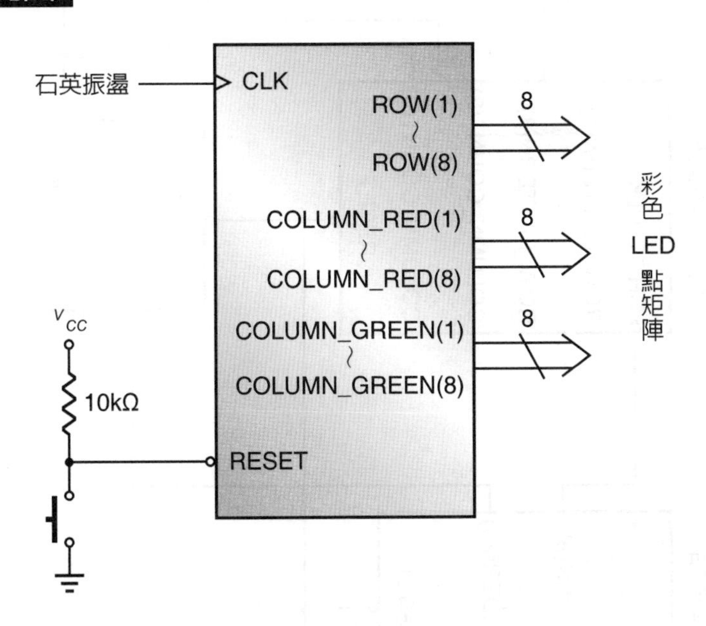

而其內部的詳細方塊如下：

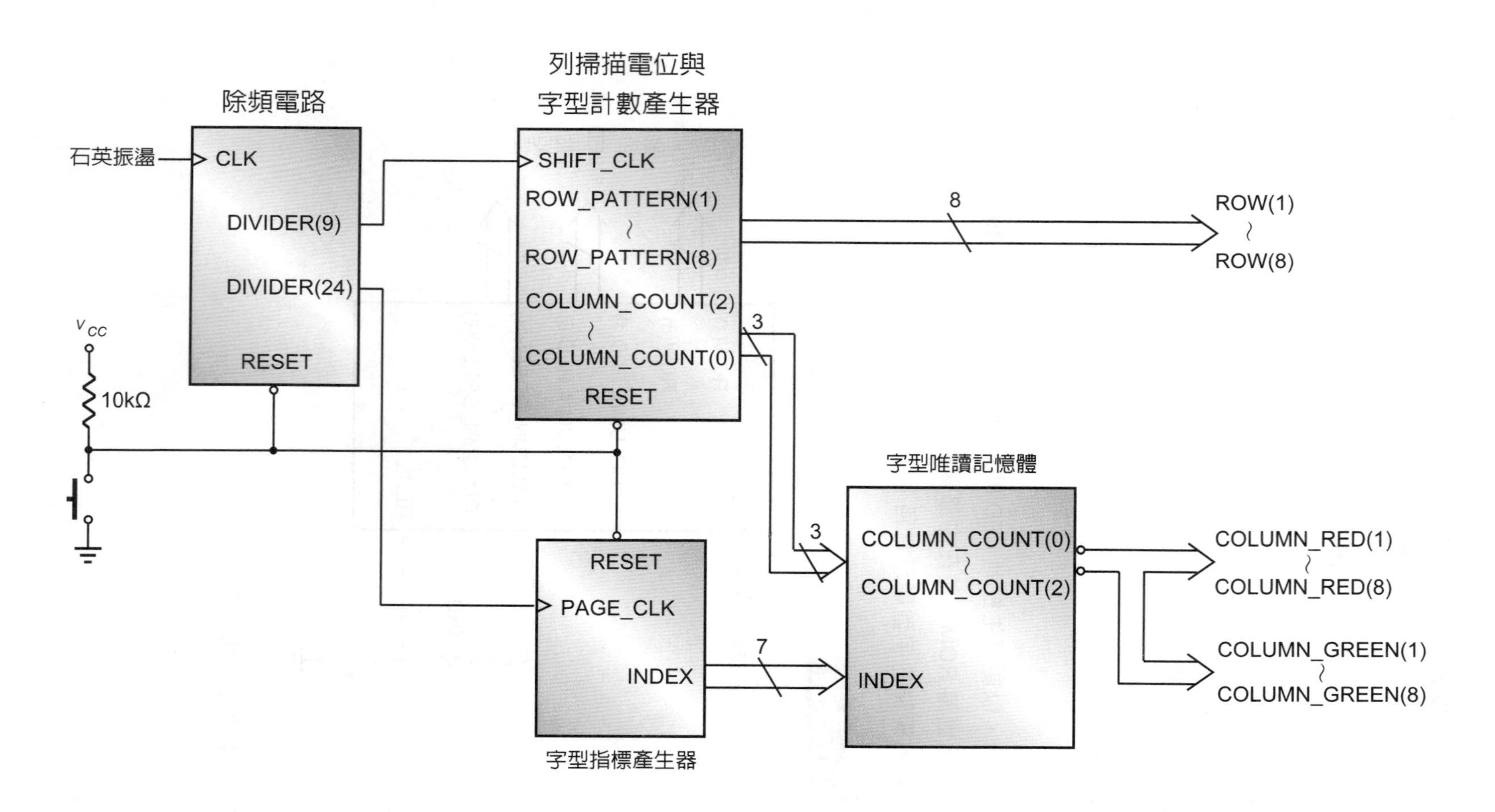
除頻電路
石英振盪
CLK
DIVIDER(9)
DIVIDER(24)
RESET
VCC
10kΩ
列掃描電位與
字型計數產生器
SHIFT_CLK
ROW_PATTERN(1)
~
ROW_PATTERN(8)
COLUMN_COUNT(2)
~
COLUMN_COUNT(0)
RESET
8
ROW(1)
~
ROW(8)
3
3
字型指標產生器
RESET
PAGE_CLK
INDEX
7
字型唯讀記憶體
COLUMN_COUNT(0)
~
COLUMN_COUNT(2)
INDEX
COLUMN_RED(1)
~
COLUMN_RED(8)
COLUMN_GREEN(1)
~
COLUMN_GREEN(8)

原始程式 (source program)：

```
1   --********************************
2   --* display 16 digs fix character *
3   --*  Filename : FIX_16DIGS_YELLOW *
4   --********************************
5
6   library IEEE;
7   use IEEE.STD_LOGIC_1164.ALL;
8   use IEEE.STD_LOGIC_ARITH.ALL;
9   use IEEE.STD_LOGIC_UNSIGNED.ALL;
10
11  entity FIX_16DIGS_YELLOW is
12      Port (RESET        : in  std_logic;
13            CLK          : in  std_logic;
14            ROW          : out std_logic_vector(1 to 8);
15            COLUMN_RED   : out std_logic_vector(1 to 8);
16            COLUMN_GREEN : out std_logic_vector(1 to 8));
17  end FIX_16DIGS_YELLOW;
18
19  architecture Behavioral of FIX_16DIGS_YELLOW is
20    signal SHIFT_CLK     : std_logic;
21    signal PAGE_CLK      : std_logic;
22    signal DIVIDER       : std_logic_vector(24 downto 0);
23    signal ROW_PATTERN   : std_logic_vector(1 to 8);
24    signal COLUMN_COUNT  : integer range 0 to 7;
25    signal INDEX         : integer range 0 to 120;
26
27  --*****************************
28  --* display character pattern *
29  --*****************************
30
31    type ROM_SIZE is array (0 to 127) of std_logic_vector(0 to 7);
32    constant ROM_DATA : ROM_SIZE :=
33
34    ( X"3C", X"42", X"46", X"4A",       -- 0
35      X"52", X"62", X"3C", X"00",
36
37      X"08", X"18", X"08", X"08",       -- 1
38      X"08", X"08", X"1C", X"00",
39
40      X"3C", X"42", X"42", X"04",       -- 2
41      X"08", X"10", X"7E", X"00",
```

```
42
43        X"3C", X"42", X"02", X"3C",          -- 3
44        X"02", X"42", X"3C", X"00",
45
46        X"1C", X"24", X"44", X"44",          -- 4
47        X"44", X"7E", X"04", X"00",
48
49        X"7C", X"40", X"40", X"7C",          -- 5
50        X"02", X"42", X"3C", X"00",
51
52        X"3C", X"42", X"40", X"7C",          -- 6
53        X"42", X"42", X"3C", X"00",
54
55        X"3E", X"02", X"02", X"04",          -- 7
56        X"08", X"08", X"08", X"00",
57
58        X"3C", X"42", X"42", X"3C",          -- 8
59        X"42", X"42", X"3C", X"00",
60
61        X"3C", X"42", X"42", X"3E",          -- 9
62        X"02", X"42", X"3C", X"00",
63
64        X"3C", X"42", X"42", X"42",          -- A
65        X"7E", X"42", X"42", X"00",
66
67        X"7C", X"42", X"42", X"7C",          -- B
68        X"42", X"42", X"7C", X"00",
69
70        X"3C", X"42", X"42", X"40",          -- C
71        X"40", X"42", X"3C", X"00",
72
73        X"7C", X"42", X"42", X"42",          -- D
74        X"42", X"42", X"7C", X"00",
75
76        X"7E", X"40", X"40", X"7C",          -- E
77        X"40", X"40", X"7E", X"00",
78
79        X"7E", X"40", X"40", X"7C",          -- F
80        X"40", X"40", X"40", X"00");
81
82    begin
83
```

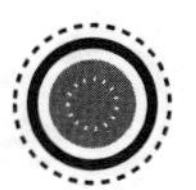

```
84  --************************
85  --* time base generator *
86  --************************
87
88    process (CLK, RESET)
89
90      begin
91        if RESET = '0' then
92          DIVIDER <= (others => '0');
93        elsif CLK'event and CLK = '1' then
94          DIVIDER <= DIVIDER + 1;
95        end if;
96    end process;
97
98    SHIFT_CLK <= DIVIDER(9);
99    PAGE_CLK  <= DIVIDER(24);
100
101 --************************
102 --* data index generator *
103 --************************
104
105   process (PAGE_CLK, RESET)
106
107     begin
108       if RESET = '0' then
109         INDEX <= 0;
110       elsif PAGE_CLK'event and PAGE_CLK = '1' then
111         INDEX <= INDEX + 8;
112         if INDEX =120 then
113           INDEX <= 0;
114         end if;
115       end if;
116   end process;
117
118 --************************
119 --* scanning and display *
120 --************************
121
122   process (SHIFT_CLK, RESET)
123
124     begin
125       if RESET = '0' then
126         ROW_PATTERN  <= "01111111";
```

```
127          COLUMN_COUNT <= 0;
128        elsif SHIFT_CLK'event and SHIFT_CLK = '1' then
129          ROW_PATTERN  <= ROW_PATTERN(8) & ROW_PATTERN(1 to 7);
130          COLUMN_COUNT <= COLUMN_COUNT + 1;
131        end if;
132    end process;
133
134    ROW           <= ROW_PATTERN;
135    COLUMN_GREEN  <= not (ROM_DATA(INDEX + COLUMN_COUNT));
136    COLUMN_RED    <= not (ROM_DATA(INDEX + COLUMN_COUNT));
137
138 end Behavioral;
```

重點說明：

1. 行號 1～25 的功能與前面相同。
2. 行號 31～80 為一顆內部已儲存所要顯示 (高電位 '1' 亮，低電位 '0' 不亮) 字型的唯讀記憶體 ROM。
3. 行號 88～99 為一個除頻器，用以產生點矩陣：
   (1) 列掃描頻率 SHIFT_CLK。
   (2) 一個字型的停留週期：

   $T = 25 \times 10^{-9} \times 2^{25} = 0.838$ sec

4. 行號 105～116 為一個顯示字型指標產生器，其電路方塊如下：

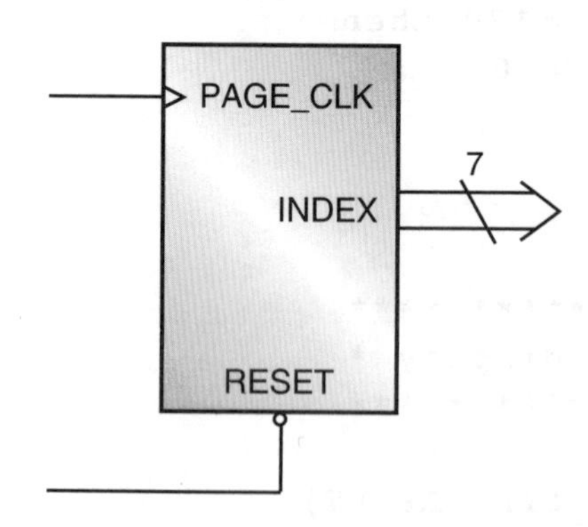

而其設計流程為：

(1) 當電路發生重置 RESET 時，將記憶體指標 INDEX 清除為 0 (行號 108～109)，以便從記憶體的最前面開始讀取字型。

(2) 當字型顯示一個週期 (約 0.838 sec) 後，將字型指標的內容加 8，以便指向下一個顯示字型 (行號 110～111)。

(3) 如果字型指標的內容為 120 時，表示 16 個字型已經全部顯示完畢，因此將其內容清除為 0 以指向最前面的字型，從頭開始顯示 (行號 112～113)。

5. 行號 122～132 為點矩陣字型掃描電路，其電路方塊如下：

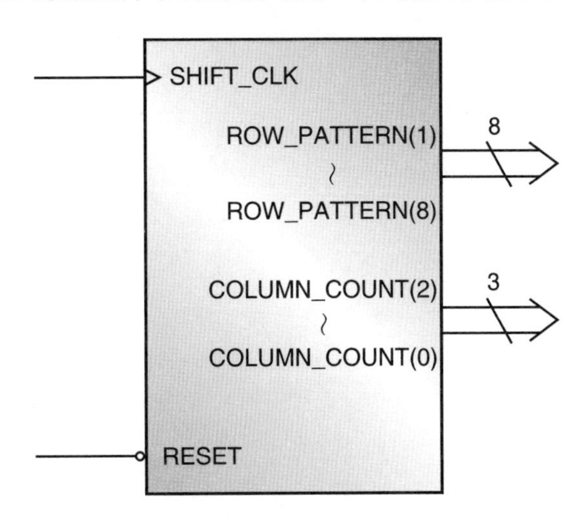

其中：

(1) ROW_PATTERN 為點矩陣列掃描電位的輸出 (參閱前面說明)。

(2) COLUMN_COUNT 為 3 位元的計數器，計數範圍為 $2^3 = 8$ (0～7)，它是配合字型指標 INDEX 的內容到唯讀記憶體 ROM 內請取顯示字型，由於一個字型佔用 8 Byte，因此其範圍為 0～7，記憶體內容的實際讀取狀況，即如下圖所示：

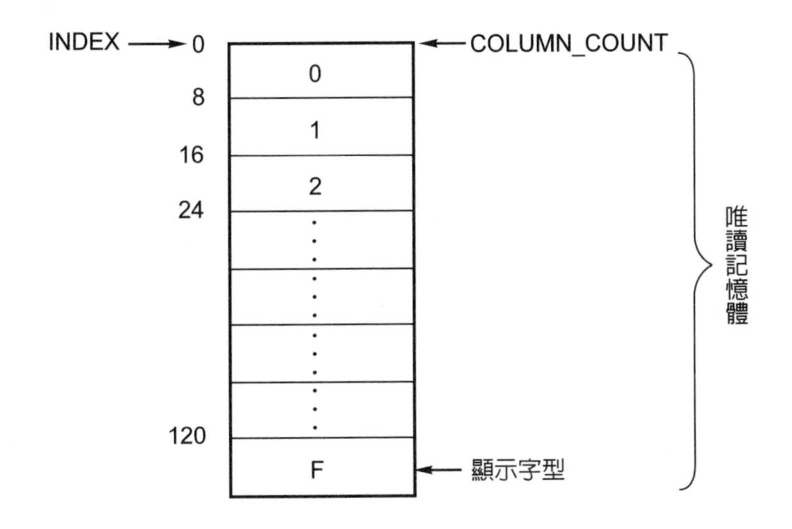

6. 行號 134～136 將電路內部的訊號線，分別接到輸出埠去控制彩色 LED 點矩陣，由於我們所要顯示的顏色為黃色，因此必須將所讀到的記憶體字型內容反相(電路為 '0' 亮，實際的字型為 '1' 亮) 後，同時送到紅色與綠色的 LED 點矩陣上。

電路設計實例三

檔案名稱：BOTTOM_TOP_DISPLAY_14DIGS_YELLOW

電路功能描述

在彩色 LED 點矩陣上不斷的依次顯示 0～D 等十四個黃色字型，並由下往上移位。

實作目標

練習設計：

1. 除頻器，以便產生控制 LED 點矩陣所需要的時基 (time base)。
2. 唯讀記憶體 ROM，並在內部儲存所要顯示的字型。
3. LED 點矩陣的字型顯示電路。

控制電路方塊圖

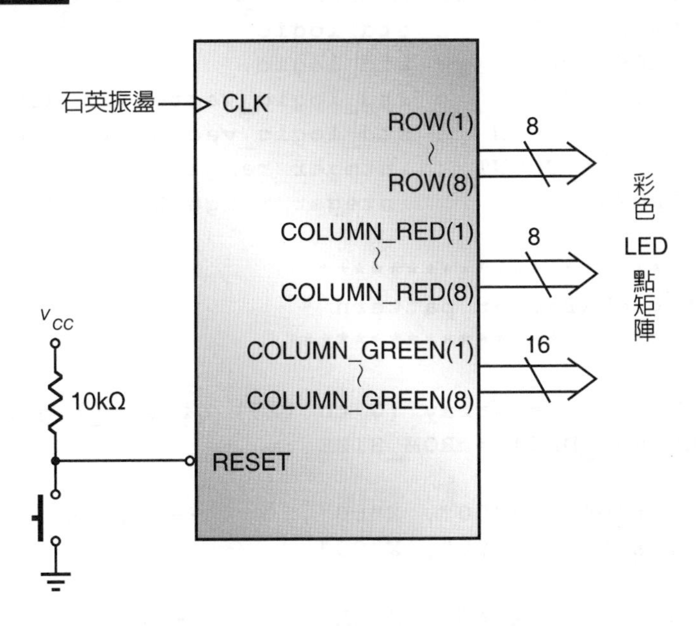

而其內部的詳細方塊與上一個“電路設計實例二”相同。

原始程式 (source program)：

```
1  --*************************************
2  --* character shift from bottom to top *
3  --*    Filename : BOTTOM_TOP_YELLOW    *
4  --*************************************
5
6  library IEEE;
7  use IEEE.STD_LOGIC_1164.ALL;
8  use IEEE.STD_LOGIC_ARITH.ALL;
9  use IEEE.STD_LOGIC_UNSIGNED.ALL;
10
11 entity BOTTOM_TOP_YELLOW is
12     Port (RESET        : in  std_logic;
13           CLK          : in  std_logic;
14           ROW          : out std_logic_vector(1 to 8);
15           COLUMN_RED   : out std_logic_vector(1 to 8);
16           COLUMN_GREEN : out std_logic_vector(1 to 8));
17 end BOTTOM_TOP_YELLOW;
18
19 architecture Behavioral of BOTTOM_TOP_YELLOW is
20   signal SHIFT_CLK     : std_logic;
21   signal PAGE_CLK      : std_logic;
22   signal DIVIDER       : std_logic_vector(22 downto 0);
23   signal ROW_PATTERN   : std_logic_vector(1 to 8);
24   signal COLUMN_COUNT  : integer range 0 to 7;
25   signal INDEX         : integer range 0 to 127;
26
27 --****************************
28 --* display character pattern *
29 --****************************
30
31   type ROM_SIZE is array (0 to 127) of std_logic_vector(0 to 7);
32   constant ROM_DATA : ROM_SIZE :=
33
34   ( X"00", X"00", X"00", X"00",      -- Blank
35     X"00", X"00", X"00", X"00",
36
37     X"3C", X"42", X"46", X"4A",      -- 0
38     X"52", X"62", X"3C", X"00",
39
40     X"08", X"18", X"08", X"08",      -- 1
41     X"08", X"08", X"1C", X"00",
```

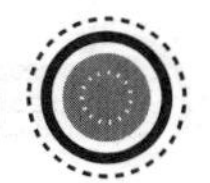

```
42
43      X"3C", X"42", X"42", X"04",           -- 2
44      X"08", X"10", X"7E", X"00",
45
46      X"3C", X"42", X"02", X"3C",           -- 3
47      X"02", X"42", X"3C", X"00",
48
49      X"1C", X"24", X"44", X"44",           -- 4
50      X"44", X"7E", X"04", X"00",
51
52      X"7C", X"40", X"40", X"7C",           -- 5
53      X"02", X"42", X"3C", X"00",
54
55      X"3C", X"42", X"40", X"7C",           -- 6
56      X"42", X"42", X"3C", X"00",
57
58      X"3E", X"02", X"02", X"04",           -- 7
59      X"08", X"08", X"08", X"00",
60
61      X"3C", X"42", X"42", X"3C",           -- 8
62      X"42", X"42", X"3C", X"00",
63
64      X"3C", X"42", X"42", X"3E",           -- 9
65      X"02", X"42", X"3C", X"00",
66
67      X"3C", X"42", X"42", X"42",           -- A
68      X"7E", X"42", X"42", X"00",
69
70      X"7C", X"42", X"42", X"7C",           -- B
71      X"42", X"42", X"7C", X"00",
72
73      X"3C", X"42", X"42", X"40",           -- C
74      X"40", X"42", X"3C", X"00",
75
76      X"7C", X"42", X"42", X"42",           -- D
77      X"42", X"42", X"7C", X"00",
78
79      X"00", X"00", X"00", X"00",           -- Blank
80      X"00", X"00", X"00", X"00");
81
82  begin
83
```

```
84  --************************
85  --* time base generator *
86  --************************
87
88    process (CLK, RESET)
89
90      begin
91        if RESET = '0' then
92          DIVIDER <= (others => '0');
93        elsif CLK'event and CLK = '1' then
94          DIVIDER <= DIVIDER + 1;
95        end if;
96    end process;
97
98    SHIFT_CLK <= DIVIDER(9);
99    PAGE_CLK  <= DIVIDER(22);
100
101 --************************
102 --* data index generator *
103 --************************
104
105   process (PAGE_CLK, RESET)
106
107     begin
108       if RESET = '0' then
109         INDEX <= 0;
110       elsif PAGE_CLK'event and PAGE_CLK = '1' then
111         INDEX <= INDEX + 1;
112         if INDEX = 120 then
113           INDEX<= 0;
114         end if;
115       end if;
116   end process;
117
118 --************************
119 --* scanning and display *
120 --************************
121
122   process (SHIFT_CLK, RESET)
123
124     begin
125       if RESET = '0' then
126         ROW_PATTERN  <= "01111111";
```

```
127          COLUMN_COUNT <= 0;
128       elsif SHIFT_CLK'event and SHIFT_CLK = '1' then
129          ROW_PATTERN  <= ROW_PATTERN(8) & ROW_PATTERN(1 to 7);
130          COLUMN_COUNT <= COLUMN_COUNT + 1;
131       end if;
132    end process;
133
134    ROW              <= ROW_PATTERN;
135    COLUMN_GREEN     <= not  (ROM_DATA(INDEX + COLUMN_COUNT));
136    COLUMN_RED       <= not  (ROM_DATA(INDEX + COLUMN_COUNT));
137
138 end Behavioral;
```

重點說明：

本程式的描述與電路設計實例二幾乎相同，而其唯一不同之處在於行號 111，本實例在進行顯示指標 INDEX 的內容調整時，每次只將它加 1 (實例二加 8)，其原因如下：

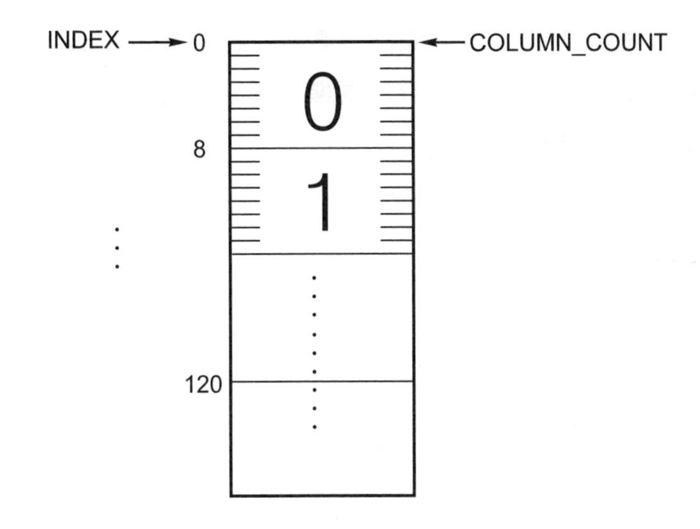

實例二內由於每顯示一個字型後，必須換下一個字型，每一個字型佔 8 Byte，因此顯示指標每次加 8，本實例每顯示一個字型之後，下一個畫面只是往上移一列 (ROW) 而已，因此於行號 111 內顯示指標 INDEX 只要加 1。

電路設計實例四

檔案名稱：TRAFFIC_GREEN_WALKING_MAN_SPEED

電路功能描述

在彩色 LED 點矩陣上顯示一個正在行走的小綠人，而其行走速度則依倒數計數器的內容來決定 (範圍為 60～00)，當：

1. 計數器內容在 x"20" 以下時則快走。
2. 計數器內容在 x"20" 以上時則慢走。

實作目標

練習設計：

1. 除頻器，以便產生控制 LED 點矩陣所需要的時基 (time base)。
2. 唯讀記憶體 ROM，並在內部儲存所要顯示的小綠人圖形。
3. 倒數計數器與速度控制器。
4. LED 點矩陣顯示電路。

控制電路方塊圖

與前面實例相同。

而其詳細的內部方塊電路如下：

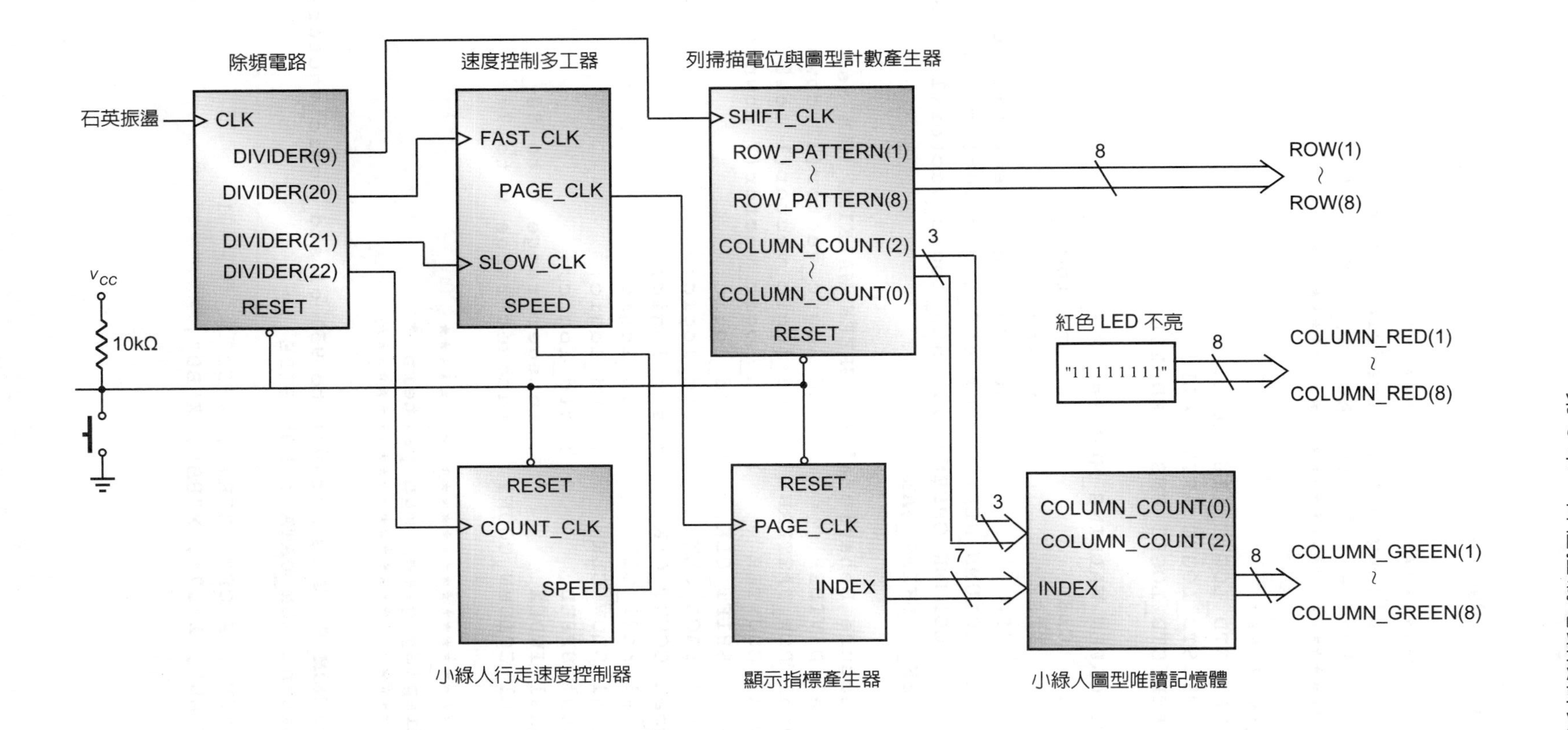
除頻電路
速度控制多工器
列掃描電位與圖型計數產生器
石英振盪
CLK
DIVIDER(9)
DIVIDER(20)
DIVIDER(21)
DIVIDER(22)
RESET
FAST_CLK
PAGE_CLK
SLOW_CLK
SPEED
SHIFT_CLK
ROW_PATTERN(1)
~
ROW_PATTERN(8)
COLUMN_COUNT(2)
~
COLUMN_COUNT(0)
RESET
8
ROW(1)
~
ROW(8)
3
V_{CC}
10kΩ
紅色 LED 不亮
"11111111"
8
COLUMN_RED(1)
~
COLUMN_RED(8)
RESET
COUNT_CLK
SPEED
RESET
PAGE_CLK
INDEX
3
7
COLUMN_COUNT(0)
COLUMN_COUNT(2)
INDEX
8
COLUMN_GREEN(1)
~
COLUMN_GREEN(8)
小綠人行走速度控制器
顯示指標產生器
小綠人圖型唯讀記憶體

原始程式 (source program)：

```
1  --*************************************
2  --* green walking man in traffic light *
3  --*    Filename : GREEN_WALKING_MAN    *
4  --*************************************
5
6  library IEEE;
7  use IEEE.STD_LOGIC_1164.ALL;
8  use IEEE.STD_LOGIC_ARITH.ALL;
9  use IEEE.STD_LOGIC_UNSIGNED.ALL;
10
11 entity GREEN_WALKING_MAN is
12     Port (CLK          : in  std_logic;
13           RESET        : in  std_logic;
14           ROW          : out std_logic_vector(1 to 8);
15           COLUMN_RED   : out std_logic_vector(1 to 8);
16           COLUMN_GREEN : out std_logic_vector(1 to 8));
17 end GREEN_WALKING_MAN;
18
19 architecture Behavioral of GREEN_WALKING_MAN is
20   signal DIVIDER       : std_logic_vector(22 downto 0);
21   signal ROW_PATTERN   : std_logic_vector(1 to 8);
22   signal COUNTER       : std_logic_vector(7 downto 0);
23   signal SHIFT_CLK     : std_logic;
24   signal PAGE_CLK      : std_logic;
25   signal COUNT_CLK     : std_logic;
26   signal FAST_CLK      : std_logic;
27   signal SLOW_CLK      : std_logic;
28   signal SPEED         : std_logic;
29   signal INDEX         : integer range 0 to 88;
30   signal COLUMN_COUNT  : integer range 0 to 7;
31
32 --******************************
33 --* display green man pattern *
34 --******************************
35
36   type ROM_SIZE is array(0 to 95) of std_logic_vector(0 to 7);
37   constant ROM_DATA : ROM_SIZE :=
38
39   ( X"CF", X"CF", X"E7", X"CB",    -- 1
40     X"AD", X"D7", X"BB", X"BD",
41
```

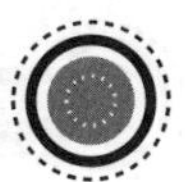

```
42      X"CF", X"CF", X"E7", X"CB",      -- 2
43      X"AD", X"D7", X"DB", X"DF",
44
45      X"CF", X"CF", X"E7", X"CB",      -- 3
46      X"E3", X"D7", X"D3", X"DB",
47
48      X"CF", X"CF", X"E7", X"CB",      -- 4
49      X"E3", X"D7", X"D3", X"DB",
50
51      X"CF", X"CF", X"E7", X"CB",      -- 5
52      X"C7", X"E7", X"E3", X"EB",
53
54      X"CF", X"CF", X"E7", X"C7",      -- 6
55      X"C7", X"E7", X"E7", X"E7",
56
57      X"CF", X"CF", X"E7", X"CF",      -- 7
58      X"E7", X"E7", X"C7", X"E7",
59
60      X"CF", X"CF", X"E7", X"EB",      -- 8
61      X"C7", X"E7", X"C7", X"CB",
62
63      X"CF", X"CF", X"E7", X"CB",      -- 9
64      X"C3", X"E7", X"C7", X"DB",
65
66      X"CF", X"CF", X"E7", X"CB",      -- 10
67      X"A5", X"E7", X"D7", X"DB",
68
69      X"CF", X"CF", X"E7", X"CB",      -- 11
70      X"A5", X"C7", X"D7", X"9B",
71
72      X"CF", X"CF", X"E7", X"81",      -- 12
73      X"A5", X"C7", X"9B", X"BD");
74
75  begin
76
77  --************************
78  --* time base generator *
79  --************************
80
81    process(CLK, RESET)
82
83      begin
84        if RESET = '0' then
```

```
85          DIVIDER <= (others => '0');
86        elsif CLK'event and CLK = '1' then
87          DIVIDER <= DIVIDER + 1;
88        end if;
89    end process;
90
91    SHIFT_CLK <= DIVIDER(9);
92    FAST_CLK  <= DIVIDER(20);
93    SLOW_CLK  <= DIVIDER(21);
94    COUNT_CLK <= DIVIDER(22);
95    PAGE_CLK  <= FAST_CLK when SPEED = '0' else SLOW_CLK;
96
97  --*************************
98  --* data index generator *
99  --*************************
100
101   process(PAGE_CLK, RESET)
102
103     begin
104       if RESET = '0' then
105         INDEX <= 0;
106       elsif PAGE_CLK'event and PAGE_CLK = '1' then
107         INDEX <= INDEX + 8;
108         if INDEX = 88 then
109           INDEX <= 0;
110         end if;
111       end if;
112   end process;
113
114 --**************************
115 --* walking speed control *
116 --**************************
117
118   process(COUNT_CLK, RESET, COUNTER)
119
120     begin
121       if RESET = '0' then
122         COUNTER <= x"60";
123         SPEED <= '1';
124       elsif COUNT_CLK'event and COUNT_CLK = '1' then
125         if COUNTER = x"00" then
126           COUNTER <= x"60";
127         else
```

```
128             COUNTER <= COUNTER - 1;
129           end if;
130         end if;
131
132         if COUNTER < x"20" then
133           SPEED <= '0';
134         else
135           SPEED <= '1';
136         end if;
137     end process;
138
139 --**************************
140 --* sacnning and display *
141 --**************************
142
143     process(SHIFT_CLK, RESET)
144
145       begin
146         if RESET = '0' then
147           ROW_PATTERN <= "01111111";
148           COLUMN_COUNT <= 0;
149         elsif SHIFT_CLK'event and SHIFT_CLK = '1' then
150           ROW_PATTERN <= ROW_PATTERN(8) & ROW_PATTERN(1 to 7);
151           COLUMN_COUNT <= COLUMN_COUNT + 1;
152         end if;
153     end process;
154
155     ROW             <= ROW_PATTERN;
156     COLUMN_RED      <= x"FF";
157     COLUMN_GREEN    <= ROM_DATA(COLUMN_COUNT + INDEX);
158
159 end Behavioral;
```

重點說明：

1. 行號 1～30 的功能與前面相同。
2. 行號 36～73 為一個唯讀記憶體，內部儲存了 12 張小綠人走路的分解圖形 (讀者可以自行將分解圖形點出來看看)。

3. 行號 81～94 為除頻電路，用以產生控制點矩陣顯示所需要的所有時基 (time base)，其電路方塊如下：

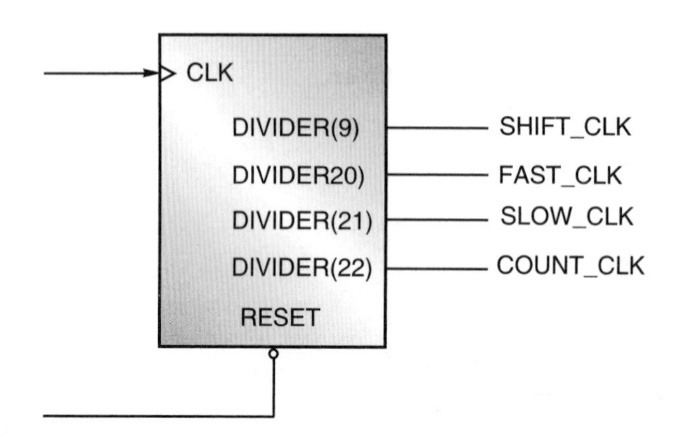

其中：

(1) SHIFT_CLK：點矩陣的列掃描時序。

(2) FAST_CLK：小綠人快速顯示時序。

(3) SLOW_CLK：小綠人慢速顯示時序。

(4) COUNT_CLK：倒數計數器的計數時序。

4. 行號 95 為一個畫面顯示週期產生器，其動作方塊如下：

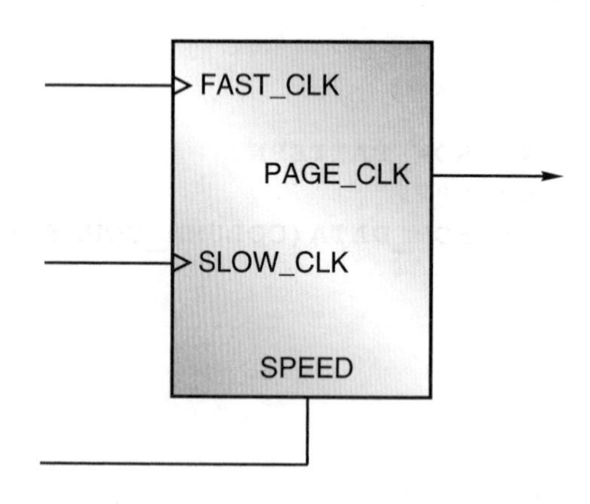

當選擇訊號 SPEED 的電位：

'0'：選擇快速時序 FAST_CLK

'1'：選擇慢速時序 SLOW_CLK

5. 行號 101～112 為一個顯示指標產生器，其方塊圖如下：

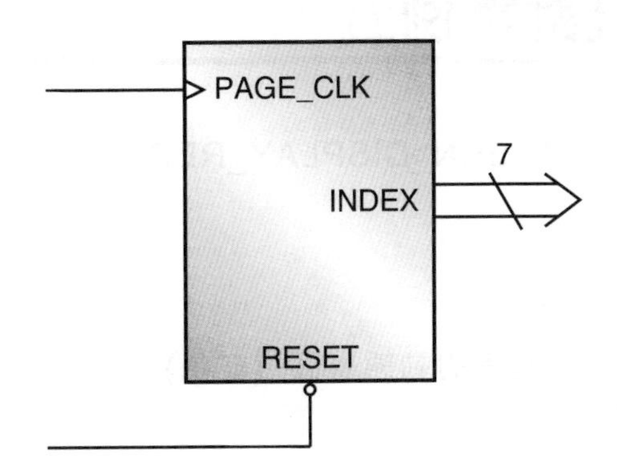

其設計流程與前面的實例二相同，請自己參閱。

6. 行號 118～137 為一個小綠人行走的速度控制器，其電路方塊圖如下：

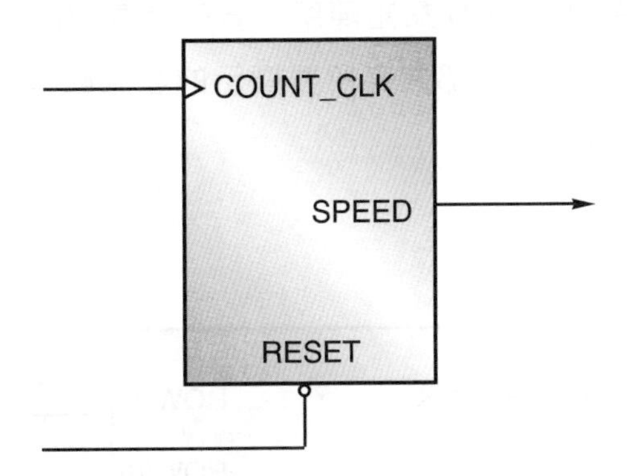

它是一個 60～00 的倒數計數器 (行號 121～130)，當計數器的內容：

(1) 小於 x "20" 時，輸出端 SPEED 的電位為 '0' (小綠人快速行走)。

(2) 大於或等於 x "20" 時，輸出端 SPEED 的電位為 '1' (小綠人慢速行走)。

7. 行號 143～153 為一個點矩陣字型掃描電路，其設計流程和說明與前面實例二相同，請自行參閱。

8. 行號 155～157 則將內部訊號接到彩色點矩陣的接腳去控制。

電路設計實例五

檔案名稱：DYNAMIC_PATTERN_DISPLAY_RED

電路功能描述

在彩色 LED 點矩陣上顯示一連串的動態畫面 (紅色)。

實作目標

練習設計：

1. 除頻器，以便產生控制 LED 點矩陣所需要的時基 (time base)。
2. 唯讀記憶體 ROM，並在內部儲存所要顯示的動態圖型。
3. LED 點矩陣顯示電路。

控制電路方塊圖

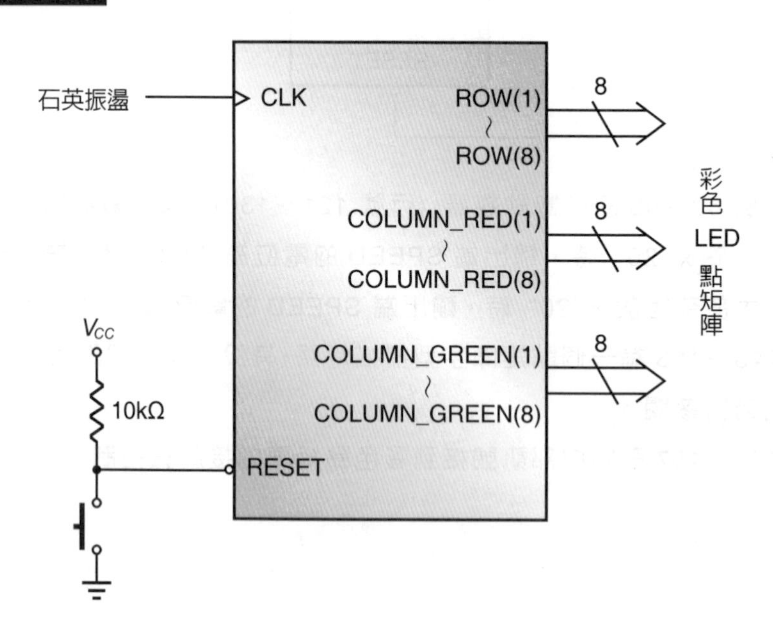

而其內部的詳細方塊圖如下：

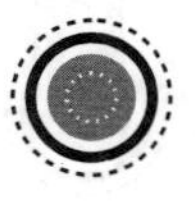

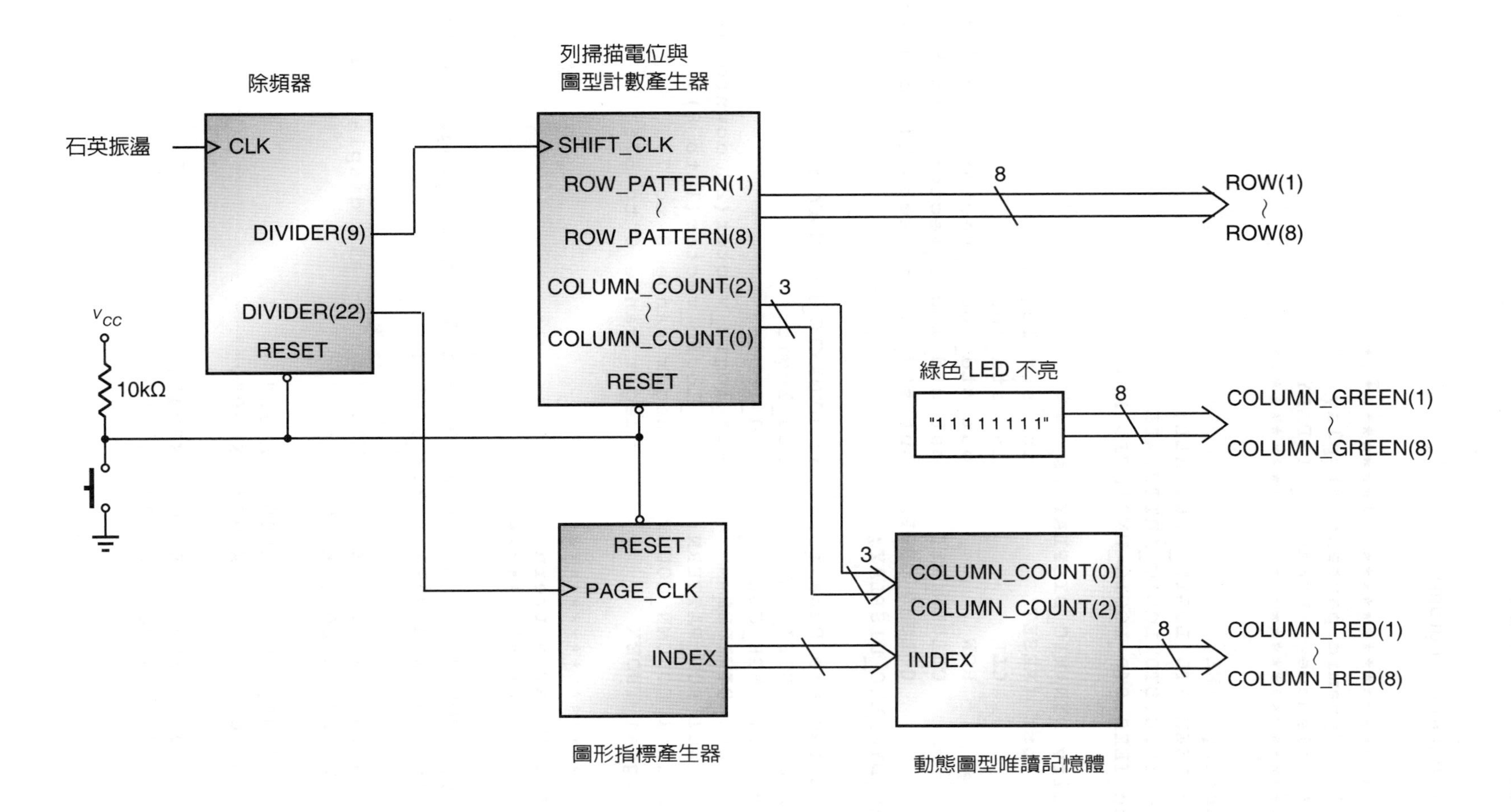

除頻器
石英振盪
CLK
DIVIDER(9)
DIVIDER(22)
RESET
V_{CC}
10kΩ
列掃描電位與
圖型計數產生器
SHIFT_CLK
ROW_PATTERN(1)
~
ROW_PATTERN(8)
COLUMN_COUNT(2)
~
COLUMN_COUNT(0)
RESET
8
ROW(1)
~
ROW(8)
3
綠色 LED 不亮
"11111111"
8
COLUMN_GREEN(1)
~
COLUMN_GREEN(8)
RESET
PAGE_CLK
INDEX
圖形指標產生器
3
COLUMN_COUNT(0)
COLUMN_COUNT(2)
INDEX
動態圖型唯讀記憶體
8
COLUMN_RED(1)
~
COLUMN_RED(8)

原始程式 (source program)：

```
1  --*******************************
2  --*    dynamic pattern display   *
3  --* Filename : DYNAMIC_DISPLAY *
4  --*******************************
5
6  library IEEE;
7  use IEEE.STD_LOGIC_1164.ALL;
8  use IEEE.STD_LOGIC_ARITH.ALL;
9  use IEEE.STD_LOGIC_UNSIGNED.ALL;
10
11 entity DYNAMIC_DISPLAY is
12     Port (RESET        : in  std_logic;
13           CLK          : in  std_logic;
14           ROW          : out std_logic_vector(1 to 8);
15           COLUMN_RED   : out std_logic_vector(1 to 8);
16           COLUMN_GREEN : out std_logic_vector(1 to 8));
17 end DYNAMIC_DISPLAY;
18
19 architecture Behavioral of DYNAMIC_DISPLAY is
20   signal SHIFT_CLK     : std_logic;
21   signal PAGE_CLK      : std_logic;
22   signal DIVIDER       : std_logic_vector(22 downto 0);
23   signal ROW_PATTERN   : std_logic_vector(1 to 8);
24   signal COLUMN_COUNT  : integer range 0 to 7;
25   signal INDEX         : integer range 0 to 576;
26
27 --******************
28 --* display pattern *
29 --******************
30
31   type ROM_SIZE is array (0 to 583) of std_logic_vector(0 to 7);
32   constant ROM_DATA : ROM_SIZE :=
33
34   ( X"00", X"00", X"00", X"00",    -- all display pattern
35     X"00", X"00", X"00", X"00",
36
37     X"00", X"00", X"00", X"18",
38     X"18", X"00", X"00", X"00",
39
40     X"00", X"00", X"3C", X"24",
41     X"24", X"3C", X"00", X"00",
```

```
42
43      X"00", X"7E", X"42", X"42",
44      X"42", X"42", X"7E", X"00",
45
46      X"FF", X"81", X"81", X"81",
47      X"81", X"81", X"81", X"FF",
48
49      X"00", X"7E", X"42", X"42",
50      X"42", X"42", X"7E", X"00",
51
52      X"00", X"00", X"3C", X"24",
53      X"24", X"3C", X"00", X"00",
54
55      X"00", X"00", X"00", X"18",
56      X"18", X"00", X"00", X"00",
57
58      X"00", X"00", X"00", X"00",
59      X"00", X"00", X"00", X"00",
60
61      X"00", X"00", X"00", X"08",
62      X"10", X"00", X"00", X"00",
63
64      X"00", X"00", X"04", X"08",
65      X"10", X"20", X"00", X"00",
66
67      X"00", X"02", X"04", X"08",
68      X"10", X"20", X"40", X"00",
69
70      X"01", X"02", X"04", X"08",
71      X"10", X"20", X"40", X"80",
72
73      X"01", X"02", X"04", X"18",
74      X"18", X"20", X"40", X"80",
75
76      X"01", X"02", X"24", X"18",
77      X"18", X"24", X"40", X"80",
78
79      X"01", X"42", X"24", X"18",
80      X"18", X"24", X"42", X"80",
81
82      X"81", X"42", X"24", X"18",
83      X"18", X"24", X"42", X"81",
84
```

```
85        X"02", X"84", X"48", X"38",
86        X"1C", X"12", X"21", X"40",
87
88        X"04", X"08", X"90", X"5C",
89        X"3A", X"09", X"10", X"20",
90
91        X"10", X"20", X"10", X"1A",
92        X"BD", X"28", X"04", X"08",
93
94        X"20", X"42", X"25", X"18",
95        X"18", X"A4", X"42", X"04",
96
97        X"40", X"43", X"24", X"1C",
98        X"18", X"24", X"C2", X"02",
99
100       X"81", X"42", X"24", X"18",
101       X"18", X"24", X"42", X"81",
102
103       X"02", X"84", X"48", X"38",
104       X"1C", X"12", X"21", X"40",
105
106       X"04", X"08", X"90", X"5C",
107       X"3A", X"09", X"10", X"20",
108
109       X"10", X"20", X"10", X"1A",
110       X"BD", X"28", X"04", X"08",
111
112       X"20", X"42", X"25", X"18",
113       X"18", X"A4", X"42", X"04",
114
115       X"40", X"43", X"24", X"1C",
116       X"18", X"24", X"C2", X"02",
117
118       X"81", X"42", X"24", X"18",
119       X"18", X"24", X"42", X"81",
120
121       X"02", X"84", X"48", X"38",
122       X"1C", X"12", X"21", X"40",
123
124       X"04", X"08", X"90", X"5C",
125       X"3A", X"09", X"10", X"20",
126
127       X"10", X"20", X"10", X"1A",
```

```
128      X"BD", X"28", X"04", X"08",
129
130      X"20", X"42", X"25", X"18",
131      X"18", X"A4", X"42", X"04",
132
133      X"40", X"43", X"24", X"1C",
134      X"18", X"24", X"C2", X"02",
135
136      X"81", X"42", X"24", X"18",
137      X"18", X"24", X"42", X"81",
138
139      X"02", X"84", X"48", X"38",
140      X"1C", X"12", X"21", X"40",
141
142      X"04", X"08", X"90", X"5C",
143      X"3A", X"09", X"10", X"20",
144
145      X"10", X"20", X"10", X"1A",
146      X"BD", X"28", X"04", X"08",
147
148      X"20", X"42", X"25", X"18",
149      X"18", X"A4", X"42", X"04",
150
151      X"40", X"43", X"24", X"1C",
152      X"18", X"24", X"C2", X"02",
153
154      X"81", X"42", X"24", X"18",
155      X"18", X"24", X"42", X"81",
156
157      X"40", X"21", X"12", X"1C",
158      X"38", X"48", X"84", X"02",
159
160      X"20", X"10", X"09", X"3A",
161      X"5C", X"90", X"08", X"04",
162
163      X"08", X"04", X"48", X"B8",
164      X"1D", X"12", X"20", X"10",
165
166      X"04", X"42", X"C4", X"18",
167      X"18", X"25", X"42", X"20",
168
169      X"02", X"C2", X"24", X"18",
170      X"18", X"24", X"43", X"40",
```

```
171
172     X"81", X"42", X"24", X"18",
173     X"18", X"24", X"42", X"81",
174
175     X"40", X"21", X"12", X"1C",
176     X"38", X"48", X"84", X"02",
177
178     X"20", X"10", X"09", X"3A",
179     X"5C", X"90", X"08", X"04",
180
181     X"08", X"04", X"48", X"B8",
182     X"1D", X"12", X"20", X"10",
183
184     X"04", X"42", X"C4", X"18",
185     X"18", X"25", X"42", X"20",
186
187     X"02", X"C2", X"24", X"18",
188     X"18", X"24", X"43", X"40",
189
190     X"81", X"42", X"24", X"18",
191     X"18", X"24", X"42", X"81",
192
193     X"40", X"21", X"12", X"1C",
194     X"38", X"48", X"84", X"02",
195
196     X"20", X"10", X"09", X"3A",
197     X"5C", X"90", X"08", X"04",
198
199     X"08", X"04", X"48", X"B8",
200     X"1D", X"12", X"20", X"10",
201
202     X"04", X"42", X"C4", X"18",
203     X"18", X"25", X"42", X"20",
204
205     X"02", X"C2", X"24", X"18",
206     X"18", X"24", X"43", X"40",
207
208     X"81", X"42", X"24", X"18",
209     X"18", X"24", X"42", X"81",
210
211     X"40", X"21", X"12", X"1C",
212     X"38", X"48", X"84", X"02",
213
```

```
214     X"20", X"10", X"09", X"3A",
215     X"5C", X"90", X"08", X"04",
216
217     X"08", X"04", X"48", X"B8",
218     X"1D", X"12", X"20", X"10",
219
220     X"04", X"42", X"C4", X"18",
221     X"18", X"25", X"42", X"20",
222
223     X"02", X"C2", X"24", X"18",
224     X"18", X"24", X"43", X"40",
225
226     X"81", X"42", X"24", X"18",
227     X"18", X"24", X"42", X"81",
228
229     X"01", X"42", X"24", X"18",
230     X"18", X"24", X"42", X"80",
231
232     X"01", X"02", X"24", X"18",
233     X"18", X"24", X"40", X"80",
234
235     X"01", X"02", X"04", X"18",
236     X"18", X"20", X"40", X"80",
237
238     X"01", X"02", X"04", X"08",
239     X"10", X"20", X"40", X"80",
240
241     X"00", X"02", X"04", X"08",
242     X"10", X"20", X"40", X"00",
243
244     X"00", X"00", X"04", X"08",
245     X"10", X"20", X"00", X"00",
246
247     X"00", X"00", X"00", X"08",
248     X"10", X"00", X"00", X"00",
249
250     X"00", X"00", X"00", X"00",
251     X"00", X"00", X"00", X"00");
252
253 begin
254
255 --**********************
256 --* time base generator *
257 --**********************
```

```
258
259   process (CLK, RESET)
260
261     begin
262       if RESET    = '0' then
263         DIVIDER <= (others => '0');
264       elsif CLK'event and CLK = '1' then
265         DIVIDER <= DIVIDER + 1;
266       end if;
267   end process;
268
269   SHIFT_CLK <= DIVIDER(9);
270   PAGE_CLK  <= DIVIDER(22);
271
272 --*************************
273 --* data index generator *
274 --*************************
275
276   process (PAGE_CLK, RESET)
277
278     begin
279       if RESET    = '0' then
280         INDEX    <= 0;
281       elsif PAGE_CLK'event and PAGE_CLK = '1' then
282         INDEX    <= INDEX + 8;
283         if INDEX  = 576 then
284           INDEX  <= 0;
285         end if;
286       end if;
287   end process;
288
289 --*************************
290 --* scanning and display *
291 --*************************
292
293   process (SHIFT_CLK, RESET)
294
295     begin
296       if RESET          = '0' then
297         ROW_PATTERN  <= "01111111";
298         COLUMN_COUNT <= 0;
299       elsif SHIFT_CLK'event and SHIFT_CLK = '1' then
300         ROW_PATTERN  <= ROW_PATTERN(8) & ROW_PATTERN(1 to 7);
```

```
301            COLUMN_COUNT <= COLUMN_COUNT + 1;
302          end if;
303     end process;
304
305     ROW              <= ROW_PATTERN;
306     COLUMN_RED       <= not (ROM_DATA(INDEX + COLUMN_COUNT));
307     COLUMN_GREEN     <= x"FF";
308
309 end Behavioral;
```

重點說明：

程式設計流程與說明和前面電路設計實例二幾乎相同，其唯一不同之處為本實例儲存在唯讀記憶體 ROM 內部的動態圖型較為複雜 (但好看太多了)，請自行比對在此不再贅述。

6-5 鍵盤編碼與顯示電路控制篇

Digital Logic Design

電路實例

1. 顯示一個按鍵碼在七段顯示電路。
2. 以滾動方式顯示六個按鍵碼在七段顯示電路。
3. 顯示一個按鍵碼在彩色 LED 電矩陣電路。
4. 顯示按鍵碼並設定 LED ON 的數量。
5. 顯示按鍵碼並設定八種變化的廣告燈。

鍵盤的基本結構

鍵盤為一組，為了減少接線數量以行 (colum)、列 (row) 方式連接而成的開關元件，一個 4×4 的鍵盤結構，即如下圖所示：

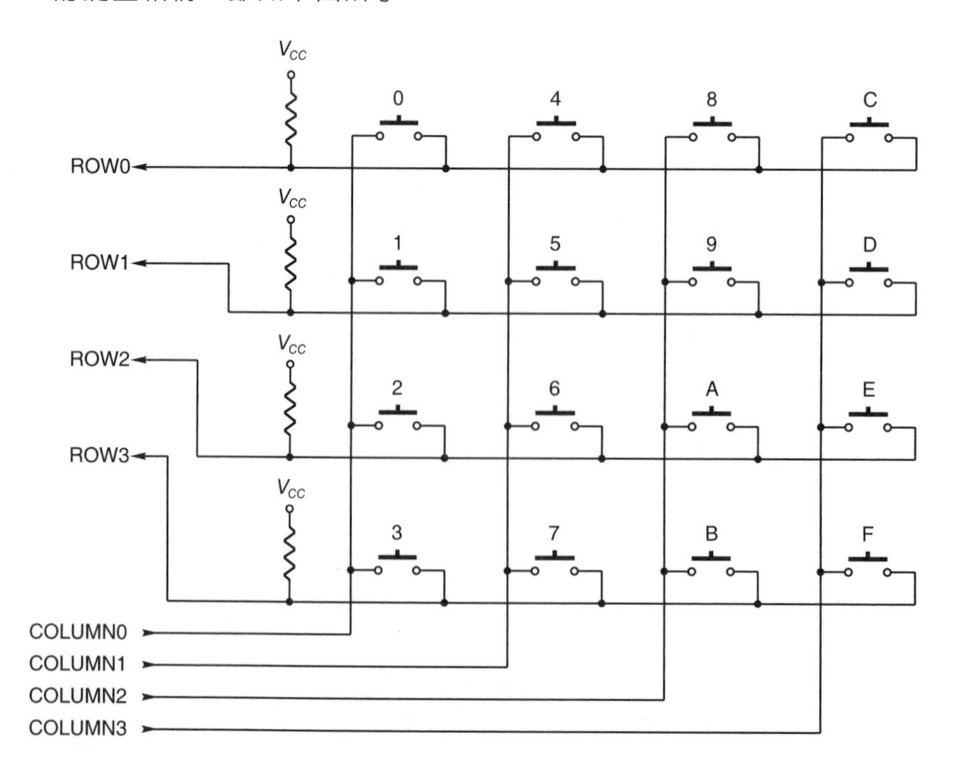

於上面的鍵盤結構中我們可以發現到，事實上每一個按鍵只是一個 ON、OFF 的無段開關，當我們沒有按下按鍵時它是開路 OFF 的，一旦我們按下按鍵時它就會接通 ON，由於每個按鍵有兩條接線，4×4＝16 個按鍵就會有 32 條接線，為了要節省由於接線所帶來的控制接點，通常我們都採用行 (COLUMN) 、列 (ROW) 方式來連接，如此一來原先按鍵個數為 4×4，其控制接線就變成 4＋4。於上面的鍵盤結構中我們如何去辨認哪一個按鍵被按呢？其執行步驟依順序為：

1. 由 COLUMN3～COLUMN0 送出 “1110” 的電位後，再從 ROW3～ROW0 將電位取回，如果 ROW3～ROW0 的電位為：

ROW3～ROW0	被按的按鍵
1　1　1　1	沒有
1　1　1　0	'0'
1　1　0　1	'1'
1　0　1　1	'2'
0　1　1　1	'3'

2. 由 COLUMN3～COLUMN0 送出 “1101” 的電位後，再從 ROW3～ROW0 將電位取回，如果 ROW3～ROW0 的電位為：

ROW3～ROW0	被按的按鍵
1　1　1　1	沒有
1　1　1　0	'4'
1　1　0　1	'5'
1　0　1　1	'6'
0　1　1　1	'7'

3. 由 COLUMN3～COLUMN0 送出 "1011" 的電位後，再從 ROW3～ROW0 將電位取回，如果 ROW3～ROW0 的電位為：

ROW3～ROW0	被按的按鍵
1 1 1 1	沒有
1 1 1 0	'8'
1 1 0 1	'9'
1 0 1 1	'A'
0 1 1 1	'B'

4. 由 COLUMN3～COLUMN0 送出 "0111" 的電位後，再從 ROW3～ROW0 將電位取回，如果 ROW3～ROW0 的電位為：

ROW3～ROW0	被按的按鍵
1 1 1 1	沒有
1 1 1 0	'C'
1 1 0 1	'D'
1 0 1 1	'E'
0 1 1 1	'F'

綜合上面 1～4 點的說明我們可以知道，只要我們不斷從 COLUMN3～COLUMN0 送出 "1110"、"1101"、"1011"、"0111" 的掃描電位，再從 ROW3～ROW0 取回電位判斷，即可知道 4×4 鍵盤上有哪些按鍵被按下。

一旦偵測出那一個鍵被按之後，接下來的工作就是如何對此按鍵編碼 (encode) 以及彈跳訊號 (bouncer) 的處理工作，它們的處理方式請參閱後面電路設計實例一的敘述。

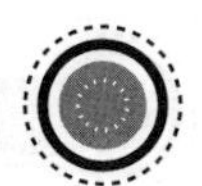

電路設計實例一

檔案名稱：KEYBOARD_1DIG_SEGMENT

電路功能描述

以鍵盤為輸入工具，將使用者所鍵入的鍵碼顯示在一個位數的七段顯示器上。

實作目標

練習設計：

1. 4×4 的鍵盤控制器，其包括：
   (1) 鍵盤按鍵偵測電路。
   (2) 鍵盤編碼 (encode) 電路。
   (3) 按鍵反彈跳 (debouncer) 電路。
2. 一個位數七段顯示控制電路。

控制電路方塊圖

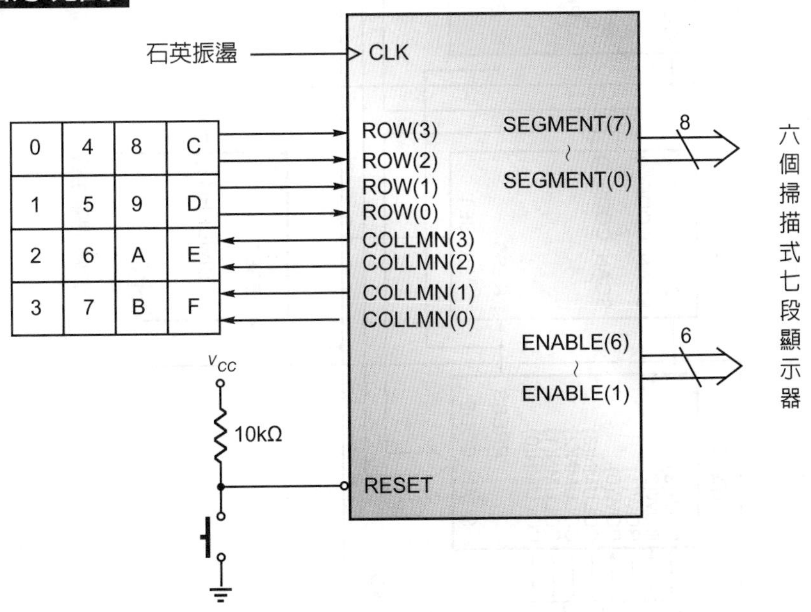

上圖只是整個控制電路對外接腳的外觀，由於其功能較為複雜，因此我們可以將內部電路再細分成數個小電路，而它們詳細的電路如下所示：

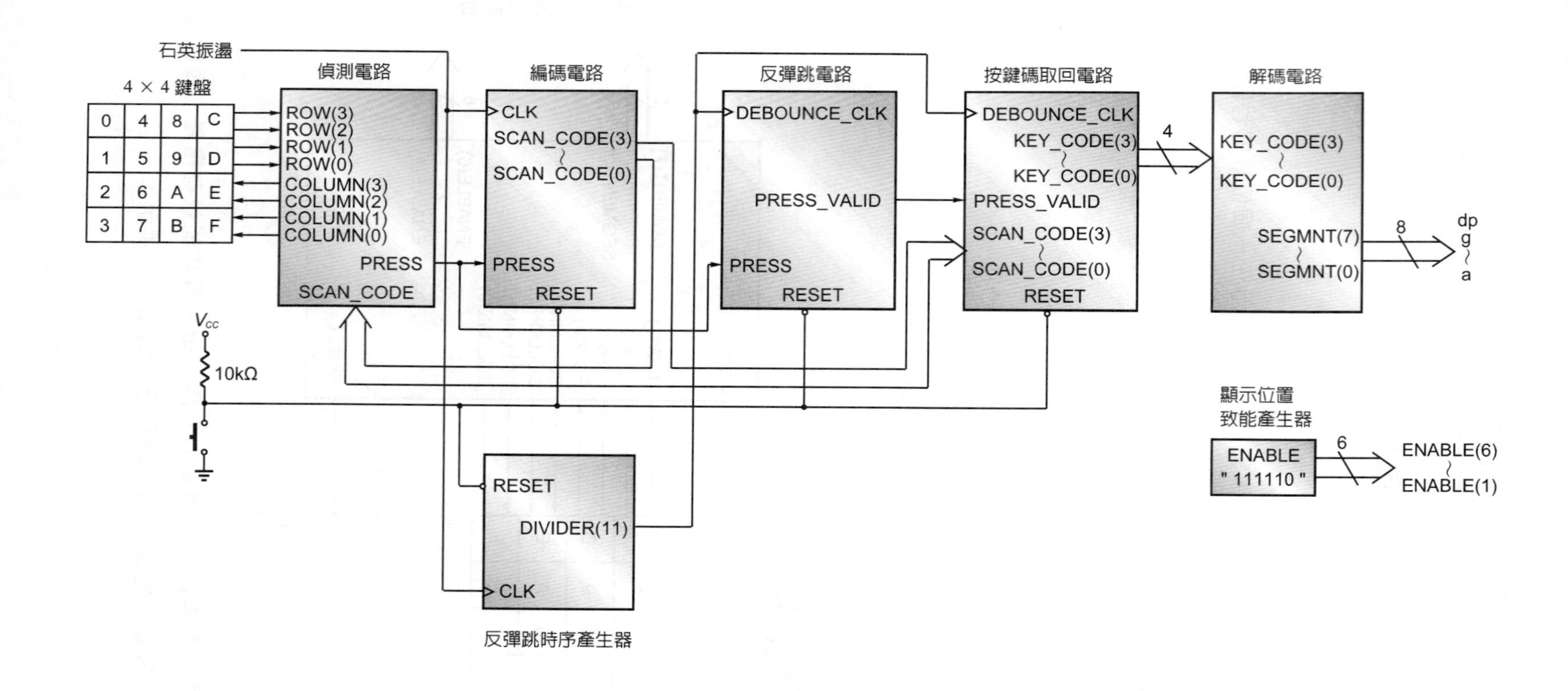
石英振盪
4 × 4 鍵盤
0 4 8 C
1 5 9 D
2 6 A E
3 7 B F
偵測電路
ROW(3)
ROW(2)
ROW(1)
ROW(0)
COLUMN(3)
COLUMN(2)
COLUMN(1)
COLUMN(0)
PRESS
SCAN_CODE
Vcc
10kΩ
編碼電路
CLK
SCAN_CODE(3)
~
SCAN_CODE(0)
PRESS
RESET
反彈跳電路
DEBOUNCE_CLK
PRESS_VALID
PRESS
RESET
按鍵碼取回電路
DEBOUNCE_CLK
KEY_CODE(3)
~
KEY_CODE(0)
PRESS_VALID
SCAN_CODE(3)
~
SCAN_CODE(0)
RESET
4
解碼電路
KEY_CODE(3)
~
KEY_CODE(0)
SEGMNT(7)
~
SEGMNT(0)
8
dp
g
~
a
RESET
DIVIDER(11)
CLK
反彈跳時序產生器
顯示位置
致能產生器
ENABLE
" 111110 "
6
ENABLE(6)
~
ENABLE(1)

原始程式 (source program)：

```
1  --***********************************
2  --*  fetch key code and display in   *
3  --*  scanning seven segment (1dig)   *
4  --* Filename : KEYBOARD_1DIG_SEGMENT *
5  --***********************************
6
7  library IEEE;
8  use IEEE.STD_LOGIC_1164.ALL;
9  use IEEE.STD_LOGIC_ARITH.ALL;
10 use IEEE.STD_LOGIC_UNSIGNED.ALL;
11
12 entity  KEYBOARD_1DIG_SEGMENT is
13     Port (CLK      : in  std_logic;
14           RESET    : in  std_logic;
15           ROW      : in  std_logic_vector(3 downto 0);
16           COLUMN   : out std_logic_vector(3 downto 0);
17           ENABLE   : out std_logic_vector(6 downto 1);
18           SEGMENT  : out std_logic_vector(7 downto 0));
19 end  KEYBOARD_1DIG_SEGMENT;
20
21 architecture Behavioral of  KEYBOARD_1DIG_SEGMENT is
22   signal PRESS           : std_logic;
23   signal PRESS_VALID     : std_logic;
24   signal DEBOUNCE_CLK    : std_logic;
25   signal DIVIDER         : std_logic_vector(11 downto 0);
26   signal DEBOUNCE_COUNT  : std_logic_vector(3 downto 0);
27   signal SCAN_CODE       : std_logic_vector(3 downto 0);
28   signal KEY_CODE        : std_logic_vector(3 downto 0);
29 begin
30
31 --***********************
32 --* time base generator *
33 --***********************
34
35   process(CLK, RESET)
36
37     begin
38       if RESET = '0' then
39         DIVIDER <= (others => '0');
40       elsif CLK'event and CLK = '1' then
41         DIVIDER <= DIVIDER + 1;
42       end if;
43   end process;
```

```
44
45   DEBOUNCE_CLK <= DIVIDER(11);
46
47  --***************************
48  --* scanning code generator *
49  --***************************
50
51   process (CLK, RESET)
52
53     begin
54       if RESET = '0' then
55         SCAN_CODE <= x"0";
56       elsif CLK'event and CLK = '1' then
57         if PRESS = '1' then
58           SCAN_CODE <= SCAN_CODE + 1;
59         end if;
60       end if;
61   end process;
62
63  --*********************
64  --* scanning keyboard *
65  --*********************
66
67   COLUMN <= "1110" when SCAN_CODE(3 downto 2) = "00" else
68             "1101" when SCAN_CODE(3 downto 2) = "01" else
69             "1011" when SCAN_CODE(3 downto 2) = "10" else
70             "0111";
71   PRESS  <= ROW(0) when SCAN_CODE(1 downto 0) = "00" else
72             ROW(1) when SCAN_CODE(1 downto 0) = "01" else
73             ROW(2) when SCAN_CODE(1 downto 0) = "10" else
74             ROW(3);
75
76  --*********************
77  --* debouncer circuit *
78  --*********************
79
80   process(RESET, PRESS, DEBOUNCE_CLK, DEBOUNCE_COUNT)
81
82     begin
83       if RESET = '0' then
84         DEBOUNCE_COUNT <= x"0";
85       elsif PRESS = '1' then
86         DEBOUNCE_COUNT <= x"0";
87       elsif DEBOUNCE_CLK'event and DEBOUNCE_CLK = '1' then
88         if DEBOUNCE_COUNT <= x"E" then
```

```
89              DEBOUNCE_COUNT <= DEBOUNCE_COUNT + 1;
90            end if;
91          end if;
92
93          if DEBOUNCE_COUNT = x"D" then
94            PRESS_VALID <= '1';
95          else
96            PRESS_VALID <= '0';
97          end if;
98      end process;
99
100 --*****************
101 --* fetch key code *
102 --*****************
103
104     process (DEBOUNCE_CLK, RESET)
105
106       begin
107         if RESET = '0' then
108           KEY_CODE <= x"0";
109         elsif DEBOUNCE_CLK'event and DEBOUNCE_CLK = '1' then
110           if PRESS_VALID = '1' then
111             KEY_CODE   <= SCAN_CODE;
112           end if;
113         end if;
114     end process;
115
116 --*******************************
117 --* BCD to seven segment decoder *
118 --*******************************
119
120     with KEY_CODE select
121       SEGMENT <='1' & "1000000" when x"0",        -- 0
122                 '1' & "1111001" when x"1",        -- 1
123                 '1' & "0100100" when x"2",        -- 2
124                 '1' & "0110000" when x"3",        -- 3
125                 '1' & "0011001" when x"4",        -- 4
126                 '1' & "0010010" when x"5",        -- 5
127                 '1' & "0000010" when x"6",        -- 6
128                 '1' & "1111000" when x"7",        -- 7
129                 '1' & "0000000" when x"8",        -- 8
130                 '1' & "0010000" when x"9",        -- 9
131                 '1' & "0001000" when x"A",        -- A
132                 '1' & "0000011" when x"B",        -- b
133                 '1' & "1000110" when x"C",        -- C
```

```
134                '1' & "0100001" when x"D",       -- d
135                '1' & "0000110" when x"E",       -- E
136                '1' & "0001110" when x"F",       -- F
137                '1' & "1111111" when others;
138
139     ENABLE <= "111110";
140
141 end Behavioral;
```

重點說明：

1. 行號 1～10 的功能與前面相同。
2. 行號 12～19 宣告所要設計控制電路的外部接腳為：

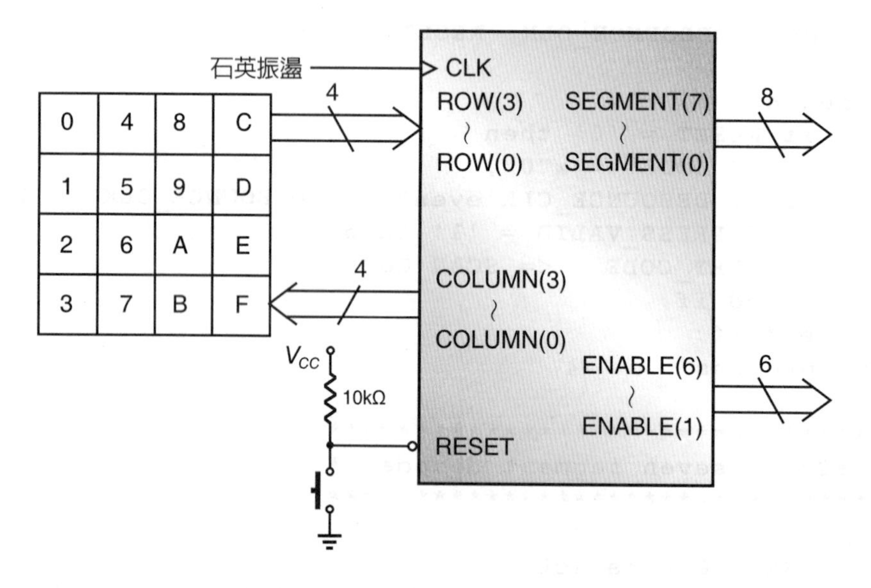

3. 行號 22～28 宣告硬體電路內部所使用到的訊號。
4. 行號 35～45 為一個反彈跳的時序產生器，其工作方塊圖如下：

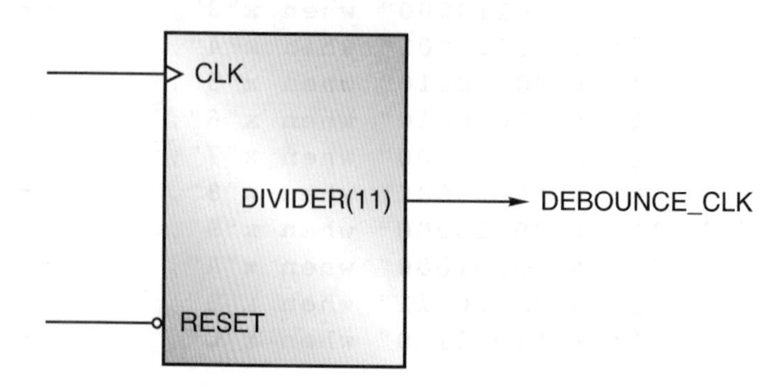

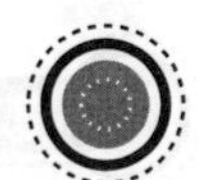

它是一個除頻電路，而其輸出端的訊號週期為：

$$T = 25 \times 10^{-9} \times 2^{12} = 0.1 \text{ msec}$$

此週期為 0.1 msec 的訊號我們拿來作為：

(1) 消除反彈跳的時序 (行號 80～98)。

(2) 取回使用者所按下的鍵碼 (行號 104～114)。

而其詳細動作後面會有討論。

5. 行號 51～61 為一個掃描數碼產生器，其工作方塊圖如下：

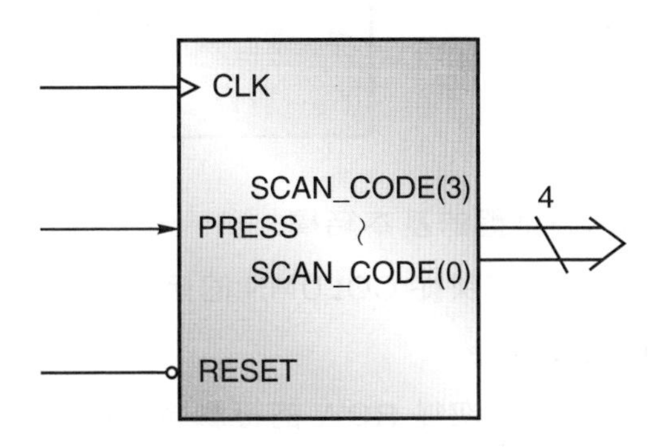

而其設計流程為：

(1) 行號 54～55 當電路 RESET 時，則將掃描碼計數器的內容清除為 x "0"，以便從頭開始計數。

(2) 行號 56～57 當計數時序 CLK 發生正緣變化且 PRESS 的接腳電位為 '1' 時 (表示目前鍵盤的按鍵沒有被按)，則將掃描計數器的內容加 1 (行號 58)。

因此只要鍵盤上的按鍵沒有被按時，於本電路的輸出端即可得到不斷加，且計數範圍為 0～15 的掃描數碼 (每一個數碼代表 4×4 鍵盤上的某一個按鍵，當我們按下鍵盤上的某一個按鍵時，由於 PRESS 的接腳電位會變成低電位 '0' (後面會說明)，因此掃描計數器就會停止計數，此時於掃描計數器的輸出就是目前我們所按下那一個按鍵的鍵碼。

6. 行號 67～74 為一個按鍵偵測硬體，其電路方塊圖如下：

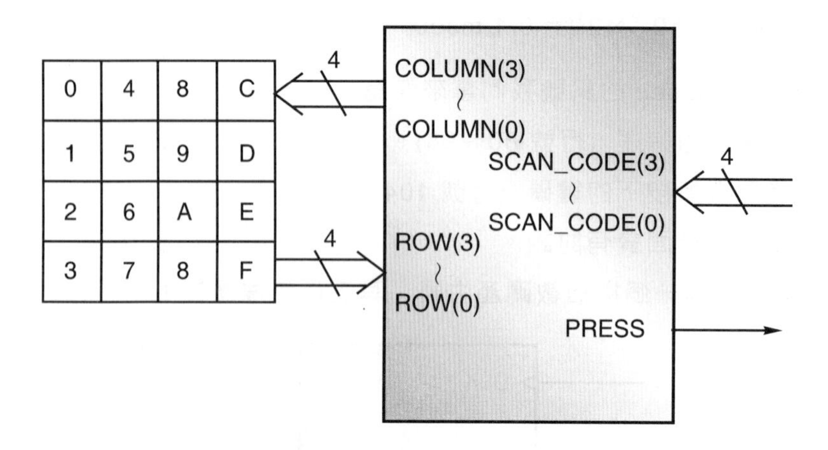

其動作原理請參閱前面鍵盤的基本結構：

(1) 行號 67～70 我們依次從 COLUMN 的接腳送出 "1110"、"1101"、"1011"、"0111" 的掃描電位。

(2) 行號 71～74 我們依次從 ROW 的接腳將其電位取回，並儲存在 PRESS 內，由前面的說明中我們可以發現到，當

PRESS＝'0' 時，代表此時的按鍵已經被按。

PRESS＝'1' 時，代表此時的按鍵沒有被按。

如果我們將掃描碼 SACN_CODE、ROW、COLUMN 的電位做個比對，即可知道它們與按鍵中間的關係如下：

SCAN_CODE				COLUMN				ROW				被按的按鍵
3	2	1	0	3	2	1	0	3	2	1	0	
0	0	0	0	1	1	1	0	1	1	1	0	'0'
0	0	0	1	1	1	1	0	1	1	0	1	'1'
0	0	1	0	1	1	1	0	1	0	1	1	'2'
0	0	1	1	1	1	1	0	0	1	1	1	'3'
0	1	0	0	1	1	0	1	1	1	1	0	'4'
0	1	0	1	1	1	0	1	1	1	0	1	'5'
0	1	1	0	1	1	0	1	1	0	1	1	'6'
0	1	1	1	1	1	0	1	0	1	1	1	'7'
1	0	0	0	1	0	1	1	1	1	1	0	'8'

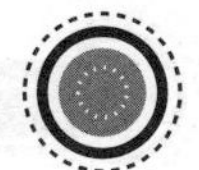

1	0	0	1	1	0	1	1	1	1	0	1	'9'
1	0	1	0	1	0	1	1	1	0	1	1	'A'
1	0	1	1	1	0	1	1	0	1	1	1	'B'
1	1	0	0	0	1	1	1	1	1	1	0	'C'
1	1	0	1	0	1	1	1	1	1	0	1	'D'
1	1	1	0	0	1	1	1	1	0	1	1	'E'
1	1	1	1	0	1	1	1	0	1	1	1	'F'

7. 行號 80～98 為一個反彈跳電路 debouncer，當我們在偵測一個按鈕是否被按時，由於按鍵表面的不平滑、有灰塵或者施力點的不平衡……等，其接觸點的瞬間波形，即如下圖所示：

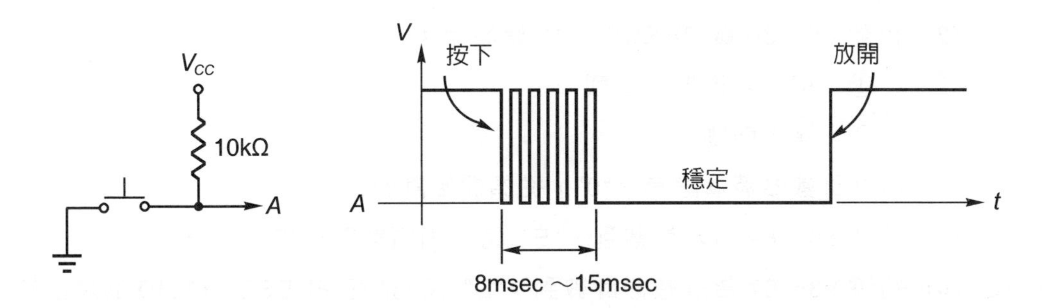

於上圖中，由於彈跳的時間約在 8msec～15msec (視按鍵的材質而定)，此段時間往往會造成電路的誤判，因而產生只按一次硬體會偵測到按下很多次，解決因彈跳而產生誤動作的方式有很多種，在這裡我們採用的方式為：

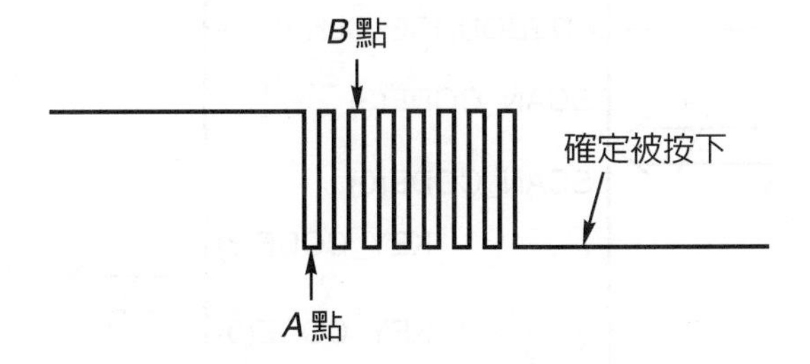

設計一個 4 位元計數器，如果偵測到低電位時 (如上圖之 *A* 點) 表示鍵盤已經被按，計數器就會開始計數 (x "0" ～ x "F")，如果在這段時間突然偵測到高電位 '1' 時 (如上圖之 *B* 點)，此即表示發生了彈跳 bouncer，因此我們將計數器清除為 x "0" 並重新開始計數，當計數器計數到 x "D" 時，我們就送出一個高電位通知外界，表示鍵盤的按鍵的確已經被按下。

反彈跳電路的方塊圖如下：

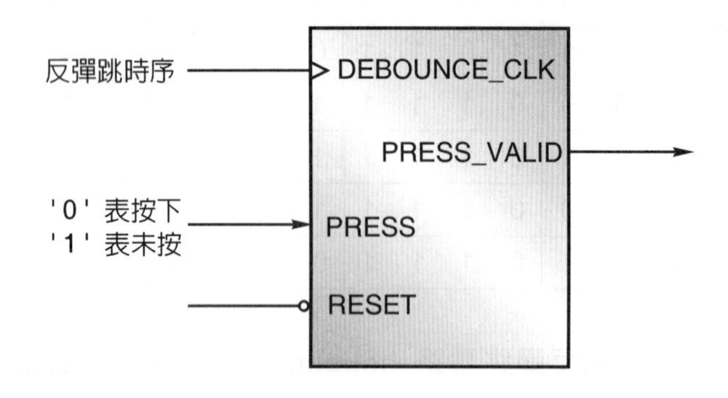

其設計流程為：

(1) 行號 83～84 當電路 RESET 時，將計數器清除為 x "0"，準備開始計數。

(2) 行號 85～86 當 PRESS = '1' 時表示：

① 按鍵未被按下。或

② 產生彈跳。

因此計數器被清除為 x "0"，從頭開始計數。

(3) 行號 88～89 當未計數到 x "E" 時，則將計數器內容加一。

(4) 行號 93～97 當計數器計數到 x "D" 時，則在 PRESS_VALID 的輸出端送出一個高電位 '1' 通知外界，表示按鍵已經被按 (此時被按的鍵碼在 SCAN_CODE 內)，否則 PRESS_VALID 為 '0'。

8. 行號 104～114 為一個將被按鍵碼取回的電路，其電路方塊圖如下：

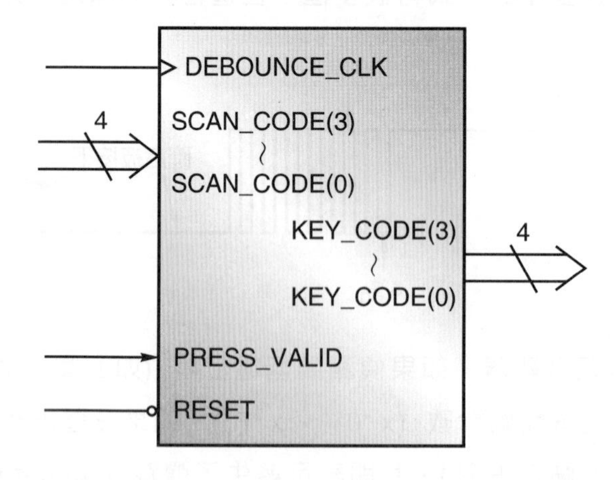

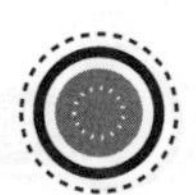

而其設計流程為：

(1) 行號 107～108 當電路 RESET 時，則將鍵盤緩衝器 KEY_CODE 清除為 x“0”。

(2) 行號 109～112 當 DEBOUNCE_CLK 產生正緣變化且 PRESS_VALID＝'1' (表示鍵盤的確被按下) 時，則將掃描碼 SCAN_CODE 取回，存入鍵盤緩衝器 KEY_CODE 內。

9. 行號 120～139 的功能與前面相同，請讀者自行參閱，在此不重覆敘述。

電路設計實例二

檔案名稱：KEYBOARD_6DIGS_SEGMENT

電路功能描述

以鍵盤為輸入工具，將使用者所鍵入的鍵碼以向左移位的方式，依順序顯示在六個位數的掃描式七段顯示器上。

實作目標

練習設計：

1. 4×4 的鍵盤控制器，其包括：
   (1) 鍵盤按鍵偵測電路。
   (2) 鍵盤編碼 (encode) 電路。
   (3) 按鍵反彈跳 (debouncer) 電路。
2. 六個位數七段顯示控制電路。
3. 六個可以向左移位的鍵盤顯示緩衝器。

控制電路方塊圖

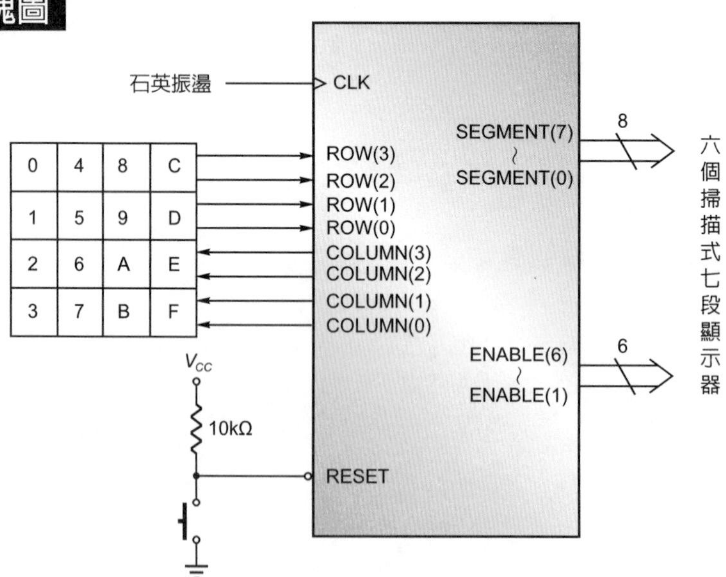

上圖只是整個控制電路對外接腳的外觀，由於其功能較為複雜，因此我們可以將內部電路再詳細分成數個小電路，而它們的詳細電路即如下面所示：

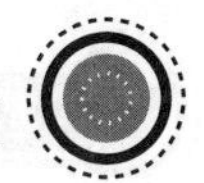

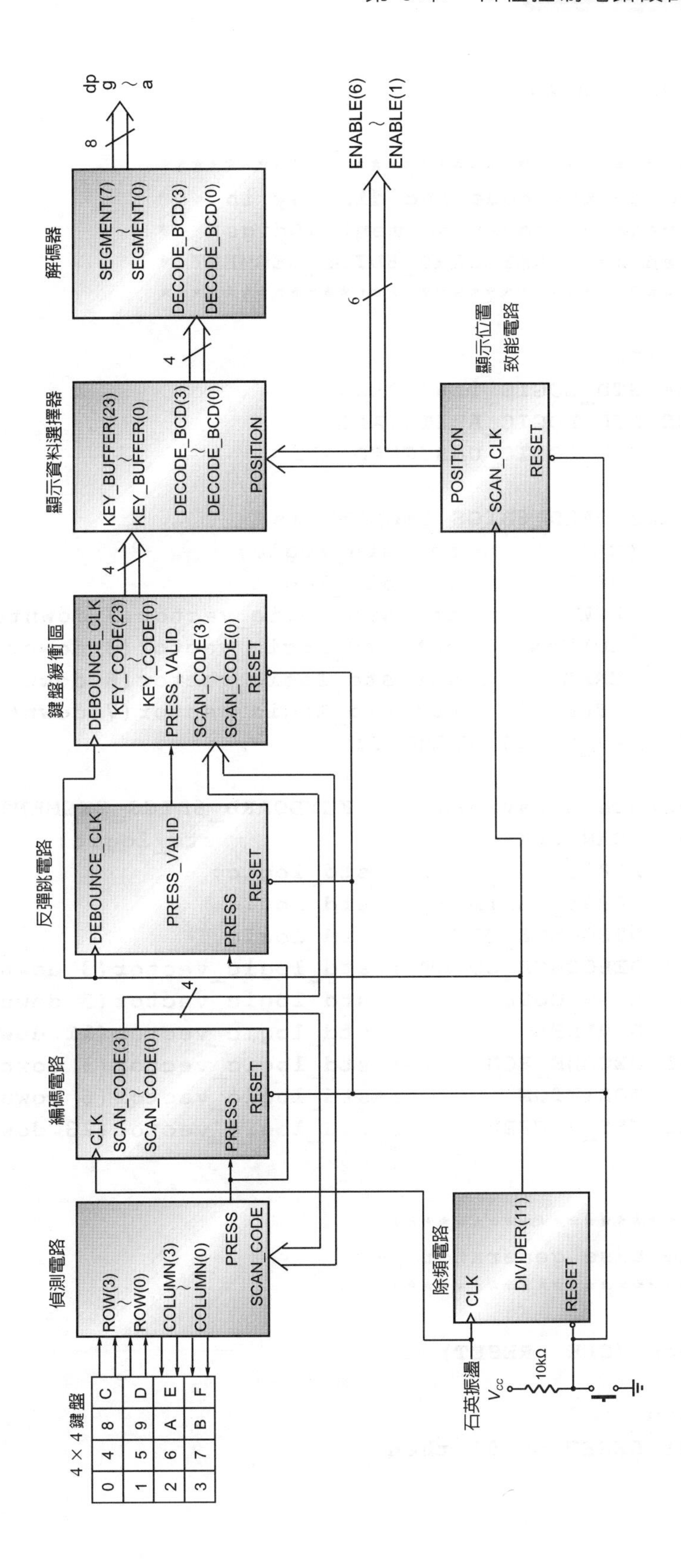
4 × 4 鍵盤
偵測電路
ROW(3)
ROW(0)
COLUMN(3)
COLUMN(0)
PRESS
SCAN_CODE
編碼電路
CLK
SCAN_CODE(3)
SCAN_CODE(0)
PRESS
RESET
反彈跳電路
DEBOUNCE_CLK
PRESS_VALID
PRESS
RESET
鍵盤緩衝區
DEBOUNCE_CLK
KEY_CODE(23)
KEY_CODE(0)
PRESS_VALID
SCAN_CODE(3)
SCAN_CODE(0)
RESET
顯示資料選擇器
KEY_BUFFER(23)
KEY_BUFFER(0)
DECODE_BCD(3)
DECODE_BCD(0)
POSITION
解碼器
SEGMENT(7)
SEGMENT(0)
DECODE_BCD(3)
DECODE_BCD(0)
dp
g
a
ENABLE(6)
ENABLE(1)
顯示位置致能電路
POSITION
SCAN_CLK
RESET
除頻電路
CLK
DIVIDER(11)
RESET
石英振盪
V_{cc}
10kΩ

原始程式 (source program)：

```
1  --************************************
2  --*   fetch key code and display in   *
3  --*   scanning seven segment (6digs)   *
4  --* Filename : KEYBOARD_6DIGS_SEGMENT *
5  --************************************
6
7  library IEEE;
8  use IEEE.STD_LOGIC_1164.ALL;
9  use IEEE.STD_LOGIC_ARITH.ALL;
10 use IEEE.STD_LOGIC_UNSIGNED.ALL;
11
12 entity KEYBOARD_6DIGS_SEGMENT is
13     Port (CLK      : in  std_logic;
14           RESET    : in  std_logic;
15           ROW      : in  std_logic_vector(3 downto 0);
16           COLUMN   : out std_logic_vector(3 downto 0);
17           ENABLE   : out std_logic_vector(6 downto 1);
18           SEGMENT  : out std_logic_vector(7 downto 0));
19 end KEYBOARD_6DIGS_SEGMENT;
20
21 architecture Behavioral of KEYBOARD_6DIGS_SEGMENT is
22   signal SCAN_CLK                 : std_logic;
23   signal PRESS          : std_logic;
24   signal PRESS_VALID    : std_logic;
25   signal DEBOUNCE_CLK   : std_logic;
26   signal DEBOUNCE_COUNT : std_logic_vector(3 downto 0);
27   signal SCAN_CODE      : std_logic_vector(3 downto 0);
28   signal DIVIDER        : std_logic_vector(11 downto 0);
29   signal DECODE_BCD     : std_logic_vector(3 downto 0);
30   signal POSITION       : std_logic_vector(6 downto 1);
31   signal KEY_BUFFER     : std_logic_vector(23 downto 0);
32 begin
33
34 --************************
35 --* time base generator  *
36 --************************
37
38   process (CLK, RESET)
39
40     begin
41       if RESET = '0' then
```

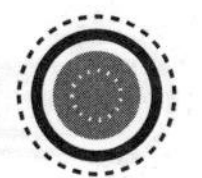

```
42          DIVIDER <= (others => '0');
43        elsif CLK'event and CLK = '1' then
44          DIVIDER <= DIVIDER + 1;
45        end if;
46    end process;
47
48    SCAN_CLK       <= DIVIDER(11);
49    DEBOUNCE_CLK   <= DIVIDER(11);
50
51  --****************************
52  --* scanning code generator *
53  --****************************
54
55    process (CLK, RESET)
56
57      begin
58        if RESET = '0' then
59          SCAN_CODE <= x"0";
60        elsif CLK'event and CLK = '1' then
61          if PRESS = '1' then
62            SCAN_CODE <= SCAN_CODE + 1;
63          end if;
64        end if;
65    end process;
66
67  --**********************
68  --* scanning keyboard *
69  --**********************
70
71    COLUMN <= "1110" when SCAN_CODE(3 downto 2) = "00" else
72              "1101" when SCAN_CODE(3 downto 2) = "01" else
73              "1011" when SCAN_CODE(3 downto 2) = "10" else
74              "0111";
75    PRESS  <= ROW(0) when SCAN_CODE(1 downto 0) = "00" else
76              ROW(1) when SCAN_CODE(1 downto 0) = "01" else
77              ROW(2) when SCAN_CODE(1 downto 0) = "10" else
78              ROW(3);
79
80  --**********************
81  --* debouncer circuit *
82  --**********************
83
84    process(RESET, PRESS, DEBOUNCE_CLK, DEBOUNCE_COUNT)
```

```
85
86      begin
87        if RESET = '0' then
88          DEBOUNCE_COUNT <= x"0";
89        elsif PRESS = '1' then
90          DEBOUNCE_COUNT <= x"0";
91        elsif DEBOUNCE_CLK'event and DEBOUNCE_CLK = '1' then
92          if DEBOUNCE_COUNT <= x"E" then
93            DEBOUNCE_COUNT <= DEBOUNCE_COUNT + 1;
94          end if;
95        end if;
96
97        if DEBOUNCE_COUNT = x"D" then
98          PRESS_VALID <= '1';
99        else
100         PRESS_VALID <= '0';
101       end if;
102    end process;
103
104 --**************************************
105 --* fetch key code and store in buffer *
106 --**************************************
107
108    process (DEBOUNCE_CLK, RESET)
109
110      begin
111        if RESET = '0' then
112          KEY_BUFFER <= (others => '0');
113        elsif DEBOUNCE_CLK'event and DEBOUNCE_CLK = '1' then
114          if PRESS_VALID = '1' then
115            KEY_BUFFER <= KEY_BUFFER(19 downto 0) & SCAN_CODE;
116          end if;
117        end if;
118    end process;
119
120 --****************************
121 --* enable display location *
122 --****************************
123
124    process (SCAN_CLK, RESET)
125
126      begin
127        if RESET = '0' then
```

```
128          POSITION <= "111110";
129       elsif SCAN_CLK'event and SCAN_CLK = '1' then
130          POSITION <= POSITION(5 downto 1) & POSITION (6);
131       end if;
132   end process;
133
134   ENABLE <= POSITION;
135
136 --************************
137 --* select display data  *
138 --************************
139
140   process (POSITION, KEY_BUFFER)
141
142     begin
143       case POSITION is
144         when "111110"  => DECODE_BCD <= KEY_BUFFER(3 downto 0);
145         when "111101"  => DECODE_BCD <= KEY_BUFFER(7 downto 4);
146         when "111011"  => DECODE_BCD <= KEY_BUFFER(11 downto 8);
147         when "110111"  => DECODE_BCD <= KEY_BUFFER(15 downto 12);
148         when "101111"  => DECODE_BCD <= KEY_BUFFER(19 downto 16);
149         when others    => DECODE_BCD <= KEY_BUFFER(23 downto 20);
150       end case;
151   end process;
152
153 --**********************************
154 --* BCD to seven segment decoder *
155 --**********************************
156
157   with DECODE_BCD select
158     SEGMENT <='1' & "1000000" when x"0",         -- 0
159               '1' & "1111001" when x"1",         -- 1
160               '1' & "0100100" when x"2",         -- 2
161               '1' & "0110000" when x"3",         -- 3
162               '1' & "0011001" when x"4",         -- 4
163               '1' & "0010010" when x"5",         -- 5
164               '1' & "0000010" when x"6",         -- 6
165               '1' & "1111000" when x"7",         -- 7
166               '1' & "0000000" when x"8",         -- 8
167               '1' & "0010000" when x"9",         -- 9
168               '1' & "0001000" when x"A",         -- A
169               '1' & "0000011" when x"B",         -- b
170               '1' & "1000110" when x"C",         -- C
```

```
171                  '1' & "0100001" when x"D",         -- d
172                  '1' & "0000110" when x"E",         -- E
173                  '1' & "0001110" when x"F",         -- F
174                  '1' & "1111111" when others;
175
176 end Behavioral;
```

重點說明：

1. 行號 1～31 的功能與前面相同。
2. 行號 38～49 為一個產生週期為 0.1 msec 的時序，請參閱前面的說明。
3. 行號 55～78 為一個按鍵編碼電路，當輸出 PRESS 的電位：

   '0'：表示有按鍵被按 (未排除彈跳)

   '1'：表示沒有按鍵被按

   而其被按的鍵碼則存在 SCAN_CODE 內，整個設計流程的說明與前面電路設計實例一相同。
4. 行號 84～102 為一個反彈跳電路，當其輸出端 PRESS_VALID 的電位：

   '0'：表示沒有按鍵被按

   '1'：表示有按鍵被按 (已經排除彈跳)

   而其設計流程與電路設計實例一的說明完全相同。
5. 行號 108～118 為一個將被按下的鍵碼取回，並依順序存入六個字元 (24 bits) 的鍵盤緩衝區內，其電路方塊圖如下：

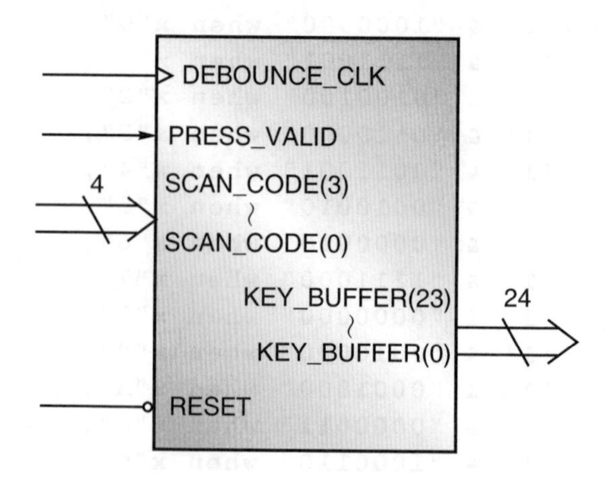

而其設計流程為：

(1) 行號 111～112 當硬體 RESET 時，則將 24 bits 的鍵盤緩衝區全部清除為 0。

(2) 行號 113～114 如果 DEBOUNCE_CLK 發生正緣變化且 PRESS_VALID ＝'1' (表示有按鍵被按) 時，則將掃描碼 SCAN_CODE 取回，並依順序儲存 (向左移位 4 位元) 到 24 位元的鍵盤緩衝區 KEY_BUFFER 內 (行號 115)。

6. 行號 124～174 將鍵盤緩衝器內 6 筆資料，依順序顯示在六個七段顯示器，其設計流程與前面相同，請自行參閱。

電路設計實例三

檔案名稱：KEYBOARD_DOT_MATRIX_DISPLAY

電路功能描述

以鍵盤為輸入工具，將使用者所鍵入的鍵碼顯示在彩色 LED 點矩陣上。

實作目標

練習設計：

1. 4×4 的鍵盤控制器，其包括：
   (1) 鍵盤按鍵偵測電路。
   (2) 鍵盤編碼 (encode) 電路。
   (3) 按鍵反彈跳 (debouncer) 電路。
2. 唯讀記憶體 ROM，並在內部儲存所有按鍵 0～F 的顯示字型。
3. LED 點矩陣的字型顯示電路。

控制電路方塊圖

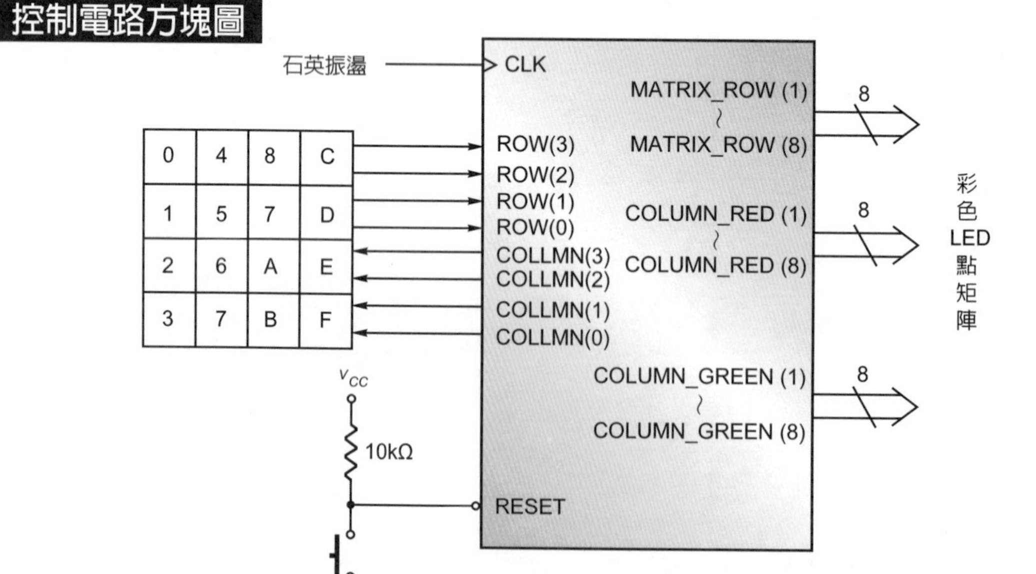

而其詳細的內部方塊圖如下：

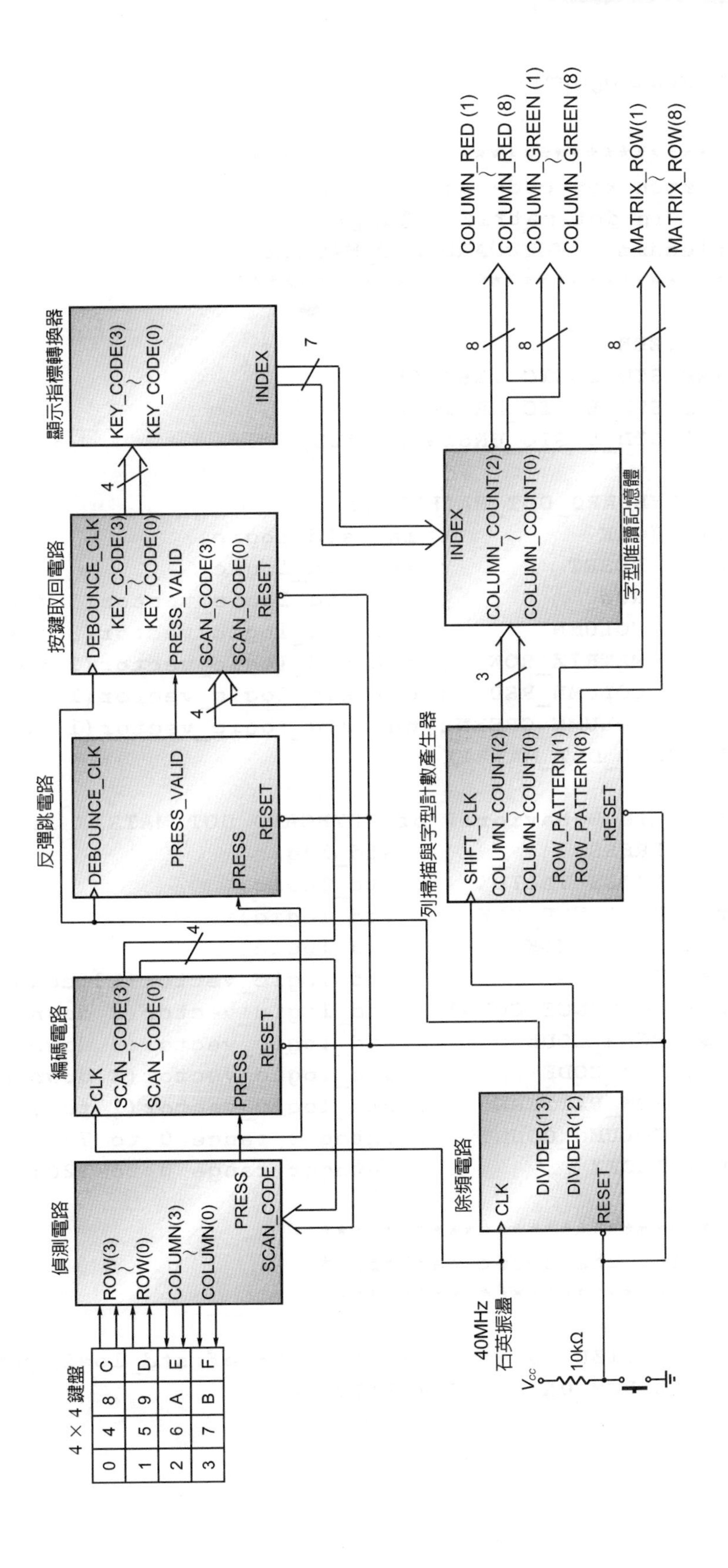
4 × 4 鍵盤
0 4 8 C
1 5 9 D
2 6 A E
3 7 B F
偵測電路
ROW(3)
ROW(0)
COLUMN(3)
COLUMN(0)
PRESS
SCAN_CODE
編碼電路
CLK
SCAN_CODE(3)
SCAN_CODE(0)
PRESS
RESET
反彈跳電路
DEBOUNCE_CLK
PRESS_VALID
PRESS
RESET
按鍵取回電路
DEBOUNCE_CLK
KEY_CODE(3)
KEY_CODE(0)
PRESS_VALID
SCAN_CODE(3)
SCAN_CODE(0)
RESET
顯示指標轉換器
KEY_CODE(3)
KEY_CODE(0)
INDEX
字型唯讀記憶體
INDEX
COLUMN_COUNT(2)
COLUMN_COUNT(0)
列掃描與字型計數產生器
SHIFT_CLK
COLUMN_COUNT(2)
COLUMN_COUNT(0)
ROW_PATTERN(1)
ROW_PATTERN(8)
RESET
除頻電路
CLK
DIVIDER(13)
DIVIDER(12)
RESET
40MHz
石英振盪
10kΩ
V_{CC}
4
7
3
8
COLUMN_RED (1)
COLUMN_RED (8)
COLUMN_GREEN (1)
COLUMN_GREEN (8)
MATRIX_ROW(1)
MATRIX_ROW(8)

原始程式 (source program)：

```
 1  --**********************************
 2  --*    fetch key code and display    *
 3  --*       in dot matrix  (1dig)       *
 4  --* Filename : KEYBOARD_DOT_MATRIX *
 5  --**********************************
 6
 7  library IEEE;
 8  use IEEE.STD_LOGIC_1164.ALL;
 9  use IEEE.STD_LOGIC_ARITH.ALL;
10  use IEEE.STD_LOGIC_UNSIGNED.ALL;
11
12  entity KEYBOARD_DOT_MATRIX is
13      Port (CLK           : in  std_logic;
14            RESET         : in  std_logic;
15            ROW           : in  std_logic_vector(3 downto 0);
16            COLUMN        : out std_logic_vector(3 downto 0);
17            MATRIX_ROW    : out std_logic_vector(1 to 8);
18            COLUMN_RED    : out std_logic_vector(1 to 8);
19            COLUMN_GREEN: out std_logic_vector(1 to 8));
20  end KEYBOARD_DOT_MATRIX ;
21
22  architecture Behavioral of KEYBOARD_DOT_MATRIX is
23    signal PRESS           : std_logic;
24    signal PRESS_VALID     : std_logic;
25    signal DEBOUNCE_CLK    : std_logic;
26    signal SHIFT_CLK       : std_logic;
27    signal DIVIDER         : std_logic_vector(13 downto 0);
28    signal DEBOUNCE_COUNT : std_logic_vector(3 downto 0);
29    signal SCAN_CODE       : std_logic_vector(3 downto 0);
30    signal KEY_CODE        : std_logic_vector(3 downto 0);
31    signal ROW_PATTERN     : std_logic_vector(1 to 8);
32    signal COLUMN_COUNT    : integer range 0 to 7;
33    signal INDEX           : integer range 0 to 120;
34
35  --*****************************
36  --* display character pattern *
37  --*****************************
38
39    type ROM_SIZE is array (0 to 127) of std_logic_vector(0 to 7);
40    constant ROM_DATA : ROM_SIZE :=
41
```

```
42    ( X"3C", X"42", X"46", X"4A",          -- 0
43      X"52", X"62", X"3C", X"00",
44
45      X"08", X"18", X"08", X"08",          -- 1
46      X"08", X"08", X"1C", X"00",
47
48      X"3C", X"42", X"42", X"04",          -- 2
49      X"08", X"10", X"7E", X"00",
50
51      X"3C", X"42", X"02", X"3C",          -- 3
52      X"02", X"42", X"3C", X"00",
53
54      X"1C", X"24", X"44", X"44",          -- 4
55      X"44", X"7E", X"04", X"00",
56
57      X"7C", X"40", X"40", X"7C",          -- 5
58      X"02", X"42", X"3C", X"00",
59
60      X"3C", X"42", X"40", X"7C",          -- 6
61      X"42", X"42", X"3C", X"00",
62
63      X"3E", X"02", X"02", X"04",          -- 7
64      X"08", X"08", X"08", X"00",
65
66      X"3C", X"42", X"42", X"3C",          -- 8
67      X"42", X"42", X"3C", X"00",
68
69      X"3C", X"42", X"42", X"3E",          -- 9
70      X"02", X"42", X"3C", X"00",
71
72      X"3C", X"42", X"42", X"42",          -- A
73      X"7E", X"42", X"42", X"00",
74
75      X"7C", X"42", X"42", X"7C",          -- B
76      X"42", X"42", X"7C", X"00",
77
78      X"3C", X"42", X"42", X"40",          -- C
79      X"40", X"42", X"3C", X"00",
80
81      X"7C", X"42", X"42", X"42",          -- D
82      X"42", X"42", X"7C", X"00",
83
84      X"7E", X"40", X"40", X"7C",          -- E
```

```
85      X"40", X"40", X"7E", X"00",
86
87      X"7E", X"40", X"40", X"7C",          -- F
88      X"40", X"40", X"40", X"00");
89
90  begin
91
92  --***********************
93  --* time base generator *
94  --***********************
95
96    process(CLK, RESET)
97
98      begin
99        if RESET = '0' then
100         DIVIDER <= (others => '0');
101       elsif CLK'event and CLK = '1' then
102         DIVIDER <= DIVIDER + 1;
103       end if;
104   end process;
105
106   SHIFT_CLK    <= DIVIDER(12);
107   DEBOUNCE_CLK <= DIVIDER(13);
108
109 --***************************
110 --* scanning code generator *
111 --***************************
112
113   process (CLK, RESET)
114
115     begin
116       if RESET = '0' then
117         SCAN_CODE <= x"0";
118       elsif CLK'event and CLK = '1' then
119         if PRESS = '1' then
120           SCAN_CODE <= SCAN_CODE + 1;
121         end if;
122       end if;
123   end process;
124
125 --*********************
126 --* scanning keyboard *
127 --*********************
```

```
128
129   COLUMN <= "1110" when SCAN_CODE(3 downto 2) = "00" else
130             "1101" when SCAN_CODE(3 downto 2) = "01" else
131             "1011" when SCAN_CODE(3 downto 2) = "10" else
132             "0111";
133   PRESS  <= ROW(0) when SCAN_CODE(1 downto 0) = "00" else
134             ROW(1) when SCAN_CODE(1 downto 0) = "01" else
135             ROW(2) when SCAN_CODE(1 downto 0) = "10" else
136             ROW(3);
137
138 --**********************
139 --* debouncer circuit *
140 --**********************
141
142   process(RESET, PRESS, DEBOUNCE_CLK, DEBOUNCE_COUNT)
143
144     begin
145       if RESET = '0' then
146         DEBOUNCE_COUNT <= x"0";
147       elsif PRESS = '1' then
148         DEBOUNCE_COUNT <= x"0";
149       elsif DEBOUNCE_CLK'event and DEBOUNCE_CLK = '1' then
150         if DEBOUNCE_COUNT <= x"E" then
151           DEBOUNCE_COUNT <= DEBOUNCE_COUNT + 1;
152         end if;
153       end if;
154
155       if DEBOUNCE_COUNT = x"D" then
156         PRESS_VALID <= '1';
157       else
158         PRESS_VALID <= '0';
159       end if;
160   end process;
161
162 --*******************
163 --* fetch key code *
164 --*******************
165
166   process (DEBOUNCE_CLK, RESET)
167
168     begin
169       if RESET = '0' then
170         KEY_CODE <= "0000";
```

```
171       elsif DEBOUNCE_CLK'event and DEBOUNCE_CLK = '1' then
172         if PRESS_VALID = '1' then
173           KEY_CODE   <= SCAN_CODE;
174         end if;
175       end if;
176   end process;
177
178 --********************************
179 --* convert key code into index *
180 --********************************
181
182   process (KEY_CODE)
183
184     begin
185       case KEY_CODE is
186         when  x"0"   =>  INDEX  <= 0;       --  0
187         when  x"1"   =>  INDEX  <= 8;       --  1
188         when  x"2"   =>  INDEX  <= 16;      --  2
189         when  x"3"   =>  INDEX  <= 24;      --  3
190         when  x"4"   =>  INDEX  <= 32;      --  4
191         when  x"5"   =>  INDEX  <= 40;      --  5
192         when  x"6"   =>  INDEX  <= 48;      --  6
193         when  x"7"   =>  INDEX  <= 56;      --  7
194         when  x"8"   =>  INDEX  <= 64;      --  8
195         when  x"9"   =>  INDEX  <= 72;      --  9
196         when  x"A"   =>  INDEX  <= 80;      --  A
197         when  x"B"   =>  INDEX  <= 88;      --  B
198         when  x"C"   =>  INDEX  <= 96;      --  C
199         when  x"D"   =>  INDEX  <= 104;     --  D
200         when  x"E"   =>  INDEX  <= 112;     --  E
201         when  others =>  INDEX  <= 120;     --  F
202       end case;
203   end process;
204
205 --*************************
206 --* scanning and display *
207 --*************************
208
209   process (SHIFT_CLK, RESET)
210
211     begin
212       if RESET = '0' then
213         ROW_PATTERN  <= "01111111";
```

```
214          COLUMN_COUNT <= 0;
215        elsif SHIFT_CLK'event and SHIFT_CLK = '1' then
216          ROW_PATTERN  <= ROW_PATTERN(8) & ROW_PATTERN(1 to 7);
217          COLUMN_COUNT <= COLUMN_COUNT + 1;
218        end if;
219    end process;
220
221    MATRIX_ROW     <= ROW_PATTERN;
222    COLUMN_GREEN   <= not (ROM_DATA(INDEX + COLUMN_COUNT));
223    COLUMN_RED     <= not (ROM_DATA(INDEX + COLUMN_COUNT));
224
225 end Behavioral;
```

重點說明：

1. 行號 1～33 的功能與前面相同。
2. 行號 39～88 為一個唯讀記憶體，內部儲存 0～F 的字型。
3. 行號 96～107 為除頻電路，以便產生：
   (1) SHIFT_CLK：點矩陣列掃描時序。
   (2) DEBOUNCE_CLK：鍵盤反彈跳時序。
4. 行號 113～136 為一個按鍵編碼電路，設計流程與說明請參閱本章前面實例一的敘述。
5. 行號 142～160 為一個反彈跳電路，設計流程與說明請參閱本章前面實例一的敘述。
6. 行號 166～176 為一個將被按鍵碼取回的電路，設計流程與說明請參閱本章前面實例一的敘述。
7. 行號 182～203 為一個將被按鍵碼轉換成點矩陣所要顯示字型的指標 INDEX，以便將來從唯讀記憶體將所要顯示的字型讀回。
8. 行號 209～223 為一個點矩陣字型掃描電路，設計流程與說明請參閱前面彩色 LED 點矩陣控制篇的電路設計實例。

電路設計實例四

檔案名稱：KEYBOARD_SET_LED_ON_SEGMENT

電路功能描述

以鍵盤為輸入工具，將使用者所鍵入的 0～F 鍵碼顯示在七段顯示器上，並用它們來設定 LED 的顯示數量。

實作目標

練習設計：

1. 4×4 的鍵盤控制器，其包括：
   (1) 鍵盤按鍵偵測電路。
   (2) 鍵盤編碼 (encode) 電路。
   (3) 按鍵反彈跳 (debouncer) 電路。
2. 一個位數七段顯示控制電路。
3. LED 點亮數量控制電路。

控制電路方塊圖

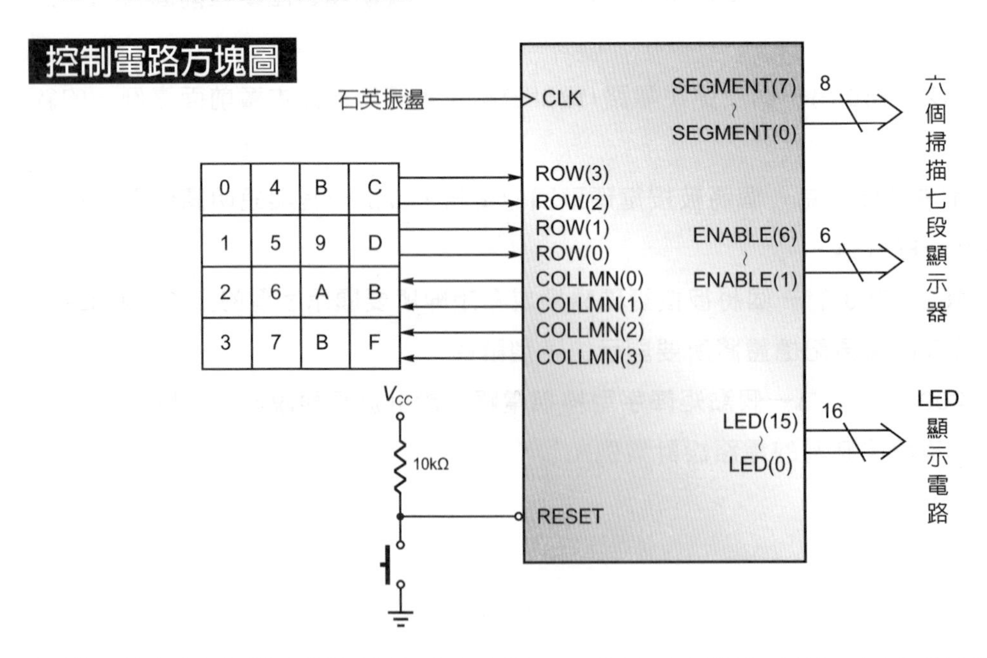

上圖只是整個控制電路對外接腳的外觀，由於其功能較為複雜，因此我們可以將內部電路再詳細分成數個小電路，而它們詳細的電路即如下圖所示：

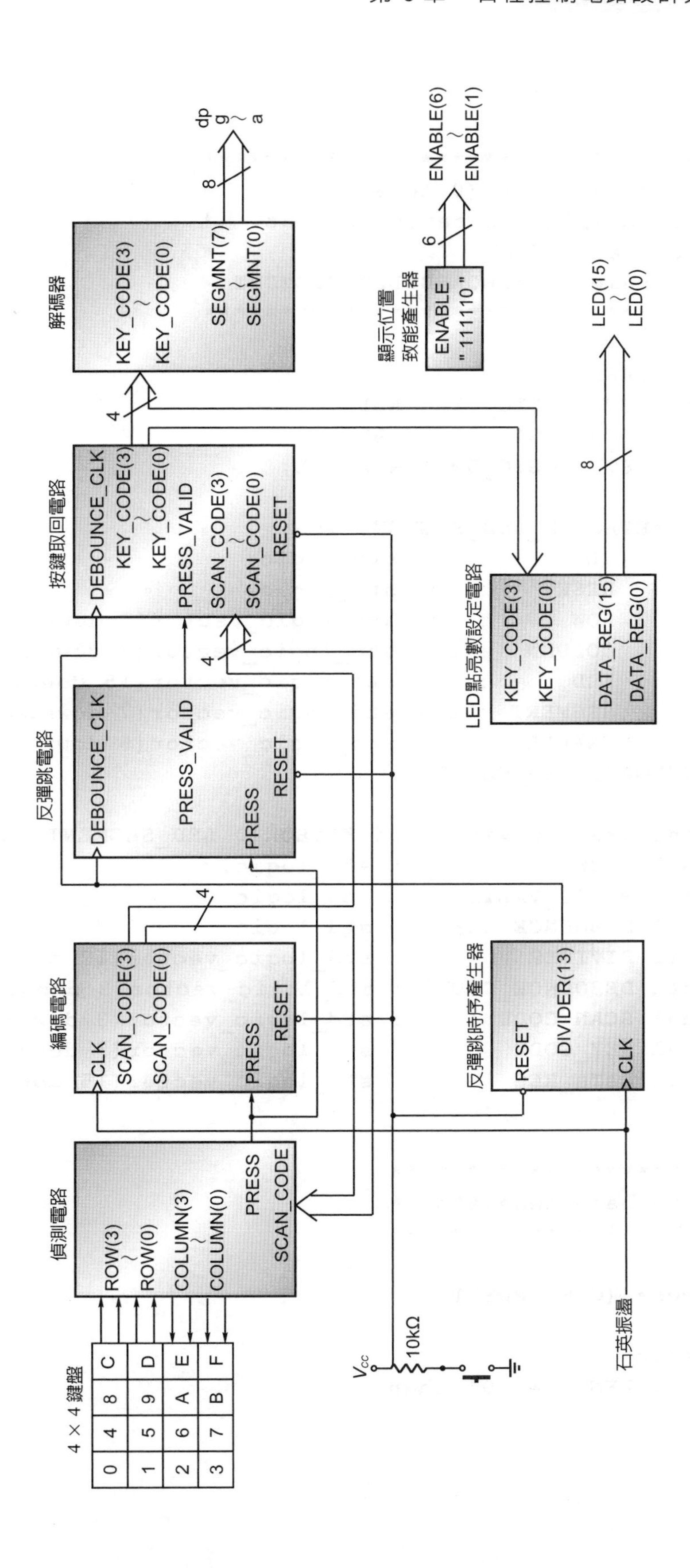
4 × 4 鍵盤
0 4 8 C
1 5 9 D
2 6 A E
3 7 B F
偵測電路
ROW(3) ~ ROW(0)
COLUMN(3) ~ COLUMN(0)
PRESS
SCAN_CODE
編碼電路
CLK
SCAN_CODE(3) ~ SCAN_CODE(0)
PRESS
RESET
反彈跳電路
DEBOUNCE_CLK
PRESS_VALID
PRESS
RESET
按鍵取回電路
DEBOUNCE_CLK
KEY_CODE(3) ~ KEY_CODE(0)
PRESS_VALID
SCAN_CODE(3) ~ SCAN_CODE(0)
RESET
解碼器
KEY_CODE(3) ~ KEY_CODE(0)
SEGMNT(7) ~ SEGMNT(0)
8
dp g ~ a
4
顯示位置致能產生器
ENABLE
" 111110 "
6
ENABLE(6) ~ ENABLE(1)
LED點亮數設定電路
KEY_CODE(3) ~ KEY_CODE(0)
DATA_REG(15) ~ DATA_REG(0)
LED(15) ~ LED(0)
反彈跳時序產生器
RESET
DIVIDER(13)
CLK
Vcc
10kΩ
石英振盪

原始程式 (source program)：

```
 1  --**********************************
 2  --* fetch key code (0 to F) :      *
 3  --*   1. display in seven segment  *
 4  --*   2. set led on                *
 5  --* Filename : KEYBOARD_LED_SEGMENT *
 6  --**********************************
 7
 8  library IEEE;
 9  use IEEE.STD_LOGIC_1164.ALL;
10  use IEEE.STD_LOGIC_ARITH.ALL;
11  use IEEE.STD_LOGIC_UNSIGNED.ALL;
12
13  entity KEYBOARD_LED_SEGMENT is
14      Port (CLK      : in  std_logic;
15            RESET    : in  std_logic;
16            ROW      : in  std_logic_vector(3 downto 0);
17            COLUMN   : out std_logic_vector(3 downto 0);
18            LED      : out std_logic_vector(15 downto 0);
19            SEGMENT  : out std_logic_vector(7 downto 0);
20            ENABLE   : out std_logic_vector(6 downto 1));
21  end KEYBOARD_LED_SEGMENT;
22
23  architecture Behavioral of KEYBOARD_LED_SEGMENT is
24    signal PRESS          : std_logic;
25    signal PRESS_VALID    : std_logic;
26    signal DEBOUNCE_CLK   : std_logic;
27    signal DIVIDER        : std_logic_vector(13 downto 0);
28    signal DEBOUNCE_COUNT : std_logic_vector(3 downto 0);
29    signal SCAN_CODE      : std_logic_vector(3 downto 0);
30    signal KEY_CODE       : std_logic_vector(3 downto 0);
31    signal DATA_REG       : std_logic_vector(15 downto 0);
32  begin
33
34  --**********************
35  --* time base generator *
36  --**********************
37
38    process (CLK, RESET)
39
40      begin
41        if RESET = '0' then
```

```
42          DIVIDER <= (others => '0');
43        elsif CLK'event and CLK = '1' then
44          DIVIDER <= DIVIDER + 1;
45        end if;
46    end process;
47
48    DEBOUNCE_CLK <= DIVIDER(13);
49
50  --***************************
51  --* scanning code generator *
52  --***************************
53
54    process (CLK, RESET)
55
56      begin
57        if RESET = '0' then
58          SCAN_CODE <= x"0";
59        elsif CLK'event and CLK = '1' then
60          if PRESS = '1' then
61            SCAN_CODE <= SCAN_CODE + 1;
62          end if;
63        end if;
64    end process;
65
66  --*********************
67  --* scanning keyboard *
68  --*********************
69
70    COLUMN <= "1110" when SCAN_CODE(3 downto 2) = "00" else
71              "1101" when SCAN_CODE(3 downto 2) = "01" else
72              "1011" when SCAN_CODE(3 downto 2) = "10" else
73              "0111";
74    PRESS  <= ROW(0) when SCAN_CODE(1 downto 0) = "00" else
75              ROW(1) when SCAN_CODE(1 downto 0) = "01" else
76              ROW(2) when SCAN_CODE(1 downto 0) = "10" else
77              ROW(3);
78
79  --*********************
80  --* debouncer circuit *
81  --*********************
82
83    process(RESET, PRESS, DEBOUNCE_CLK, DEBOUNCE_COUNT)
84
```

```
85      begin
86        if RESET = '0' then
87          DEBOUNCE_COUNT <= x"0";
88        elsif PRESS = '1' then
89          DEBOUNCE_COUNT <= x"0";
90        elsif DEBOUNCE_CLK'event and DEBOUNCE_CLK = '1' then
91          if DEBOUNCE_COUNT <= x"E" then
92            DEBOUNCE_COUNT <= DEBOUNCE_COUNT + 1;
93          end if;
94        end if;
95
96        if DEBOUNCE_COUNT = x"D" then
97          PRESS_VALID <= '1';
98        else
99          PRESS_VALID <= '0';
100       end if;
101   end process;
102
103 --*****************
104 --* fetch key code *
105 --*****************
106
107   process (DEBOUNCE_CLK, RESET)
108
109     begin
110       if RESET = '0' then
111         KEY_CODE <= x"0";
112       elsif DEBOUNCE_CLK'event and DEBOUNCE_CLK = '1' then
113         if PRESS_VALID = '1' then
114           KEY_CODE <= SCAN_CODE;
115         end if;
116       end if;
117
118 --****************************************
119 --* convert key code into led on number *
120 --****************************************
121
122       case KEY_CODE is
123         when x"0"   => DATA_REG <= x"0000";
124         when x"1"   => DATA_REG <= x"0001";
125         when x"2"   => DATA_REG <= x"0003";
126         when x"3"   => DATA_REG <= x"0007";
127         when x"4"   => DATA_REG <= x"000F";
```

```
128            when x"5"    => DATA_REG <= x"001F";
129            when x"6"    => DATA_REG <= x"003F";
130            when x"7"    => DATA_REG <= x"007F";
131            when x"8"    => DATA_REG <= x"00FF";
132            when x"9"    => DATA_REG <= x"01FF";
133            when x"A"    => DATA_REG <= x"03FF";
134            when x"B"    => DATA_REG <= x"07FF";
135            when x"C"    => DATA_REG <= x"0FFF";
136            when x"D"    => DATA_REG <= x"1FFF";
137            when x"E"    => DATA_REG <= x"3FFF";
138            when x"F"    => DATA_REG <= x"7FFF";
139            when others => DATA_REG <= x"FFFF";
140          end case;
141      end process;
142
143      LED <= DATA_REG;
144
145 --**********************************
146 --* hex to seven segment decoder *
147 --**********************************
148
149      with KEY_CODE select
150        SEGMENT <='1' & "1000000" when x"0",         -- 0
151                  '1' & "1111001" when x"1",         -- 1
152                  '1' & "0100100" when x"2",         -- 2
153                  '1' & "0110000" when x"3",         -- 3
154                  '1' & "0011001" when x"4",         -- 4
155                  '1' & "0010010" when x"5",         -- 5
156                  '1' & "0000010" when x"6",         -- 6
157                  '1' & "1111000" when x"7",         -- 7
158                  '1' & "0000000" when x"8",         -- 8
159                  '1' & "0010000" when x"9",         -- 9
160                  '1' & "0001000" when x"A",         -- A
161                  '1' & "0000011" when x"B",         -- b
162                  '1' & "1000110" when x"C",         -- c
163                  '1' & "0100001" when x"D",         -- d
164                  '1' & "0000110" when x"E",         -- E
165                  '1' & "0001110" when x"F",         -- F
166                  '1' & "1111111" when others;
167
168      ENABLE    <= "111110";
169
170 end Behavioral;
```

重點說明：

程式設計流程與結構和本章電路設計實例一相似，而其唯一不同點為本實例多了一個將被按鍵碼轉換成點亮 LED 數量的電路 (行號 122～143)，其工作方塊圖如下：

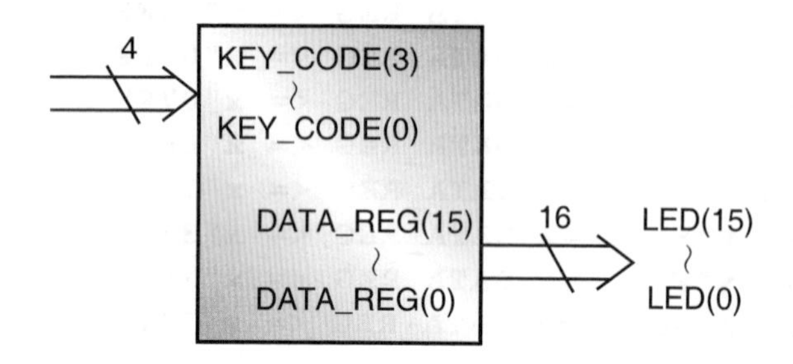

而被按鍵碼 0～F 與點亮 LED 數量中間的關係為：

0：LED 皆不亮　　1：LED 1 個亮
2：LED 2 個亮　　3：LED 3 個亮
4：LED 4 個亮　　5：LED 5 個亮
6：LED 6 個亮　　7：LED 7 個亮
8：LED 8 個亮　　9：LED 9 個亮
A：LED 10 個亮　　B：LED 11 個亮
C：LED 12 個亮　　D：LED 13 個亮
E：LED 14 個亮　　F：LED 15 個亮

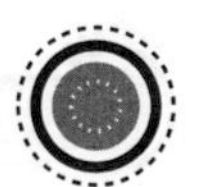

電路設計實例五

檔案名稱：KEYBOARD_SEGMENT_LED_MODE8_SEGMENT

電路功能描述

以鍵盤為輸入工具，將使用者所鍵入的 1～8 資料顯示在七段顯示器上。並且以 1～8 的鍵碼來控制 LED 八種不同的廣告燈變化；當按鍵不在 1～8 之間時，廣告燈的變化維持不變。

實作目標

練習設計：

1. 4×4 的鍵盤控制器，其包括：
   (1) 鍵盤按鍵偵測電路。
   (2) 鍵盤編碼 (encode) 電路。
   (3) 按鍵反彈跳 (debouncer) 電路。
2. 一個位數七段顯示控制電路。
3. 八種變化的廣告燈控制電路。

控制電路方塊圖

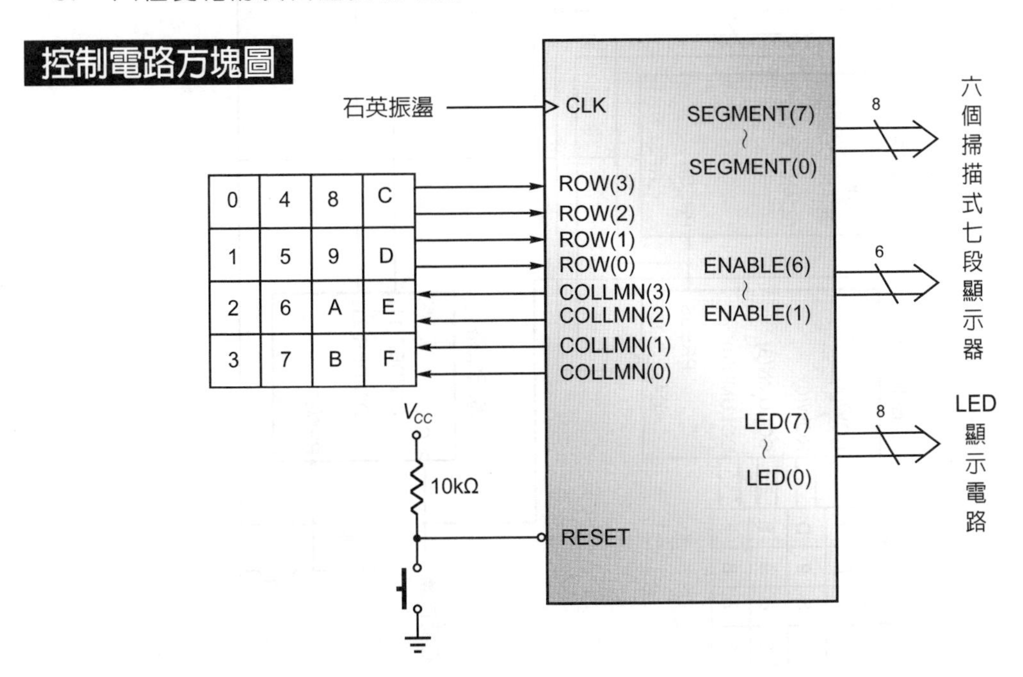

而其內部詳細的電路方塊圖如下：

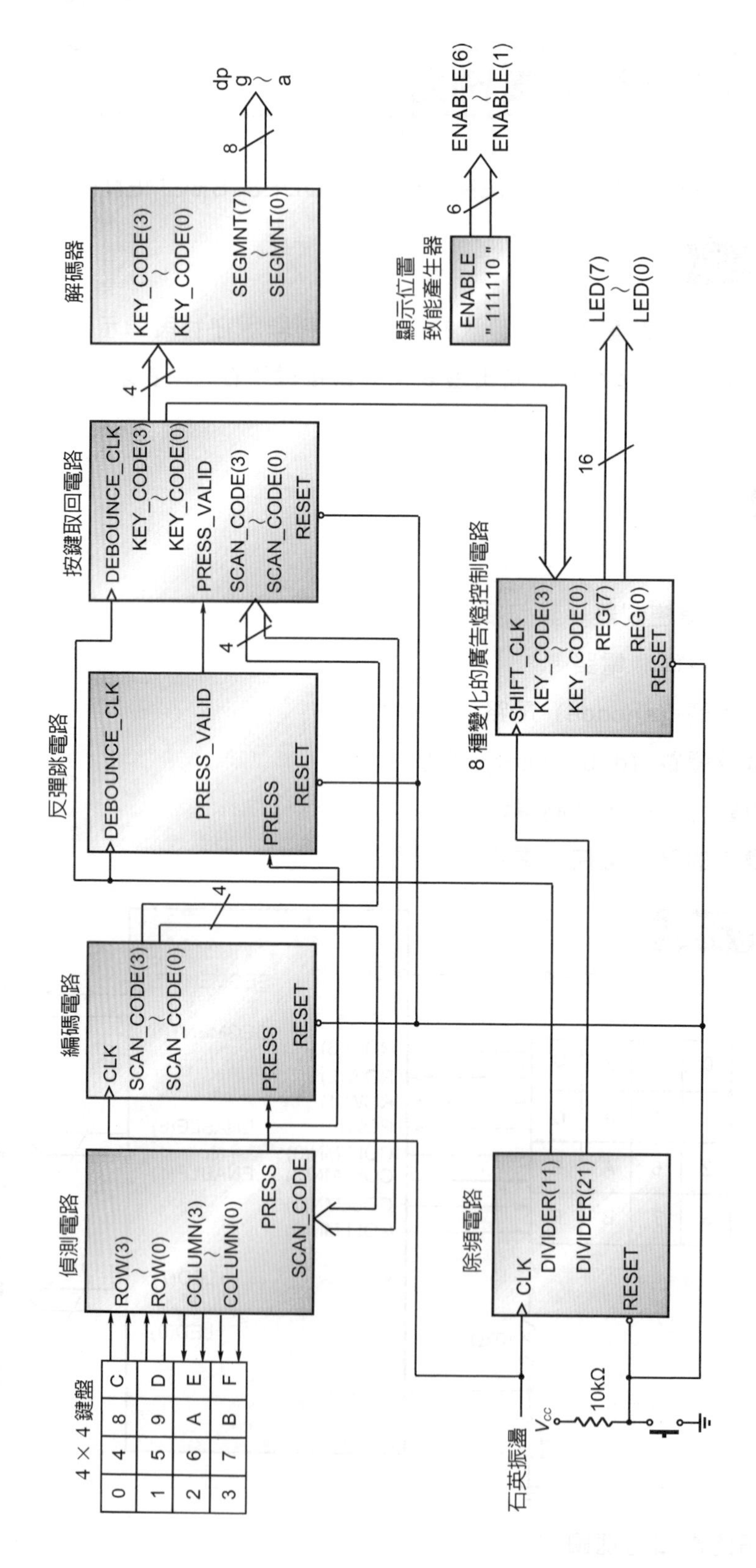
4 × 4 鍵盤
0
1
2
3
4
5
6
7
8
9
A
B
C
D
E
F
偵測電路
ROW(3) ~ ROW(0)
COLUMN(3) ~ COLUMN(0)
PRESS
SCAN_CODE
編碼電路
CLK
SCAN_CODE(3) ~ SCAN_CODE(0)
PRESS
RESET
4
反彈跳電路
DEBOUNCE_CLK
PRESS_VALID
PRESS
RESET
按鍵取回電路
DEBOUNCE_CLK
KEY_CODE(3) ~ KEY_CODE(0)
PRESS_VALID
SCAN_CODE(3) ~ SCAN_CODE(0)
RESET
4
4
解碼器
KEY_CODE(3) ~ KEY_CODE(0)
SEGMNT(7) ~ SEGMNT(0)
8
dp
g ~ a
顯示位置致能產生器
ENABLE
" 111110 "
6
ENABLE(6) ~ ENABLE(1)
8 種變化的廣告燈控制電路
SHIFT_CLK
KEY_CODE(3) ~ KEY_CODE(0)
REG(7) ~ REG(0)
RESET
16
LED(7) ~ LED(0)
除頻電路
CLK
DIVIDER(11)
DIVIDER(21)
RESET
石英振盪
Vcc
10kΩ

原始程式 (source program)：

```
1  --***********************************
2  --*  fetch key code (1 - 8) to select *
3  --*    8 modes of light control and   *
4  --* display in scanning seven segment *
5  --* Filename : KEYBOARD_SEGMENT_MODE8 *
6  --***********************************
7
8  library IEEE;
9  use IEEE.STD_LOGIC_1164.ALL;
10 use IEEE.STD_LOGIC_ARITH.ALL;
11 use IEEE.STD_LOGIC_UNSIGNED.ALL;
12
13 entity KEYBOARD_SEGMENT_MODE8 is
14     Port (CLK      : in  std_logic;
15           RESET    : in  std_logic;
16           ROW      : in  std_logic_vector(3 downto 0);
17           COLUMN   : out std_logic_vector(3 downto 0);
18           ENABLE   : out std_logic_vector(6 downto 1);
19           SEGMENT  : out std_logic_vector(7 downto 0);
20           LED      : out std_logic_vector(7 downto 0));
21 end KEYBOARD_SEGMENT_MODE8;
22
23 architecture Behavioral of KEYBOARD_SEGMENT_MODE8 is
24   signal SHIFT_CLK      : std_logic;
25   signal PRESS          : std_logic;
26   signal PRESS_VALID    : std_logic;
27   signal DEBOUNCE_CLK   : std_logic;
28   signal DEBOUNCE_COUNT : std_logic_vector(3 downto 0);
29   signal SCAN_CODE      : std_logic_vector(3 downto 0);
30   signal KEY_CODE       : std_logic_vector(3 downto 0);
31   signal DIVIDER        : std_logic_vector(21 downto 0);
32   signal REG            : std_logic_vector(8 downto 0);
33 begin
34
35 --***********************
36 --* time base generator *
37 --***********************
38
39   process (CLK, RESET)
40
41     begin
42       if RESET = '0' then
```

```
43          DIVIDER <= (others => '0');
44        elsif CLK'event and CLK = '1' then
45          DIVIDER <= DIVIDER + 1;
46        end if;
47    end process;
48
49    DEBOUNCE_CLK <= DIVIDER(11);
50    SHIFT_CLK    <= DIVIDER(21);
51
52  --****************************
53  --* scanning code generator *
54  --****************************
55
56    process (CLK, RESET)
57
58      begin
59        if RESET = '0' then
60          SCAN_CODE <= x"0";
61        elsif CLK'event and CLK = '1' then
62          if PRESS = '1' then
63            SCAN_CODE <= SCAN_CODE + 1;
64          end if;
65        end if;
66    end process;
67
68  --*********************
69  --* scanning keyboard *
70  --*********************
71
72    COLUMN <= "1110" when SCAN_CODE(3 downto 2) = "00" else
73              "1101" when SCAN_CODE(3 downto 2) = "01" else
74              "1011" when SCAN_CODE(3 downto 2) = "10" else
75              "0111";
76    PRESS  <= ROW(0) when SCAN_CODE(1 downto 0) = "00" else
77              ROW(1) when SCAN_CODE(1 downto 0) = "01" else
78              ROW(2) when SCAN_CODE(1 downto 0) = "10" else
79              ROW(3);
80
81  --*********************
82  --* debouncer circuit *
83  --*********************
84
85    process(RESET, PRESS, DEBOUNCE_CLK, DEBOUNCE_COUNT)
```

```
86
87      begin
88        if RESET = '0' then
89          DEBOUNCE_COUNT <= x"0";
90        elsif PRESS = '1' then
91          DEBOUNCE_COUNT <= x"0";
92        elsif DEBOUNCE_CLK'event and DEBOUNCE_CLK = '1' then
93          if DEBOUNCE_COUNT <= x"E" then
94            DEBOUNCE_COUNT <= DEBOUNCE_COUNT + 1;
95          end if;
96        end if;
97
98        if DEBOUNCE_COUNT = x"D" then
99          PRESS_VALID <= '1';
100       else
101         PRESS_VALID <= '0';
102       end if;
103   end process;
104
105 --***************************
106 --* fetch key code (1 - 8) *
107 --***************************
108
109   process (DEBOUNCE_CLK, RESET)
110
111     begin
112       if RESET = '0' then
113         KEY_CODE <= x"1";
114       elsif DEBOUNCE_CLK'event and DEBOUNCE_CLK = '0' then
115         if PRESS_VALID = '1'  then
116           if (SCAN_CODE < x"9") and (SCAN_CODE /= x"0") then
117             KEY_CODE <= SCAN_CODE;
118           end if;
119         end if;
120       end if;
121   end process;
122
123 --*********************************
124 --* BCD to seven segment decoder *
125 --*********************************
126
127   with KEY_CODE select
128     SEGMENT <='1' & "1111001" when x"1",    -- 1
```

```
129                 '1' & "0100100" when x"2",    -- 2
130                 '1' & "0110000" when x"3",    -- 3
131                 '1' & "0011001" when x"4",    -- 4
132                 '1' & "0010010" when x"5",    -- 5
133                 '1' & "0000010" when x"6",    -- 6
134                 '1' & "1111000" when x"7",    -- 7
135                 '1' & "0000000" when x"8",    -- 8
136                 '1' & "1111111" when others;
137
138 --*********************
139 --* 8 modes led control *
140 --*********************
141
142   process (SHIFT_CLK, RESET)
143
144     begin
145       if RESET = '0' then
146         REG  <= (others => '0');
147       elsif SHIFT_CLK'event and SHIFT_CLK = '1' then
148         if KEY_CODE = x"1" then
149           case REG is
150             when '0' & x"00"=> REG <= '0' & x"80";
151             when '0' & x"80"=> REG <= '0' & x"C0";
152             when '0' & x"C0"=> REG <= '0' & x"E0";
153             when '0' & x"E0"=> REG <= '0' & x"F0";
154             when '0' & x"F0"=> REG <= '0' & x"F8";
155             when '0' & x"F8"=> REG <= '0' & x"FC";
156             when '0' & x"FC"=> REG <= '0' & x"FE";
157             when '0' & x"FE"=> REG <= '0' & x"FF";
158             when '0' & x"FF"=> REG <= '1' & x"FE";
159             when '1' & x"FE"=> REG <= '1' & x"FC";
160             when '1' & x"FC"=> REG <= '1' & x"F8";
161             when '1' & x"F8"=> REG <= '1' & x"F0";
162             when '1' & x"F0"=> REG <= '1' & x"E0";
163             when '1' & x"E0"=> REG <= '1' & x"C0";
164             when '1' & x"C0"=> REG <= '1' & x"80";
165             when '1' & x"80"=> REG <= '0' & x"00";
166             when others     => REG <= '0' & x"00";
167           end case;
168         elsif KEY_CODE = x"2" then
169           case REG is
170             when '0' & x"00"     => REG <= '0' & x"81";
171             when '0' & x"81"     => REG <= '0' & x"C3";
```

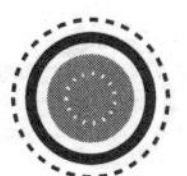

```
172              when '0' & x"C3"=> REG <= '0' & x"E7";
173              when '0' & x"E7"=> REG <= '0' & x"FF";
174              when '0' & x"FF"=> REG <= '1' & x"E7";
175              when '1' & x"E7"=> REG <= '1' & x"C3";
176              when '1' & x"C3"=> REG <= '1' & x"81";
177              when '1' & x"81"=> REG <= '0' & x"00";
178              when others      => REG <= '0' & x"00";
179            end case;
180          elsif KEY_CODE = x"3" then
181            case REG is
182              when '0' & x"C0"=> REG <= '0' & x"60";
183              when '0' & x"60"=> REG <= '0' & x"30";
184              when '0' & x"30"=> REG <= '0' & x"18";
185              when '0' & x"18"=> REG <= '0' & x"0C";
186              when '0' & x"0C"=> REG <= '0' & x"06";
187              when '0' & x"06"=> REG <= '0' & x"03";
188              when '0' & x"03"=> REG <= '1' & x"06";
189              when '1' & x"06"=> REG <= '1' & x"0C";
190              when '1' & x"0C"=> REG <= '1' & x"18";
191              when '1' & x"18"=> REG <= '1' & x"30";
192              when '1' & x"30"=> REG <= '1' & x"60";
193              when '1' & x"60"=> REG <= '0' & x"C0";
194              when others      => REG <= '0' & x"C0";
195            end case;
196          elsif KEY_CODE = x"4" then
197            case REG is
198              when '0' & x"0F"=> REG <= '0' & x"F0";
199              when '0' & x"F0"=> REG <= '0' & x"0F";
200              when others      => REG <= '0' & x"0F";
201            end case;
202          elsif KEY_CODE = x"5" then
203            case REG is
204              when '0' & x"00"=> REG <= '0' & x"FF";
205              when '0' & x"FF"=> REG <= '0' & x"00";
206              when others      => REG <= '0' & x"00";
207            end case;
208          elsif KEY_CODE = x"6" then
209            case REG is
210              when '0' & x"00"=> REG <= '0' & x"18";
211              when '0' & x"18"=> REG <= '0' & x"3C";
212              when '0' & x"3C"=> REG <= '0' & x"7E";
213              when '0' & x"7E"=> REG <= '0' & x"FF";
214              when '0' & x"FF"=> REG <= '1' & x"7E";
```

```
215                 when '1' & x"7E"=> REG <= '1' & x"3C";
216                 when '1' & x"3C"=> REG <= '1' & x"18";
217                 when '1' & x"18"=> REG <= '0' & x"00";
218                 when others     => REG <= '0' & x"00";
219               end case;
220             elsif KEY_CODE = x"7" then
221               case REG is
222                 when '0' & x"00"=> REG <= '0' & x"C0";
223                 when '0' & x"C0"=> REG <= '0' & x"30";
224                 when '0' & x"30"=> REG <= '0' & x"0C";
225                 when '0' & x"0C"=> REG <= '0' & x"03";
226                 when '0' & x"03"=> REG <= '0' & x"00";
227                 when others     => REG <= '0' & x"00";
228               end case;
229             else
230               case REG is
231                 when '0' & x"00"=> REG <= '0' & x"03";
232                 when '0' & x"03"=> REG <= '0' & x"0C";
233                 when '0' & x"0C"=> REG <= '0' & x"30";
234                 when '0' & x"30"=> REG <= '0' & x"C0";
235                 when '0' & x"C0"=> REG <= '0' & x"00";
236                 when others     => REG <= '0' & x"00";
237               end case;
238             end if;
239           end if;
240     end process;
241
242     LED <= REG(7 downto 0);
243     ENABLE <= "111110";
244
245 end Behavioral;
```

重點說明：

程式設計流程與原理為前面 LED 顯示控制電路篇電路設計實例六與本章電路設計實例一的綜合體，我們只是將使用者從鍵盤按下的 1～8 鍵碼拿來控制八種 LED 的旋轉變化而已，詳細說明請參閱前面兩者的敘述。

標準套件内容　standard

```
1:    package STANDARD is
2:
3:-- predefined enumeration types:
4:    type BOOLEAN is (FALSE, TRUE);
5:    type BIT is ('0', '1');
6:        type CHARACTER is (
7:        NUL,     SOH,     STX,     ETX,     EOT,     ENQ,     ACK,     BEL,
8:        BS ,     HT ,     LF ,     VT ,     FF ,     CR ,     SO ,     SI ,
9:        DLE,     DC1,     DC2,     DC3,     DC4,     NAK,     SYN,     ETB,
10:       CAN,     EM ,     SUB,     ESC,     FSP,     GSP,     RSP,     USP
11:
12:       ' ',     '!',     '"',     '#',     '$',     '%',     '&',     ''',
13:       '(',     ')',     '*',     '+',     ',',     '-',     '.',     '/',
14:       '0',     '1',     '2',     '3',     '4',     '5',     '6',     '7',
15:       '8',     '9',     ':',     ';',     '<',     '=',     '>',     '?',
16:
17:       '@',     'A',     'B',     'C',     'D',     'E',     'F',     'G',
18:       'H',     'I',     'J',     'K',     'L',     'M',     'N',     'O',
19:       'P',     'Q',     'R',     'S',     'T',     'U',     'V',     'W',
20:       'X',     'Y',     'Z',     '[',     '\',     ']',     '^',     '_',
21:
22:       '`',     'a',     'b',     'c',     'd',     'e',     'f',     'g',
23:       'h',     'i',     'j',     'k',     'l',     'm',     'n',     'o',
```

```
24:      'p',     'q',     'r',     's',     't',     'u',     'v',     'w',
25:      'x',     'y',     'z',     '{',     '|',     '}',     '~',     DEL,
26:
27:     C128,    C129,    C130,    C131,    C132,    C133,    C134,    C135,
28:     C136,    C137,    C138,    C139,    C140,    C141,    C142,    C143,
29:     C144,    C145,    C146,    C147,    C148,    C149,    C150,    C151,
30:     C152,    C153,    C154,    C155,    C156,    C157,    C158,    C159,
31:
32:      '?,      '?,      '?,      '?,      '?,      '?,      '?,      '?,
33:      '?,      '?,      '?,      '?,      '?,      '?,      '?,      '?,
34:      '?,      '?,      '?,      '?,      '?,      '?,      '?,      '?,
35:      '?,      '?,      '?,      '?,      '?,      '?,      '?,      '?,
36:      '?,      '?,      '?,      '?,      '?,      '?,      '?,      '?,
37:      '?,      '?,      '?,      '?,      '?,      '?,      '?,      '?,
38:      '?,      '',      '?,      '?,      '?,      '?,      '?,      '?,
39:      '',      '?,      '?,      '?,      '?,      '?,      '?,      '?,
40:      '?,      '?,      '?,      '?,      '?,      '?,      '?,      '?,
41:      '?,      '?,      '?,      '?,      '?,      '?,      '?,      '?,
42:      '?,      '?,      '?,      '?,      '?,      '?,      '?,      '?,
43:      '?,      '?,      '?,      '?,      '?,      '?,      '?,      '' );
44:
45:   type SEVERITY_LEVEL is (NOTE, WARNING, ERROR, FAILURE);
46:   type FILE_OPEN_KIND is (READ_MODE,WRITE_MODE,APPEND_MODE);
47:   type FILE_OPEN_STATUS is (OPEN_OK, STATUS_ERROR, NAME_ERROR, MODE_ERROR);
48:
49:-- predefined numeric types:
50:   type INTEGER is range -2147483647 to 2147483647;
51:   type REAL is range -1.7014111e+308 to 1.7014111e+308;
52:
53:-- predefined type TIME:
54:   type TIME is range -2147483647 to 2147483647
55:     -- this declaration is for the convenience of the parser.  Internally
56:     -- the parser treats it as if the range were:
57:     -- range -9223372036854775807 to 9223372036854775807
58:   Units
59:     fs;               -- femtosecond
60:     ps     = 1000 fs;  -- picosecond
61:     ns     = 1000 ps;  -- nanosecond
62:     us     = 1000 ns;  -- microsecond
63:     ms     = 1000 us;  -- millisecond
64:     sec  = 1000 ms;  -- second
65:     min    =   60 sec; -- minute
66:     hr     =   60 min; -- hour
67:   end units;
68:
69:   subtype DELAY_LENGTH is TIME range 0 fs to TIME'HIGH;
70:-- function that returns the current simulation time:
```

```
71:   function NOW return DELAY_LENGTH;
72:
73:-- predefined numeric subtypes:
74:       subtype NATURAL is INTEGER range 0 to INTEGER'HIGH;
75:       subtype POSITIVE is INTEGER range 1 to INTEGER'HIGH;
76:
77:-- predefined array types:
78:       type STRING is array (POSITIVE range <>) of CHARACTER;
79:       type BIT_VECTOR is array (NATURAL range <>) of BIT;
80:
81:       attribute FOREIGN: STRING;
82: end STANDARD;
```

標準邏輯套件內容 std_logic_1164

```
1:PACKAGE std_logic_1164 IS
2:  -------------------------------------------------------------------
3:  --logic state system  (unresolved)
4:  -------------------------------------------------------------------
5:  TYPE std_ulogic IS ( 'U',  -- Uninitialized
6:                       'X',  -- Forcing  Unknown
7:                       '0',  -- Forcing  0
8:                       '1',  -- Forcing  1
9:                       'Z',  -- High Impedance
10:                      'W',  -- Weak  Unknown
11:                      'L',  -- Weak   0
12:                      'H',  -- Weak   1
13:                      '-'   -- Don't care
14:                      ) ;
15:
16:  -------------------------------------------------------------------
17:  --unconstrained array of std_ulogic for use with the resolution function
18:  -------------------------------------------------------------------
19:  TYPE std_ulogic_vector IS ARRAY ( NATURAL RANGE <> ) OF std_ulogic;
20:
21:  -------------------------------------------------------------------
22:  --resolution function
23:  -------------------------------------------------------------------
24:  FUNCTION resolved ( s : std_ulogic_vector ) RETURN std_ulogic;
25:
26:  -------------------------------------------------------------------
27:  --*** industry standard logic type ***
28:  -------------------------------------------------------------------
29:  SUBTYPE std_logic IS resolved std_ulogic;
30:
31:  -------------------------------------------------------------------
32:  --unconstrained array of std_logic for use in declaring signal arrays
33:  -------------------------------------------------------------------
34:  TYPE std_logic_vector IS ARRAY ( NATURAL RANGE <>) OF std_logic;
35:
36:  -------------------------------------------------------------------
37:  --common subtypes
38:  -------------------------------------------------------------------
39:  SUBTYPE X01   IS resolved std_ulogic RANGE 'X' TO '1'; -- ('X','0','1')
40:  SUBTYPE X01Z  IS resolved std_ulogic RANGE 'X' TO 'Z';--('X','0','1','Z')
```

```
41:  SUBTYPE UX01   IS resolved std_ulogic RANGE 'U' TO '1';--('U','X','0','1')
42:  SUBTYPE UX01Z  IS resolved std_ulogic RANGE 'U' TO
'Z';--('U','X','0','1','Z')
43:
44:  -------------------------------------------------------------------
45:  --overloaded logical operators
46:  -------------------------------------------------------------------
47:
48:  FUNCTION "and"  ( l : std_ulogic; r : std_ulogic ) RETURN UX01;
49:  FUNCTION "nand" ( l : std_ulogic; r : std_ulogic ) RETURN UX01;
50:  FUNCTION "or"   ( l : std_ulogic; r : std_ulogic ) RETURN UX01;
51:  FUNCTION "nor"  ( l : std_ulogic; r : std_ulogic ) RETURN UX01;
52:  FUNCTION "xor"  ( l : std_ulogic; r : std_ulogic ) RETURN UX01;
53:  FUNCTION "xnor" ( l : std_ulogic; r : std_ulogic ) RETURN Ux01;
54:  FUNCTION "not"  ( l : std_ulogic                 ) RETURN UX01;
55:
56:  -------------------------------------------------------------------
57:  --vectorized overloaded logical operators
58:  -------------------------------------------------------------------
59:  FUNCTION "and"  ( l, r : std_logic_vector  ) RETURN std_logic_vector;
60:  FUNCTION "and"  ( l, r : std_ulogic_vector ) RETURN std_ulogic_vector;
61:
62:  FUNCTION "nand" ( l, r : std_logic_vector  ) RETURN std_logic_vector;
63:  FUNCTION "nand" ( l, r : std_ulogic_vector ) RETURN std_ulogic_vector;
64:  FUNCTION "or"   ( l, r : std_logic_vector  ) RETURN std_logic_vector;
65:  FUNCTION "or"   ( l, r : std_ulogic_vector ) RETURN std_ulogic_vector;
66:
67:  FUNCTION "nor"  ( l, r : std_logic_vector  ) RETURN std_logic_vector;
68:  FUNCTION "nor"  ( l, r : std_ulogic_vector ) RETURN std_ulogic_vector;
69:
70:  FUNCTION "xor"  ( l, r : std_logic_vector  ) RETURN std_logic_vector;
71:  FUNCTION "xor"  ( l, r : std_ulogic_vector ) RETURN std_ulogic_vector;
72:
73:  FUNCTION "xnor" ( l, r : std_logic_vector  ) return std_logic_vector;
74:  FUNCTION "xnor" ( l, r : std_ulogic_vector ) return std_ulogic_vector;
75:
76:  FUNCTION "not"  ( l : std_logic_vector  ) RETURN std_logic_vector;
77:  FUNCTION "not"  ( l : std_ulogic_vector ) RETURN std_ulogic_vector;
78:
79:  -------------------------------------------------------------------
80:  --conversion functions
81:  -------------------------------------------------------------------
82:  FUNCTION To_bit       ( s : std_ulogic;        xmap : BIT := '0') RETURN
BIT;
83:  FUNCTION To_bitvector( s : std_logic_vector ;xmap : BIT := '0') RETURN
84:  BIT_VECTOR;
85:  FUNCTION To_bitvector ( s : std_ulogic_vector; xmap : BIT := '0') RETURN BIT_VECTOR;
```

```
86:  FUNCTION To_StdULogic  ( b : BIT ) RETURN std_ulogic;
87:  FUNCTION To_StdLogicVector ( b : BIT_VECTOR ) RETURN std_logic_vector;
88:  FUNCTION To_StdLogicVector ( s : std_ulogic_vector ) RETURN std_logic_vector;
89:  FUNCTION To_StdULogicVector ( b : BIT_VECTOR ) RETURN std_ulogic_vector;
90:  FUNCTION To_StdULogicVector ( s :std_logic_vector )RETURNstd_ulogic_vector;
91:
92:  -------------------------------------------------------------------
93:  --strength strippers and type convertors
94:  -------------------------------------------------------------------
95:
96:  FUNCTION To_X01    ( s : std_logic_vector  ) RETURN  std_logic_vector;
97:  FUNCTION To_X01    ( s : std_ulogic_vector ) RETURN  std_ulogic_vector;
98:  FUNCTION To_X01    ( s : std_ulogic        ) RETURN  X01;
99:  FUNCTION To_X01    ( b : BIT_VECTOR        ) RETURN  std_logic_vector;
100:  FUNCTION To_X01( b : BIT_VECTOR        ) RETURN  std_ulogic_vector;
101:  FUNCTION To_X01( b : BIT               ) RETURN  X01;
102:
103:  FUNCTION To_X01Z  ( s : std_logic_vector  ) RETURN  std_logic_vector;
104:  FUNCTION To_X01Z  ( s : std_ulogic_vector ) RETURN  std_ulogic_vector;
105:  FUNCTION To_X01Z  ( s : std_ulogic        ) RETURN  X01Z;
106:  FUNCTION To_X01Z  ( b : BIT_VECTOR        ) RETURN  std_logic_vector;
107:  FUNCTION To_X01Z  ( b : BIT_VECTOR        ) RETURN  std_ulogic_vector;
108:  FUNCTION To_X01Z  ( b : BIT               ) RETURN  X01Z;
109:
110:  FUNCTION To_UX01  ( s : std_logic_vector  ) RETURN  std_logic_vector;
111:  FUNCTION To_UX01  ( s : std_ulogic_vector ) RETURN  std_ulogic_vector;
112:  FUNCTION To_UX01  ( s : std_ulogic        ) RETURN  UX01;
113:  FUNCTION To_UX01  ( b : BIT_VECTOR        ) RETURN  std_logic_vector;
114:  FUNCTION To_UX01  ( b : BIT_VECTOR        ) RETURN  std_ulogic_vector;
115:  FUNCTION To_UX01  ( b : BIT               ) RETURN  UX01;
116:
117:  -------------------------------------------------------------------
118:  --edge detection
119:  -------------------------------------------------------------------
120:  FUNCTION rising_edge  (SIGNAL s : std_ulogic) RETURN BOOLEAN;
121:  FUNCTION falling_edge (SIGNAL s : std_ulogic) RETURN BOOLEAN;
122:
123:  -------------------------------------------------------------------
124:  --object contains an unknown
125:  -------------------------------------------------------------------
126:  FUNCTION Is_X ( s : std_ulogic_vector ) RETURN  BOOLEAN;
127:  FUNCTION Is_X ( s : std_logic_vector  ) RETURN  BOOLEAN;
128:  FUNCTION Is_X ( s : std_ulogic        ) RETURN  BOOLEAN;
129:
130:END std_logic_1164;
131:
132:PACKAGE BODY std_logic_1164 IS
```

```
133: -------------------------------------------------------------------
134: --local types
135: -------------------------------------------------------------------
136: TYPE stdlogic_1d IS ARRAY (std_ulogic) OF std_ulogic;
137: TYPE stdlogic_table IS ARRAY(std_ulogic, std_ulogic) OF std_ulogic;
138: -------------------------------------------------------------------
139: --resolution function
140: -------------------------------------------------------------------
141: CONSTANT resolution_table : stdlogic_table := (
142: --     -------------------------------------------------------------
143: --     | U    X    0    1    Z    W    L    H    -        |  |
144: --     -------------------------------------------------------------
145:       ( 'U', 'U', 'U', 'U', 'U', 'U', 'U', 'U', 'U' ), -- | U |
146:       ( 'U', 'X', 'X', 'X', 'X', 'X', 'X', 'X', 'X' ), -- | X |
147:       ( 'U', 'X', '0', 'X', '0', '0', '0', '0', 'X' ), -- | 0 |
148:       ( 'U', 'X', 'X', '1', '1', '1', '1', '1', 'X' ), -- | 1 |
149:       ( 'U', 'X', '0', '1', 'Z', 'W', 'L', 'H', 'X' ), -- | Z |
150:       ( 'U', 'X', '0', '1', 'W', 'W', 'W', 'W', 'X' ), -- | W |
151:       ( 'U', 'X', '0', '1', 'L', 'W', 'L', 'W', 'X' ), -- | L |
152:       ( 'U', 'X', '0', '1', 'H', 'W', 'W', 'H', 'X' ), -- | H |
153:       ( 'U', 'X', 'X', 'X', 'X', 'X', 'X', 'X', 'X' )  -- | - |
154:       );
155:
156: FUNCTION resolved ( s : std_ulogic_vector ) RETURN std_ulogic IS
157:   VARIABLE result : std_ulogic := 'Z';  -- weakest state default
158: BEGIN
159:   --the test for a single driver is essential otherwise the
160:   --loop would return 'X' for a single driver of '-' and that
161:   --would conflict with the value of a single driver unresolved
162:   --signal.
163:   IF   (s'LENGTH = 1) THEN   RETURN s(s'LOW);
164:   ELSE
165:     FOR i IN s'RANGE LOOP
166:       result := resolution_table(result, s(i));
167:     END LOOP;
168:   END IF;
169:   RETURN result;
170: END resolved;
171:
172: -------------------------------------------------------------------
173: --tables for logical operations
174: -------------------------------------------------------------------
175:
176: truth table for "and" function
177: CONSTANT and_table : stdlogic_table := (
178: --     -------------------------------------------------------------
179: --     | U    X    0    1    Z    W    L    H    -        |  |
180: --     -------------------------------------------------------------
```

```
181:        ( 'U', 'U', '0', 'U', 'U', 'U', '0', 'U', 'U' ), -- | U |
182:        ( 'U', 'X', '0', 'X', 'X', 'X', '0', 'X', 'X' ), -- | X |
183:        ( '0', '0', '0', '0', '0', '0', '0', '0', '0' ), -- | 0 |
184:        ( 'U', 'X', '0', '1', 'X', 'X', '0', '1', 'X' ), -- | 1 |
185:        ( 'U', 'X', '0', 'X', 'X', 'X', '0', 'X', 'X' ), -- | Z |
186:        ( 'U', 'X', '0', 'X', 'X', 'X', '0', 'X', 'X' ), -- | W |
187:        ( '0', '0', '0', '0', '0', '0', '0', '0', '0' ), -- | L |
188:        ( 'U', 'X', '0', '1', 'X', 'X', '0', '1', 'X' ), -- | H |
189:        ( 'U', 'X', '0', 'X', 'X', 'X', '0', 'X', 'X' )  -- | - |
190:        );
191:
192:    truth table for "or" function
193:    CONSTANT or_table : stdlogic_table := (
194:    --  -------------------------------------------------------
195:    --   | U    X    0    1    Z    W    L    H    -       |  |
196:    --  -------------------------------------------------------
197:        ( 'U', 'U', 'U', '1', 'U', 'U', 'U', '1', 'U' ), -- | U |
198:        ( 'U', 'X', 'X', '1', 'X', 'X', 'X', '1', 'X' ), -- | X |
199:        ( 'U', 'X', '0', '1', 'X', 'X', '0', '1', 'X' ), -- | 0 |
200:        ( '1', '1', '1', '1', '1', '1', '1', '1', '1' ), -- | 1 |
201:        ( 'U', 'X', 'X', '1', 'X', 'X', 'X', '1', 'X' ), -- | Z |
202:        ( 'U', 'X', 'X', '1', 'X', 'X', 'X', '1', 'X' ), -- | W |
203:        ( 'U', 'X', '0', '1', 'X', 'X', '0', '1', 'X' ), -- | L |
204:        ( '1', '1', '1', '1', '1', '1', '1', '1', '1' ), -- | H |
205:        ( 'U', 'X', 'X', '1', 'X', 'X', 'X', '1', 'X' )  -- | - |
206:        );
207:
208:    truth table for "xor" function
209:    CONSTANT xor_table : stdlogic_table := (
210:    --  -------------------------------------------------------
211:    --   | U    X    0    1    Z    W    L    H    -       |  |
212:    --  -------------------------------------------------------
213:        ( 'U', 'U', 'U', 'U', 'U', 'U', 'U', 'U', 'U' ), -- | U |
214:        ( 'U', 'X', 'X', 'X', 'X', 'X', 'X', 'X', 'X' ), -- | X |
215:        ( 'U', 'X', '0', '1', 'X', 'X', '0', '1', 'X' ), -- | 0 |
216:        ( 'U', 'X', '1', '0', 'X', 'X', '1', '0', 'X' ), -- | 1 |
217:        ( 'U', 'X', 'X', 'X', 'X', 'X', 'X', 'X', 'X' ), -- | Z |
218:        ( 'U', 'X', 'X', 'X', 'X', 'X', 'X', 'X', 'X' ), -- | W |
219:        ( 'U', 'X', '0', '1', 'X', 'X', '0', '1', 'X' ), -- | L |
220:        ( 'U', 'X', '1', '0', 'X', 'X', '1', '0', 'X' ), -- | H |
221:        ( 'U', 'X', 'X', 'X', 'X', 'X', 'X', 'X', 'X' )  -- | - |
222:        );
223:
224:    truth table for "not" function
225:    CONSTANT not_table: stdlogic_1d :=
226:    -- -------------------------------------------------------
227:    -- | U    X    0    1    Z    W    L    H    -          |
228:    -- -------------------------------------------------------
```

```
229:     ( 'U', 'X', '1', '0', 'X', 'X', '1', '0', 'X' );
230:
231:  -------------------------------------------------------------------
232:  --overloaded logical operators ( with optimizing hints )
233:  -------------------------------------------------------------------
234:
235:  FUNCTION "and"  ( l : std_ulogic; r : std_ulogic ) RETURN UX01 IS
236:  BEGIN
237:    RETURN (and_table(l, r));
238:  END "and";
239:
240:  FUNCTION "nand" ( l : std_ulogic; r : std_ulogic ) RETURN UX01 IS
241:  BEGIN
242:    RETURN  (not_table ( and_table(l, r)));
243:  END "nand";
244:
245:  FUNCTION "or"   ( l : std_ulogic; r : std_ulogic ) RETURN UX01 IS
246:  BEGIN
247:    RETURN (or_table(l, r));
248:  END "or";
249:
250:  FUNCTION "nor"  ( l : std_ulogic; r : std_ulogic ) RETURN UX01 IS
251:  BEGIN
252:    RETURN  (not_table ( or_table( l, r )));
253:  END "nor";
254:
255:  FUNCTION "xor"  ( l : std_ulogic; r : std_ulogic ) RETURN UX01 IS
256:  BEGIN
257:    RETURN (xor_table(l, r));
258:  END "xor";
259:  function "xnor"  ( l : std_ulogic; r : std_ulogic ) return ux01 is
260:  begin
261:    return not_table(xor_table(l, r));
262:  end "xnor";
263:
264:  FUNCTION "not"  ( l : std_ulogic ) RETURN UX01 IS
265:  BEGIN
266:    RETURN (not_table(l));
267:  END "not";
268:
269:  -------------------------------------------------------------------
270:  --and
271:  -------------------------------------------------------------------
272:  FUNCTION "and"  ( l,r : std_logic_vector ) RETURN std_logic_vector IS
273:    ALIAS lv : std_logic_vector ( 1 TO l'LENGTH ) IS l;
274:    ALIAS rv : std_logic_vector ( 1 TO r'LENGTH ) IS r;
275:    VARIABLE result : std_logic_vector ( 1 TO l'LENGTH );
```

```
276:  BEGIN
277:    IF ( l'LENGTH /= r'LENGTH ) THEN
278:      ASSERT FALSE
279:      REPORT "arguments of overloaded 'and' operator are not of the same
280:      length"
281:      SEVERITY FAILURE;
282:    ELSE
283:      FOR i IN result'RANGE LOOP
284:        result(i) := and_table (lv(i), rv(i));
285:      END LOOP;
286:    END IF;
287:    RETURN result;
288:  END "and";
289:  -------------------------------------------------------------------
290:  FUNCTION "and"  ( l,r : std_ulogic_vector ) RETURN std_ulogic_vector IS
291:  ALIAS lv : std_ulogic_vector ( 1 TO l'LENGTH ) IS l;
292:  ALIAS rv : std_ulogic_vector ( 1 TO r'LENGTH ) IS r;
293:  VARIABLE result : std_ulogic_vector ( 1 TO l'LENGTH );
294:  BEGIN
295:    IF ( l'LENGTH /= r'LENGTH ) THEN
296:      ASSERT FALSE
297:      REPORT "arguments of overloaded 'and' operator are not of the same
298:      length"
299:      SEVERITY FAILURE;
300:    ELSE
301:      FOR i IN result'RANGE LOOP
302:        result(i) := and_table (lv(i), rv(i));
303:      END LOOP;
304:    END IF;
305:    RETURN result;
306:  END "and";
307:  -------------------------------------------------------------------
308:  --nand
309:  -------------------------------------------------------------------
310:  FUNCTION "nand"  ( l,r : std_logic_vector ) RETURN std_logic_vector IS
311:  ALIAS lv : std_logic_vector ( 1 TO l'LENGTH ) IS l;
312:  ALIAS rv : std_logic_vector ( 1 TO r'LENGTH ) IS r;
313:  VARIABLE result : std_logic_vector ( 1 TO l'LENGTH );
314:  BEGIN
315:    IF ( l'LENGTH /= r'LENGTH ) THEN
316:      ASSERT FALSE
317:      REPORT "arguments of overloaded 'nand' operator are not of the same
318:      length"
319:      SEVERITY FAILURE;
320:    ELSE
321:      FOR i IN result'RANGE LOOP
322:        result(i) := not_table(and_table (lv(i), rv(i)));
```

```
323:      END LOOP;
324:    END IF;
325:    RETURN result;
326:
327:  END "nand";
328:  ----------------------------------------------------------------------
329:  FUNCTION "nand"  ( l,r : std_ulogic_vector ) RETURN std_ulogic_vector IS
330:  ALIAS lv : std_ulogic_vector ( 1 TO l'LENGTH ) IS l;
331:  ALIAS rv : std_ulogic_vector ( 1 TO r'LENGTH ) IS r;
332:  VARIABLE result : std_ulogic_vector ( 1 TO l'LENGTH );
333:  BEGIN
334:    IF ( l'LENGTH /= r'LENGTH ) THEN
335:      ASSERT FALSE
336:      REPORT "arguments of overloaded 'nand' operator are not of the same
337:      length"
338:      SEVERITY FAILURE;
339:    ELSE
340:      FOR i IN result'RANGE LOOP
341:        result(i) := not_table(and_table (lv(i), rv(i)));
342:      END LOOP;
343:    END IF;
344:    RETURN result;
345:  ----------------------------------------------------------------------
346:  --edge detection
347:  ----------------------------------------------------------------------
348:  FUNCTION rising_edge  (SIGNAL s : std_ulogic) RETURN BOOLEAN IS
349:  BEGIN
350:    RETURN (s'EVENT AND (To_X01(s) = '1') AND
351:           (To_X01(s'LAST_VALUE) = '0'));
352:    END;
353:
354:  FUNCTION falling_edge (SIGNAL s : std_ulogic) RETURN BOOLEAN IS
355:  BEGIN
356:    RETURN (s'EVENT AND (To_X01(s) = '0') AND
357:           (To_X01(s'LAST_VALUE) = '1'));
358:  END;
359:
360:END std_logic_1164;  END;
```

（請由此線剪下）

歡迎加入 全華會員

● 會員獨享

會員享購書折扣、紅利積點、生日禮金、不定期優惠活動…等。

● 如何加入會員

填妥讀者回函卡直接傳真（02）2262-0900 或寄回，將由專人協助登入會員資料，待收到 E-MAIL 通知後即可成為會員。

如何購買 全華書籍

1. 網路購書

全華網路書店「http://www.opentech.com.tw」，加入會員購書更便利，並享有紅利積點回饋等各式優惠。

2. 全華門市、全省書局

歡迎至全華門市（新北市土城區忠義路 21 號）或全省各大書局、連鎖書店選購。

3. 來電訂購

(1) 訂購專線：(02) 2262-5666 轉 321-324
(2) 傳真專線：(02) 6637-3696
(3) 郵局劃撥（帳號：0100836-1　戶名：全華圖書股份有限公司）
※ 購書未滿一千元者，酌收運費 70 元。

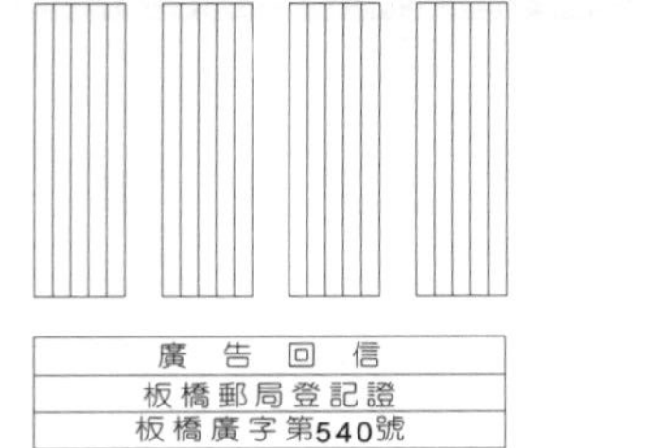
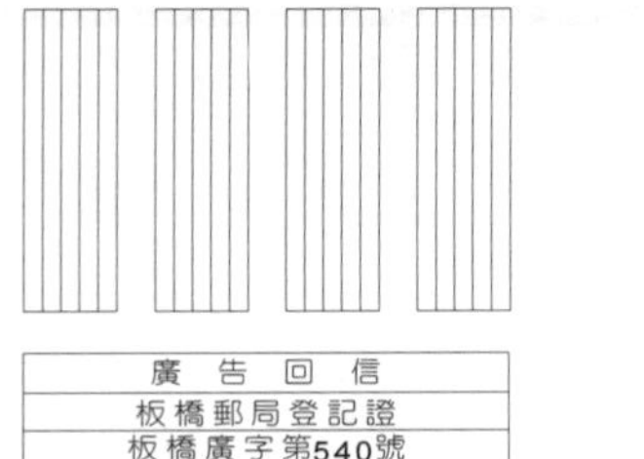

全華網路書店 www.opentech.com.tw
E-mail: service@chwa.com.tw

※ 本會員制如有變更則以最新修訂制度為準，造成不便請見諒。

廣　告　回　信
板橋郵局登記證
板橋廣字第540號

行銷企劃部　收

23671 新北市土城區忠義路21號
全華圖書股份有限公司

（請由此線剪下）

讀者回函卡

填寫日期：　/　/

姓名：＿＿＿＿ 生日：西元＿＿年＿＿月＿＿日 性別：□男 □女

電話：（　）＿＿＿＿ 傳真：（　）＿＿＿＿ 手機：＿＿＿＿

e-mail：（必填）＿＿＿＿

註：數字零，請用 Φ 表示，數字 1 與英文 L 請另註明並書寫端正，謝謝。

通訊處：□□□□□

學歷：□博士 □碩士 □大學 □專科 □高中・職

職業：□工程師 □教師 □學生 □軍・公 □其他

學校／公司：＿＿＿＿ 科系／部門：＿＿＿＿

・需求書類：

□ A. 電子 □ B. 電機 □ C. 計算機工程 □ D. 資訊 □ E. 機械 □ F. 汽車 □ I. 工管 □ J. 土木

□ K. 化工 □ L. 設計 □ M. 商管 □ N. 日文 □ O. 美容 □ P. 休閒 □ Q. 餐飲 □ B. 其他

・本次購買圖書為：＿＿＿＿ 書號：＿＿＿＿

・您對本書的評價：

封面設計：□非常滿意 □滿意 □尚可 □需改善，請說明＿＿＿＿

內容表達：□非常滿意 □滿意 □尚可 □需改善，請說明＿＿＿＿

版面編排：□非常滿意 □滿意 □尚可 □需改善，請說明＿＿＿＿

印刷品質：□非常滿意 □滿意 □尚可 □需改善，請說明＿＿＿＿

書籍定價：□非常滿意 □滿意 □尚可 □需改善，請說明＿＿＿＿

整體評價：請說明＿＿＿＿

・您在何處購買本書？

□書局 □網路書店 □書展 □團購 □其他＿＿＿＿

・您購買本書的原因？（可複選）

□個人需要 □幫公司採購 □親友推薦 □老師指定之課本 □其他＿＿＿＿

・您希望全華以何種方式提供出版訊息及特惠活動？

□電子報 □ DM □廣告（媒體名稱＿＿＿＿）

・您是否上過全華網路書店？（www.opentech.com.tw）

□是 □否 您的建議＿＿＿＿

・您希望全華出版那方面書籍？＿＿＿＿

・您希望全華加強那些服務？＿＿＿＿

～感謝您提供寶貴意見，全華將秉持服務的熱忱，出版更多好書，以饗讀者。

全華網路書店 http://www.opentech.com.tw　　客服信箱 service@chwa.com.tw

2011.03 修訂

親愛的讀者：

感謝您對全華圖書的支持與愛護，雖然我們很慎重的處理每一本書，但恐仍有疏漏之處，若您發現本書有任何錯誤，請填寫於勘誤表內寄回，我們將於再版時修正，您的批評與指教是我們進步的原動力，謝謝！

全華圖書　敬上

勘　誤　表

書　號		書　名		作　者	
頁　數	行　數	錯誤或不當之詞句		建議修改之詞句	

我有話要說：（其它之批評與建議，如封面、編排、內容、印刷品質等・・・）